U0737888

江苏省高等学校重点教材

运　筹　学

第2版

主　编　周　晶
副主编　徐　薇
参　编　胡　骞　罗志兴　陈彩华
伊俊敏　徐红利　占　杨
安智宇　朱振涛

机械工业出版社

本书介绍了运筹学的主要理论和方法，共分为八章，包括无处不在的运筹学、线性规划、线性规划的对偶理论、运输问题、非线性规划、图与网络、整数规划、动态规划、决策论、博弈论和大数据时代的运筹学。本书在选材上详略得当，重点突出，对专业词汇给出了中英文对照；注重内容阐述的启发性和新颖性，对经典方法的讲解由浅入深，适当增加了运筹学的最新研究理论和方法，拓展读者的视野；强调理论阐述的严密性，给出必要的算法思路和逻辑推演过程；引入了具有时代性的应用案例分析；介绍了如何用 Excel 和 Gurobi 来求解模型，增强了本书的实用性。

本书适合作为普通高等院校相关专业开设“运筹学”课程的教材或参考书。

图书在版编目（CIP）数据

运筹学 / 周晶主编. -- 2 版. -- 北京 ：机械工业出版社，2024. 11. --（江苏省高等学校重点教材）.
ISBN 978 - 7 - 111 - 77302 - 3

Ⅰ. O22

中国国家版本馆 CIP 数据核字第 20242Q48R6 号

机械工业出版社（北京市百万庄大街 22 号　邮政编码 100037）
策划编辑：裴　泱　　　　责任编辑：裴　泱　赵晓峰
责任校对：贾海霞　薄萌钰　　封面设计：鞠　杨
责任印制：任维东
河北环京美印刷有限公司印刷
2025 年 6 月第 2 版第 1 次印刷
184mm × 260mm · 22 印张 · 531 千字
标准书号：ISBN 978 - 7 - 111 - 77302 - 3
定价：69. 80 元

电话服务
客服电话：010 - 88361066
　　　　　010 - 88379833
　　　　　010 - 68326294

网络服务
机　工　官　网：www. cmpbook. com
机　工　官　博：weibo. com/cmp1952
金　　书　　网：www. golden-book. com
机工教育服务网：www. cmpedu. com

第 2 版前言

Preface

本书自 2016 年 6 月首次出版以来，得到了广大读者的喜爱，被一些高等院校选作教材和教学参考书，总体反映良好。作者团队在“运筹学”课程的教学中也一直使用本书，收到了比较满意的效果。结合多年的教学经验和读者反馈，我们收集了书中存在的一些问题和有待改进之处。为更好地提升教材质量，并更进一步反映运筹学领域近年来的新发展，在江苏省高等学校重点教材（修订）项目的支持下，我们对本书进行了再版修订。

在保持原书特色的前提下，本次修订对全书内容做了较多增删，优化了章节结构和内容编排，主要的修改和调整如下。第一，新增了第 1 章“无处不在的运筹学”，对运筹学的起源发展、应用场景、学科特点，以及运筹学在中国的发展与近年来取得的实践进展做了介绍。第二，新增了第 11 章“大数据时代的运筹学”，结合当下运筹学与数据科学、人工智能等领域紧密结合的发展趋势，介绍了两种数据驱动的决策模式；针对不同适用场景，介绍了常用的优化求解工具和针对大规模问题的求解算法设计。同时结合实际案例，展示了如何依照数据驱动的模式开展科学决策。第三，对原书第 4 章“整数规划”做了较大幅度改写，并调整了章节次序；完善了对分支定价和割平面算法的介绍，增加了对分支割平面算法和启发式算法的介绍，以及应用案例。第四，在第 2 章“线性规划”部分增加了修正单纯形法，并在应用举例中补充了建模过程中的线性化转换技巧。此外，在第 8 章“动态规划”中增加了对强化学习的简要介绍；在第 10 章“博弈论”中增加了对动态博弈的介绍。最后，考虑到使修订后的教材更加突出运筹学最核心的基本内容，以一般性建模方法和求解算法为主，同时限于篇幅，我们删除了原书最后两章“排队论”和“存储论”的内容。

除了上述内容修改，本次修订还对书中的部分例题、案例和习题做了更新和调整，剔除了一些问题背景描述过时的，重新改写了一些题意表达不清的，以使举例更具时代感和真实性。本书大部分核心章节的最后都单独给出了应用举例小节，旨在突出运筹学的应用实践意义。

同时，本书更加注重思政教育的引领作用，并努力将其有机融入教学内容之中。以第一章为例，该章节紧密结合运筹学在我国的发展历程和科技强国战略，展示了中国企业近年来在运筹优化技术与业务场景深度融合方面的显著成就，涵盖了国民经济多个领域的重大突破。这些内容不仅能激发学生读者的爱国热情和民族自豪感，还能增强他们对国家发展的责任感和使命感。

本书为提升学习体验和提高学习效率，还进行了新形态教材的设计。在正文中，针对一些重难点部分，我们不仅提供了深入的解析，还链接了书本外的丰富资料，读者只需使用智能手机扫描相关处出现的二维码，即可轻松访问这些数字化资源，实现跨媒体链接。

本书第2版由周晶任主编，徐薇任副主编，她们负责内容的选择和审定。各章节的编写和修订任务具体分工为：周晶参与编写第4章、第6章和第10章；徐薇负责编写第1章、第2章、第3章和第5章，并参与第4章的修订；朱振涛负责编写第4章；伊俊敏负责编写第6章；胡骞、罗志兴负责编写第7章；安智宇负责编写第8章；徐红利负责编写第9章；占杨负责编写第10章，并参与第8章的修订；陈彩华负责编写第11章。

在本书的编写和修订过程中，我们被许多使用本书的教师和学生的积极反馈和宝贵建议所鼓舞，对于他们的支持我们表示衷心感谢。一本优秀的教材是持续精进和打磨的成果。尽管我们不懈努力，但书中一定还会存在疏漏或不妥之处，恳请广大读者批评指正。

编 者

第1版前言

Preface

朴素的运筹思想古已有之，在我国古代文献中有许多记载，如战国时期流传后世的赛马比赛——田忌赛马，就是一个经典的博弈案例。田忌赛马的故事说明事前的筹划安排是十分重要的。在已有的条件下，经过精心筹划、安排，选择一个好的方案，就会取得满意的效果。敌我双方交战，要克敌制胜就要在了解双方情况的基础上，研究制定最佳的对付敌人的策略和战术，这就是所谓的“运筹帷幄之中，决胜千里之外”。

运筹学这个名词最早出现于1938年，当时的英国为了研究整个防空作战系统的合理运行，以便有效地防备德国飞机入侵，成立了由来自物理、数学等不同学科领域的科学家组成的研究小组，他们的研究工作在有效打击敌人和减少盟军的损失方面发挥了重要作用。他们在一份研究报告中首次使用了 Operation Reseach 一词。第二次世界大战结束后，运筹学研究的重点转向民用领域，并获得成功。1947年，美国数学家 G. B. Dantzig 提出了求解线性规划模型的有效方法——单纯形法，并于20世纪50年代初应用电子计算机求解线性规划问题获得成功。到20世纪50年代末，学者们对企业中的一些普遍性优化问题，如库存、资源分配、设备更新和任务分派等问题进行研究，并成功地应用到建筑、纺织、钢铁、煤炭、石油、电力和农业等诸多行业。20世纪60年代，运筹学方法又广泛应用到了服务性行业和社会公共事业。

运筹学一词在英国称为 Operational Research，在美国称为 Operations Research，缩写为 O. R. 。《大英百科全书》中阐明：“运筹学是一门应用于管理有组织系统的科学，运筹学为掌握这类系统的人提供决策目标和数量分析工具。”

运筹学最早主要研究经济活动和军事活动中能用数量来表达的有关策划、管理方面的问题。随着时代的进步和科学技术的发展，运筹学的应用更为广泛，而且解决问题的规模也越来越大、越来越复杂。现实中的优化问题虽然千差万别，但用运筹学来分析和处理时，一般都遵循以下几个工作步骤：确定目标、制订方案、建立模型、提出解法。不同类型的问题可归结为多类不同的数学模型，从而形成了不同的运筹学学科分支，如数学规划（包含线性规划、非线性规划、整数规划和动态规划等）、图论与网络流、决策论、对策论、排队论、存储论，等等。

数学规划的研究对象是最为一般的优化问题，即在给定的限制条件下，按某一衡量指标来寻找最优方案。它可以表示为求函数在满足约束条件下的极大或极小值问题。数学规划中最简单的一种问题就是线性规划。线性规划及其单纯形法对运筹学的发展起到了重大的推动作用。许多实际问题都可以转化成线性规划来解决，单纯形法是解决线性规划的一个行之有效的算法，而计算机技术的发展，使一些大型复杂的实际优化问题的解决成为现实。

图论是一种用直观的图形来表述和解决一类优化问题的运筹学分支。最小支撑树、最短路和最大流等问题是图论中经典的最优化问题。一些不具有图形特征的优化问题也可以用图形来表述和求解，并且更为直观和简便，如匹配问题、设备更新问题等。网络分析技术则利用图形来描述一个工程项目中各项活动之间的关联和时间进度，从而可以对项目进度进行控制和优化。

现实生活中，人们常常需要在一些可选方案中进行选择，而选择的情景可能是不确定的或有风险的，或者是评价方案的目标有多个。如何进行选择或决策，就是决策论要解决的问题。而如果决策者面对一个与他有竞争的决策者时，决策问题就变成了一个博弈问题，前面提到的田忌赛马就是典型的博弈案例。研究博弈问题的理论和方法就是博弈论（也叫作对策论）。

排队论是运筹学的一个重要分支，它又叫作随机服务系统理论。它的研究目的是要回答如何改进服务机构或如何组织被服务的对象，使得某种指标达到最优的问题。比如一个港口应该有多少个码头，银行营业厅应设置多少服务窗口等。排队是一个随机现象，因此在研究排队问题时，需要以概率论作为分析工具。

存储论是研究如何平衡供给与需求之间矛盾的理论与方法。其基本的数学问题就是在特定的需求假设下，确定最优的订货量或生产量。

和所有的其他数学分支一样，运筹学的内容有其经典不变的一面，但是随着社会经济的发展和科学技术的变革，其应用对象所呈现出的丰富性和复杂性也与日俱增。因此，运筹学的理论研究和应用前景都面临更大的机遇和挑战。比如，随着人们对决策行为的关注，已经提出行为运筹学的概念。此外，随着移动互联网技术的发展，可获得海量的实际数据，这些为运筹学的应用提供了更为广阔的空间，使其能够发挥越来越重要的作用。迪士尼游乐场的 Fastpass 系统中就运用了排队论方法。又如目前交通出行的叫车 App 应用软件，其中也包含了最优匹配等优化算法。

本书着重介绍运筹学的主要分支内容，在选材上详略得当，重点突出，对专业词汇给出了中英文对照；注重内容阐述的启发性和新颖性，对经典方法的讲解由浅入深，适当增加了运筹学的最新研究理论和方法，拓展读者视野；注重内容理论阐述的严密性，给出必要的理论性证明和推理；注重案例的时代性，教材中引入了一些新的应用案例，由案例问题引出理论分析方法，再回到实际问题的解决过程；案例及附件中介绍了如何用 Excel 来求解模型，增强了本书的实用性。

本书由周晶担任主编，徐薇担任副主编，她们负责内容的选择和审定。其中周晶参与编写了第 7 章、第 9 章、第 10 章和第 11 章；徐薇负责编写第 1 章、第 2 章和第 5 章；朱振涛、鲁涛负责编写第 3 章和第 4 章；安智宇负责编写第 6 章；伊俊敏负责编写第 7 章；徐红利负责编写第 8 章；吴孝灵负责编写第 9 章；王虹负责编写第 10 章；孙玉玲负责编写第 11 章。

编　者

目　　录

Contents

第 1 章　无处不在的运筹学

1.1　运筹学的起源与发展

运筹学是一门涉及数学、统计学、管理学、心理学和计算机科学等多学科交叉的新兴学科。它的主要目标是在面对复杂决策问题时，通过建立数学模型、进行定量分析和优化算法的研究，以帮助寻找最佳解决方案。现代运筹学的起源普遍认为始于 20 世纪 40 年代，源自第二次世界大战中在军事领域的广泛应用，从英美两国首先发展起来。然而，事实上，运筹学的思想早在人类开始有意识地制订计划和寻求解决问题的办法时就已经开始萌芽，并一直持续至今。运筹学在英国英语中称为“Operational Research”，在美国英语中称为“Operations Research”，简称 OR，直译为“操作研究”或“作战研究”，我国学者将其译为“运筹”。这一翻译不仅传达了运筹学的军事起源，更充分体现了其巧妙筹划、以策略取胜的内涵，是翻译“信、达、雅”的最高境界。

在我国，朴素的运筹思想可以追溯到春秋时期。公元前 684 年，曹刿在齐鲁长勺之战中，通过全面分析两国形势，统筹全局、把握战机，使弱小的鲁国战胜了强大的齐国，成为我国历史上以弱胜强的经典战例之一。类似地，三国时期曹操与袁绍的官渡之战，南北朝时期前秦、东晋的淝水之战等也都充分展现了卓越的谋略运用对取得战争胜利的重要作用。春秋时期的军事著作《孙子兵法》就是军事运筹思想在我国的最早体现。不仅在战场上，战国时期田忌和齐威王赛马的故事也是运筹学博弈论中的一个典型例子。田忌在好友孙膑的指导下通过巧妙地选择赛马顺序，最终赢得了比赛，说明即使在资源劣势的情况下，通过精心筹划也能够取得最佳结果。北宋年间，宋真宗下令大臣丁谓修复被大火烧毁的开封皇宫。丁谓缜密思考，给出了如下的施工方案：先将皇宫前的大街挖成大沟，取土烧砖、烧瓦；再将大沟与汴水相连形成河道，用来承担繁重的运输任务；在修复工程完成后，实施大沟排水，并将废墟物回填，恢复成原来的大街。他“一沟多用”，将取材、生产、运输及废物处理等一起巧妙解决，充分体现了统筹安排、系统优化的思想。

尽管朴素的运筹思想在中国古代历史中屡见不鲜，但很少有人从数学的视角对这些运筹思想和方法进行提升。18 世纪后，西方科学家开始更广泛地采用数学方法来解决实际问题。比如，1736 年，瑞士数学家欧拉（Euler）对“哥尼斯堡七桥问题”的解决开创了图论的研究；1909 年，丹麦工程师埃尔朗（Erlang）利用概率论研究了哥本哈根电话交换所的电话占线问题，最先提出了排队论的概念。随后，现代运筹思想在第一次世界大战时期萌芽。1916 年，英国学者兰彻斯特（Lanchester）发表了关于战争中双方兵力、武器性能与胜利之间数学关系的文章，提出了著名的“兰彻斯特方程”。1928 年，匈牙利数学家冯·诺伊曼（Von Neumann）提出了两人零和博弈的一般理论，成为博弈论发展的关键起点。1939 年，苏联数学家康托洛维奇（Kantorovich）开创性地提出了线性规划，并出版了《生产组织与计划中的数学方法》一书。书中对生产资源的合理配置和生产计划的制订等都给出了数学模型和确定最优方案的具体方法。这些先驱性的成就对运筹学的发展有着深远影响。

现代运筹学真正起源并蓬勃发展是在第二次世界大战时期，因其在军事作战方面的大量成功运用而备受重视。第二次世界大战初期，英国空军面临着日益激烈的空战，如何更好地组织飞机编队、分配燃料和弹药等资源，成为关键问题。为了解决这些挑战，1939 年以曼彻斯特大学物理学家、英国战斗机司令部顾问布莱克特（Blackett）教授为首，组织了一个秘密研究小组，代号“Blackett 马戏团”。这个小组的成员来自不同领域，包括数学、物理、天文和心理学等。他们的主要工作是设计将雷达信息传送到指挥系统和武器系统的最佳方式，并对雷达探测、信息传递、作战指挥、战斗机与武器的协调开展系统研究。该小组的研究工作取得了巨大成功，在他们的一份秘密报告中首次使用了“Operational Research”一词，最初主要指“作战研究”。英国军方于1940 年成立了作战研究科（Operational Research Section，ORS），其主要任务就是使用科学和数学的方法来帮助解决军事问题。第二次世界大战中典型的运筹学应用还有 1942 年，美国麻省理工学院的莫尔斯（Morse）教授应美国大西洋舰队的请求，担任反潜战的指导工作。他的重要贡献之一就是协助英国打破了德国对英吉利海峡的封锁。莫尔斯教授经过多方调查研究提出了两项关键建议：首先，他建议将反潜攻击方式从反潜舰艇投放水雷改为飞机投放深水炸弹，并将起爆深度从 100m 减少为 25m，此时效果最佳；其次，建议将运送物资的船队和护航舰队的编队从小规模多批次改为大规模少批次，以降低损失率。当时的英国首相丘吉尔采纳了莫尔斯的建议，最终成功打破了德国的海上封锁，并重创了德国潜艇部队。

第二次世界大战期间的运筹学发展处于早期阶段，也被称为“军事运筹学”阶段。在战争结束后，人们发现在战后重建和经济复苏的过程中，有许多问题和战时是相似的，比如资源的配置、物资的存储和运输等。因此，许多 ORS 的工作人员回到了学术界和工业界，开始将运筹学方法应用到工业和经济发展的新领域，使得运筹学在战后得到了迅速发展。1947 年，第二次世界大战期间曾在美国空军服役过的年轻数学家丹齐格（Dantzig）提出了单纯形法，为借助计算机高效求解线性规划问题提供了理论和方法，是运筹学发展史上的重要里程碑。1948 年，英国首先成立了运筹学俱乐部。1951 年，莫尔斯和金博尔（Kimball）出版了《运筹学方法》一书，标志着运筹学作为一门新兴学科的正式诞生。1952 年和 1953 年，美国相继成立了运筹学学会和管理科学学会。1959 年，国际运筹学联合会（International Federation of Operational Research Societies，IFORS）成立。1995 年，美国运筹学学会和管理科学学会合并，形成了今天运筹学界最具影响力的专业协会——国际运筹学与管理科学学会（Institute for Operations Research and the Management Sciences，INFORMS）。运筹学由西方引入中国是在 20 世纪 50 年代中后期。在钱学森、许国志等科学家回国后的积极倡导和推动下，多个运筹学小组和研究室相继在中国科学院成立，一批杰出学者投入到了运筹学领域的研究和推广中，其中尤为突出的是华罗庚教授提出的“优选法”和“统筹法”。为推广“双法”的应用，他亲自率领宣讲小分队，深入工厂农村，以通俗易懂的语言和案例向普通群众讲解基本的优化技术和统筹方法。正是这一时期的推广工作，大大推动了运筹学在中国的普及和发展。我国于 1980 年成立中国运筹学会，并于 1982 年加入 IFORS。

对于运筹学的定义，许多书籍和学者都尝试给出比较具体的表述。比如，美国国家科学院院士莫尔斯与金博尔在他们的奠基作《运筹学方法》中给出的定义是，“运筹学是在实行管理的领域，运用数学方法，对需要进行管理的问题统筹规划，从而做出决策的一门应用科学”。《中国大百科全书》中给运筹学的定义是，“运筹学是用数学方法研究经济、民政和国防等部门在内外环境的约束条件下合理分配人力、物力、财力等资源，使实际系统有效运行的技术科学，它可以用来预测发展趋势，制定行动规划或优选可行方案”。运筹学经典教材 *Operations Research*：*An Introduction* 一书中的定义是，“运筹学是一种科学方法，旨在利用定量技术和决策分析来解决组织和系统中的问题。它包括模型构建、优化、模拟和统计分析等方法，以支持决策制定过程”。不难看出，虽然上述定义的表达不尽相同，但都阐明了运筹学以数学方法为工具，以系统优化为思想，以科学决策为目标的核心特点。INFORMS 还曾用一个极为简洁的定义概括了运筹学，称其为“The Science of Better”，充分体现了运筹学学科的精髓。

当下，随着时代和社会的发展，人类所面临的决策问题和决策环境日益复杂，对决策质量的要求也越来越高。同时随着新一轮产业和技术革命浪潮的袭来，大数据、人工智能进入全新的发展阶段，如何利用大数据实现智能决策离不开运筹学的支撑，而数据驱动的决策也将是运筹学未来发展的主要方向。运筹学是人工智能的重要引擎。目前，几乎所有的人工智能问题最后都归结为求解一个优化问题，优化算法已经成为机器学习、深度学习中模型训练的基石，而模型与算法正是运筹学研究的核心。当然，运筹学插上机器学习的翅膀，其适用范围和能力也变强变广了。比如，利用强化学习等方法，可以实现自适应优化和学习控制，从而使决策更智能。同时，云计算和集群技术的革新为更快速的数据分析和模型求解提供了强大的计算资源和能力支持。这些进展使得运筹学解决实际问题的效率和精度得到了进一步提升。总之，运筹学已经是一个高度跨学科的领域，未来还会更加重视不同学科之间的交叉融合并持续发展，为高效解决各种复杂场景下的优化决策问题提供关键支持。

1.2 运筹学的应用场景

运筹学作为一种数学建模和优化技术，已被广泛应用于解决政府、企业以及其他组织中的各类实际问题，特别是在资源分配、决策制定和效率优化等方面发挥了巨大的作用，效果最为显著。在日常工作和生活的各个领域中，运筹学可以说无处不在。

1. 生产与制造

制造业是实体经济的重要支柱。对于制造型企业，运筹学可以帮助企业更好地优化资源配置，提高生产效率，降低生产成本。比如，通过综合考虑生产工序、设备利用率、人力资源等因素，运筹学可以优化生产任务排程，减少生产停滞和闲置时间，以保证生产线的高效运转。在生产线的设计或改造中，运筹学可以帮助确定最佳的生产线布局，以最小化物料搬运距离、减少能源消耗等。通过分析设备的故障数据、维护成本和生产计划，运筹学有助于制定合理的运维策略，最大限度地延长设备的使用寿命，减少生产中断。同时，通过分析生产过程中的数据，运筹学还能够优化产品质量抽检方案以及处理不良品的策略，从而降低次品率，提高产品质量。

2. 物流与供应链管理

除了提升内部的生产制造效率，为应对激烈的市场竞争，企业还需要优化外部的供应链网络，并与供应链中的上下游参与者建立紧密的合作关系，以实现供应链各环节的协同运作。运筹学能够针对可能的供应中断、自然灾害、政治风险等制定风险管理策略，以降低潜在风险对供应链的影响。运筹学还可以综合考虑库存成本、客户需求、供应链透明度等因素，帮助企业建立最佳的库存管理策略，以避免商品积压或因库存短缺而无法满足市场需求；可以考虑到不同物流路线之间的距离、交通拥堵、制造成本等多个因素来计算并构建最佳的物流路线；还可以通过建立模型和设计算法，协助企业制定最优的货车调度和装载方案，以最大化装载量和运输效率。

3. 交通管理

运筹学在现代城市交通管理领域的应用也非常广泛，大大提高了人们的出行效率和安全性。运筹学可以通过构建数学模型和算法来分析交通流量状况、预测道路瓶颈，并优化交通信号灯的时序、车辆行驶路径等，从而最大化利用道路资源。在公共交通方面，运筹学被用于设计和优化公交地铁的线网规划、时刻表编排、人员排班以及车队规模等。在交通安全领域，通过运用数据挖掘和分析，结合机器学习技术，建立交通事故预测模型，可为交管部门提供实时预警，以减少交通事故的发生。此外，我们日常出行中使用的智能导航软件、打车平台等，都离不开运筹学在背后进行最优路线规划和司乘匹配的支持。

4. 医疗健康管理

在医疗行业中，为实现最大化利用医疗资源、降低医疗成本、提高医疗服务质量和效率，以及通过疾病诊断和治疗方案的优化，提高患者的治疗效果和生活质量，运筹学也有了长足的应用。在医院管理方面，通过建立数学模型和算法，运筹学可以预测医院的病床需求、优化诊疗流程和手术排程。在疾病诊断方面，运筹学结合大数据和机器学习技术，可对庞大的医疗数据进行分析，建立更精准的疾病诊断模型，为临床医生提供有效的诊断建议，以降低误诊率。另外，在药品管理方面，通过数据分析和算法优化，运筹学能够对处方审查、药品采购、药品配送等各个环节进行有效管理，从而提高药品利用效率、减少浪费，并为患者提供更优质的服务。

5. 金融与投资

如何通过合理投资来实现资产的保值增值一直是机构和个体投资者都面临的重要现实问题。在金融市场中，收益和风险是相互伴随的，要想获得高额回报通常意味着要承担极大的投资风险。运筹学可帮助金融市场的参与者优化投资决策，建立更准确的交易策略，在控制风险水平的同时提高投资回报率。比如，在证券投资中，通过结合历史股票数据和风险收益数据，建立数学优化模型和求解算法，投资者可以获得一个最佳的投资组合，降低组合风险，提高收益，达到最优配置资产的目的。并且，通过运用运筹学中的随机优化模型，结合机器学习等算法，还可以预测不同证券价格的波动，并结合市场情况来调整投资组合，为投资者建立一系列的风险管理策略，如利用股票期权等衍生产品来减轻股票价格波动对投资组合的负面影响。

6. 项目管理

在项目管理领域中，运筹学可为项目团队提供智能决策支持，有助于高效管理任务、资源和时间，从而实现既定目标。在项目规划阶段，运筹学可帮助确定最优的资源分配方案，合理安排人力、时间、资金等资源，以最大限度地降低成本，缩短项目周期。在任务调度方面，运筹学可以解决多任务并行执行的问题，通过合理的任务调度，在加快项目进度的同时保证资源的高效利用。此外，运筹学还在项目风险管理中发挥作用，通过建立模型预测可能的风险事件，为项目团队制定风险应对策略提供支持。总之，运筹学在项目管理中的应用，不仅可以提升项目交付的效率和质量，还能够增强团队的决策能力，应对不确定性，实现项目成功。

7. 能源管理

能源管理是确保社会可持续发展和资源有效利用的关键，对于降低成本、促进环境友好以及实现“双碳”目标都至关重要。在能源管理领域中，运筹学可以优化能源供应链，科学决策能源采购、储存、运输等方案；可以优化分布式能源系统的设计和运营，提升太阳能、风能的转化效率。运筹学还可以结合大数据和机器学习技术，精准预测未来的用电负荷，运用优化模型和算法给出最佳发电与用电调度策略，以提升电网的运行效率和稳定性。此外，在能耗监测和节能管理等方面，也可通过能耗数据分析、设备运行参数优化等来制定最优的能源利用策略。运筹学的应用正不断推动能源领域的创新与进步。

除了上面提到的应用领域，运筹学还在农业种植、船舶航运、航空航天、环境保护等众多领域发挥着重要作用。其广泛而多元化的应用场景，为各行各业提供了最佳的决策和解决方案。为了表彰那些在实际问题中应用运筹学方法，以提高效率、创造价值和解决复杂问题的组织和团队，INFORMS 每年都会评选并颁发弗兰兹·厄德曼奖（The Franz Edelman Award）。该奖项被公认为是全球运筹与管理科学界的最高荣誉，以纪念美国无线电公司运筹学部门的创建者弗兰兹·厄德曼（Franz Edelman）而得名。入围该奖项的项目不仅要在学术上有创新，还要经过业界检验，在实际落地过程中明确其产生的价值。自 1972 年设立以来，英特尔、先正达、惠普、IBM、通用汽车、摩托罗拉、亚马逊、可口可乐等一批国际知名企业，以及斯隆 - 凯特琳癌症中心、联合国世界粮食计划署等机构都曾荣膺过此奖项。1998 年起，INFORMS 还设立了另一个旨在表彰在运筹学研究实践方面做出突破性杰出成果的实践奖项——瓦格纳运筹学杰出实践奖（The Daniel H. Wagner Prize）。该奖项同样每年评选一次，注重解决方案的创新性和数学应用，以及成功的实践，每年的获奖项目都代表了运筹学领域最前沿的应用。

1.3　运筹学的学科特点和研究分支

从前面对运筹学的起源、发展、定义以及广泛的应用场景的介绍可以看出，运筹学主要研究决策和优化问题，它和许多学科之间都有着深度交叉和密切关联。数学模型和算法是运筹学的核心工具，因此运筹学和数学、计算机科学息息相关。运筹学的核心目标是实现系统的优化，最主要的应用领域是管理决策，并且也是解决复杂系统工程问题的基本手段，因此运筹学是管理科学和系统科学的基础。运筹学界最著名的学术组织 INFORMS 就是由运筹和管理两个学科的学会组织合并而成的，由此可见两者关联之紧密。同时，对现实问题开展定量研究还离不开对决策相关的数据进行收集和分析，以及对随机性和不确定性因素的考虑，因此运筹学与信息科学、统计学和概率论等也密不可分。

运筹学最鲜明的学科特点就是以数学模型和算法为基础，融合多学科理论和方法，从系统优化的视角解决领域广泛的实际问题。虽然不同场景下的研究问题和对象有所差异，然而从数学模型的视角，对于许多问题的处理有共性的方法，因此从方法研究的角度来看，运筹学所包含的主要经典研究分支如下。

1. 线性规划（Linear Programming）

线性规划是运筹学中最基本的优化方法之一，也是研究最为充分、应用最为广泛的一个分支。所谓规划，就是研究如何合理地利用有限的人力、物力、财力、时间等资源，以做出最佳的决策。线性规划是数学规划模型的一种，其特点是模型的目标函数和所有约束条件都是决策变量的线性表达式。典型的应用包括资源分配、生产计划、运输问题等。

2. 非线性规划（Nonlinear Programming）

如果数学规划模型中的目标函数或约束条件不全是线性的，那么这类模型就被归为非线性规划。非线性规划在科学、工程、经济等领域中有广泛的应用，由于允许在目标函数或约束条件中包含非线性项，这使得它更适用于处理复杂的实际问题。在非线性情况下，问题的几何性质发生了根本变化，最优解一般不在可行域的顶点或边界，而可能在其内部，并且大多数情况下只能找到问题的局部最优解。因此，求解非线性规划问题通常要比求解线性规划困难得多，目前还没有一般性的通用算法。

3. 整数规划（Integer Programming）

如果根据决策变量代表的实际含义要求数学规划模型的全部或部分解必须是整数，那么这类模型就是整数规划。例如，当决策变量代表的是机器的台数、工作的人数或装货车的数量等。并且，整数规划中还有一类重要的特殊形式，被称为 0－1 整数规划，就是变量取值只能为 0 或 1，代表一个二元选择。现实中有很多决策属于这一类型。整数规划是一类 NP-hard 问题的代表，因此，求解复杂的整数规划往往需要设计专门的算法。整数规划在生产调度、布局设计、时刻表安排、货物装载、车辆路径问题等领域有广泛的应用。

4. 动态规划（Dynamic Programming）

动态规划是研究多阶段优化决策问题的一个运筹学分支，也是一种求解优化问题的算法思想，常用于求解具有重叠子问题和最优子结构性质的问题。它的核心思想是将复杂的决策问题分解成一系列具有相同结构的子问题，通过求解子问题并记录和重复利用子问题的解，以避免重复计算，从而高效地求出最优解或最优策略。动态规划通常被用于最优控制、资源分配、任务调度以及强化学习等领域。

5. 图论与网络分析（Graph Theory and Network Analysis）

图是由点和边组成的数据结构。现实中，图通常用来描述某些事物之间的特定关系，用点代表事物，用连接两点的边表示两个事物之间具有某种关系。如果对图中的点或边赋予了一些权重值，如产销量、时间、距离、成本等，那么这样的赋权图就被称为网络。图论是研究图形理论、性质及其在各领域中应用的数学分支，图是网络分析的基础。在实际应用中，网络分析会针对具体的网络对象，如道路网络、电力网络、通信网络、社交网络、供应链网络等，通过图论方法来研究各种网络的结构及其连通性、可靠性等，以及流量的优化分析。此外，还有很多复杂的项目管理问题，也会采用网络图来描述各项作业之间的前后关联，从而通过网络计划技术对项目进度进行优化控制。

6. 决策论（Decision Theory）

决策论是研究在面对多个可选行动方案时，决策者是如何做出选择决策的研究分支，其目标是提供一种系统性的方法来理解和改善决策的过程。根据决策者所面临的自然状态确定与否，可以将决策分为确定型决策、不确定型决策和风险型决策。在不确定环境下，决策的结果与决策者的个体特征以及行为规律有直接关联，因此需要在充分理解决策者行为的基础上研究相应的决策理论与方法。决策论在实际应用中能够帮助人们更好地应对不确定性，以降低决策风险。

7. 博弈论（Game Theory）

博弈论，又称对策论，主要研究决策者在有对抗或竞争环境中的决策行为和策略选择。决策者在制定策略时需要考虑其竞争对手的反应，博弈的最终结果不仅依赖自身选择，还取决于竞争对手的选择。然而，对手的行为事先难以准确预测，且往往具有干扰性，因此决策者要制定利益最大化的策略需要有一套逻辑严密的理论。博弈论通过数学方法建立各种博弈模型，分析参与者在不同情境下可能的选择，并探讨不同策略对结果的影响，从而帮助人们在竞争环境中做出更明智的决策。例如，在经济学中，博弈论常用于分析市场中不同厂商之间的价格竞争和合作，从而制定相应的市场规则和政策建议。博弈论的研究成果已广泛应用于经济学、管理学、生物学、计算机科学、政治学和军事学等各个领域。

8. 随机优化（Stochastic Optimization）

随机优化问题泛指考虑随机因素的最优化问题，在建模时会引入随机变量来描述相关的随机因素。比如，在库存管理中，商品需求通常是随机的；在排队系统中，顾客到达的时间间隔和接受服务所花费的时间都可能是随机的；在电力系统中，光伏发电和风力发电会受到天气等不确定因素的影响，因此发电量是随机的。由于现实世界的复杂性和不确定性，因此在处理优化问题时考虑随机因素的影响非常必要。处理随机因素的方法涉及概率统计、随机过程和随机分析等工具。处理方式包括用期望值代替随机变量，将问题转化为确定性问题；或是在概率意义下考虑优化问题，例如，要求在置信区间范围内满足约束，将问题转换为带有机会约束的优化问题。随机优化是运筹学的一个重要分支，涉及的具体方向非常广泛。典型的随机优化研究方向和方法包括排队论、库存论、可靠性理论、马尔可夫决策过程、随机规划、鲁棒优化、分布鲁棒优化等。这些方法和技术帮助我们在处理具有不确定性的实际问题时做出更好的决策和规划。

鉴于篇幅限制和基础教材的定位，本书的内容主要聚焦于确定性优化问题。

1.4 运筹学解决问题的步骤

使用运筹学解决实际问题的步骤通常包括以下几个方面，具体流程如图 1.1 所示。

1. 问题定义

首先，在开展定量的模型研究前，我们需要通过尽可能全面的、系统的定性分析去识别并理解问题，对问题有清晰的定义。也就是说，应该清楚地了解问题的背景，分析问题的各种基本要素，探究影响决策的主要因素以及各因素之间的关联，并进一步明确需要制定哪些决策，决策的主要目标和可能的约束是什么。对于问题的充分理解是后面准确建立数学模型的基础。

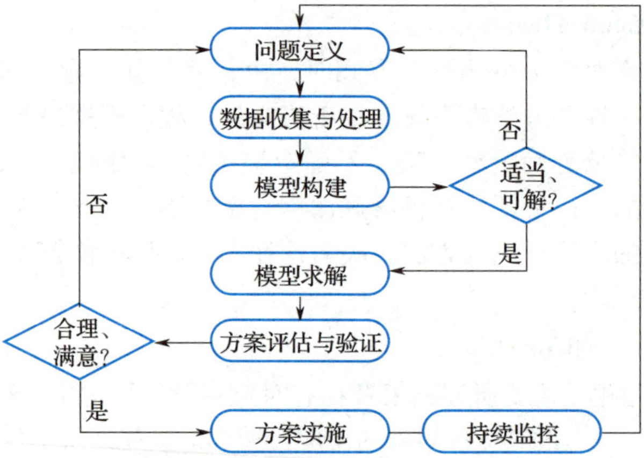

图 1.1 运筹学解决问题的步骤流程

2. 数据收集与处理

在这个大数据时代，利用运筹学解决问题离不开数据的驱动和支撑。一方面，通过对问题的分析识别，需要了解哪些数据和所研究的问题是相关的，需要考虑对这些数据进行收集，并确保数据的准确性和可用性。另一方面，通过对数据的清洗、转换和分析，也能够使我们对现实中潜藏的问题具有更强的洞察力，从而对要解决的问题有更好的了解。并且，一些与决策密切相关的数据往往需要在经过转换后，才能够作为输入定量模型的参数。

3. 模型构建

模型是对实际问题的抽象概括和严格的逻辑表达，构建模型是使用运筹学解决问题的核心步骤。在建模时，我们往往需要对现实世界做一些合理的近似，设定一些必要的假设，使得所建立的模型既能够充分反映问题的本质，又能够找到有效的方法求出数量上的解。通常会依据第一步问题定义中分析的相关要素来选择合适的变量、约束和目标函数，给出具体的参数设定，并根据问题的类型及特点来选择合适的运筹模型。模型构建的质量将直接影响最后问题解决的效果。

4. 模型求解

选用适当的方法和工具（如编写程序、借助软件或调用求解器）来对模型进行求解。在做求解算法设计时，要先对模型的性质做一些分析。比如，是否是凸优化问题，如果不是能否进行转化或近似；模型的最优解是否存在，是否唯一，是否有可能或有必要找到理论的最优解等。再根据问题的具体特点，可求出最优解、次优解或满意解；根据实际对精度的要求以及算法实现的可能性，可求出精确解或近似解。总之，应充分考虑问题的性质、规模和复杂性，在计算时间和精度之间进行综合权衡，确保模型能够在合理的时间内获得可接受的解决方案。

5. 方案评估与验证

在方案落地实施之前，需要对其进行评估与验证，以确保方案有效可行。首先，需要检验模型的解是否合理，是否符合现实要求。当发现问题时，需要再次回到前面的步骤中，确保所有的重要因素都被考虑且正确地纳入了模型。由于解决方案可能需要符合特定的业务需求和实际情况，因此决策者的反馈意见和偏好也应被纳入考虑。其次，需要注意数据的可靠性，是否存在偏差；需要研究模型参数的变化对结果的影响，注意模型是否继续有效，并依据灵敏度分析方法，确定最优解保持稳定时的参数变化范围。如果外界参数变化超出了这个范围，就需要修正模型及其解。最后，对方案的风险和不确定性也应做出适当评估，以帮助决策者了解在实施方案时可能面临的潜在风险。

6. 方案实施

将解决方案投入实际应用并评估其绩效。在实施过程中也可能会遇到问题和阻力，需要对系统、流程等进行一些必要的修正或改进以确保实现最佳效果。并且，方案的实施过程通常不是静态的，而是需要持续监控决策的执行，根据实际情况进行必要的动态调整。如果情况发生变化，可能需要在模型中加入一些新考虑的因素，以及更新部分模型的输入参数，此时往往需要重新构建和运行模型，来重新制定最佳决策。

由此可见，上述步骤并不总是严格线性的，而是常常需要交叉迭代或反复循环，这样才能确保问题得到持续改进和优化。此外，使用运筹学解决问题的成功与否取决于多方因素，因此想要对整个过程有更深刻的认识，还需要学习和了解大量应用运筹学的成功案例，从中汲取经验。

1.5 运筹学在中国的发展与实践

自20世纪60年代以来，钱学森、许国志、华罗庚等老一辈科学家为现代运筹学在中国的推广、普及和深入发展做出了巨大贡献。我国的首个运筹学小组于1956年在中国科学院力学研究所成立，随后1959年，中国科学院数学研究所又成立了第二个运筹学小组。1960年，两个小组合并为数学研究所下的一个研究室。1963年，中国科学技术大学应用数学系首次开设了运筹学专业课。而如今，在我国几乎所有的大学中都有运筹学课程，它已经成为管理学院、商学院、工学院、数学系等许多专业方向的基础课。

运筹学在中国的发展过程中，中国运筹学会起到了非常重要的作用。中国运筹学会成立于改革开放初期的1980年4月，当时是中国数学会的一个分会，华罗庚当选为第一届理事长。1991年，由中华人民共和国民政部和中国科学技术协会批准，中国运筹学会从中国数学会独立出来，成为国家一级学会，凸显了运筹学以数学为基础，但又与数学学科有本质不同的特征。目前，中国运筹学会有16个专业分会，涵盖了现今运筹学的大多数分支方向。

中国运筹学的早期应用主要集中在运输、工业、农业、纺织业等方面。比如，为解决农村粮食调运问题，提出了"图上作业法"；在农业生产中，开展了打麦场选址研究；为合理规划邮递员投送路线，管梅谷教授提出了著名的"中国邮递员问题"；为解决建筑工程、大型设备维修等的工期问题，华罗庚教授大力推广统筹法的应用，《人民日报》曾以整版篇幅发表了华罗庚教授的《统筹方法平话》，是我国最早的项目管理科普文献。20世纪70年代起，优选法在生产工艺、工程设计的参数选择中得到了广泛应用，随后排队论、存储论等的研究也逐渐起步。伴随着改革开放，国内外的学术交流不断增加，中国运筹学得到了快速发展。中国运筹学工作者坚持运筹学研究和国民经济建设等重大项目问题紧密结合，在经济发展计划制订、铁路运输优化安排、大型企业的生产调度优化，以及国家重大工程的风险分析等方面发挥了积极作用，创造了良好的经济效益和社会效益。同时，相关学者也因在运筹学领域的突出贡献，先后获得国家自然科学奖和国际运筹学联合会（IFORS）颁发的“运筹学进展奖”。

近年来，随着中国经济和科技实力的不断增强，越来越多的中国学者和中国企业投身于运筹学的实践应用，将运筹优化技术与业务场景深度结合，在网络规划、物流配送、智能仓储、云资源调度等领域不断取得重大突破，创造了显著的应用价值。由 INFORMS 每年评选的 Franz Edelman 奖是全球运筹和管理科学界的最高工业应用奖，举办迄今已逾 50 年，获奖项目累计已产生 3600 多亿美元的价值，能够入围最终名单的企业和组织都是各行各业中的翘楚。在 2018 年以前，入围者大都是国外知名企业和组织，鲜有中国企业的身影。仅有 2011 年和 2013 年，中国工商银行与 IBM 合作的支行网点选址项目和上海宝钢与东北大学唐立新院士团队合作的生产流程优化项目进入过最终名单。然而，从 2018 年开始，中国企业迅速崛起，屡次入围，让全世界看到了中国在运筹学应用领域取得的前沿成就。

2018 年，清华大学申作军、邓天虎教授团队凭借与中国石油天然气集团（简称中石油）合作的天然气管网运输优化项目入围 Franz Edelman 奖最终名单。其团队研究成果在中石油规划计划部、天然气管道分公司和 10 家地区公司中得到了广泛应用，在天然气产业链资源优化配置、销售方案优化以及管道建设时序优化起到了重要的决策支持作用。2021 年，上海财经大学葛冬冬、何斯迈教授团队与京东合作，凭借在京东“亚洲一号”无人仓中落地应用的无人仓调度算法入围。该无人仓调度算法可以实现复杂的多智能体任务分配和路径规划，在秒级时间内求解百亿级别的优化问题，使得京东的仓储效率提升了 5 倍以上，平均存储成本降低了 50%。同年，阿里巴巴以菜鸟人工智能团队为核心研发的基于大规模邻域搜索和深度强化学习的路径规划算法，以及由联想研究院人工智能实验室携手联想联宝工厂打造的联想智能生产规划系统也入围 Franz Edelman 奖最终名单，在仅有 6 席的入围名单中，中国企业占据了一半。并且从那时起，每年的 Franz Edelman 奖最终决选都有中国企业入围。2022 年，阿里巴巴因在其供应链系统中深度应用运筹优化技术，凭借集成了预测、库存、价格推荐的优化决策算法以及在新零售场景的实践成果，再次进入 Franz Edelman 奖最终名单。阿里巴巴也成为首个连续两年入围总决赛的中国企业。2023 年，华为云借助其在流媒体播放服务上的运筹学方法应用，首次跻身 Franz Edelman 奖最终决选名单。为了实现带宽成本的降低和服务质量的提升，华为云在实践中采用了连续优化、整数规划、图论等运筹方法，并结合机器学习技术，将量身定制的算法嵌入其开发的 GSCO 流量分配系统，可在保证 60 个国家 B2B 直播服务流畅运营的同时，减少 30% 的带宽成本，有效解决了媒体网络资源调度的难题。而在即时物流领域，美团凭借其研发的“智能决策平台”也成功入围，该平台是一套基于用户即时需求的订单分配系统，能够实现每天超过 6000 万个订单的分钟级交付服务。此外，在 2019 年的 INFORMS 年会上，滴滴出行以基于强化学习的网约车派单解决方案荣获了当年的瓦格纳运筹学杰出实践奖。这也是瓦格纳奖创建 22 年以来，首次有中国企业获得该殊荣。

在解决业界痛点问题的过程中，中国学者和企业密切协作，巧妙运用运筹学方法，并依赖大数据、云计算、物联网、人工智能等多种新技术的融合，在许多大规模复杂问题上给出了具有开创性的解决方案，为提升居民生活水平、优化行业资源分配、降低企业运营成本和提高生产效率做出了重要贡献。对运筹学的深入研究和应用，将进一步推动相关行业的降本增效和转型升级，中国的运筹学发展前景必将更加广阔。

第 2 章　线性规划

线性规划是在线性约束下求解线性目标函数最优值的数学理论与方法，它是运筹学中研究较早、发展较快、理论研究最为透彻的一个重要分支。

早在 1826 年，法国数学家傅里叶（Fourier）就为求解线性不等式组而提出了傅里叶 - 莫茨金（Fourier-Motzkin）消元法，线性规划的思想初现端倪。1939 年，苏联数学家康托洛维奇（Kantorovich）出版了《生产组织与计划中的数学方法》，正式提出了线性规划问题，据此模型研究了工业生产的资源合理利用和计划等问题。几乎同时，荷兰裔美国经济学家库普曼斯（Koopmans）将线性规划问题引入经济学领域。1975 年，Kantorovich 与 Koopmans 因他们在线性规划中的杰出工作共享了当年的诺贝尔经济学奖。1947 年，美国数学家丹齐格（Dantzig）提出了求解线性规划的单纯形法（Simplex Method），由于该方法普适性强，并能由计算机编程实现，推动了线性规划在各个领域更为广泛的应用。因此 Dantzig 被誉为“线性规划之父”同年，美国匈牙利数学家冯·诺依曼（von Neumann）提出了对偶理论，完善了单纯形法的理论基础。直到今天，单纯形法仍然是求解线性规划最好的、应用最广泛的一种算法。1984 年，美国贝尔实验室的研究员，美籍印度裔数学家卡马卡（Karmarkar）提出了求解线性规划的多项式时间内点算法，进一步发展了线性规划的数值解法。

本章将首先介绍线性规划的数学模型，然后通过简单的图解法了解线性规划问题解的特征，进而介绍求解线性规划的一般方法——单纯形法。我们将详细阐述单纯形法的基本原理和计算步骤，并给出其矩阵表达。最后，列举一些生产实践中的常见案例，说明建立线性规划模型的技巧和其广泛的应用性。

2.1 线性规划建模

在日常经营管理中，资源的最佳配置问题无处不在。例如，企业的生产管理者总是想尽可能多地生产产品，但会受到原材料供应和设备运转能力的限制；工程建设项目的项目经理总是想实现最短的工期，但会受到劳动力、建设资金等多方面的限制；养殖场主总是希望最小化饲料的成本，但要保证牲畜的正常生长和基本营养。这些问题如果用数学模型来描述都可以建立成一类带有约束的数学规划模型，其共同特点是根据问题要达到的目标选取适当的决策变量，然后将问题的目标和限制条件都用决策变量的函数形式表达。当目标函数和约束函数均为线性时，这类模型就被称为线性规划。“规划（Programming）”这里并不是指计算机程序，而是“计划”的同义词。因此，常见的线性规划问题就是为各类活动制定最佳计划。

下面通过两个简单例子来描述线性规划问题的基本特征，并给出其数学模型的一般形式和标准形式。

2.1.1 线性规划引例

例2.1 某工厂计划生产两种产品A和B，已知生产单位产品时所消耗的资源和用量，以及销售的单位利润（见表2.1）。请问该工厂应生产产品A、B各多少件，可获得最大利润？（仅给出求解模型）

表2.1 工厂生产计划的数据

资源	产品		备用资源
	A	B	
钢材/t	1	2	30
劳动力/工时	3	2	60
特种设备/台时	0	2	24
单位利润/(元/件)	40	50	

解 要建立该问题的数学规划模型，我们从以下几个方面进行考虑：

1）决策变量（Decision Variables）。假设 x_1，x_2 分别表示工厂计划生产产品A、B的数量，这是该问题需做出的决策。

2）目标函数（Objective Function）。决策者通常需要对决策变量的某个函数求最大值（如利润函数）或最小值（如费用函数），该函数被称为目标函数。这里，显然目标函数是利润函数，即

$$\max z = 40x_1 + 50x_2 \tag{2-1}$$

3）约束条件（Constraints）。随着 x_1，x_2 的增加，目标函数（2-1）的值也在增加。如果对 x_1，x_2 没有任何限制，那么工厂必定会任意扩大产量以追求更大利润。但事实上，问题中对 x_1，x_2 是有如下约束的。

条件1 钢材资源只有30个单位，即需满足不等式

$$x_1 + 2x_2 \leqslant 30$$

条件2 劳动力资源只有60个单位，即需满足不等式

$$3x_1 + 2x_2 \leqslant 60$$

条件3 设备资源只有24个单位，即需满足不等式

$$2x_2 \leqslant 24$$

除此以外，我们还必须注意所有决策变量的符号。这里 x_1，x_2 为生产的数量，因此不可能为负数，所以还需要增加两个非负约束条件，即 $x_1 \geqslant 0$，$x_2 \geqslant 0$。

综上，该问题的数学规划模型为

$$\max z = 40x_1 + 50x_2$$
$$\text{s.t.}\begin{cases} x_1 + 2x_2 \leqslant 30 \\ 3x_1 + 2x_2 \leqslant 60 \\ 2x_2 \leqslant 24 \\ x_1,\ x_2 \geqslant 0 \end{cases} \tag{2-2}$$

式中，“s. t. ”是词组“subject to”的缩写，表示决策变量 x_1 和 x_2 需满足所有约束条件（包括符号约束）。

例 2.2　某养殖场可选用市场上四种不同的饲料（编号为 1、2、3、4）来喂养奶牛。已知每单位饲料中维生素 A、B、C 的含量见表 2.2。此外，表中还给出了每种饲料的单位使用成本，以及每头奶牛每天对三种维生素的最低需求。请问养殖场如何制定一个既保证维生素摄入量，又最经济的配食方案？（仅给出求解模型）

表 2.2　维生素含量表

饲料	维生素			饲料成本/(元/单位)
	维生素 A/mg	维生素 B/mg	维生素 C/mg	
饲料 1	4	1	0	2
饲料 2	6	1	2	5
饲料 3	1	7	1	6
饲料 4	2	5	3	8
每天维生素的最低需求	12	14	8	

解　要建立该问题的数学规划模型，我们仍从以下几个方面进行考虑：

1）决策变量。假设 x_1，x_2，x_3，x_4 分别为每天给每头奶牛喂食饲料 1、2、3、4 的单位量。

2）目标函数。这里要求最经济也就是成本最低，因此目标函数是成本函数，即

$$\min z = 2x_1 + 5x_2 + 6x_3 + 8x_4$$

3）约束条件。

条件 1　每头奶牛每天维生素 A 的需求不低于 12 个单位，即需满足不等式

$$4x_1 + 6x_2 + x_3 + 2x_4 \geqslant 12$$

条件 2　每头奶牛每天维生素 B 的需求不低于 14 个单位，即需满足不等式

$$x_1 + x_2 + 7x_3 + 5x_4 \geqslant 14$$

条件 3　每头奶牛每天维生素 C 的需求不低于 8 个单位，即需满足不等式

$$2x_2 + x_3 + 3x_4 \geqslant 8$$

除此以外，决策变量显然也要求非负，即 x_1，x_2，x_3，$x_4 \geqslant 0$。

综上，该问题的数学规划模型为

$$\min z = 2x_1 + 5x_2 + 6x_3 + 8x_4$$

$$\text{s. t.} \begin{cases} 4x_1 + 6x_2 + x_3 + 2x_4 \geqslant 12 \\ x_1 + x_2 + 7x_3 + 5x_4 \geqslant 14 \\ 2x_2 + x_3 + 3x_4 \geqslant 8 \\ x_1, \quad x_2, \quad x_3, \quad x_4 \geqslant 0 \end{cases} \tag{2-3}$$

2.1.2　线性规划模型的一般形式

从上面的引例中可以看出，规划问题的数学模型一般由决策变量、目标函数和约束条件三个要素组成。如果模型中目标函数是决策变量的线性函数，约束条件是决策变量的线性等式或线性不等式，则该类规划问题被称为线性规划。所谓线性，通常是指以下两层含义：比例性（Proportionality），如生产某产品对资源的消耗量和可获得的利润与其生产数量是成比例的；可叠加性（Additivity），如生产多项产品时，可获得的总利润是各项产品的利润之和，并且对某种资源的消耗量亦等于各项产品对该资源的消耗量之和。现实中，很多问题并不完全符合上述

条件，但为处理方便，在建模时往往做了满足线性条件的近似处理。

线性规划问题的**一般形式**如下：

$$
\begin{aligned}
&\max(\min) z = \sum_{j=1}^{n} c_j x_j \\
&\text{s.t.} \sum_{j=1}^{n} a_{ij} x_j \leqslant (=, \geqslant) b_i \quad (i = 1,2,\cdots,m) \\
&x_j \geqslant 0 \quad (j = 1,2,\cdots,n)
\end{aligned}
\tag{2-4}
$$

式中，x_j 为决策变量；c_j 为目标函数中 x_j 的系数（通常称为**价值系数**）；b_i 为约束条件中的右端项（通常称为**资源量**）；a_{ij} 为约束条件中 x_j 的系数，其表示 x_j 取值为 1 个单位时所消耗或含有的第 i 种资源的数量（通常称为**技术系数**）。

2.1.3 线性规划模型的标准形式

由于实际问题的描述各不相同，因而在直接构造的线性规划模型中，其目标函数以及约束条件的表达形式多种多样。正如式（2-4）中所见，目标函数可能是求最大值也可能是求最小值，约束条件可能是“≤”形式、“=”形式或“≥”形式。而对于决策变量，其实也未必都有非负约束，有时并没有限制。但是，为了方便模型求解，尤其是采用单纯形法进行求解，我们会在建模后把一般形式的线性规划问题转换成如下的**标准形式**（Standard Form），即

$$
\begin{aligned}
&\max z = \sum_{j=1}^{n} c_j x_j \\
&\text{s.t.} \sum_{j=1}^{n} a_{ij} x_j = b_i \quad (i = 1,2,\cdots,m) \\
&x_j \geqslant 0 \quad (j = 1,2,\cdots,n)
\end{aligned}
\tag{2-5}
$$

并且要求 $b_i \geqslant 0$，$i=1, 2, \cdots, m$。

这里的“标准”包含四点要求：①目标函数求最大值“max”；②约束条件是等式约束；③决策变量非负；④等式约束的右端项非负。值得注意的是，对于目标函数，标准的定义并不统一，有些书中也以求最小值“min”为标准。而这两者之间事实上只需一个负号就可以相互转换，因此并没有本质区别。本书中，我们以“max”为标准。

对于约束条件的右端项，若 $b_i \leqslant 0$，那么只需等式两端同时乘以“-1”即可满足“标准”的要求。接下来，我们再看一看约束条件和决策变量是如何通过适当转换来满足“标准”的要求的。

➢ **约束条件**

若约束条件为线性不等式，那么有下面两种情况。

【第一种情况】

$$
\sum_{j=1}^{n} a_{ij} x_j \leqslant b_i \tag{2-6}
$$

此时引入变量 $y_i = b_i - \sum_{j=1}^{n} a_{ij} x_j$，那么式（2-6）可改写为

$$\sum_{j=1}^{n} a_{ij}x_j + y_i = b_i,\ y_i \geqslant 0$$

这里通过引入新的非负变量 y_i，将“≤”不等式约束转化为等式约束，称这样的 y_i 为**松弛变量**(Slack Variable)。

【第二种情况】

$$\sum_{j=1}^{n} a_{ij}x_j \geqslant b_i \tag{2-7}$$

此时引入变量 $y_i = \sum_{j=1}^{n} a_{ij}x_j - b_i$，那么式（2-7）可改写为

$$\sum_{j=1}^{n} a_{ij}x_j - y_i = b_i,\ y_i \geqslant 0$$

这里通过引入新的非负变量 y_i，将“≥”不等式约束转化为等式约束，称这样的 y_i 为**剩余变量**（Surplus Variable）。

由此可见，任何线性不等式约束都可以通过适当引入松弛变量或剩余变量转换为线性等式约束。当松弛变量或剩余变量引入线性规划模型后，为保持原问题目标函数不变，只需设定它们在目标函数中的系数为零。

➢ **决策变量**

若某个决策变量 $x_j \leqslant 0$，那么只要令 $x_j' = -x_j$，显然 $x_j' \geqslant 0$。

若某个决策变量 x_j 无任何符号约束（即可以取正值、负值或零），那么要转变成标准形式，最常用的方法是令 $x_j = x_j' - x_j''$，其中 x_j'，$x_j'' \geqslant 0$，将其代入线性规划模型即可。除此以外，也可通过某等式约束将 x_j 从线性规划模型中消去，即决策变量数变为 $n-1$ 个，约束条件数变为 $m-1$ 个。

综上，对于任意一般形式的线性规划问题，总是可以通过适当变换转化为等价的标准形式的线性规划问题。

例2.3 试将下述线性规划问题转化为标准形式。

$$\max z = x_1 + 2x_2 + 4x_3$$

$$\text{s.t.}\begin{cases} 2x_1 + x_2 - x_3 \leqslant 9 & ① \\ -3x_1 + x_2 + 4x_3 \geqslant 25 & ② \\ 4x_1 + x_2 - 4x_3 = -30 & ③ \\ x_1 \leqslant 0,\ x_2 \geqslant 0,\ x_3\ \text{无约束} \end{cases}$$

解 令 $x_1' = -x_1$，$x_3 = x_3' - x_3''$，其中 x_3'，$x_3'' \geqslant 0$；式①左端加上非负松弛变量 x_4；式②左端减去非负剩余变量 x_5；式③两端同时乘以 -1，则上述问题的标准形式为

$$\max z = -x_1' + 2x_2 + 4x_3' - 4x_3''$$

$$\text{s.t.}\begin{cases} -2x_1' + x_2 - x_3' + x_3'' + x_4 = 9 \\ 3x_1' + x_2 + 4x_3' - 4x_3'' - x_5 = 25 \\ 4x_1' - x_2 + 4x_3' - 4x_3'' = 30 \\ x_1' \geqslant 0,\ x_2 \geqslant 0,\ x_3' \geqslant 0,\ x_3'' \geqslant 0,\ x_4 \geqslant 0,\ x_5 \geqslant 0 \end{cases}$$

2.2 线性规划的图解法

建立线性规划模型后，下一步的任务就是求解。对于只有两个决策变量的简单线性规划问题，可以通过图解法进行直观求解。同时，我们将通过图解法把几何图形与线性规划问题中的相关基本概念联系起来，这有助于后面对求解线性规划的单纯形法的基本思路的理解。

首先给出线性规划问题可行解与最优解的定义。考虑标准形式的线性规划问题，若用紧凑的矩阵和向量形式表达，可写为

$$\max z = \boldsymbol{c}^{\mathrm{T}}\boldsymbol{x} \tag{2-8}$$

$$\text{s. t.}\quad \boldsymbol{Ax} = \boldsymbol{b} \tag{2-9}$$

$$\boldsymbol{x} \geqslant \boldsymbol{0} \tag{2-10}$$

其中

$$\boldsymbol{A} = \begin{pmatrix} a_{11} & a_{12} & \cdots & a_{1n} \\ a_{21} & a_{22} & \cdots & a_{2n} \\ \vdots & \vdots & & \vdots \\ a_{m1} & a_{m2} & \cdots & a_{mn} \end{pmatrix},\ \boldsymbol{x} = \begin{pmatrix} x_1 \\ x_2 \\ \vdots \\ x_n \end{pmatrix},\ \boldsymbol{c} = \begin{pmatrix} c_1 \\ c_2 \\ \vdots \\ c_n \end{pmatrix},\ \boldsymbol{b} = \begin{pmatrix} b_1 \\ b_2 \\ \vdots \\ b_m \end{pmatrix}$$

向量不等式 $\boldsymbol{x} \geqslant \boldsymbol{0}$ 意味着 n 维向量 $\boldsymbol{x}$ 的每一个分量 $x_j \geqslant 0$，$j=1, 2, \cdots, n$。

若用 $\boldsymbol{p}_j(j=1,2,\cdots,n)$ 表示系数矩阵 $\boldsymbol{A}$ 中的列向量，为

$$\boldsymbol{p}_j = \begin{pmatrix} a_{1j} \\ a_{2j} \\ \vdots \\ a_{mj} \end{pmatrix}$$

则约束条件 $\boldsymbol{Ax} = \boldsymbol{b}$ 还可写为

$$x_1\boldsymbol{p}_1 + x_2\boldsymbol{p}_2 + \cdots + x_n\boldsymbol{p}_n = \boldsymbol{b} \tag{2-11}$$

可行解 满足约束条件式（2-9）和式（2-10）的解 $\boldsymbol{x} = (x_1, x_2, \cdots, x_n)^{\mathrm{T}}$ 称为线性规划问题的**可行解**（Feasible Solution）。通常，线性规划问题总是含有多个可行解，全部可行解的集合称为**可行域**（Feasible Region）。

最优解 使目标函数式（2-8）达到最大值的可行解称为线性规划问题的**最优解**（Optimal Solution）。

2.2.1 图解法的步骤

图解法的思路是首先画出线性规划问题的可行域，然后通过平移目标函数等值线从可行域中找到最优解。下面以例 2.1 为例具体给出图解法求解的过程。例 2.1 的线性规划模型为

$$\max z = 40x_1 + 50x_2$$

$$\text{s. t.}\begin{cases} x_1 + 2x_2 \leqslant 30 & ① \\ 3x_1 + 2x_2 \leqslant 60 & ② \\ 2x_2 \leqslant 24 & ③ \\ x_1,\ x_2 \geqslant 0 \end{cases}$$

图解法的主要步骤可分为以下三步：

步骤 1　画出可行域

以 x_1 为横坐标、x_2 为纵坐标画出平面直角坐标系。将所有的约束条件在该平面直角坐标系中画出，找出交集的部分即为可行域。如图 2.1 所示，由非负约束知可行域位于坐标平面的第一象限。此外，在图中，我们用直线和箭头来表示单个不等式约束所给出的半平面，l_1 对应不等式约束①，l_2 对应不等式约束②，l_3 对应不等式约束③。

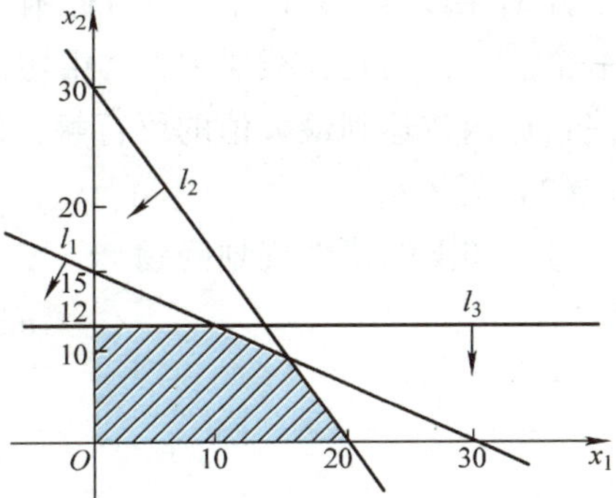

图 2.1　图解法示意图 – 步骤 1

步骤 2　画出目标函数等值线

将目标函数 $z=40x_1+50x_2$ 改写为 $x_2=-\dfrac{4}{5}x_1+\dfrac{1}{50}z$。随着 z 的变化，可得到一族斜率为 $-4/5$ 的平行线。在每一条直线上，目标函数值 z 相同，因此被称为**目标函数等值线**。如图 2.2 中虚线所示，向量 $\boldsymbol{D}$ 代表目标函数值 z 增大的方向。

步骤 3　确定最优解

根据定义，最优解是在可行域中使目标函数值达到最优的点。在本例中，优化的目标为求最大值，因此将目标函数等值线沿 z 增大的方向平移，直到与可行域的边界相切时为止，切点就是最优解点，如图 2.3 所示。若再继续向右上方移动，虽然 z 继续增大，但目标函数等值线上已再没有点在可行域中了。注意，若所求线性规划问题的目标是求最小值，那么目标函数等值线就应向目标函数值减小的方向平移，直到与可行域的边界相切时为止。

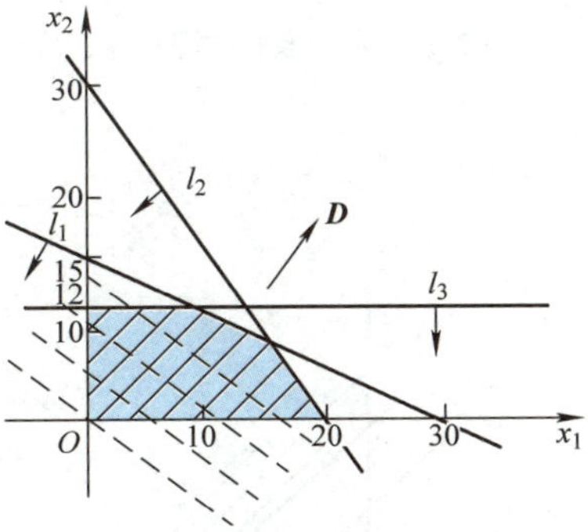

图 2.2　图解法示意图 – 步骤 2

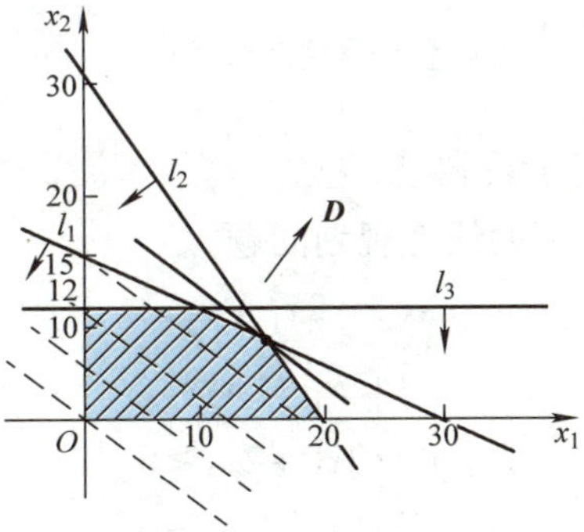

图 2.3　图解法示意图 – 步骤 3

2.2.2　线性规划解的几种可能性

尽管由图解法得到的例 2.1 的最优解是唯一的，但对于一般线性规划问题的求解，还可能出现以下几种情况。

（1）无穷多个最优解

若将例 2.1 中的目标函数改为 $z=40x_1+80x_2$，则该目标函数的等值线恰好与第一个约

束条件 $x_1+2x_2\leqslant 30$ 平行。当目标函数等值线向增大的方向平移时，与可行域的交点不是在一个点上，而是在线段 BC 上相切，如图 2.4 所示。显然，这时线段 BC 上的所有点都是使目标函数达到最大值的可行解，即该问题有无穷多个最优解。

（2）无界解

考虑如下的线性规划问题

$$\max z=2x_1+4x_2$$

$$\text{s. t.}\begin{cases}2x_1+x_2\geqslant 8\\-x_1+x_2\leqslant 2\\x_1,\ x_2\geqslant 0\end{cases}$$

用图解法求解（见图 2.5），该问题的可行域是无界的。容易看出，这里目标函数等值线可以一直向右上方平移，目标函数值可以达到无穷大，即最优解无界。一般来说，产生无界解的原因是由于在建立实际问题的数学模型时遗漏了某些必要的约束条件。

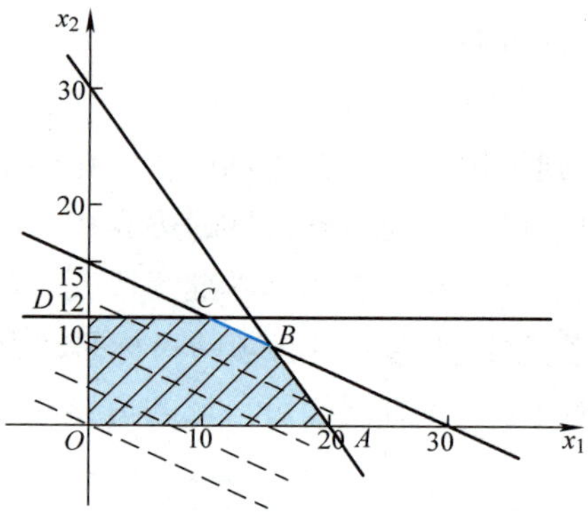

图 2.4　无穷多个最优解的情形

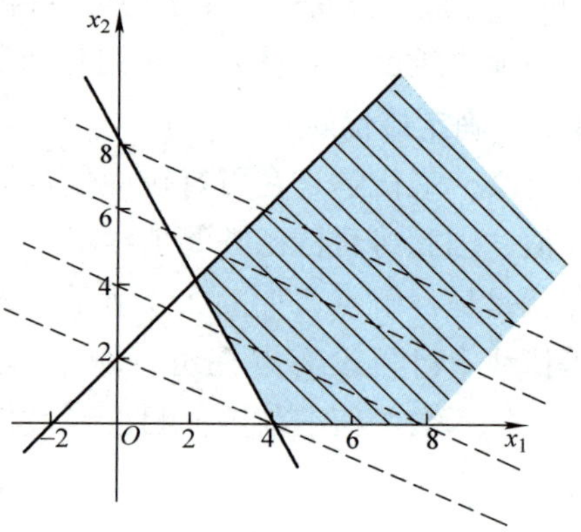

图 2.5　无界解的情形

（3）无可行解

考虑如下的线性规划问题

$$\max z=2x_1+x_2$$

$$\text{s. t.}\begin{cases}x_1+\ \ x_2\leqslant 2\\2x_1+2x_2\geqslant 6\\x_1,\quad x_2\geqslant 0\end{cases}$$

用图解法求解（见图 2.6），该问题不存在满足所有约束条件的公共区域，即可行域为空集，因此无可行解。导致无可行解的原因是线性规划模型的约束条件之间存在矛盾。若在解决实际问题时碰到这种情况，应该检查并修改模型。

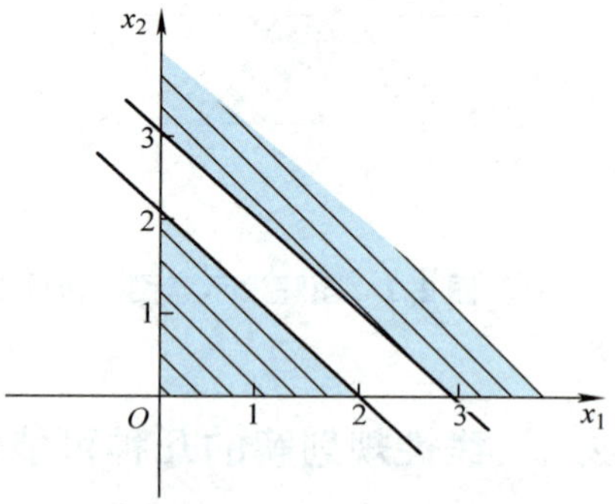

图 2.6　无可行解的情形

综上，一个线性规划问题的可行域及最优解的可能结果如图 2.7 所示。

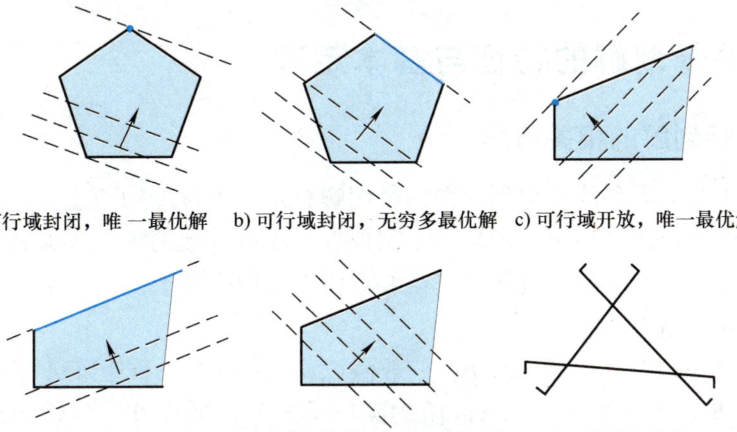

a) 可行域封闭，唯一最优解　b) 可行域封闭，无穷多最优解　c) 可行域开放，唯一最优解

d) 可行域开放，无穷多最优解　e) 可行域开放，目标函数无界　f) 可行域为空集

图 2.7　线性规划问题的可行域及最优解的可能结果

2.2.3　图解法的启示

图解法虽然只能用来求解含有两个决策变量的简单线性规划问题，但是从中不难看出一般线性规划问题的解的两大特点：

1）若线性规划问题有可行解，则其可行域一定是一个凸集。

2）若线性规划问题有最优解，则其最优解或最优解之一（有无穷多最优解时）一定在可行域的某个顶点处达到。

下面我们先给出关于凸集和顶点的数学定义，在下一节中将给出关于上述观察结果的严格数学证明。

凸集　设 $\boldsymbol{x}_1$，$\boldsymbol{x}_2 \in S$ 是集合 S 内的任意两点，如果对任意的 $\boldsymbol{x} = \alpha\boldsymbol{x}_1 + (1-\alpha)\boldsymbol{x}_2, 0 \leqslant \alpha \leqslant 1$，有 $\boldsymbol{x} \in S$，那么称集合 S 为凸集（Convex Set）。从几何上来说，若某集合中任意两点的连线仍然属于该集合，那么该集合为凸集。容易证明，两个凸集的交集仍然是凸集。

图 2.8a、b、f 表示的集合是凸集，而图 2.8c、d、e 表示的集合不是凸集。

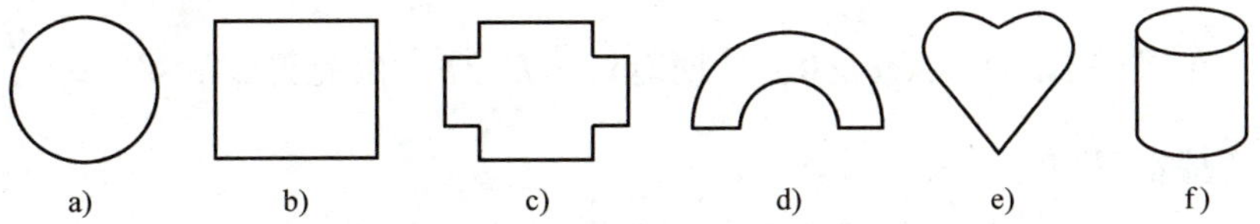

图 2.8　凸集与非凸集举例

顶点　设 $\boldsymbol{x}$ 是凸集 S 中的一个点，如果 S 中找不到其他两个不同于 $\boldsymbol{x}$ 的点 $\boldsymbol{x}_1$，$\boldsymbol{x}_2$，使得 $\boldsymbol{x}_1$，$\boldsymbol{x}_2$ 的连线经过点 $\boldsymbol{x}$，则称点 $\boldsymbol{x}$ 为凸集 S 的顶点（Vertex）。用数学表达式来写，即凸集 S 中找不到两个不同于 $\boldsymbol{x}$ 的点 $\boldsymbol{x}_1$，$\boldsymbol{x}_2$，使得 $\boldsymbol{x} = \alpha\boldsymbol{x}_1 + (1-\alpha)\boldsymbol{x}_2$，$0 < \alpha < 1$。顶点也称为极点（Extreme Point）。

图 2.9 中标出的点 A、B、C、D、E 即为该凸多边形的顶点（极点）。

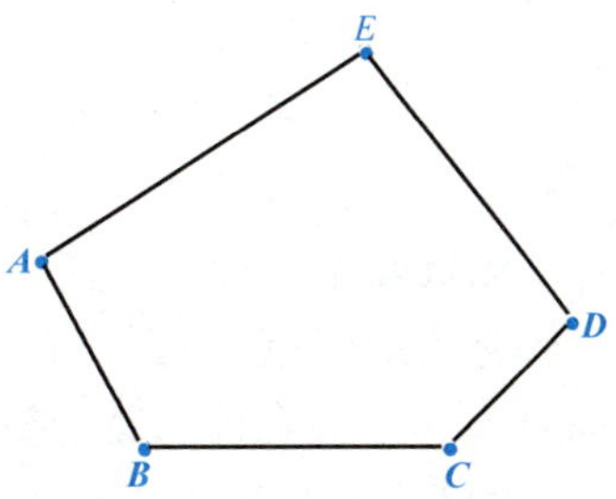

图 2.9　凸多边形的顶点

2.3 线性规划解的特征与基本定理

2.3.1 线性规划解的相关概念

在上一节中我们看到线性规划问题的最优解总是在可行域的顶点处达到，这意味着可以将搜寻最优解的范围从整个可行域缩小到仅仅关注可行域的顶点。那么如何从代数角度去定义线性规划问题的一类可行解，其恰好对应着几何图形上的可行域顶点呢？下面给出线性规划解的相关概念。

基 考虑等式约束方程组 $\boldsymbol{A}\boldsymbol{x}=\boldsymbol{b}$，一般假设 $m\times n$ 阶的系数矩阵 $\boldsymbol{A}$ 是行满秩的，秩为 $m(m\leqslant n)$，若 $\boldsymbol{B}$ 是 $\boldsymbol{A}$ 中的一个 $m\times m$ 阶的满秩子矩阵，则称 $\boldsymbol{B}$ 是线性规划问题的一个**基**（Basis）或**基矩阵**。

不失一般性，假定系数矩阵 $\boldsymbol{A}$ 的前 m 列列向量线性无关，组成矩阵 $\boldsymbol{B}$，即

$$\boldsymbol{B}=\begin{pmatrix} a_{11} & a_{12} & \cdots & a_{1m} \\ a_{21} & a_{22} & \cdots & a_{2m} \\ \vdots & \vdots & & \vdots \\ a_{m1} & a_{m2} & \cdots & a_{mm} \end{pmatrix}=(\boldsymbol{p}_1, \boldsymbol{p}_2, \cdots, \boldsymbol{p}_m)$$

矩阵 $\boldsymbol{B}$ 中的列向量 $\boldsymbol{p}_j(j=1, 2, \cdots, m)$ 称为**基变量**，与基向量 $\boldsymbol{p}_j$ 对应的变量 x_j 称为**基变量**（Basic Variable），其组成 m 维的子向量 $\boldsymbol{x}_B$。将矩阵 $\boldsymbol{A}$ 和向量 $\boldsymbol{x}$ 中的剩余部分分别记为 $\boldsymbol{N}$ 和 $\boldsymbol{x}_N$，则它们可写成分块形式为

$$\boldsymbol{A}=[\boldsymbol{B} \quad \boldsymbol{N}],\ \boldsymbol{x}=\begin{pmatrix} \boldsymbol{x}_B \\ \boldsymbol{x}_N \end{pmatrix}$$

从而约束方程可改写为

$$\boldsymbol{B}\boldsymbol{x}_B+\boldsymbol{N}\boldsymbol{x}_N=\boldsymbol{b}$$

由矩阵 $\boldsymbol{B}$ 非奇异，进一步可得

$$\boldsymbol{x}_B=\boldsymbol{B}^{-1}\boldsymbol{b}-\boldsymbol{B}^{-1}\boldsymbol{N}\boldsymbol{x}_N \tag{2-12}$$

基本解 在式(2-12)中令 $\boldsymbol{x}_N=\boldsymbol{0}$，从而有 $\boldsymbol{x}_B=\boldsymbol{B}^{-1}\boldsymbol{b}$。由此得到的解 $\boldsymbol{x}=\begin{pmatrix} \boldsymbol{B}^{-1}\boldsymbol{b} \\ \boldsymbol{0} \end{pmatrix}$ 称为线性规划问题的**基本解**（Basic Solution）。

由上述定义可见，线性规划的基本解中非零分量的数目不大于 m，且基本解的个数是有限的，不超过 $C_n^m=\dfrac{n!}{m!(n-m)!}$ 个。

基本可行解 满足非负约束条件的基本解，即 $\boldsymbol{B}^{-1}\boldsymbol{b}\geqslant\boldsymbol{0}$ 的基本解，称为**基本可行解**（Basic Feasible Solution）。

最优基本可行解 使目标函数达到最大值的基本可行解称为**最优基本可行解**（Optimal Basic Feasible Solution），相应的基称为**最优基**（Optimal Basis）。

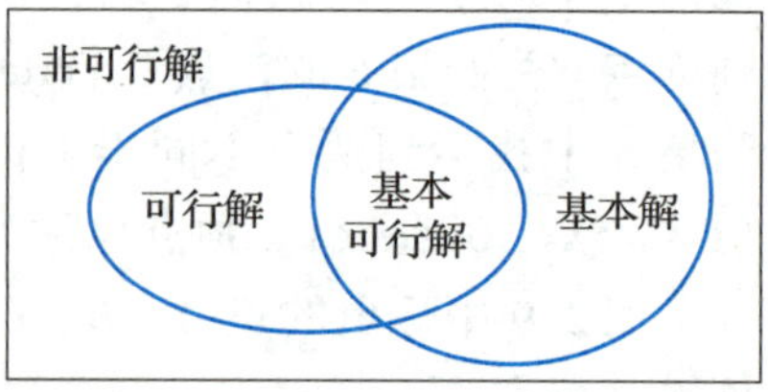

图 2.10 线性规划解的关系图

图 2.10 给出了以上几种解的关系示意图，其中基本可行解是基本解与可行解的交集。在 2.3.2 节中我们

将证明所谓基本可行解就对应着可行域的顶点。

2.3.2 线性规划的基本定理

下面给出关于线性规划问题解的三个基本定理，它们从理论上严格证明了 2.2.3 节中的观察性质，并表明了几何图形与相关代数基本概念之间的对应关系。由于任意一般的线性规划问题都可以转化成标准形式，因此以下讨论均基于线性规划的标准形。

定理 2.1 若线性规划问题存在可行解，则其可行域是凸集。

证 令 $S=\{\boldsymbol{x}\mid \boldsymbol{A}\boldsymbol{x}=\boldsymbol{b},\boldsymbol{x}\geqslant\boldsymbol{0}\}$，则 S 是线性规划问题的可行域。设 $\boldsymbol{x}_1,\boldsymbol{x}_2$ 是 S 内的任意两点，那么 $\boldsymbol{x}_1,\boldsymbol{x}_2$ 连线上的任意一点可表示为

$$\bar{\boldsymbol{x}}=\alpha\boldsymbol{x}_1+(1-\alpha)\boldsymbol{x}_2,\ 0\leqslant\alpha\leqslant 1$$

将 $\boldsymbol{x}_1$，$\boldsymbol{x}_2$ 代入约束条件有

$$\boldsymbol{A}\boldsymbol{x}_1=\boldsymbol{b},\ \boldsymbol{A}\boldsymbol{x}_2=\boldsymbol{b}$$

并且 $\boldsymbol{x}_1\geqslant\boldsymbol{0}$，$\boldsymbol{x}_2\geqslant\boldsymbol{0}$。于是，

$$\begin{aligned}\boldsymbol{A}\bar{\boldsymbol{x}}&=\boldsymbol{A}(\alpha\boldsymbol{x}_1+(1-\alpha)\boldsymbol{x}_2)=\alpha\boldsymbol{A}\boldsymbol{x}_1+(1-\alpha)\boldsymbol{A}\boldsymbol{x}_2\\&=\alpha\boldsymbol{b}+(1-\alpha)\boldsymbol{b}=\boldsymbol{b}\end{aligned}$$

此外，由 $\alpha\geqslant 0$，$1-\alpha\geqslant 0$ 得 $\bar{\boldsymbol{x}}\geqslant\boldsymbol{0}$。所以 $\bar{\boldsymbol{x}}$ 也在 S 内，即 S 为凸集。证毕。

定理 2.2 线性规划问题的基本可行解与可行域的顶点一一对应。

证 首先证明"可行域的顶点是基本可行解"。假设 $\boldsymbol{x}$ 是可行域 S 的一个顶点，其中某 k 个分量大于零，由可行性知

$$x_1\boldsymbol{p}_1+x_2\boldsymbol{p}_2+\cdots+x_k\boldsymbol{p}_k=\boldsymbol{b} \tag{2-13}$$

用反证法。假如 $\boldsymbol{x}$ 不是基本可行解，那么 $\boldsymbol{p}_1$，$\boldsymbol{p}_2$，…，$\boldsymbol{p}_k$ 线性相关，存在不全为零的一组系数 y_1，y_2，…，y_k，使得

$$y_1\boldsymbol{p}_1+y_2\boldsymbol{p}_2+\cdots+y_k\boldsymbol{p}_k=\boldsymbol{0}$$

设 $\boldsymbol{y}$ 的其他分量为 0，适当选取 ε 使 $\boldsymbol{x}\pm\varepsilon\boldsymbol{y}\in S$。此时，$\boldsymbol{x}=\frac{1}{2}(\boldsymbol{x}+\varepsilon\boldsymbol{y})+\frac{1}{2}(\boldsymbol{x}-\varepsilon\boldsymbol{y})$，即 $\boldsymbol{x}$ 可以写成另外两个与之不同的点 $\boldsymbol{x}+\varepsilon\boldsymbol{y}$ 和 $\boldsymbol{x}-\varepsilon\boldsymbol{y}$ 的凸组合，说明 $\boldsymbol{x}$ 不是顶点，与假设矛盾。因此，若 $\boldsymbol{x}$ 是可行域 S 的一个顶点，则 $\boldsymbol{x}$ 是基本可行解。

接下来证明"基本可行解是可行域的顶点"。仍然用反证法。假设 $\boldsymbol{x}$ 是一个基本可行解，但 $\boldsymbol{x}$ 不是可行域的顶点，那么可以找到可行域内另外两个不同点 $\boldsymbol{y}$ 和 $\boldsymbol{z}$，有

$$x_j=\alpha y_j+(1-\alpha)z_j,\ 0<\alpha<1,j=1,2,\cdots,n$$

因为 $\alpha>0$ 且 $1-\alpha>0$，所以当 $x_j=0$ 时，必有 $y_j=z_j=0$。假设 $\boldsymbol{x}$ 中有 k 个分量大于零，由可行性，有式 (2-13) 成立，并且对 $\boldsymbol{y}$ 和 $\boldsymbol{z}$ 同样有

$$y_1\boldsymbol{p}_1+y_2\boldsymbol{p}_2+\cdots+y_k\boldsymbol{p}_k=\boldsymbol{b} \tag{2-14}$$

$$z_1\boldsymbol{p}_1+z_2\boldsymbol{p}_2+\cdots+z_k\boldsymbol{p}_k=\boldsymbol{b} \tag{2-15}$$

用式 (2-14) 减去式 (2-15)，得

$$\sum_{j=1}^{k}(y_j-z_j)\boldsymbol{p}_j=\boldsymbol{0}$$

由于 $\boldsymbol{y}$ 和 $\boldsymbol{z}$ 是两个不同的点，即（$y_j - z_j$）不全为零，故 $\boldsymbol{p}_1$，$\boldsymbol{p}_2$，…，$\boldsymbol{p}_k$ 线性相关，即 $\boldsymbol{x}$ 不是基本可行解，与假设矛盾。因此，若 $\boldsymbol{x}$ 是基本可行解，则 $\boldsymbol{x}$ 是可行域的顶点。证毕。

定理 2.3 若线性规划问题有最优解，一定存在一个基本可行解是最优解。

证 设 $\boldsymbol{x}^{(0)} = (x_1^0, \cdots, x_n^0)$ 是线性规划问题的一个最优解。若 $\boldsymbol{x}^{(0)}$ 不是基本可行解，则由定理 2.2，$\boldsymbol{x}^{(0)}$ 不是可行域的顶点，即可以找到另外两个点 $\boldsymbol{x}^{(1+)}(\mu) = \boldsymbol{x}^{(0)} + \mu\delta \geqslant 0$ 和 $\boldsymbol{x}^{(1-)}(\mu) = \boldsymbol{x}^{(0)} - \mu\delta \geqslant 0$。由于 $\boldsymbol{x}^{(0)}$ 是最优解，因此其相应的目标函数值最大，即

$$\boldsymbol{c}^{\mathrm{T}}\boldsymbol{x}^{(0)} \geqslant \boldsymbol{c}^{\mathrm{T}}(\boldsymbol{x}^{(0)} \pm \mu\delta) \tag{2-16}$$

由式（2-16）得 $\mu\boldsymbol{c}^{\mathrm{T}}\delta = 0$，即 $\boldsymbol{c}^{\mathrm{T}}\boldsymbol{x}^{(0)} = \boldsymbol{c}^{\mathrm{T}}(\boldsymbol{x}^{(0)} \pm \mu\delta)$，故 $\boldsymbol{x}^{(1+)}(\mu)$ 和 $\boldsymbol{x}^{(1-)}(\mu)$ 也都是线性规划问题的最优解。

以上过程说明已知 $\boldsymbol{x}^{(0)}$ 为最优解，若它不是基本可行解，则总可以用上述办法构造新的最优解 $\boldsymbol{x}^{(1+)}(\mu)$ 或 $\boldsymbol{x}^{(1-)}(\mu)$，其非零分量至少比 $\boldsymbol{x}^{(0)}$ 少一个。如果新的最优解的非零分量所对应的向量组线性无关的话，则其为基本可行解，定理得证；否则，重复前面的步骤，最后一定可以找到一个基本可行解是最优解。证毕。

2.4 单纯形法

2.4.1 迭代原理

由线性规划解的基本定理可以看出，对最优解的搜寻只需考虑基本可行解即可，而基本可行解的个数是有限的，这样显然缩小了寻找最优解的搜索范围，因此大大减少了计算工作量。单纯形法（Simplex Method）的基本思想就是从线性规划问题的某一个基本可行解（即可行域的某一个顶点）出发，经过最优性判定，若当前的基本可行解已经是最优解，则停止；否则经过基变换得到另一个目标函数值改善的基本可行解。如此反复，直至找到最优解（即目标函数值取得最优的基本可行解），或者判定问题为无界解或无最优解。由此可见，单纯形法需要解决的三个关键问题是：①初始基本可行解的确定；②解的最优性判定；③相邻基的转换。下面将通过说明如何解决这三个问题来阐释单纯形法的迭代原理。

（1）初始基本可行解的确定

要开始单纯形法的迭代，首先要确定一个初始基本可行解，也就是要在等式约束的系数矩阵中确定一个初始的可行基。为方便起见，一般会以一个单位矩阵作为初始基，即

$$\boldsymbol{B} = (\boldsymbol{p}_1, \boldsymbol{p}_2, \cdots, \boldsymbol{p}_m) = \begin{pmatrix} 1 & 0 & \cdots & 0 \\ 0 & 1 & \cdots & 0 \\ \vdots & \vdots & & \vdots \\ 0 & 0 & \cdots & 1 \end{pmatrix}$$

对于约束条件均为“≤”的线性规划模型，在将其转化为标准形式时，可引入的松弛变量的系数矩阵即为单位矩阵。例如，通过建模得到的一般线性规划模型为

$$\max z = 2x_1 - x_2$$

$$\text{s. t.} \begin{cases} 3x_1 + 5x_2 \leqslant 15 \\ 6x_1 + 2x_2 \leqslant 12 \\ 2x_1 + 3x_2 \leqslant 6 \\ x_1, x_2 \geqslant 0 \end{cases}$$

那么利用单纯形法求解时，首先将其转换为标准形式，即

$$\max z = 2x_1 - x_2 + 0x_3 + 0x_4 + 0x_5$$

$$\text{s. t.} \begin{cases} 3x_1 + 5x_2 + x_3 = 15 \\ 6x_1 + 2x_2 + x_4 = 12 \\ 2x_1 + 3x_2 + x_5 = 6 \\ x_1, x_2, x_3, x_4, x_5 \geqslant 0 \end{cases}$$

显然，这里引入的松弛变量 x_3，x_4，x_5 所对应的列向量就构成一个单位矩阵，以该单位矩阵为初始基，则 x_3，x_4，x_5 为基变量。令非基变量 $x_1 = x_2 = 0$，易得 $x_3 = 15$，$x_4 = 12$，$x_5 = 6$，满足非负条件，因此$(0, 0, 15, 12, 6)^{\mathrm{T}}$ 是一个初始基本可行解。事实上，以单位矩阵为基的好处就是其对应的基变量解为 $\boldsymbol{x_B} = \boldsymbol{B}^{-1}\boldsymbol{b} = \boldsymbol{I}^{-1}\boldsymbol{b} = \boldsymbol{b}$，由于标准形中要求右端项 $\boldsymbol{b} \geqslant \boldsymbol{0}$，所以单位矩阵对应的基本解一定是一个基本可行解。

对于线性规划约束条件为“≥”或“=”的情况，虽然不能通过标准化的转换得到单位矩阵，但是可以通过构造人工基的办法，人为地产生一个单位矩阵，这将在下一节中做详细讨论。

（2）解的最优性判定

假定已得到线性规划问题的一个基本可行解 $\boldsymbol{x}^{(0)}$，其中前 m 个分量为基变量，即

$$\boldsymbol{x}^{(0)} = (x_1^{(0)}, x_2^{(0)}, \cdots, x_m^{(0)}, 0, \cdots, 0)^{\mathrm{T}}$$

代入目标函数，得

$$z_0 = \sum_{i=1}^{m} c_i x_i^{(0)}$$

由式（2-12）可知，基本可行解中的基变量可由非基变量表示，即

$$\boldsymbol{x_B} = \boldsymbol{B}^{-1}\boldsymbol{b} - \boldsymbol{B}^{-1}\boldsymbol{N}\boldsymbol{x_N}$$

代入目标函数，得

$$\begin{aligned} z &= \boldsymbol{c}^{\mathrm{T}}\boldsymbol{x} = \boldsymbol{c}_{\boldsymbol{B}}^{\mathrm{T}}\boldsymbol{x_B} + \boldsymbol{c}_{\boldsymbol{N}}^{\mathrm{T}}\boldsymbol{x_N} \\ &= \boldsymbol{c}_{\boldsymbol{B}}^{\mathrm{T}}(\boldsymbol{B}^{-1}\boldsymbol{b} - \boldsymbol{B}^{-1}\boldsymbol{N}\boldsymbol{x_N}) + \boldsymbol{c}_{\boldsymbol{N}}^{\mathrm{T}}\boldsymbol{x_N} \\ &= \boldsymbol{c}_{\boldsymbol{B}}^{\mathrm{T}}\boldsymbol{B}^{-1}\boldsymbol{b} + (\boldsymbol{c}_{\boldsymbol{N}}^{\mathrm{T}} - \boldsymbol{c}_{\boldsymbol{B}}^{\mathrm{T}}\boldsymbol{B}^{-1}\boldsymbol{N})\boldsymbol{x_N} \end{aligned} \tag{2-17}$$

由于在基本可行解中 $\boldsymbol{x_N} = \boldsymbol{0}$，因此 $z_0 = \boldsymbol{c}_{\boldsymbol{B}}^{\mathrm{T}}\boldsymbol{B}^{-1}\boldsymbol{b}$。

由式（2-17）可以看出，目标函数值 z 随非基变量 $\boldsymbol{x_N}$ 的变化而变化。若 $\boldsymbol{x_N}$ 中的某个分量 x_j 前面的系数大于零，那么将 x_j 从零增大，目标函数值 z 会增大；相反，若 $\boldsymbol{x_N}$ 中的某个分量 x_j 前面的系数小于零，那么将 x_j 从零增大，目标函数值 z 会减小。

如果线性规划问题的优化目标是求极大值，令 $\sigma_j = (\boldsymbol{c}_{\boldsymbol{N}}^{\mathrm{T}} - \boldsymbol{c}_{\boldsymbol{B}}^{\mathrm{T}}\boldsymbol{B}^{-1}\boldsymbol{N})_j$ 表示式（2-17）中分量 x_j 所对应的系数，若对所有的 j 有 $\sigma_j \leqslant 0$，则当前的基本可行解就是最优解，因为

此时目标函数值已无法再增大了；若存在某个 $\sigma_j>0$，则当前的基本可行解不是最优解，因为有可能通过增大 x_j 的值使目标函数值增大。因此，一般称 σ_j 为检验数或判别数，由其值的正负来判定当前的基本可行解是否是最优解。显然，如果线性规划问题的优化目标是求极小值，那么最优性判定准则就变为当所有的检验数 $\sigma_j\geqslant 0$ 时达到最优解。

例如，在上面的例子中，我们得到的初始基本可行解是（0，0，15，12，6），其中 x_1，x_2 是非基变量，x_3，x_4，x_5 是基变量。因此，按式（2-17）具体可得

$$z=0+2x_1-x_2$$

由于非基变量 x_1 前面的系数大于零（即其检验数大于零），若将 x_1 从零增大，目标函数值 z 显然可以继续增大，因此当前的初始基本可行解不是最优解。

此时，增大 x_1 的值，即将分量 x_1 从非基变量转换为基变量（因为在基本可行解中只有基变量才可能取值大于零）。那么，相应就要有一个原来的基变量变为非基变量，也就是要进行基的转换。下面我们来具体讨论单纯形法中基是如何转换的。

（3）相邻基的转换

在单纯形法中，基的转换是在相邻基之间进行的。这里，所谓“相邻（Adjacent）”，是指两个基本可行解之间有且仅有一个基变量发生改变。例如，考察下面的两个基本可行解

$$\boldsymbol{x}^{(0)}=(x_1^0,x_2^0,\cdots,x_{m-1}^0,x_m^0,0,0,\cdots,0)^{\mathrm{T}} \text{ 和 } \boldsymbol{x}^{(1)}=(x_1^1,x_2^1,\cdots,x_{m-1}^1,0,x_{m+1}^1,0,\cdots,0)^{\mathrm{T}}$$

在从 $\boldsymbol{x}^{(0)}$ 到 $\boldsymbol{x}^{(1)}$ 的转换中，前 $m-1$ 个基变量保持不变，仅仅将第 m 个分量由基变量变为非基变量，而将第 $m+1$ 个分量由非基变量变为基变量。显然，相邻基的转换要分别确定进基变量（Entering Variable）和出基变量（Leaving Variable），由此找到一个新的基本可行解。

1）进基变量的确定。当某个非基变量的检验数 $\sigma_j>0$ 时，如前所述，增大相应 x_j 的取值，目标函数值可以继续增大。因此，选择 x_j 为进基变量。当有两个或两个以上 $\sigma_j>0$ 时，就需要选择某一个分量作为进基变量。一种选择准则是为使目标函数值增大得最快，找到其中最大者 σ_k，即

$$\sigma_k=\max_j\ \{\sigma_j\,|\,\sigma_j>0\}$$

选择其对应的变量 x_k 为进基变量（也称换入变量）。其他选择准则将在 2.5.5 节中讨论。

2）出基变量的确定。为保持基变量个数为 m，在确定一个进基变量后还必须确定一个出基变量（也称换出变量）。出基变量确定的原则是保持解的可行性。也就是说，要使原基本可行解的某一个正分量变为零，同时保持其余分量为非负。

假设现有基本可行解 $\boldsymbol{x}^{(0)}=(x_1^0,x_2^0,\cdots,x_m^0,0,\cdots,0)^{\mathrm{T}}$，其满足等式约束（2-11），即

$$x_1^0\boldsymbol{p}_1+x_2^0\boldsymbol{p}_2+\cdots+x_m^0\boldsymbol{p}_m=\boldsymbol{b} \tag{2-18}$$

此外，由于 $\boldsymbol{p}_1$，$\boldsymbol{p}_2$，…，$\boldsymbol{p}_m$ 是一组基向量，那么其他非基向量 $\boldsymbol{p}_k$（$k>m$）可用这组基向量的线性组合来表示，有

$$\boldsymbol{p}_k=a_{1k}\boldsymbol{p}_1+a_{2k}\boldsymbol{p}_2+\cdots+a_{mk}\boldsymbol{p}_m \tag{2-19}$$

将式（2-19）乘上一个正数 $\theta>0$，再加上式（2-18）并整理，得

$$(x_1^0-\theta a_{1k})\boldsymbol{p}_1+(x_2^0-\theta a_{2k})\boldsymbol{p}_2+\cdots+(x_m^0-\theta a_{mk})\boldsymbol{p}_m+\theta\boldsymbol{p}_k=\boldsymbol{b} \tag{2-20}$$

由式（2-20）可得另一个满足等式约束（2-11）的点 $\boldsymbol{x}^{(1)}$，即

$$\boldsymbol{x}^{(1)}=(x_1^0-\theta a_{1k},\ x_2^0-\theta a_{2k},\ \cdots,\ x_m^0-\theta a_{mk},\ 0,\ \cdots,\ \theta,\ \cdots,\ 0)^{\mathrm{T}}$$

式中，θ 是 $\boldsymbol{x}^{(1)}$ 的第 k 个坐标的值。要保证 $\boldsymbol{x}^{(1)}$ 是一个基本可行解，必须对所有 $i=1, 2, \cdots, m$ 有

$$x_i^0-\theta a_{ik}\geqslant 0$$

令

$$\theta=\min_i\left\{\frac{x_i^0}{a_{ik}}\middle| a_{ik}>0\right\}=\frac{x_l^0}{a_{lk}}$$

则

$$x_i^0-\theta a_{ik}\begin{cases}=0 & (i=l)\\ \geqslant 0 & (i\neq l)\end{cases}$$

此时，至少有一个分量 x_l 取值变为零，令其为出基变量。由此，$\boldsymbol{x}^{(1)}$ 是和 $\boldsymbol{x}^{(0)}$ 相邻的一个基本可行解。

3）旋转运算。若选定进基变量为 x_k，出基变量为 x_l，则系数矩阵中第 k 列和第 l 行的交叉点元素 a_{lk} 被称为**旋转主元**（Pivot Element）。交换系数矩阵中的第 k 列和第 l 列，此时由向量 $\boldsymbol{p}_1, \cdots, \boldsymbol{p}_{l-1}, \boldsymbol{p}_k, \boldsymbol{p}_{l+1}, \cdots, \boldsymbol{p}_m$ 加上右端项 $\boldsymbol{b}$ 得到增广矩阵为

$$(\boldsymbol{p}_1, \boldsymbol{p}_2, \cdots, \boldsymbol{p}_m|\boldsymbol{b})=\left(\begin{array}{cccccccc|c}1 & 0 & \cdots & 0 & a_{1k} & 0 & \cdots & 0 & b_1\\ 0 & 1 & \cdots & 0 & a_{2k} & 0 & \cdots & 0 & b_2\\ \vdots & \vdots & & \vdots & \vdots & \vdots & & \vdots & \vdots\\ 0 & 0 & \cdots & 1 & a_{l-1,k} & 0 & \cdots & 0 & b_{l-1}\\ 0 & 0 & \cdots & 0 & a_{lk} & 0 & \cdots & 0 & b_l\\ 0 & 0 & \cdots & 0 & a_{l+1,k} & 1 & \cdots & 0 & b_{l+1}\\ \vdots & \vdots & & \vdots & \vdots & \vdots & & \vdots & \vdots\\ 0 & 0 & \cdots & 0 & a_{mk} & 0 & \cdots & 1 & b_m\end{array}\right)$$

由于 $a_{lk}>0$，故该矩阵左半部分的行列式不为零，向量 $\boldsymbol{p}_1, \cdots, \boldsymbol{p}_{l-1}, \boldsymbol{p}_k, \boldsymbol{p}_{l+1}, \cdots, \boldsymbol{p}_m$ 构成一个新的基。为保持迭代过程中基矩阵始终为单位矩阵，对上述矩阵进行初等变换。

➢ 第 l 行数字除以旋转主元 a_{lk}，即

$$a_{lj}'=\frac{a_{lj}}{a_{lk}},\ b_l'=\frac{b_l}{a_{lk}}$$

➢ 第 l 行数字除以旋转主元 a_{lk} 后得到的数字再分别乘以 $(-a_{ik})$ 后加到其他各行上去，即

$$a_{ij}'=a_{ij}-\frac{a_{lj}}{a_{lk}}\cdot a_{ik},\ b_i'=b_i-\frac{b_l}{a_{lk}}\cdot a_{ik}\,(i\neq l)$$

以上操作被称为**旋转运算**。此时，增广矩阵左半部分变为单位矩阵。

2.4.2 迭代步骤

根据2.4.1节中讲述的原理，以线性规划标准形式为例，其单纯形法求解算法的具体迭代步骤如下：

步骤1 列出初始单纯形表，要求 $(\boldsymbol{B}^{-1}\boldsymbol{b})_i\geqslant 0$。

步骤2 进行最优性判断。若所有的 $\sigma_j=(\boldsymbol{c}^{\mathrm{T}}-\boldsymbol{c}_{\boldsymbol{B}}^{\mathrm{T}}\boldsymbol{B}^{-1}\boldsymbol{A})_j\leqslant 0$，则当前表中的基本可行解即为最优解，计算结束。否则转到步骤3。

步骤 3 确定进基变量。若存在 $\sigma_j>0$，那么计算

$$\max_j \{\sigma_j \mid \sigma_j>0\} = \sigma_s \tag{2-21}$$

将对应的列变量 x_s 作为进基变量。

步骤 4 确定出基变量。检查进基变量 x_s 所在的第 s 列，若所有的 $a_{is}\leqslant 0$，则线性规划问题有无界解；若存在 $a_{is}>0$，那么计算

$$\theta = \min_i \left\{\frac{b_i}{a_{is}} \mid a_{is}>0\right\} = \frac{b_r}{a_{rs}} \tag{2-22}$$

将对应的行变量 x_r 作为出基变量，a_{rs} 为旋转主元。

步骤 5 重复步骤 2～步骤 4，直到计算结束。

例 2.4 用单纯形法求解线性规划问题

$$\max z = 40x_1 + 50x_2$$

$$\text{s. t.}\begin{cases} x_1 + 2x_2 \leqslant 30 \\ 3x_1 + 2x_2 \leqslant 60 \\ 2x_2 \leqslant 24 \\ x_1,\ x_2 \geqslant 0 \end{cases}$$

解 首先将上述问题化成标准形式，为

$$\max z = 40x_1 + 50x_2 + 0x_3 + 0x_4 + 0x_5$$

$$\text{s. t.}\begin{cases} x_1 + 2x_2 + x_3 = 30 \\ 3x_1 + 2x_2 + x_4 = 60 \\ 2x_2 + x_5 = 24 \\ x_1,\ x_2,\ x_3,\ x_4,\ x_5 \geqslant 0 \end{cases}$$

由于引入的松弛变量 x_3，x_4，x_5 所对应的列向量构成一个单位矩阵，因此可作为初始可行基，以此列出初始单纯形表，见表 2.3。

表 2.3 初始单纯形表

c_j			40	50	0	0	0
c_B	x_B	b	x_1	x_2	x_3	x_4	x_5
0	x_3	30	1	2	1	0	0
0	x_4	60	3	2	0	1	0
0	x_5	24	0	[2]	0	0	1
	σ_j		40	50	0	0	0

该表中有大于零的检验数 σ_1，σ_2，故表中的基本可行解不是最优解。选择检验数较大的非基变量 x_2 作为进基变量。将 $\boldsymbol{b}$ 列除以 $\boldsymbol{p}_2$ 列的同行大于零的数字，得

$$\theta = \min\left\{\frac{30}{2},\ \frac{60}{2},\ \frac{24}{2}\right\} = \frac{24}{2} = 12$$

由此可知 $a_{32}=2$ 为旋转主元（以方括号 [ ] 做标记），主元所在行所对应的基变量 x_5 为出基变量。用 x_2 替换 x_5 得到一组新的基变量，其所对应的基本可行解见表 2.4。

表 2.4 基本可行解（一）

c_j			40	50	0	0	0
c_B	x_B	b	x_1	x_2	x_3	x_4	x_5
0	x_3	6	[1]	0	1	0	-1
0	x_4	36	3	0	0	1	-1
50	x_2	12	0	1	0	0	1/2
	σ_j		40	0	0	0	-25

由于表 2.4 中还存在大于零的检验数 σ_1，因此重复上述步骤（见表 2.5），直至单纯形表中所有检验数 $\sigma_j \leqslant 0$（见表 2.6）。此时，表 2.6 中的基本可行解 $\boldsymbol{x}=(15, 15/2, 0, 0, 9)^{\mathrm{T}}$ 为最优解，最优目标函数值为 $z=975$。

表 2.5 基本可行解（二）

c_j			40	50	0	0	0
c_B	x_B	b	x_1	x_2	x_3	x_4	x_5
40	x_1	6	1	0	1	0	-1
0	x_4	18	0	0	-3	1	[2]
50	x_2	12	0	1	0	0	1/2
	σ_j		0	0	-40	0	15

表 2.6 基本可行解（三）

c_j			40	50	0	0	0
c_B	x_B	b	x_1	x_2	x_3	x_4	x_5
40	x_1	15	1	0	-1/2	1/2	0
0	x_5	9	0	0	-3/2	1/2	1
50	x_2	15/2	0	1	3/4	-1/4	0
	σ_j		0	0	-35/2	-15/2	0

2.4.3 单纯形法的向量矩阵表示

在前面介绍单纯形法的过程中，我们详细讨论了单纯形表中各个元素的计算。为更深入地理解单纯形法，用更简洁的方式表达单纯形法的本质，本小节介绍单纯形法的向量矩阵表示。

考虑如下的线性规划问题，为

$$\max\ z=\boldsymbol{c}^{\mathrm{T}}\boldsymbol{x}$$
$$\text{s. t. } \boldsymbol{A}\boldsymbol{x}\leqslant \boldsymbol{b}$$
$$\boldsymbol{x}\geqslant \boldsymbol{0}$$

用单纯形法求解，首先将其转换为标准形式。引入非负的松弛向量 $\boldsymbol{x}_s$，将不等式约束化为等式约束。

$$\max\ z=\boldsymbol{c}^{\mathrm{T}}\boldsymbol{x}+\boldsymbol{0}^{\mathrm{T}}\boldsymbol{x}_s$$
$$\text{s. t. } \boldsymbol{A}\boldsymbol{x}+\boldsymbol{I}\boldsymbol{x}_s=\boldsymbol{b}$$
$$\boldsymbol{x},\ \boldsymbol{x}_s\geqslant \boldsymbol{0}$$

此时，以单位矩阵 $\boldsymbol{I}$ 作为初始可行基，松弛向量 $\boldsymbol{x}_s$ 作为初始基变量，得到表 2.7 所示的初始单纯形表。

表 2.7　基变量为 $\boldsymbol{x}_s$ 的初始单纯形表

c_j			$\boldsymbol{c}_B^{\mathrm{T}}$	$\boldsymbol{c}_N^{\mathrm{T}}$	$\boldsymbol{0}^{\mathrm{T}}$
$\boldsymbol{c}_B$	$\boldsymbol{x}_B$	$\boldsymbol{b}$	$\boldsymbol{x}_B$	$\boldsymbol{x}_N$	$\boldsymbol{x}_S$
$\boldsymbol{0}$	$\boldsymbol{x}_S$	$\boldsymbol{b}$	$\boldsymbol{B}$	$\boldsymbol{N}$	$\boldsymbol{I}$
	σ_j		$\boldsymbol{c}_B^{\mathrm{T}}$	$\boldsymbol{c}_N^{\mathrm{T}}$	$\boldsymbol{0}^{\mathrm{T}}$

若经过若干次换基迭代后，矩阵 $\boldsymbol{B}$ 成为可行基（矩阵 $\boldsymbol{B}$ 是矩阵 $\boldsymbol{A}$ 中的一个 m 阶非奇异方阵），则单纯形表如表 2.8 所示。

表 2.8　基变量为 $\boldsymbol{x}_B$ 的单纯形表

c_j			$\boldsymbol{c}_B^{\mathrm{T}}$	$\boldsymbol{c}_N^{\mathrm{T}}$	$\boldsymbol{0}^{\mathrm{T}}$
$\boldsymbol{c}_B$	$\boldsymbol{x}_B$	$\boldsymbol{b}$	$\boldsymbol{x}_B$	$\boldsymbol{x}_N$	$\boldsymbol{x}_S$
$\boldsymbol{c}_B$	$\boldsymbol{x}_B$	$\boldsymbol{B}^{-1}\boldsymbol{b}$	$\boldsymbol{I}$	$\boldsymbol{B}^{-1}\boldsymbol{N}$	$\boldsymbol{B}^{-1}$
	σ_j		$\boldsymbol{0}^{\mathrm{T}}$	$\boldsymbol{c}_N^{\mathrm{T}}-\boldsymbol{c}_B^{\mathrm{T}}\boldsymbol{B}^{-1}\boldsymbol{N}$	$-\boldsymbol{c}_B^{\mathrm{T}}\boldsymbol{B}^{-1}$

这里若 $\boldsymbol{c}_N^{\mathrm{T}}-\boldsymbol{c}_B^{\mathrm{T}}\boldsymbol{B}^{-1}\boldsymbol{N}\leqslant 0$ 且 $-\boldsymbol{c}_B^{\mathrm{T}}\boldsymbol{B}^{-1}\leqslant 0$，那么该单纯形表就是最终的最优单纯形表，矩阵 $\boldsymbol{B}$ 为最优基。

事实上，从初始单纯形表到最优单纯形表的若干转换，相当于对初始单纯形表左乘最优基的逆矩阵 $\boldsymbol{B}^{-1}$（合并表 2.8 中的 $\boldsymbol{c}_B^{\mathrm{T}}$ 列和 $\boldsymbol{c}_N^{\mathrm{T}}$ 列，简化得表 2.9）。

表 2.9　基变量为 $\boldsymbol{x}_B$ 的简化单纯形表

c_j			$\boldsymbol{c}^{\mathrm{T}}$	$\boldsymbol{0}^{\mathrm{T}}$
$\boldsymbol{c}_B$	$\boldsymbol{x}_B$	$\boldsymbol{b}$	$\boldsymbol{x}$	$\boldsymbol{x}_S$
$\boldsymbol{c}_B$	$\boldsymbol{x}_B$	$\boldsymbol{B}^{-1}\boldsymbol{b}$	$\boldsymbol{B}^{-1}\boldsymbol{A}$	$\boldsymbol{B}^{-1}$
	σ_j		$\boldsymbol{c}^{\mathrm{T}}-\boldsymbol{c}_B^{\mathrm{T}}\boldsymbol{B}^{-1}\boldsymbol{A}$	$-\boldsymbol{c}_B^{\mathrm{T}}\boldsymbol{B}^{-1}$

2.5 单纯形法的进一步讨论

2.5.1 人工变量法

如前所见，如果线性规划问题中所有的约束条件均为“≤”的线性不等式，那么将其转化为标准形式后，在 $\boldsymbol{Ax}=\boldsymbol{b}$ 的系数矩阵 $\boldsymbol{A}$ 中就会自然含有一个单位矩阵，以此作为单纯形法的初始可行基非常方便。

若在 $\boldsymbol{Ax}=\boldsymbol{b}$ 的系数矩阵 $\boldsymbol{A}$ 中不能直接观察到一个单位矩阵，则可通过适当添加虚构的人工变量（Artificial Variables）的方法构造一个单位矩阵作为初始可行基。例如，对每一个约束条件加入一个人工变量 x_{n+1}，…，x_{n+m}，得

$$
\begin{cases}
a_{11}x_1+\cdots+a_{1n}x_n+x_{n+1} & =b_1 \\
a_{21}x_1+\cdots+a_{2n}x_n \qquad +x_{n+2} & =b_2 \\
\quad\vdots \\
a_{m1}x_1+\cdots+a_{mn}x_n \qquad +x_{n+m} & =b_m \\
x_1,\ \cdots,\ x_{n-1},\ x_n,\ x_{n+1},\ \cdots,\ x_{n+m}\geqslant 0
\end{cases}
$$

此时，x_{n+1}，…，x_{n+m}的系数形成一个 m 阶单位矩阵，以 x_{n+1}，…，x_{n+m}为基变量，令非基变量 x_1，…，x_n 为 0，即得到初始基本可行解 $\boldsymbol{x}^{(0)}=(0,\ \cdots,\ 0,\ b_1,\ \cdots,\ b_m)^{\mathrm{T}}$。

由于未添加人工变量前所有的约束条件已经是等式，因此，为保证这些等式仍然成立，在最优解中的人工变量取值必须为零。若经过基变换，当所有检验数 $\sigma_j\leqslant 0$ 时，基变量中仍含有人工变量且不为零，则意味着原问题无可行解。

那么，加入人工变量后，对线性规划问题的目标函数应做怎样的处理才能使最优解中的人工变量取值为零呢？下面我们将介绍两种方法——大 $\boldsymbol{M}$ 法和两阶段法。

(1) 大 $\boldsymbol{M}$ 法

所谓“大 M 法（The Big M Method)”，又称“惩罚法”，就是在目标函数中设人工变量的系数为“$-M$”，其中 M 表示一个很大的正数，称为“罚因子”。此时，对于求目标函数最大化的标准线性规划问题来讲，只要人工变量取值大于零，目标函数值就不可能取到最大。

例 2.5 用单纯形法求解线性规划问题

$$
\max z=x_1+2x_2+x_3
$$

$$
\text{s. t.}\begin{cases}
x_1+4x_2-2x_3\geqslant 120 \\
x_1+\ x_2+\ x_3=\ 60 \\
x_1,\quad x_2,\quad x_3\geqslant 0
\end{cases}
$$

解 首先将上述问题化为标准形式，引入剩余变量 x_4，得

$$
\max z=x_1+2x_2+x_3
$$

$$
\text{s. t.}\begin{cases}
x_1+4x_2-2x_3-x_4=120 & ① \\
x_1+\ x_2+\ x_3 \qquad\ =\ 60 & ② \\
x_1,\quad x_2,\quad x_3,\quad x_4\geqslant 0
\end{cases}
$$

对于约束条件①，如果等式两边同乘 -1，那么 $x_4=-120$ 可以作为一个基变量，但是它不满足 $x_4\geqslant 0$ 的符号约束，因此不是一个可行的基变量。而在约束条件②中无明显的基变量。因此，为方便利用单纯形法进行求解，对于约束条件①和②分别引入人工变量 x_5，x_6，此时约束条件变为

$$
\begin{cases}
x_1+4x_2-2x_3-x_4+x_5 & =120 \\
x_1+\ x_2+\ x_3 \qquad\qquad +x_6 & =\ 60 \\
x_j\geqslant 0\ (j=1,\ 2,\ \cdots,\ 6)
\end{cases}
$$

目标函数中人工变量前的系数设为 M，即

$$\max z = x_1 + 2x_2 + x_3 - Mx_5 - Mx_6$$

此时，取基变量 x_5，x_6，可得表 2.10 为初始单纯形表。

表 2.10 初始单纯形表

c_j			1	2	1	0	$-M$	$-M$
c_B	x_B	b	x_1	x_2	x_3	x_4	x_5	x_6
$-M$	x_5	120	1	[4]	-2	-1	1	0
$-M$	x_6	60	1	1	1	0	0	1
	σ_j		$1+2M$	$2+5M$	$1-M$	$-M$	0	0

经过基变换，单纯形法的迭代过程见表 2.11 ~ 表 2.13。

表 2.11 单纯形法迭代过程（一）

c_j			1	2	1	0	$-M$	$-M$
c_B	x_B	b	x_1	x_2	x_3	x_4	x_5	x_6
2	x_2	30	1/4	1	$-1/2$	$-1/4$	1/4	0
$-M$	x_6	30	3/4	0	[3/2]	1/4	$-1/4$	1
	σ_j		$\frac{2+3M}{4}$	0	$\frac{4+3M}{2}$	$\frac{2+M}{4}$	$\frac{-2-5M}{4}$	0

表 2.12 单纯形法迭代过程（二）

c_j			1	2	1	0	$-M$	$-M$
c_B	x_B	b	x_1	x_2	x_3	x_4	x_5	x_6
2	x_2	40	1/2	1	0	$-1/6$	1/6	1/3
1	x_3	20	1/2	0	1	[1/6]	$-1/6$	2/3
	σ_j		$-1/2$	0	0	1/6	$\frac{-1-6M}{6}$	$\frac{-4-3M}{3}$

表 2.13 单纯形法迭代过程（三）

c_j			1	2	1	0	$-M$	$-M$
c_B	x_B	b	x_1	x_2	x_3	x_4	x_5	x_6
2	x_2	60	1	1	1	0	0	1
0	x_4	120	3	0	6	1	-1	4
	σ_j		-1	0	-1	0	$-M$	$-2-M$

在表 2.13 中，所有检验数 $\sigma_j \leqslant 0$，并且人工变量不在基变量中，因此得到最优解为 $\boldsymbol{x}^* = (0, 60, 0, 120, 0, 0)^{\mathrm{T}}$。

（2）两阶段法

用大 M 法处理人工变量，在手工计算求解时是可行的。但是在用计算机求解时，由于大 M 法只能输入一个很大的正数，这时如果选取不当，例如与原问题中的数据大小接近，就可能因计算机取值上的误差导致计算结果错误。因此，可以考虑对添加人工变量后的线性规划问题分阶段处理。

"两阶段法（The Two-Phase Method）"，顾名思义就是将线性规划问题的求解分为两个阶段进行。首先，和大 M 法一样添加人工变量。在第一阶段中，通过求解目标函数为最小化所有人工变量和的线性规划问题，要么可以找到原问题的一个基本可行解，要么可以判断出原问题无可行解。在第二阶段中，去除人工变量，重新引入原问题的目标函数，然后利用第一阶段的解作为初始基本可行解来继续单纯形法，直至求得最优解。两阶段法的优点是在用计算机处理求解时，不用考虑 M 的取值，避免了取值误差可能导致的结果误差。

下面用两阶段法求解例 2.5。第一阶段是先求解一个目标函数只包含人工变量的线性规划问题，即令原目标函数中其他变量的系数为 0，人工变量的系数取某正常数（一般取 1），在添加人工变量的原约束条件下求这个目标函数极小时的最优解。和大 M 法一样添加人工变量 x_5，x_6，构造第一阶段的线性规划问题为

$$\min z = x_5 + x_6$$

$$\text{s.t.}\begin{cases} x_1 + 4x_2 - 2x_3 - x_4 + x_5 = 120 \\ x_1 + x_2 + x_3 + x_6 = 60 \\ x_j \geqslant 0 \ (j = 1, 2, \cdots, 6) \end{cases}$$

以 x_5，x_6 为基变量得初始单纯形表，第一阶段的计算过程见表 2.14 ~ 表 2.16。

表 2.14　计算过程（一）

	c_j		0	0	0	0	1	1
c_B	x_B	b	x_1	x_2	x_3	x_4	x_5	x_6
1	x_5	120	1	[4]	-2	-1	1	0
1	x_6	60	1	1	1	0	0	1
	σ_j		-2	-5	1	1	0	0

表 2.15　计算过程（二）

	c_j		0	0	0	0	1	1
c_B	x_B	b	x_1	x_2	x_3	x_4	x_5	x_6
0	x_2	30	1/4	1	-1/2	-1/4	1/4	0
1	x_6	30	3/4	0	[3/2]	1/4	-1/4	1
	σ_j		-3/4	17	-3/2	-1/4	5/4	0

表 2.16　计算过程（三）

	c_j		0	0	0	0	1	1
c_B	x_B	b	x_1	x_2	x_3	x_4	x_5	x_6
0	x_2	40	1/2	1	0	-1/6	1/6	1/3
0	x_3	20	1/2	0	1	1/6	-1/6	2/3
	σ_j		0	0	0	0	1	1

由此可见，第一阶段的最优解为 $\boldsymbol{x}^* = (0,40,20,0,0,0)^{\mathrm{T}}$。人工变量取值为零，说明原问题有可行解。如果第一阶段求解结果最优目标函数值不为 0，即最优解的基变量中含

有非零的人工变量，表明原线性规划问题无可行解。

当原问题有可行解时，第二阶段就在原问题中去掉人工变量，将目标函数还原为原问题的目标函数。因此，第二阶段的线性规划问题为

$$\max z = x_1 + 2x_2 + x_3$$

$$\text{s. t.} \begin{cases} x_1 + 4x_2 - 2x_3 - x_4 = 120 \\ x_1 + x_2 + x_3 = 60 \\ x_j \geqslant 0 \ (j = 1, 2, \cdots, 4) \end{cases}$$

以第一阶段的最优解为初始基本可行解，重新计算检验数行的相关数据，继续单纯形法，计算过程见表 2.17 和表 2.18。

表 2.17 计算过程（一）

c_j			1	2	1	0
$\boldsymbol{c_B}$	$\boldsymbol{x_B}$	$\boldsymbol{b}$	x_1	x_2	x_3	x_4
2	x_2	40	1/2	1	0	−1/6
1	x_3	20	1/2	0	1	[1/6]
	σ_j		−1/2	0	0	1/6

表 2.18 计算过程（二）

c_j			1	2	1	0
$\boldsymbol{c_B}$	$\boldsymbol{x_B}$	$\boldsymbol{b}$	x_1	x_2	x_3	x_4
2	x_2	60	1	1	1	0
0	x_4	120	3	0	6	1
	σ_j		−1	0	−1	0

在表 2.18 中，所有检验数 $\sigma_j \leqslant 0$，因此得到最优解为 $\boldsymbol{x}^* = (0,60,0,120)^{\mathrm{T}}$。

2.5.2 无可行解

上面已经提到，在最优解中，人工变量取值必须为 0，否则原问题无可行解。这是容易理解的，因为只要原问题有可行解存在（即人工变量可以取到 0），那么无论是大 M 法还是两阶段法的第一阶段，为避免惩罚，在取得最优解时人工变量都应该取 0。因此，判断一个线性规划问题无可行解的准则是：当得到最优基本可行解时，如果基变量中仍含有非零的人工变量（两阶段法求解时第一阶段目标函数值不等于零），那么说明原线性规划问题无可行解。

例 2.6 用单纯形法求解线性规划问题

$$\max z = 2x_1 + x_2$$

$$\text{s. t.} \begin{cases} x_1 + x_2 \leqslant 2 \\ 2x_1 + 2x_2 \geqslant 6 \\ x_1, \quad x_2 \geqslant 0 \end{cases}$$

解 在图解法一节中已看出本例无可行解。现采用大 M 法，添加松弛变量和人工变

量，将除变量非负外的不等式约束转换为等式约束；并且考虑到目标是求极大值，所以令目标函数中人工变量前的惩罚系数为“$-M$”，模型可转换为

$$\max z = 2x_1 + x_2 - Mx_5$$

$$\text{s. t.}\begin{cases} x_1 + x_2 + x_3 = 2 \\ 2x_1 + 2x_2 - x_4 + x_5 = 6 \\ x_1,\ x_2,\ x_3,\ x_4,\ x_5 \geqslant 0 \end{cases}$$

以 x_3，x_5 为基变量列出初始单纯形表，进行迭代计算，过程见表 2.19 和表 2.20。由于目标是求极大值，当表中所有检验数 $\sigma_j \leqslant 0$ 时，基变量中仍含有非零的人工变量 $x_5 = 2$，故该问题无可行解。

表 2.19 计算过程（一）

	c_j		2	1	0	0	$-M$
c_B	x_B	b	x_1	x_2	x_3	x_4	x_5
0	x_3	2	[1]	1	1	0	0
$-M$	x_5	6	2	2	0	-1	1
	σ_j		$2+2M$	$1+2M$	0	$-M$	0

表 2.20 计算过程（二）

	c_j		2	1	0	0	$-M$
c_B	x_B	b	x_1	x_2	x_3	x_4	x_5
2	x_1	2	1	1	1	0	0
$-M$	x_5	2	0	0	-2	-1	1
	σ_j		0	-1	$-2-2M$	$-M$	0

2.5.3 无界解

在单纯形法的迭代步骤 4 中，若存在 $a_{is} > 0$，那么可以通过式（2-22）计算比值 θ 来确定出基变量（即换出变量）。但是另一种情况，即“若所有的 $a_{is} \leqslant 0$，则线性规划问题有无界解”，本书尚未解释。事实上，当进基变量 x_s 所在列的所有系数 $a_{is} \leqslant 0$ 时，进基变量无限增大也不会造成当前任何一个基变量的取值减小到零或负数，此时就没有任何变量能够成为出基变量。随着进基变量无限增大，目标函数值可以无限减小或增大，因此目标函数值无界。下面通过一个例子来看看这种情形。

例 2.7 用单纯形法求解线性规划问题

$$\max z = 4x_1 + x_2$$

$$\text{s. t.}\begin{cases} -x_1 + x_2 \leqslant 2 \\ x_1 - 4x_2 \leqslant 4 \\ x_1 - 2x_2 \leqslant 8 \\ x_1,\ x_2 \geqslant 0 \end{cases}$$

解 首先，引入松弛变量 x_3，x_4，x_5，将该线性规划问题转换为

$$\max z = 4x_1 + x_2$$

$$\text{s.t.} \begin{cases} -x_1 + x_2 + x_3 = 2 \\ x_1 - 4x_2 + x_4 = 4 \\ x_1 - 2x_2 + x_5 = 8 \\ x_1, x_2, x_3, x_4, x_5 \geqslant 0 \end{cases}$$

以 x_3，x_4，x_5 做初始基变量，得初始单纯形表见表 2.21。

表 2.21 初始单纯形表

	c_j		4	1	0	0	0
c_B	x_B	b	x_1	x_2	x_3	x_4	x_5
0	x_3	2	−1	1	1	0	0
0	x_4	4	1	−4	0	1	0
0	x_5	8	1	−2	0	0	1
	σ_j		4	1	0	0	0

此时检验数不全小于等于零，因此继续迭代，见表 2.22 和表 2.23。

表 2.22 单纯形表（一）

	c_j		4	1	0	0	0
c_B	x_B	b	x_1	x_2	x_3	x_4	x_5
0	x_3	6	0	−3	1	1	0
4	x_1	4	1	−4	0	1	0
0	x_5	4	0	2	0	−1	1
	σ_j		0	17	0	−4	0

表 2.23 单纯形表（二）

	c_j		4	1	0	0	0
c_B	x_B	b	x_1	x_2	x_3	x_4	x_5
0	x_3	12	0	0	1	−1/2	3/2
4	x_1	12	1	0	0	−1	2
1	x_2	2	0	1	0	−1/2	1/2
	σ_j		0	0	0	−9/2	−17/2

此时，单纯形表表 2.23 中仍有非基变量 x_4 的检验数大于零，而 x_4 所在列的系数全部小于零。这意味着非基变量 x_4 可以从零无限增大，基变量 x_3，x_1，x_2 的值也将随之增大，而不会减小为负值。因此该线性规划问题的目标函数值可以趋于 $+\infty$，即无界解。

由于该问题是一个只含有两个决策变量的简单线性规划问题，因此也可采用图解法（见图 2.11）。图解法的结果清楚地显示了该问题为无界解。

2.5.4 无穷多最优解

在线性规划解的各种可能性中，有一种是一个问题可以有无穷多最优解，在图解法中就是目标函数的等值线最后和可行域边界上的一条线段重合的情形。那么在单纯形法中，如何判断一个线性规划问题是否有无穷多最优解呢？

当用单纯形法找到一个最优基本可行解时，如果对某个非基变量 x_j 有检验数 $\sigma_j=0$，且按式（2-22）可以找到比值 $\theta>0$，这说明单纯形法还可以再进行一次旋转运算得到另一个基本可行解，其目标函数值也达到最大。由于该两点连线上的点均属于可行域内的点，且目标函数值相等，即该线性规划问题有无穷多最优解。反之，如果在取得最优基本可行解时，没有非基变量的检验数为 0，则线性规划问题有唯一最优解。

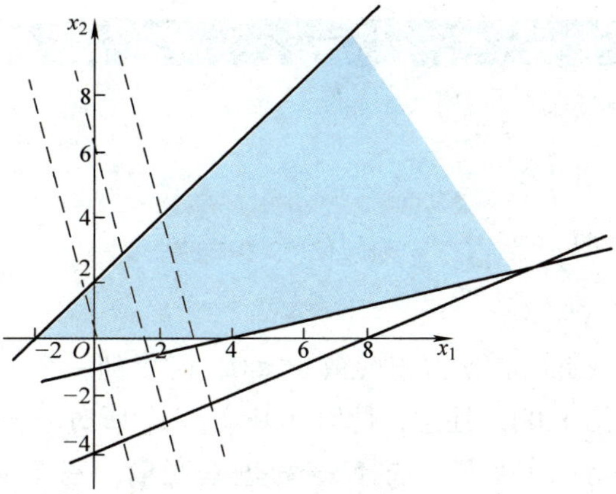

图 2.11　例 2.7 图解法示意图

例 2.8　用单纯形法求解线性规划问题

$$\max z=40x_1+80x_2$$

$$\text{s.t.}\begin{cases}x_1+2x_2\leqslant 30\\3x_1+2x_2\leqslant 60\\2x_2\leqslant 24\\x_1,\ x_2\geqslant 0\end{cases}$$

解　在图解法一节中已看出本例有无穷多最优解。现采用单纯形法，如同 2.5 节中，可将该问题先转换为标准形式，然后以添加的松弛变量 x_3，x_4，x_5 做初始基变量，得初始单纯形表，见表 2.24。

表 2.24　初始单纯形表

	c_j		40	80	0	0	0
c_B	x_B	b	x_1	x_2	x_3	x_4	x_5
0	x_3	30	1	2	1	0	0
0	x_4	60	3	2	0	1	0
0	x_5	24	0	[2]	0	0	1
	σ_j		40	80	0	0	0

此时检验数不全小于等于零，因此继续迭代如下（见表 2.25 和表 2.26）。

表 2.25　单纯形表（一）

	c_j		40	80	0	0	0
c_B	x_B	b	x_1	x_2	x_3	x_4	x_5
0	x_3	6	[1]	0	1	0	−1
0	x_4	36	3	0	0	1	−1
80	x_2	12	0	1	0	0	1/2
	σ_j		40	0	0	0	−40

表 2.26 单纯形表（二）

	c_j		40	80	0	0	0
c_B	x_B	b	x_1	x_2	x_3	x_4	x_5
40	x_1	6	1	0	1	0	-1
0	x_4	18	0	0	-3	1	[2]
80	x_2	12	0	1	0	0	1/2
	σ_j		0	0	-40	0	0

此时，所有检验数 $\sigma_j \leqslant 0$，已得到一个最优基本可行解 $x_1=6$，$x_2=12$，最优目标函数值为 1200。注意，此时非基变量 x_5 所对应的检验数 $\sigma_5=0$，并且有 $\theta=9$，因此还可以再进行一次换基。选择 x_5 为进基变量，基变量 x_4 为出基变量，得到单纯形表表 2.27。这时，新的最优基本可行解为 $x_1=15$，$x_2=15/2$，最优目标函数值仍然为 1200。做这两点的连线，得该线性规划问题的所有解为

$$x_1=6\alpha+15(1-\alpha)\text{，}x_2=12\alpha+7.5(1-\alpha)$$

其中 $0 \leqslant \alpha \leqslant 1$。

表 2.27 单纯形表（三）

	c_j		40	80	0	0	0
c_B	x_B	b	x_1	x_2	x_3	x_4	x_5
40	x_1	15	1	0	-1/2	1/2	0
0	x_5	9	0	0	-3/2	1/2	1
80	x_2	15/2	0	1	3/4	-1/4	0
	σ_j		0	0	-40	0	0

2.5.5 退化和循环

退化的基本可行解 若基本可行解的基变量部分 $\boldsymbol{x_B}=\boldsymbol{B}^{-1}\boldsymbol{b}=(x_{B1}, x_{B2}, \cdots, x_{Bm})^{\mathrm{T}}$ 中至少有一个分量 $x_{Bi}=0$（$i=1, 2, \cdots, m$），则称此基本可行解退化（Degeneracy）。

在单纯形法迭代过程中，按最小比值 θ 来确定出基变量时，有时会出现两个或以上的相同最小比值。这样，在下一张单纯形表的基本可行解中就会出现一个或多个基变量等于零的退化情形。退化解出现的原因是模型中存在多余的约束条件，使多个基本可行解对应同一个顶点。

例 2.9 考虑线性规划问题

$$\max z=2x_1+x_2$$

$$\text{s.t.}\begin{cases}x_1+x_2 \leqslant 6\\ x_2 \leqslant 3\\ x_1+2x_2 \leqslant 9\\ x_1, x_2 \geqslant 0\end{cases}$$

引入松弛变量 x_3，x_4，x_5，得其标准形式为

$$\max z = 2x_1 + x_2$$

$$\text{s.t.} \begin{cases} x_1 + x_2 + x_3 = 6 \\ x_2 + x_4 = 3 \\ x_1 + 2x_2 + x_5 = 9 \\ x_1, x_2, x_3, x_4, x_5 \geqslant 0 \end{cases}$$

其中约束条件的系数矩阵

$$\boldsymbol{A} = (\boldsymbol{p}_1, \boldsymbol{p}_2, \boldsymbol{p}_3, \boldsymbol{p}_4, \boldsymbol{p}_5) = \begin{pmatrix} 1 & 1 & 1 & 0 & 0 \\ 0 & 1 & 0 & 1 & 0 \\ 1 & 2 & 0 & 0 & 1 \end{pmatrix}$$

这里，对于基 $\boldsymbol{B} = (\boldsymbol{p}_1, \boldsymbol{p}_2, \boldsymbol{p}_3) = \begin{pmatrix} 1 & 1 & 1 \\ 0 & 1 & 0 \\ 1 & 2 & 0 \end{pmatrix}$，有

$$\boldsymbol{x}_{\boldsymbol{B}} = \boldsymbol{B}^{-1}\boldsymbol{b} = \begin{pmatrix} x_1 \\ x_2 \\ x_3 \end{pmatrix} = \begin{pmatrix} 0 & -2 & 1 \\ 0 & 1 & 0 \\ 1 & 1 & -1 \end{pmatrix}\begin{pmatrix} 6 \\ 3 \\ 9 \end{pmatrix} = \begin{pmatrix} 3 \\ 3 \\ 0 \end{pmatrix}$$

因此得到一个退化的基本可行解 $\boldsymbol{x}_1 = (3, 3, 0, 0, 0)^{\mathrm{T}}$。

对于基 $\boldsymbol{B} = (\boldsymbol{p}_1, \boldsymbol{p}_2, \boldsymbol{p}_4) = \begin{pmatrix} 1 & 1 & 0 \\ 0 & 1 & 1 \\ 1 & 2 & 0 \end{pmatrix}$，有

$$\boldsymbol{x}_{\boldsymbol{B}} = \boldsymbol{B}^{-1}\boldsymbol{b} = \begin{pmatrix} x_1 \\ x_2 \\ x_4 \end{pmatrix} = \begin{pmatrix} 2 & 0 & -1 \\ -1 & 0 & 1 \\ 1 & 1 & -1 \end{pmatrix}\begin{pmatrix} 6 \\ 3 \\ 9 \end{pmatrix} = \begin{pmatrix} 3 \\ 3 \\ 0 \end{pmatrix}$$

因此也得到一个退化的基本可行解 $\boldsymbol{x}_2 = (3, 3, 0, 0, 0)^{\mathrm{T}}$。

此外，对于基 $\boldsymbol{B} = (\boldsymbol{p}_1, \boldsymbol{p}_2, \boldsymbol{p}_5) = \begin{pmatrix} 1 & 1 & 0 \\ 0 & 1 & 0 \\ 1 & 2 & 1 \end{pmatrix}$，有

$$\boldsymbol{x}_{\boldsymbol{B}} = \boldsymbol{B}^{-1}\boldsymbol{b} = \begin{pmatrix} x_1 \\ x_2 \\ x_5 \end{pmatrix} = \begin{pmatrix} 1 & -1 & 0 \\ 0 & 1 & 0 \\ -1 & -1 & 1 \end{pmatrix}\begin{pmatrix} 6 \\ 3 \\ 9 \end{pmatrix} = \begin{pmatrix} 3 \\ 3 \\ 0 \end{pmatrix}$$

因此仍然得到一个退化的基本可行解 $\boldsymbol{x}_3 = (3, 3, 0, 0, 0)^{\mathrm{T}}$。

由此可见，以上三个不同的基本可行解对应于可行域中的同一个顶点，如图 2.12 中的顶点 B。

退化现象可能会对单纯形法迭代产生不利影响：①虽然进行了基的变换，但是没有改变顶点，目标函数值得不到改进。此时，要经过多次基变换才能脱离退化顶点，造成单纯形法迭代次数增多，收敛缓慢；②在某些特殊情况下，退化解还可能造成单纯形法迭代出现循环现象，即只在几个基之间转换，永远转不到最优基，从而无法找到最优解。

比尔（Beale）曾给出了一个应用单纯形法出现退化循环现象的例子。

$$\min z = -\frac{3}{4}x_1 + 150x_2 - \frac{1}{50}x_3 + 6x_4$$

$$\text{s. t.} \begin{cases} \frac{1}{4}x_1 - 60x_2 - \frac{1}{25}x_3 + 9x_4 + x_5 = 0 \\ \frac{1}{2}x_1 - 90x_2 - \frac{1}{50}x_3 + 3x_4 + x_6 = 0 \\ x_3 + x_7 = 1 \\ x_j \geqslant 0 \ (j = 1, 2, \cdots, 7) \end{cases}$$

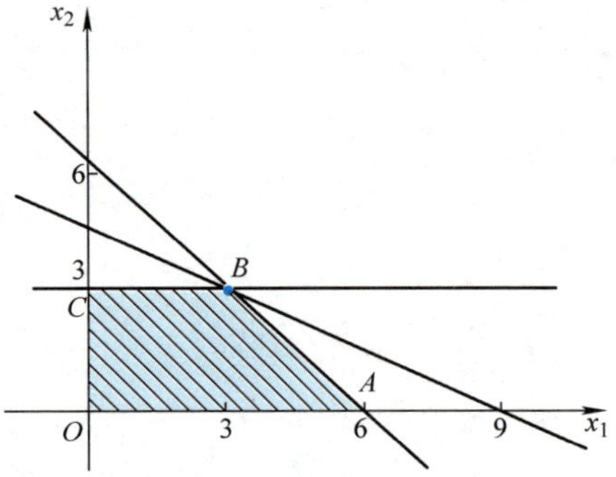

图 2.12 三个不同的基本可行解对应于可行域中的同一个顶点

在这个例子中，以$(x_5, x_6, x_7)^{\mathrm{T}}$为初始基变量，以检验数$\sigma_j$最小者为进基变量，则经过六次迭代又回到初始基。在这六次迭代过程中，目标函数值始终为零，没有任何改进。

为了避免出现循环现象，1952 年查恩斯（Charnes）提出了“摄动法”，1954 年丹齐格（Dantzig）等人提出了“字典序法”，但这些方法都较复杂。直到 1976 年，布兰德（Bland）提出了一个简单易操作的新方法。该方法十分简单，被称为 Bland 法则，即只要在选择进基变量和出基变量时按以下原则就可跳出循环。

1）在选择进基变量时，若存在多个检验数$\sigma_j > 0$，则选取下标最小的变量作为进基变量。

2）在选择出基变量时，若计算θ值出现两个或以上相同的最小比值，则选取下标最小的变量作为出基变量。

2.6 修正单纯形法

在前面的单纯形法迭代中，每一步都对整张单纯形表进行了更新，如果问题规模较大，则计算量也将非常大。而当一个线性规划问题的决策变量远多于约束条件时，即对一个$m \times n$的系数矩阵$\boldsymbol{A}$来说，如果m远小于n，那么每一次基变换其实仅涉及$\boldsymbol{A}$的一小部分列向量。如果$\boldsymbol{A}$的某一列在整个求解过程中从来没成为过进基向量，那么对该列向量的所有计算都是多余的。因此，为避免这些大量的无用计算，降低单纯形法的计算量，修正单纯形法（Revised Simplex Method）被提出。

从 2.4.3 节中可知，单纯形法的迭代，即对初始单纯形表做一系列初等变换，如果得到当前迭代步的可行基为$\boldsymbol{B}$，那么这一系列初等变换就等价于对初始单纯形表左乘$\boldsymbol{B}^{-1}$。也就是说，在单纯形法的迭代中，只需要知道基矩阵的逆$\boldsymbol{B}^{-1}$以及初始单纯形表，就可以完成全部计算，比如基变量的取值为$\boldsymbol{B}^{-1}\boldsymbol{b}$，检验数$\sigma_j$为$\boldsymbol{c}_j^{\mathrm{T}} - \boldsymbol{c}_{\boldsymbol{B}}^{\mathrm{T}}\boldsymbol{B}^{-1}\boldsymbol{p}_j$。因此，修正单纯形法的核心思想就是在迭代中不断更新基变量以及基矩阵的逆，只用少量的必要信息来完成进基变量和出基变量的选择。这样，不仅能减少计算量并节省存储空间，同时也可减少迭代中的累积误差，提高计算精度。

修正单纯形法的具体计算步骤如下：

步骤 1 根据线性规划标准形式，确定初始基变量$\boldsymbol{x}_{\boldsymbol{B}}$，以及初始基矩阵$\boldsymbol{B}$的逆矩阵$\boldsymbol{B}^{-1}$。

步骤 2　计算非基变量检验数$\boldsymbol{\sigma}_N = \boldsymbol{c}_N^{\mathrm{T}} - \boldsymbol{c}_B^{\mathrm{T}}\boldsymbol{B}^{-1}N$，若所有的检验数都小于等于 0，则当前解为最优解 $\boldsymbol{x}_B = \boldsymbol{B}^{-1}\boldsymbol{b}$，计算结束；否则转步骤 3。

步骤 3　确定进基变量。若存在检验数$\sigma_j > 0$，那么计算

$$\sigma_q = \max_j \{\sigma_j \mid \sigma_j > 0\}$$

将对应的列变量x_q作为进基变量，计算其系数列向量$\boldsymbol{y}_q$为

$$\boldsymbol{y}_q = \boldsymbol{B}^{-1}\boldsymbol{p}_q$$

步骤 4　确定出基变量。如果$\boldsymbol{y}_q$的所有元素都小于等于 0，那么停止计算，问题为无界解；否则计算

$$r = \arg\min_i \left\{ \frac{(\boldsymbol{B}^{-1}\boldsymbol{b})_i}{(\boldsymbol{y}_q)_i} \,\middle|\, (\boldsymbol{y}_q)_i > 0 \right\}$$

将对应的行变量x_r作为出基变量。

步骤 5　计算得到新基矩阵的逆$\boldsymbol{B}_{\text{new}}^{-1}$，令$\boldsymbol{B}^{-1} = \boldsymbol{B}_{\text{new}}^{-1}$。

步骤 6　重复步骤 2 ~ 步骤 5，直到计算结束。

在上述计算步骤中，最关键的是步骤 5，需要计算新基矩阵的逆。如果直接求解矩阵的逆，计算量是比较大的。但是在修正单纯形法中，由于前后两次迭代中的基矩阵只相差一列，利用这个性质可以实现由旧基矩阵的逆直接计算新基矩阵的逆，从而避免对矩阵进行逆运算，降低计算量。下面的定理给出了$\boldsymbol{B}_{\text{new}}^{-1}$的快速计算方法。

定理 2.4　在修正单纯形法的相邻两次迭代中，设迭代前的基矩阵为

$$\boldsymbol{B} = (\boldsymbol{p}_1, \cdots, \boldsymbol{p}_{r-1}, \boldsymbol{p}_r, \boldsymbol{p}_{r+1}, \cdots, \boldsymbol{p}_m)$$

经过换基运算，即用$\boldsymbol{p}_q$替换了$\boldsymbol{p}_r$后，得到的新基矩阵为

$$\boldsymbol{B}_{\text{new}} = (\boldsymbol{p}_1, \cdots, \boldsymbol{p}_{r-1}, \boldsymbol{p}_q, \boldsymbol{p}_{r+1}, \cdots, \boldsymbol{p}_m)$$

则新基矩阵$\boldsymbol{B}_{\text{new}}$的逆为

$$\boldsymbol{B}_{\text{new}}^{-1} = \boldsymbol{E}_{rq}\boldsymbol{B}^{-1}$$

其中

$$\boldsymbol{E}_{rq} = \begin{pmatrix} 1 & 0 & \cdots & -y_{1q}/y_{rq} & \cdots & 0 & 0 \\ 0 & 1 & \cdots & -y_{2q}/y_{rq} & \cdots & 0 & 0 \\ \vdots & \vdots & & \vdots & & \vdots & \vdots \\ 0 & 0 & \cdots & 1/y_{rq} & \cdots & 0 & 0 \\ \vdots & \vdots & & \vdots & & \vdots & \vdots \\ 0 & 0 & \cdots & -y_{m-1,q}/y_{rq} & \cdots & 1 & 0 \\ 0 & 0 & \cdots & -y_{mq}/y_{rq} & \cdots & 0 & 1 \end{pmatrix}$$

（第 r 列）

$\boldsymbol{E}_{rq}$称为初等变换矩阵，$\boldsymbol{y}_q = (y_{1q}, y_{2q}, \cdots, y_{mq})^{\mathrm{T}}$为当前迭代步骤进基变量$x_q$的系数列向量。

证　由于$\boldsymbol{B}^{-1}\boldsymbol{B} = (\boldsymbol{B}^{-1}\boldsymbol{p}_1, \cdots, \boldsymbol{B}^{-1}\boldsymbol{p}_{r-1}, \boldsymbol{B}^{-1}\boldsymbol{p}_r, \boldsymbol{B}^{-1}\boldsymbol{p}_{r+1}, \cdots, \boldsymbol{B}^{-1}\boldsymbol{p}_m)$，且$\boldsymbol{B}^{-1}\boldsymbol{B} = \boldsymbol{I}$（单位矩阵），故有

$$B^{-1}p_1=\begin{pmatrix}1\\0\\\vdots\\0\\0\end{pmatrix},\ B^{-1}p_2=\begin{pmatrix}0\\1\\\vdots\\0\\0\end{pmatrix},\ \cdots,\ B^{-1}p_m=\begin{pmatrix}0\\0\\\vdots\\0\\1\end{pmatrix}$$

因为

$$B^{-1}p_q=y_q=(y_{1q},\ y_{2q},\ \cdots,\ y_{mq})^{\mathrm{T}}$$

所以

$$B^{-1}B_{\text{new}}=(B^{-1}p_1,\ \cdots,\ B^{-1}p_{r-1},\ B^{-1}p_q,\ B^{-1}p_{r+1},\ \cdots,\ B^{-1}p_m)$$

$$=\begin{pmatrix}1&0&\cdots&y_{1q}&\cdots&0&0\\0&1&\cdots&y_{2q}&\cdots&0&0\\\vdots&\vdots&&\vdots&&\vdots&\vdots\\0&0&\cdots&y_{rq}&\cdots&0&0\\\vdots&\vdots&&\vdots&&\vdots&\vdots\\0&0&\cdots&y_{m-1,q}&\cdots&1&0\\0&0&\cdots&y_{mq}&\cdots&0&1\end{pmatrix}$$

（第 r 列）

可以验证 $E_{rq}B^{-1}B_{\text{new}}=I$，于是得到递推公式 $B_{\text{new}}^{-1}=E_{rq}B^{-1}$。证毕。

由定理2.4可知，求新基矩阵的逆只需要对旧基矩阵做一次矩阵乘法，这是非常容易的。因此，修正单纯形法相比原始单纯形法更加高效，是许多线性规划求解问题中的常用方法。

例2.10 用修正单纯形法，求解下列线性规划问题。

$$\max z=40x_1+50x_2$$

$$\text{s.t.}\begin{cases}x_1+2x_2\leqslant 30\\3x_1+2x_2\leqslant 60\\2x_2\leqslant 24\\x_1,x_2\geqslant 0\end{cases}$$

解 首先将上述问题化成标准形式，为

$$\max z=40x_1+50x_2+0x_3+0x_4+0x_5$$

$$\text{s.t.}\begin{cases}x_1+2x_2+x_3=30\\3x_1+2x_2+x_4=60\\2x_2+x_5=24\\x_1,x_2,x_3,x_4,x_5\geqslant 0\end{cases}$$

➢ 第1次迭代

显然，松弛变量为初始基变量 $x_{B_0}=(x_3,\ x_4,\ x_5)^{\mathrm{T}}$，初始基矩阵的逆 $B_0^{-1}=\begin{pmatrix}1&0&0\\0&1&0\\0&0&1\end{pmatrix}$，

于是有 $\boldsymbol{c}_{B_0}^{\mathrm{T}}\boldsymbol{B}_0^{-1}=(0,0,0)\begin{pmatrix}1&0&0\\0&1&0\\0&0&1\end{pmatrix}=(0,0,0)$。计算非基变量检验数为

$$\boldsymbol{\sigma}_{N_0}=\boldsymbol{c}_{N_0}^{\mathrm{T}}-\boldsymbol{c}_{B_0}^{\mathrm{T}}\boldsymbol{B}_0^{-1}\boldsymbol{N}_0=(40,50)-(0,0,0)\begin{pmatrix}1&2\\3&2\\0&2\end{pmatrix}=(40,50)$$

由于检验数均大于0，于是选择检验数较大的非基变量 x_2 作为进基变量。计算此时 x_2 的系数列向量和右端基变量的取值，为

$$\boldsymbol{y}_2=\boldsymbol{B}_0^{-1}\boldsymbol{p}_2=\begin{pmatrix}2\\2\\2\end{pmatrix},\ \boldsymbol{B}_0^{-1}\boldsymbol{b}=\begin{pmatrix}1&0&0\\0&1&0\\0&0&1\end{pmatrix}\begin{pmatrix}30\\60\\24\end{pmatrix}=\begin{pmatrix}30\\60\\24\end{pmatrix}$$

$$r=\arg\min_i\left\{\frac{(\boldsymbol{B}_0^{-1}\boldsymbol{b})_i}{(\boldsymbol{y}_2)_i}\middle|(\boldsymbol{y}_2)_i>0\right\}=\arg\min_i\left\{\frac{30}{2},\frac{60}{2},\frac{24}{2}\right\}$$

显然，第3行比值最小，于是选择该行对应的基变量x_5作为出基变量。换基之后的基变量为 $\boldsymbol{x}_{B_1}=(x_3,x_4,x_2)^{\mathrm{T}}$。

➢ 第2次迭代

计算换基之后的基矩阵的逆为

$$\boldsymbol{E}_{32}=\begin{pmatrix}1&0&-1\\0&1&-1\\0&0&1/2\end{pmatrix}$$

$$\boldsymbol{B}_1^{-1}=\boldsymbol{E}_{32}\boldsymbol{B}_0^{-1}=\begin{pmatrix}1&0&-1\\0&1&-1\\0&0&1/2\end{pmatrix}\begin{pmatrix}1&0&0\\0&1&0\\0&0&1\end{pmatrix}=\begin{pmatrix}1&0&-1\\0&1&-1\\0&0&1/2\end{pmatrix}$$

于是有 $\boldsymbol{c}_{B_1}^{\mathrm{T}}\boldsymbol{B}_1^{-1}=(0,0,50)\begin{pmatrix}1&0&-1\\0&1&-1\\0&0&1/2\end{pmatrix}=(0,0,25)$。计算非基变量检验数为

$$\boldsymbol{\sigma}_{N_1}=\boldsymbol{c}_{N_1}^{\mathrm{T}}-\boldsymbol{c}_{B_1}^{\mathrm{T}}\boldsymbol{B}_1^{-1}\boldsymbol{N}_1=(40,0)-(0,0,25)\begin{pmatrix}1&0\\3&0\\0&1\end{pmatrix}=(40,-25)$$

选择检验数大于0的非基变量 x_1 作为进基变量。计算此时 x_1 的系数列向量和右端基变量的取值，为

$$\boldsymbol{y}_1=\boldsymbol{B}_1^{-1}\boldsymbol{p}_1=\begin{pmatrix}1&0&-1\\0&1&-1\\0&0&1/2\end{pmatrix}\begin{pmatrix}1\\3\\0\end{pmatrix}=\begin{pmatrix}1\\3\\0\end{pmatrix},\ \boldsymbol{B}_1^{-1}\boldsymbol{b}=\begin{pmatrix}1&0&-1\\0&1&-1\\0&0&1/2\end{pmatrix}\begin{pmatrix}30\\60\\24\end{pmatrix}=\begin{pmatrix}6\\36\\12\end{pmatrix}$$

$$r=\arg\min_i\left\{\frac{(\boldsymbol{B}_1^{-1}\boldsymbol{b})_i}{(\boldsymbol{y}_1)_i}\middle|(\boldsymbol{y}_1)_i>0\right\}=\arg\min_i\left\{\frac{6}{1},\frac{36}{3},/\right\}$$

显然，第1行比值最小，于是选择该行对应的基变量 x_3 作为出基变量。换基之后的基变量为 $\boldsymbol{x}_{B_2}=(x_1,x_4,x_2)^{\mathrm{T}}$。

➢ **第 3 次迭代**

计算换基之后的基矩阵的逆为

$$E_{11}=\begin{pmatrix}1&0&0\\-3&1&0\\0&0&1\end{pmatrix}$$

$$B_2^{-1}=E_{11}B_1^{-1}=\begin{pmatrix}1&0&0\\-3&1&0\\0&0&1\end{pmatrix}\begin{pmatrix}1&0&-1\\0&1&-1\\0&0&1/2\end{pmatrix}=\begin{pmatrix}1&0&-1\\-3&1&2\\0&0&1/2\end{pmatrix}$$

于是有 $c_{B_2}^{\mathrm{T}}B_2^{-1}=(40,0,50)\begin{pmatrix}1&0&-1\\-3&1&2\\0&0&1/2\end{pmatrix}=(40,0,-15)$。计算非基变量检验数为

$$\sigma_{N_2}=c_{N_2}^{\mathrm{T}}-c_{B_2}^{\mathrm{T}}B_2^{-1}N_2=(0,0)-(40,0,-15)\begin{pmatrix}1&0\\0&0\\0&1\end{pmatrix}=(-40,15)$$

选择检验数大于 0 的非基变量x_5作为进基变量。计算此时x_5的系数列向量和右端基变量的取值，为

$$y_5=B_2^{-1}p_5=\begin{pmatrix}1&0&-1\\-3&1&2\\0&0&1/2\end{pmatrix}\begin{pmatrix}0\\0\\1\end{pmatrix}=\begin{pmatrix}-1\\2\\1/2\end{pmatrix},\quad B_2^{-1}b=\begin{pmatrix}1&0&-1\\-3&1&2\\0&0&1/2\end{pmatrix}\begin{pmatrix}30\\60\\24\end{pmatrix}=\begin{pmatrix}6\\18\\12\end{pmatrix}$$

$$r=\arg\min_i\left\{\frac{(B_2^{-1}b)_i}{(y_5)_i}\,\middle|\,(y_5)_i>0\right\}=\arg\min_i\left\{/,\ \frac{18}{2},\ \frac{12}{1/2}\right\}$$

显然，第 2 行比值最小，于是选择该行对应的基变量x_4作为出基变量。换基之后的基变量为 $x_{B_3}=(x_1,x_5,x_2)^{\mathrm{T}}$。

➢ **第 4 次迭代**

计算换基之后的基矩阵的逆为

$$E_{25}=\begin{pmatrix}1&1/2&0\\0&1/2&0\\0&-1/4&1\end{pmatrix}$$

$$B_3^{-1}=E_{25}B_2^{-1}=\begin{pmatrix}1&1/2&0\\0&1/2&0\\0&-1/4&1\end{pmatrix}\begin{pmatrix}1&0&-1\\-3&1&2\\0&0&1/2\end{pmatrix}=\begin{pmatrix}-1/2&1/2&0\\-3/2&1/2&1\\3/4&-1/4&0\end{pmatrix}$$

于是有 $c_{B_3}^{\mathrm{T}}B_3^{-1}=(40,0,50)\begin{pmatrix}-1/2&1/2&0\\-3/2&1/2&1\\3/4&-1/4&0\end{pmatrix}=\left(\frac{35}{2},\frac{15}{2},0\right)$。计算非基变量检验数为

$$\sigma_{N_3}=c_{N_3}^{\mathrm{T}}-c_{B_3}^{\mathrm{T}}B_3^{-1}N_3=(0,0)-\left(\frac{35}{2},\frac{15}{2},0\right)\begin{pmatrix}1&0\\0&1\\0&0\end{pmatrix}=\left(-\frac{35}{2},-\frac{15}{2}\right)$$

此时，所有检验数均小于等于 0，计算停止，达到最优解。

$$x_{B_3}=B_3^{-1}b=\begin{pmatrix}-1/2 & 1/2 & 0\\ -3/2 & 1/2 & 1\\ 3/4 & -1/4 & 0\end{pmatrix}\begin{pmatrix}30\\60\\24\end{pmatrix}=\begin{pmatrix}15\\9\\15/2\end{pmatrix}$$

$$z^*=c_{B_3}^{\mathrm{T}}x_{B_3}=(40,0,50)\begin{pmatrix}15\\9\\15/2\end{pmatrix}=975$$

即 $x^*=\left(15,\frac{15}{2},0,0,9\right)^{\mathrm{T}}$ 为最优解，最优目标函数值为 $z^*=975$。

2.7 应用举例

线性规划问题不仅在学术界得到了深入的研究，在业界也有十分广泛的应用。在一项针对《财富》杂志全球500强企业的调查中，85%的公司声称曾使用线性规划方法解决现实中遇到的问题。作为现代化管理决策中的重要手段，它为合理地利用有限的人力、物力、财力等资源提供了科学决策的依据。线性规划的典型问题包括生产计划问题、运输问题、投资问题、下料问题、人员安排问题等。不仅如此，因为线性规划算法的成熟，许多非线性问题也常转化为线性规划问题来求解。以下通过一些简单例子来说明如何将一些实践问题构建为线性规划的数学模型。

例 2.11 （生产库存问题）某工厂生产 3 种不同型号的润滑油 A，B 和 C，表 2.28 是工厂刚刚接到的一季度生产订单。已知每月生产 3 种润滑油的单位成本见表 2.29，生产单位润滑油所需的工时分别为 1，0.8 和 1.5（单位为 h/t）。该工厂每个月的最大生产能力均为 900h。若生产出来的润滑油当月不交货，每吨库存 1 个月的存储费分别为 220 元，200 元和 160 元。请为该厂设计一个既保证完成订单，又使一季度生产和库存总成本最低的生产计划。

表 2.28　一季度生产订单　（单位：t）

序号	润滑油型号	1 月	2 月	3 月
1	A	220	260	180
2	B	180	230	160
3	C	160	240	200

表 2.29　一季度润滑油生产单位成本　（单位：元/t）

序号	润滑油型号	1 月	2 月	3 月
1	A	1800	2350	2150
2	B	2200	1850	2100
3	C	1650	2000	2200

解　设 x_{ij} 为第 j 月生产第 i 种润滑油的数量（$i=1,2,3$；$j=1,2,3$）。为表达方便，令 d_{ij} 表示第 j 月对第 i 种润滑油的订单需求（表 2.28 中给出）；c_{ij} 表示第 j 月生产第 i 种润滑油的单位生产成本（表 2.29 中给出）；p_i 表示每月存储第 i 种润滑油的单位库存成本，即 $p_1=220$，$p_2=200$，$p_3=160$。

首先，考虑目标函数，总成本由生产成本和库存成本两部分构成。由目标要求最小化总成本，得目标函数为

$$\min z = \sum_{i=1}^{3}\sum_{j=1}^{3} c_{ij}x_{ij} + \sum_{i=1}^{3}\sum_{j=1}^{3}\left[p_i \sum_{k=1}^{j}(x_{ik} - d_{ik})\right]$$

这里前一半是生产总成本，后一半是库存总成本。关于库存总成本，先考虑第 i 种润滑油在第 j 月的库存量，其应为从 1 月到当前 j 月的累积库存。由于第 i 种润滑油在 k 月的单月库存量是其单月产量减去单月订单需求量，即

$$(x_{ik} - d_{ik})$$

因此，从 1 月到 j 月的累积库存为

$$\sum_{k=1}^{j}(x_{ik} - d_{ik})$$

将第 i 种润滑油在第 j 月的累积库存乘以第 i 种润滑油的每月库存费用 p_i，再对 i 和 j 求和加总，即得库存总成本。

接下来，考虑约束条件，主要包括工时约束和交货要求等。

1）工时约束——各个月生产工时均不超过最大生产能力，即

$$x_{1j} + 0.8x_{2j} + 1.5x_{3j} \leqslant 900 \ (j = 1,2,3)$$

2）交货要求——各个月足以完成订单需求即每月库存量不小于 0，于是有

$$\sum_{k=1}^{j}(x_{ik} - d_{ik}) \geqslant 0 \ (i = 1,2,3;\ j = 1,2,3)$$

3）非负约束——决策变量为生产产品的数量，因此是非负的，即

$$x_{ij} \geqslant 0 \ (i = 1,2,3;\ j = 1,2,3)$$

综上，完整的线性规划模型为

$$\min z = \sum_{i=1}^{3}\sum_{j=1}^{3} c_{ij}x_{ij} + \sum_{i=1}^{3}\sum_{j=1}^{3}\left[p_i \sum_{k=1}^{j}(x_{ik} - d_{ik})\right]$$

$$\text{s.t.}\begin{cases} x_{1j} + 0.8x_{2j} + 1.5x_{3j} \leqslant 900 \ (j = 1,2,3) \\ \sum_{k=1}^{j}(x_{ik} - d_{ik}) \geqslant 0 \ (i = 1,2,3;\ j = 1,2,3) \\ x_{ij} \geqslant 0 \ (i = 1,2,3;\ j = 1,2,3) \end{cases}$$

求解可得最优解见表 2.30。而最优目标函数值 $z = 4346900$，即一季度生产和库存的最低总成本约为 434.7 万元。

表 2.30 一季度生产计划最优解 （单位：t）

序号	润滑油型号	1 月	2 月	3 月
1	A	480	0	180
2	B	180	390	0
3	C	184	392	24

例 2.12 （航班管控问题）假设有 n 架飞机将要在机场降落，飞机 $j(j = 1, 2, \cdots, n)$ 将依次序在时间区间 $[a_j, b_j]$ 内降落。为保障安全，机场希望合理安排这 n 架飞机的降落

时间，使得前后两架飞机的降落时间间隔能尽可能大。

解　设决策变量为飞机 j 的降落时间 $t_j(j=1,2,\cdots,n)$，那么前后两架飞机的降落时间间隔分别为 t_2-t_1，t_3-t_2，…，t_n-t_{n-1}。要使得这些时间间隔都尽可能大，也就是要求其中最小的时间间隔能尽可能大。令函数 $f(t_1,\cdots,t_n)\triangleq\min\limits_{j=1,2,\cdots,n-1}\{t_{j+1}-t_j\}$，则这个问题的决策目标为

$$\max f(t_1,\cdots,t_n)\triangleq\min_{j=1,2,\cdots,n-1}\{t_{j+1}-t_j\} \tag{2-23}$$

即极大化极小时间间隔。而约束条件只需保证 t_j 在区间 $[a_j,b_j]$ 内，即

$$\text{s.t.}\quad a_j\leqslant t_j\leqslant b_j,\ j=1,2,\cdots,n \tag{2-24}$$

显然，这里约束条件是线性的，但目标函数是极小值表达式，并非线性，因此该模型不是一个线性规划模型。是否能将其转换成线性规划模型呢？

我们只需引入一个新的连续变量 Δ 等于目标函数值，将模型式（2-23）和式（2-24）改写成如下的形式（2-25），添加一系列线性约束（Δ 小于等于 min 中的每一项）。在此前提下极大化 Δ 的值，就能保证在该问题取到最优解时 Δ 恰好就等于 $\min\limits_{j=1,2,\cdots,n-1}\{t_{j+1}-t_j\}$。因此，这是一个对原问题的等价线性转换。

$$\max\ \Delta$$
$$\text{s.t.}\begin{cases}\Delta\leqslant t_2-t_1,\\ \Delta\leqslant t_3-t_2,\\ \quad\vdots\\ \Delta\leqslant t_n-t_{n-1},\\ a_j\leqslant t_j\leqslant b_j\end{cases} \tag{2-25}$$

对于极大化极小(Maximize the Minimum)问题可以进行等价线性转换，类似地，对于极小化极大(Minimize the Maximum)问题也可以进行等价线性转换。这里留给读者自行思考。

例 2.13　(风险控制问题)美国有很多商业信用卡金融公司，它们为公务或商务人士发放信用卡。这些信用卡被用于各种形式的消费，其中一部分是持卡人的个人消费，而另一部分则是公务或商务支出。因公消费通常由企业或政府组织偿还，具有较好的保障，而私人消费则由持卡人自行偿还，存在较高的违约风险。因此，为了更好地控制风险，信用卡发行人希望能够识别一笔交易究竟是属于因公消费还是私人消费，从而制定有针对性的风险控制策略。

为了实现这样的目的，并考虑到数据的可得性，可提出如下的解决方案。假设某信用卡公司账下共开有 m 个信用卡账户，客户的消费按照一定的规则可以分为 n 种类别(例如通勤费用、房屋租赁、餐饮消费等)。假设第 i 个账户在第 j 种消费上的总花费是 a_{ij}，而第 j 种消费属于私人消费的概率为 x_j，则账户 i 所有私人消费的金额估计值为 $\sum\limits_j a_{ij}x_j$。

考虑到没有特别的数据可以表明一个账户下所有私人消费的总额，我们用该账户下所有个人汇款支付的账单总额来代替私人消费，记作 r_i。如此，只需使得 r_i 和 $\sum\limits_j a_{ij}x_j$ 的差

尽可能小，就可得到 x_j 的估计值。在利用历史数据得到 x_j 的估计值之后，可以估算其他顾客的私人消费金额，从而实现对信用卡交易的识别，进而制定有针对性的风险管理策略。

该问题可以表述为线性规划模型

$$\begin{aligned}&\min \sum_{i=1}^{m}\left|\sum_{j=1}^{n} a_{ij}x_j - r_i\right| \\ &\text{s. t. } \ 0 \leqslant x_j \leqslant 1 \ (j=1,2,\cdots,n)\end{aligned} \tag{2-26}$$

可以借助表2.31来帮助理解。表2.31中，行表示不同的账户，列表示不同的消费类别，最后一行的数据是每种消费类别中属于私人消费的概率，最后三列分别表示个人消费的估计值、真实值和两者之间的绝对差值。模型求解的目的是估计得到各种消费类别中属于私人消费的概率(最后一行)，使得所有私人消费的估计值和真实值之差(最后一列)总和尽可能小。

表2.31 信用卡交易识别 (单位：美元)

账户	1	2	3	…	n	估计值	真实值	绝对差值
1	156	0	87	…	25	244	200	44
2	200	25	0	…	0	200	195	5
⋮	⋮	⋮	⋮		⋮	⋮	⋮	⋮
m	0	134	35	…	60	210	230	20
私人消费概率	25%	10%	0%	…	5%			

值得注意的是，这里模型式(2-26)的目标函数带有绝对值，也并非线性，能否将其转换成等价的线性规划模型呢？考虑引入辅助变量 $\lambda_i(i=1,2,\cdots,m)$，模型式(2-26)可改写为如下的等价问题。

$$\begin{aligned}&\min \sum_{i=1}^{m}\lambda_i \\ &\text{s. t. } \begin{cases}-\lambda_i \leqslant \sum\limits_{j=1}^{n} a_{ij}x_j - r_i \leqslant \lambda_i \\ \lambda_i \geqslant 0 \ (i=1,2,\cdots,m) \\ 0 \leqslant x_j \leqslant 1 \ (j=1,2,\cdots,n)\end{cases}\end{aligned}$$

此外，对于绝对值的线性转换还有另一种办法，就是引入两组新的辅助变量 λ_i^+ 和 $\lambda_i^-(i=1,2,\cdots,m)$，则绝对值的表达式可改写为 $\left|\sum\limits_{j=1}^{n} a_{ij}x_j - r_i\right| = \lambda_i^+ + \lambda_i^-$，并且加入约束条件

$$\sum_{j=1}^{n} a_{ij}x_j - r_i = \lambda_i^+ - \lambda_i^-,\ \lambda_i^+ \geqslant 0,\ \lambda_i^- \geqslant 0, i=1,2,\cdots,m$$

即完整的等价转换模型为

$$\min \sum_{i=1}^{m} (\lambda_i^+ + \lambda_i^-)$$

$$\text{s.t.}\begin{cases}\sum\limits_{j=1}^{n} a_{ij}x_j - r_i = \lambda_i^+ - \lambda_i^- \\ \lambda_i^+ \geqslant 0,\ \lambda_i^- \geqslant 0\ (i = 1,2,\cdots,m) \\ 0 \leqslant x_j \leqslant 1\ (j = 1,2,\cdots,n)\end{cases}$$

注意仅有上述约束条件并不能保证 $\left|\sum\limits_{j=1}^{n} a_{ij}x_j - r_i\right| = \lambda_i^+ + \lambda_i^-$，只有在取到最优解时，可以保证 λ_i^+ 和 λ_i^- 中至少有一个为 0，此时上述绝对值表达式的改写就成立了。

例 2.14　（支持向量机）支持向量机（Support Vector Machine，SVM）是机器学习中常见的一种分类算法。假设图 2.13 中有两类差异性数据：第一类数据点 “ + ” 的坐标为 $\boldsymbol{x}_i = (x_1^i,\ x_2^i)$，$i = 1,\ 2,\ \cdots,\ m$，标记为 +1；第二类数据点 “ − ” 的坐标为 $\boldsymbol{x}_j = (x_1^j,\ x_2^j)$，$j = 1,\ 2,\ \cdots,\ n$，标记为 −1。从数学上来讲，分类算法就是想找到一条直线 $\boldsymbol{\omega}^{\mathrm{T}}\boldsymbol{x} + b = 0$，可以将不同类别的数据点划分开，即找到一个斜率(法向量) $\boldsymbol{\omega}$ 和一个截距 b。

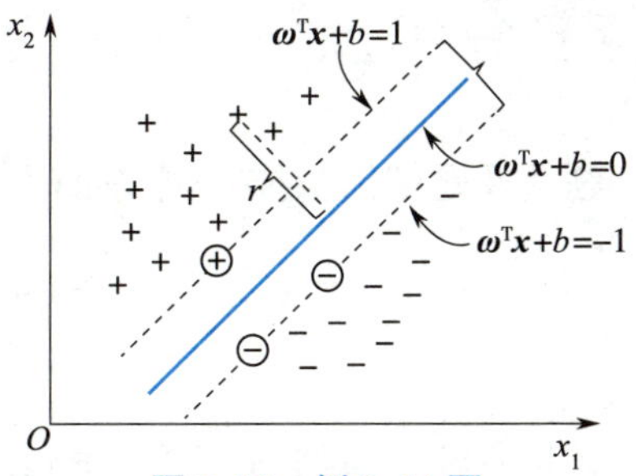

图 2.13　例 2.14 图

若存在这样的直线，即两类数据完全线性可分，那么下面的不等式约束一定成立。

$$\begin{cases}\boldsymbol{\omega}^{\mathrm{T}}\boldsymbol{x}_i + b \geqslant 1,\ \forall i = 1,\ 2,\ \cdots,\ m \\ \boldsymbol{\omega}^{\mathrm{T}}\boldsymbol{x}_j + b \leqslant -1,\ \forall j = 1,\ 2,\ \cdots,\ n\end{cases} \tag{2-27}$$

但现实中可能无法做到完全线性可分，此时就希望划分错误的误差越小越好。请建立合适的数学规划模型。

解　依据题意，当两类数据无法线性可分时，就意味着上面的不等式组（2-27）无法完全成立。此时，可以通过引入正、负偏差变量将不等式约束改写为等式约束。不难看出，通过选取适当的正负偏差值，约束条件总能被满足。假设对第一类数据约束引入 δ_i^+，δ_i^-，对第二类数据约束引入 δ_j^+，δ_j^-，那么式（2-27）可改写为

$$\begin{cases}\boldsymbol{\omega}^{\mathrm{T}}\boldsymbol{x}_i + b + \delta_i^- - \delta_i^+ = 1,\ \forall i = 1,\ 2,\ \cdots,\ m \\ \boldsymbol{\omega}^{\mathrm{T}}\boldsymbol{x}_j + b + \delta_j^- - \delta_j^+ = -1,\ \forall j = 1,\ 2,\ \cdots,\ n \\ \delta_i^+,\ \delta_i^-,\ \delta_j^+,\ \delta_j^- \geqslant 0\end{cases} \tag{2-28}$$

为使第一类数据尽量被划分在所求直线的左上边，显然希望式（2-28）中前 m 个等式约束的负偏差 δ_i^- 尽可能小；而为使第二类数据尽量被划分在所求直线的右下边，则希望式（2-28）中后 n 个等式约束的正偏差δ_j^+ 尽可能小。因此，所谓希望划分错误的误差越小越好，就是希望最小化这两种偏差之和，即

$$\min \sum_{i=1}^{m} \delta_i^- + \sum_{j=1}^{n} \delta_j^+$$

综上，该问题完整的数学规划模型为

$$\min \sum_{i=1}^{m} \delta_i^- + \sum_{j=1}^{n} \delta_j^+$$

$$\text{s. t.} \begin{cases} \boldsymbol{\omega}^{\mathrm{T}}\boldsymbol{x}_i + b + \delta_i^- - \delta_i^+ = 1, \forall i = 1, 2, \cdots, m \\ \boldsymbol{\omega}^{\mathrm{T}}\boldsymbol{x}_j + b + \delta_j^- - \delta_j^+ = -1, \forall j = 1, 2, \cdots, n \\ \delta_i^+, \delta_i^-, \delta_j^+, \delta_j^- \geqslant 0 \end{cases}$$

此类模型也被称为目标规划模型，其核心思想就是通过引入正、负偏差使得刚性约束变成容许偏差的弹性约束，从而通过极小化偏差来寻找到尽可能满足原约束的解。

例 2.15 合理下料问题，题目及题解请扫描右侧二维码。

例 2.16 人员安排问题，题目及题解请扫描右侧二维码。

例 2.17 组合投资问题，题目及题解请扫描右侧二维码。

习题

2.1 请分别用图解法和单纯形法求解下列线性规划问题，指出单纯形表中各基本可行解与图解法中各可行域顶点的对应关系。

(1)
$$\max z = 2x_1 - x_2$$
$$\text{s. t.} \begin{cases} 3x_1 + 5x_2 \leqslant 15 \\ 6x_1 + 2x_2 \leqslant 12 \\ 2x_1 + 3x_2 \leqslant 6 \\ x_1, \quad x_2 \geqslant 0 \end{cases}$$

(2)
$$\max z = 2x_1 + 4x_2$$
$$\text{s. t.} \begin{cases} x_1 + \quad x_2 \leqslant 6 \\ x_1 + 2x_2 \leqslant 8 \\ \qquad x_2 \leqslant 3 \\ x_1, \quad x_2 \geqslant 0 \end{cases}$$

2.2 将下列线性规划问题转换为标准形式。

(1)
$$\max z=3x_1-4x_2+2x_3-5x_4$$
$$\text{s. t.}\begin{cases}4x_1-x_2+2x_3-x_4=-2\\ x_1+x_2-x_3+2x_4\leqslant 14\\ -2x_1+3x_2+x_3-x_4\geqslant 2\\ x_1,\ x_2,\ x_3\geqslant 0,\ x_4\text{ 无约束}\end{cases}$$

(2)
$$\min z=-x_1+2x_2-3x_3$$
$$\text{s. t.}\begin{cases}x_1+x_2+x_3\leqslant 7\\ x_1-x_2+x_3\geqslant 2\\ x_1,\ x_2\geqslant 0,\ x_3\text{ 无约束}\end{cases}$$

2.3 用单纯形法求解下列线性规划问题。

(1)
$$\max z=2x_1+x_2-x_3$$
$$\text{s. t.}\begin{cases}x_1+2x_2+x_3\leqslant 8\\ -x_1+x_2-2x_3\leqslant 4\\ x_1,\ x_2,\ x_3\geqslant 0\end{cases}$$

(2)
$$\min z=5x_1-2x_2+3x_3+2x_4$$
$$\text{s. t.}\begin{cases}x_1+2x_2+3x_3+4x_4\leqslant 7\\ 2x_1+2x_2+x_3+2x_4\leqslant 3\\ x_1,\ x_2,\ x_3,\ x_4\geqslant 0\end{cases}$$

2.4 分别用大 *M* 法和两阶段法求解下列线性规划问题。

(1)
$$\max z=2x_1+3x_2-5x_3$$
$$\text{s. t.}\begin{cases}x_1+x_2+x_3=7\\ 2x_1-5x_2+x_3\geqslant 10\\ x_1,\ x_2,\ x_3\geqslant 0\end{cases}$$

(2)
$$\max z=2x_1-3x_2+4x_3$$
$$\text{s. t.}\begin{cases}x_1+2x_2-x_3\geqslant 18\\ 3x_1+x_2+2x_3\leqslant 16\\ x_1+3x_2+2x_3=12\\ x_1,\ x_2,\ x_3\geqslant 0\end{cases}$$

2.5 已知线性规划问题

$$\min z=2x_1-x_2+x_3+x_5$$
$$\text{s. t.}\begin{cases}x_1+2x_3+x_5=4\\ 2x_1-3x_2+x_4=6\\ x_1-x_2+2x_3+x_4=8\\ x_1,\ x_2,\ x_3,\ x_4,\ x_5\geqslant 0\end{cases}$$

现得到其某个基本可行解的单纯形表表2.32。

表2.32 单纯形表

x_B	b	x_1	x_2	x_3	x_4	x_5
	2	2	-2	0	0	1
	6	2	-3	0	c	0
	1	-0.5	1	1	0	d
σ_j		-0.5	a	b	0	0

根据单纯形表的特征，试求：

(1) 未知数 a, b, c, d 的值；

(2) 该基本可行解及其目标函数值；

(3) 该基本可行解是否为最优解？

2.6 已知线性规划问题

$$\min z = c_1x_1 + c_2x_2 + c_3x_3$$

$$\text{s. t.}\begin{cases}\begin{pmatrix}a_{11}\\a_{21}\end{pmatrix}x_1+\begin{pmatrix}a_{12}\\a_{22}\end{pmatrix}x_2+\begin{pmatrix}a_{13}\\a_{23}\end{pmatrix}x_3+\begin{pmatrix}1\\0\end{pmatrix}x_4+\begin{pmatrix}0\\1\end{pmatrix}x_5=\begin{pmatrix}b_1\\b_2\end{pmatrix}\\ x_j\geqslant 0,\ j=1,\ 2,\ \cdots,\ 5\end{cases}$$

用单纯形法求解，得到最终单纯形表表 2.33。

(1) 求 a_{11}, a_{12}, a_{13}, a_{21}, a_{22}, a_{23}, b_1, b_2 的值；

(2) 求 c_1, c_2, c_3 的值。

表 2.33 最终单纯形表

x_B	b	x_1	x_2	x_3	x_4	x_5
x_3	3/2	1	0	1	1/2	−1/2
x_2	2	1/2	1	0	−1	2
σ_j		−3	0	0	0	−4

2.7 某工厂生产一种型号的机床，每台机床上分别需用 2.9m、2.1m、1.5m 长的轴 1 根、2 根和 1 根，这些轴需用同一种圆钢制作，圆钢的长度为 7.4m。如需要生产 100 台机床，问应如何安排下料，才能使用料最省？

2.8 某饲料厂用玉米胚芽粕、大豆饼和酒糟等 3 种原料生产 3 种不同规格的饲料，由于 3 种原料的营养成分不同，因而不同规格的饲料对 3 种原料的比例有特殊的要求，具体要求及单位产品利润、原料价格、原料的数量见表 2.34，试问该饲料厂应制订怎样的生产计划使得总利润最大？建立线性规划模型。

表 2.34 饲料厂生产数据

规格要求	产品 Q_1	产品 Q_2	产品 Q_3	原料单价/(元/kg)	原料可用量/kg
原料 P_1	≥15%	≥20%	25%	1.7	1500
原料 P_2	≥25%	≥10%		1.5	1000
原料 P_3			≤40%	1.2	2000
单位产品的利润/(元/kg)	2	3	2.3		

2.9 由于 24h 内通过某高速公路收费站的车辆数不均匀，因此收费站的工作人员安排也相应地要按时段不同而有所差异。假设根据历史资料统计，在各时段至少所需的职工人数见表 2.35。

表 2.35 各时段所需职工人数

时间段	所需职工人数
00:00 ~ 06:00	2
06:00 ~ 10:00	8
10:00 ~ 12:00	4
12:00 ~ 16:00	3
16:00 ~ 18:00	6
18:00 ~ 22:00	5
22:00 ~ 24:00	3

每个职工上班后先工作4h，然后离开1h（休息、就餐等），再工作4h。职工可以在任何正点时间开始上班，试问如何排班能使雇用的职工数最少？建立线性规划模型。

2.10 某木材储运公司有一个很大的仓库用来存储和出售木材。考虑到木材季度价格有波动变化，该公司于每季度初购进木材，一部分于本季度内出售，另一部分储存起来供以后出售。已知该公司仓库的最大储存量为20万 m^3。储存费用为（$a+bu$）元/万 m^3，其中 $a=70$，$b=100$，u 为储存时间（季度数）。已知每季度的买进卖出价及预计的销售量见表2.36。由于木材不宜久存，所有库存木材应于每年秋末售完，试问该公司采用什么储存策略能获得最大利润？建立线性规划模型。

表 2.36 每季度的买进卖出价与预计销售量数据

季度	买进价/（万元/万 m^3）	卖出价/（万元/万 m^3）	预计销售量/（万 m^3）
冬	410	425	100
春	430	440	140
夏	460	465	200
秋	450	455	160

2.11 假设给定 m 个样本点$(\boldsymbol{a}_i, b_i)$，$i=1, 2, \cdots, m$，其中 $\boldsymbol{a}_i \in \mathbf{R}^n$，$b_i \in \mathbf{R}$，要求找到一个线性函数 $b=\boldsymbol{a}^{\mathrm{T}}\boldsymbol{x}$(其中 $\boldsymbol{x} \in \mathbf{R}^n$ 是待确定的参数向量)进行数据拟合(线性回归)。如果定义第 i 个样本点的残差量为 $|b_i-\boldsymbol{a}_i^{\mathrm{T}}\boldsymbol{x}|$，现在希望尽可能找到一个对现有数据拟合最好的模型，即希望最小化最大的残差量，请写出该拟合问题的线性规划模型。

第 3 章　线性规划的对偶理论

每一个线性规划问题（称为“原始问题”）都有一个与之相伴而生的另一个线性规划问题（称为“对偶问题”），两者之间有着十分有趣和紧密的联系。对偶理论就是研究线性规划中原始问题与对偶问题之间关系的理论。冯·诺依曼（Von Neumann）首先在研究对策论时发现了线性规划与对策论之间存在的密切联系，两人零和博弈就可以表达成线性规划的原始问题和对偶问题。于是，他于 1947 年正式提出对偶理论。1954 年，莱姆克（Lemke）提出了对偶单纯形法，成为管理决策中进行灵敏度分析的重要工具。对偶理论有许多重要的应用，例如，在原始和对偶两个线性规划中求解任何一个规划问题时，会自动地给出另一个规划问题的最优解；两者在取得最优解时，目标函数值相等；当对偶问题比原始问题有较少约束时，求解对偶问题比求解原始问题要方便得多。

本章将首先通过对前例从两个不同角度提出问题，建立相应的线性规划模型，来理解什么是对偶；然后给出对称形式下线性规划的原始和对偶问题，进而总结如何写出一般对偶问题的规则；接下来介绍一些重要的对偶理论，以及生产计划问题中对偶变量的经济含义；最后，阐明对偶单纯形法的算法思路和计算步骤，并详细讨论线性规划问题的灵敏度分析。

3.1　线性规划的对偶问题

在数学中，对偶（Duality）一般是指对同一事物（或问题）从不同的角度（或立场）提出的两种不同表述。例如，在平面内，矩形的面积与周长之间的关系有两种不同的表述方法：①周长一定，面积最大的矩形是正方形；②面积一定，周长最短的矩形是正方形。这样两方面的表述有利于加深对问题的认识和理解。接下来，我们分别回顾第 2 章中的例 2.1和例 2.2，看看从另一角度看待同样的问题会得到怎样的线性规划问题。

首先，在例 2.1 中，某工厂要利用手中的资源生产两种产品，在制订利润最大的生产计划时，其线性规划问题为

$$\max z = 40x_1 + 50x_2$$

$$\text{s. t.}\begin{cases} x_1 + 2x_2 \leqslant 30 \\ 3x_1 + 2x_2 \leqslant 60 \\ 2x_2 \leqslant 24 \\ x_1,\ x_2 \geqslant 0 \end{cases} \tag{3-1}$$

如果现在换一个角度考虑此问题：假定现有一家公司想把该工厂的生产资源全部收购

过来，那么至少需付出多大的代价才能使工厂愿意放弃生产活动，出让自己的全部生产资源呢？这一决策问题仍然可以通过建立线性规划模型来求解。

（1）决策变量

设 y_1，y_2，y_3 分别为钢材、劳动力和特种设备这 3 种资源的单位定价。

（2）目标函数

要将所有资源收购需付出的成本为 $w=30y_1+60y_2+24y_3$，显然收购公司希望在工厂愿意出让生产资源的前提下尽可能地少付出成本。因此，目标函数为

$$\min w=30y_1+60y_2+24y_3$$

（3）约束条件

考虑工厂愿意出让生产资源的前提条件。

- 因为用 1 个单位的钢材和 3 个单位的劳动力可以生产 1 件产品 A，从而获得 40 元利润，那么将生产 1 件产品 A 的资源出让，其所得应不低于生产 1 件产品 A 能获得的利润，即

$$y_1+3y_2\geqslant 40$$

- 同理，将生产 1 件产品 B 的资源出让，其所得应不低于生产 1 件产品 B 能获得的利润，即

$$2y_1+2y_2+2y_3\geqslant 50$$

- 除此以外，y_1，y_2，y_3 显然需满足非负条件。

综上，可得线性规划模型为

$$\min w=30y_1+60y_2+24y_3$$
$$\text{s. t.}\begin{cases} y_1+3y_2 \geqslant 40\\ 2y_1+2y_2+2y_3\geqslant 50\\ y_1,\ y_2,\ y_3\geqslant 0\end{cases} \tag{3-2}$$

线性规划问题式（3-1）和式（3-2）事实上是对同一问题从不同角度考虑所产生的，因此是两个相互伴随、密切相关的问题。若将线性规划问题式（3-1）视为原始问题（也称“原问题”），则线性规划问题式（3-2）为与其相对应的对偶问题。

再看例 2.2，原问题的线性规划模型为

$$\min z=2x_1+5x_2+6x_3+8x_4$$
$$\text{s. t.}\begin{cases}4x_1+6x_2+x_3+2x_4\geqslant 12\\ x_1+x_2+7x_3+5x_4\geqslant 14\\ 2x_2+x_3+3x_4\geqslant 8\\ x_1,\ x_2,\ x_3,\ x_4\geqslant 0\end{cases} \tag{3-3}$$

如果换一个角度考虑此问题：假定现有一名维生素销售商，他向养殖场宣称不用购买饲料 1，2，3，4，可以直接购买其销售的维生素 A，B，C 喂养奶牛，在同样保证维生素摄入量的前提下所付出的成本绝不会高于购买饲料的成本。请问维生素销售商会向养殖场报价多少？这一维生素销售定价的决策问题可以进行如下建模。

（1）决策变量

设 y_1，y_2，y_3 分别为维生素 A，B，C 的单位定价。

（2）目标函数

若养殖场购买维生素 A，B，C，则每天每头奶牛能给维生素销售商带来的收益至少为 $w=12y_1+14y_2+8y_3$。商人当然希望所获得的收益越大越好，因此，目标函数为

$$\max w=12y_1+14y_2+8y_3$$

（3）约束条件

养殖场愿意购买维生素 A，B，C，而不是饲料 1，2，3，4 的前提条件是为达到单位饲料中各维生素含量而购买的维生素花费不高于饲料的单位成本。此外，y_1，y_2，y_3 需满足非负条件。

综上，可得线性规划模型为

$$\max w=12y_1+14y_2+8y_3$$

$$\text{s. t.}\begin{cases}4y_1+y_2\leqslant 2\\6y_1+y_2+2y_3\leqslant 5\\y_1+7y_2+y_3\leqslant 6\\2y_1+5y_2+3y_3\leqslant 8\\y_1,\ y_2,\ y_3\geqslant 0\end{cases}\tag{3-4}$$

同样，线性规划问题式（3-3）和式（3-4）也是对同一问题从不同角度考虑所产生的，若将线性规划问题式（3-3）视为原问题，式（3-4）则为其对偶问题。因此，任何一个线性规划问题都有与之相对应的对偶问题。

一般定义“对称形式”下线性规划的原问题（Primal Problem）与对偶问题（Dual Problem）的表达如下：

原问题

$$\max z=\sum_{j=1}^{n}c_jx_j$$

$$\text{s. t.}\begin{cases}\sum\limits_{j=1}^{n}a_{ij}x_j\leqslant b_i & (i=1,2,\cdots,m)\\ x_j\geqslant 0 & (j=1,2,\cdots,n)\end{cases}$$

对偶问题

$$\min w=\sum_{i=1}^{m}b_iy_i$$

$$\text{s. t.}\begin{cases}\sum\limits_{i=1}^{m}a_{ij}y_i\geqslant c_j & (j=1,2,\cdots,n)\\ y_i\geqslant 0 & (i=1,2,\cdots,m)\end{cases}\tag{3-5}$$

利用向量矩阵形式可写成：

原问题

$$\max z=\boldsymbol{c}^{\mathrm{T}}\boldsymbol{x}$$

$$\text{s. t.}\begin{cases}\boldsymbol{Ax}\leqslant\boldsymbol{b}\\ \boldsymbol{x}\geqslant\boldsymbol{0}\end{cases}$$

对偶问题

$$\min w=\boldsymbol{b}^{\mathrm{T}}\boldsymbol{y}$$

$$\text{s. t.}\begin{cases}\boldsymbol{A}^{\mathrm{T}}\boldsymbol{y}\geqslant\boldsymbol{c}\\ \boldsymbol{y}\geqslant\boldsymbol{0}\end{cases}\tag{3-6}$$

所谓对称形式（Symmetric Form），是指线性规划问题满足如下条件：①决策变量均为非负；②约束条件当目标函数求极大时均取“≤”，当目标函数求极小时均取“≥”。

对于其他形式的线性规划问题，可以先将其转换为对称形式，再根据上述规则写出对偶问题。例如，考虑标准形式的线性规划问题，为

$$\max z = \sum_{j=1}^{n} c_j x_j$$

$$\text{s. t.} \begin{cases} \sum_{j=1}^{n} a_{ij} x_j = b_i & (i = 1, 2, \cdots, m) \\ x_j \geqslant 0 & (j = 1, 2, \cdots, n) \end{cases}$$

它等价于

$$\max z = \sum_{j=1}^{n} c_j x_j$$

$$\text{s. t.} \begin{cases} \sum_{j=1}^{n} a_{ij} x_j \leqslant b_i & (i = 1, 2, \cdots, m) \\ \sum_{j=1}^{n} -a_{ij} x_j \leqslant -b_i & (i = 1, 2, \cdots, m) \\ x_j \geqslant 0 & (j = 1, 2, \cdots, n) \end{cases}$$

此时，约束条件中有两组 m 个不等式约束的集合，因此对应地需要两组 m 维的对偶变量。设与前 m 个不等式约束相关联的对偶变量为 y_i^+，$i=1, 2, \cdots, m$，与后 m 个不等式约束相关联的对偶变量为 y_i^-，$i=1, 2, \cdots, m$，由此得对偶问题

$$\min w = \sum_{i=1}^{m} b_i y_i^+ - \sum_{i=1}^{m} b_i y_i^-$$

$$\text{s. t.} \begin{cases} \sum_{i=1}^{m} a_{ij} y_i^+ - \sum_{i=1}^{m} a_{ij} y_i^- \geqslant c_j & (j = 1, 2, \cdots, n) \\ y_i^+, y_i^- \geqslant 0 & (i = 1, 2, \cdots, m) \end{cases} \tag{3-7}$$

如果令 $y_i = y_i^+ - y_i^-$，上述对偶问题式（3-7）可以简化为

$$\min w = \sum_{i=1}^{m} b_i y_i$$

$$\text{s. t.} \sum_{i=1}^{m} a_{ij} y_i \geqslant c_j \quad (j = 1, 2, \cdots, n) \tag{3-8}$$

注意此时对偶问题式（3-8）中决策变量 y_i 是没有约束的。标准形式下的原问题与对偶问题的向量矩阵表达为

原问题

$$\max z = \boldsymbol{c}^{\mathrm{T}} \boldsymbol{x}$$

$$\text{s. t.} \begin{cases} \boldsymbol{A}\boldsymbol{x} = \boldsymbol{b} \\ \boldsymbol{x} \geqslant \boldsymbol{0} \end{cases}$$

对偶问题

$$\min w = \boldsymbol{b}^{\mathrm{T}} \boldsymbol{y}$$

$$\text{s. t.} \ \boldsymbol{A}^{\mathrm{T}} \boldsymbol{y} \geqslant \boldsymbol{c}$$

此外，若将式（3-6）中的对偶问题视为原问题，同样可以写出其对偶问题。首先，

将其改写为

$$\max \ -\boldsymbol{b}^{\mathrm{T}}\boldsymbol{y}$$

$$\text{s. t.} \begin{cases} -\boldsymbol{A}^{\mathrm{T}}\boldsymbol{y} \leqslant -\boldsymbol{c} \\ \boldsymbol{y} \geqslant \boldsymbol{0} \end{cases}$$

于是依照上述对称形式对偶问题的转换，有

$$\min \ -\boldsymbol{c}^{\mathrm{T}}\boldsymbol{x}$$

$$\text{s. t.} \begin{cases} -\boldsymbol{A}\boldsymbol{x} \geqslant -\boldsymbol{b} \\ \boldsymbol{x} \geqslant \boldsymbol{0} \end{cases}$$

即等价于

$$\max \ \boldsymbol{c}^{\mathrm{T}}\boldsymbol{x}$$

$$\text{s. t.} \begin{cases} \boldsymbol{A}\boldsymbol{x} \leqslant \boldsymbol{b} \\ \boldsymbol{x} \geqslant \boldsymbol{0} \end{cases}$$

这恰好就是式（3-6）中的原问题。因此，**对偶问题的对偶即原问题**。或者说，式（3-6）中的两个线性规划问题是互为对偶的。

综上，考虑各种可能出现的情况，表 3.1 归纳了原问题与对偶问题之间的一一对应关系。

表 3.1　线性规划原问题与对偶问题的关系对应表 I

原问题（对偶问题）	对偶问题（原问题）
约束条件系数矩阵	约束条件系数矩阵的转置
约束条件右端项向量	目标函数的系数向量
目标函数的系数向量	约束条件右端项向量
目标函数：$\max z = \sum_{j=1}^{n} c_j x_j$	目标函数：$\min w = \sum_{i=1}^{m} b_i y_i$
约束条件数 $= m$	决策变量个数 $= m$
第 i 个约束条件：$\sum_{j=1}^{n} a_{ij}x_j \leqslant b_i$	第 i 个决策变量：$y_i \geqslant 0$
第 i 个约束条件：$\sum_{j=1}^{n} a_{ij}x_j \geqslant b_i$	第 i 个决策变量：$y_i \leqslant 0$
第 i 个约束条件：$\sum_{j=1}^{n} a_{ij}x_j = b_i$	第 i 个决策变量：y_i 无约束
决策变量个数 $= n$	约束条件数 $= n$
第 j 个决策变量：$x_j \geqslant 0$	第 j 个约束条件：$\sum_{i=1}^{m} a_{ij}y_i \geqslant c_j$
第 j 个决策变量：$x_j \leqslant 0$	第 j 个约束条件：$\sum_{i=1}^{m} a_{ij}y_i \leqslant c_j$
第 j 个决策变量：x_j 无约束	第 j 个约束条件：$\sum_{i=1}^{m} a_{ij}y_i = c_j$

除此以外，我们还可以按照表 3.2 的对应关系写出对偶问题。

表 3.2　线性规划原问题与对偶问题的关系对应表 Ⅱ

目标函数	max	min
约束条件系数矩阵	$\boldsymbol{A}$	$\boldsymbol{A}^{\mathrm{T}}$
约束条件右端项向量	$\boldsymbol{b}$	$\boldsymbol{c}$
目标函数的系数向量	$\boldsymbol{c}$	$\boldsymbol{b}$
函数约束与变量约束	第 k 个约束↔第 k 个变量	
	约束个数 = 变量个数	
	（非）规范约束↔非负（正）变量	
	等式约束↔自由变量	

其中，“规范”表示和对称的原-对偶问题（3-6）一致的形式，而“非规范”就是和原-对偶问题（3-6）相反的形式；“自由变量”是指没有任何约束限制的变量。

例 3.1　写出下列线性规划问题的对偶问题。

$$\min z = 4x_1 + 2x_2 - 3x_3$$

$$\text{s. t.}\begin{cases} -x_1 + 2x_2 \leqslant 6 \\ 2x_1 + 3x_3 \geqslant 9 \\ x_1 + 5x_2 - 2x_3 = 4 \\ x_1 \text{ 无约束},\ x_2 \geqslant 0,\ x_3 \geqslant 0 \end{cases}$$

解　按照表 3.1 或表 3.2 中的对应规则，均可直接写出对偶问题为

$$\max w = 6y_1 + 9y_2 + 4y_3$$

$$\text{s. t.}\begin{cases} -y_1 + 2y_2 + y_3 = 4 \\ 2y_1 + 5y_3 \leqslant 2 \\ 3y_2 - 2y_3 \leqslant -3 \\ y_1 \leqslant 0,\ y_2 \geqslant 0,\ y_3 \text{ 无约束} \end{cases}$$

检查：首先，原问题求 min，因此对偶问题相应求 max。原问题有 3 个决策变量，对偶问题就有 3 个约束条件；原问题有 3 个约束条件，对偶问题就有 3 个对偶变量 y_1，y_2，y_3，并且，对偶问题目标函数的系数是原问题约束条件的右端项。

然后，看约束条件。对偶问题约束条件的系数矩阵是原问题系数矩阵的转置，右端项是原问题目标函数的系数。第 1 个约束条件取等号是因为 x_1 无约束限制；第 2 和第 3 个约束“≤”（规范约束）是因为 x_2，x_3 非负。

最后，看对偶变量的符号。y_1 非正是因为原问题第 1 个约束非规范，而 y_2 非负是因为原问题第 2 个约束规范，y_3 无约束限制是因为原问题第 3 个约束是等式约束。

3.2　对偶理论

本节介绍对偶问题的基本理论，所有讨论将仅针对“对称形式”的线性规划问题。由

于任何非对称形式都可以转换为对称形式，因此这些理论在非对称形式时也是适用的。

定理 3.1 （弱对偶定理，Weak Duality Theorem）如果 $\boldsymbol{x}=(x_1, x_2, \cdots, x_n)^{\mathrm{T}}$ 是原问题的可行解，$\boldsymbol{y}=(y_1, y_2, \cdots, y_m)^{\mathrm{T}}$ 是对偶问题的可行解，那么

$$\boldsymbol{c}^{\mathrm{T}}\boldsymbol{x} \leqslant \boldsymbol{b}^{\mathrm{T}}\boldsymbol{y}$$

证 由于 $\boldsymbol{c} \leqslant \boldsymbol{A}^{\mathrm{T}}\boldsymbol{y}$ 且 $\boldsymbol{x} \geqslant \boldsymbol{0}$，因此

$$\boldsymbol{c}^{\mathrm{T}}\boldsymbol{x} \leqslant \boldsymbol{y}^{\mathrm{T}}\boldsymbol{A}\boldsymbol{x} \tag{3-9}$$

同理，由于 $\boldsymbol{b} \geqslant \boldsymbol{A}\boldsymbol{x}$ 且 $\boldsymbol{y} \geqslant \boldsymbol{0}$，因此

$$\boldsymbol{b}^{\mathrm{T}}\boldsymbol{y} \geqslant \boldsymbol{x}^{\mathrm{T}}\boldsymbol{A}^{\mathrm{T}}\boldsymbol{y} \tag{3-10}$$

显然，$\boldsymbol{x}^{\mathrm{T}}\boldsymbol{A}^{\mathrm{T}}\boldsymbol{y}=\boldsymbol{y}^{\mathrm{T}}\boldsymbol{A}\boldsymbol{x}$，所以综合式（3-9）和式（3-10）得 $\boldsymbol{c}^{\mathrm{T}}\boldsymbol{x} \leqslant \boldsymbol{b}^{\mathrm{T}}\boldsymbol{y}$。证毕。

由弱对偶定理，易得出下面的推论：

推论 3.1 如果原问题有可行解且目标函数值无界，则其对偶问题无可行解；同理，如果对偶问题有可行解且目标函数值无界，则其原问题无可行解。

上述推论也可表述为“在互为对偶的两个线性规划问题中如果其中一个问题无有界的最优解，那么另一个问题必定不可行”。事实上，如果另一个问题有可行解，则其相应的目标函数值为其对偶问题的目标函数值提供了一个界，这与它的无界假设相矛盾。

弱对偶定理说明任一问题的一个可行解都可给出另一问题的目标函数值的界。对偶问题的目标函数值总是大于原问题的目标函数值（见图 3.1a）。由于原问题寻找最大值，而对偶问题寻找最小值，因此原问题目标函数值集合的右端点与对偶问题目标函数值集合的左端点彼此逐渐靠近。当两端点最终合一（见图 3.1b），也就是两者的目标函数值相等时，原问题与对偶问题都取到最优解。这一性质为线性规划问题提供了一个非常方便的最优性判定依据，因而被称为“最优性定理”。

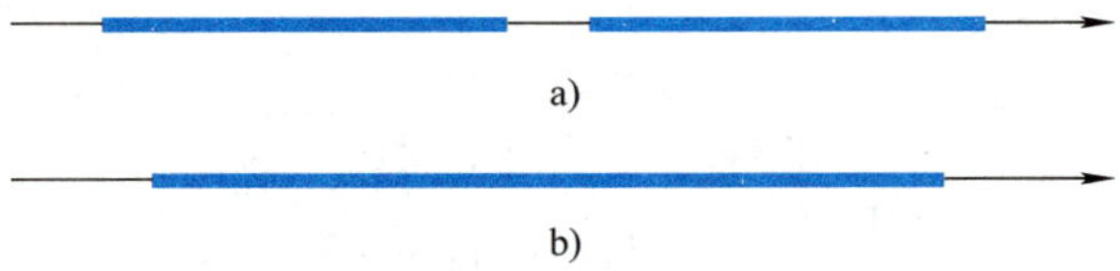

图 3.1 原问题与对偶问题目标函数值的关系

定理 3.2 （最优性定理）如果 $\boldsymbol{x}=(x_1, x_2, \cdots, x_n)^{\mathrm{T}}$ 是原问题的可行解，$\boldsymbol{y}=(y_1, y_2, \cdots, y_m)^{\mathrm{T}}$ 是对偶问题的可行解，并且有

$$\boldsymbol{c}^{\mathrm{T}}\boldsymbol{x}=\boldsymbol{b}^{\mathrm{T}}\boldsymbol{y} \tag{3-11}$$

则 $\boldsymbol{x}$ 是原问题的最优解，$\boldsymbol{y}$ 是对偶问题的最优解。

证 设 $\boldsymbol{x}^*=(x_1^*, x_2^*, \cdots, x_n^*)^{\mathrm{T}}$ 是原问题的最优解，$\boldsymbol{y}^*=(y_1^*, y_2^*, \cdots, y_m^*)^{\mathrm{T}}$ 是对偶问题的最优解，那么

$$\boldsymbol{c}^{\mathrm{T}}\boldsymbol{x} \leqslant \boldsymbol{c}^{\mathrm{T}}\boldsymbol{x}^*, \ \boldsymbol{b}^{\mathrm{T}}\boldsymbol{y} \geqslant \boldsymbol{b}^{\mathrm{T}}\boldsymbol{y}^*$$

由弱对偶定理知

$$\boldsymbol{c}^{\mathrm{T}}\boldsymbol{x}^* \leqslant \boldsymbol{b}^{\mathrm{T}}\boldsymbol{y}^*$$

因此

$$\boldsymbol{c}^{\mathrm{T}}\boldsymbol{x} \leqslant \boldsymbol{c}^{\mathrm{T}}\boldsymbol{x}^* \leqslant \boldsymbol{b}^{\mathrm{T}}\boldsymbol{y}^* \leqslant \boldsymbol{b}^{\mathrm{T}}\boldsymbol{y} \tag{3-12}$$

由式（3-11）知式（3-12）必须全部等号成立，即

$$c^{\mathrm{T}}x = c^{\mathrm{T}}x^* = b^{\mathrm{T}}y^* = b^{\mathrm{T}}y$$

所以 x 和 y 分别是原问题和对偶问题的最优解。证毕。

上述定理说明如果可以找到原问题与对偶问题的一对可行解，它们的目标函数值相等，那么它们就都是各自问题的最优解。反之，对于线性规划问题，当其原问题与对偶问题都取到最优解时，两者的目标函数值相等，这就是“对偶定理”。

定理 3.3 （对偶定理，Duality Theorem）在互为对偶的两个线性规划问题中，如果其中一个有最优解，那么另一个也有最优解，并且两者的最优目标函数值相等。

证 假设原问题有最优解 x^*，根据上一章中的单纯形表 2.9 可知其所对应的基矩阵 B 使得检验数满足最优解条件，即

$$c^{\mathrm{T}} - c_B^{\mathrm{T}}B^{-1}A \leqslant 0, \quad -c_B^{\mathrm{T}}B^{-1} \leqslant 0$$

若令 $y^{*\mathrm{T}} = c_B^{\mathrm{T}}B^{-1}$，则有 $A^{\mathrm{T}}y^* \geqslant c$，$y^* \geqslant 0$，即 y^* 是对偶问题的可行解。

将 y^* 代入对偶问题的目标函数，得

$$b^{\mathrm{T}}y^* = y^{*\mathrm{T}}b = c_B^{\mathrm{T}}B^{-1}b$$

将 x^* 代入原问题的目标函数值，得

$$c^{\mathrm{T}}x^* = c_B^{\mathrm{T}}x_B^* = c_B^{\mathrm{T}}B^{-1}b$$

所以 $c^{\mathrm{T}}x^* = b^{\mathrm{T}}y^*$。由最优性定理 3.2 知 y^* 是对偶问题的最优解。证毕。

由对偶定理，易得出下面的推论：

推论 3.2 如果原问题有可行解而其对偶问题无可行解，则原问题目标函数值无界；同理，如果对偶问题有可行解而其原问题无可行解，则对偶问题目标函数值无界。

该推论显然成立。采用反证法证明前半部分：假定原问题目标函数值不是无界的，那么由原问题可行，得原问题有最优解。这样，由对偶定理，对偶问题也有最优解，这与假设对偶问题无可行解是矛盾的。后半部分证明同理。

同时，从上面的证明过程中不难看出，当使用单纯形法求得原问题的最优解时，其事实上已经隐含求得了相应对偶问题的最优解，即 $y^{*\mathrm{T}} = c_B^{\mathrm{T}}B^{-1}$，其中矩阵 B 是原问题的最优基。此外，下面给出的对偶理论中的另一个重要性质——互补松弛性，也可以帮助我们在仅知道原问题的最优解时，快速找到对偶问题的最优解。

定理 3.4 （互补松弛性，Complementary Slackness）假定 $x = (x_1, x_2, \cdots, x_n)^{\mathrm{T}}$ 是原问题的可行解，$y = (y_1, y_2, \cdots, y_m)^{\mathrm{T}}$ 是对偶问题的可行解，则它们为各自问题的最优解的充要条件是

$$y_s^{\mathrm{T}}x = 0, \; x_s^{\mathrm{T}}y = 0 \tag{3-13}$$

其中，$x_s = (x_{s1}, x_{s2}, \cdots, x_{sm})^{\mathrm{T}}$ 为原问题的松弛变量，$y_s = (y_{s1}, y_{s2}, \cdots, y_{sn})^{\mathrm{T}}$ 为对偶问题的剩余变量。

证 通过引入松弛变量 x_s 和剩余变量 y_s，原问题和对偶问题将分别化为如下标准形式：

原问题

$$\max z = c^{\mathrm{T}}x$$

$$\text{s.t.}\begin{cases} Ax + x_s = b \\ x, \; x_s \geqslant 0 \end{cases}$$

对偶问题

$$\min w = b^{\mathrm{T}}y$$

$$\text{s.t.}\begin{cases} A^{\mathrm{T}}y - y_s = c \\ y, \; y_s \geqslant 0 \end{cases}$$

“必要性”——首先，由 $\boldsymbol{x}$ 和 $\boldsymbol{y}$ 分别是原问题和对偶问题的可行解，得

$$\boldsymbol{c}^{\mathrm{T}}\boldsymbol{x} \leqslant \boldsymbol{y}^{\mathrm{T}}\boldsymbol{A}\boldsymbol{x} \leqslant \boldsymbol{b}^{\mathrm{T}}\boldsymbol{y}$$

又 $\boldsymbol{x}$ 和 $\boldsymbol{y}$ 分别是原问题和对偶问题的最优解，即 $\boldsymbol{c}^{\mathrm{T}}\boldsymbol{x}=\boldsymbol{b}^{\mathrm{T}}\boldsymbol{y}$，因此

$$\boldsymbol{c}^{\mathrm{T}}\boldsymbol{x}=\boldsymbol{y}^{\mathrm{T}}\boldsymbol{A}\boldsymbol{x}=\boldsymbol{b}^{\mathrm{T}}\boldsymbol{y}$$

代入对偶问题的等式约束 $\boldsymbol{c}=\boldsymbol{A}^{\mathrm{T}}\boldsymbol{y}-\boldsymbol{y}_s$，有

$$(\boldsymbol{A}^{\mathrm{T}}\boldsymbol{y}-\boldsymbol{y}_s)^{\mathrm{T}}\boldsymbol{x}=\boldsymbol{b}^{\mathrm{T}}\boldsymbol{y} \Rightarrow \boldsymbol{y}_s^{\mathrm{T}}\boldsymbol{x}=\boldsymbol{y}^{\mathrm{T}}\boldsymbol{A}\boldsymbol{x}-\boldsymbol{b}^{\mathrm{T}}\boldsymbol{y}=0$$

代入原问题的等式约束 $\boldsymbol{b}=\boldsymbol{A}\boldsymbol{x}+\boldsymbol{x}_s$，有

$$\boldsymbol{c}^{\mathrm{T}}\boldsymbol{x}=(\boldsymbol{A}\boldsymbol{x}+\boldsymbol{x}_s)^{\mathrm{T}}\boldsymbol{y} \Rightarrow \boldsymbol{x}_s{}^{\mathrm{T}}\boldsymbol{y}=\boldsymbol{c}^{\mathrm{T}}\boldsymbol{x}-\boldsymbol{x}^{\mathrm{T}}\boldsymbol{A}^{\mathrm{T}}\boldsymbol{y}=0$$

“充分性”——将 $\boldsymbol{c}=\boldsymbol{A}^{\mathrm{T}}\boldsymbol{y}-\boldsymbol{y}_s$ 和 $\boldsymbol{b}=\boldsymbol{A}\boldsymbol{x}+\boldsymbol{x}_s$ 分别代入原问题和对偶问题的目标函数中，得

$$z=\boldsymbol{c}^{\mathrm{T}}\boldsymbol{x}=(\boldsymbol{A}^{\mathrm{T}}\boldsymbol{y}-\boldsymbol{y}_s)^{\mathrm{T}}\boldsymbol{x}=\boldsymbol{y}^{\mathrm{T}}\boldsymbol{A}\boldsymbol{x}-\boldsymbol{y}_s{}^{\mathrm{T}}\boldsymbol{x}$$

$$w=\boldsymbol{b}^{\mathrm{T}}\boldsymbol{y}=(\boldsymbol{A}\boldsymbol{x}+\boldsymbol{x}_s)^{\mathrm{T}}\boldsymbol{y}=\boldsymbol{x}^{\mathrm{T}}\boldsymbol{A}^{\mathrm{T}}\boldsymbol{y}+\boldsymbol{x}_s^{\mathrm{T}}\boldsymbol{y}$$

由 $\boldsymbol{y}_s^{\mathrm{T}}\boldsymbol{x}=0$ 和 $\boldsymbol{x}_s^{\mathrm{T}}\boldsymbol{y}=0$，得 $z=w=\boldsymbol{y}^{\mathrm{T}}\boldsymbol{A}\boldsymbol{x}$。根据最优性定理可知 $\boldsymbol{x}$ 和 $\boldsymbol{y}$ 就是原问题和对偶问题的最优解。证毕。

注意，由于 $\boldsymbol{x}$，$\boldsymbol{y}$，$\boldsymbol{x}_s$，$\boldsymbol{y}_s$ 均为非负向量，因此互补松弛性条件式（3-13）意味着

$$\begin{aligned} &x_j \cdot y_{sj}=0, \quad \text{任意 } j=1,2,\cdots,n \\ &y_i \cdot x_{si}=0, \quad \text{任意 } i=1,2,\cdots,m \end{aligned} \tag{3-14}$$

从式（3-14）可以看出，取最优解时，x_j 和 y_{sj} 中至少有一个为零，y_i 和 x_{si} 中至少有一个为零，即

$$x_j>0 \Rightarrow y_{sj}=0, \quad y_{sj}>0 \Rightarrow x_j=0$$

$$y_i>0 \Rightarrow x_{si}=0, \quad x_{si}>0 \Rightarrow y_i=0$$

其中，$y_{sj}=0$ 以及 $x_{si}=0$ 表示不等式约束条件“严格等式”成立（这样的约束条件称为“**紧约束**”）；$y_{sj}>0$ 以及 $x_{si}>0$ 表示不等式约束条件“严格不等式”成立（这样的约束条件称为“**松约束**”）。因此，互补松弛性定理也被称为“松紧定理”。

利用原问题和对偶问题最优解之间的互补松弛关系，可以不通过单纯形法，而从其中一个问题的最优解求得另一个问题的最优解。

例3.2 已知线性规划问题

$$\min z=2x_1+3x_2+5x_3+2x_4+3x_5$$

$$\text{s.t.}\begin{cases} x_1+x_2+2x_3+x_4+3x_5 \geqslant 4 \\ 2x_1-x_2+3x_3+x_4+x_5 \geqslant 3 \\ x_1,x_2,x_3,x_4,x_5 \geqslant 0 \end{cases} \tag{3-15}$$

其对偶问题的最优解为 $y_1=\dfrac{4}{5}$，$y_2=\dfrac{3}{5}$，试运用对偶理论求原问题的最优解。

解 首先，线性规划问题式（3-15）的对偶问题为

$$\max\ w=4y_1+3y_2$$

$$\text{s. t.}\begin{cases}y_1+2y_2\leqslant 2 & ①\\ y_1-\ y_2\leqslant 3 & ②\\ 2y_1+3y_2\leqslant 5 & ③\\ y_1+\ y_2\leqslant 2 & ④\\ 3y_1+\ y_2\leqslant 3 & ⑤\\ y_1,\ \ y_2\geqslant 0\end{cases}\tag{3-16}$$

将 $y_1=\dfrac{4}{5}$，$y_2=\dfrac{3}{5}$代入式（3-16）的各约束条件中，可知②，③，④为松约束，于是由互补松弛性，有 $x_2=x_3=x_4=0$。又因最优解 $y_1>0$，$y_2>0$，故其对应的原问题式（3-15）的两个约束条件为紧约束，即

$$\begin{cases}x_1+3x_5=4\\ 2x_1+\ x_5=3\end{cases}$$

解得 $x_1=x_5=1$。因此，原问题的最优解为 $\boldsymbol{x}^*=(1,\ 0,\ 0,\ 0,\ 1)^{\mathrm{T}}$。

综上可知，对于互为对偶的两个线性规划问题，可以建立原问题与对偶问题解之间的关系。根据原问题是否可行和对偶问题是否可行，这里存在如表 3.3 所示的四种关系。

表 3.3 原问题与对偶问题解之间的关系

关系	原始可行	原始不可行
对偶可行	原问题有最优解，对偶问题也有最优解，且目标函数值相等	对偶问题目标函数值无界
对偶不可行	原问题目标函数值无界	原问题不可行，对偶问题也不可行

下面的例子说明原问题和对偶问题都不可行的情形是存在的。

例 3.3 设有线性规划原问题为

$$\min\ z=2x_1-x_2$$

$$\text{s. t.}\begin{cases}x_1+x_2\geqslant 1\\ -x_1-x_2\geqslant 1\end{cases}$$

由于原问题的两个约束条件互相矛盾，因此无可行解。其对偶问题为

$$\max\ w=y_1+y_2$$

$$\text{s. t.}\begin{cases}y_1-y_2=2\\ y_1-y_2=-1\\ y_1,\ y_2\geqslant 0\end{cases}$$

该问题显然也无可行解。因此，这里的原问题和对偶问题都不可行。

3.3 对偶理论的应用

3.3.1 零和博弈

本章开始时提到冯·诺依曼在研究两人零和对策（即零和博弈）问题时发现，该问题可以表达成线性规划的原问题和对偶问题。下面我们来看这样一个抛硬币匹配游戏。

假设甲、乙两人各有一枚硬币（有正反两面），在游戏中，每人可以各自选择出正面或反面，若两人同出正面或反面，则匹配成功，甲从乙手中赢得1元；若一个正面一个反面，则匹配失败，甲要支付给乙1元。即甲的收益矩阵（也就是乙的损失矩阵）为

	乙出正	乙出反
甲出正	1	-1
甲出反	-1	1

在这个游戏（博弈）中，参与双方，一方的收益意味着另一方的损失，博弈各方的收益和损失相加总和永远为“零”，这就是**零和博弈**（Zero-sum Game）。

现考虑甲、乙两人的游戏策略。先从甲的角度考虑，假设在这个游戏中甲采取的策略是以概率 x_1 出正面，以概率 x_2 出反面（即 $x_1+x_2=1$），甲希望自己的**收益尽可能大**。然而，由于无法准确获知乙出哪面，在乙出不同面时，甲的期望收益可能不一样：乙出正面时，甲的期望收益为 x_1-x_2；乙出反面时，甲的期望收益为 x_2-x_1。因此，甲要想收益尽可能大就要**最大化其最小期望收益**，即最大化 x_1-x_2 和 x_2-x_1 中的最小值。用数学模型可表达为

$$\max \min(x_1-x_2,\ x_2-x_1)$$
$$\text{s.t.}\begin{cases} x_1+x_2=1 \\ x_1\geqslant 0,\ x_2\geqslant 0 \end{cases} \tag{3-17}$$

这和上一章中例2.12的模型形式相似，属于极大化极小问题，可以进行等价的线性转换。引入变量 s，模型式（3-17）可转换成如下的线性规划。

$$\max s$$
$$\text{s.t.}\begin{cases} x_1-x_2\geqslant s \\ x_2-x_1\geqslant s \\ x_1+x_2=1 \\ x_1\geqslant 0,\ x_2\geqslant 0 \end{cases} \tag{3-18}$$

反过来，我们再从乙的角度考虑。假设在游戏中乙采取的策略是以概率 y_1 出正面，以概率 y_2 出反面（即 $y_1+y_2=1$），乙希望自己的**损失尽可能小**。同样，由于乙也无法准确获知甲出哪面，在甲出不同面时，乙的期望损失可能不一样：甲出正面时，乙的期望损失为 y_1-y_2；甲出反面时，乙的期望损失为 y_2-y_1。因此，乙要想损失尽可能小就要**最小化其最大期望损失**，即最小化 y_1-y_2 和 y_2-y_1 中的最大值。用数学模型可表达为

$$\min \max\ (y_1 - y_2,\ y_2 - y_1)$$
$$\text{s. t.} \begin{cases} y_1 + y_2 = 1 \\ y_1 \geqslant 0,\ y_2 \geqslant 0 \end{cases} \tag{3-19}$$

这是极小化极大问题，也可以进行等价的线性转换。引入变量 t，模型式（3-18）可转换成如下的线性规划。

$$\min t$$
$$\text{s. t.} \begin{cases} y_1 - y_2 \leqslant t \\ y_2 - y_1 \leqslant t \\ y_1 + y_2 = 1 \\ y_1 \geqslant 0,\ y_2 \geqslant 0 \end{cases} \tag{3-20}$$

可以验证，在零和博弈中，参与双方甲、乙的决策所对应的线性规划模型式（3-18）和式（3-20）互为对偶问题。他们的最佳策略都是以 50% 概率出正面和 50% 概率出反面，此时两个决策问题的最优目标函数值相等，均为 0。

3.3.2　影子价格

考察线性规划问题的目标函数值，由第 2 章中式（2-17）可知

$$z^* = \boldsymbol{c}_B^{\mathrm{T}} \boldsymbol{B}^{-1} \boldsymbol{b} + (\boldsymbol{c}_N^{\mathrm{T}} - \boldsymbol{c}_B^{\mathrm{T}} \boldsymbol{B}^{-1} \boldsymbol{N}) \boldsymbol{x}_N \tag{3-21}$$

在目标函数式（3-21）中将 z^* 对 b_i 求偏导，得

$$\frac{\partial z^*}{\partial b_i} = (\boldsymbol{c}_B^{\mathrm{T}} \boldsymbol{B}^{-1})_i = y_i^*$$

由此可见，对偶变量 y_i^* 表示第 i 个约束条件的右端项 b_i 增加一个单位时最优目标函数值 z^* 的增量。或者换个角度，由强对偶定理知，在原问题有最优解时，其对偶问题也有最优解，且两者的最优目标函数值相等，即

$$z^* = w^* = \sum_{i=1}^{m} b_i y_i^* \tag{3-22}$$

式（3-22）对 b_i 求偏导，同样得 $\partial z^* / \partial b_i = y_i^*$。

由此可见，在实际生产问题中，y_i^* 是资源 i 的价值的一种度量，通常解释为相应资源对目标总利润的边际贡献，即内部资源在得到最优利用的前提下，每增加 1 个单位资源带来的总利润的增加值，被称为资源的**影子价格**（Shadow Price）。和资源的市场价格不同，影子价格依赖于资源的利用情况，是会随数量、价格以及企业生产情况等因素的变化而改变的。因此，影子价格可以被看成一种动态价格，是在给定生产条件下，对系统内部资源的一种客观估价。影子价格的主要应用包括：

（1）影子价格的大小客观地反映了资源在系统内的稀缺程度

从上一节的互补松弛性中可知，当 $x_{si} > 0$，即 $\sum\limits_{j=1}^{n} a_{ij} x_j < b_i$ 时，$y_i = 0$。这意味着如果在生产过程中，某种资源 i 未被用完，仍有剩余（资源供大于求），那么该资源的影子价格为零。此时，增加该资源的供应不会引起系统目标的任何变化。另一方面，当 $y_i > 0$ 时，

$\sum_{j=1}^{n} a_{ij}x_j = b_i$，这说明当影子价格不为零时，该资源在生产中已耗尽。换句话说，这是一种稀缺资源，增加此种资源的数量可以改善目标函数值。影子价格越高，反映资源在系统内部越稀缺，增加该资源的供应量对系统目标函数值的贡献也越大。

（2）影子价格实际上是一种机会成本

在完全市场经济条件下，当某种资源的市场价格低于影子价格时，企业应买进该资源用于扩大再生产。因为增加该资源单位量用于生产，可获得的收益高于购买该资源单位量所付出的费用。相反，当市场价格高于影子价格时，企业应卖出已有资源。随着资源的买进卖出，其影子价格也将发生变化，一直到影子价格与市场价格保持同等水平时，才处于平衡状态。

例 3.4 某企业拟生产 A、B 两种产品，需利用一种钢材料经过车、刨两台机床加工，加工的工时定额、每天可用工时和钢材料以及两种产品可获得的利润见表 3.4。

表 3.4　企业生产计划数据

项目	单件产品资源消耗量		每天可利用资源
	产品 A	产品 B	
车床	1（h/件）	0（h/件）	8（h）
刨床	0（h/件）	2（h/件）	12（h）
钢材料	3（kg/件）	4（kg/件）	36（kg）
利润	3（千元/件）	5（千元/件）	

1）请为该企业制订一个获利最大的生产计划。

2）若以 0.8 千元/kg 再购入少量钢材料投入生产是否划算？为什么？

解 1）设生产 A 产品 x_1 件，B 产品 x_2 件，建立线性规划模型为

$$\max z = 3x_1 + 5x_2$$

$$\text{s.t.}\begin{cases} x_1 \leqslant 8 \\ 2x_2 \leqslant 12 \\ 3x_1 + 4x_2 \leqslant 36 \\ x_1,\ x_2 \geqslant 0 \end{cases}$$

最优解为$x_1^* = 4$，$x_2^* = 6$。

2）要决定是否继续购买钢材料，就需要比较钢材料的市场价格和影子价格。下面通过求解上述线性规划的对偶问题来得到影子价格。可以写出对偶问题为

$$\min w = 8y_1 + 12y_2 + 36y_3$$

$$\text{s.t.}\begin{cases} y_1 + 3y_3 \geqslant 3 \\ 2y_2 + 4y_3 \geqslant 5 \\ y_1,\ y_2,\ y_3 \geqslant 0 \end{cases}$$

首先，由 $x_1^* = 4 < 8$，根据互补松弛性得 $y_1^* = 0$。接着，由 $x_1^* \neq 0$，$x_2^* \neq 0$，得

$$\begin{cases} y_1 + 3y_3 = 3 \\ 2y_2 + 4y_3 = 5 \end{cases}$$

求解得 $y_2^* = 0.5$，$y_3^* = 1$。由于钢材料的影子价格 $y_3^* = 1 > 0.8$，即目前其影子价格高于市场价格，因此可继续购入。

上面提到随着资源的买进卖出，其影子价格也将发生变化。在这个例子中，可以验证当企业再多购入12kg钢材料，即钢材料拥有量达到48kg时就应停止购买。因为一旦超过48kg，钢材料的影子价格就会变为0，再购买就不划算了。

3.4 对偶单纯形法

用单纯形法求解线性规划问题时，我们从该问题的一个原始基本可行解出发，即初始基 $\boldsymbol{B}$ 可保证 $\boldsymbol{B}^{-1}\boldsymbol{b} \geqslant \boldsymbol{0}$。对于目标函数求最大的线性规划问题，若此时基 $\boldsymbol{B}$ 还能使得检验数 $\boldsymbol{c}^{\mathrm{T}} - \boldsymbol{c}_B^{\mathrm{T}}\boldsymbol{B}^{-1}\boldsymbol{A} \leqslant \boldsymbol{0}$，则为最优基，$\boldsymbol{B}^{-1}\boldsymbol{b}$ 为最优解；否则进行换基，同时保证原始可行，即 $\boldsymbol{B}^{-1}\boldsymbol{b} \geqslant \boldsymbol{0}$，直到最终满足检验数全不大于零的条件为止。而我们在前面看到，所谓检验数 $\boldsymbol{c}^{\mathrm{T}} - \boldsymbol{c}_B^{\mathrm{T}}\boldsymbol{B}^{-1}\boldsymbol{A} \leqslant \boldsymbol{0}$，事实上意味着对偶可行。因此，线性规划问题求得最优解的条件是基 $\boldsymbol{B}$ 使得原问题与对偶问题都可行。

下面，我们不妨改变思路，即首先从线性规划问题的一个对偶可行解出发，也就是首先初始基 $\boldsymbol{B}$ 保证 $\boldsymbol{c}^{\mathrm{T}} - \boldsymbol{c}_B^{\mathrm{T}}\boldsymbol{B}^{-1}\boldsymbol{A} \leqslant \boldsymbol{0}$，但未必能同时满足原问题可行，即 $\boldsymbol{B}^{-1}\boldsymbol{b}$ 不全大于等于零。那么同样可以采取换基的办法，每次保证对偶问题可行，直至同时满足原问题可行。这就是**对偶单纯形法**（The Dual Simplex Method），它也是求解线性规划问题的一个基本方法。下面给出对偶单纯形法的具体计算步骤。

对偶单纯形法的计算步骤：

步骤1　列出初始单纯形表，要求 $c_j - z_j = (\boldsymbol{c}^{\mathrm{T}} - \boldsymbol{c}_B^{\mathrm{T}}\boldsymbol{B}^{-1}\boldsymbol{A})_j \leqslant 0$。

步骤2　进行最优性判断。若所有的 $(\boldsymbol{B}^{-1}\boldsymbol{b})_i \geqslant 0$，则当前表中的基本可行解即为最优解，计算结束。否则转到步骤3。

步骤3　确定出基变量。若存在 $(\boldsymbol{B}^{-1}\boldsymbol{b})_i < 0$，那么计算

$$\min_i\{(\boldsymbol{B}^{-1}\boldsymbol{b})_i \mid (\boldsymbol{B}^{-1}\boldsymbol{b})_i < 0\} = (\boldsymbol{B}^{-1}\boldsymbol{b})_r \tag{3-23}$$

将对应的行变量 x_r 作为出基变量。

步骤4　确定进基变量。检查出基变量 x_r 所在的第 r 行，若所有的 $a_{rj} \geqslant 0$，则线性规划问题无可行解；若存在 $a_{rj} < 0$，那么计算

$$\theta = \min_j\left\{\frac{c_j - z_j}{a_{rj}} \middle| a_{rj} < 0\right\} = \frac{c_s - z_s}{a_{rs}} \tag{3-24}$$

将对应的列变量 x_s 作为进基变量，a_{rs} 为旋转主元。

步骤5　重复步骤2～步骤4，直到计算结束。

关于步骤4的注释：观察第 r 个约束方程

$$x_r = (\boldsymbol{B}^{-1}\boldsymbol{b})_r - \sum_{j=m+1}^{n} a_{rj}x_j \tag{3-25}$$

对当前解来讲，所有的 x_j（$j = m+1, \cdots, n$）是非基变量，取值为0，$x_r = (\boldsymbol{B}^{-1}\boldsymbol{b})_r < 0$。

若所有的 $a_{rj} \geqslant 0$，则无论 x_j （$j = m+1, \cdots, n$）如何从零增大，取什么正值，都无法使 x_r 转成非负。故此时线性规划问题无可行解。

若存在某个 $a_{rj} < 0$，那么可以进行换基。下一单纯形表中的检验数为

$$(c_j - z_j)' = (c_j - z_j) - \frac{a_{rj}}{a_{rs}}(c_s - z_s) = a_{rj}\left(\frac{c_j - z_j}{a_{rj}} - \frac{c_s - z_s}{a_{rs}}\right) \tag{3-26}$$

为保持对偶可行，必须保证所有检验数 $(c_j - z_j)' \leqslant 0$。下面分两种情况来说明按式（3-24）取旋转主元可以满足要求：

1）对 $a_{rj} \geqslant 0$，由于 $c_j - z_j \leqslant 0$，有 $\frac{c_j - z_j}{a_{rj}} \leqslant 0$；又由旋转主元 $a_{rs} < 0$，故 $\frac{c_s - z_s}{a_{rs}} \geqslant 0$。因此，$\left(\frac{c_j - z_j}{a_{rj}} - \frac{c_s - z_s}{a_{rs}}\right) \leqslant 0$，由式（3-26）知 $(c_j - z_j)' \leqslant 0$。

2）对 $a_{rj} < 0$，按照 θ 的选取规则，$\left(\frac{c_j - z_j}{a_{rj}} - \frac{c_s - z_s}{a_{rs}}\right) \geqslant 0$。因此，由式（3-26）知 $(c_j - z_j)' \leqslant 0$。

例 3.5 用对偶单纯形法求解下面的线性规划问题。

$$\min z = 2x_1 + 3x_2 + 4x_3$$

$$\text{s. t.} \begin{cases} x_1 + 2x_2 + x_3 \geqslant 3 \\ 2x_1 - x_2 + 3x_3 \geqslant 4 \\ x_1, x_2, x_3 \geqslant 0 \end{cases}$$

解 首先，引入剩余变量 x_4，x_5 将原问题转换为标准形式

$$\max z = -2x_1 - 3x_2 - 4x_3$$

$$\text{s. t.} \begin{cases} x_1 + 2x_2 + x_3 - x_4 = 3 \\ 2x_1 - x_2 + 3x_3 - x_5 = 4 \\ x_1, x_2, x_3, x_4, x_5 \geqslant 0 \end{cases}$$

将等式约束两边同乘“-1”，得

$$\max z = -2x_1 - 3x_2 - 4x_3$$

$$\text{s. t.} \begin{cases} -x_1 - 2x_2 - x_3 + x_4 = -3 \\ -2x_1 + x_2 - 3x_3 + x_5 = -4 \\ x_1, x_2, x_3, x_4, x_5 \geqslant 0 \end{cases}$$

由此，初始单纯形表见表 3.5。

表 3.5 例 3.5 的单纯形表（一）

	c_j		-2	-3	-4	0	0
c_B	x_B	b	x_1	x_2	x_3	x_4	x_5
0	x_4	-3	-1	-2	-1	1	0
0	x_5	-4	[-2]	1	-3	0	1
	σ_j		-2	-3	-4	0	0

所有检验数 $\sigma_j \leq 0$，满足对偶单纯形的初始可行基要求。但基变量取值均为负，因此不是最优解，换基得到表 3.6。

表 3.6　例 3.5 的单纯形表（二）

c_j			-2	-3	-4	0	0
c_B	x_B	b	x_1	x_2	x_3	x_4	x_5
0	x_4	-1	0	-5/2	1/2	1	-1/2
-2	x_1	2	1	-1/2	3/2	0	-1/2
	σ_j		0	-4	-1	0	-1

此时，仍有基变量 x_4 取负值，因此不是最优解，继续换基得到表 3.7。

表 3.7　例 3.5 的单纯形表（三）

c_j			-2	-3	-4	0	0
c_B	x_B	b	x_1	x_2	x_3	x_4	x_5
-3	x_2	2/5	0	1	-1/5	-2/5	1/5
-2	x_1	11/5	1	0	7/5	-1/5	-2/5
	σ_j		0	0	-9/5	-8/5	-1/5

表 3.7 中所有基变量取值为正，因此是最终单纯形表。该线性规划问题的最优解为 $\boldsymbol{x}^* = (11/5, 2/5, 0)^{\mathrm{T}}$。

3.5　灵敏度分析

“灵敏度分析（Sensitivity Analysis）”是指对系统或事物因周围条件变化而表现出的敏感程度的分析。在前面的线性规划问题中，参数 a_{ij}，b_i 和 c_j 都是给定的常数。但是在实际中，这些参数通常难以精确给出，多为统计和预估的数值。随着工艺技术、资源投入、市场条件等方面的改变，这些参数都会相应地发生变化。那么当这些参数中的一个或多个发生变化时，问题的最优解会有什么变化？或者当这些参数在什么范围内变动时，不影响问题的最优解（或最优基）？这些就是灵敏度分析所要研究和解决的问题。

值得注意的是，灵敏度分析不是要用单纯形法进行重新计算，而只需要把发生变化的个别参数经过一定计算后直接填入最终单纯形表中，然后检查和分析。如果最优解改变，可用单纯形法或对偶单纯形法继续迭代计算，直至找到新的最优解。

表 3.8 是一张由表 2.9 简化而来的最终单纯形表。

表 3.8　最终单纯形表

$\boldsymbol{B}^{-1}\boldsymbol{b}$	$\boldsymbol{B}^{-1}\boldsymbol{A}$
$\boldsymbol{c}_B^{\mathrm{T}}\boldsymbol{B}^{-1}\boldsymbol{b}$	$\boldsymbol{c}^{\mathrm{T}} - \boldsymbol{c}_B^{\mathrm{T}}\boldsymbol{B}^{-1}\boldsymbol{A}$

其中最优解 $\boldsymbol{B}^{-1}\boldsymbol{b} \geq \boldsymbol{0}$，检验数 $\boldsymbol{c}^{\mathrm{T}} - \boldsymbol{c}_B^{\mathrm{T}}\boldsymbol{B}^{-1}\boldsymbol{A} \leq \boldsymbol{0}$，$\boldsymbol{c}_B^{\mathrm{T}}\boldsymbol{B}^{-1}\boldsymbol{b}$ 是最优目标函数值。下面将根据此表对各个参数变化后的情形进行逐一讨论。

例 3.6　某厂生产甲、乙、丙三种产品，其利润及所需原料 A、B 的拥有量和单位消耗量见表 3.9。请问如何安排生产计划，可获得最大利润？

表 3.9 例 3.6 已知条件

原料	产品			原料拥有量
	甲	乙	丙	
A	6	3	5	45
B	3	4	5	30
利润	4	1	5	

解 设三种产品的产量分别为 x_1，x_2，x_3，其线性规划模型为

$$\max z = 4x_1 + x_2 + 5x_3$$

$$\text{s. t.} \begin{cases} 6x_1 + 3x_2 + 5x_3 \leqslant 45 \\ 3x_1 + 4x_2 + 5x_3 \leqslant 30 \\ x_1,\ x_2,\ x_3 \geqslant 0 \end{cases} \tag{3-27}$$

将其转换为标准形式后用单纯形法求解。初始单纯形表见表 3.10。

表 3.10 例 3.6 的初始单纯形表

c_j			4	1	5	0	0
$\boldsymbol{c}_B$	$\boldsymbol{x}_B$	$\boldsymbol{b}$	x_1	x_2	x_3	x_4	x_5
0	x_4	45	6	3	5	1	0
0	x_5	30	3	4	5	0	1
	σ_j		4	1	5	0	0

经计算，得到的最终单纯形表见表 3.11。

表 3.11 例 3.6 的最终单纯形表

c_j			4	1	5	0	0
$\boldsymbol{c}_B$	$\boldsymbol{x}_B$	$\boldsymbol{b}$	x_1	x_2	x_3	x_4	x_5
4	x_1	5	1	-1/3	0	1/3	-1/3
5	x_3	3	0	1	1	-1/5	2/5
	σ_j		0	-8/3	0	-1/3	-2/3

因此，最优生产计划为：生产产品甲 5 单位，产品丙 3 单位，不生产产品乙。最大利润为 35。

（1）价值系数 c_j 的灵敏度分析

从最终单纯形表中可见系数 c_j 的变化仅仅影响到检验数，即 $(\boldsymbol{c}^{\mathrm{T}} - \boldsymbol{c}_B^{\mathrm{T}}\boldsymbol{B}^{-1}\boldsymbol{A})_j$，因此有下列两种情况：①全部检验数仍然满足 $(\boldsymbol{c}^{\mathrm{T}} - \boldsymbol{c}_B^{\mathrm{T}}\boldsymbol{B}^{-1}\boldsymbol{A})_j \leqslant 0$，此时最优解不变；②出现一个或多个 $(\boldsymbol{c}^{\mathrm{T}} - \boldsymbol{c}_B^{\mathrm{T}}\boldsymbol{B}^{-1}\boldsymbol{A})_j > 0$，此时对偶问题不再可行，需用单纯形法继续迭代求解。

例 3.7 在例 3.6 中，①如果产品甲的利润翻倍变为 8，最优生产计划是否会发生变化？②产品甲的利润在何范围内，最优生产计划不变？

解 ①当产品甲的利润，即 c_1 变为 8 后，在最终单纯形表（表 3.11）中重新计算检验数，得表 3.12。

表 3.12　例 3.7 的单纯形表（一）

c_j			8	1	5	0	0
c_B	x_B	b	x_1	x_2	x_3	x_4	x_5
8	x_1	5	1	−1/3	0	1/3	−1/3
5	x_3	3	0	1	1	−1/5	2/5
	σ_j		0	−4/3	0	−5/3	2/3

此时 x_5 的检验数大于零，因此用单纯形法继续迭代求解得表 3.13。

表 3.13　例 3.7 的单纯形表（二）

c_j			8	1	5	0	0
c_B	x_B	b	x_1	x_2	x_3	x_4	x_5
8	x_1	15/2	1	1/2	5/6	1/6	0
0	x_5	15/2	0	5/2	5/2	−1/2	1
	σ_j		0	−3	−5/3	−4/3	0

由此可见，该厂的最优生产计划应调整为只生产产品甲 15/2 单位。

② 考虑产品甲的利润变化，设为 Δc_1，即 c_1 变为 $4+\Delta c_1$。同样，重新计算最终单纯形表中的检验数，得表 3.14。

表 3.14　例 3.7 的单纯形表（三）

c_j			$4+\Delta c_1$	1	5	0	0
c_B	x_B	b	x_1	x_2	x_3	x_4	x_5
$4+\Delta c_1$	x_1	5	1	−1/3	0	1/3	−1/3
5	x_3	3	0	1	1	−1/5	2/5
	σ_j		0	$\frac{-8+\Delta c_1}{3}$	0	$\frac{-1-\Delta c_1}{3}$	$\frac{-2+\Delta c_1}{3}$

要保持最优生产计划不变，即保证所有检验数仍然小于等于零即可。因此，

$$\begin{cases}\dfrac{-8+\Delta c_1}{3}\leqslant 0\\ \dfrac{-1-\Delta c_1}{3}\leqslant 0\\ \dfrac{-2+\Delta c_1}{3}\leqslant 0\end{cases}$$

解得 $-1\leqslant\Delta c_1\leqslant 2$，也就是产品甲的利润应在区间[3，6]中。

（2）资源系数 b_i 的灵敏度分析

从最终单纯形表中可见资源系数即右端项 b_i 的变化会使得最优解 $(\boldsymbol{B}^{-1}\boldsymbol{b})_i$ 受到影响，其可能的变化情况也有下面两种：①$\boldsymbol{b}$ 列全部值仍然满足 $(\boldsymbol{B}^{-1}\boldsymbol{b})_i\geqslant 0$，此时最优基不变（因为当前的基仍能同时保证原问题和对偶问题可行，所以是最优基），但最优解和最优目标函数值会发生变化；②出现一个或多个 $(\boldsymbol{B}^{-1}\boldsymbol{b})_i<0$，此时原问题不再可行，需用对偶单纯形法继续迭代求解。

例3.8 在例3.6中，①如果原料A的拥有量增加到75，而原料B的拥有量不变，分析最优生产计划的变化；②如果原料A的拥有量不变，则原料B的拥有量在什么范围内变化时问题的最优基不变？

解 ① 当原料A的拥有量增加到75，即 $b_1=75$ 时，有

$$\boldsymbol{B}^{-1}\boldsymbol{b}=\begin{pmatrix}1/3 & -1/3\\ -1/5 & 2/5\end{pmatrix}\begin{pmatrix}75\\30\end{pmatrix}=\begin{pmatrix}15\\-3\end{pmatrix}$$

反映到最终单纯形表中得表3.15。

表3.15 例3.8的单纯形表（一）

c_j			4	1	5	0	0
$\boldsymbol{c}_B$	$\boldsymbol{x}_B$	$\boldsymbol{b}$	x_1	x_2	x_3	x_4	x_5
4	x_1	15	1	-1/3	0	1/3	-1/3
5	x_3	-3	0	1	1	-1/5	2/5
	σ_j		0	-8/3	0	-1/3	-2/3

由于 $x_3=-3<0$ 为非可行解，故用对偶单纯形法继续计算得表3.16。

表3.16 例3.8的单纯形表（二）

c_j			4	1	5	0	0
$\boldsymbol{c}_B$	$\boldsymbol{x}_B$	$\boldsymbol{b}$	x_1	x_2	x_3	x_4	x_5
4	x_1	10	1	4/3	5/3	0	1/3
0	x_4	15	0	-5	-5	1	-2
	σ_j		0	-13/3	-5/3	0	-4/3

由此可见，该厂的最优生产计划应调整为只生产产品甲10单位。

② 考虑原料B的拥有量变化，设为 Δb_2，即 b_2 变为 $30+\Delta b_2$。同样，重新计算最终单纯形表的 $\boldsymbol{b}$ 列数字为

$$\boldsymbol{B}^{-1}\boldsymbol{b}=\begin{pmatrix}1/3 & -1/3\\ -1/5 & 2/5\end{pmatrix}\begin{pmatrix}45\\30+\Delta b_2\end{pmatrix}=\begin{pmatrix}5-\dfrac{1}{3}\Delta b_2\\[2ex] 3+\dfrac{2}{5}\Delta b_2\end{pmatrix}$$

要使问题的最优基不变，则必须保证 $\boldsymbol{B}^{-1}\boldsymbol{b}\geqslant 0$，即

$$\begin{pmatrix}5-\dfrac{1}{3}\Delta b_2\\[2ex] 3+\dfrac{2}{5}\Delta b_2\end{pmatrix}\geqslant 0$$

解得 $-15/2\leqslant\Delta b_2\leqslant 15$。由此，原料B的拥有量变化范围应在区间［22.5，45］中。

（3）增加一个决策变量 x_j 的灵敏度分析

在实际生产中，工厂通常还会不断开发新产品，此时在考虑生产计划时就会增加决策变量。若增加一个决策变量 x_j，其技术向量系数为 $\boldsymbol{P}_j$，那么将其加入最终单纯形表中，则需计算：

1）$\boldsymbol{P}_j'=\boldsymbol{B}^{-1}\boldsymbol{P}_j$。

2）x_j 的检验数 $\sigma_j=c_j-\boldsymbol{c}_B^{\mathrm{T}}\boldsymbol{B}^{-1}\boldsymbol{P}_j$。若 $\sigma_j\leqslant 0$，原最优解不变；若 $\sigma_j>0$，则需继续单纯形法迭代，找出新的最优解。

例 3.9　在例 3.6 中，若工厂计划推出一种新产品丁，并且已知生产单位新产品丁需要消耗 3 单位原料 A、2 单位原料 B，单位销售利润为 2.5，问工厂是否应该投产此新产品？

解　设该工厂生产产品丁 x_6 件，由题意知 $c_6=2.5$，$\boldsymbol{P}_6=(3,\ 2)^{\mathrm{T}}$，因而

$$\boldsymbol{P}_6'=\boldsymbol{B}^{-1}\boldsymbol{P}_6=\begin{pmatrix}1/3 & -1/3\\ -1/5 & 2/5\end{pmatrix}\begin{pmatrix}3\\2\end{pmatrix}=\begin{pmatrix}1/3\\1/5\end{pmatrix}$$

$$\sigma_6=c_6-\boldsymbol{c}_B^{\mathrm{T}}\boldsymbol{B}^{-1}\boldsymbol{P}_6=2.5-(4,\ \ 5)\begin{pmatrix}1/3 & -1/3\\ -1/5 & 2/5\end{pmatrix}\begin{pmatrix}3\\2\end{pmatrix}=\frac{1}{6}$$

即此时最终单纯形表见表 3.17。

表 3.17　例 3.9 的单纯形表（一）

c_j			4	1	5	0	0	2.5
c_B	x_B	b	x_1	x_2	x_3	x_4	x_5	x_6
4	x_1	5	1	−1/3	0	1/3	−1/3	1/3
5	x_3	3	0	1	1	−1/5	2/5	1/5
	σ_j		0	−8/3	0	−1/3	−2/3	1/6

显然由于 $\sigma_6>0$，需用单纯形法继续迭代求解，得表 3.18。

表 3.18　例 3.9 的单纯形表（二）

c_j			4	1	5	0	0	2.5
c_B	x_B	b	x_1	x_2	x_3	x_4	x_5	x_6
2.5	x_6	15	3	−1	0	1	−1	1
5	x_3	0	−3/5	6/5	1	−2/5	3/5	0
	σ_j		−1/2	−5/2	0	−1/2	−1/2	0

此时，最优生产计划变成仅生产产品丁 15 单位，而甲、乙、丙均不生产。

（4）技术系数 a_{ij} 的灵敏度分析

由于生产工艺的改变，技术系数 a_{ij} 也会变化。此时，根据 a_{ij} 所处的位置会有以下两种情况：①若变量 x_j 在最终单纯形表中为非基变量，则 a_{ij} 的变化不会使基 $\boldsymbol{B}$ 和 $\boldsymbol{B}^{-1}$ 发生变化，只影响到非基部分 $\boldsymbol{N}$ 中的某列，对其对应的检验数会有影响，所以灵敏度分析方法与前面讨论增加一个决策变量的情形相同。②若变量 x_j 在最终单纯形表中为基变量，则 a_{ij} 的变化会使基 $\boldsymbol{B}$ 和 $\boldsymbol{B}^{-1}$ 随之发生变化，因此可能出现原问题和对偶问题都不可行的情形。此时情况较为复杂，一般可从头重新计算。

（5）增加一个约束条件的灵敏度分析

增加一个约束条件在实际问题中相当于增添一道工艺。约束条件增加后得到的新问题，其可行域不会超出原可行域。因此，若原问题的最优解 $\boldsymbol{x}^*$ 也满足新增的约束，则原问题的最优解就是新问题的最优解，即新增的约束对结果没有影响。否则，原问题的最优解在新问题的可行域之外，可将新增的约束直接反映到最终单纯形表中，再进一步分析。

例3.10 在例3.6中，假如在所有产品的生产中需新加入一种原料C，每单位产品甲、乙、丙需加入的原料C用量分别为2单位、1单位、4单位，而工厂原料C的拥有量为15单位。试分析增加该原料后的最优生产计划。

解 新增的约束条件为

$$2x_1 + x_2 + 4x_3 \leqslant 15 \tag{3-28}$$

将原问题的最优解 $\boldsymbol{x}^* = (5, 0, 3)^{\mathrm{T}}$ 代入上式，得 $2\times5+1\times0+4\times3=22>15$，故原问题的最优解不是新问题的最优解。

对式（3-28）引入松弛变量 x_6 后，新增的约束条件变为

$$2x_1 + x_2 + 4x_3 + x_6 = 15 \tag{3-29}$$

以 x_6 为基变量，将式（3-29）反映到最终单纯形表（表3.11）中得表3.19。

表3.19 例3.10的单纯形表（一）

c_j			4	1	5	0	0	0
c_B	x_B	b	x_1	x_2	x_3	x_4	x_5	x_6
4	x_1	5	1	−1/3	0	1/3	−1/3	0
5	x_3	3	0	1	1	−1/5	2/5	0
0	x_6	15	2	1	4	0	0	1
	σ_j		0	−8/3	0	−1/3	−2/3	0

由于表3.19中基变量 x_1，x_3 所在列不是单位向量，所以需进行矩阵的初等变换将其变为单位向量，得表3.20。

表3.20 例3.10的单纯形表（二）

c_j			4	1	5	0	0	0
c_B	x_B	b	x_1	x_2	x_3	x_4	x_5	x_6
4	x_1	5	1	−1/3	0	1/3	−1/3	0
5	x_3	3	0	1	1	−1/5	2/5	0
0	x_6	−7	0	−7/3	0	2/15	−14/15	1
	σ_j		0	−8/3	0	−1/3	−2/3	0

显然，表3.20中对偶问题可行，原问题非可行，因此用对偶单纯形法迭代计算得表3.21。

表3.21 例3.10的单纯形表（三）

c_j			4	1	5	0	0	0
c_B	x_B	b	x_1	x_2	x_3	x_4	x_5	x_6
4	x_1	15/2	1	1/2	0	2/7	0	−5/14
5	x_3	0	0	0	1	−1/7	0	3/7
0	x_6	15/2	0	5/2	0	−1/7	1	−15/14
	σ_j		0	−1	0	−3/7	0	−5/7

由表3.21知加入新原料后，工厂的最优生产计划为只生产产品甲15/2单位。

习题

3.1 写出下列线性规划问题的对偶问题。

(1)
$$\max z=-2x_1+4x_2$$
$$\text{s.t.}\begin{cases}-x_1+2x_2\leqslant 5\\2x_1+3x_2\leqslant 2\\x_1,\ x_2\geqslant 0\end{cases}$$

(2)
$$\max z=2x_1+2x_2-5x_3+2x_4$$
$$\text{s.t.}\begin{cases}-2x_1+x_2-3x_3-3x_4=5\\6x_1+5x_2-x_3+5x_4\geqslant 6\\10x_1-9x_2+6x_3\leqslant 12\\x_1,\ x_3\geqslant 0,\ x_2,\ x_4\text{ 无约束}\end{cases}$$

(3)
$$\min z=3x_1+2x_2-4x_3+x_4$$
$$\text{s.t.}\begin{cases}x_1+x_2-3x_3+x_4\geqslant 10\\2x_1+2x_3-x_4\leqslant 8\\x_2+x_3+x_4=6\\x_1\leqslant 0,x_2,x_3\geqslant 0,x_4\text{ 无约束}\end{cases}$$

(4)
$$\min z=\sum_{i=1}^{m}\sum_{j=1}^{n}c_{ij}x_{ij}$$
$$\text{s.t.}\begin{cases}\sum_{j=1}^{n}x_{ij}=a_i(i=1,2,\cdots,m)\\\sum_{i=1}^{m}x_{ij}=b_j(j=1,2,\cdots,n)\\x_{ij}\geqslant 0\end{cases}$$

3.2 设 $\boldsymbol{A}\in\mathbf{R}^{m\times n}$，$\boldsymbol{b}\in\mathbf{R}^{m}$，$\boldsymbol{c}\in\mathbf{R}^{n}$，已知线性规划的原问题为

$$\max z=\boldsymbol{c}^{\mathrm{T}}\boldsymbol{x}$$
$$\text{s.t.}\begin{cases}\boldsymbol{Ax}\geqslant\boldsymbol{b}\\\boldsymbol{x}\geqslant\boldsymbol{0}\end{cases}$$

(1) 写出上述线性规划对应的对偶问题；

(2) 如果 $\boldsymbol{y}^*$ 为对偶问题的最优解，并且假设原问题约束条件右端项 $\boldsymbol{b}$ 用 $\bar{\boldsymbol{b}}$ 替换之后其最优解为 $\bar{\boldsymbol{x}}$，试证明 $\boldsymbol{c}^{\mathrm{T}}\bar{\boldsymbol{x}}\leqslant\bar{\boldsymbol{b}}^{\mathrm{T}}\boldsymbol{y}^*$。

3.3 已知线性规划问题为

$$\max z=3x_1+4x_2+x_3$$
$$\text{s.t.}\begin{cases}-x_1+2x_2+3x_3\leqslant 6\\-3x_1+x_2-4x_3\leqslant 7\\x_1,\ x_2,\ x_3\geqslant 0\end{cases}$$

试利用对偶理论证明该问题的目标函数值无界。

3.4 已知线性规划问题为

$$\min z=3x_1+4x_2+2x_3+5x_4+9x_5$$
$$\text{s.t.}\begin{cases}x_2+x_3-5x_4+3x_5\geqslant 2\\x_1+x_2-x_3+x_4+2x_5\geqslant 3\\x_1,\ x_2,\ \cdots,\ x_5\geqslant 0\end{cases}$$

试通过求解对偶问题的最优解来求解原问题的最优解。

3.5 用对偶单纯形法求解下面的线性规划问题。

(1)
$$\min z=2x_1+x_2+2x_3$$
$$\text{s.t.}\begin{cases}-4x_1+3x_2-x_3\geqslant 16\\ x_1+6x_2+3x_3\geqslant 12\\ x_1,\ x_2,\ x_3\geqslant 0\end{cases}$$

(2)
$$\max z=x_1-3x_2-2x_3$$
$$\text{s.t.}\begin{cases}2x_1-3x_2+x_3\geqslant 4\\ x_1+2x_2+2x_3\leqslant 8\\ 2x_2-x_3\leqslant 2\\ x_1,\ x_2,\ x_3\geqslant 0\end{cases}$$

3.6 已知线性规划问题 A 和 B 如下：

问题 A

$$\max z=\sum_{j=1}^{n}c_jx_j \qquad \text{影子价格}$$
$$\text{s.t.}\begin{cases}\sum_{j=1}^{n}a_{1j}x_j=b_1 & y_1\\ \sum_{j=1}^{n}a_{2j}x_j=b_2 & y_2\\ \sum_{j=1}^{n}a_{3j}x_j=b_3 & y_3\\ x_j\geqslant 0\ (j=1,2,\cdots,n)\end{cases}$$

问题 B

$$\max z=\sum_{j=1}^{n}c_jx_j \qquad \text{影子价格}$$
$$\text{s.t.}\begin{cases}\sum_{j=1}^{n}3a_{1j}x_j=3b_1 & \hat{y}_1\\ \sum_{j=1}^{n}\frac{1}{3}a_{2j}x_j=\frac{1}{3}b_2 & \hat{y}_2\\ \sum_{j=1}^{n}(a_{3j}+3a_{1j})x_j=b_3+3b_1 & \hat{y}_3\\ x_j\geqslant 0\ (j=1,2,\cdots,n)\end{cases}$$

(1) 试写出 y_i 和 $\hat{y}_i$ $(i=1,2,3)$ 的关系式；

(2) 如果用 $x_3'=\frac{1}{3}x_3$ 替换问题 A 中的 x_3，请问影子价格 y_i 是否有变化？

3.7 某工厂要用 A、B 两种原料来生产甲、乙、丙三种产品，生产单位每种产品的原料消耗量和利润见表 3.22。

表 3.22 习题 3.7 表

原料和利润	产品		
	甲	乙	丙
原料 A	6	3	5
原料 B	3	4	5
利润	4	1	5

若现有原料 A、B 的限量分别为 45 和 30，求：

(1) 总利润最大的生产方案；

(2) 产品甲的单位利润在何范围内变化时，最优生产方案不变；

(3) 若原料 A 除现有量外无法再增加，而原料 B 可以再购，单价为 0.5。请问是否应该购进，最多可购进多少？

3.8 已知某纺织厂生产三种针织产品，其下月的生产计划必须满足约束为

$$x_1+x_2+2x_3\leqslant 12$$
$$2x_1+4x_2+x_3\leqslant f$$
$$x_1,\ x_2,\ x_3\geqslant 0$$

x_1，x_2，x_3是三种产品的产量，第一个约束是给定的设备工时约束，第二个约束是原料棉花的约束，

取决于当月的棉花供应量f。假设三种产品的单位净利润分别为2，3和3，纺织厂希望生产计划能使总利润最高。

(1) 请写出该生产计划问题的对偶问题；

(2) 请给出原料棉花的影子价格λ_2与其供应量f之间的关系。

3.9 先用单纯形法求解线性规划问题为

$$\max z = 2x_1 + 3x_2 + x_3$$

$$\text{s.t.} \begin{cases} \frac{1}{3}x_1 + \frac{1}{3}x_2 + \frac{1}{3}x_3 \leqslant 1 \\ \frac{1}{3}x_1 + \frac{4}{3}x_2 + \frac{7}{3}x_3 \leqslant 3 \\ x_1,\ x_2,\ x_3 \geqslant 0 \end{cases}$$

再分析下列条件单独变化的情况下最优解的变化。

(1) 目标函数中变量x_3的系数变为6；

(2) 约束条件右端项由$\begin{pmatrix}1\\3\end{pmatrix}$变为$\begin{pmatrix}2\\3\end{pmatrix}$；

(3) 增添一个新的约束$x_1 + 2x_2 + x_3 \leqslant 4$。

3.10 已知线性规划问题为

$$\max z = 4x_1 + x_2 + 2x_3$$

$$\text{s.t.} \begin{cases} 8x_1 + 3x_2 + x_3 \leqslant 2 \\ 6x_1 + x_2 + x_3 \leqslant 8 \\ x_1,\ x_2,\ x_3 \geqslant 0 \end{cases}$$

(1) 求原问题和对偶问题的最优解；

(2) 在不改变最优基的条件下，确定x_1，x_3的目标函数系数的变化范围；

(3) 在不改变最优基的条件下，确定右端项的变化范围。

第4章　运输问题

1970年，日本早稻田大学西泽修教授在其著作《流通费用——不为人知的第三利润源泉》中提出，物流领域已经成为资源领域和人力领域之外尚未被完全重视，亟须开发的第三大利润源。物流是为满足客户需要，对商品、服务及相关信息在源头与消费点之间的高效正向及反向流动与储存进行的计划、实施与控制的过程。运输是物流活动中不可或缺的重要环节。随着电子商务和物流管理的飞速发展，运输问题作为物流和供应链管理的基础问题正日益受到重视。研究如何统筹安排人或者物在不同的空间或者时间节点之间的流动，以使得这种流动产生的总费用最少，或者考虑销售收入与生产成本等支出后的总利润最大问题，就是运输问题（Transportation Problem，TP）的主要研究内容。在接下来的部分，我们首先从简单的运输总费用最小化问题入手，介绍运输问题的一般模型和基本定理，然后介绍一种有效的求解方法——表上作业法，再讨论几种特殊的运输问题，并给出在投标裁决、生产排程、航班转机、供给计划等方面应用的例子。

4.1　运输问题的数学模型

4.1.1　运输问题引例

例 4.1　某饮料在国内有三个生产厂，分布在城市 A_1、A_2、A_3，其一级承销商有四个，分布在城市 B_1、B_2、B_3、B_4。已知各厂的产量、各承销商的销量，以及从 A_i 到 B_j 的每吨饮料运费见表4.1（其中 A_i 与 B_j 交叉格中的数字即为从 A_i 到 B_j 的单位运费）。为发挥集团优势，公司统一筹划运输问题以寻求总运费最小的调运方案。

表4.1　运输线路运费单价和供需关系表

产地	销地				产量/t
	B_1	B_2	B_3	B_4	
A_1	4	12	4	11	16
A_2	2	10	3	9	10
A_3	8	5	11	6	22
销量/t	8	14	12	14	

解　这里规划调运方案就是要决策从产地 $A_i(i=1, 2, 3)$ 到销地 $B_j(j=1, 2, 3, 4)$ 的运输量 x_{ij}，因此 x_{ij} 是问题的决策变量。问题的优化目标是所有运输线路总运费最小，即

$$\min z=4x_{11}+12x_{12}+4x_{13}+11x_{14}+2x_{21}+10x_{22}+3x_{23}+9x_{24}+8x_{31}+5x_{32}+11x_{33}+6x_{34} \tag{4-1}$$

各线路的运输量受到来自产地和销地的两类约束。其中，产地运出总量不大于产量是客观限制；销地运入总量不大于销量是经济性要求。在本例中，由于总产量 $S=16+10+22=48$，总销量 $D=8+14+12+14=48$，是供需平衡的，因此应将所有产地的产品运出才能满足需求，并且此时所有销地的需求恰好被满足。所以，产地和销地的两类约束可分别写为

$$x_{11}+x_{12}+x_{13}+x_{14}=16 \text{（产地 } A_1 \text{ 的平衡条件）}$$
$$x_{21}+x_{22}+x_{23}+x_{24}=10 \text{（产地 } A_2 \text{ 的平衡条件）}$$
$$x_{31}+x_{32}+x_{33}+x_{34}=22 \text{（产地 } A_3 \text{ 的平衡条件）}$$

$$x_{11}+x_{21}+x_{31}=8 \text{（销地 } B_1 \text{ 的平衡条件）}$$
$$x_{12}+x_{22}+x_{32}=14 \text{（销地 } B_2 \text{ 的平衡条件）}$$
$$x_{13}+x_{23}+x_{33}=12 \text{（销地 } B_3 \text{ 的平衡条件）}$$
$$x_{14}+x_{24}+x_{34}=14 \text{（销地 } B_4 \text{ 的平衡条件）}$$

除此以外，约束条件还有决策变量非负，$x_{ij}\geqslant 0(i=1, 2, 3; j=1, 2, 3, 4)$。显然，该运输问题的数学规划模型属于线性规划。

4.1.2　运输问题的一般模型

一般的运输问题就是在每个产地的供应量与每个销地的需求量已知，并知道各地之间的运输单价的前提下，把某种产品从多个产地（Supply Point）调运到多个销地（Demand Point），如何确定每条运输线路上的运量使得总的运输费用最小的问题。可以一般性地将运输问题描述为：某种物资有 m 个产地 A_1，A_2，…，A_m，每个产地提供的物资供给量分别为 a_1，a_2，…，a_m，有 n 个销地 B_1，B_2，…，B_n，每个销地的需求量分别为 b_1，b_2，…，b_n；将物资从 A_i 运到 B_j 时，运输费用的单位价格（运价）分别为 c_{ij}，$i=1, 2, \cdots, m$；$j=1, 2, \cdots, n$；目标是制定一个调运方案，使得在充分满足各个销地的需求的条件下总运费最少。

运输问题的相关信息可以概括地表示为一张运价和供需关系表，参见表 4.2。在运价和供需关系表中，最右边的一列为各产地的产量，最下面的一行为各销地的销量。表格的中间部分为各产地到各销地的各条线路的单位物资的运价。

表 4.2　运价和供需关系表的一般形式

产地	销地				产量
	B_1	B_2	…	B_n	
A_1	c_{11}	c_{12}	…	c_{1n}	a_1
A_2	c_{21}	c_{22}	…	c_{2n}	a_2
⋮	⋮	⋮		⋮	⋮
A_m	c_{m1}	c_{m2}	…	c_{mn}	a_m
销量	b_1	b_2	…	b_n	

运输问题的网络示意图如图 4.1 所示。该网络图有两个显著的特点：第一，所有的节点分为两种不同类型（产地节点和销地节点）；第二，有向边都是从产地节点发出并指向销地节点的。在图论中，将这种只有两类节点且只在不同类型的节点之间有边相连的图称为二分图（Bipartite Graph）。从例 4.1 的分析中可以推知运输问题的约束包括三类约束：产地约束、销地约束和非负约束。产地约束反映了产地节点的运出量与产量（供给量）之间的关系，而销地约束反映了销地节点的运入量与销量（需求量）之间的关系。

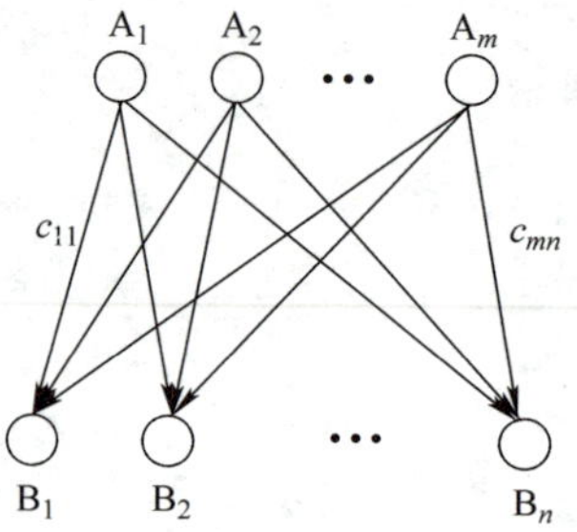

图 4.1 运输问题的网络示意图

需要特别注意的是：产地约束和销地约束的约束式的正确形式取决于物资的总供给量和总需求量之间的关系。令所有产地的**总供给量** $S=\sum_{i=1}^{m} a_i$；所有销地的**总销售量** $D=\sum_{j=1}^{n} b_j$。设 x_{ij} 为从产地 A_i 运到销地 B_j 的运量。根据供需关系可以将运输问题分为三种类型：

（1）供需平衡的运输问题（$S=D$）

当供需平衡时，每个产地的物资可全部运出，每个销地的需求都可以得到满足，因此供需平衡的运输问题的数学模型为

$$\min z = \sum_{i=1}^{m}\sum_{j=1}^{n} c_{ij}x_{ij}$$

$$\text{s. t.}\begin{cases}\sum_{j=1}^{n} x_{ij} = a_i,\ i = 1,2,\cdots,m \\ \sum_{i=1}^{m} x_{ij} = b_j,\ j = 1,2,\cdots,n \\ x_{ij} \geqslant 0, i = 1,2,\cdots,m;\ j = 1,2,\cdots,n\end{cases} \tag{4-2}$$

这是一个具有 $m\times n$ 个决策变量，$m+n$ 个约束条件的线性规划问题。当然，由于在一些实际的问题中运输的物资的数量必须是整数，如调运的物资为计算机、家电或其他包装成箱的物资等。这时要求运量 x_{ij} 为整数，从而在严格意义上是一个整数规划问题。

（2）供大于求的运输问题（$S>D$）

当总供给大于总需求时，存在过剩的物资。从经济上考虑，没有必要将卖不出去的物资运到销地。所以，对于产地约束而言，应该是产地的运出量小于等于产量。因此，供过于求的运输问题的数学模型为

$$\min z = \sum_{i=1}^{m}\sum_{j=1}^{n} c_{ij}x_{ij} \quad \Rightarrow \min z = \sum_{i=1}^{m}\sum_{j=1}^{n} c_{ij}x_{ij} + 0\sum_{i=1}^{m} x_{i,n+1} = \sum_{i=1}^{m}\sum_{j=1}^{n+1} c_{ij}x_{ij}$$

$$\text{s. t.}\begin{cases}\sum_{j=1}^{n} x_{ij} \leqslant a_i,\ i = 1,2,\cdots,m \\ \sum_{i=1}^{m} x_{ij} = b_j,\ j = 1,2,\cdots,n \\ x_{ij} \geqslant 0, i = 1,2,\cdots,m;\ j = 1,2,\cdots,n\end{cases} \Rightarrow \text{s. t.}\begin{cases}\sum_{j=1}^{n} x_{ij} + x_{i,n+1} = a_i, i = 1,2,\cdots,m \\ \sum_{i=1}^{m} x_{ij} = b_j,\ j = 1,2,\cdots,n+1 \\ x_{ij} \geqslant 0, i = 1,2,\cdots,m;\ j = 1,2,\cdots,n+1\end{cases}$$

为将问题化为标准形，需要在 m 个产地的约束条件中各增加一个松弛变量。这相当于虚拟一个销地 B_{n+1}，每个产地运不出的物资都运往这个销地。这样，该**虚拟销地**（Dummy Demand Point）的需求量为 $b_{n+1}=S-D$。由于这个销地并不存在，每个产地的剩余物资依然在原产地，因此运到虚拟销地的运价为 0。

（3）供不应求的运输问题（$S<D$）

当总供给小于总需求时，销地的需求无法全部满足，所以销地约束表现为销地的运入量小于等于销地的需求。因此，供不应求的运输问题的数学模型为

$$\min z=\sum_{i=1}^{m}\sum_{j=1}^{n}c_{ij}x_{ij} \qquad \Rightarrow \min z=\sum_{i=1}^{m}\sum_{j=1}^{n}c_{ij}x_{ij}+0\sum_{j=1}^{n}x_{m+1,j}=\sum_{i=1}^{m+1}\sum_{j=1}^{n}c_{ij}x_{ij}$$

$$\text{s.t.}\begin{cases}\displaystyle\sum_{j=1}^{n}x_{ij}=a_i,i=1,2,\cdots,m\\ \displaystyle\sum_{i=1}^{m}x_{ij}\leqslant b_j,j=1,2,\cdots,n\\ x_{ij}\geqslant 0,\ i=1,2,\cdots,m;\ j=1,2,\cdots,n\end{cases} \qquad \Rightarrow \text{s.t.}\begin{cases}\displaystyle\sum_{j=1}^{n}x_{ij}=a_i,\ i=1,2,\cdots,m+1\\ \displaystyle\sum_{i=1}^{m+1}x_{ij}+x_{m+1,j}=b_j,\ j=1,2,\cdots,n\\ x_{ij}\geqslant 0,\ i=1,2,\cdots,m+1;\ j=1,2,\cdots,n\end{cases}$$

同样在 n 个销地的约束条件中各增加一个松弛变量，相当于虚拟一个产地 A_{m+1}，**虚拟产地**（Dummy Supply Point）的供给量为 $a_{m+1}=D-S$。实际上，各销地得不到虚拟产地提供的物资，即虚拟的运输并不产生费用，所以虚拟产地到各销地的运费也应为 0。

例 4.2 某公司在不同地区 A_1、A_2、A_3 有三个工厂，产品将运往 B_1、B_2、B_3、B_4 四个地区销售。已知各线路的单位运输成本和供需关系见表 4.3，请写出运输问题的数学模型，并转化为运价与供需平衡表。

注：供需关系表中 A_i 与 B_j 的交叉格（A_i，B_j）中的数字为从 A_i 到 B_j 的运价 c_{ij}，表中最后一列为 A_i 的供给量 $a_i(i=1,2,3)$，最后一行为 B_j 的需求量 b_j（$j=1,2,\cdots,4$）。

表 4.3 运价与供需关系表

产地	销地				产量 a_i
	B_1	B_2	B_3	B_4	
A_1	6	10	16	8	50
A_2	14	8	16	12	100
A_3	20	6	10	4	120
需求量 b_j	30	20	80	90	

解 设从产地 A_i 运往销地 B_j 的产品的运输量为 $x_{ij}(i=1,2,3;j=1,2,\cdots,4)$

$$\min z=\sum_{i=1}^{3}\sum_{j=1}^{4}c_{ij}x_{ij}$$

$$\text{s.t.}\begin{cases}\displaystyle\sum_{j=1}^{4}x_{ij}\leqslant a_i,\ i=1,2,3\\ \displaystyle\sum_{i=1}^{3}x_{ij}=b_j,\ j=1,2,\cdots,4\\ x_{ij}\geqslant 0,\ i=1,2,3;\ j=1,2,\cdots,4\end{cases} \tag{4-3}$$

这是一个供大于求的运输问题，增加一个虚拟的销地 B_5，其需求量为 $b_5=S-D=50$。虚拟线路的运价 $c_{i5}=0(i=1,2,3)$。由此，可以给出运价与供需平衡表，见表4.4。表4.4是产地约束和销地约束都为等式约束的线性规划模型的表格表述形式。它对应于一个标准的线性规划问题。将供需不平衡的运输问题转换为供需平衡的运输问题，其实就是在将描述运输问题的一般线性规划问题转换为标准的线性规划问题。这样做的目的是可以采用单纯形法对运输问题进行求解。

表 4.4 运价与供需平衡表

产地	销地					a_i
	B_1	B_2	B_3	B_4	B_5	
A_1	6	10	16	8	0	50
A_2	14	8	16	12	0	100
A_3	20	6	10	4	0	120
b_j	30	20	80	90	50	270

4.1.3 运输问题模型的结构特征

运输问题是一类具有特殊结构的线性规划问题。供需平衡的物资调运问题是运输问题的基本问题，因为可以将供过于求或供不应求的运输问题通过增加虚拟的销地或产地转化为供求平衡的运输问题。因此，重点分析一下供需平衡的运输问题的结构特征（见图4.2）。运输问题的特征体现在它的技术系数矩阵 $\boldsymbol{A}$ 中各元素仅可取值为1或0，且对应于决策变量 x_{ij} 的系数列向量 $\boldsymbol{p}_{ij}$，只有第 i 个和第 $m+j$ 个分量取值为1，其余分量的取值均为0，即 $\boldsymbol{p}_{ij}=\boldsymbol{e}_i+\boldsymbol{e}_{m+j}$；这里，$\boldsymbol{e}_k$ 表示仅在第 k 个分量取值为1的 $m+n$ 维单位列向量。

$$\boldsymbol{p}_{ij}=(0,\cdots,0,1,0,\cdots,0,1,0,\cdots,0)^{\mathrm{T}}$$

$$\boldsymbol{A}=\begin{pmatrix}
1 & 1 & \cdots & 1 & & & & & & & & \\
 & & & & 1 & 1 & \cdots & 1 & & & & \\
 & & & & & & & & \ddots & & & \\
 & & & & & & & & & 1 & 1 \cdots & 1 \\
1 & & & & 1 & & & & 1 & & & \\
 & 1 & & & & 1 & & & & 1 & & \\
 & & \ddots & & & & \ddots & & & & \ddots & \\
 & & & 1 & & & & 1 & & & & 1
\end{pmatrix}\begin{matrix}\left.\begin{matrix}\\ \\ \\ \\ \end{matrix}\right\} m\text{行}\\ \left.\begin{matrix}\\ \\ \\ \\ \end{matrix}\right\} n\text{行}\end{matrix}$$

图 4.2 运输问题系数矩阵结构图

系数矩阵 $\boldsymbol{A}$ 的结构决定了平衡运输问题具有以下三个性质。

1）运输问题的基变量的个数为 $m+n-1$。从系数矩阵 $\boldsymbol{A}$ 的前 m 行之和等于后 n 行之和可以看出 $\mathrm{Rank}(\boldsymbol{A})<m+n$。这意味着运输问题中任意 $m+n$ 个决策变量的系数列向量都是线性相关的。可以证明 $\mathrm{Rank}(\boldsymbol{A})=m+n-1$。也就是说，如果我们能得到决策变量的 $m+n-1$ 个线性无关的系数列向量，就得到一个相应的基本可行解。

2）运输问题一定存在有限最优解。对于平衡运输问题式（4-2），若令 $x_{ij}=a_ib_j/Q$，

其中 $Q=\sum_{i=1}^{m}a_i=\sum_{j=1}^{n}b_j$，则可验证该组取值就是一个可行解。这说明运输问题的目标函数值有下界，不会趋于 $-\infty$。因此，运输问题必有有限最优解。

3）如果运输问题中的供给量 $a_i(i=1,2,\cdots,m)$ 以及需求量 $b_j(j=1,2,\cdots,n)$ 都为整数，则该问题的任意基本可行解均为整数解。这是因为运输问题的系数矩阵 $\boldsymbol{A}$ 是一个**完全幺模矩阵**（Totally Unimodular Matrix），它的所有非零子式均为 ±1，也就是其所有基矩阵的行列式都为 ±1，因此 $\boldsymbol{A}$ 也是**幺模矩阵**。幺模矩阵的一个重要性质就是对于约束方程组 $\boldsymbol{Ax}=\boldsymbol{b}$，其所有的基本可行解都是整数。这一性质使得运输问题的求解可以不必考虑决策变量 x_{ij} 是否有整数约束，即可以采用标准的线性规划方法求解。

此外，由前面的观察可知，在运输问题的系数矩阵 $\boldsymbol{A}$ 中，每个列向量 $\boldsymbol{p}_{ij}$ 都只有两个非零分量 1，分别是第 i 个分量和第 $m+j$ 个分量。因此容易写出其对偶问题为

$$\begin{aligned}&\max \sum_{i=1}^{m}a_iu_i+\sum_{j=1}^{n}b_jv_j\\&\text{s.t. } u_i+v_j\leqslant c_{ij},\ \forall i=1,2,\cdots,m,\ j=1,2,\cdots,n\end{aligned}\tag{4-4}$$

式中，u_i 是产地 i 的约束对应的对偶变量，$i=1,2,\cdots,m$；v_j 是销地 j 的约束对应的对偶变量，$j=1,2,\cdots,n$。对偶变量的总数等于产地约束和销地约束的个数之和，即 $m+n$ 个。

4.1.4　运输问题的基本定理

定义 4.1　（闭回路）凡是能排列成 $x_{i_1j_1}$，$x_{i_1j_2}$，$x_{i_2j_2}$，$\cdots$，$x_{i_sj_s}$，$x_{i_sj_1}$（其中 i_1，$\cdots$，i_s 互不相同，j_1，$\cdots$，j_s 互不相同）形式的变量集合称为一个**闭回路**（Loop）。该集合中的变量称为这个闭回路的**顶点**。

若将变量的第一个下标称为行下标，第二个下标称为列下标，则闭回路中各变量可以排列为行下标和列下标依次相同且最后一个变量的列下标等于第一个变量的列下标的序列。例如，图 4.3 中变量集合 $\{x_{11},x_{12},x_{32},x_{31}\}$ 和变量集合 $\{x_{11},x_{12},x_{42},x_{43},x_{33},x_{31}\}$ 都构成闭回路，而变量集合 $\{x_{11},x_{12},x_{42},x_{43},x_{13},x_{14},x_{34},x_{31}\}$ 则不是闭回路。因为根据闭回路的定义，决策变量组中相同行下标或列下标的变量只能有两个，而该集合中行下标为 1 的变量有 4 个。另一方面，其子集 $\{x_{12},x_{42},x_{43},x_{13}\}$ 构成闭回路，所以称变量集合 $\{x_{11},x_{12},x_{42},x_{43},x_{13},x_{14},x_{34},x_{31}\}$ **含有闭回路**。

变量集合	A_1	A_2	A_3	A_4	A_5
B_1	x_{11}	x_{12}	x_{13}	x_{14}	x_{15}
B_2	x_{21}	x_{22}	x_{23}	x_{24}	x_{25}
B_3	x_{31}	x_{32}	x_{33}	x_{34}	x_{35}
B_4	x_{41}	x_{42}	x_{43}	x_{44}	x_{45}

图 4.3　闭回路辨析图

闭回路的几何特征有：

1）每一个顶点格子都是90°转角点。

2）每一行（或列）若有闭回路的顶点，则有两个顶点。

3）每两个顶点格子的连线都是水平的或垂直的。

4）闭回路中顶点的个数必为偶数。

闭回路的代数性质：

性质4.1 构成闭回路的变量组 $x_{i_1j_1}$，$x_{i_1j_2}$，$x_{i_2j_2}$，…，$x_{i_sj_s}$，$x_{i_sj_1}$ 对应的列向量组 $\boldsymbol{p}_{i_1j_1}$，$\boldsymbol{p}_{i_1j_2}$，$\boldsymbol{p}_{i_2j_2}$，…，$\boldsymbol{p}_{i_sj_s}$，$\boldsymbol{p}_{i_sj_1}$ 必线性相关。

证 由列向量的特征 $\boldsymbol{p}_{ij}=\boldsymbol{e}_i+\boldsymbol{e}_{m+j}$ 可得

$$\boldsymbol{p}_{i_1j_1}-\boldsymbol{p}_{i_1j_2}+\boldsymbol{p}_{i_2j_2}-\cdots+\boldsymbol{p}_{i_sj_s}-\boldsymbol{p}_{i_sj_1}=(\boldsymbol{e}_{i_1}+\boldsymbol{e}_{m+j_1})-(\boldsymbol{e}_{i_1}+\boldsymbol{e}_{m+j_2})+(\boldsymbol{e}_{i_2}+\boldsymbol{e}_{m+j_2})-\cdots+(\boldsymbol{e}_{i_s}+\boldsymbol{e}_{m+j_s})-(\boldsymbol{e}_{i_s}+\boldsymbol{e}_{m+j_1})=0 \tag{4-5}$$

所以，$\boldsymbol{p}_{i_1j_1}$，$\boldsymbol{p}_{i_1j_2}$，$\boldsymbol{p}_{i_2j_2}$，…，$\boldsymbol{p}_{i_sj_s}$，$\boldsymbol{p}_{i_sj_1}$ 是线性相关的。

性质4.2 若变量组 $x_{i_1j_1}$，$x_{i_2j_2}$，…，$x_{i_rj_r}$ 中有一个部分组构成闭回路，则该变量组对应的列向量组 $\boldsymbol{p}_{i_1j_1}$，$\boldsymbol{p}_{i_2j_2}$，…，$\boldsymbol{p}_{i_rj_r}$ 是线性相关的。

推论 若变量组对应的列向量组线性无关，则该变量组一定不包含闭回路。

该推论可以用反证法和性质4.2得到。

定义4.2 在变量组 $x_{i_1j_1}$，$x_{i_2j_2}$，…，$x_{i_rj_r}$ 中若有某一个变量 x_{ij} 是它所在的行（第 i 行）或列（第 j 列）中唯一属于该变量组的变量，则 x_{ij} 为该变量组的一个**孤立点**。

性质4.3 若一变量组中不包含任何闭回路，则该变量组必有孤立点。

定理4.1 变量组 $x_{i_1j_1}$，$x_{i_2j_2}$，…，$x_{i_rj_r}$ 对应的列向量组线性无关的**充要条件**是该变量组中不包含任何闭回路。

推论 平衡运输问题中的一组 $m+n-1$ 个变量能构成基变量的**充要条件**是它不包含任何闭回路。

该推论给出了运输问题的基本可行解中基变量的一个基本特征：基变量组不含闭回路。这是基本可行解在表上表现出的一个重要特征。根据该推论，判断 $m+n-1$ 个变量是否构成基变量组，只要看它是否包含闭回路。这比直接判断这些变量对应的列向量是否线性无关要简便得多。

4.2 运输单纯形法（表上作业法）

既然运输问题是线性规划问题，当然可以直接用单纯形法求解。但当运输问题的变量较多时，如有20个产地和50个销地的运输问题，就有 $20\times50=1000$ 个变量，直接求解效率不高。而运输单纯形法（Transportation Simplex Method）又称表上作业法，就是一种根据运输问题的特殊结构进行优化的单纯形法，可以显著提高解题效率。其求解步骤也分为确定初始基本可行解、最优性判断和改善基本可行解这三个主要步骤。

（1）确定初始基本可行解

产销平衡的运输问题有 $m+n-1$ 个基变量，基变量非负，而其余为零。

可以采用划线法来确定**初始基本可行解**中各基变量的位置和数值。每确定一个基变量的值，将供需平衡表中满足需求的销地所在列或搬运一空的产地所在行划去。共划 $m+n-1$ 次线。基变量的选择方法常见的有西北角法、最小元素法和伏格尔法。而确定下来的基变量的数值取该基变量对应线路上现有的产地余量和销地余量的最小值。下面，我们结合例 4.1，对这三种方法分别加以介绍。

1）西北角法。**西北角法**（Northwest Corner Rule）优先满足表中未划去部分的左上角（西北角）空格的供销需求。其目的只是找初始基本可行解，不考虑优化。为了在供求平衡表的基础上，同时标注求解过程中所需的其他信息，将 A_i 和 B_j 的交叉格（A_i，B_j）中的运价 c_{ij} 放在该格的右上角，在该格子的左下角标注从 A_i 到 B_j 的线路的其他信息。如在表 4.5 中（A_i，B_j）格的左下角标注为从 A_i 到 B_j 的线路的运量 x_{ij}。

例 4.3　试运用西北角法求出例 4.1 的初始可行方案。

解　首先，最初表格的左上角为（A_1，B_1）格，对应基变量 $x_{11}=\min$（产地 1 的余量，销地 1 的余量）$=\min(16,8)=8$，销地 1 的需求满足，划去 B_1 所在列。产地 1 的余量 $=16-8=8$；剩下未划去部分表格的左上角为（A_1，B_2）格，对应基变量 $x_{12}=\min$（产地 1 的余量，销地 2 的余量）$=\min(8,14)=8$，产地 1 的货物运空，划去 A_1 所在行。B_2 的余量 $=14-8=6$；如此进行下去依次得到 $x_{22}=6$，划去 B_2 所在列，$x_{23}=4$，划去 A_2 所在行；$x_{33}=8$，划去 B_3 所在列；$x_{34}=14$，划去 B_4 所在列。在表 4.5 中（A_i，B_j）格中若出现带圆圈的数字，数字表示第几次划线，若出现在运量 x_{ij} 的正上方或右方表示划去 B_j 所在列或 A_i 所在行。如表 4.5 中（A_2，B_2）格中③在 x_{22} 的正上方，表示第 3 次划线划去 B_2 所在列。本章后面章节若出现类似表示，不再重复说明。

表 4.5　西北角法的供求平衡表

产地	销地			
	B_1 $b_1=8$	B_2 $b_2=14$	B_3 $b_3=12$	B_4 $b_4=14$
A_1 $a_1=16$	① 4 8	12 8 ②	4	11
A_2 $a_2=10$	2	③ 10 6	3 4 ④	9
A_3 $a_3=22$	8	5	⑤ 11 8	6 14

该运输方案的总成本

$$z=8\times4+8\times12+6\times10+4\times3+8\times11+14\times6=372。$$

因为总供需平衡，在确定最后一个基变量后可以同时划去行和列。

2）最小元素法　**最小元素法**（Least-Cost Method）的思想是优先利用现有的最小运价线路来调运物资。从单位运价最小线路开始确定供销关系。

步骤 1　找出目前未划去的最小运价，设为 c_{st}。

① 若产地 s 余量 > 销地 t 余量，则销地 t 上运满，填 x_{st} = 销地 t 的余量，划去第 t 列；

② 若产地 s 余量 < 销地 t 余量，则产地 s 全运出，填 x_{st} = 产地 s 的余量，划去第 s 行；

③ 若产地 s 余量 = 销地 t 余量，填 $x_{st} = A_s$ 或 B_t 的余量。由于产地和销地的要求同时得到满足，因此可同时划去第 s 行和第 t 列。然而，这样会漏掉一个取零值的退化基变量，所以，还要在同时划去的第 s 行、第 t 列的任一其他空格添加一个 0。

步骤 2　重复步骤 1 直至所有运价都划去。

例 4.4　试运用最小元素法给出例 4.1 的初始可行方案。

解　其计算结果见表 4.6。

表 4.6　最小元素法的供求平衡表

产地	销地 B_1 $b_1=8$	B_2 $b_2=14$	B_3 $b_3=12$	B_4 $b_4=14$
A_1 $a_1=16$	运价 4	运价 12	运价 4 ③ 10	运价 11 6
A_2 $a_2=10$	运价 2 ① 8	运价 10	运价 3 2 ②	运价 9
A_3 $a_3=22$	运价 8	运价 5 ④ 14	运价 11	运价 6 8 ⑤

该运输方案的总成本为 $z = 10\times4 + 6\times11 + 8\times2 + 2\times3 + 14\times5 + 8\times6 = 246$。

可以说，最小元素法在寻找初始可行方案的时候已包含了优化的思想。但是，每次选择利用最小运价线路来运输会存在什么弊端呢？我们看一下图 4.4 这个简单的运输模型。图中符号含义同前。

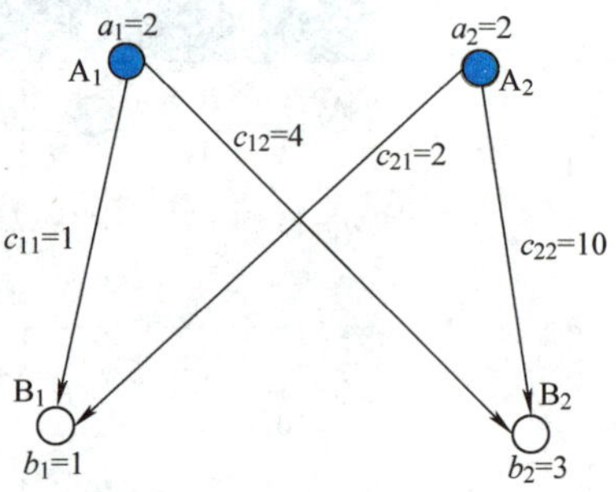

图 4.4　一个简单的运输模型

用最小元素法可得 $x_{11}=1$，$x_{12}=1$，$x_{22}=2$，总成本 $z = 1\times1 + 1\times4 + 2\times10 = 25$。

可是如果我们令 $x_{21}=1$，$x_{12}=2$，$x_{22}=1$，总成本 $z = 1\times2 + 2\times4 + 1\times10 = 20$。可见，当只考虑最小运价线路的充分利用而导致运价较小的线路（如该例中 A_2 与 B_1，A_1 与 B_2 之间线路）不能合理利用，可能会出现得不偿失的结果（运价增幅最大的 A_2 与 B_2 之间路线上运输量的增加导致运输费用大增）。

3）伏格尔法。**伏格尔法**（Vogel's Approximation Method）优先满足未划去部分各产地

（销地）运出（运入）次小运价与最小运价的差值最大者的最小运价线路的物资调运。这种方法能一定程度地减少只顾使用最小运价线路，而导致某产地或销地的最大次小运价线路上运输量的增加导致的成本增加。

例如，对图 4.4 模型可以列出供求平衡表，见表 4.7。首先计算产地 A_1、A_2 的次小运价和最小运价之差分别为 3，8；销地 B_1、B_2 的次小运价和最小运价之差分别为 1，6。所有 4 个差价中最大为 8，从而确定基变量为 $x_{21}=\min(2,1)=1$，产地 A_2 的余量 $=2-1=1$，划去 B_1所在列。重新计算各产地的次小运价和最小运价之差，因为各产地只有一个运价，所以两个产地的次小运价和最小运价之差（行差）为 0，而销地 B_2 的次小运价和最小运价之差（列差）不变，依然为 6。所以，差价最大者为 6，确定基变量 $x_{12}=\min(2,3)=2$，销地 B_2 的余量 $=3-2=1$，划去 A_1所在行。这样只剩下基变量 $x_{22}=\min(1,1)=1$，划去 B_2所在列。这个可行方案就是前面提到的第二个运输方案。其总费用比最小元素法给出的方案更低。

表 4.7　图 4.4 模型的伏格尔法供求平衡表

产地	销地 B_1 $b_1=1$		销地 B_2 $b_2=3$		行差 Δc	
A_1		1		4	3	0
$a_1=2$			2	②		
A_2	①	2		10	8	0
$a_2=2$	1		1			
列差 Δc		1		6		

例 4.5　试运用伏格尔法给出例 4.1 的初始可行方案。

解　过程略。计算结果参见表 4.8。

该运输方案的总成本为 $z=12\times4+4\times11+8\times2+2\times9+14\times5+8\times6=244$。

可见，该例子中伏格尔法的运输方案优于最小元素法。

（2）最优性检验

标准运输问题是一个目标函数最小化的线性规划，基本可行解的最优性检验可以根据非基变量检验数是否全部非负来判断。计算检验数的方法有闭回路法和对偶变量法这两种方法。

1）闭回路法。闭回路法（Cycle Method）的思想是对每一个空格（非基变量），找到从其出发，其余点为数字格（基变量）的闭回路，然后令空格运量为 1，计算目标值增量作为该空格的检验数。具体操作为：从一个代表非基变量的空格出发，沿水平或垂直方向前进，只有碰到代表基变量的填入数字的格子才能拐弯转 90°，当然也可不改变方向继续前进。这样继续下去，直至回到出发的那个空格，由此形成一个封闭折线构成的闭回路。

一个非基变量存在唯一的闭回路。假设该非基变量从 0 变为 1，相应调整闭合回路上各拐点数字格的运量，所求出的总运费的变化量就是该非基变量的检验数。

表 4.8 例 4.1 模型的伏格尔法供求平衡表

产地	销地 B₁ $b_1=8$	B₂ $b_2=14$	B₃ $b_3=12$	B₄ $b_4=14$	行差 Δc			
A₁ $a_1=16$	4	12	4 12 ④	11 4	0	0	7	0
A₂ $a_2=10$	2 8 ③	10	3	9 2 ⑤	1	1	6	0
A₃ $a_2=22$	8	5 14 ①	11	6 8 ②	1	2		
列差 Δc	2 2 2	5	1 1 1 1	3 3 2 2 2				

例 4.6 试对例 4.4 用最小元素法求出的初始可行解进行最优性检验。

解 从空格（非基变量 x_{11}）出发至基变量 x_{13} 向下转 90°至基变量 x_{23}，再向左转 90°至基变量 x_{21}，接着向上转 90°回到 x_{11}（参见表 4.9，表格中有“×”的格子为基变量）。由此可得 x_{11} 的检验数 $\delta_{11}=c_{11}-c_{13}+c_{23}-c_{21}=4-4+3-2=1$。

表 4.9 闭回路法检验数检查表

产地	销地 B₁ $b_1=8$	B₂ $b_2=14$	B₃ $b_3=12$	B₄ $b_4=14$
A₁ $a_1=16$	4 1	12 2	4 ×	11 ×
A₂ $a_2=10$	2 ×	10 1	3 ×	9 -1
A₃ $a_3=22$	8 10	5 ×	11 12	6 ×

同理，可得其他非基变量的检验数为

$\delta_{12}=c_{12}-c_{14}+c_{34}-c_{32}=12-11+6-5=2$；

$\delta_{22}=c_{22}-c_{23}+c_{13}-c_{14}+c_{34}-c_{32}=10-3+4-11+6-5=1$；

$\delta_{24}=c_{24}-c_{23}+c_{13}-c_{14}=9-3+4-11=-1$；

$\delta_{31}=c_{31}-c_{34}+c_{14}-c_{13}+c_{23}-c_{21}=8-6+11-4+3-2=10$;

$\delta_{33}=c_{33}-c_{34}+c_{14}-c_{13}=11-6+11-4=12$。

因为非基变量 x_{24} 的检验数为负数，所以该方案不是最优方案。

2）对偶变量法。**对偶变量法**（Dual Variable Method）也称位势法，是利用检验数与对偶变量的关系，先求运输问题的对偶问题的对偶变量值，再求原问题非基变量的检验数的方法。前面我们已经分析过有 m 个产地和 n 个销地的产销平衡的运输问题的对偶问题如式（4-6）。

$$\begin{aligned}&\max\ \omega = \sum a_i u_i + \sum b_j v_j \\ &\text{s. t.}\ \ u_i + v_j \leqslant c_{ij},\ \forall i = 1,2,\cdots,m, j = 1,2,\cdots,n\end{aligned} \tag{4-6}$$

运输问题的检验数 $\delta=\boldsymbol{c}^{\mathrm{T}}-\boldsymbol{c}_{\boldsymbol{B}}^{\mathrm{T}}\boldsymbol{B}^{-1}\boldsymbol{A}=(\delta_{\boldsymbol{B}},\ \delta_{\boldsymbol{N}})$

对于一个基 $\boldsymbol{B}$，令 $y=(u_1,\cdots,u_m,v_1,\cdots,v_n)=\boldsymbol{c}_{\boldsymbol{B}}^{\mathrm{T}}\boldsymbol{B}^{-1}$。

由于基变量的检验数为零，对于 $m+n-1$ 个基变量 x_{ij} 有

$$\delta_{ij}=c_{ij}-\boldsymbol{c}_{\boldsymbol{B}}^{\mathrm{T}}\boldsymbol{B}^{-1}\boldsymbol{P}_{ij}=c_{ij}-(u_i+v_j)=0$$

为求出 $m+n$ 的变量 u_i，v_j，可任意令 $u_i=0$，解出其余 u_i，v_j。这样就可以用对偶变量来求所有非基变量的检验数 $\delta_{ij}=c_{ij}-(u_i+v_j)$ 是否非负。若都满足，则最优，否则还不是最优，还要改进可行方案。

例 4.7　试对例 4.5 中用伏格尔法求出的初始可行解进行最优性检验。

解　首先令对偶变量 $u_1=0$;

对于基变量 x_{ij} 有 $\delta_{ij}=c_{ij}-(u_i+v_j)=0 \Rightarrow u_i+v_j=c_{ij}$

所以，$0+v_3=4$；$0+v_4=11$；$u_2+v_4=9$；$u_3+v_4=6$；$u_2+v_1=2$；$u_3+v_2=5$；可得对偶向量 $\boldsymbol{y}=(0,\ -2,\ -5,4,10,4,11)$。

对非基变量用 $\delta_{ij}=c_{ij}-(u_i+v_j)$ 可以求出各个非基变量的检验数。上述过程可以简洁地用表 4.10 来表达。该表中基变量用“×”标记，先求对偶变量的数值，再求非基变量的检验数。

表 4.10　对偶变量法检验数表

产地	销地			
	B_1 $V_1=4$	B_2 $V_2=10$	B_3 $V_3=4$	B_4 $V_4=11$
A_1	4	12	4	11
$U_1=0$	0	2	×	×
A_2	2	10	3	9
$U_2=-2$	×	2　1		×
A_3	8	5	11	6
$U_3=-5$	9	×	12	×

由于所有非基变量的检验数非负，所以该方案是一个最优解。

（3）改进运输方案

当表中某个非基变量的检验数为负值时，表明不是最优解，要进行调整。在所有为负值的检验数中，选其中最小的负检验数，以它对应的非基变量为入基变量，然后以该非基变量所在格为出发点用前面最优性检验中介绍的闭回路法做一个闭回路。为了使总运输成本尽量少，应尽量增加原非基变量的运输量，但为了保证运输方案的可行性（即所有运输量必须非负），原非基变量的运量调整值等于闭回路中所有序号为偶数的顶点的运输量的最小值。同时，为了保证产销平衡，要把闭回路中所有偶数顶点的运输量都减少这个调整值，而所有奇数顶点的运输量都增加这个调整值，即得到了调整后的运输方案。

例4.8 试用闭回路法调整例4.1中最小元素法得到的可行方案。

解 用闭回路法求检验数，发现存在唯一的负检验数 $\delta_{24}=-1$。

从 x_{24} 出发，找到闭回路 $x_{24}\to x_{23}\to x_{13}\to x_{14}\to x_{24}$，见表4.11。

$x_{24}=\min\{x_{23},\ x_{14}\}=\min\{2,\ 6\}=2$；为了产销平衡，调整闭回路中其他变量的值，$x_{23}=2-2=0$；$x_{13}=10+2=12$；$x_{14}=6-2=4$，其余变量不变。

表4.11 闭回路法供需平衡表

产地	销地			
	B_1 $b_1=8$	B_2 $b_2=14$	B_3 $b_3=12$	B_4 $b_4=14$
A_1 $a_1=16$	4	12	4 10	11 6
A_2 $a_2=10$	2 8	10	3 2	9
A_3 $a_3=22$	8	5 14	11	6 8

可以进一步验证调整后的方案是最优方案。

（4）特殊情况的处理

1）无穷多最优解。当某个非基变量的检验数为0时，该问题有无穷多最优解。如表4.10中 x_{11} 的检验数为0表示该例有无穷多最优解。只要把检验数为0的非基变量 x_{11} 作为入基变量，调整运输方案，就可得到另一个最优方案。

从 x_{11} 出发，找到闭合回路 $x_{11}\to x_{14}\to x_{24}\to x_{21}\to x_{11}$。

$x_{24}=\min\{x_{14},\ x_{21}\}=\min\{4,\ 8\}=4$ 为了产销平衡，调整闭合回路中其他变量的值，$x_{14}=4-4=0$；$x_{24}=2+4=6$；$x_{21}=8-4=4$，其余变量不变。详见表4.12。

2）退化。有两种情况会出现某个基变量为零的退化情况。

① 在用划线法确定初始基本可行解时，若某选择的基变量所在格对应的产地余量和销地余量恰好相等。这时该基变量 = 产地余量，对应产地和销地都已平衡。但为了保证划

线法每确定一个基变量划一线的原则，应先划去对应产地所在行或销地所在列，再在销地所在列/产地所在行的其他格中任选一个填 0 作为退化的基变量，最后再划去其所在的列/行。

表 4.12　另一最优解

产地	销地				产地
	B_1	B_2	B_3	B_4	
A_1	4		12	0	16
A_2	4			6	10
A_3		14		8	22
销量	8	14	12	14	

② 当用闭回路法调整时，出现回路中偶数节点格中有多于 1 个等于最小值。这时入基变量取该最小值，同时有多个原基变量变为 0。这时，只能选其中任一个为 0 的原基变量作为出基变量，而其余的作为退化的基变量必须在其所在格中填 0，以保证基变量的个数不变。

4.3　运输问题的扩展

4.3.1　需求可变的运输问题

前面已经说明了如何将供不应求和供过于求的运输问题转化为供需平衡的运输问题。但是，其前提假设是各销地的需求量是确定的。实际上，更可能出现的情况是：销地的需求是可变的，尤其是当供应的资源有限，从而出现供不应求的情况时。运输系统的管理者为了兼顾各个销地的利益，进行统筹规划，通过与各个销地的代表磋商，确定各个销地的必须满足的最低需求（下文称为**刚性需求**）和在所有销地最低需求满足情况下尽可能满足的最高需求。我们将**柔性需求**定义为最高需求和最低需求之差。下面就重点讨论这种资源有限情况下需求可变的运输问题。

例 4.9　某北方的汽车制造企业有三个组装厂，即 A 工厂、B 工厂、C 工厂，每年分别需要生活用煤和取暖用煤 2000t，1000t，3000t，由山西省大同、阳泉两处煤矿负责供应。这两处煤矿的价格和质量都基本相同。两处煤矿能供应该企业的煤的数量是：阳泉煤矿 4000t，大同煤矿 1500t，由煤矿至该企业的单位运价（百元/t）见表 4.13。

表 4.13　煤矿运价表　（单位：百元/t）

产地	销地		
	A 工厂	B 工厂	C 工厂
山西阳泉	1.55	1.70	1.80
山西大同	1.75	1.50	1.60

由于供不应求，经企业领导研究决定 A 工厂供应量不少于 1500t，B 工厂需要量应全部满足，C 工厂供应量可减少 300t。

试求：1）总运费为最低的调运方案。

2）若C工厂为了能争取到更多的煤，声称有多少煤都愿意买下，则如何写出这种情况下的供需平衡运价表。

3）若大同到C工厂的运输线路因泥石流被破坏，则需要如何调整供需平衡运价表。

解 1）首先，进行供需关系判断，如供需不平衡则增加虚拟节点配平。

总需求量 $D = \sum_j b_j = 2000 + 1000 + 3000 = 6000(\text{t})$。

总供给量 $S = \sum_i a_i = 4000 + 1500 = 5500(\text{t})$。

由此可知，本题属于供不应求的情况，因而在表4.14中增加虚拟产地一行，其产量=总需求量-总供给量=500t。这样就转化为了产销平衡的运输问题。

由于各工厂的需求被分为了刚性需求（必须满足的调运量）和柔性需求（可以不满足的调运量）。而两者在对运输线路的要求上是有显著区别的。对于刚性需求，必须由实际的线路调运，虚拟产地发出的线路实际并不存在，不能用来满足刚性需求。我们可以用惩罚项法的思路设虚拟产地发出的线路的运价为 M，M 为充分大的正数。而柔性需求可以不满足，可以用虚拟产地发出的线路的运输量来表示，这些虚拟线路的运价应为0。由于各工厂的刚性需求和柔性需求对虚拟线路运价的设定区别，我们把存在柔性需求的工厂分为两列。本题中，将A工厂分为A工厂$_1$、A工厂$_2$两列，分别对应刚性需求1500t和柔性需求=2000-1500=500t。将C工厂分为C工厂$_1$、C工厂$_2$两列，分别对应刚性需求2700t和柔性需求300t。对于刚性需求的A工厂$_1$、B工厂、C工厂$_1$，设定 $c_{31} = c_{33} = c_{34} = M$；对于柔性需求的A工厂$_2$、C工厂$_2$，设定 $c_{32} = c_{35} = 0$。这是因为假想生产点并没有煤炭运出，运价当然为零。根据题意，做出供需平衡与运输单价表，见表4.14。

表4.14 供需平衡与运输单价表

产地	销地					供应量/t
	A工厂$_1$	A工厂$_2$	B工厂	C工厂$_1$	C工厂$_2$	
阳泉	1.55	1.55	1.70	1.80	1.80	4000
大同	1.75	1.75	1.50	1.60	1.60	1500
虚拟产地	M	0	M	M	0	500
需求量/t	1500	500	1000	2700	300	6000

通过计算，可以得到如下最优调运方案：

$x_{11} = 1500$，$x_{12} = 300$，$x_{14} = 2200$，$x_{23} = 1000$，$x_{24} = 500$，$x_{32} = 200$，$x_{35} = 300$，其余变量都为零，详见表4.15。结果是：阳泉运1800t给A工厂，2200t给C工厂，大同运1000t给B工厂，运500t给C工厂，总运费为90.50万元。本题最优解并不唯一。例如，阳泉运1800t给A工厂，1000t给B工厂，1200t给C工厂，大同运1500t给C工厂也是最优解。

表 4.15 运输平衡表

产地	销地					产量(t)
	A 工厂$_1$	A 工厂$_2$	B 工厂	C 工厂$_1$	C 工厂$_2$	
阳泉	1500	300		2200		4000
大同			1000	500		1500
虚拟产地		200			300	500
销量	1500	500	1000	2700	300	6000

2）若 C 工厂为了能争取到更多的煤，声称有多少煤都愿意买下，在供需平衡表中不能将其最高需求设为∞。可以计算其实际可得的最高需求，即实际的总供给量 - 其余销地的最低需求之和 = 5500 -（1500 + 1000）= 3000t。可见，其实际可得的最高需求就是原来的 3000t。因此，供需平衡表不用改变。

3）若大同到 C 工厂的线路被破坏，则供需平衡与运输单价表中该线路的运价都应该改为 M。

4.3.2 目标极大化的运输问题

当组织的管理者将运费作为支出的一部分而追求其考虑各项收入与支出之后的利润最大化问题时，就需要改变目标函数，建立目标极大化的运输问题。极大化运输问题与极小化运输问题的区别主要在于如何正确地写出总利润目标与各项收入与支出的关系式。

例 4.10 某食品加工企业有 S_1、S_2、S_3、S_4 四个加工厂生产某种产品，产量分别为 4000t，3000t，2000t，1000t，供应 A、B、C、D、E、F 六个地区的需要，需求量 2000t，1500t，4000t，1000t，1500t，1500t。由于工艺、技术等条件差异，各加工厂产品成本分别为 1.0，1.4，1.1，1.5，单位为元/kg；又由于行情不同，各地区销售价分别为 2.5，2.4，1.8，2.2，1.6，2.0，单位为元/kg。已知从各加工厂运往各销售地每千克产品运价见表 4.16。

表 4.16 运价与供需表

产地	销地						产量(t)
	A	B	C	D	E	F	
S_1	0.7	0.7	0.3	0.7	0.4	0.4	4000
S_2	0.3	0.8	0.9	0.5	0.6	0.2	3000
S_3	0.5	0.4	0.3	0.4	0.3	0.1	2000
S_4	0.6	0.4	0.2	0.6	0.5	0.8	1000
需求量	2000	1500	4000	1000	1500	1500	

要求除了 C 地区至少供应 1000t，D 地区的需求须全部满足外，其余地区尽可能满足，试确定使该公司获利最大的产品调运方案。

解 设 x_{ij} 表示从第 i 个加工厂订货后运至第 j 个地区销售的运输量，单位为 kg。

本题的目标是利润最大化。造成公司获利水平不同的主要原因是不同渠道单位产品的利润不同（不同的加工成本、不同线路的运输成本和不同销地价格不同造成了不同渠道单位产品的利润的差异)。利用单位利润 = 单位售价 - 单位成本 - 单位运价，可以计算出各渠道的单位利润，见表 4.17。

表 4.17 渠道单位利润及供需表

产地	销地						产量/t
	A	B	C	D	E	F	
S_1	0.8	0.7	0.5	0.5	0.2	0.6	4000
S_2	0.8	0.2	-0.5	0.3	-0.4	0.4	3000
S_3	0.9	0.9	0.4	0.7	0.2	0.8	2000
S_4	0.4	0.5	0.1	0.1	-0.4	-0.3	1000
需求量	2000	1500	4000	1000	1500	1500	

因为是供不应求的问题，所以要加入虚拟产地一行，其产量为总销量与总产量的差额。同时，根据题意，可将 C 地区的需求量分为必须满足的刚性需求 1000t 和尽可能满足的柔性需求 3000t 两种，即将其分为 C′和 C″两列；D 地区的需求是刚性的，其余各地区的需求是柔性的。对于刚性需求，不能用虚拟产地的产品来供应，因此利用惩罚项原理，将其渠道单位利润设为 $-M$（M 是充分大的正数）；而对于柔性需求，虚拟渠道的单位利润为 0，得到表 4.18。

表 4.18 单位利润与供需平衡表

产地	销地							产量/t
	A	B	C′	C″	D	E	F	
S_1	0.8	0.7	0.5	0.5	0.5	0.2	0.6	4000
S_2	0.8	0.2	-0.5	-0.5	0.3	-0.4	0.4	3000
S_3	0.9	0.9	0.4	0.4	0.7	0.2	0.8	2000
S_4	0.4	0.5	0.1	0.1	0.1	-0.4	-0.3	1000
虚拟产地	0	0	$-M$	0	$-M$	0	0	1500
需求量	2000	1500	1000	3000	1000	1500	1500	11500

采用表上作业法，经过两次运算得到表 4.19。最大总利润为 6050000 元。

表 4.19 运输平衡表

产地	销地							产量/t
	A	B	C′	C″	D	E	F	
S_1			1000	3000		0	0	4000
S_2	2000				1000			3000
S_3		500			0		1500	2000
S_4		1000						1000
虚拟产地						1500		1500
需求量	2000	1500	1000	3000	1000	1500	1500	11500

4.3.3　允许转运的运输问题

前面的运输问题用图表示时，节点或代表产地或代表销地，线路直接将产地与销地相连。但实际运输时，物品可能还会在既不是产地也不是销地的地点中转运输。另外，产地和销地也可能担任转运的作用。所谓的**转运问题**（Transshipment Problem）就是考虑这些特点的运输问题的一个扩充问题。它将运输问题中的节点分为产地（也称发点）、销地（也称收点）和**转运点**（Transshipment Point）。其中，任何节点都可以承担转运功能。转运点的运出量等于运入量；发点的运出量大于运入量；收点的运入量大于运出量。因此，转运问题关于运输节点的约束也相应分为**发点约束**、**收点约束**以及**转运点约束**。

典型的转运问题是在发点的供应量和收点的需求量一定，各线路的运输单价已知的条件下考虑如何进行调运使得总运输费用最小的问题。

例 4.11　某医疗器械公司在大连、长春和沈阳有三个分厂，各分厂每月某种医疗器械的产量依次为 500 台、300 台、600 台。该公司在北京与上海有两个销售公司负责对济南、南京、杭州与青岛四个城市进行产品供应。如图 4.5 所示，用 A_1、A_2、A_3 代表大连、长春和沈阳；T_1、T_2 代表北京与上海；B_1、B_2、B_3、B_4 代表济南、南京、杭州与青岛。公司根据历史数据，预测下个月济南、南京、杭州与青岛的需求量分别为 400 台、300 台、350 台和 350 台。又因为大连与青岛相距较近，公司同意大连分厂也可以向青岛直接供货，这些城市间的每台产品的运输单价标在图 4.5 的两个城市间的连线上，单位为百元/台。问：应该如何调运产品，使得总运输费最低？

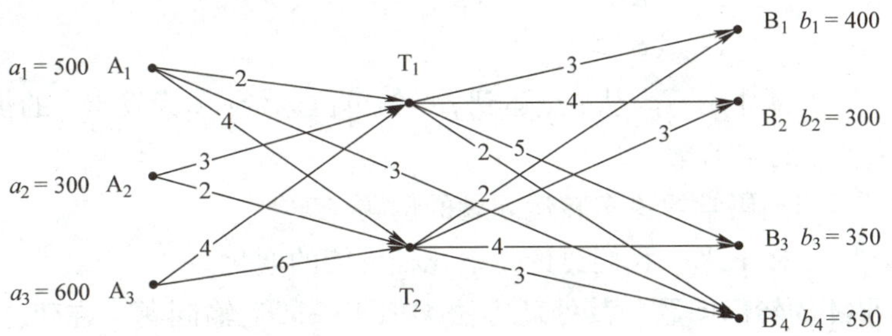

图 4.5　转运问题的网络图

解　对 9 个节点按 A_1 到 A_3，T_1、T_2、B_1 到 B_4 的顺序统一编号。

设 x_{ij} 表示从 i 到 j 的调运量，如 x_{19} 表示从大连运到青岛的产品台数。$x_{ij} \geqslant 0$。

计算得到总的供给量 S = 总的需求量 $D=1400$，因此发点和收点约束为等式约束。

该问题的目标是总运输费用最小，目标函数表示为

$$\min z = 2x_{14} + 4x_{15} + 3x_{19} + 3x_{24} + 2x_{25} + 4x_{34} + 6x_{35} + 3x_{46} + 4x_{47} + 5x_{48} + 2x_{49} + 2x_{56} + 3x_{57} + 4x_{58} + 3x_{59}$$

对于发点而言，从该点运出的总量等于产量，所以发点的约束条件式为

$$x_{14} + x_{15} + x_{19} = 500$$

$$x_{24} + x_{25} = 300$$

$$x_{34} + x_{35} = 600$$

对于转运点而言，产品运入该点的总量应等于运出总量，即净流出量为零，所以转运

点的约束条件式为

$$x_{46}+x_{47}+x_{48}+x_{49}-x_{14}-x_{24}-x_{34}=0$$

$$x_{56}+x_{57}+x_{58}+x_{59}-x_{15}-x_{25}-x_{35}=0$$

对于收点而言，产品的净运入量等于该地产品需求，所以收点的约束条件式为

$$x_{46}+x_{56}=400$$

$$x_{47}+x_{57}=300$$

$$x_{48}+x_{58}=350$$

$$x_{19}+x_{49}+x_{59}=350$$

经计算，求解得到结果如下：

$$x_{14}=150,\ x_{19}=350,\ x_{25}=300,\ x_{34}=600$$

$$x_{46}=400,\ x_{47}=300,\ x_{48}=50,\ x_{58}=300$$

最小的运输费用为 820000 元。

根据这个例子，我们可以概括出供需平衡的转运问题的线性规划模型为

$$\min \sum_{\text{所有弧}} c_{ij}x_{ij}$$

$$\text{s. t.}\begin{cases}\displaystyle\sum_{\text{流出弧}} x_{ij}-\sum_{\text{流入弧}} x_{ji}=s_i & \text{发点 } i\\ \displaystyle\sum_{\text{流出弧}} x_{kj}-\sum_{\text{流入弧}} x_{jk}=0 & \text{中转点 } k\\ \displaystyle\sum_{\text{流入弧}} x_{ij}-\sum_{\text{流出弧}} x_{ji}=d_j & \text{收点 } j\\ x_{ij}\geqslant 0\end{cases} \tag{4-7}$$

式中，c_{ij}为从 i 点运到 j 点的单位运价；s_i为发点 i 的供应量；d_j为收点 j 的需求量。

扫码学习更多转运问题的例题。

接下来，我们讨论一下几种可能的变化。

1）**供需不平衡的转运问题**。其处理方法类似于一般运输问题。在建立线性规划模型时，正确写出对应的产地约束和销地约束。当供大于求时，产地约束为“≤”约束，销地为等式约束；当供不应求时，产地为等式约束，销地约束为“≤”约束。当需要列出供需平衡表时，需要给供需双方中较少的一方增加一个虚拟的节点来弥补双方的差额。例如，供不应求时，增加虚拟产地来“满足”实际不能满足的需求。这时从虚拟产地到各销地的虚拟线路并不经过转运点。

2）**最大化目标函数**。若转运问题考虑了不同产地的产品的生产成本和不同销地的销售价格，则可以分析总利润最大化问题。注意到同样的产地和销地，转运线路不同会导致与该转运线路相关的产品的单位利润不同，所以，可以先求不同的“产地 - 转运点 - 销地”决定的特定转运线路的单位利润，再求各转运线路利润之和。也可以直接用总销售收入 - 总生产成本 - 总运输成本来计算总利润。

3）**有不可接受或被破坏的路线**。对于不能使用的路线有三种处理方法。第一种方法是在运价表中将该线路的运价设为 M。通过充分大的运价，使得最小化成本时该线路运量

为零。第二种方法是在建立线性规划模型时就删去该线路的运量这个决策变量，并且目标函数中也不应包括该线路运量。第三种方法是增加一个该线路运量为零的约束。

4）**有线路最小运量或容量的限制**。若考虑线路的运量有最大值（线路的容量），可以增加该线路运量小于等于线路容量的约束。若有的用户对运输线路有特别的要求，如认为某个特定产地的产品质量更好，可以增加在该线路上运量不低于用户指定的最小运量的约束。

4.4　应用举例

运输问题模型是在经济管理中有着广泛应用的重要模型。运输问题模型在与一般线性规划模型变量个数相同的条件下，因为表上作业法较单纯形法简单有效，所以，常常尽可能地将一些线性规划问题化为运输问题。一些管理问题直接可体现为供给和需求的形式，如按合同生产的生产计划问题等，因此这些问题的数学模型本身就是或者可转化为运输问题模型。请看下面的几个例子。

（1）投标裁决问题

例 4.12　某集团公司为降低设备采购的成本，对生产设备实行集中采购。采购部门计划通过招标采购某种生产设备，共邀请了 m 家工厂来参加投标。假设各厂家提供的是同质量产品。每个厂家都提供了一份标书，在标书中注明了该厂单位产品的价格和按此价格所能提供的数量，设为 a_i。该采购部门将这些产品运往位于 n 个地区的不同子公司，第 j 个地区的设备需求量为 b_j，运输费用由该采购部门支付。根据这些标书，该部门应该向哪些厂家订货，订货量各为多少？（仅给出模型即可）

解　采购部门决策的目标是包括采购费用和运输费用的总费用最少，该部门应首先计算出从第 i 个厂家订货并发到第 j 个地区时的单位产品成本 c_{ij}。其为工厂 i 单位产品的价格和将产品从产地运到第 j 个地区的运价之和。设决策变量 x_{ij} 为从第 i 个厂家订货后运至第 j 个地区的订货量（$i=1, 2, \cdots, m$；$j=1, 2, \cdots, n$）。

于是该问题的数学模型见式（4-8）。

$$\min z = \sum_{i=1}^{m}\sum_{j=1}^{n} c_{ij}x_{ij}$$

$$\text{s.t.}\begin{cases}\sum_{j=1}^{n} x_{ij} \leqslant a_i,\ i=1,2,\cdots,m\\ \sum_{i=1}^{m} x_{ij} = b_j,\ j=1,2,\cdots,n\\ x_{ij} \geqslant 0,\ i=1,2,\cdots,m;\ j=1,2,\cdots,n\end{cases} \tag{4-8}$$

一般来讲，厂家提供的产品总量要多于该部门的总需求量，因此虚拟一个需求地区，可把上述模型表示成为一个标准的运输问题模型。投标裁决问题与一般运输问题的主要不同在于目标函数包括了采购费用和运输费用两部分。该类问题的解决方案也相应包括了各厂家的采购量和具体的从各产地到各需求地的运输量。

（2）生产排程问题

例 4.13 某数码产品制造公司有 3 个分厂，生产 A、B 两种数码产品。生产方式分为正常生产和加班生产两种，加班生产成本大于正常生产成本。现要制定两个月的工作计划：第一月 A、B 产品的需求量分别为 200 件和 600 件，第二月 A、B 产品的需求量分别为 400 件和 700 件。各厂生产 A 和 B 产品所需时间、可用时间数据由表 4.20 的数据给出。设两种产品的单位产品制造时间都为 1h。如果在第一月生产第二月的产品，则需存放 1 个月，3 个工厂的保管费分别为 10 元、15 元和 20 元。试拟订生产计划，使总成本最低。

解 生产系统的供给与需求与运输问题的产地与销地的供需关系有类似之处。将每个月各分厂不同生产方式的可提供的产品数量看作各产地的供应量；将每个月各分厂各产品的需求量作为各销地的销量。这时每个月各分厂不同生产方式下生产的各产品的数量与运输问题的运量对应。由于在第二月生产的产品是不可能满足第一月的需求的，所以设相关的单位成本为 M，M 可取充分大的正值，表示此项生产属于“不可能”。

表 4.20 基本数据表

各厂生产方式	A 单位生产成本/(元/件)	B 单位生产成本/(元/件)	第一月可用时间/h	第二月可用时间/h
1 厂正常生产	150	220	100	100
1 厂加班生产	170	260	50	50
2 厂正常生产	160	220	200	200
2 厂加班生产	190	250	50	0
3 厂正常生产	170	230	500	500
3 厂加班生产	180	260	100	100

生产的总需求 = 200 + 600 + 400 + 700 = 1900（件）

公司的最大产品供应能力 = 100 + 50 + 200 + 50 + 500 + 100 + 100 + 50 + 200 + 0 + 500 + 100 = 1950（件）

这属于供大于求的情况，增加一个虚拟的销地，销量 = 1950 − 1900 = 50（件）。由于虚拟产品并不生产，所以相关的单位成本为 0。这样，就可以整理得到生产排程问题的运价表见表 4.21。

表 4.21 生产排程问题的运价表

项目			第一月		第二月		虚拟产品	供应量
			A 产品	B 产品	A 产品	B 产品		
第一月	1 厂	正常	150	220	160	230	0	100
		加班	170	260	180	270	0	50
	2 厂	正常	160	220	175	235	0	200
		加班	190	250	205	265	0	50
	3 厂	正常	170	230	190	250	0	500
		加班	180	260	200	280	0	100

（续）

项目			第一月		第二月		虚拟产品	供应量
			A 产品	B 产品	A 产品	B 产品		
第二月	1 厂	正常	M	M	150	220	0	100
		加班	M	M	170	260	0	50
	2 厂	正常	M	M	160	220	0	200
		加班	M	M	190	250	0	0
	3 厂	正常	M	M	170	230	0	500
		加班	M	M	180	260	0	100
需求量			200	600	400	700	50	1950

经计算，可求出最优生产排程方案见表 4.22。生产总费用为 396500 元。一般而言，生产排程问题涉及不同时段的生产能力约束，因此，不仅要将各时段的生产能力供给看作“产地”，将各时段的加工需求看作“销地”，而且还要正确写出不同的生产过程之间的制约关系，如本题中后生产的产品不能用来满足前期的需求。

表 4.22　生产排程问题的排程方案

项目			第一月		第二月		虚拟产品	供应量
			A 产品	B 产品	A 产品	B 产品		
第一月	1 厂	正常			100			100
		加班			50			50
	2 厂	正常	100	100				200
		加班					50	50
	3 厂	正常		500				500
		加班	100					100
第二月	1 厂	正常			100			100
		加班			50			50
	2 厂	正常				200		200
		加班						0
	3 厂	正常				500		500
		加班			100			100
需求量			200	600	400	700	50	1950

（3）机场转机问题

例 4.14　某航空公司使用上海作为中转枢纽，以最少的航班数满足国内北方城市和南方城市之间的航空出行需求。从 10 点～11 点有四架分别来自哈尔滨、长春、吉林、沈阳的波音 747 客机将在上海虹桥机场降落。这些飞机上的乘客将分别去往福州、广州、深圳、厦门。飞机的离场时间为 11 点 30 分～12 点 30 分。表 4.23 列出了不同航班的乘客去往各目的地的情况，即转机情况。例如，来自哈尔滨的飞机，若飞往厦门则有 38 人不转机，剩下的去福州、广州和深圳等城市的都需要转机。此外，表中航班的出发地和目的地都是按时间的先后顺序排列的。例如，福州在广州之前表示去往福州的飞机将先于去往广州的飞机起飞。表格中标记为“—”的两个格子表示由于来自沈阳的飞机到中转站（上海）的时间最迟，已经来不及再去福州和广州。请问应如何安排各航班离开虹桥机场后的目的地，以使得在虹桥机场转机的乘客数最少？

表 4.23 不同航班之间的旅客换乘情况

来自	去往			
	福州	广州	深圳	厦门
哈尔滨	25	23	16	38
长春	45	8	9	24
吉林	12	8	22	28
沈阳	—	—	14	39

解 这其实是一个运输问题中的指派问题。出发点类似于“产地”，目的地类似于“销地”。

设 x_{ij}是从北方城市 i 到南方城市 j 的线路上的“运量”，x_{ij}是取值为 0 或 1 的二值选择变量。若 x_{ij}为 1，则说明从北方城市 i 起飞的飞机飞往南方城市 j。

对该问题需要选择合适的目标函数。由于各架飞机的总乘客数不变，要使转机的人数最少，就意味着不转机的人数最多。所以，目标设定为不转机人数最多。设 c_{ij}为从北方城市 i 到南方城市 j 的线路上不转机的人数。

从供需关系看，有 4 架飞机去往 4 个目的地，所以是供需平衡的。对于每个出发地起飞的飞机都应去一个目的地，而对于每个目的地而言，都应该有一架飞机到达。这样可以表示为如式（4-9）所示的模型。

$$\max z = \sum_{\text{所有可行弧}} c_{ij} x_{ij}$$

$$\text{s.t.}\begin{cases}\sum_{j=1}^{4} x_{ij} = 1, i = 1, 2, \cdots, 4 \\ \sum_{i=1}^{4} x_{ij} = 1, j = 1, 2, \cdots, 4 \\ x_{ij} \in \{0, 1\}\end{cases} \tag{4-9}$$

最优的解决方案中有 192 人不需要转机。对应的航班目的地安排为：哈尔滨到广州，长春到福州，吉林到深圳，沈阳到厦门。从这个例子中可以看到，在运输网络中，转运点的作用有：将来自不同出发点的人或物资在转运点根据不同的目的地“拼凑”整合，从而减少运输的频次，提高效率。本例中如没有转运点，要实现从 4 个出发地到 4 个目的地的飞行需求，需要 16 个架次的飞行，而有转运点后，只要 4 个架次的飞行。

（4）供给计划问题

例 4.15 在某个建筑工程的施工中某种设备易于损坏，因此 X 公司专门设立一个设备供给处负责工程施工期间对这种设备的补充供给。供给处有三种途径来满足工程施工对该设备的需求。第一条途径是利用自己的一个修理车间对该设备进行公司内部的维修。内部维修该设备的修理时间为 4 周，每台所需费用为 100 元。第二条途径是外送维修，即将设备送到专门的设备维修公司进行修理。修理时间为 1 周，但每台费用为 300 元。第三条途径是购买新设备。每台新设备的价格为 900 元。供给处需租用仓库存放已修、待修或报废的设备，每台设备每周的存储费为 10 元。报废的设备存储在仓库中等工程完工时统一处理。假设每周末 X 公司工程处将损坏设备送到供给处并领走相同数量的好设备。预计该工程可在 n 周完工（为简化取 $n=10$）。请你为供给处设计一个合理的供给计划。要求在绝对保证工程需要的条件下能使得供给处所花费的总费用最少。

解 这是一个较为典型的供给计划问题。

首先，应分析各时间段的设备需求。这可以借助以往同类工程在施工各时段的设备需求数据进行统计分析。假设第 i 周损坏的设备数为 S_i。根据设备使用寿命的分布，利用概率理论求出其期望值为 s_i。

然后，将供给处视为一个小系统，分析它每周的输入和输出。系统的输入包括各周周末送来的损坏设备和为了满足工程需求可能购买的设备。损坏的设备经维修后可以再次使用，所以也可视为产地的部分产量。但要注意在未维修好之前是不可用的。系统的输出包括各周周末由工程处领走的设备数和工程结束时总共报废的设备数。该系统的输入和输出与运输问题模型中的产地和销地存在对应的关系，可将每周的输入作为产地产量，每周的输出作为销地需求量。

设供给处第 i 周收到的由工程处供给的损坏设备为产地 A_i 的供给量 s_i，$i=1, 2, \cdots, n$。通过购买得到的设备数为产地 A_{n+1} 的供给量。由于事先无法知道需购买多少新设备，可以用一个足够大的数，例如总的工程需求量 $s_{n+1}=\sum_{i=1}^{n} r_i$ 作为 A_{n+1} 的供给量。这样共有 $n+1$ 个产地。同样，设第 j 周由工程处领走的好设备数为销地 B_j 的需求量 s_j，$j=1, 2, \cdots, n$。由于工程处每周送来的损坏设备与领走的好设备数量相同，因此 $s_i=r_i$。设一个虚拟的销地 B_{n+1}，用来存放工程中报废的设备。那么产地 A_{n+1} 到虚拟销地 B_{n+1} 的运输量就是实际中没有购买的虚拟购买量。而产地 A_{n+1} 调运给销地 B_j（$j\neq n+1$）的运输量是第 j 周购买的新设备数量。为使供需平衡，令虚拟销地 B_{n+1} 的需求量为 $r_{n+1}=\sum_{i=1}^{n} r_i$。下面详细分析转化为运输问题后的“运价” c_{ij} 的意义和取值。该值可根据从产地 A_i 到销地 B_j 运输量 x_{ij} 的实际意义来确定。可以分为五种情况讨论：

1）$i\geqslant j$，因为修好交付的时间不能早于提交修复的时间，须有 $x_{ij}=0$。由于目标函数追求极小值，利用惩罚原理，令 $c_{ij}=M$ 来保证最优解中 $x_{ij}=0$，其中 M 为充分大的正数。

2）$j=i+1, i+2, i+3$，则 x_{ij} 为第 i 周损坏，经由外送到专业设备维修公司修理后在第 j 周又可使用的设备数量，$c_{i,i+k}=300+10(k-1)$，$k=1, 2, 3$。

3）$j=i+4, \cdots, n$，则 x_{ij} 为第 i 周损坏，经由内部修理后可使用的设备数量，$c_{i,i+k}=100+10(k-4)$，$k=4, \cdots, n$。

4）在 $i=n+1$，$j\neq n+1$ 时，x_{ij} 为在第 j 周使用的新设备，应在当周购买以减少存储费，故 $c_{n+1,j}=900$，定义 $c_{n+1,n+1}=0$，这是由于 $x_{n+1,n+1}$ 为虚拟购买新设备的台数。

5）在 $i \neq n+1$，$j=n+1$ 时，x_{ij} 的意义为在第 i 周损坏且报废不再使用的设备数，这些设备需付存储费，因此 $c_{i,\ n+1} = 10(n-i)$。

综上所述，原问题已表示为运输问题模型（$n=10$），由表 4.24 给出。

表 4.24 单位成本与供需平衡表

产地	销地											a_i
	B_1	B_2	B_3	B_4	B_5	B_6	B_7	B_8	B_9	B_{10}	B_{11}	
A_1	M	300	310	320	100	110	120	130	140	150	90	r_1
A_2	M	M	300	310	320	100	110	120	130	140	80	r_2
A_3	M	M	M	300	310	320	100	110	120	130	70	r_3
A_4	M	M	M	M	300	310	320	100	110	120	60	r_4
A_5	M	M	M	M	M	300	310	320	100	110	50	r_5
A_6	M	M	M	M	M	M	300	310	320	100	40	r_6
A_7	M	M	M	M	M	M	M	300	310	320	30	r_7
A_8	M	M	M	M	M	M	M	M	300	310	20	r_8
A_9	M	M	M	M	M	M	M	M	M	300	10	r_9
A_{10}	M	M	M	M	M	M	M	M	M	M	0	r_{10}
A_{11}	900	900	900	900	900	900	900	900	900	900	0	$\sum_{i=1}^{10} r_i$
b_j	r_1	r_2	r_3	r_4	r_5	r_6	r_7	r_8	r_9	r_{10}	$\sum_{j=1}^{10} r_j$	$2\sum_{i=1}^{10} r_i$

注：a_i 为产地 i 的供给量，b_j 是销地 j 的需求量。

习题

4.1 运输问题被认为是线性规划问题的特例。请问与一般的线性规划问题相比，运输问题的数学模型有哪些独特的地方？

4.2 请判断表 4.25 和表 4.26 中运输方案是否可以作为表上作业法的初始方案？初始方案的特征是什么？是否一定是基本可行解？

表 4.25 运输方案与供需表（一）

产地	销地			产量 (t)
	1	2	3	
A		30	50	80
B		50		50
C	50		10	60
销量	50	80	60	190

表 4.26　运输方案与供需表（二）

产地	销地				产量 (t)
	B_1	B_2	B_3	B_4	
A_1			7	6	13
A_2	6	5		3	14
A_3		6	4		10
销量	6	11	11	9	

4.3　划线法求初始解在什么情况下会出现退化的基解？出现退化解应如何正确处理？

4.4　公司从三地将物品运往四个销地，单位运价及供需表见表 4.27。

表 4.27　单位运价及供需表

产地	销地				产量 (t)
	B_1	B_2	B_3	B_4	
A_1	0.87	0.7	0.65	0.74	20
A_2	0.56	0.97	0.84	—	30
A_3	0.78	0.75	0.76	0.9	50
销量	50	20	30	10	

请根据供需关系写出运价及供需平衡表，并列出对应的线性规划模型。

4.5　请证明运输费用最小化问题中所有产地的产量和销地的需求量都是整数时，最优的调运方案中各线路的运量也都是整数。

4.6　运输费用最小化问题是否一定存在最优解？若是，请证明。

4.7　假设这是一个有 m 个产地和 n 个销地的运输总费用最小化问题。产地 A_i 提供的物资供给量不高于 a_i，$i=1, 2, \cdots, m$；销地 B_j 的需求量不低于 b_j，$j=1, 2, \cdots, n$。将单位物资从 A_i 运到 B_j 的运价为 C_{ij}，$i=1, 2, \cdots, m$；$j=1, 2, \cdots, n$，且 $\sum_{i=1}^{m} a_i = \sum_{j=1}^{n} b_j$。

(1) 写出线性规划模型。

(2) 写出对偶问题的模型。

(3) 解释对偶变量的经济意义。

4.8　表 4.28 和表 4.29 分别给出了两个运输问题的供需关系和单位运价表。表中“—”表示该线路不可使用。试用 Vogel 法直接给出近似最优解，并对解做最优性检验。若不是最优，请用表上作业法求出最优的调运方案。

表 4.28　运价与供需表（一）

产地	销地			产量 (t)
	1	2	3	
A	5	1	—	12
B	2	4	1	14
C	3	6	7	4
销量	9	10	11	

表 4.29 运价与供需表（二）

产地	销地				产量 (t)
	B_1	B_2	B_3	B_4	
A_1	10	2	3	9	25
A_2	5	10	15	4	30
A_3	15	5	14	15	20
A_4	20	15	13	8	30
销量	20	20	30	25	

4.9 某化工企业生产化工原料，有 2 个产地，在 4 个销地销售。各产地、销地、线路的单位利润见表 4.30。为了最大化公司利润，应如何安排各产地到各销地的运输？哪个销地的需求不能满足？

表 4.30 运价与供需表（三）

产地	销地				产量 (t)
	销地 1	销地 2	销地 3	销地 4	
产地 1	32	34	32	40	5000
产地 2	34	30	28	38	3000
需求量	2000	5000	3000	2000	

4.10 甲、乙、丙三个城市每年需要的煤炭，由鸡西、鹤岗两处煤矿负责供应。这两处煤矿的价格和质量都基本相同。鸡西、鹤岗两处煤矿能供应煤的数量分别为 400 万 t，450 万 t，由煤矿至各城市的单位运价（万元/万 t）见表 4.31。

表 4.31 煤矿运价与供需表

产地	销地			产量
	甲城市	乙城市	丙城市	
鸡西煤矿	15 万元/万 t	18 万元/万 t	22 万元/万 t	400 万 t
鹤岗煤矿	21 万元/万 t	25 万元/万 t	16 万元/万 t	450 万 t
需求量	320 万 t	250 万 t	无上限	

由于供不应求，三个城市申报需求分别为 320 万 t，250 万 t 和无上限。经协商决定甲城市供应量可减少 30 万 t；乙城市应全部满足，丙城市不少于 270 万 t。

(1) 总的供需关系如何？

(2) 列出供需平衡与运价表。

(3) 列出对应的线性规划模型。

(4) 求总运费为最低的调运方案。

4.11 已知运价与供需关系表见表 4.32。

表 4.32　运价、供需、售价、成本综合表

项目	B_1	B_2	B_3	B_4	产量/千箱	生产成本
售价	350 千元/千箱	450 千元/千箱	300 千元/千箱	420 千元/千箱		
A_1	5 千元/千箱	9 千元/千箱	2 千元/千箱	3 千元/千箱	40 千箱	200 千元/千箱
A_2	4 千元/千箱	25 千元/千箱	7 千元/千箱	8 千元/千箱	70 千箱	250 千元/千箱
A_3	3 千元/千箱	6 千元/千箱	4 千元/千箱	2 千元/千箱	60 千箱	220 千元/千箱
最低需求	40 千箱	70 千箱	0	10 千箱		
最高需求	60 千箱	70 千箱	30 千箱	不限		

(1) 如何建立利润最大化的运输问题模型?

(2) 用电子表格软件求最优的运输方案。

4.12　某农业贸易公司从事谷物买卖，现在农产品生产基地 A_1、A_2 和 A_3 分别购买了谷物 3 车皮、6 车皮、5 车皮，拟在 B_1、B_2、B_3、B_4 这 4 个城市销售，各地的需求分别为 2 车皮、4 车皮、3 车皮、3 车皮。所有货物都要经过中转地 T_1 或 T_2 运往目的地。相关线路的运输价格见表 4.33 和表 4.34。

表 4.33　相关路线运输价格（一）

农基地	中转地	
	T_1	T_2
A_1	8	6
A_2	3	8
A_3	9	3

表 4.34　相关路线运输价格（二）

中转地	城市			
	B_1	B_2	B_3	B_4
T_1	44	34	34	32
T_2	57	35	28	24

(1) 该问题中供需关系如何?

(2) 列出该问题的线性规划模型，并求出最优的运输方案。

4.13　某大型 3D 打印机租赁公司在 7 个城市设置了分公司。图 4.6 为各个分公司之间运输一台 3D 打印机所需的成本。表示分公司的节点上的数字为当地的供需差额。正数表示当地供过于求，负数表示当地供不应求。

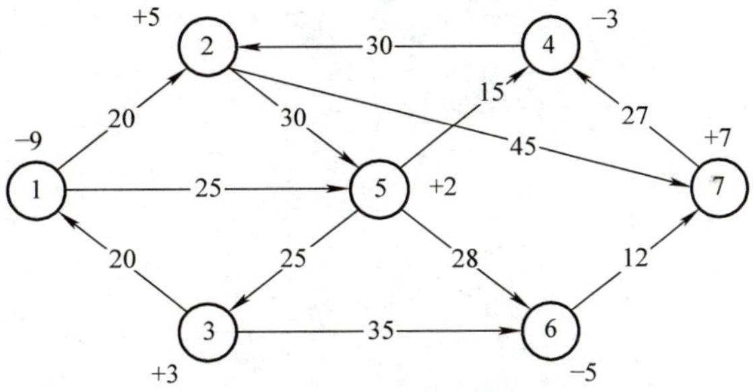

图 4.6　运输网络图

(1) 写出使得各分公司能供需平衡的调运方案的线性规划模型。

(2) 计算出最优的调运方案。

(3) 若分公司 2 的过量供给为 8，则应如何修改模型，使得满足其他各地需求时总的运输费用最小?

4.14 某飞机制造厂根据合同要求，今后3年的年底各交付4架飞机。每架飞机的生产成本在3年中各不相同，分别为500万元，550万元和600万元，如果加班生产，则每架成本将增加50万元。又知积压飞机每年增加维护保养费30万元。该厂今年初储存1架飞机，今后3年生产能力为：第1年正常生产2架，加班生产2架；第2年正常生产3架，加班生产2架；第3年正常生产3架，加班生产3架。如果第3年年底需要储存一架飞机备用，试分析该厂如何安排计划，既满足上述要求，又使总的费用支出最少。

4.15 某航空公司使用上海作为中转枢纽，以最小化国内北方城市和南方城市之间的航班连接数。从上午10点~11点30分有六架分别来自北方城市 A_1、A_2、A_3、A_4、A_5、A_6 的波音747客机将在上海虹桥机场降落。这些飞机上的乘客将分别去往南方城市 B_1、B_2、B_3、B_4、B_5、B_6。飞机的离场时间为12点~13点。表4.35列出了不同航班的乘客去往各目的地的情况，即转机情况。例如，来自 A_1 的飞机，若飞往 B_2 则只有12人不转机，剩下的去其他5个城市的都需要转机。此外，标记为“—”的格子表示在该格子对应的出发地起程的飞机上的乘客不能进行到对应目的地的转机。问：

（1）应如何安排各航班的目的地，以使得在虹桥机场转机的乘客数最少？

（2）若去往的目的地只有前5个，则为了使转机的人数最少，模型应如何改变？

表4.35 不同航班之间的旅客换乘情况

来自	去往					
	B_1	B_2	B_3	B_4	B_5	B_6
A_1	35	12	16	38	5	2
A_2	25	8	9	24	6	8
A_3	12	8	11	27	3	2
A_4	8	15	14	39	2	9
A_5	—	9	8	25	10	5
A_6	—	—	—	14	6	7

第 5 章　非线性规划

前面介绍的线性规划问题其目标函数和约束条件都是自变量的线性函数，如果目标函数或约束条件中包含一个或若干个自变量的非线性函数，那么这样的规划问题就属于非线性规划（Nonlinear Programming，NLP）。由于实际中很多问题的描述无法采用线性函数的形式，只有非线性函数才能准确刻画，因此非线性规划是运筹学的一个重要分支，它在工程、经济、金融、管理等众多领域中有着极为广泛和重要的应用。非线性规划问题的研究始于 20 世纪 40 年代末，特别是 1951 年著名的 Kuhn- Tucker 条件的提出，使得非线性规划无论在基础理论还是实用算法方面都进入了快速发展的阶段，并取得了丰硕的成果。但是由于数学结构上的不规则性，非线性规划问题的求解要比线性规划复杂得多。例如，线性规划的可行域一般是一个凸集，若线性规划问题存在最优解，则其最优解一定在可行域的边界上，特别是可行域的顶点上达到。而若一个非线性规划问题存在最优解，则其最优解可能在可行域的任何点达到。因此，尽管几十年来人们已经研究出了许多求解方法，但仍然没有一个像单纯形法求解线性规划那样的一般通用方法。

本章首先介绍非线性规划的一些基本概念和基本理论，以及凸函数和凸规划的定义和性质，然后给出下降迭代算法的一般框架，并分别针对无约束和约束优化问题介绍一些已经较为成熟，在实际应用中得到使用的求解方法。

5.1　非线性规划模型及解的定义

5.1.1　非线性规划引例

例 5.1（曲线拟合问题）在某化学反应里，已知生成物的浓度 φ 与时间 t 之间有如下的经验函数关系：

$$\varphi = c_1 + c_2 t + e^{c_3 t} \tag{5-1}$$

式中，c_1，c_2，c_3 是待定参数。现通过测试获得了 n 组浓度 φ 与时间 t 之间的实验数据 $(t_i，\varphi_i)$，$i=1，2，\cdots，n$。试确定参数 c_1，c_2，c_3，使理论曲线式（5-1）尽可能地与 n 个测试点 $(t_i，\varphi_i)$ 吻合。

解　按题意，根据最小二乘原理，有

$$\min_{c_1,c_2,c_3} \sum_{i=1}^{n} [\varphi_i - (c_1 + c_2 t_i + e^{c_3 t_i})]^2$$

这里，目标函数是决策变量 c_i 的非线性函数，因此属于非线性规划。并且该问题在求

目标函数最小值时不受任何约束条件限制，c_i 的取值可以在整个实数轴上，因此也属于无约束优化问题。

例5.2 （构件设计问题）设计一个如图5.1所示的由圆锥和圆柱所组成的构件，要求构件体积为 V，圆锥的高 h_1 和圆柱的高 h_2 之比为 a，确定构件尺寸使其表面积最小。

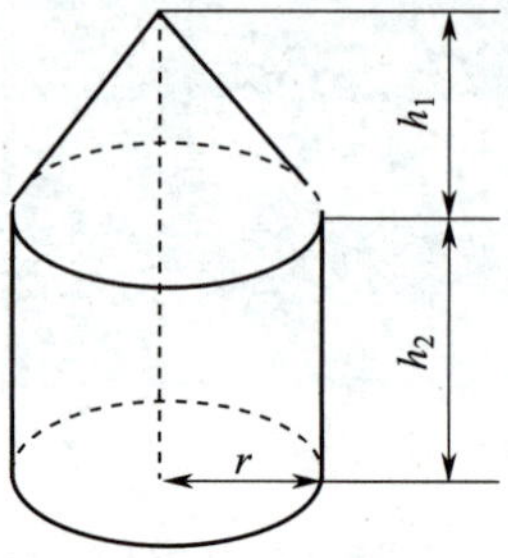

图5.1 构件设计图

解 设该构件下部圆柱的底面半径为 r，则其表面积为 $2\pi rh_2+\pi r^2$，体积为 πr^2h_2；上部圆锥的表面积为 $\pi r\sqrt{r^2+h_1^2}$，体积为 $\frac{1}{3}\pi r^2h_1$。因此，数学规划模型为

$$\min(2\pi rh_2+\pi r^2+\pi r\sqrt{r^2+h_1^2})$$

$$\text{s. t.}\begin{cases}\pi r^2h_2+\frac{1}{3}\pi r^2h_1=V\\ h_1/h_2=a\\ r,\ h_1,\ h_2\geqslant 0\end{cases}$$

显然，这里的目标函数和约束条件都是决策变量 r，h_1，h_2 的非线性函数，因此属于非线性规划。并且，由于该问题有若干约束条件，因此也属于约束优化问题。

5.1.2 非线性规划模型的一般形式

非线性规划模型的一般形式是

$$\min f(\boldsymbol{x})$$
$$\text{s. t.}\begin{cases}g_i(\boldsymbol{x})\geqslant 0,\ i=1,\ 2,\ \cdots,\ l\\ h_j(\boldsymbol{x})=0,\ j=1,\ 2,\ \cdots,\ m\end{cases}\tag{5-2}$$

这里 $\boldsymbol{x}=(x_1,\ x_2,\ \cdots,\ x_n)^{\mathrm{T}}$ 是 n 维空间 $\mathbf{R}^n$ 中的点（向量），目标函数 $f(\boldsymbol{x})$ 和约束函数 $g_i(\boldsymbol{x})$，$h_j(\boldsymbol{x})$ 是 $\boldsymbol{x}$ 的实函数，且其中至少有一个是 $\boldsymbol{x}$ 的非线性函数。$g_i(\boldsymbol{x})$ 称为**不等式约束**（Inequality Constraint），$h_j(\boldsymbol{x})$ 称为**等式约束**（Equality Constraint）。若某个不等式约束条件是 $g_i(\boldsymbol{x})\leqslant 0$，则只需两端同乘“$-1$”改变不等号方向，即可改写为 $-g_i(\boldsymbol{x})\geqslant 0$。若目标函数是 $\max f(\boldsymbol{x})$，则只需等价求解 $\min\ -f(\boldsymbol{x})$。

有时，我们也将非线性规划模型写成

$$\min f(\boldsymbol{x})$$
$$\text{s. t.}\ g_i(\boldsymbol{x})\geqslant 0,i=1,2,\cdots,l\tag{5-3}$$

即所有的约束条件均由不等式形式表示。对于等式约束 $h_j(\boldsymbol{x})=0$，可以用如下两个不等式约束来替代它：

$$\begin{cases}h_j(\boldsymbol{x})\geqslant 0\\ -h_j(\boldsymbol{x})\geqslant 0\end{cases}$$

若令 Ω 为式（5-3）的可行解集合（可行域），则上述模型可写为

$$\min_{\boldsymbol{x}\in\Omega} f(\boldsymbol{x})\tag{5-4}$$

式中，$\Omega=\{\boldsymbol{x}\mid g_i(\boldsymbol{x})\geqslant 0,\ i=1,\ 2,\ \cdots,\ l\}$ 是 $\mathbf{R}^n$ 的一个子集。若 $\Omega=\mathbf{R}^n$，则式（5-4）就

是一个无约束优化问题（Unconstrained Optimization Problem）；否则，称为约束优化问题（Constrained Optimization Problem）。求目标函数极小值或极大值的优化问题也称为极值问题。

要求解式（5-4），首先会考虑其解的存在性。维尔斯特拉斯（Weierstrass）定理指出，如果函数 f 连续，且集合 Ω 为紧集，那么极值问题式（5-4）一定有解。然而，这里我们将更加关注式（5-4）的解的特性，以及如何设计合适、有效的求解算法去寻找解（也就是极值点）。

5.1.3 非线性规划解（极值点）的定义

首先，我们来区分两种不同的极小点定义：局部极小点和全局极小点。（见图5.2）

局部极小点 若存在某个 $\varepsilon>0$，使得对所有与 $\boldsymbol{x}^*$ 的距离小于 ε 的 $\boldsymbol{x}\in\Omega$，即在 $\boldsymbol{x}^*$ 的某个邻域 $N_\varepsilon(\boldsymbol{x}^*)=\{\boldsymbol{x}\in\Omega \mid \|\boldsymbol{x}-\boldsymbol{x}^*\|<\varepsilon\}$ 中，任意 $\boldsymbol{x}\in N_\varepsilon(\boldsymbol{x}^*)$，都有 $f(\boldsymbol{x})\geqslant f(\boldsymbol{x}^*)$，则称点 $\boldsymbol{x}^*$ 为非线性规划问题式（5-4）的局部极小点（Local Minimum Point 或 Relative Minimum Point）。若对任意 $\boldsymbol{x}\in N_\varepsilon(\boldsymbol{x}^*)$ 且 $\boldsymbol{x}\neq\boldsymbol{x}^*$，都有 $f(\boldsymbol{x})>f(\boldsymbol{x}^*)$，则称点 $\boldsymbol{x}^*$ 为严格局部极小点（Strict Local Minimum Point）。

全局极小点 若存在 $\boldsymbol{x}^*\in\Omega$，对任意 $\boldsymbol{x}\in\Omega$，都有 $f(\boldsymbol{x})\geqslant f(\boldsymbol{x}^*)$，则称点 $\boldsymbol{x}^*$ 为非线性规划问题式（5-4）的全局极小点（Global Minimum Point）。若对任意 $\boldsymbol{x}\in\Omega$ 且 $\boldsymbol{x}\neq\boldsymbol{x}^*$，都有 $f(\boldsymbol{x})>f(\boldsymbol{x}^*)$，则称点 $\boldsymbol{x}^*$ 为严格全局极小点（Strict Global Minimum Point）。

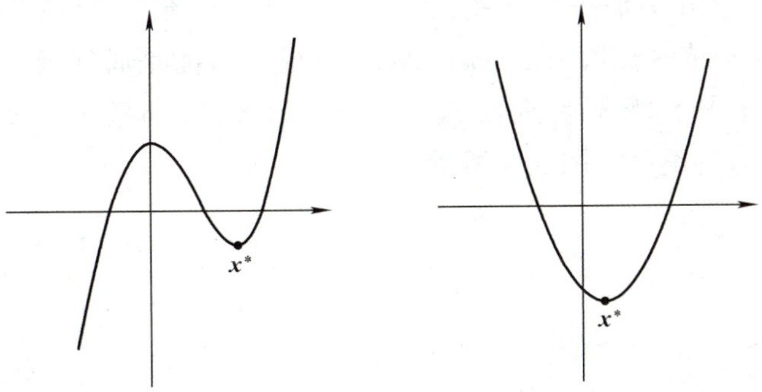

图5.2 极小点示意图

根据定义，求解式（5-4）显然是要求得到其全局极小点。但是在实际中，无论从理论还是计算的角度，多数情况下我们只能获得问题的局部极小点。一般来说，仅当问题满足某些凸性要求时局部极小点才是全局极小点，我们将在5.2节中详细讨论。

5.1.4 多元函数极值点的存在条件

可行方向 对于给定点 $\boldsymbol{x}\in\Omega$，向量 $\boldsymbol{p}$ 被称为是在点 $\boldsymbol{x}$ 处的一个可行方向（Feasible Direction），如果存在 $\bar{\alpha}>0$，使得任意 $0\leqslant\alpha\leqslant\bar{\alpha}$，有 $\boldsymbol{x}+\alpha\boldsymbol{p}\in\Omega$。

利用可行方向的定义，下面给出局部极小点所满足的条件。

定理5.1 设 f 是定义在集合 $\Omega\subset\mathbf{R}^n$ 上的一阶连续可微函数，如果 $\boldsymbol{x}^*$ 是 f 在 Ω 上的局部极小点，那么对 $\boldsymbol{x}^*$ 的任意可行方向 $\boldsymbol{p}\in\mathbf{R}^n$，有

$$\nabla f(\boldsymbol{x}^*)^{\mathrm{T}}\boldsymbol{p} \geqslant 0 \tag{5-5}$$

其中

$$\nabla f(\boldsymbol{x}^*) = \left(\frac{\partial f(\boldsymbol{x}^*)}{\partial x_1}, \frac{\partial f(\boldsymbol{x}^*)}{\partial x_2}, \cdots, \frac{\partial f(\boldsymbol{x}^*)}{\partial x_n}\right)^{\mathrm{T}}$$

是函数 f 在点 $\boldsymbol{x}^*$ 处的**梯度**（Gradient），即一阶偏导数。所谓梯度方向，就是指函数 f 在该点的等值线的法线方向，沿这个方向函数值增加最快。

证 要得到定理 5.1 的结论，我们考虑如下的一阶 Taylor 展开式为

$$f(\boldsymbol{x}^* + \alpha\boldsymbol{p}) \approx f(\boldsymbol{x}^*) + \alpha \nabla f(\boldsymbol{x}^*)^{\mathrm{T}}\boldsymbol{p} \tag{5-6}$$

如果 $\nabla f(\boldsymbol{x}^*)^{\mathrm{T}}\boldsymbol{p} < 0$，那么即便是对充分小的 $\alpha > 0$，式（5-6）的右端第二项都为负，即有 $f(\boldsymbol{x}^* + \alpha\boldsymbol{p}) < f(\boldsymbol{x}^*)$，这与 $\boldsymbol{x}^*$ 是局部极小点相矛盾。因此，定理 5.1 成立。证毕。

对于无约束优化问题，即 $\Omega = \mathbf{R}^n$ 的情形，显然所有方向 $\boldsymbol{p}$ 都应是可行的，也就是说，$\nabla f(\boldsymbol{x}^*)^{\mathrm{T}}\boldsymbol{p} \geqslant 0$，任意 $\boldsymbol{p} \in \mathbf{R}^n$。由此可得

$$\nabla f(\boldsymbol{x}^*) = \boldsymbol{0} \tag{5-7}$$

式（5-7）被称为无约束情形下极小点 $\boldsymbol{x}^*$ 的**一阶必要条件**（由于这里出现了函数 f 的一阶导数）。我们给出如下的定理。

定理 5.2 （一阶必要条件——无约束情形） 设 f 是定义在 $\mathbf{R}^n$ 上的一阶连续可微函数，如果 $\boldsymbol{x}^*$ 是 f 在 $\mathbf{R}^n$ 上的局部极小点，则必有 $\nabla f(\boldsymbol{x}^*) = 0$。

请注意，定理 5.2 并不是一个能判定点 $\boldsymbol{x}^*$ 是极小点的充分条件。满足式（5-7）的点被称为函数 f 的**稳定点**或**驻点**（Stationary Point）。驻点可能是局部极小点，也可能是局部极大点，也可能都不是。既不是局部极小点，也不是局部极大点的驻点被称为**鞍点**（Saddle Point）。驻点的类型如图 5.3 所示。

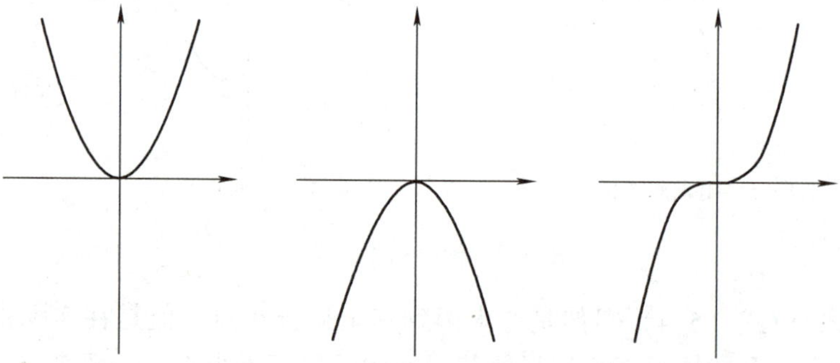

a) 局部极小点　　b) 局部极大点　　c) 鞍点

图 5.3 驻点的类型

要从驻点中区分出哪些是局部极小点，还需要进一步检验二阶导数的信息。考虑下面的二阶 Taylor 展开式：

$$f(\boldsymbol{x}^* + \alpha\boldsymbol{p}) = f(\boldsymbol{x}^*) + \alpha \nabla f(\boldsymbol{x}^*)^{\mathrm{T}}\boldsymbol{p} + \frac{1}{2}\alpha^2\boldsymbol{p}^{\mathrm{T}} \nabla^2 f(\boldsymbol{x}^*)\boldsymbol{p} \tag{5-8}$$

其中

$$\nabla^2 f(\boldsymbol{x}^*)=\begin{pmatrix}\dfrac{\partial^2 f(\boldsymbol{x}^*)}{\partial x_1^2} & \dfrac{\partial^2 f(\boldsymbol{x}^*)}{\partial x_1\partial x_2} & \cdots & \dfrac{\partial^2 f(\boldsymbol{x}^*)}{\partial x_1\partial x_n}\\ \vdots & \vdots & & \vdots\\ \dfrac{\partial^2 f(\boldsymbol{x}^*)}{\partial x_n\partial x_1} & \dfrac{\partial^2 f(\boldsymbol{x}^*)}{\partial x_n\partial x_2} & \cdots & \dfrac{\partial^2 f(\boldsymbol{x}^*)}{\partial x_n^2}\end{pmatrix}$$

是函数 f 在点 $\boldsymbol{x}^*$ 处的二阶偏导数，该矩阵被称为 **Hessian 矩阵**（Hessian Matrix）。

由于 $\boldsymbol{x}^*$ 是驻点，所以$\nabla f(\boldsymbol{x}^*)=0$。于是由式(5-8)得

$$f(\boldsymbol{x}^*+\alpha\boldsymbol{p})\approx f(\boldsymbol{x}^*)+\frac{1}{2}\alpha^2\boldsymbol{p}^{\mathrm{T}}\nabla^2 f(\boldsymbol{x}^*)\boldsymbol{p}$$

如果这里 $\boldsymbol{x}^*$ 是局部极小点，那么$f(\boldsymbol{x}^*+\alpha\boldsymbol{p})-f(\boldsymbol{x}^*)=\frac{1}{2}\alpha^2\boldsymbol{p}^{\mathrm{T}}\nabla^2 f(\boldsymbol{x}^*)\boldsymbol{p}\geqslant 0$，也就是 $\boldsymbol{p}^{\mathrm{T}}\nabla^2 f(\boldsymbol{x}^*)\boldsymbol{p}\geqslant 0$。因此，对于无约束情形，极小点 $\boldsymbol{x}^*$ 的**二阶必要条件**如下。

定理 5.3 （二阶必要条件——无约束情形）设函数 f 在 $\mathbf{R}^n$ 上具有二阶连续偏导数，如果 $\boldsymbol{x}^*$ 是 f 在 $\mathbf{R}^n$ 上的局部极小点，则必有

1）$\nabla f(\boldsymbol{x}^*)=0$。

2）对任意 $\boldsymbol{p}\in\mathbf{R}^n$，$\boldsymbol{p}^{\mathrm{T}}\nabla^2 f(\boldsymbol{x}^*)\boldsymbol{p}\geqslant 0$（即 Hessian 矩阵$\nabla^2 f(\boldsymbol{x}^*)$半正定）。

反之，如果要保证某点 $\boldsymbol{x}^*$ 是局部极小点，则除要求$\nabla f(\boldsymbol{x}^*)=0$ 外，还要求在 $\boldsymbol{x}^*$ 点的任何可行方向 $\boldsymbol{p}$ 满足 $\boldsymbol{p}^{\mathrm{T}}\nabla^2 f(\boldsymbol{x}^*)\boldsymbol{p}>0$，因为 $\alpha^2>0$。对于无约束情形，有下面的**二阶充分条件**。

定理 5.4 （二阶充分条件——无约束情形）设函数 f 在 $\mathbf{R}^n$ 上具有二阶连续偏导数，若$\nabla f(\boldsymbol{x}^*)=0$，且$\nabla^2 f(\boldsymbol{x}^*)$正定，则 $\boldsymbol{x}^*$ 是 f 在 $\mathbf{R}^n$ 上的严格局部极小点。

若将$\nabla^2 f(\boldsymbol{x}^*)$正定改为负定，则定理 5.4 就变成了 $\boldsymbol{x}^*$ 是函数 f 在 $\mathbf{R}^n$ 上的严格局部极大点的充分条件。另外特别注意的是，如果二阶必要条件中$\nabla^2 f(\boldsymbol{x}^*)$仅仅是半正定的，并不能保证 $\boldsymbol{x}^*$ 是局部极小点。这可以从一维函数的简单例子中看出。例如，考察函数 $f_1(x)=x^3$，$f_2(x)=x^4$，$f_3(x)=-x^4$，显然这三个函数均满足$f'(0)=f''(0)=0$，然而只有对函数 f_2 来说，$x^*=0$ 是局部极小点，对函数 f_1 是转折点（鞍点），对函数 f_3 是局部极大点。

例 5.3 求下面函数的局部极小点。

$$f(x_1, x_2)=\frac{1}{3}x_1^3+\frac{1}{2}x_1^2+2x_1x_2+\frac{1}{2}x_2^2-x_2+9$$

解 由极值点存在的必要条件求出驻点为

$$\nabla f(\boldsymbol{x})=\begin{pmatrix}x_1^2+x_1+2x_2\\ 2x_1+x_2-1\end{pmatrix}=0$$

解得

$$\boldsymbol{x}_a=\begin{pmatrix}1\\-1\end{pmatrix} \quad 和 \quad \boldsymbol{x}_b=\begin{pmatrix}2\\-3\end{pmatrix}$$

函数 f 的 Hessian 矩阵是

$$\nabla^2 f(\boldsymbol{x})=\begin{pmatrix}2x_1+1 & 2\\ 2 & 1\end{pmatrix}$$

因此

$$\nabla^2 f(\boldsymbol{x}_a)=\begin{pmatrix}3 & 2\\ 2 & 1\end{pmatrix} \quad 和 \quad \nabla^2 f(\boldsymbol{x}_b)=\begin{pmatrix}5 & 2\\ 2 & 1\end{pmatrix}$$

这里，$\nabla^2 f(\boldsymbol{x}_b)$正定，所以$\boldsymbol{x}_b$是严格局部极小点；而$\nabla^2 f(\boldsymbol{x}_a)$不定，所以$\boldsymbol{x}_a$不是函数$f$的极值点，而是一个鞍点。

5.2 凸函数和凸规划

在非线性规划的讨论中，我们将考虑一些特殊的规划模型，而这需要引入一些凸性的假设，因此先介绍一些相关的概念和性质。

5.2.1 凸函数的定义

凸函数 设f是定义在凸集Ω上的函数，若对任意实数$0\leqslant\alpha\leqslant1$以及任意两点$\boldsymbol{x}$，$\boldsymbol{y}\in\Omega$，有

$$f(\alpha\boldsymbol{x}+(1-\alpha)\boldsymbol{y})\leqslant\alpha f(\boldsymbol{x})+(1-\alpha)f(\boldsymbol{y}) \tag{5-9}$$

则称f是凸集Ω上的**凸函数**（Convex Function）。

严格凸函数 设f是定义在凸集Ω上的函数，若对任意实数$0<\alpha<1$以及任意两点$\boldsymbol{x}$，$\boldsymbol{y}\in\Omega$且$\boldsymbol{x}\neq\boldsymbol{y}$，有

$$f(\alpha\boldsymbol{x}+(1-\alpha)\boldsymbol{y})<\alpha f(\boldsymbol{x})+(1-\alpha)f(\boldsymbol{y}) \tag{5-10}$$

则称f是凸集Ω上的**严格凸函数**（Strict Convex Function）。

若将式（5-9）和式（5-10）中的不等号反向，那么就得到**凹函数**（Concave Function）和**严格凹函数**（Strict Concave Function）的定义。

从几何图形上看（见图5.4），若函数$f(x)$上任意两点的连线在曲线上方，则为凸函数；若任意两点的连线在曲线下方，则为凹函数。

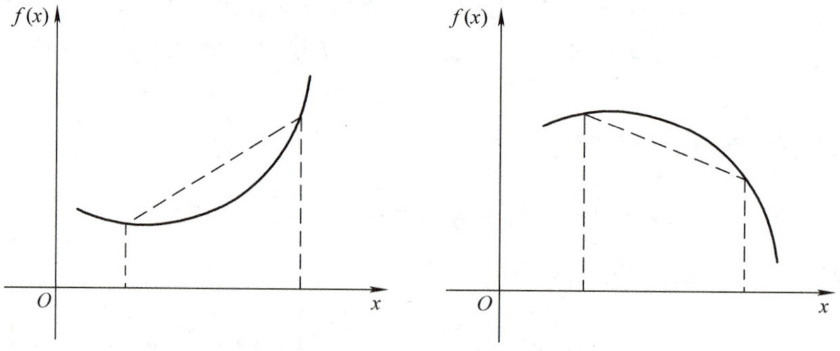

a) 凸函数　　b) 凹函数

图5.4 凸函数和凹函数的几何示意图

而如图5.5所示的函数既不是凸函数，也不是凹函数。它在区间$[x_1, x_2]$上为凹函数；在区间$[x_2, x_3]$上为凸函数。线性函数$z=\boldsymbol{c}^{\mathrm{T}}\boldsymbol{x}$在整个$\mathbf{R}^n$中既是凸函数又是凹函数，因为对任意$\boldsymbol{x}_1$，$\boldsymbol{x}_2$以及$0\leqslant\alpha\leqslant1$有

$$\boldsymbol{c}^{\mathrm{T}}[\alpha\boldsymbol{x}_1+(1-\alpha)\boldsymbol{x}_2]=\alpha\boldsymbol{c}^{\mathrm{T}}\boldsymbol{x}_1+(1-\alpha)\boldsymbol{c}^{\mathrm{T}}\boldsymbol{x}_2$$

但是由定义显见，线性函数既不是严格凸函数，也不是严格凹函数。

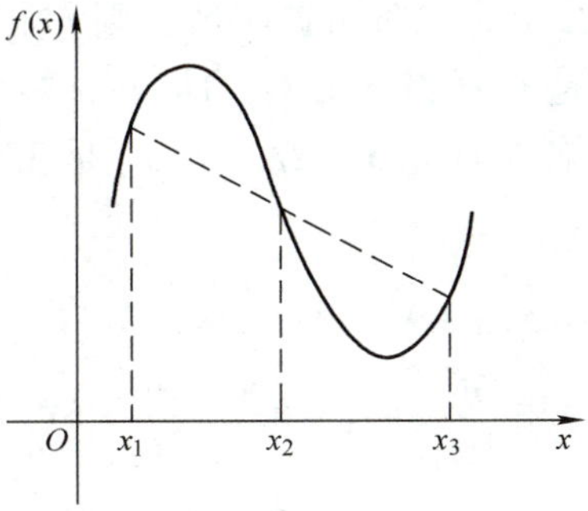

图 5.5　非凸非凹函数的几何示意图

5.2.2　凸函数的性质

性质 5.1　设 f 是定义在凸集 Ω 上的凸函数，$\boldsymbol{x}_1$，$\boldsymbol{x}_2$，…，$\boldsymbol{x}_m$ 是 Ω 中的 m 个点，数 α_1，α_2，…，$\alpha_m \geqslant 0$ 且 $\sum_{i=1}^{m}\alpha_i = 1$，则

$$f(\alpha_1\boldsymbol{x}_1 + \alpha_2\boldsymbol{x}_2 + \cdots + \alpha_m\boldsymbol{x}_m) \leqslant \alpha_1 f(\boldsymbol{x}_1) + \alpha_2 f(\boldsymbol{x}_2) + \cdots + \alpha_m f(\boldsymbol{x}_m)$$

性质 5.2　设 f 是定义在凸集 Ω 上的凸函数，那么对任意实数 $\beta \geqslant 0$，函数 $\beta f(x)$ 也是定义在 Ω 上的凸函数。

性质 5.3　设 f_1，f_2 是定义在凸集 Ω 上的两个凸函数，那么 $f_1 + f_2$ 仍然是定义在 Ω 上的凸函数。

重复应用上面两个性质，可以推得有限多个凸函数的非负线性组合

$$\beta_1 f_1(\boldsymbol{x}) + \beta_2 f_2(\boldsymbol{x}) + \cdots + \beta_m f_m(\boldsymbol{x}) \quad (\beta_i \geqslant 0, i = 1,2,\cdots,m)$$

仍为凸函数。

性质 5.4　设 f 是定义在凸集 Ω 上的凸函数，那么对任意实数 c，集合（称为水平集）$\Gamma_c = \{\boldsymbol{x} \mid f(\boldsymbol{x}) \leqslant c, \boldsymbol{x} \in \Omega\}$ 是凸集。

5.2.3　凸函数的判定条件

要判定一个函数是否是凸函数，可以直接根据 5.2.1 节的定义。而如果函数 f 是可微的，则还有下面两个性质。

性质 5.5　设 f 在开凸集 Ω 上是可微函数，则 f 在 Ω 上是凸函数的充分必要条件是对任意 $\boldsymbol{x}_1$，$\boldsymbol{x}_2 \in \Omega$ 有

$$f(\boldsymbol{x}_2) \geqslant f(\boldsymbol{x}_1) + \nabla f(\boldsymbol{x}_1)^{\mathrm{T}}(\boldsymbol{x}_2 - \boldsymbol{x}_1) \tag{5-11}$$

若式(5-11)为严格不等式，它就是严格凸函数的充要条件。

从几何角度，该性质可以看作凸函数原始定义的一种对偶特征。原始定义实际上是说凸函数中两点间的线性插值高于这个函数。而这个性质是说凸函数中基于某点导数的局部线性近似低于这个函数（见图 5.6）。

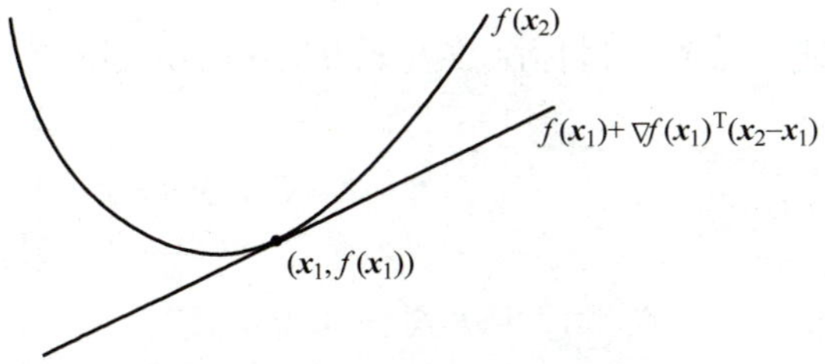

图 5.6　凸函数中任意点的局部线性近似总低于该函数

性质 5.6 设 f 在开凸集 Ω 上是二阶可微函数，则 f 在 Ω 上是凸函数的充分必要条件是对任意 $\boldsymbol{x}\in\Omega$，Hessian 矩阵 $\boldsymbol{H}(\boldsymbol{x})=\nabla^2 f(\boldsymbol{x})$ 是半正定的。若对任意 $\boldsymbol{x}\in\Omega$，$\boldsymbol{H}(\boldsymbol{x})$ 是正定的，则 f 在 Ω 上是严格凸函数。

例 5.4 证明 $f(\boldsymbol{x})=4x_1^2+6x_1x_2+9x_2^2$ 是凸函数。

证 求函数 f 的二阶导数。由 $\dfrac{\partial f}{\partial x_1}=8x_1+6x_2$，$\dfrac{\partial f}{\partial x_2}=6x_1+18x_2$，得

$$\nabla f(\boldsymbol{x})=\begin{pmatrix}8x_1+6x_2\\6x_1+18x_2\end{pmatrix}$$

所以

$$\nabla^2 f(\boldsymbol{x})=\begin{pmatrix}8 & 6\\6 & 18\end{pmatrix}$$

显然，$\nabla^2 f(\boldsymbol{x})$ 在 $\mathbf{R}^2$ 上处处为正定矩阵，故 $f(\boldsymbol{x})$ 是严格凸函数。

5.2.4 凸规划

考虑数学规划

$$\min_{\boldsymbol{x}\in\Omega} f(\boldsymbol{x}) \tag{5-12}$$

若其中 $f(\boldsymbol{x})$ 为**凸函数**，Ω 为凸集，则称式（5-12）为**凸规划**（Convex Programming）。

在非线性规划问题（5-2）中，若 $g_i(\boldsymbol{x})$ 都是凹函数，$h_j(\boldsymbol{x})$ 都是线性函数，可以证明约束集合 $\Omega=\{\boldsymbol{x}\mid g_i(\boldsymbol{x})\geqslant 0,\ i=1,\ 2,\ \cdots,\ l;\ h_j(\boldsymbol{x})=0,\ j=1,\ 2,\ \cdots,\ m\}$ 是一个凸集。如果目标函数 $f(\boldsymbol{x})$ 是凸函数的话，则非线性规划问题（5-2）就是一个凸规划问题。此外，由于线性函数既是凸函数又是凹函数，所以**线性规划属于凸规划**。

性质 5.7 凸规划的最优解具有下述特殊性质：

1）如果最优解存在，那么最优解集为凸集。

2）任何局部最优解也就是全局最优解。

3）如果目标函数为严格凸函数且最优解存在，那么最优解唯一。

例 5.5 验证下述非线性规划为凸规划。

$$\min f(\boldsymbol{x})=2x_1^2+x_2^2+2x_3^2+x_1x_3-x_1x_2+x_1+2x_2$$

$$\text{s.t.}\begin{cases}g_1(\boldsymbol{x})=x_1^2+x_2^2-x_3\leqslant 0\\g_2(\boldsymbol{x})=x_1+x_2+2x_3\leqslant 16\\g_3(\boldsymbol{x})=-x_1-x_2+x_3\leqslant 0\end{cases}$$

证 首先，目标函数 $f(\boldsymbol{x})$ 的 Hessian 矩阵为

$$\nabla^2 f(\boldsymbol{x})=\begin{pmatrix}4 & -1 & 1\\-1 & 2 & 0\\1 & 0 & 4\end{pmatrix}$$

其一、二、三阶顺序主子式分别为

$$D_1=|4|=4>0,\ D_2=\begin{vmatrix}4 & -1\\ -1 & 2\end{vmatrix}=7>0,\ D_3=\begin{vmatrix}4 & -1 & 1\\ -1 & 2 & 0\\ 1 & 0 & 4\end{vmatrix}=26>0,$$

因而，$\nabla^2 f(\boldsymbol{x})$正定，$f(\boldsymbol{x})$是严格凸函数。

又约束条件 $g_1(\boldsymbol{x})$的 Hessian 矩阵为

$$\nabla^2 g_1(\boldsymbol{x})=\begin{pmatrix}2 & 0 & 0\\ 0 & 2 & 0\\ 0 & 0 & 0\end{pmatrix}$$

其一、二、三阶顺序主子式分别为

$$D_1=|2|=2>0,\ D_2=\begin{vmatrix}2 & 0\\ 0 & 2\end{vmatrix}=4>0,\ D_3=\begin{vmatrix}2 & 0 & 0\\ 0 & 2 & 0\\ 0 & 0 & 0\end{vmatrix}=0,$$

因而，$\nabla^2 g_1(\boldsymbol{x})$半正定，$g_1(\boldsymbol{x})$是凸函数。

其他的约束条件均为线性的，所以都是凸函数，它们所构成的可行域为凸集。由定义，该非线性规划是一个凸规划。

5.3 下降迭代算法框架

从前面的无约束优化问题极值点存在条件中可以看出，对于可微函数，为求其极值点，可首先由一阶必要条件令其梯度等于零，求得驻点；然后，再利用二阶充分条件进行判别，以求出最优解。但是，对于一般的 n 元函数 $f(\boldsymbol{x})$，由$\nabla f(\boldsymbol{x})=\boldsymbol{0}$ 得到的通常是一个非线性方程组，求解相当困难。事实上，很多实际问题往往也很难求出或根本无法求出目标函数对各自变量的偏导数，从而一阶必要条件难以应用。因此，一般情形下，对非线性规划问题的求解常采用所谓的下降迭代算法。

下降迭代算法的基本思想是从一个初始估计点 $\boldsymbol{x}_0$ 出发，按照一定的规则，找到一个比 $\boldsymbol{x}_0$ 更好的点 $\boldsymbol{x}_1$（即对极小化问题来说就是要求 $f(\boldsymbol{x}_1)$比 $f(\boldsymbol{x}_0)$更小），再从点 $\boldsymbol{x}_1$ 出发，找到一个比 $\boldsymbol{x}_1$ 更好的点 $\boldsymbol{x}_2$，如此继续，得到一个解点序列$\{\boldsymbol{x}_k\}$。若该点列有一极限点 $\boldsymbol{x}^*$，即

$$\lim_{k\to\infty}\|\boldsymbol{x}_k-\boldsymbol{x}^*\|=0 \tag{5-13}$$

就称该点列收敛于 $\boldsymbol{x}^*$。若 $\boldsymbol{x}^*$ 是问题$\min\limits_{\boldsymbol{x}\in\Omega} f(\boldsymbol{x})$的最优解，则称该算法是有效的下降迭代算法，我们要求该点列的极限点 $\boldsymbol{x}^*$ 是问题的最优解。

下降迭代算法的基本步骤如下：

步骤 1　选取某一初始点 $\boldsymbol{x}_0$，令 $k:=0$。

步骤 2　确定搜索方向。若已得出某一迭代点 $\boldsymbol{x}_k$，且 $\boldsymbol{x}_k$ 不是极小点，那么就要根据一定的规则，从 $\boldsymbol{x}_k$ 点出发确定一个搜索方向 $\boldsymbol{d}_k$，沿该方向应能找到使目标函数值下降的可行点。

步骤 3　确定步长。沿方向 $\boldsymbol{d}_k$ 前进一个步长，得到新点 $\boldsymbol{x}_{k+1}$，通过选择合适的步长 α_k，使得下一个迭代点

$$\boldsymbol{x}_{k+1}=\boldsymbol{x}_k+\alpha_k\boldsymbol{d}_k \tag{5-14}$$

满足

$$f(\boldsymbol{x}_{k+1})=f(\boldsymbol{x}_k+\alpha_k\boldsymbol{d}_k)<f(\boldsymbol{x}_k)$$

步骤 4 最优性检验。检验新得到的点是否是极小点或达到近似极小点的要求。如满足，则迭代停止；否则，令 $k:=k+1$，返回上面的步骤 2 继续迭代。

在上述步骤中，搜索方向（也称寻优方向）的确定对算法起着关键性作用。各种算法的区分，事实上主要在于确定搜索方向的方法不同。对有约束优化问题而言，搜索方向不仅要求是目标函数的下降方向，同时还要求是可行方向，即沿此方向搜索的解仍然在可行域内。

对于极小化问题，在多数算法中，步长的选定是以使目标函数值沿搜索方向下降最多为依据的。也就是说，选取步长 α_k，使得

$$f(\boldsymbol{x}_k+\alpha_k\boldsymbol{d}_k)=\min_{\alpha} f(\boldsymbol{x}_k+\alpha\boldsymbol{d}_k) \tag{5-15}$$

显然，式（5-15）是求以 α 为变量的一元函数 $f(\boldsymbol{x}_k+\alpha\boldsymbol{d}_k)$ 的极小点 α_k，称这样的沿一个方向（即沿一条直线）求极值的过程为**一维搜索**（One Dimensional Search），或**线搜索**（Line Search）。由此确定的步长称为**最佳步长**（Optimal Step Size）。下一节将详细介绍几种一维搜索的方法。

最后，关于迭代终止准则，由于真正的极值点 $\boldsymbol{x}^*$ 事先并不知道，因此在下降迭代算法中只能根据相邻两次迭代得到的计算结果来判断是否已经达到要求。常用的迭代终止准则有

1）按绝对误差：

$$\|\boldsymbol{x}_{k+1}-\boldsymbol{x}_k\|<\varepsilon \quad 和 \quad |f(\boldsymbol{x}_{k+1})-f(\boldsymbol{x}_k)|<\varepsilon \tag{5-16}$$

2）按相对误差：

$$\frac{\|\boldsymbol{x}_{k+1}-\boldsymbol{x}_k\|}{\|\boldsymbol{x}_k\|}<\varepsilon \quad 和 \quad \frac{|f(\boldsymbol{x}_{k+1})-f(\boldsymbol{x}_k)|}{|f(\boldsymbol{x}_k)|}<\varepsilon \tag{5-17}$$

3）按目标函数梯度的模：

$$\|\nabla f(\boldsymbol{x}_k)\|<\varepsilon \tag{5-18}$$

式中，ε 表示足够小的正数。此外，式（5-17）中的分母应不等于且不接近于零。

5.4 一维搜索

一维搜索也就是单变量函数在某个区间上求极值点的问题。事实上，一维搜索不仅可以应用于多维优化问题中作为寻找最佳步长的搜索方法，而且现实中有很多问题也是单变量的优化问题。如在食品调味过程中添加某种元素改变甜度就可通过试验方式进行寻优，以确定最佳甜度的添加量。一维搜索的方法很多，常用的有：1）试探法（如黄金分割法、斐波那契法等）；2）微积分中的求根法（如切线法、二分法等）；3）函数逼近法，也称插值法（如抛物线插值法、三次插值法等）。

5.4.1 斐波那契法和黄金分割法

斐波那契法（Fibonacci Method）和黄金分割法（Golden Section Method，又称 0.618 法）有较广泛的实用性，它们不需要函数具有连续性和可微性，只要求目标函数是单峰函

数（Unimodal Function）。一般而言，函数在其极小点附近都会呈现出单峰的特性。

单峰函数　如果单变量函数 $f(x)$ 在闭区间 $[a, b]$ 上有唯一的极小点 x^*，并且函数在 x^* 的左边严格下降，在 x^* 的右边严格上升，即对任意 x_1，$x_2 \in [a, b]$，$x_1 < x_2$，有

$$\begin{cases} x_2 \leqslant x^*, & \text{则 } f(x_1) > f(x_2) \\ x^* \leqslant x_1, & \text{则 } f(x_2) > f(x_1) \end{cases}$$

那么，该单变量函数 $f(x)$ 被称为闭区间 $[a, b]$ 上的**单峰函数**（或下单峰函数）。

单峰函数不一定是连续的或可微的。单峰函数的一些例子如图 5.7 所示。

图 5.7　单峰函数示意图

性质 5.8　对于单峰函数，可以通过计算闭区间 $[a, b]$ 内相异两点的函数值来确定其极小点的位置。若任取 a_1，b_1，且 $a_1 < b_1$，计算函数值，可能有下述两种情形：

1）如果 $f(a_1) \leqslant f(b_1)$，那么 $x^* \in [a, b_1]$（见图 5.8）。

2）如果 $f(a_1) \geqslant f(b_1)$，那么 $x^* \in [a_1, b]$（见图 5.9）。

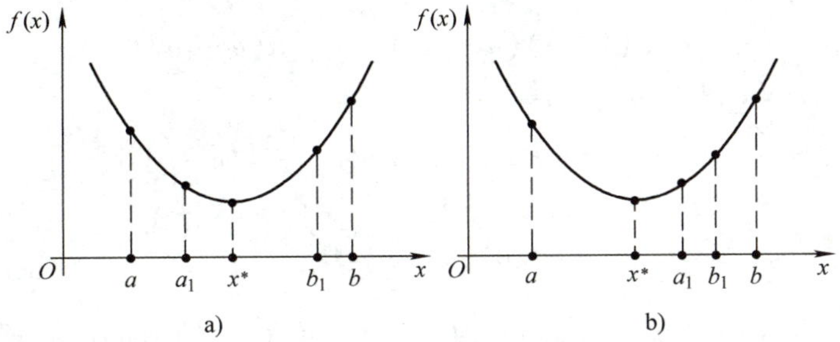

图 5.8　$f(a_1) \leqslant f(b_1)$ 的情形

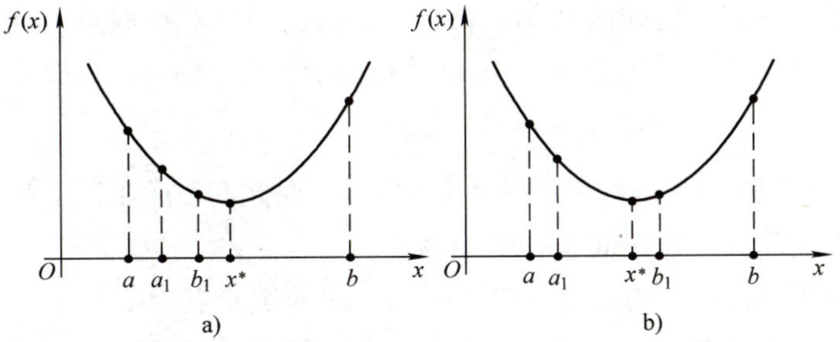

图 5.9　$f(a_1) \geqslant f(b_1)$ 的情形

由此可见，经过计算两点的函数值并加以比较，可以将包含极小点 x^* 的区间由 $[a, b]$ 缩小为 $[a, b_1]$ 或 $[a_1, b]$（称 a_1，b_1 为试验点）。重复这样的步骤，可以逐渐缩小单峰区间。区间缩得越短，就越接近函数的极小点，当单峰区间缩短到充分小时，可以将最后的试验点视为极小点的近似值。由此可见，通过选择试验点计算函数值，比较函数值的大小，即可缩短包含极小点的区间。此类搜索算法也称为**序贯试验法**（Sequential Experimental Method）。

黄金分割法和斐波那契法是其中两个最有效的方法。其基本思想类似，都是通过尽可能少地选取试验点来获得尽可能大的区间缩短率。

（1）黄金分割法（0.618 法）

该方法的基本思想是在搜索区间中“对称”取点，等比例地缩小区间。除第一次需选取两个试验点外，之后每次都只需计算一次函数值，可使包含极小点的区间缩小相同的比例。

假设区间缩短率为 α，在初始单峰区间 $[a_0, b_0]$ 中，对称取两点分别为

$$t_1 = a_0 + (1-\alpha)(b_0 - a_0),\ t_1' = a_0 + \alpha(b_0 - a_0)$$

若 $f(t_1) \leqslant f(t_1')$，则得到新区间 $[a_1, b_1]$，其中 $a_1 = a_0$，$b_1 = t_1'$，如图 5.10所示。再在此区间中对称取两点 t_2，t_2'，得到

$$t_2 = a_1 + (1-\alpha)(b_1 - a_1),$$
$$t_2' = a_1 + \alpha(b_1 - a_1)$$

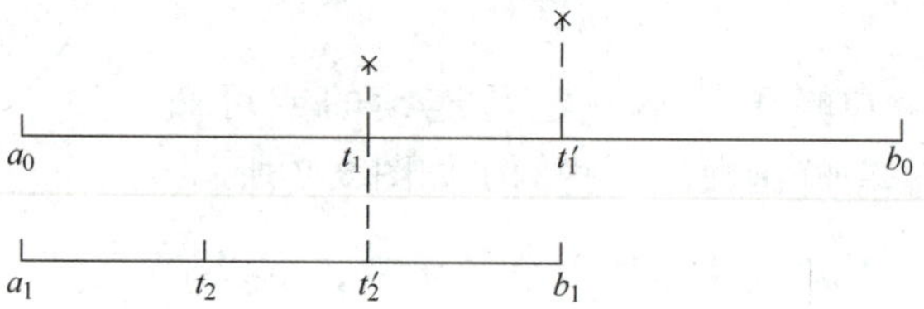

图 5.10 $f(t_1) \leqslant f(t_1')$ 的情形

由于在新区间 $[a_1, b_1]$ 中，已经包含一个已知函数值的试验点 t_1，因此，如能使 t_1 与 t_2' 重合，则可以节省计算函数值的次数。要满足该条件，可推得区间缩短率 α 的取值。

要使 $t_1 = t_2'$，则有

$$a_0 + (1-\alpha)(b_0 - a_0) = a_1 + \alpha(b_1 - a_1)$$

代入 $a_1 = a_0$，$b_1 - a_1 = \alpha(b_0 - a_0)$，得

$$a_0 + (1-\alpha)(b_0 - a_0) = a_0 + \alpha^2(b_0 - a_0)$$

经过整理，有

$$\alpha^2 + \alpha - 1 = 0$$

求解得 $\alpha = \dfrac{\sqrt{5}-1}{2} \approx 0.618$（负值舍去）。对于 $f(t_1) \geqslant f(t_1')$ 的情形可同理讨论，有相同的结果。

由此可见，每次只要在区间的 0.618 和 0.382 的比例处对称取点，就能保证有一个点与上次的一个试验点重合，从而省去一次函数值的计算，且每次可获得相同的区间缩短率 0.618。

例 5.6 用黄金分割法求函数 $f(x) = 4x^2 - 6x - 3$ 在区间 $[0, 1]$ 上的近似极小点，要求缩短后的区间长度不大于原区间长度的 10%。

解 已知 $a_0 = 0$，$b_0 = 1$，用黄金分割法得第一次的试验点为

$$x_1 = 0.382 \times (1-0) = 0.382,\ x_1' = 0.618 \times (1-0) = 0.618$$

计算这两点的函数值分别为

$$f(x_1) = 4 \times 0.382^2 - 6 \times 0.382 - 3 = -4.708$$
$$f(x_1') = 4 \times 0.618^2 - 6 \times 0.618 - 3 = -5.180$$

由 $f(x_1) > f(x_1')$，得

$$a_1 = x_1 = 0.382,\ b_1 = b_0 = 1,\ x_2 = x_1' = 0.618$$
$$x_2' = 0.382 + 0.618 \times (1 - 0.382) = 0.764,\ f(x_2') = -5.249$$

由 $f(x_2) > f(x_2')$，得

$$a_2 = x_2 = 0.618,\ b_2 = b_1 = 1, x_3 = x_2' = 0.764$$

$$x_3' = 0.618 + 0.618 \times (1 - 0.618) = 0.854,\ f(x_3') = -5.207$$

由 $f(x_3) < f(x_3')$，得

$$a_3 = a_2 = 0.618,\ b_3 = x_3' = 0.854,\ x_4' = x_3 = 0.764$$

$$x_4 = 0.618 + 0.382 \times (0.854 - 0.618) = 0.708,\ f(x_4) = -5.243$$

由 $f(x_4) > f(x_4')$，得

$$a_4 = x_4 = 0.708,\ b_4 = b_3 = 0.854,\ x_5 = x_4' = 0.764$$

$$x_5' = 0.708 + 0.618 \times (0.854 - 0.708) = 0.798,\ f(x_5') = -5.241$$

由 $f(x_5) < f(x_5')$，得

$$a_5 = a_4 = 0.708,\ b_5 = x_5' = 0.798$$

注意到 $(b_5 - a_5)/(b_0 - a_0) = 0.090 < 0.100$，所以区间 $[a_5,\ b_5] = [0.708,\ 0.798]$ 为所求区间，近似极小点为 $x_6 = 0.708 + 0.382 \times (0.798 - 0.708) = 0.742$，$x_6' = x_5 = 0.764$，近似极小值 $f(x_6) = -5.249$。

（2）斐波那契法

由前面单峰函数的性质可知区间缩短得越小，需要计算函数值的次数也就越多。那么，如果只计算 n 次函数值，能将一个给定的包含极小点的区间缩短到多少呢？或者换句话说，计算 n 次函数值能将一个多大的区间缩短到长度为 1 的单位区间呢？

假设用 F_n 表示计算 n 次函数值能将其缩短到 1 单位长度的最大区间长度，那么显然有 $F_0 = F_1 = 1$。这是因为，根据单峰函数的特性，不计算函数值和仅计算一次函数值都无法将区间缩短。

考虑 F_2：不难分析得到计算两次函数值至多能将长度为 2 的区间缩短到长度接近 1 的区间，只要将两个试验点的选取尽可能靠近中间点即可。因此，$F_2 = 2$。

考虑 F_3：先在区间的 1/3 和 2/3 处对称取两点，区间缩短率为 2/3，再在缩短后的区间接近中间点取一点，与原来已包含的试验点的函数值比较，即可将区间折半。显然，最大可将长度为 3 的区间缩短到长度接近 1 的区间，即 $F_3 = 3$。

同理，可依次推得 $F_4 = 5$，$F_5 = 8$，$F_6 = 13$，$F_7 = 21$，…，该数列恰好就是斐波那契（Fibonacci）数列，满足如下的递推关系：

$$F_0 = F_1 = 1;$$

$$F_n = F_{n-1} + F_{n-2} \quad (n \geqslant 2)$$

斐波那契法就是利用以上分析的思路来选取试验点的，通过计算比较试验点的函数值逐步缩小包含极小点的区间。显然，在计算同样次数函数值的情形下，斐波那契法具有最高的精度（见图 5.11）。

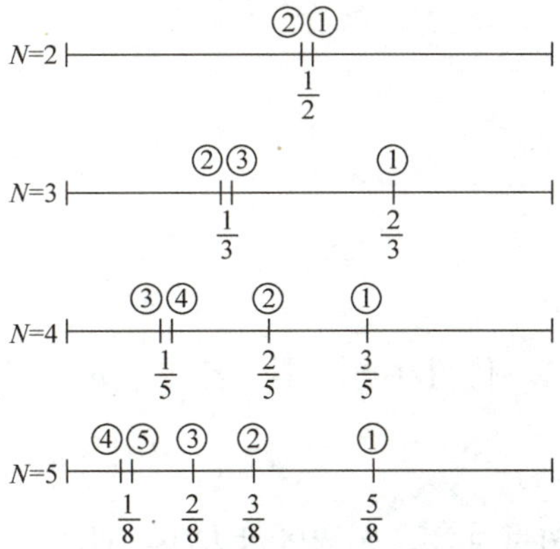

图 5.11 斐波那契法中试验点的选择

在应用斐波那契法时，首先要根据精度要求来确定计算函数值的次数 n。在其后的迭代计算中，其区间长度的缩短率依次为

$$\frac{F_{n-1}}{F_n}, \frac{F_{n-2}}{F_{n-1}}, \cdots, \frac{F_1}{F_2} \tag{5-19}$$

例如，对于初始单峰区间 $[a_0, b_0]$，第一次的两个试验点位置（见图 5.12）是

$$\frac{t_1 - a_0}{b_0 - a_0} = \frac{F_{n-2}}{F_n}, \frac{t_1' - a_0}{b_0 - a_0} = \frac{F_{n-1}}{F_n}$$

从而有

$$\begin{cases} t_1 = a_0 + \dfrac{F_{n-2}}{F_n}(b_0 - a_0) = b_0 + \dfrac{F_{n-1}}{F_n}(a_0 - b_0) \\ t_1' = a_0 + \dfrac{F_{n-1}}{F_n}(b_0 - a_0) \end{cases}$$

它们在区间 $[a_0, b_0]$ 内的位置是对称的。

计算函数值 $f(t_1)$ 和 $f(t_1')$，并比较它们的大小。若 $f(t_1) \leqslant f(t_1')$，则取

$$a_1 = a_0, \ b_1 = t_1'$$

进一步取两个试验点为

$$t_2 = b_1 + \frac{F_{n-2}}{F_{n-1}}(a_1 - b_1), \ t_2' = a_1 + \frac{F_{n-2}}{F_{n-1}}(b_1 - a_1) \tag{5-20}$$

可验证有 $t_2' = t_1$。

若 $f(t_1) \geqslant f(t_1')$，则取 $a_1 = t_1$，$b_1 = b_0$。接下来，仍然取上式（5-20）中的试验点 t_2，t_2'，可验证有 $t_2 = t_1'$。

上述无论哪种情形，经过点 t_1 和 t_1' 的函数值计算，寻优范围都将缩短为原区间长度的 F_{n-1}/F_n。如此继续，再计算函数值 $f(t_2)$ 和 $f(t_2')$（事实上其中一个已经算出），并比较大小。一般地，第 k 次在区间 $[a_{k-1}, b_{k-1}]$ 中对称取点为

$$\begin{cases} t_k = b_{k-1} + \dfrac{F_{n-k}}{F_{n-k+1}}(a_{k-1} - b_{k-1}) \\ t_k' = a_{k-1} + \dfrac{F_{n-k}}{F_{n-k+1}}(b_{k-1} - a_{k-1}) \end{cases} \tag{5-21}$$

其中 $k = 1, 2, \cdots, n-1$。显然，在第 k 步时，区间的缩短率为 F_{n-k}/F_{n-k+1}，且其中一个试验点与已有的点重合（见图 5.12）。

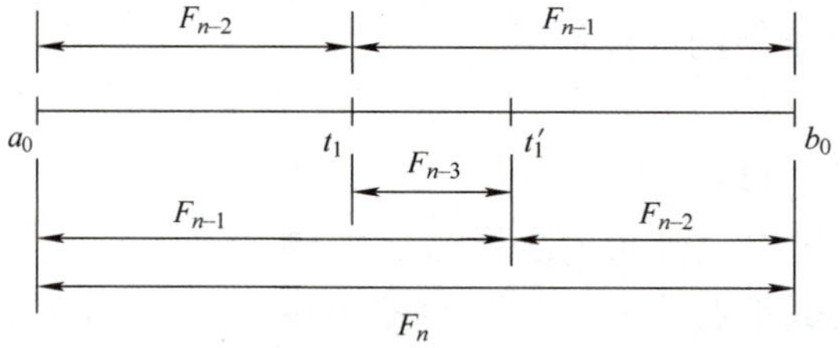

图 5.12 斐波那契法示意图

值得注意的是，若在第 $n-1$ 步时，

$$t_{n-1} = t_{n-1}' = a_{n-2} + \frac{1}{2}(b_{n-2} - a_{n-2}) = \frac{1}{2}(a_{n-2} + b_{n-2})$$

两点重合，无法区分大小。此时，可取一个充分小的 δ，使得

$$t_{n-1}=a_{n-2}+\left(\frac{1}{2}-\delta\right)(b_{n-2}-a_{n-2})$$

$$t'_{n-1}=a_{n-2}+\frac{1}{2}(b_{n-2}-a_{n-2})$$

比较两者的函数值大小，即可得到包含极小点的区间 $[a_{n-2},\ t'_{n-1}]$ 或 $[t_{n-1},\ b_{n-2}]$。

可以证明数列式（5-19）收敛，即

$$\lim_{n\to\infty}\frac{F_{n-1}}{F_n}\approx 0.618$$

因此，斐波那契法的极限形式就是黄金分割法。黄金分割法就是用不变的区间缩短率 0.618 代替斐波那契法每次不同的缩短率，这样实现起来较容易，也易于被人们接受。

5.4.2　牛顿法（切线法）

如果单变量实函数 f 在点 x^* 取得局部极值，并且在点 x^* 可微，那么 f 在点 x^* 的一阶导数为零，即局部极值点应是方程式（5-22）的解。

$$f'(x)=0 \tag{5-22}$$

在很多实际问题中，目标函数的一阶导数往往较复杂，无法得到式（5-22）的解析解，而需要用迭代方法求解。牛顿法又称牛顿-拉弗森法（Newton-Raphson Method），或称**切线法**，是求解非线性方程组的最著名和最有效迭代方法之一，其基本思想是在一个迭代点附近用切线近似代替曲线，以切线方程的零点作为新的迭代点，逐步逼近最优点。

设 x_k 是 $f'(x)=0$ 的一个近似根，在点 $(x_k,\ f'(x_k))$ 处做曲线 $f'(x)$ 的切线，如图 5.13 所示。该切线方程即 $f'(x)$ 在点 x_k 的一阶 Taylor 展开式为

$$f'(x)\approx f'(x_k)+f''(x_k)(x-x_k)$$

于是方程 $f'(x)=0$ 可近似地表示为

$$f'(x_k)+f''(x_k)(x-x_k)=0$$

这是一个线性方程，记其根为 x_{k+1}，则 x_{k+1} 的计算公式就是牛顿迭代公式。

$$x_{k+1}=x_k-\frac{f'(x_k)}{f''(x_k)} \tag{5-23}$$

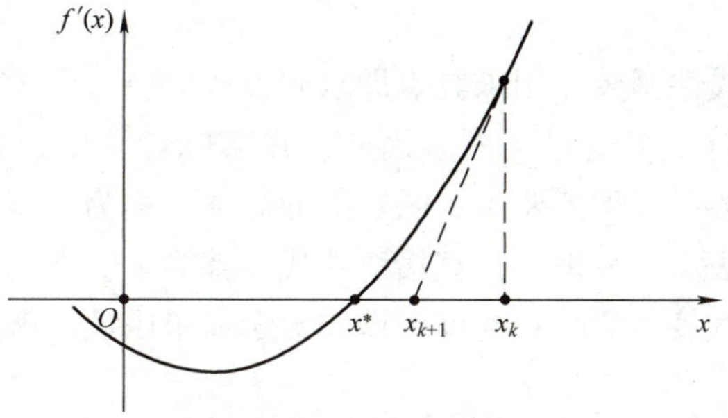

图 5.13　牛顿法示意图

给定一个初始值 x_0，由式（5-23）可得一个迭代点序列 x_0，x_1，…，x_n，…。一般地，当迭代进行到出现 $|x_{k+1}-x_k|<\varepsilon$ 或 $|f'(x_{k+1})|<\varepsilon$ 时停止。误差容限 ε 是事先选定的很小的正数，取 x_{k+1} 作为真解 x^* 的近似值。

牛顿法需要计算目标函数的二阶导数，如果迭代序列收敛，则其收敛速度是比较快的。但是，牛顿法的收敛性依赖于初始值 x_0 的选取。如果 x_0 偏离所求的真解 x^* 比较远，则牛顿法可能发散。

5.4.3 函数逼近法

函数逼近法（又称插值法）是在极小点附近以插值多项式来逼近目标函数的一种方法。本节以抛物线插值为例，即用一个二次三项式来逼近目标函数。事实上，上面的牛顿法就是在 x_k 附近用一阶 Taylor 展开式来近似目标函数 $f(x)$ 的。

用抛物线插值，对 $f(x)$ 取三个点 $x_1<x_2<x_3$，且满足 $f(x_1)>f(x_2)$, $f(x_2)<f(x_3)$。令插值函数 $\varphi(x)=ax^2+bx+c$，根据插值条件要求，有

$$\varphi(x_1)=ax_1^2+bx_1+c=f(x_1)$$

$$\varphi(x_2)=ax_2^2+bx_2+c=f(x_2)$$

$$\varphi(x_3)=ax_3^2+bx_3+c=f(x_3)$$

由上述三个等式可求得系数 a，b，c，从而得到 $f(x)$ 的拟合抛物线 $\varphi(x)$。接下来，用抛物线 $\varphi(x)$ 的极小点来近似 $f(x)$ 的极小点。利用一阶条件

$$\varphi'(x)=2ax+b=0$$

得到 $\varphi(x)$ 的极小点：$\tilde{x}=-b/2a$。

我们用该极小点 $\tilde{x}$ 来近似 $f(x)$ 的极小点 x_k，然后从 x_1，x_2，x_3，x_k 这 4 个点中再选出 3 个点。选择的原则是以目标函数值最小的点作为新的 x_2，其左右两个相邻的点作为新的 x_1 和 x_3。依照上述方法继续用新的抛物线函数来逼近 $f(x)$，一直下去，就可以得到一个点列 $\{x_k\}$。在一定条件下，这个点列收敛于原问题的最优解。

5.5 无约束优化问题的求解算法

无约束优化问题一般可表示为

$$\min_{\boldsymbol{x}\in\mathbf{R}^n} f(\boldsymbol{x}) \tag{5-24}$$

对于一个复杂的非线性函数，用求驻点即求解方程 $\nabla f(\boldsymbol{x}^*)=0$ 的方法得到其极值点往往是很困难的，特别是对于多变量问题。因此，在实际计算中通常还是要使用迭代的方法。迭代法一般分为两类：一类需要用到函数的导数值，称为**解析法**；另一类则仅用到各点的函数值，称为**直接法**。一般来说，直接法迭代步骤简单，在求导计算量大或无法求导时，用直接法较好，但直接法的收敛速度较慢。对于简单函数，解析法收敛较快。

5.5.1 梯度法

梯度法（Gradient Method）是一种十分简单，但却又极为重要的解析方法。它使用方便，同时是构建其他更高级优化算法的基础。

假设问题式（5-24）中的目标函数 f 在 $\mathbf{R}^n$ 上一阶连续可微，存在极小点 $\boldsymbol{x}^*$。用 $\boldsymbol{x}_k$ 表示极小点的第 k 次近似，即第 k 步迭代点。为了求第 $k+1$ 步迭代点 $\boldsymbol{x}_{k+1}$，在点 $\boldsymbol{x}_k$ 沿方

向 $\boldsymbol{d}_k$ 做射线，得

$$\boldsymbol{x}=\boldsymbol{x}_k+\alpha\boldsymbol{d}_k,\ \alpha\geqslant 0$$

将 $f(\boldsymbol{x})$ 在 $\boldsymbol{x}_k$ 处做 Taylor 展开，得

$$f(\boldsymbol{x})=f(\boldsymbol{x}_k+\alpha\boldsymbol{d}_k)=f(\boldsymbol{x}_k)+\alpha\nabla f(\boldsymbol{x}_k)^{\mathrm{T}}\boldsymbol{d}_k+o(\alpha)$$

对充分小的 $\alpha>0$，$o(\alpha)$ 是 α 的高阶无穷小。这时，只要 $\nabla f(\boldsymbol{x}_k)^{\mathrm{T}}\boldsymbol{d}_k<0$，就一定能找到合适的 α_k，使得 $f(\boldsymbol{x}_k+\alpha_k\boldsymbol{d}_k)<f(\boldsymbol{x}_k)$。换句话说，这时若取 $\boldsymbol{x}_{k+1}=\boldsymbol{x}_k+\alpha_k\boldsymbol{d}_k$，就可以使目标函数值得到改善。

满足 $\nabla f(\boldsymbol{x}_k)^{\mathrm{T}}\boldsymbol{d}_k<0$ 的方向 $\boldsymbol{d}_k$ 被称为**下降方向**(Descent Direction)。由于

$$\nabla f(\boldsymbol{x}_k)^{\mathrm{T}}\boldsymbol{d}_k=\|\nabla f(\boldsymbol{x}_k)\|\cdot\|\boldsymbol{d}_k\|\cdot\cos\theta$$

其中 θ 为向量 $\nabla f(\boldsymbol{x}_k)$ 和 $\boldsymbol{d}_k$ 的夹角，那么只要 $\cos\theta<0$，即 $\theta>\pi/2$ 时，$\boldsymbol{d}_k$ 就是下降方向。特别地，若规定搜索方向 $\boldsymbol{d}_k$ 的模（长度）为 1，那么当 $\boldsymbol{d}_k$ 和 $\nabla f(\boldsymbol{x}_k)$ 反向，即 $\theta=\pi$ 时，$\nabla f(\boldsymbol{x}_k)^{\mathrm{T}}\boldsymbol{d}_k$ 的值最小。此时，称搜索方向 $\boldsymbol{d}_k$ 为**负梯度方向**，表达式为

$$\boldsymbol{d}_k=-\frac{\nabla f(\boldsymbol{x}_k)}{\|\nabla f(\boldsymbol{x}_k)\|}$$

选定了搜索方向 $\boldsymbol{d}_k$ 之后，还要确定步长 α_k，才能得到下一个迭代点 $\boldsymbol{x}_{k+1}$。步长 α_k 可以有多种不同的选取方式。一种方法是通过试算，先取 α_k 为某一个数，检验下列不等式是否满足

$$f(\boldsymbol{x}_k+\alpha_k\boldsymbol{d}_k)<f(\boldsymbol{x}_k) \tag{5-25}$$

若满足就取该 α_k，否则减小 α_k 直到式（5-25）满足。对于负梯度方向，这样的 α_k 总是存在的。

另一种方法是沿搜索方向 $\boldsymbol{d}_k$ 进行一维搜索，即求使 $f(\boldsymbol{x})$ 最小的 α_k。

$$\min_{\alpha_k\geqslant 0} f(\boldsymbol{x}_k+\alpha_k\boldsymbol{d}_k) \tag{5-26}$$

由于进行一维搜索得到的迭代点 $\boldsymbol{x}_{k+1}$ 是 $f(\boldsymbol{x})$ 沿 $\boldsymbol{d}_k$ 的一个极小点，所以 $\boldsymbol{x}_{k+1}$ 是它所在的等值线的一个切点，即 $\boldsymbol{d}_k$ 与 $\boldsymbol{x}_{k+1}$ 所在的等值线在点 $\boldsymbol{x}_{k+1}$ 相切。下一步从点 $\boldsymbol{x}_{k+1}$ 沿 $\boldsymbol{d}_{k+1}$ 再进行一维搜索，由于 $\boldsymbol{d}_{k+1}$ 是点 $\boldsymbol{x}_{k+1}$ 的负梯度方向，因此方向 $\boldsymbol{d}_{k+1}$ 与 $\boldsymbol{d}_k$ 正交（即垂直）。由这一性质可知梯度法的迭代过程实际上是呈“之”字形路线进行的。

算法 5.1（梯度法）

步骤 1　给定初始点 $\boldsymbol{x}_0$ 和误差容限 $\varepsilon>0$，令 $k:=0$。

步骤 2　计算负梯度方向 $\boldsymbol{d}_k=-\nabla f(\boldsymbol{x}_k)$。

步骤 3　检验是否满足收敛性准则 $\|\nabla f(\boldsymbol{x}_k)\|<\varepsilon$。若满足则停止迭代，得到 $\boldsymbol{x}^*:=\boldsymbol{x}_k$；否则，进入步骤 4。

步骤 4　进行一维搜索，即求解单变量极值问题式（5-26），得到步长 α_k。

步骤 5　令 $\boldsymbol{x}_{k+1}=\boldsymbol{x}_k+\alpha_k\boldsymbol{d}_k$，且 $k:=k+1$，转到步骤 2。

例 5.7　用梯度法求解下面的二次函数极值问题。

$$\min f(\boldsymbol{x})=\frac{1}{2}\boldsymbol{x}^{\mathrm{T}}\boldsymbol{Q}\boldsymbol{x}-\boldsymbol{c}^{\mathrm{T}}\boldsymbol{x}$$

其中

$$Q=\begin{pmatrix}1&0&0\\0&5&0\\0&0&25\end{pmatrix},\ c=\begin{pmatrix}-1\\-1\\-1\end{pmatrix}$$

解 这里目标函数的负梯度方向是

$$d_k=-\nabla f(x_k)=-(Qx_k-c)$$

做精确一维搜索

$$\alpha_k=-\frac{\nabla f(x_k)^{\mathrm{T}}d_k}{d_k^{\mathrm{T}}Qd_k}$$

设初始点为 $x_0=(0,\ 0,\ 0)^{\mathrm{T}}$，那么

$$f(x_0)=0,\ \nabla f(x_0)=\begin{pmatrix}1\\1\\1\end{pmatrix},\ \|\nabla f(x_0)\|=1.7321$$

由此得步长 $\alpha_0=0.0968$，新的迭代点为

$$x_1=\begin{pmatrix}-0.0968\\-0.0968\\-0.0968\end{pmatrix}$$

在点 x_1 处，

$$f(x_1)=-0.1452,\nabla f(x_1)=\begin{pmatrix}0.9032\\0.5161\\-1.4194\end{pmatrix},\ \|\nabla f(x_1)\|=1.7598$$

由此得步长 $\alpha_1=0.0590$，新的迭代点为

$$x_2=\begin{pmatrix}-0.1500\\-0.1272\\-0.0131\end{pmatrix}$$

在点 x_2 处，

$$f(x_2)=-0.2365,\ \nabla f(x_2)=\begin{pmatrix}0.8500\\0.3639\\0.6732\end{pmatrix},\ \|\nabla f(x_2)\|=1.1437$$

如此迭代下去，经过216步，梯度的范数小于10^{-8}，$x^*=(-1.000,\ -0.2000,\ -0.0400)^{\mathrm{T}}$。

在所有下降方向中，某点的负梯度方向是函数值下降最快的方向，因此被称为函数的**最速下降方向**（Steepest Descent Direction）。梯度法，即梯度下降（Gradient Descent）法，也被称为**最速下降法**。但必须指出的是，该性质通常只在该点附近有效，对于整个极小化过程来说，未必成立。大量的计算实践显示，最速下降法收敛得并不快。一般情况下，如果初始点离极小点较远，则开始若干步迭代收敛较快；到了后期接近极小点时，收敛就变慢了。尤其是当目标函数的等值线呈扁平的椭圆状时，负梯度方向的迭代路线往往呈现直角锯齿状（之字形路线）。越接近极小点，锯齿越小（见图5.14），因此收敛速度极慢。在实际计算中，常常将梯度法和其他方法结合使用，在前期使用梯度法，在接近极小点时再改用其他收敛较快的方法。

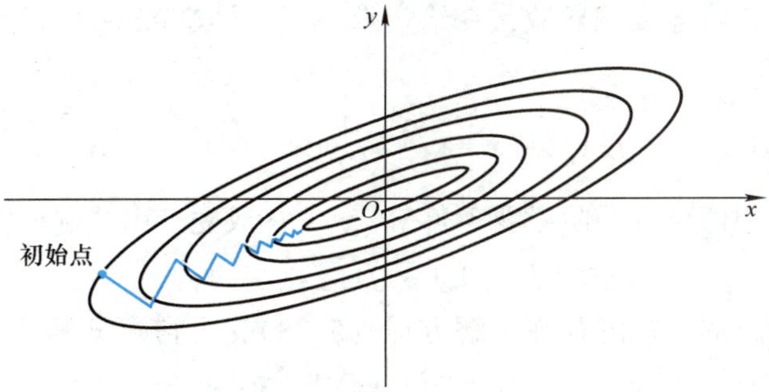

图 5.14 最速下降法的锯齿现象

梯度法在机器学习领域被广泛应用，尤其是在模型训练过程中发挥着重要作用，如线性回归、逻辑回归和神经网络模型等。然而，由于机器学习通常会面临海量训练数据，梯度下降法在每一次迭代中都需要计算训练集中所有样本的梯度，因此非常耗时且容易受到噪声的影响。与之相比，随机梯度下降（Stochastic Gradient Descent，SGD）法则较好地解决了这一问题。SGD 通过不断地从训练数据集中随机选取一个样本，然后利用其计算模型参数的梯度信息，进行模型参数的更新。由于每次更新只利用单个样本的信息，因此 SGD 能够高效地处理大规模数据集。

以线性回归模型 $h_{\boldsymbol{\theta}}(\boldsymbol{x})=\theta_1x_1+\theta_2x_2+\cdots+\theta_nx_n$ 为例，假设有 m 个样本 $(\boldsymbol{x}^{(i)},\ y^{(i)})$，$i=1,\ 2,\ \cdots,\ m$，要训练模型参数 $\boldsymbol{\theta}$，对应的损失函数为

$$J(\boldsymbol{\theta})=\frac{1}{2m}\sum_{i=1}^{m}(h_{\boldsymbol{\theta}}(\boldsymbol{x}^{(i)})-y^{(i)})^2$$

采用 SGD，则只需随机选择一个训练样本 $(\boldsymbol{x}^{(i)},\ y^{(i)})$，计算其对应损失函数的梯度为

$$\frac{\partial J^{(i)}(\boldsymbol{\theta})}{\partial\theta_j}=(h_{\boldsymbol{\theta}}(\boldsymbol{x}^{(i)})-y^{(i)})x_j^{(i)}$$

于是参数迭代更新公式为

$$\theta_j:=\theta_j-\alpha(h_{\boldsymbol{\theta}}(\boldsymbol{x}^{(i)})-y^{(i)})x_j^{(i)}$$

式中，α 是步长。

与传统梯度法相比，SGD 不仅在大规模数据集上表现出色，而且还展现出较好的泛化能力。因为在每次迭代中，SGD 仅随机选择少量样本进行梯度估计，这使得参数更新的方向具有一定的不确定性。这种随机性有时能够有效避免模型陷入局部最优解，从而提升了模型的泛化能力。然而，SGD 每次只使用一个样本进行参数更新，可能会使模型参数的调整具有一定的随机性，进而导致更新的不稳定。为了解决这一问题，通常会采用小批量随机梯度下降（Mini-batch SGD）或动量随机梯度下降（Momentum SGD）等优化算法来改进 SGD，以更好地平衡随机性与稳定性。

5.5.2 牛顿法

牛顿法（Newton’s Method）在搜索方向上比梯度法有所改进。它不但利用了目标函数在搜索点的梯度（一阶导数），而且还利用了目标函数的二阶导数。也就是说，它不但考虑了函数的梯度，还考虑了梯度的变化趋势。

假定函数$f(\boldsymbol{x})$有二阶连续偏导数，在给定点$\boldsymbol{x}_k$附近取$f(\boldsymbol{x})$的二阶 Taylor 多项式做逼近，即

$$f(\boldsymbol{x}) \approx f(\boldsymbol{x}_k) + \nabla f(\boldsymbol{x}_k)^{\mathrm{T}}(\boldsymbol{x}-\boldsymbol{x}_k) + \frac{1}{2}(\boldsymbol{x}-\boldsymbol{x}_k)^{\mathrm{T}}\nabla^2 f(\boldsymbol{x}_k)(\boldsymbol{x}-\boldsymbol{x}_k) \tag{5-27}$$

我们知道在$f(\boldsymbol{x})$的极小值点，一阶必要条件$\nabla f(\boldsymbol{x})=0$成立，由式（5-27）可得

$$\nabla f(\boldsymbol{x}) \approx \nabla f(\boldsymbol{x}_k) + \nabla^2 f(\boldsymbol{x}_k)(\boldsymbol{x}-\boldsymbol{x}_k) = 0 \tag{5-28}$$

设 Hessian 矩阵$\nabla^2 f(\boldsymbol{x}_k)$的逆矩阵存在，解方程（5-28），可得点$\boldsymbol{x}_{k+1}$为

$$\boldsymbol{x}_{k+1} = \boldsymbol{x}_k - [\nabla^2 f(\boldsymbol{x}_k)]^{-1}\nabla f(\boldsymbol{x}_k) \tag{5-29}$$

牛顿法即在一般迭代格式中取$\boldsymbol{d}_k = -[\nabla^2 f(\boldsymbol{x}_k)]^{-1}\nabla f(\boldsymbol{x}_k)$为搜索方向，步长为1。

算法 5.2（牛顿法）

步骤1　给定初始点$\boldsymbol{x}_0$和误差容限$\varepsilon>0$，令$k:=0$。

步骤2　检验是否满足收敛性准则$\|\nabla f(\boldsymbol{x}_k)\|<\varepsilon$，若满足则停止迭代，得到$\boldsymbol{x}^*:=\boldsymbol{x}_k$；否则，进入步骤3。

步骤3　计算牛顿方向：$\boldsymbol{d}_k = -[\nabla^2 f(\boldsymbol{x}_k)]^{-1}\nabla f(\boldsymbol{x}_k)$。

步骤4　令$\boldsymbol{x}_{k+1}=\boldsymbol{x}_k+\boldsymbol{d}_k$，且$k:=k+1$，转到步骤2。

例 5.8　用牛顿法求解下面的无约束极值问题。

$$\min\ (x_1-1)^4 + (x_2-2)^2$$

解　目标函数的梯度和 Hessian 矩阵分别为

$$\nabla f(\boldsymbol{x}) = \begin{pmatrix} 4(x_1-1)^3 \\ 2(x_2-2) \end{pmatrix},\quad \nabla^2 f(\boldsymbol{x}) = \begin{pmatrix} 12(x_1-1)^2 & 0 \\ 0 & 2 \end{pmatrix}$$

取初始点$\boldsymbol{x}_0=(0,\ 0)^{\mathrm{T}}$，于是

第一次迭代：

$$\nabla f(\boldsymbol{x}_0) = \begin{pmatrix} -4 \\ -4 \end{pmatrix},\quad \nabla^2 f(\boldsymbol{x}_0) = \begin{pmatrix} 12 & 0 \\ 0 & 2 \end{pmatrix}$$

$$\boldsymbol{x}_1 = \boldsymbol{x}_0 - [\nabla^2 f(\boldsymbol{x}_0)]^{-1}\nabla f(\boldsymbol{x}_0) = \begin{pmatrix} 0 \\ 0 \end{pmatrix} - \begin{pmatrix} 12 & 0 \\ 0 & 2 \end{pmatrix}^{-1}\begin{pmatrix} -4 \\ -4 \end{pmatrix} = \begin{pmatrix} 1/3 \\ 2 \end{pmatrix}$$

第二次迭代：

$$\nabla f(\boldsymbol{x}_1) = \begin{pmatrix} -32/27 \\ 0 \end{pmatrix},\quad \nabla^2 f(\boldsymbol{x}_1) = \begin{pmatrix} 16/3 & 0 \\ 0 & 2 \end{pmatrix}$$

$$\boldsymbol{x}_2 = \boldsymbol{x}_1 - [\nabla^2 f(\boldsymbol{x}_1)]^{-1}\nabla f(\boldsymbol{x}_1) = \begin{pmatrix} 1/3 \\ 2 \end{pmatrix} - \begin{pmatrix} 16/3 & 0 \\ 0 & 2 \end{pmatrix}^{-1}\begin{pmatrix} -32/27 \\ 0 \end{pmatrix} = \begin{pmatrix} 5/9 \\ 2 \end{pmatrix}$$

继续迭代下去，得到迭代结果见表 5.1。

表 5.1　牛顿法迭代结果

k	$\boldsymbol{x}_k$	$\nabla f(\boldsymbol{x}_k)$	$\|\nabla f(\boldsymbol{x}_k)\|$
1	(0.333，2.000)	(−1.185，0.000)	1.19e+00
2	(0.556，2.000)	(−0.351，0.000)	3.51e−01
3	(0.704，2.000)	(−0.104，0.000)	1.04e−01
4	(0.802，2.000)	(−0.031，0.000)	3.08e−02

（续）

k	x_k	$\nabla f(x_k)$	$\|\nabla f(x_k)\|$
5	(0.868, 2.000)	(−0.009, 0.000)	9.13e−03
6	(0.912, 2.000)	(−0.003, 0.000)	2.71e−03
7	(0.941, 2.000)	(−0.001, 0.000)	8.02e−04
8	(0.961, 2.000)	(−0.000, 0.000)	2.38e−04
9	(0.974, 2.000)	(−0.000, 0.000)	7.04e−05
10	(0.983, 2.000)	(−0.000, 0.000)	2.09e−05
11	(0.988, 2.000)	(−0.000, 0.000)	6.18e−06
12	(0.992, 2.000)	(−0.000, 0.000)	1.83e−06
13	(0.995, 2.000)	(−0.000, 0.000)	5.43e−07

若设误差容限 $\varepsilon=10^{-6}$，则迭代进行到第 13 步时，有 $\|\nabla f(\boldsymbol{x}_k)\|<\varepsilon$。此时，近似解 $\boldsymbol{x}^*\approx(0.995, 2.000)^{\mathrm{T}}$。

实际上，若 $f(\boldsymbol{x})$ 为二次凸函数，即 $f(\boldsymbol{x})=\boldsymbol{a}+\boldsymbol{b}^{\mathrm{T}}\boldsymbol{x}+\frac{1}{2}\boldsymbol{x}^{\mathrm{T}}\boldsymbol{Q}\boldsymbol{x}$，其中 $\boldsymbol{Q}$ 为对称正定非奇异矩阵，则 $\nabla^2 f(\boldsymbol{x})=\boldsymbol{Q}$ 是一个常数矩阵。对任意给定点 $\boldsymbol{x}_k$，式（5-27）精确等式成立而不是近似式。下面说明用牛顿法求解，经过一次迭代即达到极小点。

先用极值条件求解二次凸函数极值问题，由 $\nabla f(\boldsymbol{x}^*)=\boldsymbol{Q}\boldsymbol{x}^*+\boldsymbol{b}=0$，得 $\boldsymbol{x}^*=-\boldsymbol{Q}^{-1}\boldsymbol{b}$。若用牛顿法求解，任取初始点 $\boldsymbol{x}_0$，根据牛顿法迭代公式（5-29），有

$$\boldsymbol{x}_1=\boldsymbol{x}_0-\boldsymbol{Q}^{-1}\nabla f(\boldsymbol{x}_0)=\boldsymbol{x}_0-\boldsymbol{Q}^{-1}(\boldsymbol{Q}\boldsymbol{x}_0+\boldsymbol{b})=-\boldsymbol{Q}^{-1}\boldsymbol{b}$$

显然，$\boldsymbol{x}_1=\boldsymbol{x}^*$，即一次迭代达到极小点。若算法用于二次凸函数极值问题时，类似于牛顿法，经过有限次迭代必定到达极小点，那么这种性质被称为**二次终止性**。

对于二次凸函数，牛顿法一步即可达到最优解。但对于一般非二次凸函数，牛顿法并不能保证经过有限次迭代求得最优解。当初始点远离极小点时，牛顿法可能无法进行或不收敛。原因一是可能出现 Hessian 矩阵奇异的情形；二是即使 Hessian 矩阵非奇异，也未必正定，此时牛顿方向就不一定是下降方向了。因此，在实践中成功运用的牛顿法多是经过修改后得到的。例如，人们往往用以下的修正牛顿公式

$$\boldsymbol{x}_{k+1}=\boldsymbol{x}_k-\alpha_k[\nabla^2 f(\boldsymbol{x}_k)]^{-1}\nabla f(\boldsymbol{x}_k)$$

来替代式（5-29），其中参数 α_k 有多种选择方法，总是使得 $f(\boldsymbol{x}_{k+1})<f(\boldsymbol{x}_k)$，比如采用一维搜索得最优步长。经过这种修改后的算法也称**阻尼牛顿法**。

例 5.9　用牛顿法求解下面的二次函数极值问题。

$$\min\ (x_1^2-2x_1x_2+2x_2^2-4x_1)$$

具体求解过程请扫二维码。

5.5.3 拟牛顿法（变尺度法）

牛顿法的优点是收敛速度快，缺点是计算复杂，每步迭代都需要计算目标函数的二阶偏导数（Hessian 矩阵）和矩阵的逆。这显然会带来一些问题，例如计算量大、Hessian 矩阵可能是非正定的，从而导致牛顿方向不是一个下降方向等。为了克服牛顿法的缺点，人们提出了**拟牛顿法**（Quasi-Newton Method）。其基本思想是用目标函数 f 以及其一阶导数 ∇f 构造 Hessian 矩阵的近似矩阵，由此获得一个搜索方向，生成新的迭代点。由于近似矩阵的构造方法不同，因此出现了不同的拟牛顿法。经过理论证明和实践检验，拟牛顿法已被公认为一类收敛速度比较快的无约束优化算法。

下面分析如何构造近似矩阵，并用它取代牛顿法中的 Hessian 矩阵。

假设在第 k 次迭代后得到点 $\boldsymbol{x}_{k+1}$。将目标函数 $f(\boldsymbol{x})$ 在点 $\boldsymbol{x}_{k+1}$ 处做 Taylor 多项式展开，取其二阶近似式，得

$$f(\boldsymbol{x}) \approx f(\boldsymbol{x}_{k+1}) + \nabla f(\boldsymbol{x}_{k+1})^{\mathrm{T}}(\boldsymbol{x}-\boldsymbol{x}_{k+1}) + \frac{1}{2}(\boldsymbol{x}-\boldsymbol{x}_{k+1})^{\mathrm{T}}\nabla^2 f(\boldsymbol{x}_{k+1})(\boldsymbol{x}-\boldsymbol{x}_{k+1}) \tag{5-30}$$

式（5-30）两边关于 $\boldsymbol{x}$ 求导可得

$$\nabla f(\boldsymbol{x}) \approx \nabla f(\boldsymbol{x}_{k+1}) + \nabla^2 f(\boldsymbol{x}_{k+1})(\boldsymbol{x}-\boldsymbol{x}_{k+1})$$

令 $\boldsymbol{x}=\boldsymbol{x}_k$，则

$$\nabla f(\boldsymbol{x}_k) \approx \nabla f(\boldsymbol{x}_{k+1}) + \nabla^2 f(\boldsymbol{x}_{k+1})(\boldsymbol{x}_k-\boldsymbol{x}_{k+1})$$

记 $\boldsymbol{s}_k=\boldsymbol{x}_{k+1}-\boldsymbol{x}_k$，$\boldsymbol{y}_k=\nabla f(\boldsymbol{x}_{k+1})-\nabla f(\boldsymbol{x}_k)$，则 Hessian 矩阵 $\nabla^2 f(\boldsymbol{x}_{k+1})$ 满足

$$\nabla^2 f(\boldsymbol{x}_{k+1})\boldsymbol{s}_k \approx \boldsymbol{y}_k \tag{5-31}$$

又设 Hessian 矩阵 $\nabla^2 f(\boldsymbol{x}_{k+1})$ 可逆，则

$$\boldsymbol{s}_k \approx [\nabla^2 f(\boldsymbol{x}_{k+1})]^{-1}\boldsymbol{y}_k \tag{5-32}$$

对于二次函数，式（5-31）和式（5-32）精确成立。对于一般函数，我们希望 Hessian 矩阵的近似矩阵满足条件

$$\boldsymbol{B}_{k+1}\boldsymbol{s}_k \approx \boldsymbol{y}_k \tag{5-33}$$

或

$$\boldsymbol{s}_k \approx \boldsymbol{H}_{k+1}\boldsymbol{y}_k \tag{5-34}$$

其中 $\boldsymbol{B}_{k+1} \approx \nabla^2 f(\boldsymbol{x}_{k+1})$，$\boldsymbol{H}_{k+1} \approx \nabla^2 f(\boldsymbol{x}_{k+1})^{-1}$。式（5-33）和式（5-34）被称为**拟牛顿条件**，或**拟牛顿方程**，或**割线方程**（Secant Equation）。

➢ **秩 1 校正**

假设 $\boldsymbol{H}_k$ 是第 k 次迭代中 Hessian 矩阵的逆矩阵的近似，在构造满足拟牛顿条件式（5-34）的矩阵 $\boldsymbol{H}_{k+1}$ 时，令

$$\boldsymbol{H}_{k+1} = \boldsymbol{H}_k + \Delta\boldsymbol{H}_k$$

式中，$\Delta\boldsymbol{H}_k$ 为**校正矩阵**。

秩 1 校正是令校正矩阵 $\Delta\boldsymbol{H}_k=\alpha\boldsymbol{u}_k\boldsymbol{u}_k^{\mathrm{T}}$，其中 α 是一个常数，$\boldsymbol{u}_k$ 是 n 维列向量。这样定义的 $\Delta\boldsymbol{H}_k$ 是秩为 1 的对称矩阵。选择适当的 $\boldsymbol{u}_k$ 使拟牛顿条件式（5-34）成立，即

$$H_{k+1}y_k = H_k y_k + \alpha u_k u_k^{\mathrm{T}} y_k = s_k$$

假如令 $\alpha u_k^{\mathrm{T}} y_k = 1$，即 $\alpha = 1/u_k^{\mathrm{T}} y_k$，那么

$$u_k = s_k - H_k y_k$$

代入校正公式，可得

$$H_{k+1} = H_k + \frac{u_k u_k^{\mathrm{T}}}{u_k^{\mathrm{T}} y_k} = H_k + \frac{(s_k - H_k y_k)(s_k - H_k y_k)^{\mathrm{T}}}{(s_k - H_k y_k)^{\mathrm{T}} y_k} \tag{5-35}$$

式（5-35）即为**秩 1 校正公式**。

➢ **秩 2 校正**

若校正矩阵是秩为 2 的对称矩阵，例如，令 $\Delta H_k = \alpha u_k u_k^{\mathrm{T}} + \beta v_k v_k^{\mathrm{T}}$，其中 α, β 是常数，u_k，v_k 是 n 维列向量，则称该校正公式为**秩 2 校正公式**。著名的 DFP 方法就属于秩 2 校正，它由 Davidon 在 1959 年首先提出，后来被 Fletcher 和 Powell 改进，又称为**变尺度法**。在 DFP 方法中，校正公式为

$$H_{k+1} = H_k + \frac{s_k s_k^{\mathrm{T}}}{s_k^{\mathrm{T}} y_k} - \frac{H_k y_k y_k^{\mathrm{T}} H_k}{y_k^{\mathrm{T}} H_k y_k} \tag{5-36}$$

容易验证该矩阵满足拟牛顿条件式（5-34）。

算法 5.3（拟牛顿法）

步骤 1　给定初始点 x_0，初始矩阵 B_0（或 H_0）和误差容限 $\varepsilon > 0$，令 $k := 0$。

步骤 2　计算梯度 $g_k = \nabla f(x_k)$，检验是否满足收敛性准则

$$\| \nabla f(x_k) \| < \varepsilon$$

若满足则停止迭代，得到 $x^* := x_k$；否则，进入步骤 3。

步骤 3　解 $B_k d_k = -g_k$ 得拟牛顿方向 d_k（或计算 $d_k = -H_k g_k$）。

步骤 4　进行一维搜索，即求解单变量极值问题式（5-26），得到步长 α_k，并令

$$x_{k+1} = x_k + \alpha_k d_k$$

步骤 5　校正 B_k 产生 B_{k+1}（或校正 H_k 产生 H_{k+1}），使得拟牛顿条件式（5-33）（或式（5-34））成立。

步骤 6　令 $k := k+1$，转到步骤 2。

例 5.10　用 DFP 法求解下面的二次函数极值问题。

$$\min \ (2x_1^2 + x_2^2 - 4x_1 + 2)$$

具体解题过程请扫二维码。

除了利用拟牛顿条件式（5-34）导出 DFP 公式外，我们还可以用式（5-33）给出不含二阶导数的近似 Hessian 矩阵 B_{k+1} 的更新校正公式。由于互换 B_{k+1} 与 H_{k+1}，以及 s_k 与 y_k，即可转换式（5-33）和式（5-34）。因此，在 DFP 公式中，互换 s_k 与 y_k，并用 B_{k+1} 和 B_k 分别取代 H_{k+1} 和 H_k，就能得到

$$B_{k+1} = B_k + \frac{y_k y_k^{\mathrm{T}}}{y_k^{\mathrm{T}} s_k} - \frac{B_k s_k s_k^{\mathrm{T}} B_k}{s_k^{\mathrm{T}} B_k s_k} \tag{5-37}$$

该校正公式被称为 BFGS 公式，以其提出者布罗伊登（Broyden）、弗莱彻（Fletcher）、戈尔德法尔布（Goldfarb）和香农（Shanno）的姓氏首字母命名。

5.6 约束极值问题的最优性条件

事实上，绝大部分实际问题都是受到各种约束条件限制的，很多约束条件给寻找最优解的工作带来了极大的困难。本节将给出约束极值问题解的最优性条件。

5.6.1 起作用约束

假定 $\boldsymbol{x}_0$ 是式（5-2）的一个可行解，即 $\boldsymbol{x}_0$ 满足所有的约束条件，对于不等式约束条件 $g_i(\boldsymbol{x})\geqslant 0$，有两种情况：① $g_i(\boldsymbol{x}_0)>0$，这时，$\boldsymbol{x}_0$ 不在由该约束条件形成的可行域边界上，我们称这样的约束条件为点 $\boldsymbol{x}_0$ 的不起作用约束或无效约束（Inactive Constraint）；② $g_i(\boldsymbol{x}_0)=0$，这时，$\boldsymbol{x}_0$ 恰处在由该约束条件所形成的可行域边界上，对于 $\boldsymbol{x}_0$ 的进一步变动，这样的约束起到了某种限制作用，因此，称其为点 $\boldsymbol{x}_0$ 的起作用约束或有效约束（Active Constraint）。显然，等式约束条件 $h_j(\boldsymbol{x})=0$ 对所有的可行点都是起作用约束。

有效约束 对于式（5-4）的约束优化问题，设点 $\bar{\boldsymbol{x}}\in\Omega$，若有 $g_i(\bar{\boldsymbol{x}})=0$ $(1\leqslant i\leqslant l)$，则称不等式约束 $g_i(\boldsymbol{x})\geqslant 0$ 为点 $\bar{\boldsymbol{x}}$ 处的有效约束，且将下标集

$$A(\bar{\boldsymbol{x}})=\{i\mid g_i(\bar{\boldsymbol{x}})=0,1\leqslant i\leqslant l\}$$

称为点 $\bar{\boldsymbol{x}}$ 处的有效约束下标集（Active Set）。

正则点 对于约束优化问题式（5-4），如果在可行点 $\bar{\boldsymbol{x}}$ 处，各个有效约束的梯度向量，即 $\{\nabla g_i(\bar{\boldsymbol{x}}),\ i\in A(\bar{\boldsymbol{x}})\}$ 线性无关，则称点 $\bar{\boldsymbol{x}}$ 是约束条件的一个正则点（Regular Point）。

5.6.2 可行方向与可行下降方向

考虑非线性规划问题

$$\begin{aligned}&\min f(\boldsymbol{x})\\&\text{s.t. } g_i(\boldsymbol{x})\geqslant 0,\ i=1,\ 2,\ \cdots,\ l\end{aligned}$$

若任取一可行点 $\boldsymbol{x}_0$，对方向 $\boldsymbol{d}\in\mathbf{R}^n$，存在 $\alpha_0>0$，当 $0\leqslant\alpha\leqslant\alpha_0$ 时，有

$$g_i(\boldsymbol{x}_0+\alpha\boldsymbol{d})\geqslant 0,\ i=1,\ 2,\ \cdots,\ l$$

则称 $\boldsymbol{d}$ 为 $\boldsymbol{x}_0$ 的可行方向（Feasible Direction）。

对于点 $\boldsymbol{x}_0$ 起作用的约束，即 $g_i(\boldsymbol{x}_0)=0$。若 $\boldsymbol{d}$ 为 $\boldsymbol{x}_0$ 的可行方向，则存在 $\alpha_0>0$，对任意 $\alpha\in[0,\ \alpha_0]$，有

$$g_i(\boldsymbol{x}_0+\alpha\boldsymbol{d})\geqslant g_i(\boldsymbol{x}_0)=0$$

由一阶 Taylor 展开式，得

$$g_i(\boldsymbol{x}_0+\alpha\boldsymbol{d})=g_i(\boldsymbol{x}_0)+\alpha\nabla g_i(\boldsymbol{x}_0)^{\mathrm{T}}\boldsymbol{d}+o(\alpha)$$

显然，当 $\alpha>0$ 足够小时，只要

$$\nabla g_i(\boldsymbol{x}_0)^{\mathrm{T}}\boldsymbol{d}>0 \tag{5-38}$$

就有

$$g_i(\boldsymbol{x}_0+\alpha\boldsymbol{d})\geqslant 0$$

而对于点 $\boldsymbol{x}_0$ 不起作用的约束，即 $g_i(\boldsymbol{x}_0)>0$。由 $g_i(\boldsymbol{x})$ 的连续性，只要 $\alpha>0$ 足够小，任意方向 $\boldsymbol{d}$ 均可满足

$$g_i(\boldsymbol{x}_0+\alpha\boldsymbol{d})\geqslant 0$$

综上，只要方向 $\boldsymbol{d}$ 满足式（5-38），就可以保证它是点 $\boldsymbol{x}_0$ 的可行方向。从几何意义上看，式（5-38）说明可行方向 $\boldsymbol{d}$ 与点 $\boldsymbol{x}_0$ 处所有起作用约束的梯度向量之间的夹角均为锐角。

在前面 5.5.1 节中，我们曾给出下降方向的定义，即对可行点 $\boldsymbol{x}_0$，若方向 $\boldsymbol{d}$ 满足 $\nabla f(\boldsymbol{x}_0)^{\mathrm{T}}\boldsymbol{d}<0$，则称 $\boldsymbol{d}$ 为 $\boldsymbol{x}_0$ 的**下降方向**。假如点 $\boldsymbol{x}_0$ 的某一方向 $\boldsymbol{d}$ 既是该点的可行方向，又是该点的下降方向，那么就称它是这个点的**可行下降方向**（Feasible Descent Direction），即有

$$\begin{cases}\nabla f(\boldsymbol{x}_0)^{\mathrm{T}}\boldsymbol{d}<0\\ \nabla g_i(\boldsymbol{x}_0)^{\mathrm{T}}\boldsymbol{d}>0,\ i\in A(\boldsymbol{x}_0)\end{cases}$$

在所有的可行方向中，我们感兴趣的就是这些使目标函数值下降的可行方向。显然，对某点 $\boldsymbol{x}^*$ 来说，若该点不存在可行下降方向，它可能就是局部极小点；若存在可行下降方向，那么沿该方向继续搜索，就可以找到比 $\boldsymbol{x}^*$ 更好（即目标函数值更小）的可行点，也就是说 $\boldsymbol{x}^*$ 肯定不是局部极小点。

5.6.3 库恩－塔克条件

库恩-塔克（Kuhn-Tucker）条件简称 **K-T 条件**，是非线性规划领域中最重要的理论成果之一，是由 Kuhn 和 Tucker 在 1951 年发表的关于最优性条件的论文中提出的。K-T 条件是确定某点为局部最优解的一阶必要条件，只要是最优点（同时是正则点）就必须满足这个条件。但一般来说，它不是充分条件，即满足这个条件的点不一定是最优点。不过对于凸规划来说，库恩-塔克条件既是必要条件也是充分条件。

首先，考虑仅有不等式约束条件的优化问题，如 5.1.2 节中的式（5-3）

$$\begin{aligned}&\min f(\boldsymbol{x})\\ &\text{s.t.}\ \ g_i(\boldsymbol{x})\geqslant 0,\ i=1,\ 2,\ \cdots,\ l\end{aligned}$$

对此类问题，其 K-T 条件可用定理 5.6 来描述。

定理 5.5 设 $\boldsymbol{x}^*$ 是约束优化问题式（5-3）的局部极小点，$f(\boldsymbol{x})$ 和 $g_i(\boldsymbol{x})$ 在点 $\boldsymbol{x}^*$ 处有一阶连续偏导数，并且 $\boldsymbol{x}^*$ 是约束条件的一个正则点，则存在向量 $\boldsymbol{\mu}=(\mu_1^*,\ \mu_2^*,\ \cdots,\ \mu_l^*)^{\mathrm{T}}$，使得下述条件成立。

$$\begin{cases}\nabla f(\boldsymbol{x}^*)-\sum\limits_{i=1}^{l}\mu_i^*\nabla g_i(\boldsymbol{x}^*)=0\\ \mu_i^* g_i(\boldsymbol{x}^*)=0,\ i=1,2,\cdots,l\\ \mu_i^*\geqslant 0,\ i=1,\ 2,\ \cdots,l\end{cases}\tag{5-39}$$

式（5-39）就是 **K-T 条件**，满足 K-T 条件的点称为 **K-T 点**，向量 $\boldsymbol{\mu}$ 称为**拉格朗日乘子向量**。

下面我们分几种情形来讨论说明 K-T 条件的含义。首先，考虑只含有不等式约束的情形。局部极小点 $\boldsymbol{x}^*$ 可能位于可行域 Ω 的内部，也可能在可行域 Ω 的边界上。若 $\boldsymbol{x}^*$ 在可行域内部，则该问题实际上是一个无约束极值问题，$\boldsymbol{x}^*$ 满足 $\nabla f(\boldsymbol{x}^*)=0$。同时，由于所有约束条件不起作用，令 $\mu_i^*=0(i=1,\ 2,\ \cdots,\ l)$，即有上述 K-T 条件成立。

若$\boldsymbol{x}^*$在可行域的边界上，我们先假定它位于某一个约束条件形成的边界上，即在点$\boldsymbol{x}^*$只有一个起作用约束。不失一般性，设$g_1(\boldsymbol{x}^*)=0$。若$\boldsymbol{x}^*$是局部最优解，则必有$-\nabla f(\boldsymbol{x}^*)$与$\nabla g_1(\boldsymbol{x}^*)$同处在一条直线上，且方向相反（见图5.15）；否则一定可以在$\boldsymbol{x}^*$处找到一个方向$\boldsymbol{p}$，它与$-\nabla f(\boldsymbol{x}^*)$和$\nabla g_1(\boldsymbol{x}^*)$的夹角都为锐角，即为可行下降方向，这与$\boldsymbol{x}^*$是局部最优解矛盾。用代数语言来描述上述几何性质，即存在$\mu_1^*\geqslant 0$，使得

$$\nabla f(\boldsymbol{x}^*)-\mu_1^*\nabla g_1(\boldsymbol{x}^*)=0 \tag{5-40}$$

成立。这就是上面的K-T条件。

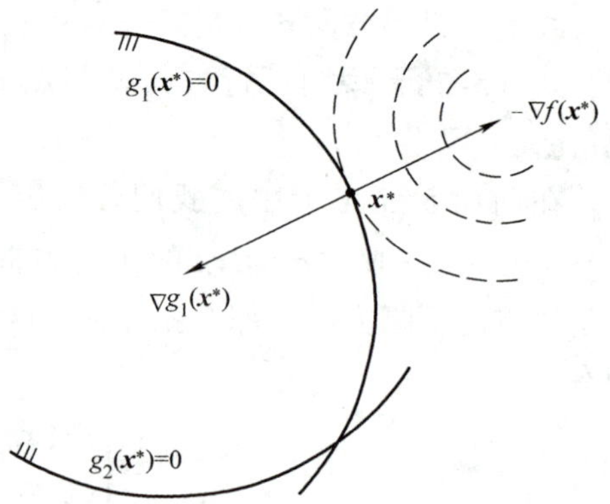

图5.15 点$\boldsymbol{x}^*$处只有一个起作用约束的情况

接下来，假定$\boldsymbol{x}^*$同时位于两个约束条件所形成的边界面上，即在点$\boldsymbol{x}^*$有两个起作用约束。不失一般性，设$g_1(\boldsymbol{x}^*)=0$，$g_2(\boldsymbol{x}^*)=0$。此时，$\nabla f(\boldsymbol{x}^*)$必位于$\nabla g_1(\boldsymbol{x}^*)$与$\nabla g_2(\boldsymbol{x}^*)$所形成的夹角内（见图5.16）；否则，也一定可以在$\boldsymbol{x}^*$处找到一个可行下降方向。这说明若$\boldsymbol{x}^*$是局部最优解，而且此处起作用约束的梯度$\nabla g_1(\boldsymbol{x}^*)$和$\nabla g_2(\boldsymbol{x}^*)$线性无关，则可将$\nabla f(\boldsymbol{x}^*)$表示成$\nabla g_1(\boldsymbol{x}^*)$和$\nabla g_2(\boldsymbol{x}^*)$的非负线性组合，即存在$\mu_1^*\geqslant 0$，$\mu_2^*\geqslant 0$，使得

$$\nabla f(\boldsymbol{x}^*)-\mu_1^*\nabla g_1(\boldsymbol{x}^*)-\mu_2^*\nabla g_2(\boldsymbol{x}^*)=0$$

成立。

同理，按上述分析类推，有

$$\begin{cases}\nabla f(\boldsymbol{x}^*)-\sum\limits_{i\in A(\boldsymbol{x}^*)}\mu_i^*\nabla g_i(\boldsymbol{x}^*)=0\\ \mu_i^*\geqslant 0,\ i\in A(\boldsymbol{x}^*)\end{cases} \tag{5-41}$$

同时，为把不起作用约束也包含在内，可以增加一个互补松弛条件为

$$\mu_i^*g_i(\boldsymbol{x}^*)=0,\ i=1,2,\cdots,l$$

由该互补松弛条件可知当$i\notin A(\boldsymbol{x}^*)$，即$g_i(\boldsymbol{x}^*)>0$时，$\mu_i^*=0(i\notin A(\boldsymbol{x}^*))$。因此，上面的式（5-41）可改写为

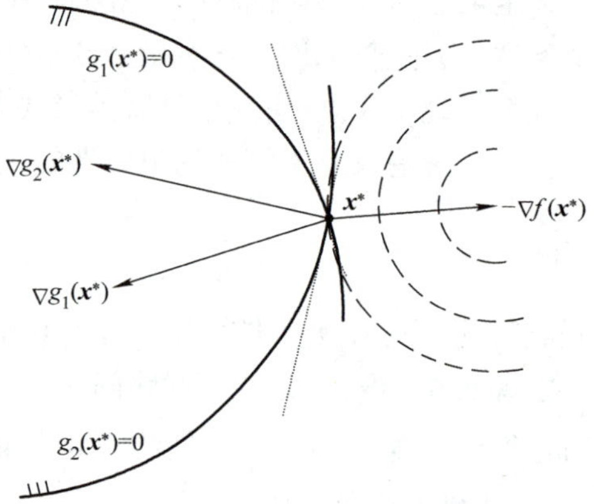

图5.16 点$\boldsymbol{x}^*$处有两个起作用约束的情况

$$\begin{cases}\nabla f(\boldsymbol{x}^*)-\sum\limits_{i=1}^{l}\mu_i^*\nabla g_i(\boldsymbol{x}^*)=0\\ \mu_i^*g_i(\boldsymbol{x}^*)=0,\ i=1,2,\cdots,l\\ \mu_i^*\geqslant 0,\ i=1,2,\cdots,l\end{cases}$$

即上述定理5.5的K-T条件。

对于同时含有等式和不等式约束的情形，如5.1.2节中的问题（5-2）

$$\min f(\boldsymbol{x})$$
$$\text{s.t.}\begin{cases}g_i(\boldsymbol{x})\geqslant 0,\ i=1,2,\cdots,l\\ h_j(\boldsymbol{x})=0,\ j=1,2,\cdots,m\end{cases}$$

可以将等式约束 $h_j(\boldsymbol{x})=0$ 用如下的两个不等式约束来替代，为

$$\begin{cases} h_j(\boldsymbol{x})\geqslant 0 \\ -h_j(\boldsymbol{x})\geqslant 0 \end{cases}$$

这样，就可以由条件（5-39）得到问题（5-2）的 K-T 条件为

定理 5.6　设 $\boldsymbol{x}^*$ 是约束优化问题（5-2）的局部极小点，$f(\boldsymbol{x})$，$g_i(\boldsymbol{x})$ 和 $h_j(\boldsymbol{x})$ 在点 $\boldsymbol{x}^*$ 处有一阶连续偏导数，并且 $\boldsymbol{x}^*$ 是约束条件的一个正则点，则存在向量 $\boldsymbol{\mu}=(\mu_1^*,\mu_2^*,\cdots,\mu_l^*)^{\mathrm{T}}$ 和 $\boldsymbol{\lambda}=(\lambda_1^*,\lambda_2^*,\cdots,\lambda_m^*)^{\mathrm{T}}$ 使得下述条件成立。

$$\begin{cases} \nabla f(\boldsymbol{x}^*) - \sum\limits_{i=1}^{l}\mu_i^*\nabla g_i(\boldsymbol{x}^*) - \sum\limits_{j=1}^{m}\lambda_j^*\nabla h_j(\boldsymbol{x}^*)=0 \\ \mu_i^* g_i(\boldsymbol{x}^*)=0,\ i=1,2,\cdots,l \\ \mu_i^*\geqslant 0,\ g_i(\boldsymbol{x}^*)\geqslant 0,\ i=1,2,\cdots,l \\ h_j(\boldsymbol{x}^*)=0,\ j=1,2,\cdots,m \end{cases} \tag{5-42}$$

这里的 μ_i^* 和 λ_j^* 分别对应约束 $g_i(\boldsymbol{x})\geqslant 0$ 和 $h_j(\boldsymbol{x})=0$ 的拉格朗日乘子。

K-T 条件是确定某点为最优点的必要条件，只要是最优点，且此处起作用约束的梯度线性无关，就会满足这个条件。但一般来说，它不是充分条件，即满足 K-T 条件的点不一定是最优点。特别地，对于凸规划问题，K-T 条件既是最优点的必要条件，同时也是充分条件。

例 5.11　求下列非线性规划问题的 K-T 点。

$$\min f(\boldsymbol{x}) = (x_1-1)^2 + x_2$$

$$\text{s. t.} \begin{cases} g_1(\boldsymbol{x}) = -x_1 - x_2 + 2 \geqslant 0 \\ g_2(\boldsymbol{x}) = x_2 \geqslant 2 \end{cases} \tag{5-43}$$

解　由 K-T 条件式（5-39），得

$$\begin{cases} \nabla f(\boldsymbol{x}^*) - \mu_1^*\nabla g_1(\boldsymbol{x}^*) - \mu_2^*\nabla g_2(\boldsymbol{x}^*) = 0 \\ \mu_1^* g_1(\boldsymbol{x}^*) = 0,\ \mu_2^* g_2(\boldsymbol{x}^*) = 0 \\ \mu_1^*,\ \mu_2^* \geqslant 0 \end{cases} \tag{5-44}$$

据题意，有

$$\nabla f(\boldsymbol{x}^*) = \begin{pmatrix} 2(x_1^*-1) \\ 1 \end{pmatrix},\quad \nabla g_1(\boldsymbol{x}^*) = \begin{pmatrix} -1 \\ -1 \end{pmatrix},\quad \nabla g_2(\boldsymbol{x}^*) = \begin{pmatrix} 0 \\ 1 \end{pmatrix}$$

代入式（5-44），得

$$\begin{cases} 2(x_1^*-1) + \mu_1^* = 0 \\ 1 + \mu_1^* - \mu_2^* = 0 \\ \mu_1^*(-x_1^* - x_2^* + 2) = 0 \\ \mu_2^* x_2^* = 0 \\ \mu_1^*,\ \mu_2^* \geqslant 0 \end{cases}$$

为解该方程组，需分别考虑以下几种情况：

1) $\mu_1^* > 0$, $\mu_2^* > 0$：无解。

2) $\mu_1^* > 0$, $\mu_2^* = 0$：无解。

3) $\mu_1^* = 0$, $\mu_2^* > 0$：$x_1^* = 1$, $x_2^* = 0$, $\mu_1^* = 0$, $\mu_2^* = 1$, $f(\boldsymbol{x}^*) = 0$。

4) $\mu_1^* = 0$, $\mu_2^* = 0$：无解。

因此，只得到了一个 K-T 点 $(1, 0)^{\mathrm{T}}$。

事实上，可以验证上面的非线性规划问题式（5-43）为凸规划。因此，K-T 点 $(1, 0)^{\mathrm{T}}$ 也是该问题的全局最优点。

例 5.12 线性规划也属于约束优化问题，请写出以下标准线性规划问题的 K-T 条件。

$$
\begin{aligned}
\max\ & z = \boldsymbol{c}^{\mathrm{T}}\boldsymbol{x} \\
\text{s. t.}\ & \boldsymbol{A}\boldsymbol{x} = \boldsymbol{b} \\
& \boldsymbol{x} \geqslant \boldsymbol{0}
\end{aligned}
$$

解 令 $f(\boldsymbol{x}) = -\boldsymbol{c}^{\mathrm{T}}\boldsymbol{x}$，$h(\boldsymbol{x}) = \boldsymbol{b} - \boldsymbol{A}\boldsymbol{x} = \boldsymbol{0}$，$g(\boldsymbol{x}) = \boldsymbol{x} \geqslant \boldsymbol{0}$，对等式约束 $h(\boldsymbol{x}) = \boldsymbol{b} - \boldsymbol{A}\boldsymbol{x} = \boldsymbol{0}$ 引入拉格朗日乘子向量 $\boldsymbol{y}$，对不等式约束 $g(\boldsymbol{x}) = \boldsymbol{x} \geqslant \boldsymbol{0}$ 引入拉格朗日乘子向量 $\boldsymbol{\mu}$，由 K-T 条件式（5-45），得

$$
\begin{cases}
\nabla f(\boldsymbol{x}) - \boldsymbol{\mu}^{\mathrm{T}} \nabla g(\boldsymbol{x}) - \boldsymbol{y}^{\mathrm{T}} \nabla h(\boldsymbol{x}) = \boldsymbol{0} \\
\boldsymbol{\mu}^{\mathrm{T}} g(\boldsymbol{x}) = \boldsymbol{0} \\
\boldsymbol{\mu} \geqslant \boldsymbol{0},\ g(\boldsymbol{x}) \geqslant \boldsymbol{0} \\
h(\boldsymbol{x}) = \boldsymbol{0}
\end{cases}
\tag{5-45}
$$

即

$$
\begin{cases}
-\boldsymbol{c} - \boldsymbol{\mu} + \boldsymbol{y}^{\mathrm{T}}\boldsymbol{A} = \boldsymbol{0} & ① \\
\boldsymbol{\mu}^{\mathrm{T}}\boldsymbol{x} = \boldsymbol{0} & ② \\
\boldsymbol{\mu} \geqslant \boldsymbol{0},\ \boldsymbol{x} \geqslant \boldsymbol{0} & ③ \\
\boldsymbol{b} - \boldsymbol{A}\boldsymbol{x} = \boldsymbol{0} & ④
\end{cases}
$$

由式①得 $\boldsymbol{\mu} = \boldsymbol{y}^{\mathrm{T}}\boldsymbol{A} - \boldsymbol{c} = \boldsymbol{A}^{\mathrm{T}}\boldsymbol{y} - \boldsymbol{c}$，代入式②得 $\boldsymbol{\mu}^{\mathrm{T}}\boldsymbol{x} = \boldsymbol{x}^{\mathrm{T}}\boldsymbol{\mu} = \boldsymbol{x}^{\mathrm{T}}(\boldsymbol{A}^{\mathrm{T}}\boldsymbol{y} - \boldsymbol{c}) = \boldsymbol{0}$，代入式③得 $\boldsymbol{A}^{\mathrm{T}}\boldsymbol{y} - \boldsymbol{c} \geqslant \boldsymbol{0}$，从而整理得

$$
\begin{cases}
\boldsymbol{x}^{\mathrm{T}}(\boldsymbol{A}^{\mathrm{T}}\boldsymbol{y} - \boldsymbol{c}) = \boldsymbol{0} \\
\boldsymbol{A}^{\mathrm{T}}\boldsymbol{y} \geqslant \boldsymbol{c} \\
\boldsymbol{A}\boldsymbol{x} = \boldsymbol{b},\ \boldsymbol{x} \geqslant \boldsymbol{0}
\end{cases}
$$

不难发现，以上 K-T 条件恰好包含了标准线性规划原问题的约束条件，其对偶问题的约束条件以及互补松弛条件。由于线性规划问题是凸规划，因此其 K-T 点就是全局最优解，K-T 条件就是第 3 章中提到的线性规划的最优性定理，也即互补松弛性定理。

5.7 约束优化问题的求解算法

本节将介绍一类借助罚函数把约束问题转化为无约束问题来进行求解的约束优化问题求解方法。

5.7.1 外点法和内点法

外点法和内点法都是通过构造某种罚函数，将有约束的优化问题转换为一系列无约束

的优化问题来进行求解，因此称为序列无约束极小化技术（Sequential Unconstrained Minimization Technique，SUMT）。极限意义下，无约束优化问题的解将最终收敛到有约束优化问题的解。有的书上将两者统称为罚函数法，也有的书上将外点法称为罚函数法（Penalty Methods），而将内点法称为障碍函数法（Barrier Methods）。

➢ 外点法（罚函数法）

考虑非线性规划问题

$$\begin{aligned}&\min f(\boldsymbol{x})\\&\text{s. t. } \boldsymbol{x}\in S\end{aligned}\tag{5-46}$$

式中，f 是 $\mathbf{R}^n$ 上的连续函数；S 是约束集。罚函数法的基本思路是用无约束优化问题

$$\min \pi(\boldsymbol{x},\rho)=f(\boldsymbol{x})+\rho\varphi(\boldsymbol{x})\tag{5-47}$$

来代替问题式（5-46）。这里，ρ 是一个正常数，$\varphi(\boldsymbol{x})$ 是 $\mathbf{R}^n$ 上的一个连续函数，构造为

$$\varphi(\boldsymbol{x})=\begin{cases}0, & \text{如果 } \boldsymbol{x}\in S\\>0, & \text{其他}\end{cases}$$

由上述定义可以看出，任意给定一个常数 $\rho>0$，得无约束优化问题式（5-47）的解 $\boldsymbol{x}^*$，如果 $\boldsymbol{x}^*\notin S$，那么它就不是原问题式（5-46）的解。但如果加大 ρ 的值，使得对那些 $\boldsymbol{x}^*\notin S$ 的点来说，$\rho\varphi(\boldsymbol{x}^*)$ 成为一个很大的正值，那么式（5-47）的目标函数值就会很大。所以如果将 ρ 取得足够大（$\rho\to\infty$），就能迫使式（5-47）的最优解在约束集 S 之内，即式（5-47）的极小值点 $\boldsymbol{x}^*\in S$，$\varphi(\boldsymbol{x}^*)=0$，$\boldsymbol{x}^*$ 也就是约束优化问题式（5-46）的最优解。在式（5-47）中，ρ 称为罚因子，$\varphi(\boldsymbol{x})$ 称为罚函数。

对于等式约束优化问题

$$\begin{aligned}&\min f(\boldsymbol{x})\\&\text{s. t. } g_i(\boldsymbol{x})=0,\ i=1,\ 2,\ \cdots,\ m\end{aligned}\tag{5-48}$$

最为常见的罚函数是

$$\varphi(\boldsymbol{x})=\frac{1}{2}\sum_{i=1}^{m}g_i(\boldsymbol{x})^2=\frac{1}{2}g(\boldsymbol{x})^{\mathrm{T}}g(\boldsymbol{x})\tag{5-49}$$

或者

$$\varphi(\boldsymbol{x})=\frac{1}{\gamma}\sum_{i=1}^{m}|g_i(\boldsymbol{x})|^{\gamma}(\gamma\geqslant 1)$$

式（5-49）称为二次损失函数（Quadratic Loss Function）。以其作为罚函数，等式约束优化问题式（5-48）将转换为以下的无约束优化问题：

$$\min \pi(\boldsymbol{x},\mu)=f(\boldsymbol{x})+\frac{\rho}{2}\sum_{i=1}^{m}g_i(\boldsymbol{x})^2\tag{5-50}$$

当求出式（5-50）的最优解 $\boldsymbol{x}(\rho)$ 时，如果 $\boldsymbol{x}(\rho)\in S$，则 $\boldsymbol{x}(\rho)$ 就是式（5-48）的最优解。

由无约束优化问题式（5-50）的一阶必要性条件，得

$$\nabla_{\boldsymbol{x}}\pi(\boldsymbol{x}(\rho),\rho)=\nabla f(\boldsymbol{x}(\rho))+\rho\sum_{i=1}^{m}\nabla g_i(\boldsymbol{x}(\rho))g_i(\boldsymbol{x}(\rho))=0\tag{5-51}$$

若在式（5-51）中令

$$\lambda_i(\rho)=-\rho g_i(\boldsymbol{x}(\rho))$$

则其可改写为

$$\nabla f(\boldsymbol{x}(\rho)) - \sum_{i=1}^{m} \lambda_i(\rho) \nabla g_i(\boldsymbol{x}(\rho)) = 0$$

如果随$\rho \to \infty$，有$\boldsymbol{x}(\rho) \to \boldsymbol{x}^*$，那么$\boldsymbol{\lambda}(\rho) \to \boldsymbol{\lambda}^*$，其中$\boldsymbol{\lambda}(\rho) = (\lambda_1(\rho), \cdots, \lambda_m(\rho))^{\mathrm{T}}$是拉格朗日乘子向量的估计，$\boldsymbol{\lambda}^*$是伴随$\boldsymbol{x}^*$的最优拉格朗日乘子向量。

对于不等式约束优化问题

$$\begin{aligned} &\min f(\boldsymbol{x}) \\ &\text{s. t. } g_i(\boldsymbol{x}) \geqslant 0,\ i = 1,2,\cdots,m \end{aligned}$$

如下的二次损失函数可作为罚函数：

$$\varphi(\boldsymbol{x}) = \frac{1}{2}\sum_{i=1}^{m} [\min(g_i(\boldsymbol{x}),0)]^2$$

在具体计算时，ρ取多大合适是不知道的。因此，一般先从某$\rho = \rho_1 > 0$开始，若最优解$\boldsymbol{x}(\mu_1) \notin S$，说明$\rho_1$取得不够大；再令$\rho = \rho_2 > \rho_1$，一直这样迭代下去，最终逼近原问题的真正最优解。由于罚函数法在求得原问题的最优解之前，各个迭代点都在可行域之外，也就是说是从可行域外的点逐渐向可行域上的最优解点靠近，所以该方法被称为外点法。

例 5.13 请用外点法求解下面的约束优化问题。

$$\begin{aligned} &\min f(\boldsymbol{x}) = -x_1 x_2 \\ &\text{s. t. } g(\boldsymbol{x}) = x_1 + 2x_2 - 4 = 0 \end{aligned}$$

解 以二次损失函数为罚函数，得下面的无约束优化问题为

$$\min \pi(\boldsymbol{x},\rho) = -x_1 x_2 + \frac{1}{2}\rho(x_1 + 2x_2 - 4)^2$$

对给定的ρ，由无约束优化问题的一阶最优性条件，得

$$\begin{cases} -x_2 + \rho(x_1 + 2x_2 - 4) = 0 \\ -x_1 + 2\rho(x_1 + 2x_2 - 4) = 0 \end{cases}$$

求解这个方程组，得

$$x_1(\rho) = \frac{8\rho}{4\rho - 1},\ x_2(\rho) = \frac{4\rho}{4\rho - 1}$$

将$\boldsymbol{x}(\rho)$代入约束函数$g(\boldsymbol{x})$，得

$$g(\boldsymbol{x}(\rho)) = x_1 + 2x_2 - 4 = \frac{16\rho}{4\rho - 1} - 4 = \frac{4}{4\rho - 1}$$

等式约束的拉格朗日乘子$\lambda(\rho)$为

$$\lambda(\rho) = -\rho g(\boldsymbol{x}(\rho)) = \frac{-4\rho}{4\rho - 1}$$

可以看出，当$\rho \to \infty$时，$g(\boldsymbol{x}(\rho)) \to 0$，并且

$$\lim_{\rho \to \infty} x_1(\rho) = \lim_{\rho \to \infty} \frac{2}{1 - 1/4\rho} = 2, \quad \lim_{\rho \to \infty} x_2(\rho) = \lim_{\rho \to \infty} \frac{1}{1 - 1/4\rho} = 1$$

$$\lim_{\rho \to \infty} \lambda(\rho) = \lim_{\rho \to \infty} \frac{-1}{1 - 1/4\rho} = -1$$

因此，该问题的最优解为$\boldsymbol{x}^* = (2,1)^{\mathrm{T}}$，最优拉格朗日乘子为$\lambda^* = -1$。

➢ 内点法（障碍函数法）

和外点法从可行域外部逐渐靠近最优解不同，内点法的主要思想是：在可行域的边界上筑起一道很高的“围墙”，当迭代点从可行域内部靠近边界时，目标函数突然增大以示

惩罚，阻止迭代点穿越边界，因此搜索过程始终在可行域内，每一个迭代点都是严格可行的。显然，内点法要求优化问题的可行域内部非空，因而其不适用于等式约束的优化问题。

考虑不等式约束优化问题

$$\begin{aligned}&\min f(\boldsymbol{x})\\&\text{s. t. }\ \boldsymbol{x}\in S\end{aligned}\tag{5-52}$$

式中，$S=\{\boldsymbol{x}\mid g_i(\boldsymbol{x})\geqslant 0,\ i=1,\ 2,\ \cdots,\ m\}$，并且至少存在某个 $\boldsymbol{x}_0$，使得 $g_i(\boldsymbol{x}_0)>0$，$i=1,\ 2,\ \cdots,\ m$。内点法的障碍函数是定义于 S 内部的一个连续函数 $\varphi(\boldsymbol{x})$，它必须满足 $\varphi(\boldsymbol{x})\geqslant 0$，并且随着 $g_i(\boldsymbol{x})\to 0_+$（即 $\boldsymbol{x}$ 趋于 S 的边界时）$\varphi(\boldsymbol{x})\to\infty$。下面两个函数是满足上述条件的常用障碍函数。

1）对数障碍函数为

$$\varphi(\boldsymbol{x})=-\sum_{i=1}^{m}\ln(g_i(\boldsymbol{x}))$$

2）倒数障碍函数为

$$\varphi(\boldsymbol{x})=\sum_{i=1}^{m}\frac{1}{g_i(\boldsymbol{x})}$$

通过障碍函数可将不等式约束优化问题式（5-52）转换为如下的无约束优化问题为

$$\min\beta(\boldsymbol{x},\mu)=f(\boldsymbol{x})+\mu\varphi(\boldsymbol{x})\tag{5-53}$$

式中，μ 称为**障碍参数**。每给定一个 μ_k，就可以求解上面的极值问题得到相应的 $\boldsymbol{x}_k$。可以证明，随着 $\mu_k\to 0$，由障碍函数法所产生的序列 $\{\boldsymbol{x}_k\}$ 的任一极限点是式（5-52）的一个解。如果最优点在约束边界上，通过不断减小 μ_k 的值，搜索点就会逐步靠近约束边界，障碍的作用逐步减小，直到搜索点与边界上的最优点的距离在允许误差范围内为止。

例 5.14　请用内点法求解下面的约束优化问题。

$$\begin{aligned}&\min f(\boldsymbol{x})=x_1-2x_2\\&\text{s. t. }\begin{cases}g_1(\boldsymbol{x})=1+x_1-x_2^2\geqslant 0\\g_2(\boldsymbol{x})=x_2\geqslant 0\end{cases}\end{aligned}$$

解　以对数函数为障碍函数，得下面的无约束优化问题为

$$\min\beta(\boldsymbol{x},\mu)=x_1-2x_2-\mu\ln(1+x_1-x_2^2)-\mu\ln(x_2)$$

对给定的 μ，由无约束优化问题的一阶最优性条件，得

$$\begin{cases}1-\dfrac{\mu}{1+x_1-x_2^2}=0\\[2ex]-2+\dfrac{2\mu x_2}{1+x_1-x_2^2}-\dfrac{\mu}{x_2}=0\end{cases}$$

求解这个方程组，得

$$x_1(\mu)=\frac{\sqrt{1+2\mu}+3\mu-1}{2},\quad x_2(\mu)=\frac{1+\sqrt{1+2\mu}}{2}$$

令障碍参数 $\mu\to 0$ 取极限，得

$$\lim_{\mu\to 0}x_1(\mu)=0,\quad \lim_{\mu\to 0}x_2(\mu)=1$$

因此，该问题的最优解为 $\boldsymbol{x}^*=(0,1)^{\mathrm{T}}$。

使用内点法在求解一系列无约束优化问题的过程中我们也可以得到最优拉格朗日乘子的渐近序列。以对数障碍函数为例，根据无约束优化问题式（5-53）的一阶最优性条件，有

$$\nabla f(\boldsymbol{x}(\mu)) - \mu\sum_{i=1}^{m}\frac{\nabla g_i(\boldsymbol{x}(\mu))}{g_i(\boldsymbol{x}(\mu))} = 0 \tag{5-54}$$

若在式（5-54）中令

$$\lambda_i(\mu) = \frac{\mu}{g_i(\boldsymbol{x}(\mu))}$$

则其可改写为

$$\nabla f(\boldsymbol{x}(\mu)) - \sum_{i=1}^{m}\lambda_i(\mu)\nabla g_i(\boldsymbol{x}(\mu)) = 0$$

如果随 $\mu\to 0$，有 $\boldsymbol{x}(\mu)\to\boldsymbol{x}^*$，那么 $\boldsymbol{\lambda}(\mu)\to\boldsymbol{\lambda}^*$，其中 $\boldsymbol{\lambda}(\mu)=(\lambda_1(\mu),\cdots,\lambda_m(\mu))^{\mathrm{T}}$ 是拉格朗日乘子向量的估计，$\boldsymbol{\lambda}^*$ 是伴随 $\boldsymbol{x}^*$ 的最优拉格朗日乘子向量。

例 5.15 请用内点法求解下面的约束优化问题。

$$\min f(\boldsymbol{x}) = x_1^2 + x_2^2$$

$$\text{s. t.}\ \begin{cases} g_1(\boldsymbol{x}) = x_1 - 1 \geqslant 0 \\ g_2(\boldsymbol{x}) = x_2 + 1 \geqslant 0 \end{cases}$$

5.7.2 增广拉格朗日乘子法

用外点法或内点法求解约束优化问题时，为了获得较好的近似最优解，通常要求罚因子 $\rho\to+\infty$ 或障碍参数 $\mu\to 0$。但是，随着罚因子和障碍参数趋向其极限，罚函数和障碍函数的 Hessian 矩阵条件数也会无限增大，因而变得越来越病态，给数值计算带来很大的困难。为克服这个缺点，赫斯廷斯（Hestenes）和鲍威尔（Powell）于 1969 年首先提出了针对等式约束优化问题的乘子法。罗克夫拉尔（Rockafellar）于 1973 年将其推广到不等式约束的优化问题。本节将介绍在罚函数基础上提出的增广拉格朗日乘子法（又称“乘子罚函数法”）。

考虑等式约束优化问题

$$\begin{aligned} &\min f(\boldsymbol{x}) \\ &\text{s. t.}\ \ g_i(\boldsymbol{x}) = 0,\ i = 1,2,\cdots,m \end{aligned} \tag{5-55}$$

构造增广拉格朗日函数为

$$A(\boldsymbol{x},\boldsymbol{\lambda},\rho) = f(\boldsymbol{x}) - \sum_{i=1}^{m}\lambda_i g_i(\boldsymbol{x}) + \frac{1}{2}\rho\sum_{i=1}^{m}[g_i(\boldsymbol{x})]^2 \tag{5-56}$$

式中，λ_i 为拉格朗日乘子，ρ 为罚因子。显然，增广拉格朗日函数是由前面两项构成的拉格朗日函数再加上一个二次惩罚函数项 $\frac{1}{2}\rho\sum_{i=1}^{m}[g_i(\boldsymbol{x})]^2$ 构成的。可以证明，由式（5-56）构造的增广拉格朗日函数 $A(\boldsymbol{x},\boldsymbol{\lambda},\rho)$ 在适当的条件下不用让罚因子 ρ 趋于无穷大，就可以保证通过计算 $A(\boldsymbol{x},\boldsymbol{\lambda},\rho)$ 的极小点得到原问题式（5-55）的局部最优解。因此，乘子法在计算过程中一般不会出现病态现象。

给定 $\boldsymbol{\lambda}^{(k)}=(\lambda_1^{(k)},\cdots,\lambda_m^{(k)})^{\mathrm{T}}$ 和 ρ_k，求解无约束优化问题

$$\min_{\boldsymbol{x}} A(\boldsymbol{x},\boldsymbol{\lambda}^{(k)},\rho_k)$$

得其最优解 $\boldsymbol{x}_{k+1}$，则有

$$\begin{aligned}\nabla_{\boldsymbol{x}}A(\boldsymbol{x}_{k+1},\boldsymbol{\lambda}^{(k)},\rho_k)&=\nabla f(\boldsymbol{x}_{k+1})-\sum_{i=1}^{m}\lambda_i^{(k)}\nabla g_i(\boldsymbol{x}_{k+1})+\rho_k\sum_{i=1}^{m}g_i(\boldsymbol{x}_{k+1})\nabla g_i(\boldsymbol{x}_{k+1})\\&=\nabla f(\boldsymbol{x}_{k+1})-\sum_{i=1}^{m}[\lambda_i^{(k)}-\rho_k g_i(\boldsymbol{x}_{k+1})]\nabla g_i(\boldsymbol{x}_{k+1})\\&=0\end{aligned}$$

与在 $\boldsymbol{x}^*$ 处的一阶必要条件相比，令

$$\lambda_i^{(k+1)}=\lambda_i^{(k)}-\rho_k g_i(\boldsymbol{x}_{k+1}) \tag{5-57}$$

作为下次迭代的拉格朗日乘子，这样有

$$\nabla f(\boldsymbol{x}_{k+1})-\sum_{i=1}^{m}\lambda_i^{(k+1)}\nabla g_i(\boldsymbol{x}_{k+1})=0$$

式（5-57）可以看作最优拉格朗日乘子的估计。若同时有 $g_i(\boldsymbol{x}_{k+1})=0$ 成立，则约束条件满足且 K-T 条件成立。此时，$\lambda_i^{(k+1)}=\lambda_i^{(k)}=\lambda_i^*$。

例 5.16 考虑非线性规划问题

$$\min \frac{1}{2}\left(x_1^2+\frac{1}{3}x_2^2\right)$$
$$\text{s. t. } x_1+x_2-1=0$$

请用增广拉格朗日乘子法求出最优解，并给出最优拉格朗日乘子。

解 构造增广拉格朗日函数为

$$A(x,\lambda,\rho)=\frac{1}{2}\left(x_1^2+\frac{1}{3}x_2^2\right)-\lambda(x_1+x_2-1)+\frac{1}{2}\rho(x_1+x_2-1)^2$$

对给定的 λ 和 ρ，由无约束优化问题的一阶最优性条件，得

$$\begin{cases}\dfrac{\partial A(x,\lambda,\rho)}{\partial x_1}=x_1-\lambda+\rho(x_1+x_2-1)=0\\[2ex]\dfrac{\partial A(x,\lambda,\rho)}{\partial x_2}=\dfrac{1}{3}x_2-\lambda+\rho(x_1+x_2-1)=0\end{cases}$$

求解该方程组，得

$$x_1=\frac{\rho+\lambda}{4\rho+1},\quad x_2=\frac{3(\rho+\lambda)}{4\rho+1}$$

令 $\rho\to\infty$，得 $x_1^*=\frac{1}{4}$，$x_2^*=\frac{3}{4}$，极小值为$\frac{1}{8}$。计算最优拉格朗日乘子为

$$\frac{\partial A(x,\lambda,\rho)}{\partial x_1}=x_1^*-\lambda^*+\rho(x_1^*+x_2^*-1)=0$$

解得 $\lambda^*=\frac{1}{4}$。

注意，在数值计算中，初始可先取 $\rho=1$。若其值固定不变，到第 k 次迭代乘子取 $\lambda^{(k)}$ 时，增广拉格朗日函数的极小点为

$$x_1^{(k+1)}=\frac{1+\lambda^{(k)}}{5},\ x_2^{(k+1)}=\frac{3+3\lambda^{(k)}}{5}$$

由式（5-57）更新乘子，得 $\lambda^{(k+1)}$ 为

$$\lambda^{(k+1)}=\lambda^{(k)}-(x_1^{(k+1)}+x_2^{(k+1)}-1)=\frac{1+\lambda^{(k)}}{5}$$

易证当 $k\to\infty$ 时，序列 $\{\lambda^{(k)}\}$ 收敛，有

$$\lim_{k\to\infty}\lambda^{(k)}=\frac{1}{4}$$

同时，$x_1^{(k)}\to\frac{1}{4}$，$x_2^{(k)}\to\frac{3}{4}$。

由此可见，该问题当 $\rho=1$ 时，极小化增广拉格朗日函数即得原问题的最优解。在实际计算中，应特别注意 ρ 的取值。如果 ρ 太小，则收敛减慢，甚至可能不收敛；如果 ρ 太大，则会给计算带来一定困难。

5.8 应用举例

下面结合几个例子介绍非线性规划在实际中的应用。

5.8.1 投资组合问题

由于存在各种风险和不确定性因素，人们投资时的收益往往是不确定的，因此收益率是一个随机变量。当进行投资决策时，除了要考虑收益的期望值外，还应当考虑风险控制。马科维茨（Markowitz）投资组合模型是现代投资组合理论的基础之一，其核心思想就是通过将不同资产的预期回报率、风险以及它们之间的相关性纳入考虑，构建出一系列优化的投资组合。下面给出投资组合问题的具体描述，我们将把投资各资产的比例看作决策变量并引入收益率、风险等约束，以及考虑不同资产之间的非线性因素来建立数学模型。

例 5.17 假设市场上有 n 只股票，每只股票的收益率 $\xi_i(i=1,2,\cdots,n)$ 是随机变量。已知 n 只股票收益率的期望向量为 $\boldsymbol{\mu}=(\mu_1,\mu_2,\cdots,\mu_n)^{\mathrm{T}}$，收益率的协方差矩阵为 $\boldsymbol{\Sigma}=(\sigma_{ij})_{n\times n}$，请问应如何确定最优的投资组合？

解 将投资者的可用资金视为1，设第 i 只股票的投资额占全部可用资金的比例为 x_i，那么 n 只股票投资比例的向量记为 $\boldsymbol{x}=(x_1,x_2,\cdots,x_n)^{\mathrm{T}}$。投资组合模型的期望收益率为

$$\boldsymbol{\mu}^{\mathrm{T}}\boldsymbol{x}=\sum_{i=1}^{n}\mu_i x_i$$

投资组合模型的方差（即风险度量）为

$$\boldsymbol{x}^{\mathrm{T}}\boldsymbol{\Sigma}\boldsymbol{x}=\sum_{i=1}^{n}\sum_{j=1}^{n}\sigma_{ij}x_i x_j$$

由于投资者对收益和风险的权衡偏好不同，通常有以下两种建模思路：

1）设置期望达到的收益率水平 $\tilde{\mu}$，要求在不低于该回报率的前提下使投资组合的风险尽可能小，相应的优化模型为

$$\min \sum_{i=1}^{n} \sum_{j=1}^{n} \sigma_{ij} x_i x_j$$

$$\text{s. t.} \sum_{i=1}^{n} \mu_i x_i \geqslant \tilde{\mu}$$

$$\sum_{i=1}^{n} x_i = 1$$

$$x_i \geqslant 0, i = 1, 2, \cdots, n$$

2）设置最大风险容忍度 σ，即投资组合的标准差上限，要求在不超过该上限的前提下使投资组合的期望收益率尽可能大，相应的优化模型为

$$\max \sum_{i=1}^{n} \mu_i x_i$$

$$\text{s. t.} \sum_{i=1}^{n} \sum_{j=1}^{n} \sigma_{ij} x_i x_j \leqslant \sigma^2$$

$$\sum_{i=1}^{n} x_i = 1$$

$$x_i \geqslant 0, i = 1, 2, \cdots, n$$

注意到第一个模型的目标函数是二次函数，而约束条件仍然都是线性的，这样的非线性规划模型也被称为**二次规划**（Quadratic Programming）。

5.8.2 报童问题

报童问题（NewsvendorProblem）是一个经典的库存管理模型，用于分析库存管理决策对经济利益的影响，于 1956 年首次被提出。在该问题中，报童每天需要决定从报社订购多少份报纸。如果订购的报纸过多，那么在一天结束时他将剩下许多没有价值的报纸，造成过量损失；如果订购过少，报童则将失去潜在的客户需求，导致短缺损失。由于需求难以提前准确预测，因此报童必须综合权衡这两种损失，以订购适量的报纸数。报童问题的目标是通过寻找产品最佳订货量，来使期望利润最大或期望损失最小。

例 5.18 某报童每天需要销售一定数量的报纸，其售报数量是一个随机变量。设单位货物进价为 k，售价为 p，存储费为 C_1，货物需求 r 为连续随机变量，其密度函数为 $\Phi(r)$，分布函数为 $F(r)$。问题：货物的订货量或生产量 Q 为何值时，能使利润期望值最大？

解 当需求为 r，订货量为 Q 时，可获得的利润为

$$W(Q) = p\min[r, Q] - kQ - C_1(Q)$$

其中 $C_1(Q)$ 为剩余货物的存储费，为

$$C_1(Q) = \begin{cases} C_1(Q - r), & r \leqslant Q \\ 0, & r > Q \end{cases}$$

由此，利润期望值为

$$E[W(Q)] = \left[\int_0^Q pr\Phi(r)\mathrm{d}r + \int_Q^{\infty} pQ\Phi(r)\mathrm{d}r\right] - kQ - \int_0^Q C_1(Q - r)\Phi(r)\mathrm{d}r$$

$$= pE(r) - \left[\int_Q^{\infty} p(r - Q)\Phi(r)\mathrm{d}r + \int_0^Q C_1(Q - r)\Phi(r)\mathrm{d}r + kQ\right]$$

式中，$pE(r)$表示平均盈利；$\int_Q^\infty p(r-Q)\Phi(r)\mathrm{d}r$ 表示因缺货导致的损失期望值；$\int_0^Q C_1(Q-r)\Phi(r)\mathrm{d}r$ 表示因滞销导致的损失期望值；kQ 表示货物的采购费用。

故总的损失期望值为

$$E[C(Q)]=\int_Q^\infty p(r-Q)\Phi(r)\mathrm{d}r+\int_0^Q C_1(Q-r)\Phi(r)\mathrm{d}r+kQ$$

为使盈利期望值最大化，则有

$$\max E[W(Q)]+\min E[C(Q)]=pE(r)$$

上式说明最大利润期望值与最小损失期望值之和为一常数，等于平均收益。因此，求利润期望值最大可以转化为求损失期望值最小。当 Q 可以连续取值时，$E[W(Q)]$或$E[C(Q)]$是 Q 的连续函数，可以用微分法求最优解。下面详细说明 $E[C(Q)]$的求解过程。

首先对 $E[C(Q)]$求一阶导数得

$$\frac{\mathrm{d}E[C(Q)]}{\mathrm{d}Q}=\frac{\mathrm{d}}{\mathrm{d}Q}\left[\int_Q^\infty p(r-Q)\Phi(r)\mathrm{d}r+\int_0^Q C_1(Q-r)\Phi(r)\mathrm{d}r+kQ\right]$$
$$=C_1\int_0^Q\Phi(r)\mathrm{d}r-p\int_Q^\infty\Phi(r)\mathrm{d}r+k$$

令$\frac{\mathrm{d}E[C(Q)]}{\mathrm{d}Q}=0$，则有

$$C_1\int_0^Q\Phi(r)\mathrm{d}r-p\left[1-\int_0^Q\Phi(r)\mathrm{d}r\right]+k=0$$

即

$$\int_0^Q\Phi(r)\mathrm{d}r=\frac{p-k}{p+C_1}$$

从上式中解出 Q，记为 Q^*，Q^*为 $E[C(Q)]$的驻点。又由于 $E[C(Q)]$的二阶导数为

$$\frac{\mathrm{d}^2E[C(Q)]}{\mathrm{d}Q^2}=C_1\Phi(Q)+p\Phi(Q)>0$$

故 Q^*为 $E[C(Q)]$的极小值点，也是最小值点。

注意，若 $p-k\leqslant 0$，由于$\int_0^Q\Phi(r)\mathrm{d}r\geqslant 0, Q^*=0$。此时意味着销售价低于进货成本，不需要订货。

上面关于 $E[C(Q)]$的求解仅考虑了缺货失去销售机会的损失，如果同时考虑缺货时需要付出的费用，即总的缺货费用 $C_2>p$，则有

$$E[C(Q)]=\int_Q^\infty C_2(r-Q)\Phi(r)\mathrm{d}r+\int_0^Q C_1(Q-r)\Phi(r)\mathrm{d}r+kQ$$

同理，可得

$$\int_0^Q\Phi(r)\mathrm{d}r=\frac{C_2-k}{C_2+C_1}$$

记 $F(Q)=\int_0^Q\Phi(r)\mathrm{d}r$，则有

$$F(Q)=\frac{C_2-k}{C_2+C_1}$$

5.8.3　矩阵补全问题

推荐系统是一种利用大数据和机器学习技术来预测用户可能感兴趣的商品或内容，并将其自动推荐给用户的系统。它通过采集和分析用户的历史行为、偏好、特征等数据，为用户提供个性化的推荐服务，常见的应用领域包括电商、流媒体、社交、新闻、旅游、在线教育等各类平台。在推荐系统中，用户评分可以提供有关用户对物品偏好的有用信息，但由于用户可能只对部分物品进行了评分，而其他物品的评分是缺失的，因此在很多情况下，推荐系统无法获得完整的用户 - 物品评分矩阵。在数学上，推荐系统的核心问题之一就是矩阵补全（Matrix Completion）问题，也就是要基于部分评分，来预测未评分物品的评分，从而进行个性化推荐。

例如，这里可以构建一个矩阵，矩阵的每行代表一个用户，每列代表一部电影，见表 5.2。其中填上数字的地方就是有用户评分数据的，而空白处就是没有用户评分的。

表 5.2　用户 - 电影评分矩阵

用户	电影			
	A	B	C	D
001		4		3
002	3		2	
003			4	
004		1	3	5
005	5		2	

在一个影视平台上，由于用户数量和电影数量都非常多，因此这个矩阵的维数超级大。然而，用户所打分的电影却十分有限，因此在这个矩阵中只有很少一部分元素值是已知的，且可能带有噪声或误差。所谓矩阵补全问题就是对一个含有很多未知元素的矩阵 $\boldsymbol{M}$，通过其部分已知元素来估计其他的未知元素，从而可以将整个矩阵填补完整。对这个问题，如果不加任何限制的话，就可能有无数组解，也就是除了被观测到的已知元素外，其他的矩阵元素可以是任意值。这显然不符合实际，也没有任何意义。因此，矩阵补全往往要求补全的矩阵秩最小。因为现实中的大规模数据矩阵往往都具有低秩性。

低秩矩阵意味着矩阵的每行或每列都可以用其他的行或列线性组合表示出来，因此它包含着大量的冗余信息。然而，在矩阵补全里面恰恰就需要这种冗余性。矩阵补全的应用很广泛，不仅是推荐系统，在计算机视觉、图像处理等领域也经常应用，因此具有很重要的研究价值。

对矩阵补全问题，设其决策变量为矩阵 $\boldsymbol{X}$，由于 $\boldsymbol{X}$ 是对真实矩阵 $\boldsymbol{M}$ 的近似，所以对于原矩阵 $\boldsymbol{M}$ 中的已知元素，要求矩阵 $\boldsymbol{X}$ 相应位置的元素值和其一样，即 $X_{ij}=M_{ij},(i,\ j)\in\Omega$，这里 Ω 为已知元素下标的集合。此外，还希望矩阵 $\boldsymbol{X}$ 的秩尽量小或者说尽量低。因此，相应的约束优化问题为

$$\begin{aligned}&\min_{\boldsymbol{X}}\ \operatorname{rank}(\boldsymbol{X})\\&\text{s.t.}\quad X_{ij}=M_{ij},\ (i,\ j)\in\Omega\end{aligned}$$

然而，这个约束优化问题的目标函数不是凸函数，因此没办法保证解的全局最优性，并且计算很复杂，是一个 NP-hard 问题。为了求解该问题，有学者对其进行了凸松弛，将其转化为一个凸优化问题，为

$$\min_{X}\|X\|_*$$
$$\text{s. t. }\ X_{ij}=M_{ij},\ (i,\ j)\in\Omega$$

这里$\|X\|_*$表示**核范数**（Nuclear Norm），也就是矩阵的奇异值之和。有研究表明，上述问题在满足一定条件下，很大概率等价于原来以秩为目标函数的问题。

定义投影算子P_Ω为

$$[P_\Omega(X)]_{i,j}=\begin{cases}X_{i,j}, & (i,\ j)\in\Omega\\ 0, & \text{其他}\end{cases}$$

上面的问题还可以简洁地表达为

$$\min_{X}\|X\|_*$$
$$\text{s. t. }\ P_\Omega(X)=P_\Omega(M)$$

前面提到过，在实际中，观测的原矩阵可能还存在噪声，即已知观测值为Y_{ij}，其中Z_{ij}是观测的噪声，有$Y_{ij}=M_{ij}+Z_{ij}$，$(i,\ j)\in\Omega$。那么，考虑噪声的矩阵补全问题可以建模为

$$\min_{X}\|X\|_*$$
$$\text{s. t. }\ \|P_\Omega(X-Y)\|_F\leqslant\delta$$

这里的δ就是给定的误差范围。

习题

5.1 已知f是凸集S上的凸函数，证明水平集$T=\{x\in S\mid f(x)\leqslant k\}$对任意实数$k$是凸集。

5.2 判断以下函数是否为凸函数。

(1) $f(x)=\ln\left(\dfrac{1}{x}\right)$　　(2) $f(x)=\sqrt{x}$

(3) $f(x_1,x_2)=2x_1^2-2x_1x_2+x_2^2+x_1+1$　　(4) $f(x_1,x_2)=x_1\mathrm{e}^{-(x_1+x_2)}$

5.3 假设$g_1,\ \cdots,\ g_m$是定义在$\mathbf{R}^n$上的凹函数，f是定义在$\mathbf{R}^n$上的凸函数，$\mu>0$是一个常数。请证明：$\beta(\boldsymbol{x})=f(\boldsymbol{x})-\mu\sum_{i=1}^{m}\ln g_i(\boldsymbol{x})$在集合$S=\{\boldsymbol{x}\in\mathbf{R}^n\mid g_i(\boldsymbol{x})>0,\ i=1,\ 2,\ \cdots,\ m\}$上是凸函数。

5.4 考虑无约束极值问题：$\min f(\boldsymbol{x})=8x_1^2+3x_1x_2+7x_2^2-25x_1+31x_2-29$。

(1) 求其所有稳定点。

(2) 稳定点是否是局部极小点？该问题是否有全局极小点？

5.5 考虑无约束极值问题：$\min f(\boldsymbol{x})=2x_1^3-3x_1^2-6x_1x_2(x_1-x_2-1)$。

(1) 求其所有局部极小点。

(2) 若迭代求解从初始点$\boldsymbol{x}_0=(1,-1)^{\mathrm{T}}$开始，请问$\boldsymbol{p}_0=(-1,\ 1)^{\mathrm{T}}$是否为下降方向？

5.6 假设$\boldsymbol{G}\in\mathbf{R}^{n\times n}$是正定矩阵，$\boldsymbol{b}\in\mathbf{R}^{n}$，对二次函数$f(\boldsymbol{x})=\frac{1}{2}\boldsymbol{x}^{\mathrm{T}}\boldsymbol{G}\boldsymbol{x}+\boldsymbol{b}^{\mathrm{T}}\boldsymbol{x}$，证明其沿射线$\boldsymbol{x}_k+\alpha_k\boldsymbol{p}_k$的一维精确线搜索极小值为$\alpha_k=-\frac{\nabla f_k^{\mathrm{T}}\boldsymbol{p}_k}{\boldsymbol{p}_k^{\mathrm{T}}\boldsymbol{G}\boldsymbol{p}_k}$。

5.7 用黄金分割法求函数$f(x)=\mathrm{e}^{-x}+x^2$在区间[0, 1]上的近似极小点，要求缩短后的区间长度$L\leqslant 0.2$。

5.8 取初始点$\boldsymbol{x}_0=(1,1)^{\mathrm{T}}$，试用DFP拟牛顿法求二次函数$f(\boldsymbol{x})=x_1^2+2x_2^2-2x_1x_2-4x_1$的极小点。

5.9 设有非线性规划问题

$$\min \frac{1}{2}\boldsymbol{x}^{\mathrm{T}}\boldsymbol{A}\boldsymbol{x}$$
$$\text{s. t. } \boldsymbol{x}\geqslant\boldsymbol{b}$$

其中$\boldsymbol{A}$为n阶对称正定矩阵。若$\bar{\boldsymbol{x}}$是问题的最优解，证明$\bar{\boldsymbol{x}}$与$\bar{\boldsymbol{x}}-\boldsymbol{b}$关于$\boldsymbol{A}$共轭。

5.10 取初始点$\boldsymbol{x}_0=(-2,\ 4)^{\mathrm{T}}$，用线性共轭梯度法求解下面的二次函数极值问题。

$$\min f(\boldsymbol{x})=\frac{3}{2}x_1^2+\frac{1}{2}x_2^2-x_1x_2-2x_1$$

5.11 考虑约束极值问题

$$\min\ (x_1-2)^2+x_2^2$$
$$\text{s. t. }\begin{cases} x_1-x_2^2\geqslant 0\\ -x_1+x_2\geqslant 0\end{cases}$$

检验$\boldsymbol{x}^{(1)}=(0,\ 0)^{\mathrm{T}}$和$\boldsymbol{x}^{(2)}=(1,\ 1)^{\mathrm{T}}$是否为K-T点。

5.12 考虑约束极值问题

$$\min f(\boldsymbol{x})=2x_1+3x_2+4x_1^2+2x_1x_2+x_2^2$$
$$\text{s. t. }\begin{cases} x_1-x_2\geqslant 0\\ x_1+x_2\leqslant 4\\ x_1\qquad\ \leqslant 3\end{cases}$$

求所有满足K-T条件的点。

5.13 用外点法求解下列非线性规划问题。

(1) $\min\ (x_1^2+x_2^2)$
$\text{s. t. } x_1+x_2-2=0$

(2) $\min\ (x_1-3)^2+(x_2-2)^2$
$\text{s. t. } x_1+x_2-4\leqslant 0$

5.14 用内点法求解下列非线性规划问题。

(1) $\min \frac{1}{6}(x_1+1)^3+x_2$
$\text{s. t. }\begin{cases} x_1-1\geqslant 0\\ x_2\geqslant 0\end{cases}$

(2) $\max\ x_1+x_2$
$\text{s. t. }\begin{cases} x_1\geqslant 0\\ x_2\geqslant 0\\ x_1+x_2\leqslant 1\end{cases}$

5.15 考虑下面的约束极值问题为

$$\min \frac{1}{2}(x_1^2+x_2^2)$$
$$\text{s. t. } x_1+x_2\geqslant 1$$

试用对数障碍函数法求最优解，并给出最优拉格朗日乘子。

第6章　图与网络

图论起源于哥尼斯堡七桥问题（Königsberg Bridge Problem）。18世纪哥尼斯堡的人们提出的一个问题是：怎样才能一次连续走过该城七座桥的每座桥各一次，并回到出发点，如图6.1a所示。那时还没有人能找到这样的走法，但也无法证明这样的走法不存在，于是他们就求教于大数学家欧拉（Euler）。欧拉经过研究，将这个问题归结为如图6.1b所示的拓扑结构，用A、B、C、D四点表示河的两岸和两个小岛，用两点间的连线表示桥。七桥问题就变为：从任一点出发，能否通过每条边一次且仅一次，再回到该点？

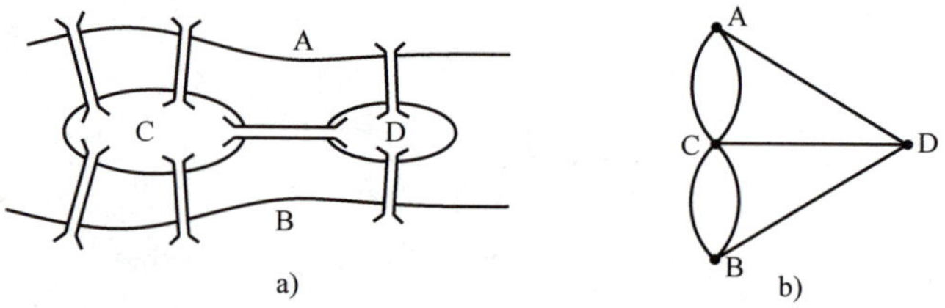

图6.1　哥尼斯堡七桥问题

欧拉发表了图论方面的第一篇论文，解决了著名的哥尼斯堡七桥问题。之后图论作为运筹学的一个独特分支，在物理学、化学、控制论、信息论、计算机、经济管理等领域有着十分广泛的应用。事实上，图论与线性规划、整数规划有着内在的联系。一些在数学规划中难以建模和求解的问题在图论中可以找到非常简洁的表达方式与求解方法。如果说对某些事物用文字语言难以描述而用图形表达则一目了然，图论在运筹学中也有这种异曲同工之妙。

本章主要介绍图与网络的主要概念以及最小支撑树问题、最短路问题、最大流问题、最小费用流问题、中国邮递员问题、路径问题和网络计划技术等内容，并给出了这些问题的实际应用案例，帮助读者培养解决实际问题的能力。

6.1　图与网络基础概念

在实际生活中，为了反映一些对象之间的关系，常常用点和线画出各种示意图。例如，铁路交通图反映了我国各大城市之间的铁路连通情况，用点代表城市、点与点之间的连线代表两个城市之间的铁路线。再如，为了反映供应链中几家企业的业务往来关系，可以用点表示企业，用点之间的连线表示两家企业有业务联系。在经济、社会活动中，这样的例子还有很多，如球队比赛、组织机构、物流配送等也都可以用以点和线连接起来的图表示。要表现这些对象之间的关系，首先要对这些关系进行高度抽象和概括。这就需要了解图与网络的相关概念。

6.1.1　图与子图

图是反映对象之间关系的一种工具。图论就是通过图从形形色色的具体的表达相互关联的实际问题中，抽象出共性的特征，找出其规律、性质和分析方法，再应用到要解决的实际问题中。图论中有关概念的定义如下。

定义 6.1　一个图（Graph）是由点集 $V=\{v_i\}$ 和 V 中有限个元素的无序对的一个集合 $E=\{e_k\}$ 所构成的二元组，记为 $G=(V, E)$，V 中的元素 v_i 叫作**顶点**（Vertex），E 中的元素 e_k 叫作**边**（Edge）。

一般图论中所研究的对象均为有限集合，即 V，E 为有限集合，G 为有限图。

例如在图 6.2 中，点集 $V=\{v_1, v_2, v_3, v_4, v_5\}$，边集 $E=\{e_1, e_2, e_3, e_4, e_5, e_6, e_7, e_8\}$，其中 $e_1=[v_1, v_2]$，$e_2=[v_1, v_3]$，$e_3=[v_2, v_3]$，$e_4=[v_2, v_3]$，$e_5=[v_2, v_4]$，$e_6=[v_4, v_5]$，$e_7=[v_3, v_5]$，$e_8=[v_4, v_4]$。

两个点 u，v 属于 V，如果边 $[u, v]$ 属于 E，则称 u，v 两点**相邻**，u，v 称为边 $[u, v]$ 的**端点**。

两条边 e_i，e_j 属于 E，如果它们有一个公共端点 u，则称 e_i，e_j 相邻。边 e_i，e_j 称为点 u 的**关联边**。

用 $p(G)=|V|$ 表示图 G 的顶点个数，用 $q(G)=|E|$ 表示图 G 中的边数。在不引起混淆情况下简记为 p，q。如图 6.2 中，顶点数 $p=5$，边数 $q=8$。

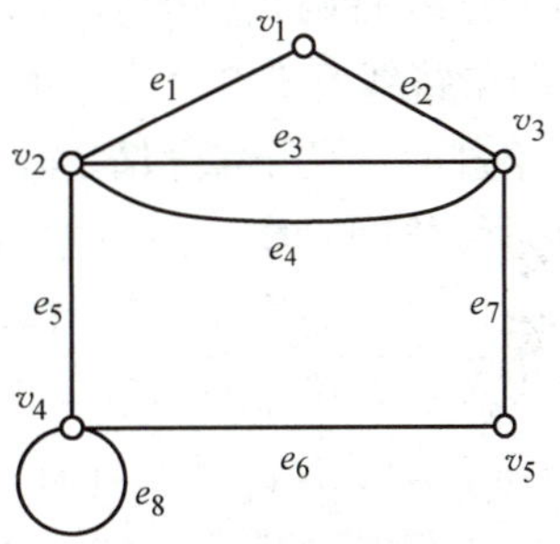

图 6.2　图的组成

一条边的两个端点如果相同，则称为**环**（见图 6.2 中的 e_8）。两个顶点之间若有多条边时，称为**多重边**（见图 6.2 中的 e_3，e_4）。一个无环，也无多重边的图称为**简单图**；一个无环但允许有多重边的图称为**多重图**。**以后我们讨论的图，如无特别说明，都是简单图。**

图的基本概念的引入不仅为运筹学的图与网络分析奠定了基础，还可以将许多看起来与图没有直接关系的问题作为图的问题来研究。

例 6.1　农夫、狼、羊、草过河问题。有位农夫，携带一匹狼、一只羊和一担草要过一条小河。河中只有一条小船，一次摆渡农夫只能带狼、羊、草中的一样。当农夫不在场时，狼要吃羊，羊要吃草。试图表述求解农夫怎样才能将这三样东西携带到河对岸，至少要摆渡几次?

解　用 M、W、S、G 分别代表人、狼、羊、草。这里首先考虑这四个对象可能形成的组合情况，每种组合称为一种状态，如人、狼、羊、草在一起记为 [M, W, S, G]，是一种可能状态。现将全部组合表示如下（[∅] 为空集）：

①[M, W, S, G] [∅]　②[M, W] [S, G]　③[M, S] [W, G]　④[M, G] [W, S]
⑤[M, W, S] [G]　⑥[M, W, G] [S]　⑦[W, S, G] [M]　⑧[M, S, G] [W]

上述八种组合前后两部分分别置于河的两岸时共有 16 种状态。但是，上面组合中②、

④、⑦是不允许的。去掉这三个组合中的 6 个状态，那么可能的状态有 10 个，分别用一个顶点表示。按照状态中是否有人存在，将它们分为两组，如图 6.3 所示。

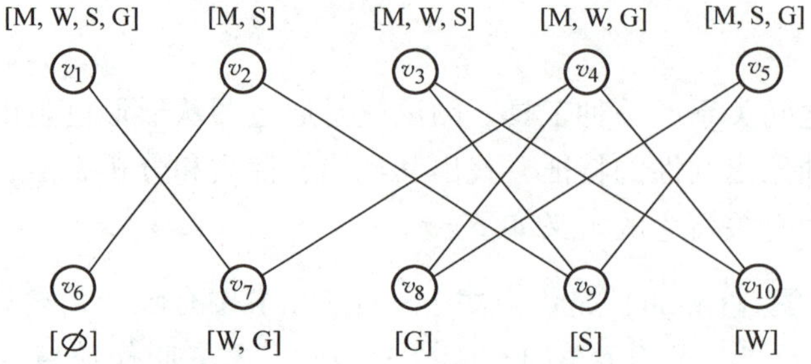

图 6.3 例 6.1 过河问题图的模型

下面分析各状态之间的关系。如果上下两组中的各一个状态之间可以相互转化，就在它们间画一条连线。例如状态 v_1［M，W，S，G］中，农夫只能带羊过河，这时剩下狼、草在一起的状况，即 v_7，因此之间有一连线。再如状态 v_4［M，W，G］，农夫带狼过河，则剩下草，即 v_4与 v_8有连线；如农夫带草过河，剩下狼，即 v_4与 v_{10}有连线；如农夫独自过河，剩下狼和草，即 v_4与 v_7有连线，等等。按此连线方法，最后可以得到图 6.3 所示模型图。

很明显，如果能找到一条路从 v_1 到 v_6，就说明农夫可以将狼、羊、草摆渡过河，经过的边数即是摆渡的次数。其中边数最少的路线就是摆渡的最优方案。用观察法不难发现这样的路线有两条，即 $v_1 \to v_7 \to v_4 \to v_{10} \to v_3 \to v_9 \to v_2 \to v_6$ 和 $v_1 \to v_7 \to v_4 \to v_8 \to v_5 \to v_9 \to v_2 \to v_6$。两条路线都有 7 条边，即农夫需要来回 7 次。如第一条路线的意义是：首先（v_1）农夫带羊过河，留下狼和草（v_7），然后人空返（v_4），带草过河，原岸边只剩狼（v_{10}），放下草再带羊回对岸，放下羊（v_3），把狼带过去，原岸边只剩羊（v_9）。最后再回来（v_2）把羊带过去，原岸边全空（v_6）。

以点 v 为端点的边数叫作点 v 的**次或度**（Degree），记为 $d(v)$。如图 6.2 中，$d(v_1)=2$，$d(v_2)=4$，$d(v_4)=4$（环所连的顶点的次为 2）；图 6.3 中 $d(v_1)=d(v_6)=1$，$d(v_4)=d(v_9)=3$，其余各点次均为 2。

次为 1 的点称为**悬挂点**，连接悬挂点的边称为**悬挂边**。次为零的点称为**孤立点**。次为奇数的点称为**奇点**（Odd Vertex）。次为偶数的点称为**偶点**（Even Vertex）。

定理 6.1 图 $G=(V, E)$ 中，所有点的次之和是边数的两倍，即

$$\sum_{v \in V} d(v) = 2q$$

这是显然的，因为在计算各点的次时，每条边被它的两个端点各计算了一次。

定理 6.2 在任一图中奇点的个数为偶数。

证 设 V_1 和 V_2 分别是 G 中奇点和偶点的集合，由定理 6.1 有

$$\sum_{v \in V_1} d(v) + \sum_{v \in V_2} d(v) = \sum_{v \in V} d(v) = 2q$$

因 $\sum\limits_{v \in V} d(v)$ 是偶数，$\sum\limits_{v \in V_2} d(v)$ 也是偶数，故 $\sum\limits_{v \in V_1} d(v)$ 必是偶数，从而 V_1 的点数是偶数。

定义6.2　图 $G=(V, E)$，若 E' 是 E 的子集，V' 是 V 的子集，且 E' 中的边仅与 V' 中的顶点相关联，则称 $G'=(V', E')$ 是 G 的一个**子图**（Subgraph）。特别是，若 $V'=V$，则 G' 称为 G 的**支撑子图**（生成子图，Spanning Subgraph）。

子图在描述图的性质和局部结构中有重要作用，例如后面的旅行销售商问题的描述就需要子图。

上面我们所讨论的图 $G=(V, E)$ 都是**无向图**，就是说对于 E 中任一条边 $[v_i, v_j]$，它的端点无序，即 $[v_i, v_j]$ 与 $[v_j, v_i]$ 等同。但是考察两点间关系有时也需要考虑方向问题。

定义6.3　如果一个图的边 $[v_i, v_j]$ 的端点有序，即它表示以 v_i 为始点，v_j 为终点的有向边（或称弧，arc），记为（v_i，v_j），这时称由点和弧组成的图为**有向图**（Directed Graph）。对于有向图 $D=(V, A)$，其中 A 是弧的集合，从 D 中去掉所有弧上的箭头就得到一个无向图，称这为 D 的基础图，记为 $G(D)$。

例6.2　某公司一份文件必须由 A～E 五名管理人员签字后才能生效，已知各管理人员签字的先决要求如图6.4所示。图中弧（A，B）表示 A 签字之后 B 才能签字。请问要尽快将此文件完成签字应当按什么样的顺序最好？

解　首先考察以各点作为始点的弧，因为始点要先签字，故先看发出弧最多的始点，这就是 C 点。按弧箭头方向找到一条经过各点仅一次的路线就是最佳的顺序，即 CBEAD。

6.1.2 赋权图

在实际问题中往往只用**图**来描述所研究对象之间的关系还是不够的，与**图**联系在一起的通常还有与点或边有关的某些数量指标，我们常称之为“**权**”，权可以代表距离、费用、通过能力（容量），等等。这种点或边带有某种数量指标的图称为**赋权图**（Weighted Graph），例如图6.5所示的以9个点为基础的16条弧（有向边）都有相应的权。

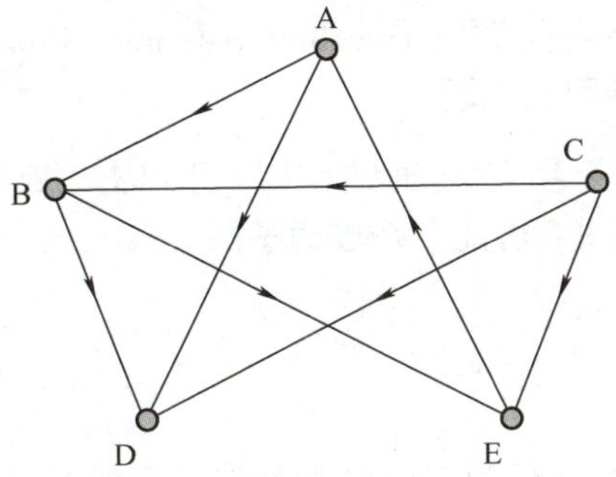

图　6.4

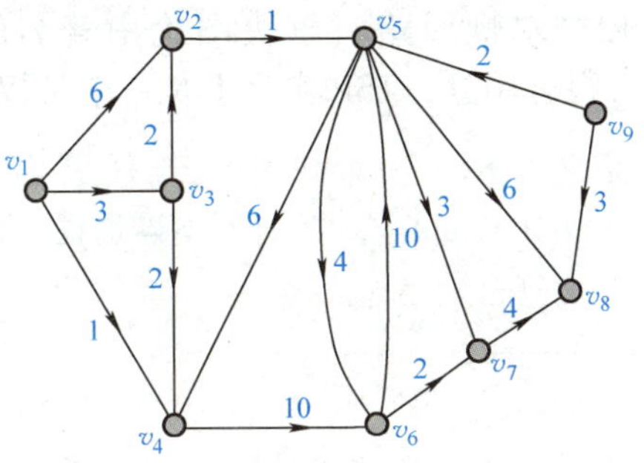

图　6.5

6.1.3 链、路、圈与回路

1857年英国数学家哈密尔顿提出的图论中另一个著名的“环球旅行”问题。如图6.6a所示，以每个顶点代表全球20座名城，要求从任一城市出发，寻找一条经过每个城市仅一次并回到原出发点的路。图6.6b给出了一种解法，如粗线箭头所示。

定义6.4　无向图中任意两点之间由顶点和边相互交替构成的一个点不重复的序列称为**初等链**（Walk）。如图6.6a所示，v_1，e_1，v_2，e_2，v_3，e_3，v_4，e_4，v_5 就是顶点 v_1 和 v_5 之间的一条初等链。如无特别说明，这里将初等链简称为**链**。

在有向图中，如果链中每条边的方向都与链的走向一致，则称该链为**路**（Path），如图 6.6b 所示，v_1，a_1，v_2，a_2，v_3，a_{26}，v_{12}，a_{11}，v_{11}就是一条路。在图 6.4 中，最佳签字顺序 CBEAD 也是一条路。而在图 6.5 中，$v_1 \to v_2 \to v_5 \to v_8$，$v_1 \to v_4 \to v_6 \to v_7 \to v_8$是由 v_1 到 v_8 的两条路。

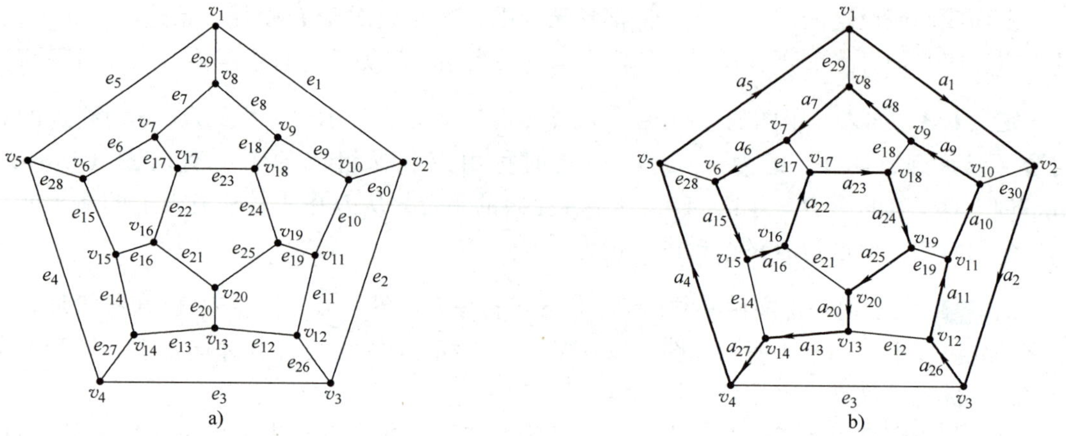

图 6.6 哈密尔顿环球旅行问题示意图

起点和终点相同的链称为**圈**（Cycle）或闭链；起点和终点相同的路称为**回路**（Circuit）。如图 6.6a 所示，v_1，e_1，v_2，e_2，v_3，e_3，v_4，e_4，v_5，e_5，v_1就是一个圈；图 6.6b 中，v_1，a_1，v_2，a_2，v_3，a_{26}，v_{12}，a_{11}，v_{11}，…，a_5，v_1就是一条回路。

对于无向图来说，路与链、回路与圈的意义相同。

定义 6.5 如果一条路通过图中所有顶点有且仅有一次，则此路为**哈密尔顿路**（Hamilton Path）；如果哈密尔顿路的起点和终点是同一点，则称为**哈密尔顿回路**。

哈密尔顿回路对解决图论中著名的旅行销售商问题（Traveling Salesman Problem，TSP）很有用处，TSP 实际上是一个带权的哈密尔顿回路问题。

定义 6.6 一个图中，若任意两点之间至少存在一条链，则此图称为**连通图**（Connected Graph），否则为**不连通图**。对于不连通图，可能存在**连通子图**。

6.2 树

图论中有一类特殊的图，就是树。它是图论中结构最简单但又十分重要的图，在自然科学和社会科学的许多领域都有广泛的应用，如组织机构图、决策树等。

6.2.1 树的概念

定义 6.7 连通且不含圈的无向图称为**树**（Tree）。

树一般记为 $T=(V, E)$。树中次为 1 的点称为**树叶**，次大于 1 的点称为**分支点**。

树常用于表示对象之间有上下关系级和血缘联系等，例如组织机构图、家族树等。如图 6.7 所示，5 个点可以构成多种不同的树。

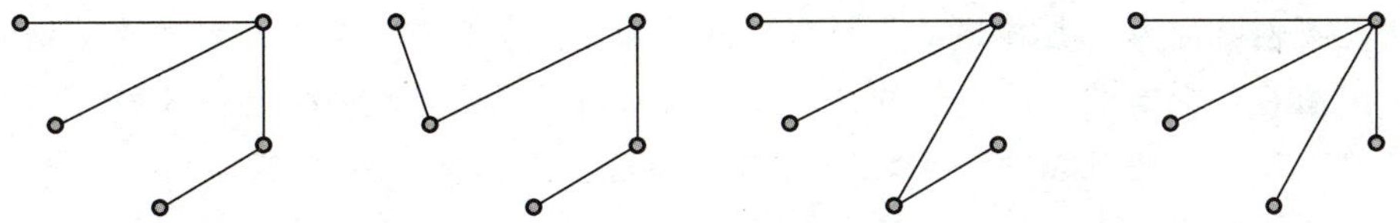

图 6.7 5 个点构成的不同树

树有以下性质。

定理 6.3 设图 $G=(V, E)$是一个树，$p(G)\geqslant 2$，则 G 中至少有两个悬挂点。

证 令 $P=\{v_1, v_2, \cdots, v_k\}$是 G 中含边数多的一条初等链，因 $p(G)\geqslant 2$，并且 G 是连通的，故链 P 中至少有一条边，从而 v_1 与 v_k 是不同的。现在证明 v_1 是悬挂点，即 $d(v_1)=1$。用反证法，如果 $d(v_1)\geqslant 2$，则存在边$[v_1, v_m]$，使 $m\neq 2$。若点 v_m 不在 P 上，那么$\{v_m, v_1, v_2, \cdots, v_k\}$是 G 中的一条初等链，它含的边数比 P 多一条，这与 P 是含边数最多的初等链相矛盾。若点 v_m 在 P 上，那么$\{v_1, v_2, \cdots, v_m, v_1\}$是 G 中的一条链，这与树的定义相矛盾。于是必有 $d(v_1)=1$，即 v_1 是悬挂点。同理可证明 v_k 也是悬挂点，因而 G 至少有两个悬挂点。

定理 6.4 图 $G=(V, E)$是一个树的充要条件是 G 不含圈，且恰有 $p(G)-1$ 条边。

证 必要性 设 G 是一个树，根据定义，G 不含圈，故只要证明 G 恰有 $p(G)-1$ 条边。对点数 p 施行数学归纳法：

当点数 $p=1, 2$ 时，结论显然成立。

假设对点数 $p\leqslant n$，结论成立。设树 G 中含 $n+1$ 个点，由定理6.3，G 含悬挂点，设 v_1 是 G 的一个悬挂点，考虑图 $G-v_1$，易见 $p(G-v_1)=n$，$q(G-v_1)=q(G)-1$。因 $G-v_1$ 是 n 个点的树，由归纳假设 $q(G-v_1)=n-1$，于是 $q(G)=q(G-v_1)+1=(n-1)+1=n=p(G)-1$。

充分性 只要证明 G 是连通的即可。用反证法，设 G 是不连通的，G 含 s 个连通分图 $G_1, G_2, \cdots, G_s$ $(s\geqslant 2)$。因每个 $G_i(i=1, 2, \cdots, s)$是连通的，并且不含圈，故每个 G_i 是树。设 G_i 有 p_i 个点，则由必要性可知，G_i 有 p_i-1 条边，于是有

$$q(G)=\sum_{i=1}^{s}q(G_i)=\sum_{i=1}^{s}(p_i-1)=\sum_{i=1}^{s}p_i-s=p(G)-s\leqslant p(G)-2$$

这与 $q(G)=p(G)-1$ 的假设矛盾。

定理 6.5 图 $G=(V, E)$是一个树的充要条件是 G 是连通图，并且 $q(G)=p(G)-1$。

证 必要性 设 G 是树，根据定义，G 是连通图，由定理6.4可知，$q(G)=p(G)-1$。

充分性 只要证明 G 不含圈，对点数进行归纳。$p(G)=1, 2$ 时，结论显然成立。设 $p(G)=n(n\geqslant 1)$时结论成立。现设 $p(G)=n+1$，首先证明 G 必有悬挂点。若不然，因为 G 是连通的，且 $p(G)\geqslant 2$，所以对每个点 v_i，有 $d(v_i)\geqslant 2$。从而有

$$q(G)=\frac{1}{2}\sum_{i=1}^{p(G)}d(v_i)\geqslant p(G)$$

这与 $q(G)=p(G)-1$ 矛盾，故 G 必有悬挂点，设 v_1 是 G 的一个悬挂点，考虑 $G-v_1$，这个图仍然是连通的，$q(G-v_1)=q(G)-1=n=p(G)-2=p(G-v_1)-1$，由归纳假设知 $G-v_1$ 不含圈，于是 G 也不含圈。

定理 6.6 图 G 是树的充要条件是任意两个顶点之间恰有一条链。

证 必要性 因为 G 是连通的，所以任意两点之间至少有一条链。但如果某两点之间有两条链，则图 G 中含有圈，这与树的定义矛盾，从而任意两点之间恰有一条链。

充分性 设图 G 中任意两个点之间恰有一条链，那么易见 G 是连通的。如果 G 中含有圈，那么这个圈上的两个顶点之间有两条链，这与假设矛盾，故 G 不含圈，于是 G 是树。

由这个定理，很容易推出如下结论：

1）从一棵树中去掉任意一条边，则余下的图是不连通的。

2）在树中不相邻的两个点间添上一条边，则恰好得到唯一一个圈。

由此可知，在点集全部相同的所有图中，树是最少的连通图。

6.2.2 图的支撑树

定义 6.8 若图 G 的生成子图是一个树，则称该树为 G 的**支撑树**（或称生成树，Spanning Tree）。或简称为 G 的树。

图 G 中属于支撑树的边称为**树枝**，不在支撑树中的边称为**弦**。

在管道铺设等优化问题中首先要解决各点之间相通的问题，显然只要是连通图就可以做到这一点。因此对支撑树有以下定理。

定理 6.7 一个图有支撑树的充要条件是 G 为连通图。

证 必要性是显然的。

充分性 设 G 是连通图，如果 G 不含圈，那么 G 本身是一个树，从而 G 是它自身的一个支撑树。现设 G 含圈，任取一个圈，从圈中任意去掉一条边，得到图 G 的一个支撑子图 G_1。如果 G_1 不含圈，那么 G_1 是 G 的一个支撑树（因为易见 G_1 是连通的）；如果 G_1 仍含圈，那么从 G_1 中任取一个圈，从圈中再任意去掉一条边，得到图 G 的一个支撑子图 G_2，如此重复，最终可以得到 G 的一个支撑子图 G_k，它不含圈，于是 G_k 是 G 的一个支撑树。

上述定理的证明，可以得到寻求图的支撑树的破圈法。

破圈法：从图中任取一圈，从该圈中去掉一条边，再对余下的圈重复破圈直到所有的圈都破掉为止，最后得到的即为支撑树。很显然，在每一步中去掉不同的边则得到不同的支撑树。

求一个连通图的支撑树还有避圈法。

避圈法：从图中某一点开始生成边，逐步扩展生长成树，每次生成边时选取与已加入树边不构成圈的那些边，即注意要避开成圈的情况。

6.2.3 最小支撑树问题

一个支撑树所有树枝上权的总和称为这个支撑树的权。具有最小权的支撑树称为**最小支撑树**（Minimum Spanning Tree，MST），简称最小树。最小支撑树问题即是在赋权图的支撑树中找边的权总和最小的支撑树。

许多网络问题都可以归结为最小树问题。例如，设计长度最小的公路网络把若干城市联系起来；铺设长度最短的管道把几个用水点连接起来等。

最小支撑树问题也可以用上面的避圈法和破圈法，但去边、生边时要考虑权值问题。具体来说最小支撑树问题通常有几种算法。

算法 1：Kruskal 算法。这个方法类似于求支撑树的避圈法，基本步骤是：每步从未选的边中选取边 e，使它与已选边不构成圈，且 e 是未选边中的最小权边，直到选够 $n-1$ 条边为止。

算法 2：破圈法。破圈法与无权图的类似，步骤是任取图上一个圈，去掉该圈上最大权边，重复对其他圈去掉最大权边，直至无圈即得到最小支撑树。

例 6.3　某公司拟对七处办公室计算机联网，该网络的可能连通途径如图 6.8a 所示，各边的权数即为路线长度。请设计布线长度最短的网络。

解　此问题实际上就是求网络图的最小支撑树。按破圈法，步骤如下：

1）在图 G 中找到一个圈 (v_1, v_7, v_6, v_1)，在此圈中去掉权数最大（1000）的边 $[v_1, v_6]$ 得 G_1，如图 6.8b 所示。

2）在图 G_1 中找到一个圈 $(v_3, v_4, v_5, v_7, v_3)$，在此圈中去掉权数最大的边 $[v_4, v_5]$ 得 G_2，如图 6.8c 所示。

3）在图 G_2 中找到一个圈 $(v_2, v_3, v_5, v_7, v_2)$，在此圈中去掉权数最大的边 $[v_5, v_7]$ 得 G_3，如图 6.8d 所示。

4）在图 G_3 中找到一个圈 $(v_3, v_5, v_6, v_7, v_3)$，在此圈中去掉权数最大的边 $[v_5, v_6]$ 得 G_4，如图 6.8e 所示。

5）在图 G_4 中找到一个圈 (v_2, v_3, v_7, v_2)，在此圈中去掉权数最大的边 $[v_3, v_7]$ 得 G_5，如图 6.8f 所示。

6）在图 G_5 中已经找不到任何圈了，可知 G_5 即为最小支撑树，这时的总权数即为最短网络线路长度。

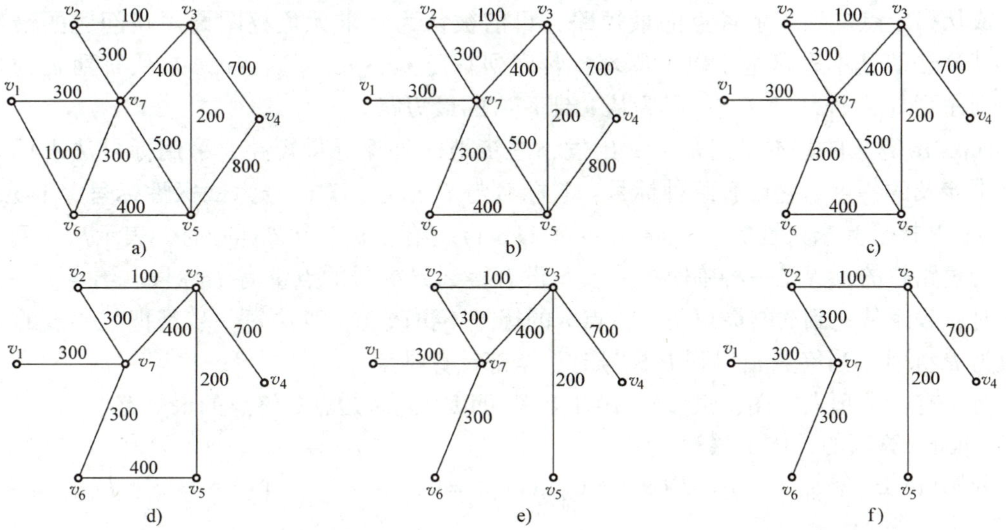

图 6.8　网络连通图及最小支撑树求解过程

对于点边数很多的复杂图还可以用矩阵法、贪婪算法来求最小支撑树问题。MST 是相对简单的问题，即使是大规模的问题也可以用计算机迅速求解。与 MST 类似的问题是最短路问题和旅行销售商问题，我们将在下节中介绍。

6.3 最短路问题

最短路问题是图论中应用最广泛的问题之一。许多优化问题可以使用这个模型，如设备更新、管道铺设、线路安排、厂区布局等。在某些车辆路径或网络设计问题中，通常需要大量调用最短路算法子程序。最短路问题也可以用动态规划解法，但图论方法更为简单有效。

最短路问题与最小支撑树问题有一定的相似性，两者都是寻求一个边权总和最小的边的集合，但前者是从一点到另一点的路，后者则是包括所有点的支撑树。

6.3.1 最短路问题概述

定义6.9 设$G=(V, E)$为连通图，图中各边(v_i, v_j)有权l_{ij}($l_{ij}=\infty$表示v_i，v_j间无边)，v_i，v_j为图中任意两点，求一条道路μ，使它是从v_s到v_t的所有路中总权最小的路。即

$$L(\mu) = \min \sum_{(v_i,v_j)\in\mu} l_{ij} \tag{6-1}$$

最短路问题完全可以用线性规划问题描述，因而它的求解也可以用线性规划的方法，但这并不经济。下面介绍的Dijkstra标号法是求解最短路问题的有效算法之一，它的基本思路是逐点求最短路，从起点开始最多经过$n-1$步找到到达终点的最短路。

6.3.2 Dijkstra算法

该算法由迪杰斯特拉（Dijkstra）于1959年提出，可用于求解指定两点v_i，v_j间的最短路，或从指定点v_s到其余各点的最短路，目前被认为是求无负权图最短路问题的最好方法。其算法的基本思路基于以下原理：若序列$\{v_s, v_1, \cdots, v_{n-1}, v_n\}$是从$v_s$到$v_n$的最短路，则序列$\{v_s, v_1, \cdots, v_{n-1}\}$必为从$v_s$到$v_{n-1}$的最短路。

Dijkstra算法的基本思路是从v_s出发，逐步地向外探寻最短路，采用标号法来标识最短路中涉及的各点。它设有两种标号：T标号与P标号，T标号为**试探性标号**（Tentative Label），P标号为**永久性标号**（Permanent Label）。给点v_i一个T标号时，表示从v_s到v_i的估计最短路权的上界是一种临时标号，凡没有得到P标号的点都有T标号。给点v_i一个P标号时，表示从v_s到v_i的最短路权，点v_i的标号不再改变。算法每一步都把某一点的T标号改为P标号，当终点v_n得到P标号时，全部计算结束。

对于有n个顶点的图，最多经$n-1$步就可以得到从始点到终点的最短路。

Dijkstra算法的具体步骤为：

开始($i=0$)令$S_0=\{v_s\}$，$P(v_s)=0$，$\lambda(v_s)=0$，对于每一个$v\neq v_s$，令$T(v)=+\infty$，$\lambda(v)=M$，令$k=s$。

① 如果$S_i=V$，算法终止，这时，对每个$v\in S_i$，$d(v_s, v)=P(v)$；否则转入②。

② 考察每个使$(v_k, v_j)\in A$且$v_j\notin S_i$的点v_j，如果$T(v_j)>P(v_k)+w_{kj}$，则把$T(v_j)$修改为$P(v_k)+w_{kj}$，把$\lambda(v_s)$修改为k；否则转入③。

③ 令$T(v_{j_i})=\min\limits_{v_j\notin S_i}\{T(v_j)\}$，如果$T(v_{j_i})<+\infty$，则把$v_{j_i}$的$T$标号变为$P$标号，即$P(v_{j_i})=T(v_{j_i})$。令$S_{i+1}=S_i\cup\{v_{j_i}\}$，$k=j_i$，把$i$换成$i+1$，转入①；否则终止。这时对每

一个 $v \in S_i$，$d(v_s, v) = P(v)$，而对每一个 $v \notin S_i$，$d(v_{s'}, v) = T(v)$。

当存在两个及以上最小者时，可同时改为 P 标号。

例 6.4　在图6.5 中，求从 v_1 到 v_8 的最短路。

首先从 v_1 开始，这时 $s=1$。

1）当 $i=0$ 时，$S_0 = \{v_1\}$，$P(v_1)=0$，$\lambda(v_1)=0$，$T(v_i) = +\infty$，$\lambda(v_i) = M(i=2, 3, \cdots, 9)$，且 $k=1$。

转入②，对从 v_1 出发的各弧，本例中有 (v_1, v_2)、(v_1, v_3)、(v_1, v_4)，比较 $P(v_1)+w_{12}$ 与 $T(v_2)$ 的值的大小，则有 $T(v_2)$ 的值由 $+\infty$ 修改为 $P(v_1)+w_{12}=6$，同时修改 $\lambda(v_2)=1$，同样可得 $T(v_3)=3$，$\lambda(v_3)=1$；$T(v_4)=1$，$\lambda(v_4)=1$。

转入③，在所有 T 标号中 $T(v_4)=1$ 最小，则 $P(v_4)=T(v_4)=1$，且 $S_1 = S_0 \cup \{v_4\} = \{v_1, v_4\}$，$k=4$。

2）继续上述步骤。上述求解过程可用表 6.1 一步一步记录下来。

表 6.1　Dijkstra 算法计算最短路的计算过程表

集合	标号	v_1	v_2	v_3	v_4	v_5	v_6	v_7	v_8
	P	0							
$S_0 = \{v_1\}$	T	0	$+\infty$	$+\infty$	$+\infty$	$+\infty$	$+\infty$	$+\infty$	$+\infty$
	λ	0	M	M	M	M	M	M	M
	P	0			1				
$S_1 = \{v_1, v_4\}$	T	0	6	3	[1]	$+\infty$	$+\infty$	$+\infty$	$+\infty$
	λ	0	1	1	1	M	M	M	M
	P	0		3	1				
$S_2 = \{v_1, v_4, v_3\}$	T	0	6	[3]	1	$+\infty$	11	$+\infty$	$+\infty$
	λ	0	1	1	1	M	4	M	M
	P	0	5	3	1				
$S_3 = \{v_1, v_4, v_3, v_2\}$	T	0	[5]	3	1	$+\infty$	11	$+\infty$	$+\infty$
	λ	0	3	1	1	M	4	M	M
	P	0	5	3	1	6			
$S_4 = \{v_1, v_4, v_3, v_2, v_5\}$	T	0	5	3	1	[6]	11	$+\infty$	$+\infty$
	λ	0	3	1	1	2	4	M	M
	P	0	5	3	1	6		9	
$S_5 = \{v_1, v_4, v_3, v_2, v_5, v_7\}$	T	0	5	3	1	6	10	[9]	12
	λ	0	3	1	1	2	5	5	5
	P	0	5	3	1	6	10	9	
$S_6 = \{v_1, v_4, v_3, v_2, v_5, v_7, v_6\}$	T	0	5	3	1	6	[10]	9	12
	λ	0	3	1	1	2	5	5	5
	P	0	5	3	1	6	10	9	12
$S_7 = \{v_1, v_4, v_3, v_2, v_5, v_7, v_6, v_8\}$	T	0	5	3	1	6	10	9	[12]
	λ	0	3	1	1	2	5	5	5

表中阴影格为每次需要比较大小的 T 标号值，加方括号的为此次比较中最小的 T 值。按 λ 值（即最短路中上一点的下标）可以反查出 v_1 到 v_8 的最短路为 $v_1 \to v_3 \to v_2 \to v_5 \to v_8$。当然此解也给出了 v_1 到 $v_2, \cdots, v_8$ 任意一点的最短路。

Dijkstra 算法也可以用来计算无向图中指定两点的最短路，但每一步的选择会更多，因为不需要考虑边的方向。

6.3.3 Floyd 算法

对某些问题，要求网络上任意两点之间的最短路，但用 Dijkstra 算法要依次改变起点，比较烦琐，而且权不能为负。这里介绍 1962 年弗洛伊德(Floyd)提出的算法，可以直接求出网络中任意两点间的最短路，也可以求解有负权值的网络最短路问题。

为计算方便，令网络的权矩阵为 $D=(d_{ij})_{n\times n}$，l_{ij}为 v_i到 v_j的距离。其中

$$d=\begin{cases} l_{ij}, & (v_i,v_j)\in E \\ \infty, & \text{其他} \end{cases}$$

Floyd 算法的基本步骤为：

① 输入权矩阵 $\boldsymbol{D}^{(0)}=\boldsymbol{D}$。

② 计算 $\boldsymbol{D}^{(k)}=(d_{ij}^{(k)})_{n\times n}$，其中

$$d_{ij}^{(k)}=\min\{d_{ij}^{(k-1)},d_{ik}^{(k-1)}+d_{kj}^{(k-1)}\} \tag{6-2}$$

③ $\boldsymbol{D}^{(n)}=(d_{ij}^{(n)})_{n\times n}$中元素 $d_{ij}^{(n)}$就是 v_i到 v_j的最短路长。

例 6.5 求图6.9 所示的图中任意两点的最短路长。

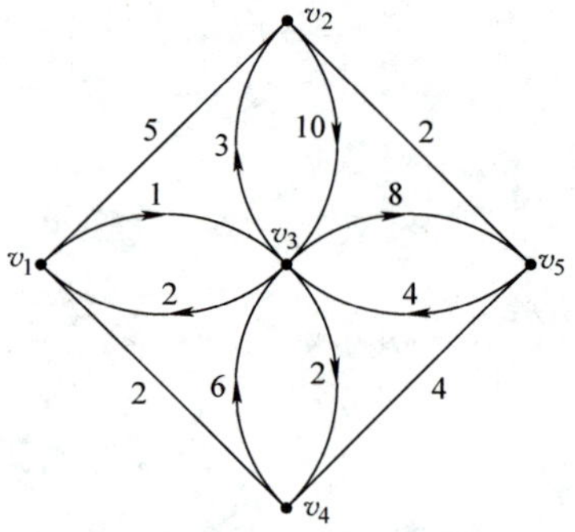

图 6.9 例 6.5 所用图形

解 图 6.9 中有四条无向边，每条均可化为两条方向相反的有向边。则

$$\boldsymbol{D}=\boldsymbol{D}^{(0)}=\begin{pmatrix} 0 & 5 & 1 & 2 & \infty \\ 5 & 0 & 10 & \infty & 2 \\ 2 & 3 & 0 & 2 & 8 \\ 2 & \infty & 6 & 0 & 4 \\ \infty & 2 & 4 & 4 & 0 \end{pmatrix}\begin{matrix} v_1 \\ v_2 \\ v_3 \\ v_4 \\ v_5 \end{matrix}$$

$$\boldsymbol{D}^{(1)}=\begin{pmatrix} 0 & 5 & 1 & 2 & \infty \\ 5 & 0 & (6) & (7) & 2 \\ 2 & 3 & 0 & 2 & 8 \\ 2 & (7) & (3) & 0 & 4 \\ \infty & 2 & 4 & 4 & 0 \end{pmatrix}$$

由于 $d_{ij}^{(1)}=\min[d_{ij}^{(0)},d_{i1}^{(0)}+d_{1j}^{(0)}]$表示从 v_i 到 v_j 或直接有边或借节点 v_1 为中间点时的最短路长。括号中的元素为更新的元素。

$$\boldsymbol{D}^{(2)}=\begin{pmatrix} 0 & 5 & 1 & 2 & (7) \\ 5 & 0 & 6 & 7 & 2 \\ 2 & 3 & 0 & 2 & (5) \\ 2 & 7 & 3 & 0 & 4 \\ (7) & 2 & 4 & 4 & 0 \end{pmatrix} \qquad \boldsymbol{D}^{(3)}=\begin{pmatrix} 0 & (4) & 1 & 2 & (6) \\ 5 & 0 & 6 & 7 & 2 \\ 2 & 3 & 0 & 2 & 5 \\ 2 & (6) & 3 & 0 & 4 \\ (6) & 2 & 4 & 4 & 0 \end{pmatrix}$$

$d_{ij}^{(2)}$与 $d_{ij}^{(3)}$分别表示从 v_i到 v_j点，最多经由中间点 v_1，v_2与 v_1，v_2，v_3的最短路长。

$$D^{(4)}=\begin{pmatrix}0&4&1&2&6\\5&0&6&7&2\\2&3&0&2&5\\2&6&3&0&4\\6&2&4&4&0\end{pmatrix}\quad D^{(5)}=\begin{pmatrix}0&4&1&2&6\\5&0&6&(6)&2\\2&3&0&2&5\\2&6&3&0&4\\6&2&4&4&0\end{pmatrix}$$

由于 $d_{ij}^{(5)}$ 表示从 v_i 到 v_j 点，最多经由中间点 v_1，v_2，…，v_5 的所有路中的最短路长，所以 $\boldsymbol{D}^{(5)}$ 就给出了任意两点的最短路长。

如果希望计算结果不仅给出任意两点的最短路长，而且给出具体的最短路径，则在运算过程中要保留下标信息，即 $d_{ik}+d_{kj}=d_{ikj}$，等等。

如例 6.5 中 $\boldsymbol{D}^{(1)}$ 的 $d_{23}^{(1)}=6$ 是由 $d_{21}^{(0)}+d_{13}^{(0)}=5+1=6$ 得到的，所以可写为 6_{123}，如此类推。因此，

$$\boldsymbol{D}^{(5)}=\begin{pmatrix}0&4_{132}&1_{33}&2_{14}&6_{1325}\\5_{21}&0&6_{213}&6_{254}&2_{25}\\2_{31}&3_{32}&0&2_{34}&5_{325}\\2_{41}&6_{4132}&3_{413}&0&4_{45}\\6_{531}&2_{52}&4_{53}&4_{54}&0\end{pmatrix}$$

Floyd 算法便于用计算机来实现，例如用 Excel 中的 VBA 编程可以比较容易地实现。较大型的最短路问题也可以用一些运筹学专门软件，如 LINGO、WinQSB 来求解，甚至 Excel 中的“规划求解”加载宏也可以解决。

6.3.4　旅行销售商问题

以上最短路问题是求点与点间的最短距离，而在实际问题中经常会进一步延伸。如采用运输工具，从一点开始，遍历若干点，最后回到原处，这是单回路的路径问题。它是指在线路优化中，从起始节点开始，要选择一条合适的路径经过所有已知的节点各一次，并最后回到起始节点，要求所走距离最短。这一问题就是著名的旅行销售商问题（Traveling Salesman Problem，TSP，也称货郎担问题）。它可以抽象地叙述如下：从一个起始点出发到达所有要求服务的 n 个点，而且只到达一次，再回到起始点（即哈密顿回路）。已知任意两点 i、j 间的距离 d_{ij}，要求在所有可供考虑的路线中选择路径最短的旅行路线。

TSP 的数学模型为

$$\min z=\sum_{i=1}^{n}\sum_{j=1}^{n}d_{ij}x_{ij} \tag{6-3}$$

$$\text{s. t.}\begin{cases}\sum\limits_{i=1}^{n}x_{ij}=1\quad(j=1,2,\cdots,n) & (6\text{-}4)\\ \sum\limits_{j=1}^{n}x_{ij}=1\quad(i=1,2,\cdots,n) & (6\text{-}5)\\ u_i-u_j+nx_{ij}\leqslant n-1 & (6\text{-}6)\\ x_{ij}=1,0\\ i,j=1,2,\cdots,n,i\neq j\end{cases}$$

$x_{ij}=1$ 表示从 i 直接去 j，否则 $x_{ij}=0$。第 3 个约束条件，式（6-6）保证路径无子回路（Subtour），其中参数 u_i 为连续变量（$i=1, 2, \cdots, n$），也可以取整数值。

求解 TSP 问题时，对于小型问题还可以求得最优解，最简单的方法是枚举法。但是对于大型问题，由于枚举法的列举次数为（$n-1$）！次，它的数量是非常庞大的！

整数规划的分支定界法也可以解决部分 TSP 问题，但也只能是小规模的求解。如果模型中去掉“无子回路”的约束，它就是线性的指派问题（LAP）了，可以用匈牙利算法求出最优解。因此先求出 TSP 对应的 LAP 问题，可以为 TSP 问题提供一个下界，再用分支定界法求解。总之，TSP 模型是一个非线性规划 NP-Hard 问题，对于大规模问题无法获得最优解，只有通过启发式算法获得近似解。

启发式算法不仅可以用于各种复杂的 TSP 问题，也适用于中小规模问题。它的不足在于它只能保证得到可行解，而各种不同的启发式算法所得到的结果也不完全相同。尽管有启发式算法，TSP 问题还是难于求解的，因为它的计算机求解所花时间长，好的结果还难以描述。

下面简单介绍求解 TSP 问题的一种著名启发式算法——最近插入法（Closest Insertion Algorithm），它是由罗森克兰茨（Rosenkrantz）和斯特恩斯（Stearnes）等人在 1977 年提出的一种 TSP 算法，它的主要步骤如下：

① 找到 d_{1m} 最小的节点 v_m，形成一个子回路 $T=\{v_1, v_m, v_1\}$。

② 在剩下的节点中寻找一个离上个子回路中某一节点最近的节点 v_k。

③ 在子回路中找到一条弧(i, j)，使得 $d_{ik}+d_{kj}-d_{ij}$ 最小，然后将节点 v_k 插入到节点 v_i，v_j 之间，用两条新的弧(i, k)，(k, j)代替原来的弧(i, j)，并将节点 v_k 加入到子回路中。

④ 重复②、③步骤，直到所有的节点都加入子回路中。

此时的回路就演变成了 TSP 的一个解（哈密尔顿回路）。最近插入法可以方便地用计算机求解。

TSP 问题早在 19 世纪就已提出，至今已有一百多年的历史，它的突破是 1954 年由 Dantzig 等提出的割平面法。随后又涌现了许多启发式算法，使得问题的节点规模稳步增加，尤其是有了计算机程序求解后更是进步迅猛。TSP 及其延伸问题是目前多个学科研究和应用的一个热点，可广泛用于路线安排、集成电路、通信网络、太空探索、基因研究等诸多领域。来自运筹学、数学、物理学、计算机科学、生物学、化学和心理学等多个学科的算法层出不穷，如模拟退火算法、遗传算法、蚁群算法等。这些算法为解决 TSP 及其延伸问题提供了多样而有效的工具。

最为著名的 TSP 求解器之一是由阿普尔盖特（Applegate）、比克斯比（Bixby）、克瓦塔尔（Chvátal）和库克（Cook）等人在 20 世纪 90 年代开发的 Concorde（协和）求解器，专门用于解决对称性 TSP 问题。该求解器采用 C 语言编写，免费向学术界开放，能够有效地处理上万个节点的超大规模 TSP 问题。在 110 个公开的 TSP 数据集上，Concorde 求解器取得了最优解的记录。有兴趣的读者可参阅以下网址：https://www.math.uwaterloo.ca/tsp/concorde.html。

6.4 最大流问题

在实际问题中，需考虑一个赋权图上流动的量，如物流、人流、水流、资金流、信息流等物质的流量问题，也称为**网络**（Network）。例如在交通运输网络中有人流、车流、货物流，城市管网中有水流、燃气流，通信网络有信息流，等等。最大流问题就是要讨论如何充分利用各弧的容量，以使整个网络的通过流量最大。

6.4.1 网络流的基本概念

网络上的流可从一个或多个节点出发，最终汇集到一个或多个节点。这里考虑一种特殊的网络，即限定为一个源（Source）和一个汇（Sink）。对于源来说，流出的流量超过流进的流量，即存在净流量流出；而汇则相反，有净流量流入。中间的节点则保持流量的进出平衡。还要注意的是，在网络图中，在有向弧中最大的流量不能超过该弧的容量（即弧的最大通过能力）。尽管有些问题可能有多个源或汇，但我们可以给其加上虚拟的单一源或汇，构造成最大流问题。

定义 6.10　设有向连通图 $G=(V, E)$，G 的每条边(v_i, v_j)上有非负数 c_{ij}称为边的容量，仅有一个入次为 0 的点 v_s称为发点（源），一个出次为 0 的点 v_t称为收点（汇），其余点为中间点，这样的网络 G 称为容量网络，常记为 $G=(V, E, C)$。

对任一 G 中的边（v_i，v_j）有流量，称集合 $f=\{f_{ij}\}$ 为网络 G 上的一个流。称满足下列条件的流 f 为可行流。

1）容量限制条件：对 G 中每条边（v_i，v_j），有

$$0\leqslant f_{ij}\leqslant c_{ij} \tag{6-7}$$

2）平衡条件：对中间点 v_i，有

$$\sum_j f_{ij} = \sum_k f_{ki} \tag{6-8}$$

对收、发点有

$$\sum_i f_{si} = \sum_j f_{jt} = F \tag{6-9}$$

即从点 v_s流出的量等于点 v_t流入的量，F 为网络的总流量。

很容易看出，可行流总是存在的，因为总存在一个零流 $f=\{0\}$，即所有弧的流量为 0 的可行流。所谓网络最大流问题，就是在容量网络中，寻找流量最大的可行流。

一个流 $f=\{f_{ij}\}$，当 $f_{ij}=c_{ij}$，则称流 f 对弧（v_i，v_j）是饱和的，否则称 f 对弧（v_i，v_j）不饱和。最大流问题实际上就是一个线性规划问题，但是利用它与图的紧密关系，能更为直观地求解。

例 6.6　某石油公司拥有一个管道网络，使用这个网络可以把石油从采地运送到加工地，这个网络的一部分如图 6.10 所示。由于管道直径的不同，它的各段管道（v_i，v_j）的容量 c_{ij}也是不同的。c_{ij}的单位是万加仑/h（1 加仑（英）=4.54609L）。如果使用这个网络系统从采地向加工地运送石油，问每小时能运送多少石油？

解　此问题可以建立线性规划模型。设弧(v_i, v_j)上的流量为 f_{ij}，网络上总的流量为

F，显然该网络最大可能的流量就是经过从 v_1 流出的两条弧上的流量之和，或者是流入 v_7 的三条弧上的流量之和。由于流量守恒，它们是相等的。则有

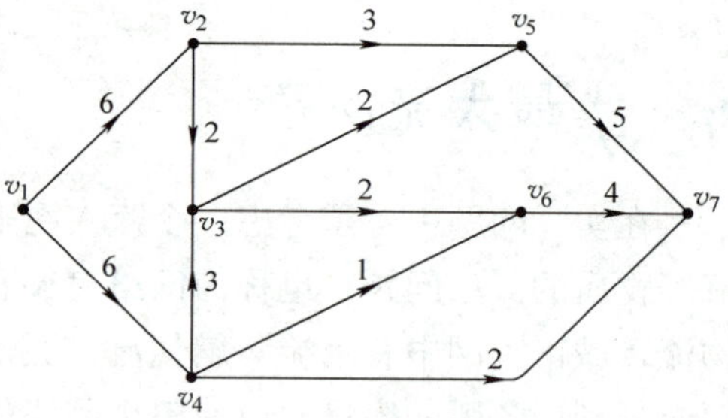

图 6.10 例 6.6 管道网络图

目标函数：$\max F = f_{12} + f_{14}$

约束条件：
$$
\begin{aligned}
& f_{12} = f_{23} + f_{25} \\
& f_{14} = f_{43} + f_{46} + f_{47} \\
& f_{23} + f_{43} = f_{35} + f_{36} \\
& f_{25} + f_{35} = f_{57} \\
& f_{36} + f_{46} = f_{67} \\
& f_{57} + f_{67} + f_{47} = f_{12} + f_{14} \\
& f_{ij} \leqslant c_{ij} \quad (i = 1, 2, \cdots, 6;\ j = 2, 3, \cdots, 7) \\
& f_{ij} \geqslant 0 \quad (i = 1, 2, \cdots, 6;\ j = 2, 3, \cdots, 7)
\end{aligned}
$$

在这一模型中，约束条件的前 5 个方程是中间点的平衡条件，即中间点的总流入量必须等于总流出量；第 6 个方程表示网络中的流量必须满足守恒条件，即发点的总流出量必须等于收点的总流入量；最后两个不等式就是容量限制条件。

我们把满足容量限制条件和平衡条件的一组网络流称为可行流，它对应线性规划问题的可行解。可行流中流量最大的一组就是最大流，对应线性规划问题的最优解。

对于此例，计算结果为 $f_{12}=5$，$f_{14}=5$，$f_{23}=2$，$f_{25}=3$，$f_{43}=2$，$f_{46}=1$，$f_{47}=2$，$f_{35}=2$，$f_{36}=2$，$f_{57}=5$，$f_{67}=3$，最优值（最大流）$=10$。

当然最大流问题可以用图论的方法来解决，这种解法更直观。

定义 6.11 容量网络 $G=(V, E, C)$，v_s，v_t 分别为发、收点，若有边集 E' 为 E 的子集，将 G 分为两个子图 G_1，G_2，其顶点集合分别记为 S，$\overline{S}$，$S \cup \overline{S} = V$，$S \cap \overline{S} = \varnothing$，$v_s$，$v_t$ 分属 S，$\overline{S}$，若满足：①$G=(V, E-E')$ 不连通；②E'' 为 E' 的真子集，而 $G=(V, E-E'')$ 仍连通，则称 E' 为 G 的**割集或截集**，记为 $E'=(S,\overline{S})$。

割集（S，$\overline{S}$）中所有始点在 S、终点在 $\overline{S}$ 的边的容量之和称为（S，$\overline{S}$）的割集容量，记为 $C(S,\overline{S})$。

6.4.2 求解网络最大流的基本原理

由割集的定义不难看出，在容量网络中割集是由 v_s 到 v_t 的必经之路，无论拿掉哪个割集，v_s 到 v_t 便不再相通，所以任何一个可行流的流量不会超过任一割集的容量，也即网络的最大流与最小割容量满足下面定理。

定理 6.8（最大流最小割定理） 设 f 为网络 $G=(V, E, C)$ 的任一可行流，流量为 F，（S，$\overline{S}$）是分离 v_s，v_t 的任一割集，则有 $F \leqslant C$（S，$\overline{S}$）。

由此可知，若能找到一个可行流 f^*、一个割集（S^*，$\overline{S}^*$），使得 f^* 的流量 $F^* \leqslant C(S^*,\overline{S}^*)$，则 f^* 一定是最大流，而（S^*，$\overline{S}^*$）就是所有割集中容量最小的一个。该定

理的证明在此略去，这一证明过程实际就是寻求最大流的方法之一。下面结合标号法来介绍最大流的求解。

6.4.3　求解网络最大流的标号法

由福特（Ford）和福克森（Fulkerson）提出的标号算法共分五步：

1）首先给发点标号$(0, \varepsilon(v_s))$。括号中第一个是使这个点得到标号的前一个点的代号。因 v_s是发点，故记为 0。$\varepsilon(v_s)$是从上一标号点到这个标号点的流量的最大允许调整值。因 v_s是发点，不允许调整，故 $\varepsilon(v_s)=\infty$。

2）列出与已标号点相邻的所有未标号点。

考虑从标号点 i 出发的所有弧（i，j），如果$f_{ij}=c_{ij}$，不给点j标号；如果$f_{ij}<c_{ij}$，对j标号，记为$(i, \varepsilon(v_j))$，其中

$$\varepsilon(v_j)=\min\{\varepsilon(v_i), c_{ij}-f_{ij}\} \tag{6-10}$$

考虑所有指向点 i 的弧（h，i），如果$f_{hi}=0$，不给点 h 标号；如果$f_{hi}>0$，对 h 标号，记为$(i, \varepsilon(v_h))$，其中

$$\varepsilon(v_h)=\min\{\varepsilon(v_i), f_{hi}\} \tag{6-11}$$

如果某未标号点 k 有两个以上相邻的标号点，为减少迭代次数，可按式（6-10）与式（6-11）分别计算出$\varepsilon(v_k)$的值，并取其中最大一个标记。

3）重复步骤 2)，可能出现两种结局：

① 结局一：标号过程中断，点 v_t得不到标号，说明该网络中不存在增广链，给定的流量即为最大流，记已标号点的集合为$\overline{V}$，未标号点集合为$\overline{V}'$；（$\overline{V}$，$\overline{V}'$）为网络的最小割。

② 结局二：点 v_t得到标号，这时可用反向追踪法在网络中找出一条从 v_s到 v_t的由标号点及相应弧连接而成的**增广链**（Augmenting Path）。

4）修改流量。设图中原有可行流为 f，令

$$f'=\begin{cases} f+\varepsilon(v_t), & \text{对增广链上所有前向弧} \\ f-\varepsilon(v_t), & \text{对增广链上所有后向弧} \\ f, & \text{对非增广链上所有的弧} \end{cases}$$

5）抹掉图上所有标号，重复步骤 1) ~ 步骤 4)，直到图中找不出任何增广链，即步骤 3）中的结局一为止，这时网络图中的流量即为最大流。

例 6.7　用标号法求图6.11 所示网络的最大流。弧旁数字是(c_{ij}, f_{ij})。

解　1）标号。首先给点 v_s标号（0，∞）。

查看与点 v_s相邻的所有未标号点：在前向弧中，满流弧终点不标号；（v_s，2）为非满流弧，则标为（v_s，2），其中 2 由 $\varepsilon(v_2)=\min\{\infty, 7-5\}$计算而得。此处无后向弧，则不考虑。

再以刚标号的 v_2为基点，查看与点 v_2相邻的所有未标号点：只有一条前向弧，为满弧不标，后向弧中 0 流弧不标，只有点 v_1标为（v_2，2），其中 2 由 $\varepsilon(v_1)=\min\{2, 4\}$计算而得。

最后标号结果如图 6.12 所示，可以看到有一条增广链（双线表示）。

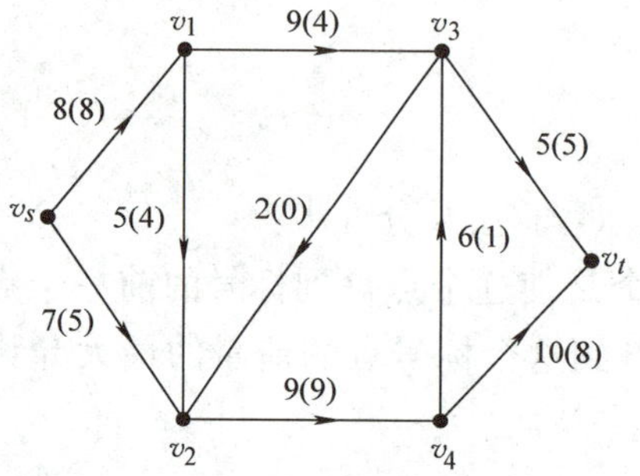

图 6.11 例 6.7 中有初始流的网络图

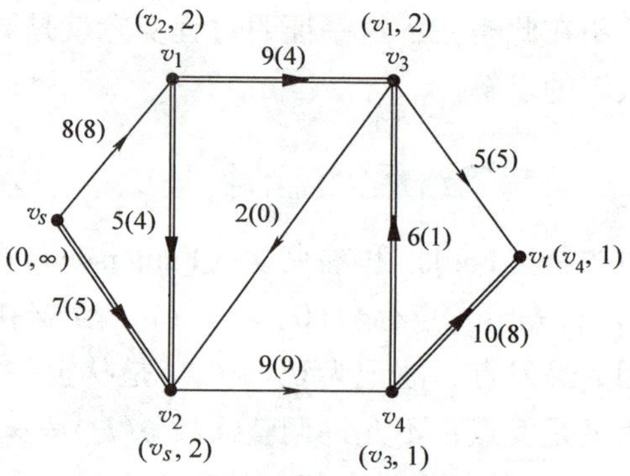

图 6.12 标出增广链的网络图

2）修改增广链上各弧的流量，正向弧加 $\varepsilon(v_t)=1$，反向弧减 $\varepsilon(v_t)$，如图 6.13a 所示。

修改完成增广链后，抹去所有标号，按照步骤 1）和步骤 2）重新标号，最后所得结果如图 6.13b 所示。可以看到现在 v_4 和 v_t 两点未标号，没有增广链，此时的可行流即为最大流，即 14。标号点和未标号点的割集为图中 $K-\bar{K}$，此割集的容量就是（v_2，v_4）和（v_3，v_t）两条始点在 S、终点在 $\bar{S}$ 的弧的容量之和，也等于网络最大流。

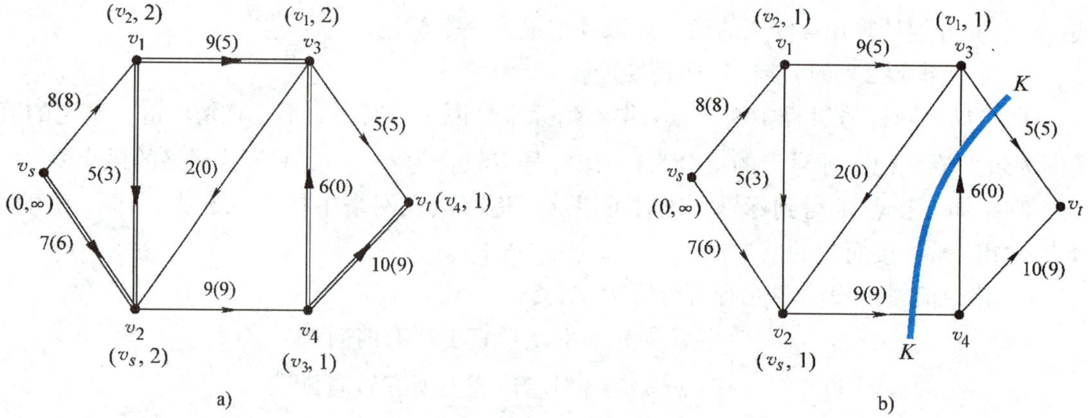

图 6.13 修改增广链的过程 a）及最后的标号与割集 b）

由上可见，用标号法找出增广链以求最大流的结果，同时得到一个最小割集。最小割集的容量大小影响总流量的提高。因此，提高总流量时要首先考虑改善最小割集中各弧的流量状态，提高它们的通过能力。

6.4.4 求解网络最大流的 Excel 方法

实际中大多数最大流问题规模更大，甚至可达上千个节点和弧，增广链方法就无能为力了。因此对于中等规模的问题，采用基于普通单纯形法的 Excel 规划求解是最合理和高效的，下面就例 6.7 同样的数据来介绍 Excel 求解。

将上述问题在工作表中表现出来如图 6.14 所示。首先在 B、C 两列将各弧分别表示出来，D 列中（D4:D12）为各弧上要求的流量，初始值均取 0，但它们是**可变单元格**，后面的值为我们要求的；它应当小于等于 F 列中对应的弧容量，即约束条件（D4:D12≤F4:

F12)。在右边节点各列系数矩阵中，如果该弧各节点在 B 列中出现则取 1，在 C 列中出现则取 -1。可以看到系数矩阵的特点是每行均只有一个 +1 和一个 -1（后面的最小流也是如此）。

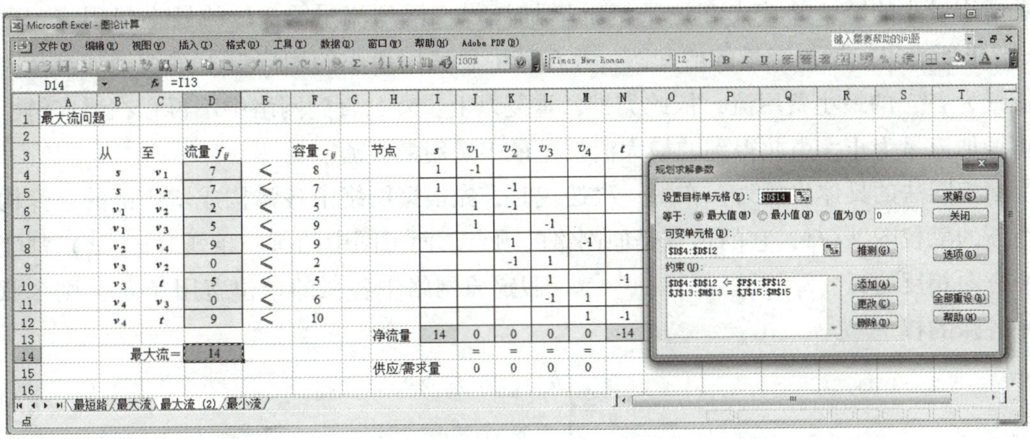

图 6.14 Excel 工作表中求解最大流问题

每个节点净流量（I13）是 D 列（可变单元格）与 *I* 列对应元素乘积之和，计算采用的 Excel 公式为“=SUMPRODUCT（$D$4:$D$12，I4:I12）”，这一公式对弧流量是绝对引用，对该列系数 P_j 为相对引用，两者的点积即为净流量。将此公式向后各列自动填充，即可得到其他各列的计算公式。对于最大流问题，显然各中间节点的净流量应当为 0，即另一个约束条件（J13: M13 = J15: M15，见图 6.14 中对话框）。

该问题的目标是寻求最大流，显然发点 s 的净流量即为最大流，故目标单元格 D14 的数值只要等于 I14 即可。设置“选项”为“采用线性模型”和“假定非负”后，单击“求解”后可以得到最后的结果（见图 6.14 中 D 列 4 到 12 行各单元格）。

6.5 最小费用流问题

上一节讨论的寻求网络最大流问题只考虑了流的数量，没有考虑流的费用。实际上许多问题要考虑流的费用最小问题。例如一辆载货汽车经过不同的路线，可能要交不同的过桥费、过路费，还有路线本身的距离油耗等，这样，对于司机来说就有一个到达某一目的地走哪条路线最省钱的问题。

6.5.1 最小费用流问题定义

定义 6.12 已知容量网络 $G=(V, E, C)$，每条边 (v_i, v_j) 除了已给出容量 c_{ij} 外，还给出了单位流量的费用 $d_{ij}(\geq 0)$，记 $G=(V, E, C, d)$。求 G 的一个可行流 $f=\{f_{ij}\}$，使得流量 $W(f)=v$，且总费用最小。

$$d(f) = \sum_{(v_i,v_j)\in E} d_{ij}f_{ij} \tag{6-12}$$

特别地，当要求 f 为最大流时，此问题即为最小费用最大流问题。

6.5.2 求解最小费用流的赋权图法

赋权图法的思路是：从零流量开始，在始点到终点的所有可能增加流量的增广链中寻找总费用最小的链，并首先在这条链上增加流量，得到流量为$f^{(1)}$的最小费用流；再对$f^{(1)}$寻求所有可能增加流量的增广链，并在其中总费用最小的增广链上继续增加流量，得到流量为$f^{(2)}$的最小费用流；依此类推，重复以上步骤，直到网络中不再存在增广链，不能再增加流量为止。由此得到的最大流就是最小费用最大流。

赋权图法的具体步骤为：在每一次迭代时，先根据网络中各弧构成增广链的条件构造一个新的赋权图$W(f)$，它的顶点是原网络的顶点，而把图中的每一条弧（v_i，v_j）都变成两个方向相反的弧（v_i，v_j）和（v_j，v_i）。假定原网络中各弧的单位费用是b_{ij}，则令赋权图中各弧的权W_{ij}为

$$W_{ij}=\begin{cases}b_{ij}, & f_{ij}>c_{ij}\\ +\infty, & f_{ij}=c_{ij}\end{cases} \tag{6-13}$$

$$W_{ji}=\begin{cases}-b_{ij}, & f_{ij}>0\\ +\infty, & f_{ij}=0\end{cases} \tag{6-14}$$

容易看出，在这样构成的赋权图中，从始点到终点的每条道路是对某一当前流的增广链。求出从始点到终点的最短路就找到了最小费用的增广链。下面举例说明。

例6.8 对图6.15a所示网络求最小费用最大流，图中弧旁数字分别为流量、容量和费用，表示为（f_{ij}，c_{ij}，b_{ij}）。

解 1）取$f^{(0)}=0$，这时，每条弧中的流量$f_{ij}=0$，因此它们都是非饱和弧。因为$f_{ij}=0$，所以在赋权图$W(f^{(0)})$中各边不用加反向弧，即原图就是对于$f^{(0)}=0$的赋权图，如图6.15b所示。

由赋权图$W(f^{(0)})$，可以找到最小费用增广链是$s\to v_2\to v_1\to t$，总费用为4，可以增加流量值为$\theta=\min[8，5，5]=5$，在这条增广链上的每条弧中增加5个单位流量后可以得到新的可行流$f^{(1)}=5$，见图6.15c，其费用累计值为$5\times4=20$。

2）构造可行流$f^{(1)}$的赋权图$W(f^{(1)})$，见图6.15d，从中容易找到费用最小的增广链是$s\to v_2\to v_3\to t$，总费用是6。从图6.15c知道可以增加的流量值为$\theta=\min[3，10，4]=3$，在这条增广链上的每条弧中增加3个单位流量后，可以得到新的可行流$f^{(2)}=f^{(1)}+3=8$，见图6.15e，其费用累计值为$20+3\times6=38$。

3）构造可行流$f^{(2)}$的赋权图$W(f^{(2)})$，见图6.15f，从中可以找到费用最小的增广链是$s\to v_1\to v_2\to v_3\to t$，总费用为$4-2+3+2=7$。可以增加的流量值为$\theta=\min[10，5，7，1]=1$，对这条增广链上的每条正向弧增加1个流量，反向弧减少1个流量，可以得到新的可行流$f^{(3)}=8+1=9$，见图6.15g，其费用累计值为$38+1\times7=45$。

4）构造可行流$f^{(3)}$的赋权图$W(f^{(3)})$，见图6.15h，显然，在该图中已不存在$s\to t$的通路。因此对于可行流来说，已不存在增广链，算法结束。

最小费用流的赋权图法求解思路清晰，易于理解，但每次迭代时都要构造一个新的赋

权图，很麻烦。最小费用流问题还可用其他方法求解，如复合标号法、网络单纯形法等。复合标号法是基于与赋权图法同样的原理，但在解法上避免了构造新赋权图的麻烦，同时还能在一次标号的过程中找到最小费用的增广链。具体过程在此略过。

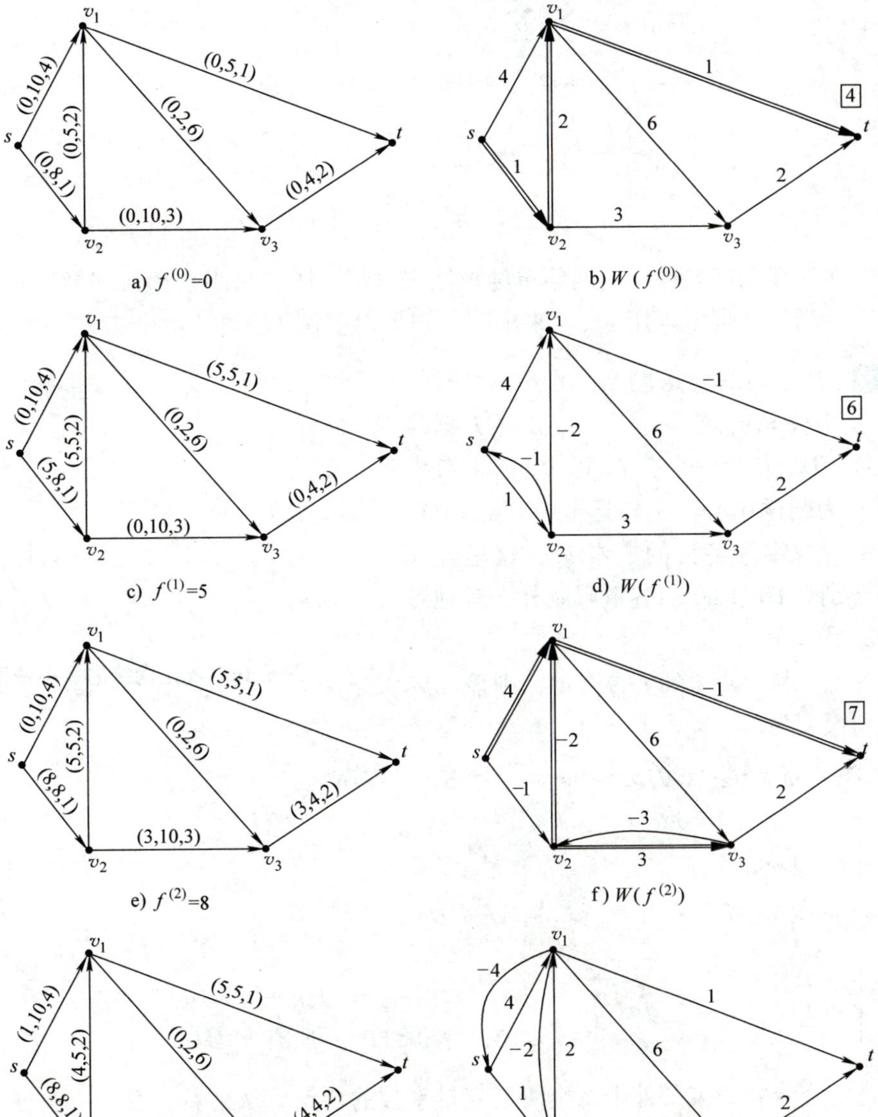

a) $f^{(0)}=0$　b) $W(f^{(0)})$

c) $f^{(1)}=5$　d) $W(f^{(1)})$

e) $f^{(2)}=8$　f) $W(f^{(2)})$

g) $f^{(3)}=9$　h) $W(f^{(3)})$

图 6.15　网络最小费用流赋权图法计算过程（一）

6.5.3　最小费用流问题的应用

最小费用流问题最重要的应用是各种网络的运作。最小费用流问题可以用线性规划来描述：

设网络中有 n 个点，f_{ij}为弧（i，j）上的流量，c_{ij}为该弧的容量，b_{ij}为在弧上通过单位流量时的费用，s_i代表第 i 点的供应量或需求量，当网络供需平衡时，将发点物料调运到收点，使总调运费最小的问题表示式为

$$\min z = \sum_{i=1}^{n}\sum_{j=1}^{n} b_{ij}f_{ij} \tag{6-15}$$

$$\text{s. t.} \begin{cases} \sum_{j=1}^{n} f_{ij} - \sum_{k=1}^{n} f_{ki} = s_i \quad (i = 1,2,\cdots,n) \\ 0 \leqslant f_{ij} \leqslant c_{ij} \quad 任意的(i,j) \end{cases} \tag{6-16}$$

这样的线性规划问题可以用网络单纯形法来求解。既然最小费用流问题可以表示为线性规划问题，当然它也可以用 Excel 来求解。请见以下例子。

例6.9 某公司的配送网络如图6.16 所示，其中 A 和 B 为公司的两个工厂，即源（方括号中的 $s_i>0$）；D、E 为两个分仓库，为需求节点（$s_i<0$），C 为配送中心，是转运节点（$s_i=0$）。各弧上所示的数字为各自的成本 b_{ij}，这里除弧 AB 和 CE 分别有10 和80 的容量限制外，其他各弧的容量都足够大。

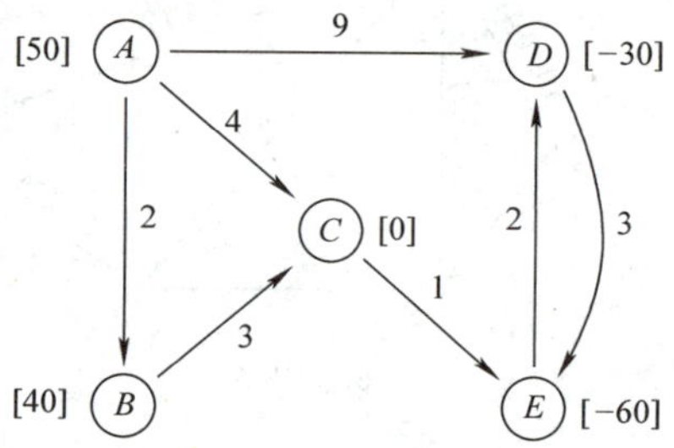

图 6.16 配送网络的最小费用流

解 令 f_{ij}为从节点 i 到 j 的流量，则该问题的数学规划模型为

$$\min z = 2f_{AB} + 4f_{AC} + 9f_{AD} + 3f_{BC} + f_{CE} + 3f_{DE} + 2f_{ED}$$

$$\text{s. t.} \begin{cases} f_{AB} + f_{AC} + f_{AD} = 50 \\ -f_{AB} + f_{BC} = 40 \\ -f_{AC} - f_{BC} + f_{CE} = 0 \\ -f_{AD} + f_{DE} - f_{ED} = -30 \\ -f_{CE} - f_{DE} + f_{ED} = -60 \\ f_{AB} \leqslant 10,\quad f_{CE} \leqslant 80,\quad 所有\ f_{ij} \geqslant 0 \end{cases}$$

请注意五个等式约束条件中每个决策变量系数的特点。从列看，每个决策变量系数均只有两个非零系数，而且一个 +1，一个 −1。这一特殊结构出现在任一最小费用流问题中，因而使问题有整数解。另外最小费用流问题模型的约束条件是冗余的，因为所有约束条件相加后等式两边均为0，则基本可行解中基变量的个数为 $n-1$ 个。

对中小规模的最小费用流问题，用 Excel 建立模型并求解十分方便。对于本例，在用工作表（见图6.17）表现问题模型方面与最大流问题相似，但增加了单位成本（b_{ij}）列 G。因为 s_i值对每一节点是确定的，所以所有节点均需要流量约束，但只有两条弧需要容量约束。目标单元格（D12）计算通过网络的所有流量的总成本，Excel 公式为“=SUMPRODUCT（D4:D10，G4:G10）”。“净流量”的 Excel 公式，如 J11 为“=SUMPRODUCT（$D $4:$D $10，J4:J10）”，将此公式自动填充到后面 K11 到 N11 即可，它们的值应当等于

相应的“供应/需求量”（J13:N13）。在“规划求解参数”对话框中应选择最小值。单击“求解”后，可变单元格（D4:D10）就显示出最优解。

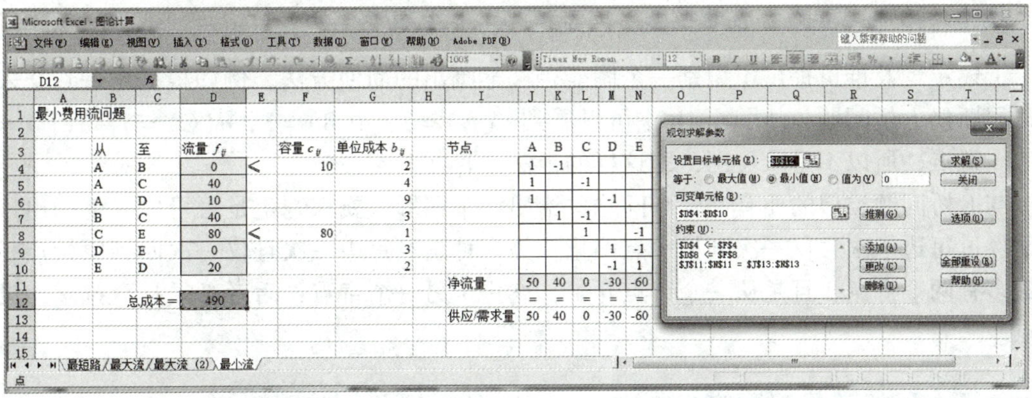

图 6.17　网络最小费用流赋权图法计算过程（二）

实际上，最小费用流问题具有一般性，指派问题、运输问题及转运问题、最短路问题和最大流问题都是它的特例，从它们的线性规划模型就可以很容易看到这一点。这些解法对一般规模的上述特例问题都很有效，网络单纯形法（Network Simplex Method）是一种更高效、通用的解法，也易于计算机程序实现，可解决较大规模的问题。总之，最小费用流问题及其网络单纯形法将这些不同的特例全部统一在一个框架内，考虑更广泛的方法进行求解和应用，体现了更大范围的综合。

6.6　中国邮递员问题

一个邮递员送信要走完负责投递的全部街道，完成任务后回到邮局，应该按照怎样的线路走才能使所走的路程最短。这是我国学者管梅谷 1962 年提出的问题，在国际上通常称为中国邮递员问题。这一问题的介绍首先要从图论中最早的哥尼斯堡七桥问题开始。

6.6.1　哥尼斯堡七桥问题与欧拉图

本章开头提到的哥尼斯堡七桥问题的本质就是：在一个连通图中，从任一点出发，能否通过每条边一次且仅一次再回到该点？欧拉用欧拉图证明这样的走法不存在，并给出了这类问题的一般结论。

定义 6.13　连通图 G 中，若存在一条链经过每条边一次且仅一次，则称这条链为**欧拉链**（Euler Path）。若存在一个圈，经过每条边一次且仅一次，则称这条回路为**欧拉圈**（Euler Circuit）。

请注意，欧拉链与 6.1 节介绍的哈密尔顿路的差别，两者都会经过所有的点，但哈密尔顿路只经过每个点一次，但并不需要到达每一条边。

具有欧拉圈的图称为**欧拉图**（E 图，Eulerian Graph）。哥尼斯堡七桥问题就是要在图中寻找一条欧拉圈。

定理 6.9　无向连通图 G 是欧拉图，当且仅当 G 中无奇点。

它的必要性是明显的，充分性可以用归纳法。在此限于篇幅略去。而且还有以下推论。

推论 连通多重图 G 有欧拉圈，当且仅当 G 恰有两个奇点。

上述定理及推论提供了识别一个图能否一笔画出的简便方法。例如根据定理 6.9 来检查哥尼斯堡七桥问题，从图 6.1b 中可以看到 $d(\mathrm{A})=3$，$d(\mathrm{B})=3$，$d(\mathrm{C})=5$，$d(\mathrm{D})=3$，有四个奇点，所以不是欧拉图，即这样的走法不存在。

与七桥问题类似的还有一笔画问题。给出一个图形，要求判定是否可以一笔画出。一种是经过每边一次且仅一次到另一点停止；另一种是经每边一次且仅一次回到原始点。前者最多有两个奇点，且是从一个奇点开始，终止于另一个奇点；后者必须是欧拉圈，没有奇点。

6.6.2 中国邮递员问题定义

一个邮递员负责某一地区的信件投递。他每天要从邮局出发，走遍该地区所有街道再返回邮局，问应如何安排送信的路线可以使所走的总路程最短？这个问题就是中国邮递员问题，也称中国邮路问题。

定义 6.14 给定一个连通图 G，每边有非负权 $l(e)$，要求一条回路过每边至少一次，且满足总权最小。此种问题为中国邮递员问题。

由定理 6.9 知如果 G 没有奇点，则是一个欧拉图，显然按欧拉回路走就是满足要求的过每边至少一次且总权最小的回路。

如果 G 中有奇点，要求连续走过每边至少一次，必然有些边不止一次走过，这相当于在图 G 中对某些边增加一些重复边，使所得到的新图 G^* 没有奇点且满足总路程最短。

由于总路程的长短完全取决于所增加的重复边的长度，所以中国邮递员问题也可以转为如下问题：

在连通图 $G=(V, E)$ 中，求一个边集 $E_1 \in E$，把 G 中属于 E_1 的边均变为二重边得到图 $G^*=G+E_1$，使其满足 G^* 无奇点，且 $L(E_1)=\sum_{e \in E_1} l(e)$ 最小。

定理 6.10 已知图 $G^*=G+E_1$ 无奇点，则 $L(E_1)=\sum_{e \in E_1} l(e)$ 最小的充要条件为

1）每条边最多重复一次。

2）对图 G 中每个初等圈来讲，重复边的长度和不超过圈长的一半。

6.6.3 中国邮递员问题的求解

实际上，定理 6.10 的证明（在此略去）给出了中国邮递员问题的一种算法，称为“奇偶点图上作业法”，它的思路是：先对一个有奇点的图增加重复边，转变为不含奇点的欧拉图，这样的重复边方案为可行方案，然后再寻求对重复边总长减少的改进方案，最后找到使总长最短的可行方案就是所求的解。下面举例说明这个算法。

例 6.10 求解图6.18 所示网络的中国邮递员问题。

解 第 1 步：确定初始可行方案。

先检查图中是否有奇点，如无奇点则已是欧拉图，找出欧拉回路即可。如有奇点，由前面定理可知奇点个数必为偶数个，所以可以两两配对。每对点间选一条路，使这条路上均为二重边。

图6.18中有四个奇点 v_2、v_4、v_6、v_8（空心点表示），将 v_2 与 v_4，v_6 与 v_8 配对，连接 v_2 与 v_4 的路有多条，任取一条，如 $\{v_2, v_3, v_6, v_9, v_8, v_7, v_4\}$，类似地，对 v_6 与 v_8 取 $\{v_6, v_3, v_2, v_1, v_4, v_7, v_8\}$。得到的图6.19已是欧拉图。对应这个可行方案，重复边的总长为

$$2l_{23}+2l_{36}+l_{69}+l_{98}+2l_{87}+2l_{74}+l_{41}+l_{12}=51$$

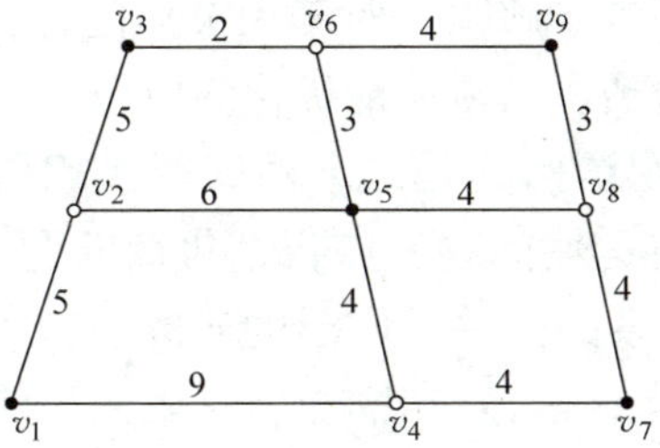

图6.18 例6.10用图

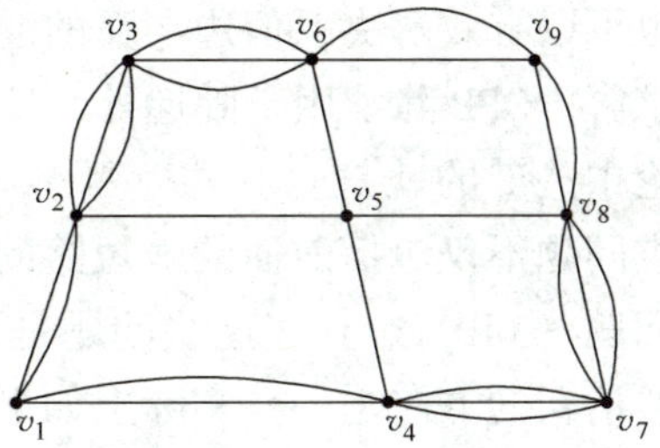

图6.19 欧拉图

第2步：调整可行方案，使重复边最多为一次。

去掉 $[v_2, v_3]$、$[v_3, v_6]$、$[v_4, v_7]$、$[v_7, v_8]$ 各两条，得到图6.20a，重复边总长度下降为

$$l_{12}+l_{14}+l_{69}+l_{98}=21$$

第3步：检查图中每个初等圈是否满足定理6.10条件2）。如不满足则进行调整，直至满足为止。

检查图6.20a，发现圈 $\{v_1, v_2, v_5, v_4, v_1\}$ 总长度为24，而重复边的长为14，大于该圈总长度的一半，可以做一次调整，以 $[v_2, v_5]$、$[v_5, v_4]$ 代替 $[v_1, v_2]$、$[v_1, v_4]$，得到图6.20b，重复边总长度下降为

$$l_{25}+l_{45}+l_{69}+l_{98}=17$$

再检查图6.20b，圈 $\{v_3, v_6, v_9, v_8, v_5, v_2, v_3\}$ 总长度为24，而重复边长为13。再次调整得图6.20c，重复边总长度为15。

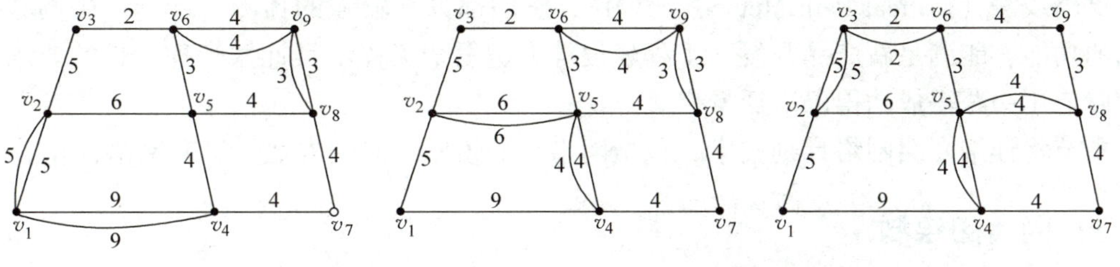

a) b) c)

图6.20 进一步求解过程和最终图

检查图6.20c，定理6.10的条件1）、2）均满足，得到最优方案。图中任一欧拉回路即为最优邮递路线。

奇偶点图上作业法虽然比较容易，但要检查每个初等圈，当 G 的点数或边数较多时，

运算量极大。Edlis 和 Johnson 于 1972 年给出了一种比较有效的改进算法——花与花簇（Flower and Blossom）算法，即化为最短路及最优匹配问题求解。

从奇偶点图上作业法求解过程中可以看到对于一个只有两个奇点的网络图，实际上是求这两个奇点之间的最短路，然后在此最短路上的每一条边加上重复边就得到中国邮递员问题的最优解。对于有多个奇点对的一般情况，要先求解各奇点对之间的最短路，然后列举全部可能的奇点对组合方案，计算各组合方案的路长，以最短路长的组合方案为最优解。这就是奇偶图上作业法的改进方法的主要思路，具体解法在此略。

中国邮递员问题经过多年的研究已取得不少成果与应用。对有向图的中国邮递员问题，现在也可以有效解决，但边与弧的混合图问题难于解决。对于大节点问题，都是通过计算机来求解。CPP 除了用于邮递外，还有街道清洁、扫雪等最优化的应用。

在图论中关键的就是点与边（弧），**CPP 问题访问的是边，而路径类问题访问的是点**。路径类问题不仅包括前面的最短路问题，还有运输问题、旅行销售商问题（TSP）和车辆路径问题（VRP）。其实这些问题是有内在联系的，并有广泛的研究与应用价值，是运筹学非常活跃的方向之一。实际上如果车辆数量为 1，且车辆无容量限制，VRP 问题即成为 TSP 问题。如果需求点不是在节点上，而是沿着一条边或弧，就是弧路径问题（Arc Routing Problem，ARP），如邮递员沿街送信。ARP 问题如果只有一辆车，就是农村邮递员问题（Rural Postman Problem，RPP），它要确定一条包括需求弧（边）的最短路径。如果每条需求弧（边）都要服务到，RPP 问题就是著名的中国邮递员问题。

6.7 网络计划

工程项目是由很多复杂的环节构成的，涉及人力、设备等多种资源的共同作业。如何制定一个科学的计划，以最短的时间去实现预定的目标，是项目成功的关键。网络计划技术提供了一种科学制订计划的方法。该方法应用网络图来表示一项计划中各项作业的先后顺序和逻辑关系，再通过计算，确定各项工作的时间参数，找出关键作业和关键路线，再以整个计划为目标，对时间、资源和费用进行优化平衡，选择最优方案，并以此组织、调整和控制工程进度，以达到预定的目标。网络计划技术来源于美国。20 世纪 50 年代末几乎同时出现的两项技术——计划评审技术（Program Evaluation & Reriew Technique，PERT）和关键路线法（Critical Path Method，CPM），它们都具有较强的预测、计划、协调和控制方面的功能，能满足新产品开发、工程建设等大型复杂工程项目计划管理工作的要求，并在实际应用中获得成功得以广泛推广。

本节将详细介绍网络计划技术，包括网络图的绘制、时间参数计算和网络优化。

6.7.1 网络图绘制

（1）网络图的构成

作业又称工作、工序、活动，是指一项有具体内容，需要一定的人力、物力并经过一定时间才能完成的实践活动。例如设计、加工、装配、测试都是作业，再细分开，如加工中的每一项机加工，则是一项作业。作业（Activities）、事项（Nodes）和路线（Paths）三部分构成一个网络图。

网络图中，作业一般采用双代号表示法，即用一条箭线表示，其中箭尾表示作业的开始，箭头表示作业的结束，箭头和箭尾要有带圈的编号，即事项（节点）。作业名称写在箭线的上面，作业所需时间写在箭线下面。为了更好地表示作业之间的关系，需要引入虚作业，它是一项既不消耗资源、也不需要时间的虚设活动，用虚箭线表示。

事项用来表示一项作业开始或结束的时刻，用圆圈表示。因为它通常是两条或以上箭线的交点，所以俗称节点。事项本身既不消耗资源，也不占用时间，只代表某一（几）项作业的开始或结束。

网络图中第一个圆圈是始点事项（源），表示一项工程计划的开始；最后一个圆圈是网络图的终点事项（汇）。一个网络图只能有一源一汇。网络图中的其他事项都有双重意义：既是前一项作业的结束，又是后一项作业的开始。

有了事项和作业，就可以按照作业的先后次序来绘制网络图，例如图 6.21 所示的网络图。在网络图中，从起点开始，顺着箭线所指的方向到达终点的一条通路就是**路线**。这样的路线可以有很多条，例如图 6.21 中就有 4 条不同的路线。一条路线上各作业时间之和就是这条路线的周期或路长，而周期最长的路线就是**关键路线**。关键路线以双线表示，关键路线上的作业是关键作业，事项是关键事项。关键路线是可以变化的，并且一个网络图中可以有多条关键路线，但它们的周期必须相等。

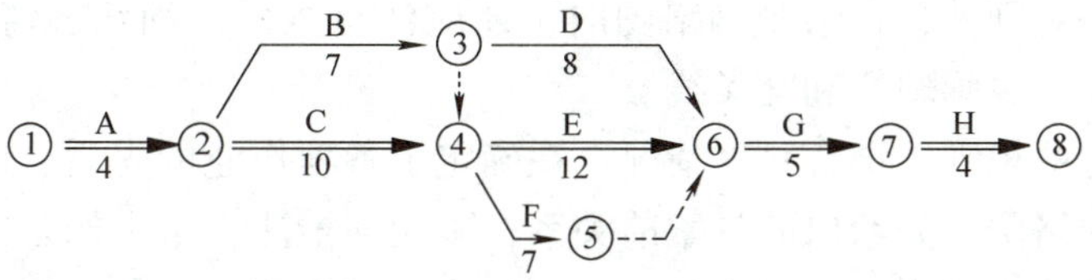

图 6.21　一个网络图

（2）网络图的基本画法

在一个大的工程项目中，各作业之间的关系是很复杂的，有的按顺序进行，有的同时进行，有的需要在几项作业完成后才能开始，有的交叉进行，等等。为了表示这些不同的情况，引入四种不同的表示法。

作业的串联：表示按时间的先后次序进行的作业之间的关系。必须完成的作业称为先行作业（紧前作业），继这些作业之后开始的称为紧后作业。例如在图 6.21 中，作业 G 完成之后 H 才能开始，则 G 是 H 的紧前作业，H 是 G 的紧后作业。

作业的并联：表示两个或两个以上的作业同时进行的关系，如图 6.21 中的作业 B、C。③和④之间的虚作业表示 E 的紧前作业是 B、C，只有在 B、C 都完成后 E 才能开始。

作业的交叉：两个及以上的作业，部分地交错进行时，要用作业的交叉表示，如图 6.22 所示。

图 6.22　交叉作业的处理

作业的合并：把两个及以上的作业简化合并成一个更大的作业称为作业的合并，合并后的作业时间，按原图中两个节点之间的最长路线计算。

（3）绘制网络图的基本原则

1）两个节点之间只能有一项作业。这保证了用节点编号表示作业的唯一性。如果两个节点之间有几项并联作业，则必须设立新的节点，然后用虚作业把它们的关系表示出来。如在两个节点之间有三项并行的作业 A、B、C，图 6.23a 的画法是错误的，图 6.23b 则是正确的。

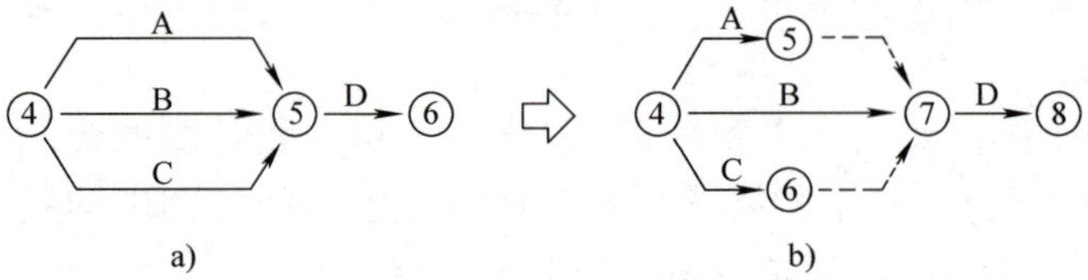

图 6.23　两个节点之间只能有一项作业

2）绘制网络图由左向右延伸。每一项作业的节点编号要保证箭头节点编号大于箭尾节点编号。在一个网络图中，节点编号不能重复使用。

3）网络图中只能有一个始节点和一个终节点。始节点只有紧后作业，终节点只有紧前作业。其他节点必须同时有紧前作业和紧后作业。

4）网络图中不允许出现循环路线。

除了上述四条规则外，在绘制网络图时，还应注意画面的简洁、清晰、整齐和美观。尽量少使用虚作业，少画斜线和交叉线。

总之，按照这些规则，结合具体情况，在确定了各项作业的先后、串并联等关系之后可试探性地绘出网络图。如给出的是紧前关系，采用逆推法；给出的是紧后关系则采用顺推法。然后再调整，去掉多余的虚作业，绘制最终的网络图。当然，现在也可以用有关计算机软件来绘制网络图，具体可参阅有关文献。

6.7.2　网络图的时间参数计算

网络图中的时间有作业时间、节点时间参数和作业时间参数。

（1）作业时间的确定

作业时间是指完成一项作业所需的时间，它是网络图的基本时间参数，根据工程项目性质的不同，有两种确定方法。

1）单时估计法：这是 CPM 采用的估计作业时间的方法，通常取完成该项作业的最大可能时间为标准，不受作业的重要性和时间紧迫性的限制。这种方法适用于有成熟经验的工程项目或不确定性少、作业时间相对比较稳定的情况。

2）三时估计法：这是 PERT 的时间估计法。对一般的作业，准确估计它的时间是很困难的。随着时间的变化，作业的完成时间可能有长有短，所以任何作业的时间都是一个随机变量，根据大量统计，它服从 β－分布，有三种时间：乐观时间 a 为可能最短时间，最可能时间 m 和悲观时间 b（在不利情况下完成作业的最长时间）。取数学期望值有

$$T_e = (a + 4m + b)/6 \tag{6-17}$$

以此作为作业时间的估计值，其方差为

$$\sigma = (b - a)/6 \tag{6-18}$$

在网络图上，三时估计法的时间一般用（$a-m-b$）记在箭线的上方或下方。

(2) 节点时间参数及计算

节点的时间参数有两个：最早时间和最迟时间。

节点最早时间：$t_E(j)$表示以j为始点的各工序最早可能开始的时间，也表示以j为终点的各工序的最早可能完成时间。

节点最迟时间：$t_L(i)$表示在不影响任务总工期的条件下，以i为始点的各工序最迟必须开始时间，或以i为终点的各工作的最迟必须完成时间。

节点时差是指该节点最迟时间和最早时间之差。时差为0的节点为关键节点。

节点时间参数的计算有图上计算法和矩阵法，下面介绍图上计算法。

第1步：计算节点最早时间，从开始点从左向右进行计算。

① 始节点的最早时间为0，即

$$t_E(1)=0 \tag{6-19}$$

② 只有一条箭线进入的节点的最早时间等于它的箭尾时间加上该作业的时间。

③ 如果有多条箭线与箭头结点相连，则选择各箭尾节点的最早时间与相应的作业时间之和中的最大值。即

$$t_E(j)=\max\{t_E(i)+t(i,j)\} \tag{6-20}$$

节点的最早时间一般标在每个节点的左方或上方，并用方框括起。

第2步：计算节点最迟时间，从终点开始，由右向左进行。

① 如果总工期是给定值，则终点的最迟时间等于规定的完工期。当无规定期限时，终点的最迟时间等于它的最早时间，即

$$t_L(n)=t_E(n) \tag{6-21}$$

② 箭尾节点的最迟时间等于它的箭头节点最迟时间减去该作业的时间。

③ 若从某箭尾节点同时发出几条箭线，则选其中箭头节点的最迟时间与相应作业时间之差的最小者。即

$$t_L(i)=\min\{t_L(i)-t(i,j)\} \tag{6-22}$$

节点的最迟时间一般标在每个节点的右上方或下方，用三角形框起。综合节点的最早时间和最迟时间计算，可以简记为正向看箭头取大，反向看箭尾取小。

(3) 作业时间参数及计算

作业时间参数共有六个，即作业最早开始时间、作业最早结束时间、作业最迟开始时间、作业最迟结束时间、总时差和单时差。

1) 作业最早开始时间$t_{ES}(i,j)$：任何一个工序都必须在其所有紧前工序全部完成后才能开始，这个时间是和该作业$i-j$的箭尾节点i的最早时间一致的。

2) 作业最早结束时间$t_{EF}(i,j)$：表示工作按最早开工时间开始所能达到的完工时间，它等于最早开始时间加上该作业的时间，即

$$t_{EF}(i,j)=t_{ES}(i,j)+t(i,j) \tag{6-23}$$

3) 作业最迟开始时间$t_{LS}(i,j)$：网络图中的作业都有一项或几项紧后作业。前面的作业不完工，后面的作业就不能开始。为了不影响整个工程的完工期，作业最迟必须开始的时间称为最迟开始时间。它等于作业$i-j$的箭头节点j的最迟时间减去该作业的时间，即

$$t_{LS}(i,j)=t_L(j)-t(i,j) \tag{6-24}$$

4）作业最迟结束时间 $t_{LF}(i, j)$：是指不影响整个工程完工期的情况下，作业必须结束的最迟时间。它等于作业 $i-j$ 的箭头节点 j 的最迟时间，即

$$t_{LF}(i, j)=t_L(j) \tag{6-25}$$

5）总时差 $R(i, j)$：在不影响总工程完工期的情况下，一项作业的完工期可以推迟的时间长度。它等于作业的最迟完工期和最早完工期之差，或者等于最迟开工期与最早开工期之差。总时差为0的作业为关键作业。

6）单时差 $r(i, j)$：在不影响下一项作业最早开工期的情况下，一项作业的完工期可以推迟的时间长度。它等于下一个作业的最早开始时间和该作业的最早结束时间之差。

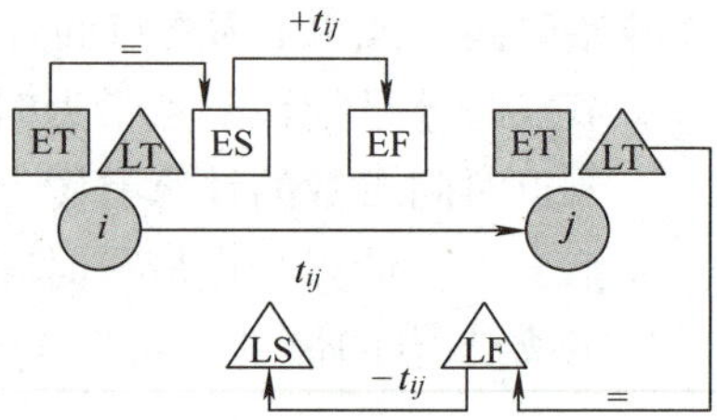

图6.24 各项时间参数之间的关系

其中前四项参数与节点时间参数的关系如图6.24所示。

从上述关系图中可以看到，既可以根据节点时间在图上直接计算作业时间参数，也可以用表格的形式列表计算这些参数。前者与节点时间的图上计算法类似。后者可以在未做出网络图之前，仅根据作业分析的数据表计算各项作业的六个时间参数。表算法的步骤有二，以下例来说明。

例6.11 给定的八项作业,其作业时间和紧前关系见表6.2。试计算各项时间与时差。

表6.2 表算法计算作业时间参数示例（一）

作业代号	A	B	C	D	E	F	G	H
作业时间	4	7	10	8	12	7	5	4
紧前作业	—	A	A	B	B，C	C	D，E，F	G

解 第一步计算作业的最早开始时间和最早结束时间。这是从始点开始，它的最早开始时间为0，然后按各时间参数关系从上到下依次计算。第二步则计算作业的最迟结束时间和最迟开始时间，由最后一个作业的最早结束时间（35）也是它的最迟结束时间，填入表格，从下到上，依据时间参数关系即可全部计算出来。

算出上面四个时间参数，总时差和单时差很容易求出，见表6.3后两列。

完成时间参数的计算之后，可以根据总时差为0的作业找到关键路线，在网络图中用双线表示出来（见图6.21）。

表6.3 表算法计算作业时间参数示例（二）

作业代号	作业时间	紧前作业	最早时间ET		最迟时间LT		总时差	单时差
			开始ES	结束EF	开始LS	结束LF		
A	4	—	0	4	0	4	0	0
B	7	A	4	11	7	14	3	0
C	10	A	4	14	4	14	0	0
D	8	B	11	19	18	26	7	7
E	12	B，C	14	26	14	26	0	0
F	7	C	14	21	19	26	5	5

（续）

作业代号	作业时间	紧前作业	最早时间 ET		最迟时间 LT		总时差	单时差
			开始 ES	结束 EF	开始 LS	结束 LF		
G	5	D，E，F	26	31	26	31	0	0
H	4	G	31	35	31	35	0	0

6.7.3　网络优化

前面介绍的网络计划技术只是考虑工程进度。实际上，工程计划不能仅仅考虑工程进度，还要考虑人力、物力等资源条件的限制和尽量使工程费用最省。这就要求对时间、资源和费用进行综合平衡，选取最优方案，尽量做到工期最短、资源使用合理、成本费用最低。这就是网络优化问题。

网络优化问题常常归结为“向关键路线要时间，向非关键路线要资源”。有两类问题。一类是时间 - 资源优化，主要解决总工期一定的情况下如何安排各项作业，使整个计划期内所需要的资源比较均衡，或者当某项目工程的可用资源有限时，如何安排各项作业使总工期最短。第二类问题是时间 - 成本优化，要寻找成本最低、工期又尽量最短的优化方案。下面分别介绍。

（1）工期限定、资源平衡问题

解决工期限定、资源平衡问题可用图解法和探索性程序法。这里仅介绍图解法，以使读者形象地了解如何利用时差来解决资源平衡问题。

例 6.12　现有一项工程网络图如图6.25所示，其中箭线下面的数字是作业时间，括号内的数据是每天所需的人力。节点时间参数分别记在方框和三角形内。

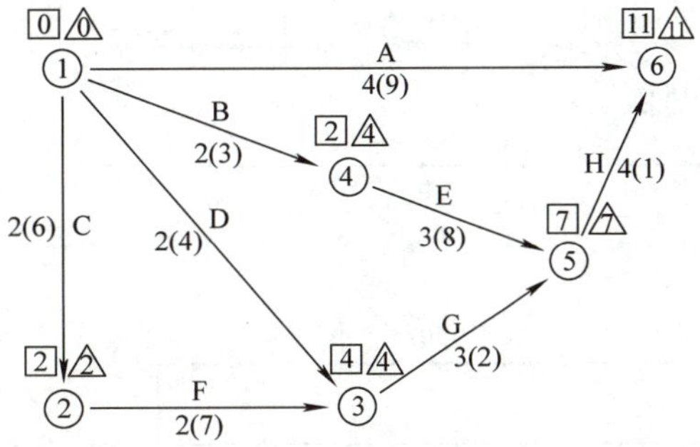

图 6.25　例 6.12 工程网络图

解　为了清楚地表现网络图中的时差，先在日历坐标上绘制网络图，如图 6.26a所示，图中的每项作业都先按最早开始时间安排。箭线的水平长度等于作业的天数，各作业的虚线部分在横轴上的投影长度代表该作业的总时差。括号内数据为每天需要的人力数。双实线是关键路线。图 6.26b 是相应的每日需用人力数量图，可以看到人力的使用情况很不均衡。

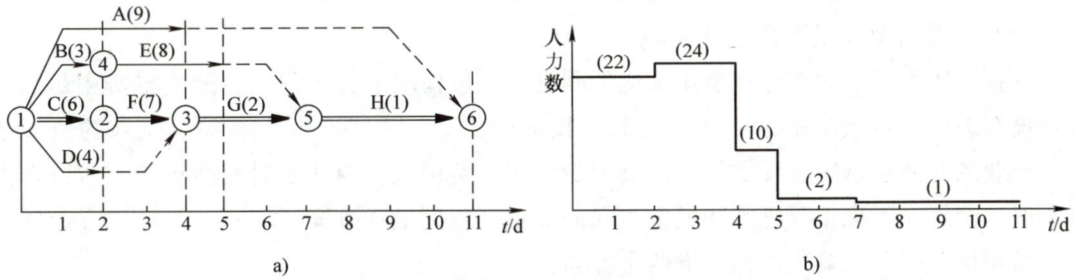

图 6.26　日历坐标网络图与人员需求

现根据以下原则进行调整：

1）为了保证总工期不变，不调整关键路线上的作业。

2）利用时差，对非关键路线上的作业进行调整，尽量使人力的需要量均衡。

由以上原则可做如下调整：使作业 A 推迟 7 天开工；作业 E 和 B 向后推迟 2 天开工。于是得到如图 6.27 所示的日程安排及人力需求，可以看到，这样的安排可使人力的利用均衡得多，且总工期不变。

（2）资源有限、工期最短问题

这类问题通过下面例子来说明。

例 6.13 某项工程按作业最早时间安排的日程网络图如图6.28 所示，其中括号内数字是每天所需的人力。设每天最多有 10 人工作，试问如何安排才能使工期最短。

解 首先进行人力资源的总平衡：即在理想情况下，用给定的人力需要多少天完工。计算原计划所需要的总人·天数是

$$M=2\times4+1\times2+1\times3+1\times5+2\times6+2\times7+1\times1+1\times8=53(\text{人·天})$$

如果每天有 10 人工作，则至少需要 5.3 天才能完成。这说明原来的 5 天总工期是不够的，至少需要延长一天。这时有两种调整方案：

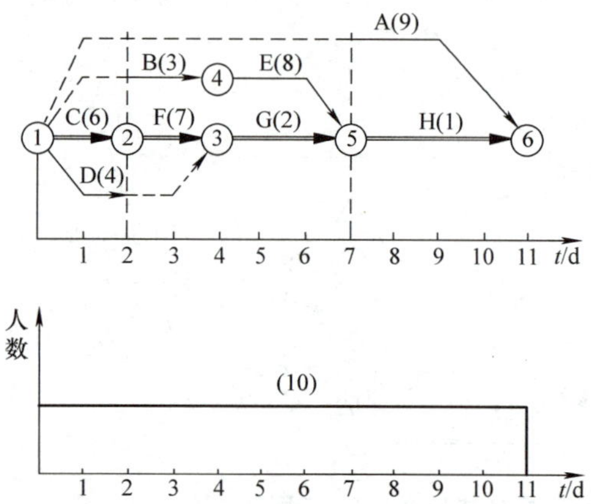

图 6.27 调整后的日历坐标网络图与人力需求

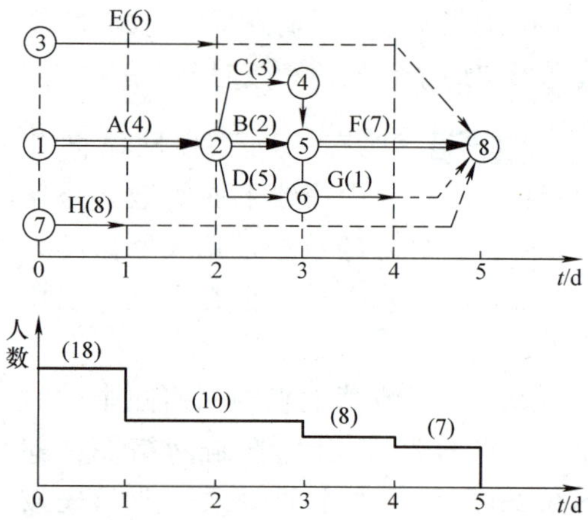

图 6.28 例 6.13 时间与人力初始安排方案

1）作业 H 延后 5 天开始，如图 6.29a 所示。

2）作业 H 延后 3 天开始，同时作业 F 延后 1 天开始，如图 6.29b 所示。

这两个方案都做到了人力安排均衡，而工期最短。

（3）网络计划中的费用优化问题

在任一工程计划中都存在费用优化的问题。一般情况下，工程项目的成本费用是和时间进度有关的，每项作业的完成时间都和投入的人力、物力、财力有关。投入的资源越多，作业的时间也越短。反之，投入资源少，成本费用低，但作业时间会更长。所以在做计划时，要综合考虑工程进度和成本之间的关系，找到最优方案。

费用优化问题主要表现在以下两个方面：

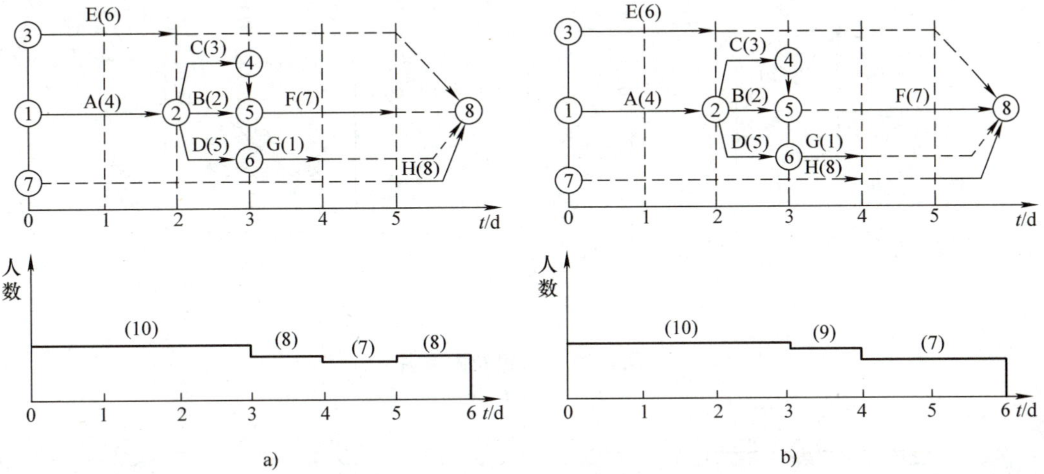

图 6.29　人力资源的平衡

1）工程周期给定，如何安排各项作业，使整个工程的直接费用最低。

2）如果有一笔准备金用作加快工程进度的追加费用，如何安排才能使工程总周期缩短最多。或者说，如果要求总工期缩短一定时间，如何安排才能使追加的费用最少。

解决这类问题可以用线性规划法，也可以用最小成本加快法。具体请参阅有关教材。

习题

6.1　某公司要存储八种化工品 A、B、C、D、P、R、S、T，但出于安全的原因，下面各组产品不能放在一起：A-R、A-C、A-T、R-P、P-S、S-T、T-B、B-D、D-C、R-S、R-B、P-D、S-C、S-D。试用图论方法求存储这八种化工品至少需要多少间储藏室。

6.2　分别用破圈法和避圈法求图 6.30a、图 6.30b、图 6.30c 所示各个图的最小支撑树。

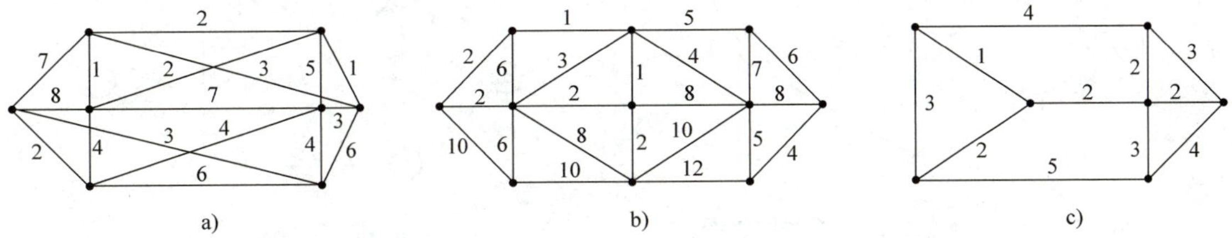

图 6.30　习题 6.2 用图

6.3　分别求图 6.31a、图 6.31b 中 v_1 至各点的最短路。

6.4　某公司要给一个快餐店配送原料，从仓库到快餐店的交通图如图 6.32 所示，图中①表示仓库，⑦表示快餐店。旁边数字表示开车送原料经过这段路所需要的时间。应按什么路线才能使送货时间最短？

6.5　某地区的公路网如图 6.33 所示，其中边上数字为该段公路的流量（单位：千辆/h），请求出①到⑥的最大流量。

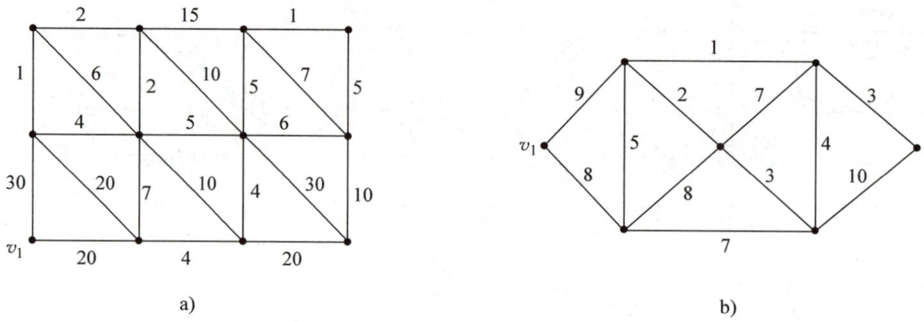

图 6.31 习题 6.3 用图

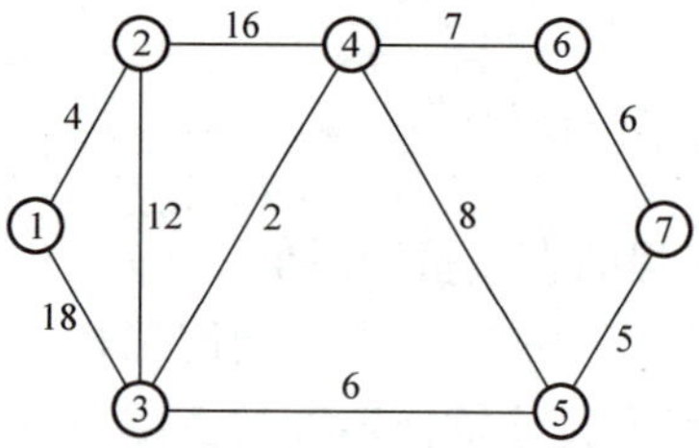

图 6.32 习题 6.4 用图

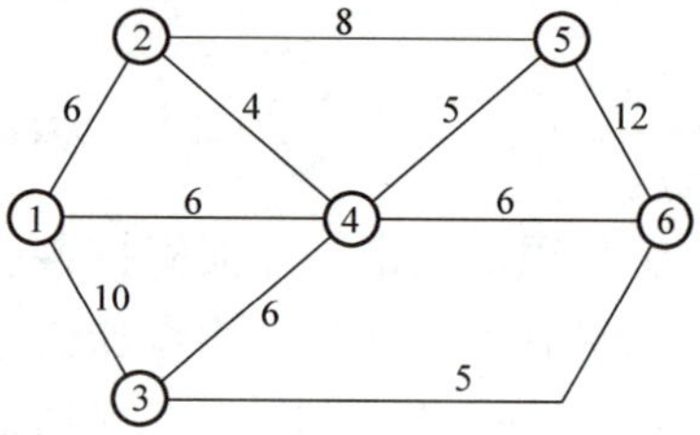

图 6.33 习题 6.5 用图

6.6 在图 6.34 的自来水管线网络图中，弧代表水管，节点代表管道连接处的水泵，各弧上的数字代表相应的水管容量，问：

(1) 可行流需要满足什么条件，在图中给出一个可行流。

(2) 从源 S 到终点 T 的最大流是多少？

(3) 为了增加从 S 到 T 的流量，在只换一段水管的条件下，应当改变哪一水管的容量？

6.7 求图 6.35 所示网络中从 x 到 y 的最大流，各弧旁数字为容量。

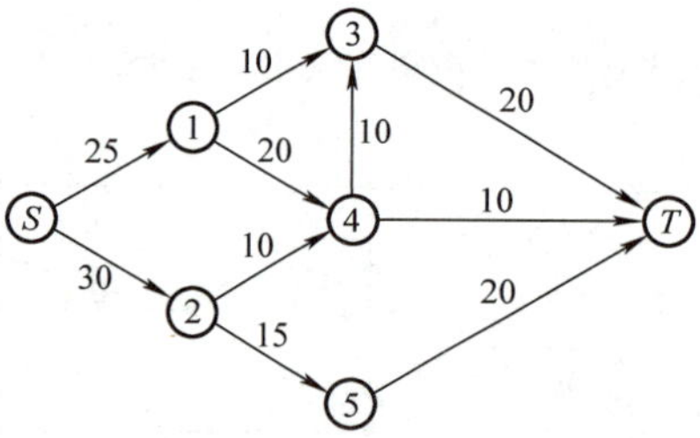

图 6.34 习题 6.6 的自来水管线网络图

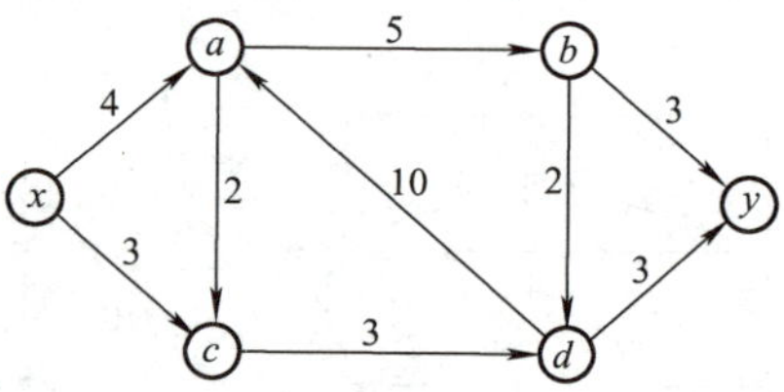

图 6.35 习题 6.7 用图

6.8 求解图 6.36a、图 6.36b 所示两图中的最小费用流，其中每弧旁括号内数字分别是该弧的单位费用和容量。

6.9 求图 6.37a、图 6.37b 各自网络图中 x 到 y 的最小费用最大流，各弧旁数字为 (c_{ij}, b_{ij})。

6.10 在图 6.38 所示的三个图形中，若是欧拉图，找出欧拉圈；若非欧拉图，则添加必要的边构成欧拉图，并找出欧拉圈。

6.11 某社区的街道如图 6.39a、图 6.39b 所示：弧旁数字为距离，圆圈处为起点。试为邮递员设计走遍各街道的最佳配送路线。

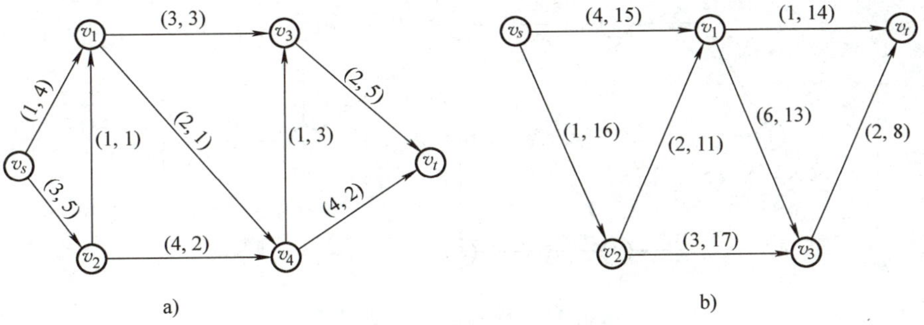

图 6.36　习题 6.8 的两个最小费用流问题用图

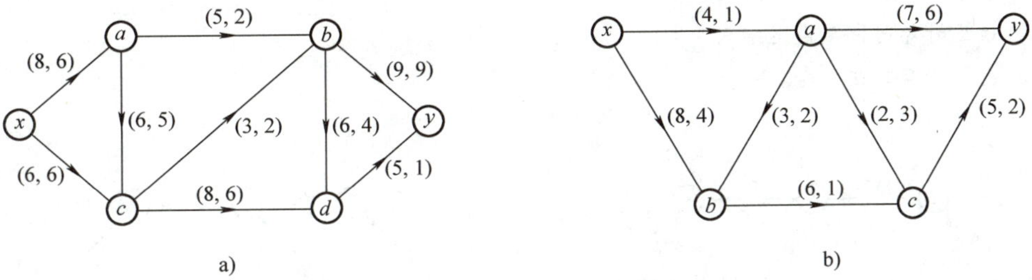

图 6.37　习题 6.9 的最小费用流问题用图

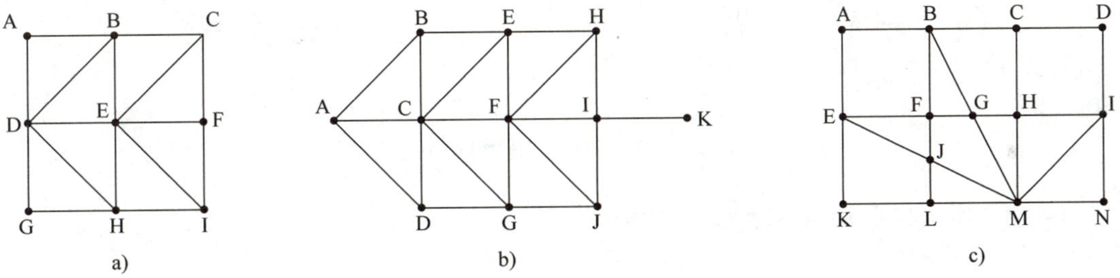

图 6.38　习题 6.10 用图

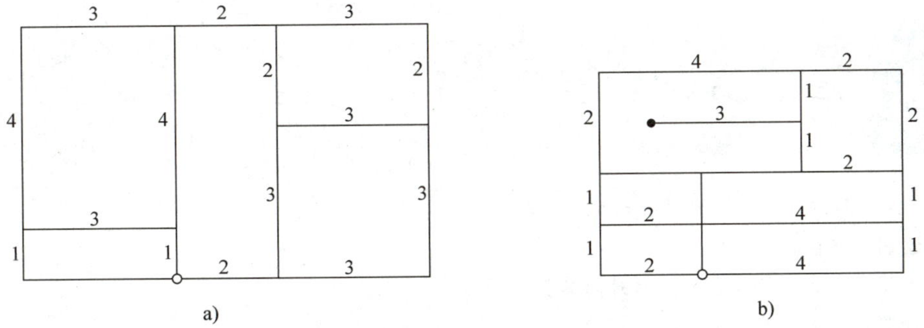

图 6.39　习题 6.11 的两幅街道图

6.12　现有网络图如图 6.40 所示，箭线下的数字为该作业的时间（d）。

（1）列举所有可能的路线，并计算它们的工期。

（2）指出关键路线及总工期。

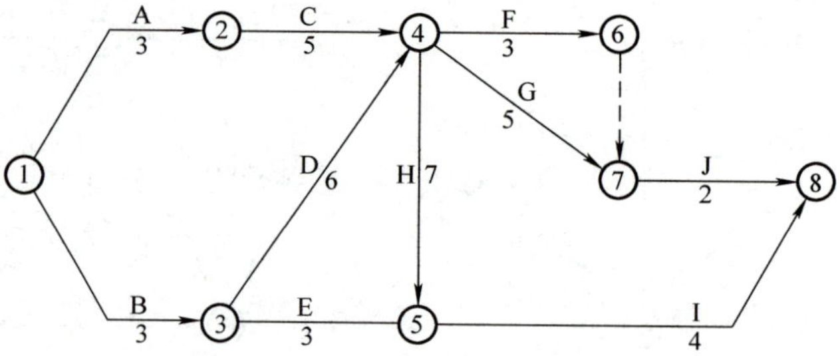

图 6.40 习题 6.12 的网络图

6.13 分别计算图 6.41 两个网络图中各作业的：

(1) 最早开始时间与最早结束时间。

(2) 最迟开始时间与最迟结束时间。

(3) 总时差与自由时差。

(4) 关键路线。

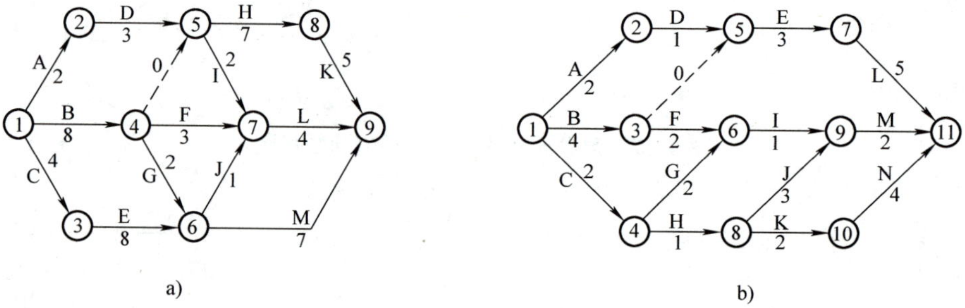

图 6.41 习题 6.13 的网络图

6.14 某工程的作业分析表见表 6.4，要求：

(1) 绘出网络图。

(2) 用图上计算法计算各节点的时间参数。

(3) 计算总时差和单时差。

表 6.4 某工程作业分析表

作业代号	A	B	C	D	E	F	G	H	I
作业时间	2	1	3	4	4	5	3	6	1
紧前作业	—	—	A	A	B	D，E	F，C	D，E	G，H

6.15 某项目的作业分析表见表 6.5，要求：

(1) 绘出网络图。

(2) 用图上计算法计算各节点的时间参数。

(3) 计算总时差和单时差。

表 6.5 某项目作业分析表

作业代号	A	B	C	D	E	F	G	H	I	J
作业时间	4	6	5	9	8	2	5	6	4	5
紧前作业	—	A	A	A	B	B，C	E	F，I	D	G，H

第 7 章　整数规划

在线性规划模型中，决策变量均为连续变量。现实中还有一类重要的优化问题，约束表达式和目标函数都是线性的，但要求某些变量必须取整数值，这类问题称为整数线性规划问题（Integer Linear Programming，ILP）。此外，如果存在某些约束函数或者目标函数是非线性的，则称为非线性整数规划问题。本章主要讨论整数线性规划问题的应用、模型和求解算法。后面提到的整数规划，一般都是指整数线性规划。

本章首先介绍整数规划的一些实例，然后给出整数线性规划的两种经典算法：割平面法和分支定界法。

7.1 整数规划问题及模型

在线性规划的章节中，我们介绍过最大化目标函数可以转化为最小化目标函数，= 和≤ 的约束条件也都可以转化为≥ 的约束条件。整数规划的一般形式为

$$\min \sum_{j=1}^{n} c_j x_j$$

$$\text{s. t.} \begin{cases} \sum_{j=1}^{n} a_{ij} x_j \geqslant b_i, \forall i = 1, 2, \cdots, m \\ x_j \geqslant 0, \forall j = 1, 2, \cdots, n \\ x_1, x_2, \cdots, x_n \text{ 中部分或者全部取整数} \end{cases}$$

引入集合 $M = \{1, 2, \cdots, m\}$，$N = \{1, 2, \cdots, n\}$，其中 N 划分为 P 和 Q 两个子集，分别表示模型中连续变量和整数变量的索引。令

$$\boldsymbol{A} = \begin{pmatrix} a_{11} & a_{12} & \cdots & a_{1n} \\ a_{21} & a_{22} & \cdots & a_{2n} \\ \vdots & \vdots & & \vdots \\ a_{m1} & a_{m2} & \cdots & a_{mn} \end{pmatrix}, \boldsymbol{x} = \begin{pmatrix} x_1 \\ x_2 \\ \vdots \\ x_n \end{pmatrix}, \boldsymbol{c} = \begin{pmatrix} c_1 \\ c_2 \\ \vdots \\ c_n \end{pmatrix}, \boldsymbol{b} = \begin{pmatrix} b_1 \\ b_2 \\ \vdots \\ b_m \end{pmatrix}$$

上述一般展开形式，可以简写为

$$\min \boldsymbol{c}^{\mathrm{T}} \boldsymbol{x}$$

$$\text{s. t.} \begin{cases} \boldsymbol{A}\boldsymbol{x} \geqslant \boldsymbol{b} \\ \boldsymbol{x} \geqslant \boldsymbol{0} \\ x_j \in \mathbf{Z}, \quad \forall j \in Q \end{cases}$$

式中，$\mathbf{Z}$ 为所有整数的集合。本章中，如无特别说明，一般将 $\boldsymbol{c}^{\mathrm{T}}\boldsymbol{x}$ 简化表示为 $\boldsymbol{cx}$。

整数线性规划问题可以分为以下几种类型：

1）纯整数规划：全部决策变量都必须取整数，即 $P=\varnothing$ 和 $Q=N$。

2）混合整数规划：决策变量中一部分取连续值，一部分取整数值，即 $P\neq\varnothing$ 和 $Q\neq\varnothing$。

3）0-1 整数规划：一种特殊情形，决策变量只能取值 0 或 1，即 $x_j\in\{0,1\}$，$\forall j\in N$。

整数规划应用广泛，常见的整数规划问题包括订单分配、生产调度、物流配送等运作问题，项目资源调度、资金预算、投资组合等计划问题，以及网络规划设计、产线设计等设计问题。在这些问题中，需要对有限的资源进行有效的管理和配置，产生最大的经济效益，决策中往往涉及 0-1 二元选择或者整数取值的变量。

例 7.1 某公司拟用集装箱托运甲、乙两种货物，这两种货物每件的体积、重量、可获利润以及托运所受限制见表 7.1。甲种货物至多托运 4 件，问两种货物各托运多少件，可使获得利润最大。

表 7.1 货物信息及托运限制

货物	每件体积/m³	每件重量/百 kg	每件利润（百元）
甲	195	4	2
乙	273	40	3
托运限制	1365	140	

解 设 x_1 和 x_2 分别为甲、乙两种货物托运的件数，显然 x_1 和 x_2 是非负的整数，这是一个纯整数规划问题，其数学模型为

$$\max \quad 2x_1+3x_2$$

$$\text{s.t.}\quad \begin{cases}195x_1+273x_2\leqslant 1365\\ 4x_1+40x_2\leqslant 140\\ x_1,\ x_2\in \mathbf{Z}_+\end{cases}$$

式中，$\mathbf{Z}_+$ 表示所有非负整数的集合。

例 7.2 （多维背包问题）某投资商在计划一个三年期的投资组合，有 6 个项目可供选择。下表 7.2 给出了这些投资项目的信息，包括每年的支出和预期的收益，另外每年的可用资金预算为 30，单位均为百万元。请为投资商的项目选择问题建立数学模型。

表 7.2 投资项目支出与预期收益 （单位：百万元）

项目	第 1 年支出	第 2 年支出	第 3 年支出	预期收益
1	15	0	0	30
2	10	7	0	28
3	9	8	7	33
4	2	10	10	35
5	8	8	8	32
6	5	0	15	35

解　对于第 i 个项目是否要进行投资，可以引入二元决策变量 x_i 来进行表示，即

$$x_i=\begin{cases}1，选择投资项目 i，\\0，不投资项目 i，\end{cases}\quad \forall i=1，2，3，4，5，6$$

建立项目投资组合问题的数学模型为

$$\max\quad 30x_1+28x_2+33x_3+35x_4+32x_5+35x_6$$

$$\text{s. t.}\begin{cases}15x_1+10x_2+9x_3+2x_4+8x_5+5x_6\leqslant 30\\7x_2+8x_3+10x_4+8x_5\leqslant 30\\7x_3+10x_4+8x_5+15x_6\leqslant 30\\x_1，x_2，x_3，x_4，x_5，x_6\in\{0，1\}\end{cases}$$

引入集合 $I=\{1，2，3，4，5，6\}$ 表示项目集合，$K=\{1，2，3\}$ 表示年度集合，向量 $\boldsymbol{b}=(30，30，30)$ 表示每年的投资预算，$\boldsymbol{c}=(20，28，33，35，32，35)$ 表示每个项目的预期收益，以及矩阵

$$\boldsymbol{A}=\begin{pmatrix}15 & 10 & 9 & 2 & 8 & 5\\0 & 7 & 8 & 10 & 8 & 0\\0 & 0 & 7 & 10 & 8 & 15\end{pmatrix}$$

式中，a_{ik}表示项目 $i\in I$ 在第 $k\in K$ 年的投资支出。以上整数模型也可以写为

$$\max\quad \sum_{i\in I}c_ix_i$$

$$\text{s. t.}\begin{cases}\sum\limits_{i\in I}a_{ik}x_i\leqslant b_k,\forall k\in K\\x_i\in\{0,1\},\forall i\in I\end{cases}$$

该数学模型仅包含二元变量，是一个 0－1 整数规划模型，同时也是多维背包问题（Multidimensional Knapsack Problem，MKP）的数学模型。多维背包问题需要从所有物品中选择一些放入背包，满足每个维度的容量约束且收益最大化。如果仅考虑背包的重量限制，即为经典的（一维）0－1 背包问题，可用动态规划算法或者分支定界算法求解。

例 7.3　（无容量限制的设施选址问题）给定地点集合 $N=\{1，2，\cdots，n\}$ 和客户集合 $M=\{1，2，\cdots，m\}$，需要从地点集合 N 中选择若干个地点修建服务设施。假设在地点 $j\in N$ 修建服务设施的费用为f_j，由设施 j 服务客户 $i\in M$ 的运输成本为 c_{ij}，一个客户可由多个设施同时服务，所有服务设施不存在容量限制。该问题需要对如何选址及如何为设施分配客户需求量进行决策，优化目标是使得设施建设成本与运输成本之和最小化。

解　定义连续变量 x_{ij}表示客户 $i\in M$ 的需求量由设施 $j\in N$ 进行服务的百分比，定义整数变量 $y_j\in\{0，1\}$ 表示设施 $j\in N$ 是否设立。该问题的数学模型为

$$\min\quad \sum_{i\in M}\sum_{j\in N}c_{ij}x_{ij}+\sum_{j\in N}f_jy_j$$

$$\text{s. t.}\begin{cases}\sum\limits_{j\in N}x_{ij}=1,\forall i\in M\\\sum\limits_{i\in M}x_{ij}\leqslant my_j,\forall j\in N\\0\leqslant x_{ij}\leqslant 1,\forall i\in M,j\in N\\y_j\in\{0,1\},\forall j\in N\end{cases}$$

这个数学模型中，既存在连续变量，也存在整数变量，是一个混合整数线性规划模型（Mixed Integer Linear Program，MILP）。该模型中的第 2 组约束，表达了两组变量间的关系，是一种“如果 - 那么”类型的约束，即如果设立设施 j，那么才可以使用该设施为客户 i 进行服务；反之，如果 $y_j=0$，即不设立设施 j，那么必有 $x_{ij}=0$。此外，这组约束也可以用下列约束进行替换，为

$$x_{ij} \leqslant y_j, \quad \forall i \in M, \ j \in N$$

0 - 1 二元变量除了用于表达是与否的决策，也可以用于对一些约束间的逻辑关系进行建模。比如“或者 - 或者”的关系描述了两个约束至少满足其中一个，给定约束 $\boldsymbol{ax} \geqslant \boldsymbol{b}$ 和 $\boldsymbol{cx} \geqslant \boldsymbol{d}$，定义 0 - 1 变量 $y \in \{0, 1\}$，则两个约束至少满足其中一个的逻辑关系可以通过以下约束进行建模，为

$$\boldsymbol{ax} \geqslant \boldsymbol{b} y, \ \boldsymbol{cx} \geqslant \boldsymbol{d}\ (1-y)$$

更一般地，如果存在 m 个约束 $\boldsymbol{a}_i\boldsymbol{x} \geqslant b_i$，需要至少满足其中 k 个，$0<k<m$，则可以用以下约束进行建模，为

$$\boldsymbol{a}_i\boldsymbol{x} \geqslant b_i y_i, \ \sum_{i=1}^{m} y_i \geqslant k, \ y_i \in \{0,1\}, \forall i = 1, 2, \cdots, m$$

例 7.4 （旅行商问题）设有 n 个城市 $V=\{1, 2, \cdots, n\}$ 构成的无向网络图 $G(V, E)$，其中 E 为无向边集合，每条边 $e \in E$ 连接了两个城市且距离为 d_e。现有一个旅行商要从一个城市出发访问所有城市有且仅有一次，最后返回到出发点。需要为旅行商找出一条总长度最短的线路。

解 对于旅行商问题，定义 0 - 1 变量 x_e 表示边 $e \in E$ 是否出现在最短环路上。对于图上的任意节点子集 $S \subset V$，定义割集（Cutset）$\delta(S)$ 为连接 S 内一点和 S 外一点的边集，即 $\delta(S)=\{(i, j) \in E \mid i \in S, j \in V \setminus S\}$。则旅行商问题的一种数学模型为

$$(\text{TSP}) \ \min \ \sum_{e \in E} d_e x_e$$

$$\text{s.t.} \begin{cases} \displaystyle\sum_{e \in \delta(\{i\})} x_e = 2, \forall i \in V \\ \displaystyle\sum_{e \in \delta(S)} x_e \geqslant 2, \forall S \subset V, |S| \geqslant 3 \\ x_e \in \{0,1\}, \forall e \in E \end{cases}$$

这个数学模型也是 0 - 1 整数规划模型，模型中的第 1 组约束要求网络图中的每个节点必须被访问有且仅有一次，即环路中有且仅有两条不同的边与该节点相连；第 2 组约束是子环消除约束，要求每个节点子集必须有至少两条边与外部节点相连，即进入和离开子集至少各一次。如图 7.1 所示，仅满足第 1 组约束可能有存在子环的不可行解，加入子环消除约束能够避免这种情况。需要注意的是，子环消除约束的数目是指数级的，对于较大规模的算例，难以通过枚举的方式将所有约束加入模型，通常可采用行生成（Row Generation）的方法进行求解。

在计算复杂性方面，TSP 问题属于 NP、NP 完全和 NP 难。

实际中有很多的决策优化问题存在多个不同的整数规划模型，需要基于模型进行分析和比较，选择适合的模型用数学规划软件进行求解或者设计算法。

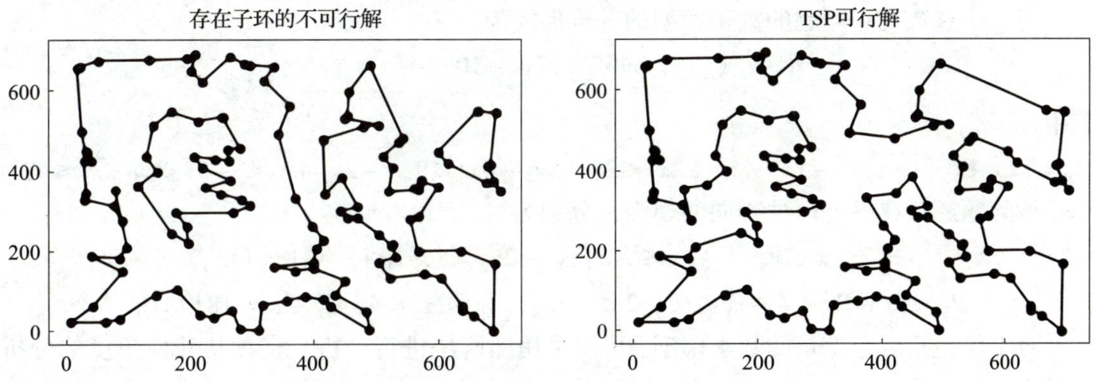

图 7.1　存在子环的不可行解与 TSP 可行解示例

7.2 整数规划的集合与几何特性

一般地，混合整数线性规划是指具有如下形式的优化问题，为

$$(\text{MILP})\quad \min\{\boldsymbol{cx}+\boldsymbol{hy}\mid \boldsymbol{Ax}+\boldsymbol{Gy}\geqslant\boldsymbol{b},\ \boldsymbol{x}\in\mathbf{Z}_+^n,\ \boldsymbol{y}\in\mathbf{R}_+^p\}$$

式中，$\boldsymbol{A}\in\mathbf{R}^{m\times n}$，$\boldsymbol{G}\in\mathbf{R}^{m\times p}$，$\boldsymbol{c}\in\mathbf{R}^n$，$\boldsymbol{h}\in\mathbf{R}^p$，$\boldsymbol{b}\in\mathbf{R}^m$，$\mathbf{Z}_+$ 和 $\mathbf{R}_+$ 分别表示非负整数和非负实数组成的集合。容易看出，线性规划是问题 MILP 的特殊形式，即没有整数变量 $\boldsymbol{x}$。另外一种特殊形式是纯整数规划，即没有连续变量 $\boldsymbol{y}$，为

$$(\text{IP})\quad \min\{\boldsymbol{cx}\mid \boldsymbol{Ax}\geqslant\boldsymbol{b},\ \boldsymbol{x}\in\mathbf{Z}_+^n\}$$

定义集合 $P=\{\boldsymbol{x}\in\mathbf{R}^n\mid \boldsymbol{Ax}\geqslant\boldsymbol{b}\}$ 和整数集合 $X=P\cap\mathbf{Z}_+^n$，X 包含了问题的所有整数可行解，称 P 为 X 的一个模型（Formulation），X 可能存在多个不同的模型。由于 $X\subseteq P$，得到

$$z(\text{LP})=\min\{\boldsymbol{cx}\mid \boldsymbol{x}\in P\}\leqslant z(\text{IP})=\min\{\boldsymbol{cx}\mid \boldsymbol{x}\in X\}$$

左边的问题 LP 是整数规划问题 IP 的线性规划松弛，求解该线性规划松弛问题，可得到整数规划问题的一个对偶界（Dual Bound），对于目标函数最小化的问题，即得到问题的下界（Lower Bound）。给定任意可行解 $\boldsymbol{x}\in X$，$z=\boldsymbol{cx}$ 是问题的一个原始界（Primal Bound），对于目标函数最小化的问题，即得到问题的上界（Upper Bound）。

对于目标函数最大化的问题，求解线性规划松弛得到的对偶界也是问题的上界，任意可行解 $\boldsymbol{x}\in X$ 的目标值 $\boldsymbol{cx}$ 是一个原始界，也是问题的下界。

$$z(\text{LP})=\max\{\boldsymbol{cx}\mid \boldsymbol{x}\in P\}\geqslant z(\text{IP})=\max\{\boldsymbol{cx}\mid \boldsymbol{x}\in X\}$$

例 7.5　给定整数规划问题为

$$\max\quad 7x_1+10x_2$$

$$\text{s. t.}\begin{cases} -x_2\leqslant -1.5\\ x_1+2x_2\leqslant 26\\ 2x_1-4x_2\leqslant 9\\ -2x_1+x_2\leqslant -5\\ 3x_1+x_2\leqslant 42\\ x_1,\ x_2\in\mathbf{Z}_+\end{cases}$$

解 该整数规划问题的数学模型的等价形式为

$$\max_{x\in P_1\cap \mathbf{Z}_+^2} \quad 7x_1+10x_2$$

其中

$$P_1=\{\boldsymbol{x}\in\mathbf{R}_+^2 \mid -x_2\leqslant -1.5,\ x_1+2x_2\leqslant 26,\ 2x_1-4x_2\leqslant 9,\ -2x_1+x_2\leqslant -5,\ 3x_1+x_2\leqslant 42\}$$

该问题还存在另外两种不同的模型，分别为

$$P_2=\{\boldsymbol{x}\in\mathbf{R}_+^2 \mid -x_2\leqslant -2,\ x_1-2x_2\leqslant 4,\ x_1+x_2\leqslant 18\}\cap P_1$$

$$P_3=\{\boldsymbol{x}\in\mathbf{R}_+^2 \mid 4\leqslant x_1\leqslant 12,\ 2\leqslant x_2\leqslant 9,\ x_1-2x_2\leqslant 4,\ x_1+x_2\leqslant 18\}\cap P_1$$

对于仅包括两个变量的数学模型，可以采用图解法进行分析，这种从几何角度的分析也适用于更高维的情形。图 7.2 表示了该问题的三种不同模型的可行域，三种模型均包含了相同的整数可行解集。容易发现，存在 $P_3\subseteq P_2\subseteq P_1$，表明模型 P_3 和 P_2 比模型 P_1 更强，求解模型 P_3 或 P_2 对应的线性规划松弛能够得到更好的对偶界。模型 P_3 是该问题所有可能的模型中最强的数学模型。模型 P_3 也称为该整数规划问题的凸包（Convex Hull），它的可行域的每个顶点都是一个整数可行解。对于模型为凸包的整数规划问题，可以直接求解其凸包的线性规划模型，得到的线性最优解满足整数可行性，即也是原来整数规划问题的最优解。对于例 7.5 中的整数规划问题，可以直接求解下列线性规划模型得到整数最优解为 $\boldsymbol{x}=(10,\ 8)$。

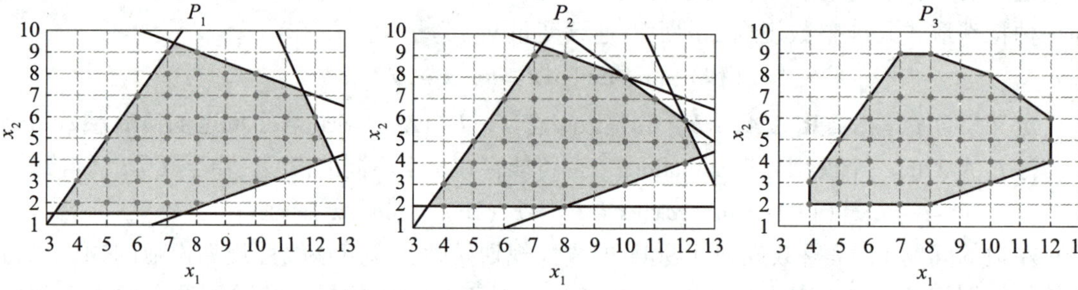

图 7.2 同一问题的三种不同模型及其可行域

$$\max_{x\in P_3} \quad 7x_1+10x_2$$

但对于大多数整数规划问题，直接写出凸包模型并不容易，且可能存在指数级的约束条件，因此需要更为高效的求解算法。

例 7.6 比较例7.3 中无容量限制的设施选址问题的两种模型。

$$P_1=\{(\boldsymbol{x},\boldsymbol{y})\in\mathbf{R}_+^{m\times n}\times\mathbf{Z}_+^n \mid \sum_{j\in N}x_{ij}=1,\forall i\in M;\sum_{i\in M}x_{ij}\leqslant my_i,\forall j\in N;y_j\leqslant 1,\forall j\in N\}$$

$$P_2=\{(\boldsymbol{x},\boldsymbol{y})\in\mathbf{R}_+^{m\times n}\times\mathbf{Z}_+^n \mid \sum_{j\in N}x_{ij}=1,\forall i\in M;x_{ij}\leqslant y_i,\forall j\in M,j\in N;y_j\leqslant 1,\forall j\in N\}$$

解 对于任意解（$\boldsymbol{x}$，$\boldsymbol{y}$）$\in P_2$，必定满足约束 $\sum_{i\in M}x_{ij}\leqslant my_i$，$\forall j\in N$，因此有（$\boldsymbol{x}$，$\boldsymbol{y}$）$\in P_1$ 成立，得到 $P_2\subseteq P_1$ 成立。但是 $P_1\subseteq P_2$ 并不成立，通常可以给出一个反例进行验证，这里留作课后练习。所以，P_2 是一个更强的模型，通过求解其线性规划模型，得到问题更好的下界。

7.3 割平面法

由上一小节得知，通过求解整数规划问题的凸包对应的线性规划模型，能够得到满足整数可行性的最优解。但对于大多数整数规划问题，凸包并不容易通过列出所有约束条件进行刻画，而且这些约束的数目往往可能是指数级的，在这种情况下，直接求解凸包的线性规划模型并不可行。通常，可以采用割平面法（Cutting Plane Method）来进行求解，只需加入一部分约束条件，刻画仅与优化方向相关的部分凸包区域，不断加入割平面（也称为有效不等式）和求解线性规划最终得到满足整数可行性的最优解。

例 7.7 对于例7.5 中的整数规划模型，给出其割平面法。

解 对于整数规划问题

$$\max_{\boldsymbol{x} \in P_1 \cap \mathbf{Z}_+^2} \quad 7x_1 + 10x_2$$

其中

$P_1 = \{\boldsymbol{x} \in \mathbf{R}_+^2 \mid -x_2 \leqslant -1.5,\ x_1 + 2x_2 \leqslant 26,\ 2x_1 - 4x_2 \leqslant 9,\ -2x_1 + x_2 \leqslant -5,\ 3x_1 + x_2 \leqslant 42\}$

割平面法首先求解 P_1 的线性规划模型，即

$$\max_{\boldsymbol{x} \in P_1} \quad 7x_1 + 10x_2$$

得到线性最优解为 $\boldsymbol{x}^1 = (11.6, 7.2)$，是分数解，不满足整数可行性。接下来，向模型中加入有效不等式，如 $x_2 \geqslant 2$，$x_1 - 2x_2 \leqslant 4$ 和 $x_1 + x_2 \leqslant 18$。这些不等式对于问题的所有整数可行解都成立，称为**有效不等式**（Valid Inequalities）或**割平面**（Cuts）。其中，最优解 $\boldsymbol{x}^1$ 不满足不等式 $x_1 + x_2 \leqslant 18$，因此仅需将该不等式加入到模型中便能够割去此解，即 $P_2 = P_1 \cap \{\boldsymbol{x} \in \mathbf{R}_+^2 \mid x_1 + x_2 \leqslant 18\}$，再求解 P_2 的线性规划模型，得到最优解 $\boldsymbol{x}^2 = (10, 8)$，同时也满足整数可行，即为整数规划问题的最优解。求解过程如图 7.3 所示。

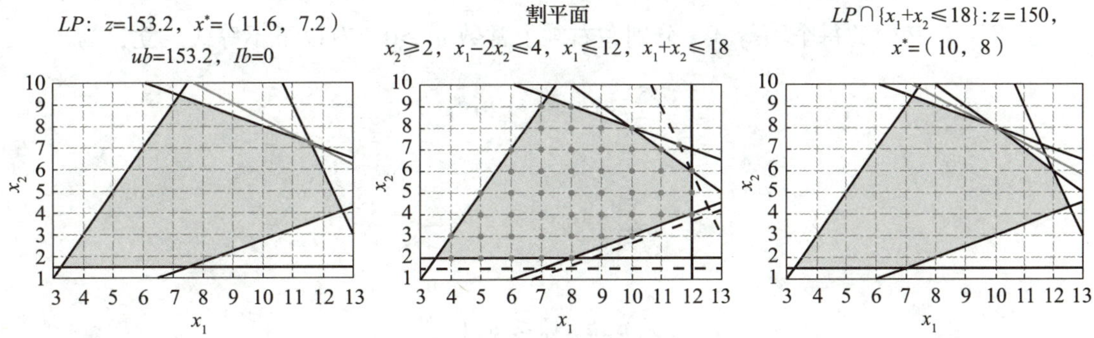

图 7.3 割平面法示例

在割平面法中，需要不断求解当前线性规划模型和加入不等式以割去非整数可行的最优解（分数解），直到得到整数可行的最优解（整数解），即整数规划问题的最优解，则求解结束。因此，在割平面法中，无须将全部有效不等式加入模型以得到凸包，而仅需加入当前分数最优解所违反的有效不等式。

割平面法的一般步骤如下：

1）对整数规划问题（IP）进行线性松弛，得到线性规划松弛模型（LP），令 $k=1$ 和

P^k 为当前 LP 的可行域。

2）求解当前线性规划松弛模型 LP，得到最优解 $\boldsymbol{x}^k$。

3）如果 $\boldsymbol{x}^k$ 是整数解，则 $\boldsymbol{x}^k$ 也是整数规划问题 IP 的最优解，算法终止；否则，$\boldsymbol{x}^k$ 是分数解，进入步骤 4）。

4）生成能够割去 $\boldsymbol{x}^k$ 的有效不等式，并将该不等式加入当前线性规划松弛模型 LP，令 $k=k+1$ 和更新 P^k 为当前 LP 的可行域，进入步骤 2）。

如何计算所需的有效不等式呢？一种方式是生成 Chvatal-Gomory 割平面。

定理 7.1 记 $\lfloor a \rfloor$ 表示对 a 向下取整。给定模型 $P=\left\{\boldsymbol{x}\in\mathbf{R}_+^n \,\middle|\, \sum_{j=1}^n a_j x_j \leqslant b\right\}$，整数集合 $X=P\cap\mathbf{Z}^n$ 和常数 $u\geqslant 0$，下列不等式是 X 的有效不等式，称为 Chvatal-Gomory 割。

$$\sum_{j=1}^n \lfloor ua_j \rfloor \mid x_j \leqslant \lfloor ub \rfloor$$

证明 由于 $u\geqslant 0$，有下列不等式成立，为

$$\sum_{j=1}^n \lfloor ua_j \rfloor x_j \leqslant \sum_{j=1}^n ua_j x_j \leqslant ub$$

对于 $\boldsymbol{x}\in X$，必然有 $\sum_{j=1}^n \lfloor ua_j \rfloor x_j$ 为整数，因此，对于右端的 ub 向下取整数，不等式也还是成立的。证毕。

定理 7.2 给定模型 $P=\left\{\boldsymbol{x}\in\mathbf{R}_+^n \,\middle|\, \sum_{j=1}^n a_{ij}x_j \leqslant b_i, \forall i=1,2,\cdots,m\right\}$，整数集合 $X=P\cap\mathbf{Z}^n$ 和常数向量 $\boldsymbol{u}=(u_1, u_2, \cdots, u_m)\in\mathbf{R}_+^m$，下列不等式是 X 的有效不等式，称为 Chvatal-Gomory 割。

$$\sum_{j=1}^n \left\lfloor \sum_{i=1}^m u_i a_{ij} \right\rfloor x_j \leqslant \left\lfloor \sum_{i=1}^m u_i b_i \right\rfloor$$

证明 对 P 中的每个不等式 i 分别左右乘上常数 $u_i\geqslant 0$，有以下不等式成立，为

$$\sum_{j=1}^n u_1 a_{1j} x_j \leqslant u_1 b_1$$
$$\vdots$$
$$\sum_{j=1}^n u_i a_{ij} x_j \leqslant u_i b_i$$
$$\vdots$$
$$\sum_{j=1}^n u_m a_{mj} x_j \leqslant u_m b_m$$

对这些不等式左端和右端分别累加，得到不等式为

$$\sum_{j=1}^n \left(\sum_{i=1}^m u_i a_{ij}\right) x_j \leqslant \sum_{i=1}^m u_i b_i$$

依据定理 7.1 的证明思路，有以下 Chvatal-Gomory 割成立，为

$$\sum_{j=1}^n \left\lfloor \sum_{i=1}^m u_i a_{ij} \right\rfloor x_j \leqslant \left\lfloor \sum_{i=1}^m u_i b_i \right\rfloor$$

证毕。

例 7.8 考虑如下整数规划问题，得到一组有效不等式。

$$\max \quad 7x_1 + 10x_2$$

$$\text{s. t.} \begin{cases} x_1 + 2x_2 \leqslant 26 \\ 2x_1 - 4x_2 \leqslant 9 \\ 3x_1 + x_2 \leqslant 42 \\ x_1, x_2 \in \{0, 1\} \end{cases}$$

解 首先，考虑不等式 $2x_1 - 4x_2 \leqslant 9$ 和 $u = \frac{1}{2}$，得到不等式为

$$x_1 - 2x_2 \leqslant \frac{9}{2}$$

故有下列 Chvatal-Gomory 割成立，为

$$x_1 - 2x_2 \leqslant 4$$

可以验证，线性规划松弛的分数解 $\left(10, \frac{11}{4}\right)$ 不满足该有效不等式。

其次，考虑约束 $x_1 + 2x_2 \leqslant 26$ 和 $3x_1 + x_2 \leqslant 42$，以及 $u_1 = \frac{2}{5}$ 和 $u_2 = \frac{1}{5}$，得到不等式为

$$x_1 + x_2 \leqslant \frac{84}{5}$$

故有下列 Chvatal-Gomory 割成立，为

$$x_1 + x_2 \leqslant 18$$

可以验证，线性规划松弛的分数可行解（11.6，7.2）不满足该有效不等式。

进一步，还可以考虑有效不等式 $x_1 - 2x_2 \leqslant 4$ 和约束 $3x_1 + x_2 \leqslant 42$，以及 $u_1 = \frac{1}{7}$ 和 $u_2 = \frac{2}{7}$，得到不等式为

$$x_1 \leqslant \frac{88}{7}$$

可得到 Chvatal-Gomory 割成立，为

$$x_1 \leqslant 12$$

可以验证，线性规划松弛的分数可行解 $\left(\frac{37}{3}, 5\right)$ 不满足该有效不等式。

例 7.9 已知 $P = \{\boldsymbol{x} \in \mathbf{R}_+^3 \mid x_1 + x_2 \leqslant 1, x_1 + x_3 \leqslant 1, x_2 + x_3 \leqslant 1\}$ 和 $X = P \cap \mathbf{Z}^3$，给出整数集合 X 的有效不等式。

解 考虑 $u_1 = u_2 = u_3 = \frac{1}{2}$，得到不等式为

$$x_1 + x_2 + x_3 \leqslant \frac{3}{2}$$

两边向下取整，得到 X 的有效不等式为

$$x_1 + x_2 + x_3 \leqslant 1$$

容易验证，P 中的分数解 $\boldsymbol{x} = \left(\frac{1}{2}, \frac{1}{2}, \frac{1}{2}\right)$ 不满足该不等式。

这个有效不等式的含义也很明显：三个 0－1 变量中的任意两两变量不能同时取 1，那么这三个变量中最多只有一个变量能取 1。上述有效不等式也属于团切不等式（Clique Cut）。整数规划很多常用的有效不等式都可以通过多次应用 Chvatal-Gomory 方法来得到。

下面介绍 Gomory 割平面法，它是第一个通用的割平面法，其基本思想是求解整数规划问题的线性规划松弛得到最优基，选择松弛问题最优解中的非整数基，利用相应的约束构造 Gomory 割。

给定 $\boldsymbol{c} \in \mathbf{R}^n$，$\boldsymbol{b} \in \mathbf{R}^m$，$\boldsymbol{A}$ 是一个 $m \times n$ 的矩阵，考虑整数规划模型为

$$\begin{aligned} \min \quad & \boldsymbol{cx} \\ \text{s. t.} \quad & \begin{cases} \boldsymbol{Ax} = \boldsymbol{b} \\ \boldsymbol{x} \in \mathbf{Z}_+^n \end{cases} \end{aligned}$$

假设已知其线性规划松弛模型的最优基为 $\boldsymbol{B} \in \mathbf{R}^{m \times m}$，$\boldsymbol{A} = (\boldsymbol{B}, \boldsymbol{N})$，则整数规划模型可以写为

$$\begin{aligned} \min \quad & \bar{c}_0 + \sum_{j \in NB} \bar{c}_j x_j \\ \text{s. t.} \quad & \begin{cases} x_{B_i} + \sum\limits_{j \in NB} \bar{a}_{ij} x_j = \bar{b}_i, \forall i = 1,2,\cdots,m \\ \boldsymbol{x} \in \mathbf{Z}_+^n \end{cases} \end{aligned}$$

式中，x_{B_i}是第 i 个基变量；$\bar{b}_i \geqslant 0$，$i = 1, 2, \cdots, m$，NB 是非基变量指标集。

如果线性规划松弛问题的最优解 $\boldsymbol{x}$ 不是整数解，必然存在某行 i 有 $\bar{b}_i$ 是非整数，利用 Chvatal-Gomory 方法，可以得到有效不等式为

$$x_{B_i} + \sum_{j \in NB} \lfloor \bar{a}_{ij} \rfloor x_j \leqslant \lfloor \bar{b}_i \rfloor$$

结合等式 $x_{B_i} + \sum\limits_{j \in NB} \bar{a}_{ij} x_j = \bar{b}_i$，容易得到以下有效不等式成立，该不等式也称为 Gomory 割。

$$\sum_{j \in NB} (\bar{a}_{ij} - \lfloor \bar{a}_{ij} \rfloor) x_j \geqslant \bar{b}_i - \lfloor \bar{b}_i \rfloor$$

例 7.10 用割平面法求解整数规划问题

$$\begin{aligned} \max \quad & x_1 + x_2 \\ \text{s. t.} \quad & \begin{cases} 2x_1 + x_2 \leqslant 6 \\ 4x_1 + 5x_2 \leqslant 20 \\ x_1, x_2 \in \mathbf{Z}_+ \end{cases} \end{aligned}$$

对模型进行线性规划松弛，并对两个约束分别引入松弛变量 x_3 和 x_4，通过求解线性规划松弛问题，得到最优单纯形表见表 7.3。

表 7.3 例 7.10 单纯形表

c_j			1	1	0	0
c_B	x_B	b	x_1	x_2	x_3	x_4
0	x_3	6	2	1	1	0
0	x_4	20	4	5	0	1
$-z$		0	1	1	0	0

（续）

c_j			1	1	0	0
c_B	x_B	b	x_1	x_2	x_3	x_4
1	x_1	5/3	1	0	5/6	-1/6
1	x_2	8/3	0	1	-2/3	1/3
$-z$		-13/3	0	0	-1/6	-1/6

线性规划松弛问题的最优解为 $x=\left(\frac{5}{3}, \frac{8}{3}\right)$ 是一个分数解，且有

$$x_1+\frac{5}{6}x_3-\frac{1}{6}x_4=\frac{5}{3}$$

$$x_2-\frac{2}{3}x_3+\frac{1}{3}x_4=\frac{8}{3}$$

应用 Gomory 割平面法得到 Gomory 割为

$$\frac{5}{6}x_3+\frac{5}{6}x_4\geqslant\frac{2}{3}$$

$$\frac{1}{3}x_3+\frac{1}{3}x_4\geqslant\frac{2}{3}$$

两个不等式右端分数相等，由于 x_3 和 x_4 都是非负变量，通过比较两式中变量的系数大小，可以得知第 2 个不等式占优，因此仅需把第 2 个不等式加入模型。通过引入松弛变量 $s\in\mathbf{R}_+$，得到下列等式加入模型，为

$$-\frac{1}{3}x_3-\frac{1}{3}x_4+s=-\frac{2}{3}$$

更新单纯形表，继续求解，得到结果见表 7.4。

表 7.4　例 7.10 单纯形表

c_j			1	1	0	0	0
c_B	x_B	b	x_1	x_2	x_3	x_4	s
1	x_1	5/3	1	0	5/6	-1/6	0
1	x_2	8/3	0	1	-2/3	1/3	0
0	s	-2/3	0	0	-1/3	-1/3	1
$-z$		-13/3	0	0	-1/6	-1/6	0
c_B	x_B	b	x_1	x_2	x_3	x_4	s
1	x_1	0	1	0	0	-1	0
1	x_2	4	0	1	0	1	-2
0	x_3	2	0	0	1	1	-3
$-z$		-4	0	0	0	0	-1/2

由最终单纯形表可知，得到的最优解是整数的，即得到了整数规划的最优解，而且此整数规划有两个最优解：$x^*=(0, 4)$ 和 $x^*=(2, 2)$。

7.4 分支定界法

割平面法是从整数规划几何特性的角度出发，不断加入割平面，直至得到可行域在优化方向的整数顶点。另一种常见的求解整数规划的算法是分支定界法（Branch-and-Bound Method)，它从整数解集合的角度出发，不断将集合划分成更小的子集，每个子集对应一个子问题，通过计算子问题的上下界，以决定是否需要**分支**，即进一步划分为更小的子集。以最小化问题为例，计算子问题的线性规划松弛可得到下界，这一步称为**定界**；找到一个整数可行解可得到一个上界，当前最好可行解的目标值即为全局上界。只有在下界小于全局上界的情形，才需要进一步分支；对于其他情形，即子问题的下界超出当前全局上界，无须进一步分支，称为**剪枝**。另外，如果当前子问题是不可行的或者线性规划松弛的最优解是整数解，也无须进一步分支。最后，当没有子问题需要进一步分支，则当前最好可行解即为问题的最优解。

7.4.1 分支定界法求解步骤

例 7.11 用分支定界法求解例7.5 的整数规划模型。

解 考虑整数规划问题

$$\max_{\boldsymbol{x} \in P_1 \cap \mathbf{Z}_+^2} \quad 7x_1 + 10x_2$$

其中

$$P_1 = \{\boldsymbol{x} \in \mathbf{R}_+^2 \mid -x_2 \leqslant -1.5,\ x_1 + 2x_2 \leqslant 26,\ 2x_1 - 4x_2 \leqslant 9,\ -2x_1 + x_2 \leqslant -5,\ 3x_1 + x_2 \leqslant 42\}$$

注意该问题为最大化问题，计算线性规划松弛得到上界，找到一个可行解得到下界。分支定界法首先初始化全局上界和全局下界分别为 $UB = \infty$ 和 $LB = -\infty$。计算 P_1 的线性规划模型，即 $\max_{\boldsymbol{x} \in P_1} 7x_1 + 10x_2$，得到分数最优解 $\boldsymbol{x}^1 = (11.6, 7.2)$，更新上界为 $UB = 153.2$。由于上下界之差大于 0，需要进一步分支为两个子问题，选择对变量 x_1 进行分支，得到 $P_2 = \{\boldsymbol{x} \in \mathbf{R}_+^2 \mid x_1 \leqslant 11\} \cap P_1$ 和 $P_3 = \{\boldsymbol{x} \in \mathbf{R}_+^2 \mid x_1 \geqslant 12\} \cap P_1$，两者的可行域都变小了，但 $P_2 \cup P_3$ 依然包含所有的整数可行解。

计算 P_3 的线性规划模型，得到最优解 $\boldsymbol{x}^3 = (12, 6)$，是一个整数解，更新当前全局下界 $LB = 144$，同时当前子问题的上界也为 144，P_3 无须进一步分支。计算 P_2 的线性规划模型，得到分数最优解 $\boldsymbol{x}^2 = (11, 7.5)$，当前子问题的上界为 152，更新全局上界为 $UB = \max\{144, 152\} = 152$。由于 P_3 对应的子问题的上界大于全局下界，需要进一步分支，对变量 x_2 分支，得到 $P_4 = \{\boldsymbol{x} \in \mathbf{R}_+^2 \mid x_2 \leqslant 7\} \cap P_2$ 和 $P_5 = \{\boldsymbol{x} \in \mathbf{R}_+^2 \mid x_2 \geqslant 8\} \cap P_2$，两者的可行域变得更小了。$P_4 \cup P_5 \cup P_3$ 依然包含所有的整数可行解，但只有在 $P_4 \cup P_5$ 有希望找到更好的整数可行解。

计算 P_4 的线性规划模型，得到最优解 $\boldsymbol{x}^4 = (11, 7)$ 是更优的整数可行解，更新全局下界为 $LB = 147$。计算 P_5 的线性规划模型，得到最优解 $\boldsymbol{x}^5 = (10, 8)$，是更优的整数可行解，更新全局下界为 $LB = 150$。全局上界取决于 P_3，P_4，P_5 对应子问题的最差上界，即 $UB = \max\{144, 147, 150\} = 150$。由于 P_4 和 P_5 均无须进一步分支且 $UB = LB$，分支定界法结束，最优解目标值为 150。求解过程如图 7.4 所示。

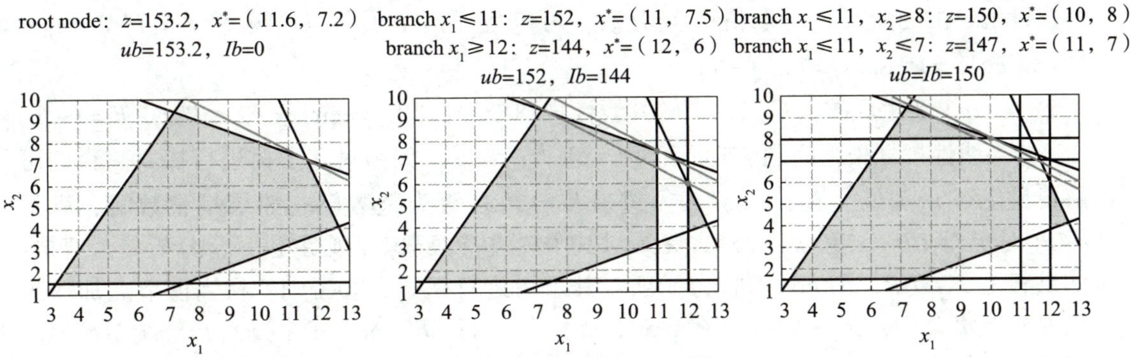

图 7.4　分支定界法求解过程

分支定界法一般基于分支定界树进行算法实现。图 7.5 描述的是上述例子的分支定界树。分支定界法首先探索分支定界树的根节点，计算 P_1 的线性规划模型，得到分数解，进行分支得到子节点 2 和 3，接着继续探索剩余节点，计算节点的线性规划模型进行定界，依据结果进行分支或剪枝。

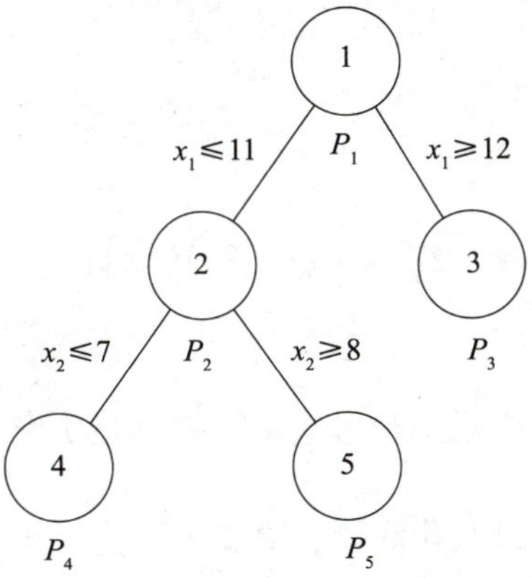

图 7.5　分支定界树示例

分支定界法的基本思想是将整数规划的线性松弛问题分别加入不同的约束条件分解成两个线性规划问题，称其为子问题。所有子问题的可行域并集包含了原整数规划的全部可行解，舍弃了一部分分数解（其中包含松弛问题的最优解）。分支后，如果子问题的最优解是整数解，则无须进一步分支；如果是分数解，则子问题还需要再分支。分支的进程须与所谓的“定界”相结合，把某一子问题的整数解对应的目标值作为界限，只考虑最优值比界限“好”的分支，剔除最优值比界限“差”的分支。界限是经常更新的，用更“好”的界限替代“差”的界限，通过使用定界这一手段，可以提高搜索效率，减少计算量。在设计分支定界法时，也可以考虑其他的松弛方式来计算对偶界，也可以分支成三个或以上的子问题。

给定 $P=\{\boldsymbol{x}\in\mathbf{R}^n \mid \boldsymbol{A}\boldsymbol{x}\leqslant\boldsymbol{b}\}$，求解优化目标为最小化的整数规划问题

$$(\text{IP})\quad \min\{\boldsymbol{c}\boldsymbol{x} \mid \boldsymbol{x}\in P\cap\mathbf{Z}_+^n\}$$

的分支定界法的一般步骤如下：

1）创建分支定界树的根节点，记 $P^0=P$，根节点的线性规划松弛问题为 $LP_0=\min\{\boldsymbol{c}\boldsymbol{x} \mid \boldsymbol{x}\in P^0\}$，令上界 $UB=+\infty$ 和下界 $LB=-\infty$，待分支节点集合 $\mathscr{R}=\varnothing$。

2）求解根节点的线性规划松弛问题 LP_0，如果不可行则原问题无解，算法终止；否则得到最优解 $\boldsymbol{x}^0$ 和最优值 $z^0=\boldsymbol{c}\boldsymbol{x}^0$，更新下界 $LB=z^0$。如果 $\boldsymbol{x}^0$ 是整数解，更新上界 $UB=z^0$，记录当前最好可行解 $\boldsymbol{x}^*=\boldsymbol{x}^0$；否则将根节点加入待分支节点集合，$\mathscr{R}=\mathscr{R}\cup\{(P^0,\boldsymbol{x}^0,z^0)\}$。

3）如果 $UB=LB$ 或 $\mathscr{R}=\varnothing$，则算法终止，返回最优解 $\boldsymbol{x}^*$；否则从 $\mathscr{R}$ 中选择和移出一个节点 $(P^k,\boldsymbol{x}^k,z^k)$，进行步骤 4）的分支操作。

4）对节点 $(P^k,\boldsymbol{x}^k,z^k)$ 进行分支。对一个或一组取分数的整数变量创建一组分支约束，生成两个子节点；比如，一种简单的分支方式是针对单个取分数的整数变量进行分

支，假设解$\boldsymbol{x}^k$中的变量 x_j的取值x_j^k 是分数，可以生成两个子节点，记 $P^{i+1}=P^k\cap\{x_j\leqslant\lfloor x_j^k\rfloor\}$和 $P^{i+2}=P^k\cap\{x_j\geqslant\lfloor x_j^k\rfloor+1\}$。

5）对每个新生成的子节点，求解其线性规划松弛：$LP_h=\min\{\boldsymbol{cx}\mid\boldsymbol{x}\in P^h\}$，$h=i+1$，$i+2$。如果线性规划松弛问题 LP_h不可行，记 $z^h=-\infty$，无须对其子树进行探索。否则可以解得最优解 $\boldsymbol{x}^h$和最优值 $z^h=\boldsymbol{cx}^h$，须进一步分析是否为整数解。如果是整数解，满足 $z^h<UB$ 时更新 $UB=z^h$和 $\boldsymbol{x}^*=\boldsymbol{x}^h$，无须对其子树进行探索；否则要进一步分析是否剪枝：①如果满足 $z^h\geqslant UB$，则进行剪枝，无须对其子树进行探索；②否则，将当前节点加入到待分支节点集合中，$\mathscr{B}=\mathscr{B}\cup\{(P^h,\ \boldsymbol{x}^h,\ z^h)\}$。更新 $LB=\min\{z^k\mid(P^k,\ \boldsymbol{x}^k,\ z^k)\in\mathscr{B}\}$，返回步骤2）。

例7.12 用分支定界法解整数规划问题

$$\max\quad z=3x_1+2x_2$$
$$\text{s.t.}\begin{cases}2x_1+x_2\leqslant 9\\2x_1+3x_2\leqslant 14\\x_1,\ x_2\in\mathbf{Z}_+\end{cases}$$

解 首先，令 $P^0=\{(x_1,\ x_2)\in\mathbf{R}_+^2\mid 2x_1+x_2\leqslant 9,\ 2x_1+3x_2\leqslant 14\}$，得到线性规划松弛为

$$(LP_0)\qquad\max_{(x_1,x_2)\in P^0}3x_1+2x_2$$

应用单纯形法求解得到最优解 $\boldsymbol{x}^0=\left(\dfrac{13}{4},\ \dfrac{5}{2}\right)$是分数解，目标值为 $z^0=\dfrac{59}{4}$。注意该问题是最大化问题，更新上界为 $UB=z^0=\dfrac{59}{4}$。又知 $\boldsymbol{x}=(0,\ 0)$ 是原问题的一个可行解，更新下界为 $LB=0$。

接下来，对 LP_0进行分支。$\boldsymbol{x}^1$中两个变量的值都是分数，可以任意选择，这里我们选择 x_2进行分支，得到两个子问题：$P^1=P^0\cap\{x_2\leqslant 2\}$和$P^2=P^0\cap\{x_2\geqslant 3\}$，其线性规划模型分别为

$$(LP_1)\qquad\max_{(x_1,x_2)\in P^1}3x_1+2x_2$$
$$(LP_2)\qquad\max_{(x_1,x_2)\in P^2}3x_1+2x_2$$

应用单纯形法求解 LP_1得到最优解 $\boldsymbol{x}^1=\left(\dfrac{7}{2},\ 2\right)$和目标值 $z^1=14.5$；应用单纯形法求解 LP_2 得到最优解 $\boldsymbol{x}^2=\left(\dfrac{5}{2},\ 3\right)$和目标值 $z^2=13.5$，更新上界为 $UB=\min\{UB,\ \max\{z^1,\ z^2\}\}=14.5$。

LP_1和 LP_2的最优解是分数解，这里选择目标值更大的 LP_1 进一步分支，选择变量 x_1进行分支，得到两个子问题：$P^3=P^1\cap\{x_1\leqslant 3\}$和$P^4=P^1\cap\{x_1\geqslant 4\}$，其线性规划模型分别为

$$(LP_3)\qquad\max_{(x_1,x_2)\in P^3}3x_1+2x_2$$
$$(LP_4)\qquad\max_{(x_1,x_2)\in P^4}3x_1+2x_2$$

应用单纯形法求解 LP_3得到最优解 $\boldsymbol{x}^3=(3,\ 2)$ 和目标值 $z^3=13$，是一个整数解，更新下界 $LB=\max\{LB,\ z^3\}=13$；应用单纯形法求解 LP_4得到最优解 $\boldsymbol{x}^4=(4,\ 1)$ 和目标值$z^4=$

14，是一个整数可行解，更新下界 $LB=\max\{LB,\ z^4\}=14$。由于 LP_2 的最优值 z^2 比 LB 小，被剪枝。更新上界为 $UB=\min\{UB,\ \max\{z^3,\ z^4\}\}=14$。此时已经有 $LB=UB$，算法终止，找到了整数最优解 $\boldsymbol{x}^*=(4,\ 1)$。

7.4.2　分支切割法

对于大规模整数规划问题，通常采用将分支定界法与割平面法相结合的分支切割法(Branch-and-Cut Algorithm)。在探索分支定界树时，对于每一个节点，在计算当前线性规划模型后，分支切割法向模型加入当前分数解违反的有效不等式，再次求解线性规划模型得到更好的对偶界。由于线性规划模型和对偶界的加强，分支切割法能够大大提升剪枝效果，减少需要计算的节点数量，提升求解效率。常用的整数规划求解器如 COPT、Gurobi、CPLEX 和 SCIP 均实现了分支切割法。分支切割法需要快速高效地分离出当前解违反的有效不等式，以下是一些常用的有效不等式。

定理 7.3　给定 $N=\{1,\ 2,\ \cdots,\ n\}$ 和 0－1 背包问题的整数解集合

$$X=\left\{\boldsymbol{x}\in\{0,1\}^n \,\middle|\, \sum_{j\in N} a_j x_j \leqslant b\right\}$$

式中，$a_j\geqslant 0$ 和 $b\geqslant 0$。如果子集 $C\subset N$ 满足 $\sum\limits_{j\in C} a_j > b$，则称 C 为一个覆盖（Cover），且存在 X 的有效不等式

$$\sum_{i\in C} x_j \leqslant |C|-1$$

如果对于任意 $k\in C$，集合 $C\setminus\{k\}$ 不再是一个覆盖，则 C 是一个最小覆盖。

证明　由于 $\sum\limits_{j\in C} a_j > b$，不可能对所有的 $j\in C$ 同时有 $x_j=1$，换言之，最多有 $|C|-1$ 个变量 x_j 同时为 1，即 $\sum\limits_{i\in C} x_j \leqslant |C|-1$。证毕。

例 7.13　考虑如下集合

$$X=\{\boldsymbol{x}\in\{0,\ 1\}^6 \mid 7x_1+6x_2+5x_3+4x_4+5x_5+3x_6+4x_7\leqslant 16\}$$

给出 X 的一组有效不等式。

解　容易得到一组最小覆盖和覆盖不等式为

$$C_1=\{1,\ 2,\ 3\},\quad x_1+x_2+x_3\leqslant 2$$
$$C_2=\{2,\ 3,\ 4,\ 7\},\quad x_2+x_3+x_4+x_7\leqslant 3$$
$$C_3=\{3,\ 4,\ 5,\ 7\},\quad x_3+x_4+x_5+x_7\leqslant 3$$

由于 $a_1\geqslant a_j,\ \forall j\in C_2$ 以及 $a_2\leqslant a_j,\ \forall j\in C_3$，上述不等式可以进一步加强，得到 X 的有效不等式为

$$E(C_2)=\{1\}\cup C_2,\quad x_1+x_2+x_3+x_4+x_7\leqslant 3$$
$$E(C_3)=\{1,\ 2\}\cup C_3,\quad x_1+x_2+x_3+x_4+x_5+x_7\leqslant 3$$

定理 7.4　如果 C 是背包问题的整数集合 X 的最小覆盖，$E(C)=C\cup\{j\in N\setminus C \mid a_j\geqslant a_i,\ \forall i\in C\}$ 是扩展覆盖，则不等式

$$\sum_{j\in E(C)} x_j \leqslant |C|-1$$

是集合 X 的有效不等式。

7.5 0－1 整数规划

0－1 整数规划是整数规划的特殊情形，也是应用非常广泛的一类整数规划。在 0－1 整数规划中，其整数变量只能取 0 或 1，通常用这些 0－1 变量来表示某种逻辑关系，例如用“1”表示“是”，用“0”表示“非”。

7.5.1 隐枚举法

对于 0－1 整数规划的求解，一般有完全枚举法和隐枚举法两种。完全枚举法就是检查每个 0－1 变量等于 0 或 1 的所有组合，满足所有约束条件并使目标函数值取得最优的组合就是 0－1 整数规划的最优解。如 0－1 变量有 n 个，就需要检查 2^n 个变量组合。当 $n>15$时，这几乎是不可能的，因此人们进一步提出了隐枚举法（Implicit Enumeration）。隐枚举法只需要检查全部变量组合中的一部分就可求出最优解，大大节约了计算量。比如，在 2^n 个变量组合中，往往只有一部分是可行解，当发现某个变量组合不满足其中一个约束条件时，就不必再检查其他约束条件是否可行。并且对于可行解，其目标函数值也有优劣之分。若已发现一个可行解，则可根据其目标函数值构造一个过滤条件，对目标函数值比它差的变量组合就不必再检验可行性。当遇到目标函数值更优的可行解时，更新过滤条件。这些做法都可以减少运算次数，使最优解能较快地被发现。

例 7.14 求解下列0－1 整数规划问题

$$\max \quad z=3x_1-2x_2+5x_3$$

$$\text{s.t.}\begin{cases}x_1+2x_2-x_3\leqslant 2\\ x_1+4x_2+x_3\leqslant 4\\ x_1+x_2\leqslant 3\\ 4x_2+x_3\leqslant 6\\ x_1,\ x_2,\ x_3\in\{0,\ 1\}\end{cases}$$

若用完全枚举法来求解，就要将所有的 0－1 变量组合找出，本例中有$2^3=8$ 种情况（见表 7.5）。其中，使目标函数值达到最优的组合就是最优解。从表 7.5 中可以看出，该问题的最优解为 $\boldsymbol{x}^*=(1,\ 0,\ 1)$。

表 7.5 例 7.14 的全枚举结果

(x_1, x_2, x_3)	约束（1）	约束（2）	约束（3）	约束（4）	是否可行	目标值
(0, 0, 0)	√	√	√	√	是	0
(0, 0, 1)	√	√	√	√	是	5
(0, 1, 0)	√	√	√	√	是	−2
(0, 1, 1)	√	√	√	√	是	3
(1, 0, 0)	√	×			否	
(1, 0, 1)	√	√	√	√	是	8
(1, 1, 0)	×				否	
(1, 1, 1)	√	×			否	

如上所述，完全枚举工作量相当大，而隐枚举则通过加入一定的条件，减少计算量，从而较快地求得最优解。在本例中，首先可以看出 $\boldsymbol{x}=(0,\ 0,\ 1)$ 是一个可行解，目标函数值为5。于是将 $3x_1-2x_2+5x_3\geqslant5$ 设为一个过滤条件，记为约束（5），凡是目标函数值小于5的变量组合都不必讨论，见表7.6。当检验到 $\boldsymbol{x}=(1,\ 0,\ 1)$ 时，这是一个目标函数值大于5的可行变量组合，于是更新过滤条件约束（5）为 $3x_1-2x_2+5x_3\geqslant8$。如此继续，直到检验过所有变量组合，可得最优解就是 $\boldsymbol{x}^*=(1,\ 0,\ 1)$。虽然这里也检验了每一个0－1组合，但是计算量却小于不加过滤条件的完全枚举。

表7.6　例7.14的隐枚举结果

(x_1, x_2, x_3)	约束（5）	约束（1）	约束（2）	约束（3）	约束（4）	是否可行	目标值
(0, 0, 0)	×					否	
(0, 0, 1)	√	√	√	√	√	是	5
(0, 1, 0)	×					否	
(0, 1, 1)	×					否	
(1, 0, 0)	×					否	
(1, 0, 1)	√	√	√	√	√	是	8
(1, 1, 0)	×					否	
(1, 1, 1)	×					否	

上面通过一个简单的例子看到隐枚举法的基本思想是尽量减少求解过程中对0－1变量组合的检验计算。那么如何才能有规律地构建过滤条件，最少地进行检验计算呢？以下针对标准的0－1整数规划问题给出隐枚举法的求解步骤。

$$
\begin{aligned}
&\min \quad z=\boldsymbol{cx}\\
&\text{s.t.}\ \begin{cases}\boldsymbol{Ax}\geqslant\boldsymbol{b}\\ \boldsymbol{x}\in\{0,\ 1\}^n\end{cases}
\end{aligned}
\tag{7-1}
$$

式中，$\boldsymbol{A}\in\mathbf{R}^{m\times n}$，$\boldsymbol{c}\in\mathbf{R}^n$，$\boldsymbol{b}\in\mathbf{R}^m$。标准的0－1整数规划要求，式（7-1）中目标函数值求极小；目标函数的系数 $\boldsymbol{c}\geqslant0$；在目标函数中，变量按系数值从小到大排列，同时约束条件中的变量排序也做相应改变；所有约束条件必须是"≥"形式。

隐枚举法的求解思路与分支定界法相似，利用变量只能取0或1两个值的特征，进行分支。首先令所有变量取值为0，检验解是否可行：若可行，$z=0$，已得最优解；若不可行，则根据另一个变量取值为0或1（此变量为固定变量），将问题分为两个子域，其余未被指定取值的变量成为自由变量。由于这些自由变量在目标函数中的系数都是正数，因此令自由变量为0与固定变量组成的子域的解使目标函数值最小。经过此检验，或者停止分支，或者将第二个自由变量转为固定变量，令其值为0或1，将此子域再分成两个子域。如此不断往下进行，直至没有自由变量或者全部子域停止分支为止，就求出最优解。

虽然上述隐枚举法针对的是标准0－1规划问题，但对于非标准的0－1规划，可以通过适当变换将其转化为标准形式：比如，最大化 $\max z$ 可以替换为最小化 $-\min(-z)$；当某 $c_j<0$ 时，取代换 $y_j=1-x_j$ 即可；当某 $\sum_{j=1}^{n}a_{ij}x_j=b_i$ 时，可产生两个不等式进行替换：

$\sum_{j=1}^{n} a_{ij}x_j \geqslant b_i$和 $\sum_{j=1}^{n}(-a_{ij})x_j \geqslant -b_i$。

例 7.15 求解下列0－1整数规划问题

$$\max \quad z=-3x_1-7x_2+x_3-x_4$$

$$\text{s.t.}\begin{cases}2x_1-x_2+x_3-x_4\geqslant 1\\x_1-x_2+6x_3+4x_4\geqslant 6\\5x_1+3x_2+x_4\geqslant 5\\x_1,\ x_2,\ x_3,\ x_4\in\{0,\ 1\}\end{cases}$$

解 首先，可以将最大化问题转换为最小化问题，即

$$-(\min \quad -z=3x_1+7x_2-x_3+x_4)$$

对其中的最小化问题，变量进行变量替换，得到标准0－1规划形式。令 $z'=-z$，$y_1=1-x_3$，$y_2=x_4$，$y_3=x_1$和 $y_4=x_2$，代入模型，得到以下形式为

$$\min \quad z'=y_1+y_2+3y_3+7y_4-1$$

$$\text{s.t.}\begin{cases}-y_1-y_2+2y_3-y_4\geqslant 0\\-6y_1+4y_2+y_3-y_4\geqslant 0\\y_2+5y_3+3y_4\geqslant 5\\y_1,\ y_2,\ y_3,\ y_4\in\{0,\ 1\}\end{cases}$$

应用隐枚举法，计算得到最小化问题的最优解 $\boldsymbol{y}^*=(0,0,1,0)$，见表7.7。由此，原问题的最优解为 $\boldsymbol{x}^*=(1,0,1,0)$，$z^*=-2$。

表 7.7 0－1整数规划求解

(y_1, y_2, y_3, y_4)	约束（1）	约束（2）	约束（3）	是否可行	目标值 z'
(0, 0, 0, 0)	√	√	×	否	
(1, 0, 0, 0)	×			否	
(0, 1, 0, 0)	×			否	
(0, 0, 1, 0)	√	√	√	是	2
(1, 1, 0, 0)	×			否	

7.5.2 指派问题

在实际生活中，我们经常遇到这样的问题：有 n 项不同的需要完成，而恰好有 n 个员工（或 n 台设备）可以分别完成其中的一项工作，但由于任务的性质和个人的专长不同，不同的人去完成不同的工作产生的效率就不一样。假设第 i 个员工完成第 j 项任务的效率（时间成本等）为 c_{ij}，应该派哪一个员工去完成哪一项工作才能使总的效率最高？这类问题就称为指派问题。

记 $N=\{1,2,\cdots,n\}$，定义0－1变量 x_{ij}表示指派方案，$x_{ij}=1$ 表示将任务 $j\in N$ 指派给员工 $i\in N$，否则$x_{ij}=0$。指派问题的数学模型为

$$
\min \quad \sum_{i \in N} \sum_{j \in N} c_{ij} x_{ij}
$$

$$
\text{s. t.} \quad \begin{cases} \sum_{i \in N} x_{ij} = 1, & \forall j \in N \\ \sum_{j \in N} x_{ij} = 1, & \forall i \in N \\ x_{ij} \in \{0,1\}, & \forall i \in N, j \in N \end{cases}
$$

对指派问题的模型而言，数据主要集中在系数矩阵（效益矩阵）中，该矩阵为

$$
\boldsymbol{C} = \begin{pmatrix} c_{11} & c_{12} & \cdots & c_{1n} \\ c_{21} & c_{22} & \cdots & c_{2n} \\ \vdots & \vdots & & \vdots \\ c_{n1} & c_{n2} & \cdots & c_{nn} \end{pmatrix}
$$

定理 7.5　若从矩阵 $\boldsymbol{C}$ 的一行（或一列）各元素加上同一个实数 a 得到矩阵 $\boldsymbol{B} = (b_{ij})_{n \times n}$，那么以 $\boldsymbol{B}$ 为系数矩阵的指派问题与原问题有相同的解。

证明　设矩阵 $\boldsymbol{C}$ 对应的目标函数为 $f = \sum_{i \in N} \sum_{j \in N} c_{ij} x_{ij}$，令 $\boldsymbol{C}$ 的第 k 元素加上 a，即

$$
b_{ij} = \begin{cases} c_{ij}, & \forall i \neq k \\ c_{ij} + a, & \forall i = k \end{cases}
$$

则矩阵 $\boldsymbol{B}$ 对应的目标函数为

$$
f' = \sum_{i \in N} \sum_{j \in N} b_{ij} x_{ij} = \sum_{i \in N} \sum_{j \in N} c_{ij} x_{ij} + \sum_{j \in N} a x_{kj} = f + a
$$

可见以 $\boldsymbol{B}$ 为系数矩阵的指派问题与原问题有相同的解。证毕。

指派问题是 0－1 规划的特例，也是运输问题的特例，当然可用整数规划、0－1 规划或运输问题的解法去求解。利用指派问题的特点可有更简便的解法，这就是匈牙利法，即系数矩阵中独立 0 元素的最多个数等于能覆盖所有 0 元素的最少直线数。

步骤 1　变换指派问题的系数矩阵（c_{ij}）为（b_{ij}），使在（b_{ij}）的各行各列中都出现 0 元素，即①从（c_{ij}）的每行元素都减去该行的最小元素；②再从所得新系数矩阵的每列元素中减去该列的最小元素。

步骤 2　作最少的直线覆盖所有 0 元素。

尝试对存在的行列分别做横线和竖线，得到覆盖所有 0 元素的最少直线数 l。若 $l=n$，说明已经找到了 n 个独立存在的零元素，由此找到最优指派；若 $l<n$，须再变换当前的系数矩阵，以找到 n 个独立的零元素，为此转步骤 3。

步骤 3　变换矩阵（b_{ij}）以增加 0 元素。

在没有被直线覆盖的所有元素中找出最小元素，然后对没有被任何直线覆盖的元素都减去这最小元素，对被两条直线同时覆盖的元素都加上这最小元素。新系数矩阵的最优解和原问题仍相同。转回步骤 2。

例 7.16　有一份中文说明书，需译成英、日、德、俄四种文字，分别记作 A、B、C、D。现有甲、乙、丙、丁四人，他们将中文说明书译成不同语种的说明书所需时间见表 7.8，问如何分派任务，可使总时间最少？

表 7.8 翻译说明书所需时间

人	文字			
	A	B	C	D
甲	6	7	11	2
乙	4	5	9	8
丙	3	1	10	4
丁	5	9	8	2

采用匈牙利法的求解过程如下：

步骤 1 变换系数矩阵：对每行元素减去该行的最小值，再对每列元素减去该列的最小值。

$$\begin{pmatrix} 6 & 7 & 11 & 2 \\ 4 & 5 & 9 & 8 \\ 3 & 1 & 10 & 4 \\ 5 & 9 & 8 & 2 \end{pmatrix} \Rightarrow \begin{pmatrix} 4 & 5 & 9 & 0 \\ 0 & 1 & 5 & 4 \\ 2 & 0 & 9 & 3 \\ 3 & 7 & 6 & 0 \end{pmatrix} \Rightarrow \begin{pmatrix} 4 & 5 & 4 & 0 \\ 0 & 1 & 0 & 4 \\ 2 & 0 & 4 & 3 \\ 3 & 7 & 1 & 0 \end{pmatrix}$$

步骤 2 作最少的直线覆盖所有 0 元素，即

$$\begin{pmatrix} 4 & 5 & 4 & 0 \\ 0 & 1 & 0 & 4 \\ 2 & 0 & 4 & 3 \\ 3 & 7 & 1 & 0 \end{pmatrix}$$

最少直线数 $l=3<4$，需要进一步变换矩阵。

步骤 3 变换矩阵以增加 0 元素。在没有被直线覆盖的所有元素中找出最小元素，得到最小元素为 1，对于没有被直线覆盖的元素都减去 1，对于被两条直线覆盖的元素都加上 1，得到如下矩阵，返回步骤 2。

$$\begin{pmatrix} 4 & 5 & 4 & 0 \\ 0 & 1 & 0 & 4 \\ 2 & 0 & 4 & 3 \\ 3 & 7 & 1 & 0 \end{pmatrix} \Rightarrow \begin{pmatrix} 3 & 4 & 3 & 0 \\ 0 & 1 & 0 & 5 \\ 2 & 0 & 4 & 4 \\ 2 & 6 & 0 & 0 \end{pmatrix} \Rightarrow \begin{pmatrix} 3 & 4 & 3 & 0 \\ 0 & 1 & 0 & 5 \\ 2 & 0 & 4 & 4 \\ 3 & 6 & 0 & 0 \end{pmatrix}$$

有 $l=4$，得到 4 个独立零元素，所以最优解 $\boldsymbol{x}^*$ 矩阵为

$$\begin{pmatrix} 0 & 0 & 0 & 1 \\ 1 & 0 & 0 & 0 \\ 0 & 1 & 0 & 0 \\ 0 & 0 & 1 & 0 \end{pmatrix}$$

即最优的分配方案为甲翻译成俄文，乙翻译成英文，丙翻译成日文，丁翻译成德文。

在实际应用问题中，经常会遇到各种非标准形式的指派问题。一般的处理方法是先将其转化为标准形式的指派问题，然后再用匈牙利法求解。

1）最大化指派问题——设最大化指派问题系数矩阵 $\boldsymbol{C}=(c_{ij})$，其中最大元素为 m。

令矩阵 $\boldsymbol{B}=(b_{ij})=(m-c_{ij})$，则以 $\boldsymbol{B}$ 为系数矩阵的最小化指派问题和以 $\boldsymbol{C}$ 为系数矩阵的最大化指派问题有相同最优解。

2）人数和事数不等的指派问题——若人少事多，则添加一些虚拟的“人”，其费用系数取0，若人多事少，则添加一些虚拟的“事”，其费用系数取0。

3）一个人可做几件事的指派问题——若某个人可以做几件事，则将该人化作几个“人”来接受指派。这几个“人”做同一件事的费用系数当然都一样。

4）某事一定不能由某人做的指派问题——若某事一定不能由某人做，则可将相应的费用系数取为足够大的正数 M。

7.6 启发式算法

求解整数规划算法可以分为精确算法和启发式算法两类。如果一个算法可以在理论上保证获得最优解，那该算法称为精确算法。同时，如果一个算法求解时间可以表示为问题规模的多项式函数，就称这个算法为多项式时间算法。对于很多组合优化问题，例如旅行商问题、排产问题等，已经被证明不太可能存在多项式时间的精确算法。这意味着只有在问题规模很小的时候我们才有可能在可接受时间内找到最优解，否则随着问题规模的增大，获取最优解的时间将会爆炸式增长。于是，一些学者尝试从问题本身结构出发，挖掘问题相关要素之间的联系，寻找基于直观或者经验的适合解决该问题的近似解算法。这类算法称为启发式算法。启发式算法一般都能在合理时间内给出问题的满意解，其与问题最优解之间的差距不会太大。因此，启发式算法在实际生产环境中有着广泛的应用。

7.6.1 启发式算法的一般原则

设计启发式算法的时候，为了保证启发式算法的可用性，需要保证以下原则：

1）保证时间可用。启发式算法相对于精确解算法最大的优势就在于它的速度，为此牺牲了精确性作为代价。在设计启发式算法的时候，一定要关注求解时间，尽可能提升求解效率，保证在复杂问题下的时间可用性。

2）保证解的质量。尽管启发式算法并不追求最优性，但是仍然需要尽可能接近最优解来满足实际问题的需要。为了能够得到满意解，需要启发式算法在迭代的过程中及时掌握解的变化，并在启发策略上做出对应的调整，否则很容易陷入局部最优解。

3）保证稳定性。启发式算法大多会从一个初始解开始迭代生成满意解，不同初始解可能会导致最终的结果大相径庭。为了保证实际问题下的可用性，必须保证设计的启发式算法在大多数初始解下都能够稳定得到满意解。

4）尽量保证通用性和可移植性。尽管启发式算法都是针对某一特定问题设计的，但是在设计时仍然要考虑针对该问题的变种或者类似问题，相似的启发式框架和策略仍然能够得到满意解。

7.6.2 邻域搜索算法

邻域搜索算法属于启发式算法的一种，其核心思想是：对于当前解，通过邻域动作，形成其邻域，再根据一定的选取策略，从邻域中选取新的当前解，通过对解的局部调整不断优化算法结果。在邻域搜索算法中，每一次迭代的当前解都有其对应的邻域。邻域是根据邻域结构定义的，通过对当前解进行变换得到的解的集合。要实现对当前解进行变化就需要用到算子。算子是将一个元素在向量空间中转换为另一个元素的映射。算子的设计和实现是邻域搜索算法设计中非常重要的一环，它决定了算法搜索的范围，对算法的好坏有着最直接的影响。

邻域搜索的迭代步骤：

步骤1 建立一个初始解作为当前解。

步骤2 利用邻域动作生成当前解的邻域，根据选取策略，在邻域中选取新的解作为当前解。

步骤3 若当前解优于当前找到的最好解，则更新当前找到的最好解。

步骤4 若达到停止条件，则停止计算并输出找到的最好解；否则返回步骤2。对于算法的停止条件，一般来说有两种：

1）迭代次数超过阈值：提前设定最大迭代次数，在迭代次数到达最大时停止计算。

2）目标函数值的改善小于阈值：每次更新最优解时，计算与上一次最优解的差距，若改善量小于设定的阈值，则停止计算。

7.6.3 求解旅行商问题的邻域搜索算法

作为组合优化的经典问题，TSP 的难点在于该问题的可行解是所有城市组成的全排列。随着城市数量的增多，可行解的数量会出现爆炸式增长。例如，10 个城市组成的可行解数量为 362.88 万，而 15 个城市组成的可行解数量已经高达 1.3 万亿！可想而知，随着问题规模的增大，精确算法将会十分耗时。于是很多学者使用启发式算法来求解 TSP，包括邻域搜索、遗传算法、蚁群算法等，并且取得了高效高质的可行解。下面将简要介绍求解 TSP 的邻域搜索算法。

首先介绍选取的算例。算例共有八个城市，城市具体坐标见表 7.9。邻域搜索算法的具体步骤如下：

表 7.9 城市数据

城市	城市 1	城市 2	城市 3	城市 4	城市 5	城市 6	城市 7	城市 8
坐标	(0, 0)	(6, 6)	(2, 7)	(6, 12)	(6, 3)	(3, 6)	(6, 2)	(9, 6)

（1）构造初始解

使用随机的方式构造初始解，本题初始解按城市标号递增构造，即 1⇒2⇒3⇒4⇒5⇒6⇒7⇒8⇒1。通过计算，初始解的总路程为 53.07。

（2）算子选择

选择在求解 TSP 时较为经典的 2-opt 算子：随机选择在路线中不相连的两个节点，将两个节点之间的路径翻转过来获得新路径，具体过程如图 7.6 所示。

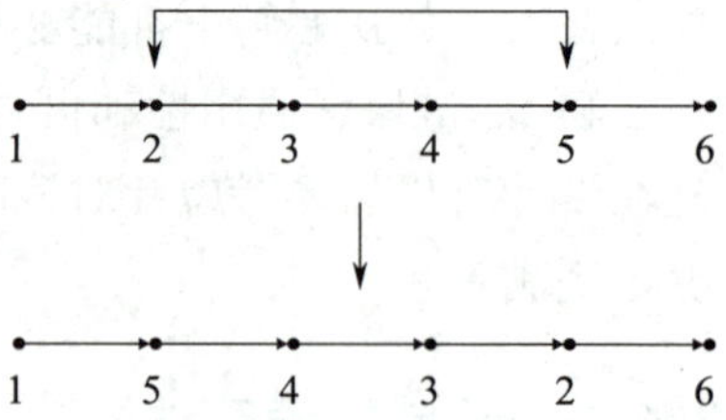

图 7.6 2-opt 算子举例

（3）计算与结果

确定初始解与使用的算子后，利用领域搜索进行计算，设定最大迭代次数为 20 次。最终计算结果为：1⇒7⇒5⇒2⇒8⇒4⇒3⇒6⇒1。最终总路程为 34.56。将路径可视化后如图 7.7 所示。

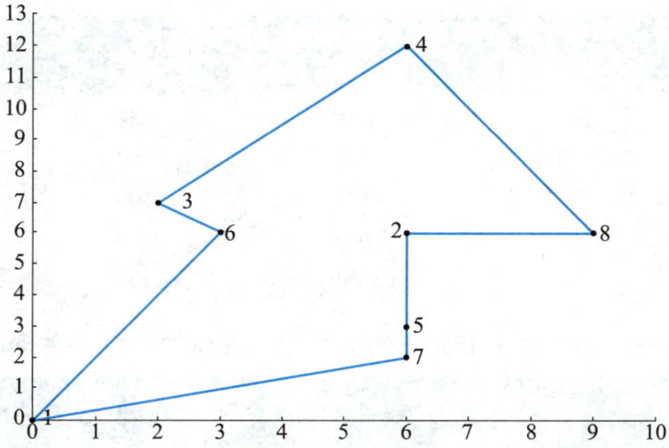

图 7.7 TSP 最终路径方案

由于算例较为简单，计算在到达最大迭代次数之前就已经停止了优化，实际上仅经过三次迭代，领域搜索就无法再继续优化结果了，具体过程见表 7.10。本算例中领域搜索找到了最优解，但在更复杂的情况下，请注意陷入局部最优的可能。

表 7.10 迭代优化过程

迭代次数	初始状态	迭代 1	迭代 2	迭代 3
总路程	53.07	40.96	35.44	34.56

7.7 应用案例——配送系统设计

配送系统是物流系统的重要组成部分，该系统将生产厂的产品运送至配送中心，然后由这些配送中心将产品运至用户。其中，合理地选择生产厂与配送中心对降低物流成本至关重要。配送系统设计就是要综合考虑生产厂和配送中心的固定成本、生产厂至配送中心的运费、配送中心至用户的运费、生产厂的生产能力、满足需求等因素的基础上，对系统进行优化，以使得总成本最小。

某时尚女装品牌考虑生产一种女装系列。女装产品将先运至配送中心，再由配送中心将产品运送至分销店。该品牌有五家工厂均可生产这类女装，有三家配送中心可以配送女装产品，有四家分销店可以经营女装产品。这些工厂和配送中心的年固定成本见表 7.11。从各工厂运至配送中心的运费与生产能力见表 7.12。从各配送中心运至分销店的运费与各分销店对女装的需求量见表 7.13。假定各配送中心的库存政策为“零库存”，即配送中心将从工厂得到产品均分配给分销店，不留作库存。品牌商要设计一种女装配送系统，在满足需求的前提下，确定使用哪些工厂与配送中心进行女装的生产与分配，以使得总成本最小。

表 7.11 工厂与配送中心的年固定成本

单位	工厂 1	工厂 2	工厂 3	工厂 4	工厂 5	配送中心 1	配送中心 2	配送中心 3
年固定成本（元）	35000	45000	40000	42000	40000	40000	20000	60000

表 7.12 各工厂运至配送中心的运费与生产能力

起点	运输成本（元/箱）			生产能力（箱）
	配送中心 1	配送中心 2	配送中心 3	
工厂 1	800	1000	1200	300
工厂 2	700	500	700	200
工厂 3	800	600	500	300
工厂 4	500	600	700	200
工厂 5	700	600	500	400

表 7.13 从配送中心运至分销店的运费和各分销店对女装的需求量

起点	运输成本（元/箱）			
	分销店 1	分销店 2	分销店 3	分销店 4
配送中心 1	40	80	90	50
配送中心 2	70	40	60	80
配送中心 3	80	30	50	60
需求量（箱）	200	300	150	250

这个案例中的配送系统可以用图 7.8 的网络图来描述。需要决策的问题是：如何选择生产厂和配送中心，如何确定从各生产厂运至各配送中心的产品数量以及从各配送中心运至分销店的产品数量，才能在满足所要求的条件下使得总成本最小。

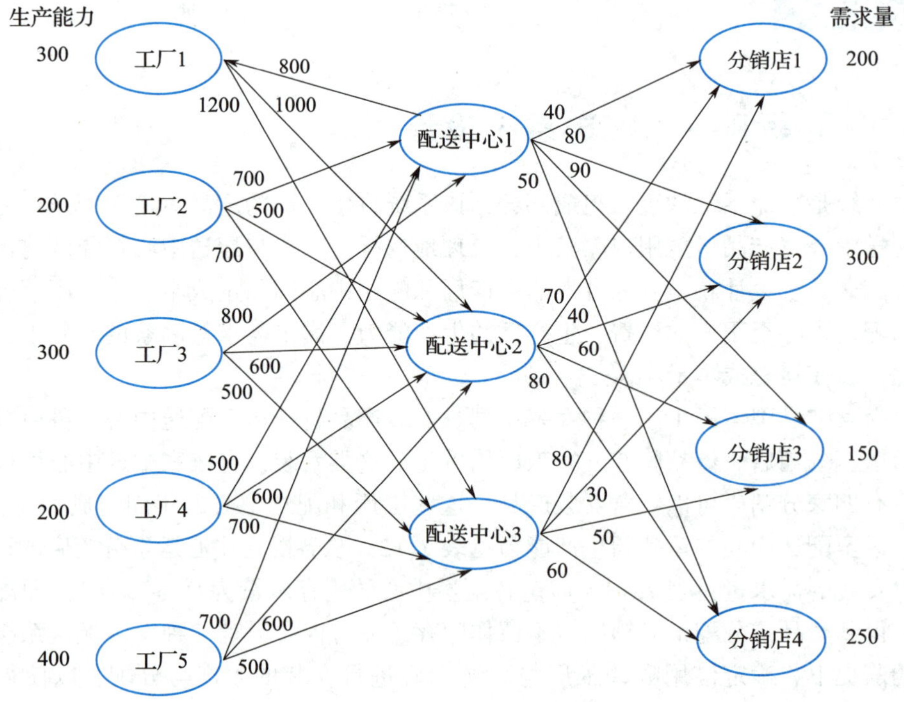

图 7.8 配送系统设计网络图

在建立数学模型之前，引入集合和数学符号对问题进行抽象和数学表述。在配送系统中，有 l 个工厂、m 个配送中心和 n 个分销店，记工厂集合为 $I=\{1, 2, \cdots, l\}$，配送中心集合为 $J=\{1, 2, \cdots, m\}$，分销店集合为 $K=\{1, 2, \cdots, n\}$，工厂 $i\in I$ 的年固定成本和产能分别为 f_i 和 q_i，配送中心 $j\in J$ 的年固定成本为 g_j，分销店 $k\in K$ 的需求量为 d_k。从工厂生产出的产品需要先运输到配送中心，再从配送中心运输到分销店，配送中心保持“零库存”不留存任何产品，从工厂 $i\in I$ 到配送中心 $j\in J$ 的单位运输成本为 b_{ij}，从配送中心 $j\in J$ 到分销店 $k\in K$ 的单位运输成本为 c_{jk}。需要决策从各工厂运输到各配送中心的产品数量和各配送中心运输到各分销店的产品数量，使得总成本最小。

对工厂和配送中心的选择，实际上就是对它们“使用”或“不使用”的决策，这种逻辑关系可以用 0－1 变量表示。定义 0－1 变量 u_i表示是否选择工厂 $i\in I$，0－1 变量w_j表示是否选择分配中心 $j\in J$，整数变量x_{ij}表示从工厂 $i\in I$ 运输到配送中心 $j\in J$ 的产品数量，整数变量 y_{jk}表示从配送中心 $j\in J$ 运输到分销店 $k\in K$ 的产品数量。该问题可以建立以下的整数规划模型为

$$\min \quad \sum_{i\in I}\sum_{j\in J} b_{ij}x_{ij} + \sum_{j\in J}\sum_{k\in K} c_{jk}y_{jk} + \sum_{i\in I} f_i u_i + \sum_{j\in J} g_j w_j$$

$$\text{s. t.} \begin{cases} \sum\limits_{j\in J} x_{ij} \leqslant q_i f_i, & \forall i \in I \\ \sum\limits_{i\in I} x_{ij} = \sum\limits_{k\in K} y_{jk}, & \forall j \in J \\ \sum\limits_{k\in K} y_{jk} \leqslant M w_j, & \forall j \in J \\ \sum\limits_{j\in J} y_{jk} \geqslant d_k, & \forall k \in K \\ u_i \in \{0,1\}, & \forall i \in I \\ w_j \in \{0,1\}, & \forall j \in J \\ x_{ij} \in \mathbf{Z}_+, & \forall i \in I, j \in J \\ y_{jk} \in \mathbf{Z}_+, & \forall j \in J, k \in K \end{cases}$$

在模型中，优化目标是最小化运输费用与工厂及配送中心的固定成本之和；第一组约束是工厂的产能约束，要求从工厂 i 运出的产品数量不能超过其产能；第二组约束是流量均衡约束，要求从配送中心 j 运出的产品数量等于从所有工厂运输到该配送中心的产品总量；第三组约束是配送中心最大运出量约束，其中 M 是一个非常大的常数，可以取 $M = \sum_{k\in K} d_k = 900$，仅有在选择了配送中心 j，才能从它运出产品；第四组约束是需求满足约束，要求运输到分销店 k 的产品总量满足其需求量。余下的约束定义了变量的取值范围。

本案例中的数据可视为抽象后的数学问题的一个具体算例，即有

$$l=5, \quad m=3, \quad n=4$$

$$\boldsymbol{f}=(35000, 45000, 40000, 42000, 40000), \quad \boldsymbol{g}=(40000, 20000, 60000)$$

$$\boldsymbol{q}=(300, 200, 300, 200, 400), \quad \boldsymbol{d}=(200, 300, 150, 250)$$

$$(b_{ij})_{l\times m}=\begin{pmatrix}800 & 1000 & 1200\\700 & 500 & 700\\800 & 600 & 500\\500 & 600 & 700\\700 & 600 & 500\end{pmatrix}\qquad (c_{jk})_{m\times n}=\begin{pmatrix}40 & 80 & 90 & 50\\70 & 40 & 60 & 80\\80 & 30 & 50 & 60\end{pmatrix}$$

采用算例数据和模型分离的方式，有助于得到更加简洁的数学模型表达形式，减少出错的可能性，同时业务场景的数据发生变化时，也仅需更新算例数据再次求解，而无须重新修改数学模型。

应用数学规划软件如 CPLEX、Gurobi、COPT 等，对数学模型进行求解，得到本案例中优化问题的最优解，见表 7.14 和 7.15。在最优解中，使用了第一、第三、第五个工厂，不使用第二、第四个工厂；使用第一、第三个配送中心，不使用第二个配送中心。最小总成本为 703500 元。

表 7.14 从各工厂运至各配送中心的产品产量 (单位：箱)

工厂	配送中心		
	配送中心 1	配送中心 2	配送中心 3
工厂 1	300	0	0
工厂 2	0	0	0
工厂 3	0	0	300
工厂 4	0	0	0
工厂 5	0	0	300

表 7.15 从各配送中心运至各分销店的产品产量 (单位：箱)

配送中心	分销店			
	分销店 1	分销店 2	分销店 3	分销店 4
配送中心 1	200	0	0	100
配送中心 2	0	0	0	0
配送中心 3	0	300	150	150

习题

7.1 对下列整数规划问题，先用解相应的线性规划然后凑整的办法能否得到最优整数解？

(1)
$$\max z=3x_1+2x_2$$
$$\text{s. t.}\begin{cases}2x_1+3x_2\leqslant 14.5\\4x_1+x_2\leqslant 16.5\\x_1,\ x_2\geqslant 0\\x_1,\ x_2\ \text{为整数}\end{cases}$$

(2)
$$\max z=3x_1+2x_2$$
$$\text{s. t.}\begin{cases}2x_1+3x_2\leqslant 14\\2x_1+x_2\leqslant 9\\x_1,\ x_2\geqslant 0\\x_1,\ x_2\ \text{为整数}\end{cases}$$

7.2 用分支定界法求解下列问题。

(1)
$$\max z = x_1 + x_2$$
$$\text{s.t.}\begin{cases}2x_1 + x_2 \leqslant 6\\4x_1 + x_2 \leqslant 20\\x_1,\ x_2 \geqslant 0\\x_1,\ x_2\ \text{为整数}\end{cases}$$

(2)
$$\max z = 2x_1 + x_2$$
$$\text{s.t.}\begin{cases}x_1 + x_2 \leqslant 5\\-x_1 + x_2 \leqslant 0\\6x_1 + 2x_2 \leqslant 21\\x_1,\ x_2 \geqslant 0\ \text{且为整数}\end{cases}$$

(3)
$$\max z = x_1 + x_2$$
$$\text{s.t.}\begin{cases}14x_1 + 9x_2 \leqslant 51\\-6x_1 + 3x_2 \leqslant 1\\x_1,\ x_2 \geqslant 0\\x_1,\ x_2\ \text{为整数}\end{cases}$$

(4)
$$\max z = x_1 + 5x_2$$
$$\text{s.t.}\begin{cases}x_1 - x_2 \geqslant -2\\5x_1 + 6x_2 \leqslant 30\\x_1 \leqslant 4\\x_1,\ x_2 \geqslant 0\ \text{且为整数}\end{cases}$$

(5)
$$\max z = x_1 + 7x_2$$
$$\text{s.t.}\begin{cases}-x_1 + 3x_2 \leqslant 12\\x_1 + x_2 \leqslant 10\\x_1,\ x_2 \geqslant 0\\x_1,\ x_2\ \text{为整数}\end{cases}$$

(6)
$$\max z = x_1 + x_2$$
$$\text{s.t.}\begin{cases}x_1 + \frac{14}{9}x_2 \leqslant \frac{51}{14}\\-2x_1 + x_2 \leqslant \frac{1}{3}\\x_1,\ x_2 \geqslant 0\\x_1,\ x_2\ \text{为整数}\end{cases}$$

7.3 用割平面法求解整数线性规划最优解。

(1)
$$\max z = x_1 + x_2$$
$$\text{s.t.}\begin{cases}-x_1 + x_2 \leqslant 1\\3x_1 + x_2 \leqslant 4\\x_1,\ x_2 \geqslant 0\\x_1,\ x_2\ \text{为整数}\end{cases}$$

(2)
$$\max z = 7x_1 + 9x_2$$
$$\text{s.t.}\begin{cases}-x_1 + 3x_2 \leqslant 6\\7x_1 + x_2 \leqslant 35\\x_1,\ x_2 \geqslant 0\\x_1,\ x_2\ \text{为整数}\end{cases}$$

(3)
$$\min z = 4x_1 + 5x_2$$
$$\text{s.t.}\begin{cases}3x_1 + 2x_2 \geqslant 7\\x_1 + 4x_2 \geqslant 5\\3x_1 + x_2 \geqslant 2\\x_1,\ x_2 \geqslant 0\ \text{为整数}\end{cases}$$

(4)
$$\max z = 11x_1 + 4x_2$$
$$\text{s.t.}\begin{cases}-x_1 + 2x_2 \leqslant 4\\5x_1 + 2x_2 \leqslant 16\\2x_1 - x_2 \leqslant 4\\x_1,\ x_2 \geqslant 0\ \text{为整数}\end{cases}$$

(5)
$$\max z = 3x_1 - x_2$$
$$\text{s.t.}\begin{cases}3x_1 - 2x_2 \leqslant 3\\5x_1 + 4x_2 \geqslant 10\\2x_1 + x_2 \leqslant 5\\x_1,\ x_2 \geqslant 0\\x_1,\ x_2\ \text{为整数}\end{cases}$$

(6)
$$\max z = 3x_1 + x_2 + 3x_3$$
$$\text{s.t.}\begin{cases}-x_1 + 2x_2 + x_3 \leqslant 4\\4x_2 - 3x_3 \leqslant 2\\x_1 - x_2 + 2x_3 \leqslant 3\\x_1,\ x_2,\ x_3 \geqslant 0\\x_1,\ x_2,\ x_3\ \text{为整数}\end{cases}$$

7.4 求解下列0-1整数规划。

(1)
$$\max z = 3x_1 + x_2 - x_3$$
$$\text{s.t.}\begin{cases}x_1 + 3x_2 + x_3 \leqslant 2\\4x_1 + x_3 \leqslant 5\\x_1 + 2x_2 - x_3 \leqslant 2\\x_1,\ x_2,\ x_3 = 0\ \text{或}\ 1\end{cases}$$

(2)
$$\max z = 4x_1 + 3x_2 + 2x_3$$
$$\text{s.t.}\begin{cases}2x_1 - 5x_2 + 3x_3 \leqslant 4\\4x_1 + x_2 + 3x_3 \geqslant 3\\x_1 + x_2 \geqslant 1\\x_1,\ x_2,\ x_3 = 0\ \text{或}\ 1\end{cases}$$

(3)
$$\max z=6x_1+8x_2+10x_3+4x_4$$
$$\text{s.t.}\begin{cases}x_1-3x_2+5x_3+x_4\geqslant 2\\-3x_1+7x_2-4x_3-x_4\geqslant 0\\-3x_1+3x_2-2x_3-2x_4\geqslant 1\\x_1,\ x_2,\ x_3,\ x_4\ \text{为 0 或 1}\end{cases}$$

(4)
$$\min z=3x_1+7x_2-x_3+x_4$$
$$\text{s.t.}\begin{cases}2x_1-x_2+x_3-x_4\geqslant 1\\x_1-x_2+6x_3+4x_4\geqslant 8\\5x_1+3x_2+x_4\geqslant 5\\x_1,\ x_2,\ x_3,\ x_4\ \text{为 0 或 1}\end{cases}$$

(5)
$$\max z=3x_1-2x_2+5x_3$$
$$\text{s.t.}\begin{cases}x_1+2x_2-x_3\leqslant 2\\x_1+4x_2+x_3\leqslant 4\\x_1+x_2\leqslant 3\\4x_2+x_3\leqslant 6\\x_1,\ x_2,\ x_3\ \text{为 0 或 1}\end{cases}$$

(6)
$$\max z=4x_1+2x_2-x_3$$
$$\text{s.t.}\begin{cases}x_1+2x_2+x_3\leqslant 2\\3x_2+x_3\leqslant 4\\x_1+2x_2-x_3\leqslant 2\\2x_1+4x_2-2x_3\leqslant 2\\x_1,\ x_2,\ x_3\ \text{为 0 或 1}\end{cases}$$

7.5 某地政府准备投资 D 万元建跨海大桥，可以建桥的地点有 A_i（$i=1,2,\cdots,n$）。在 A_i 处的造价为 d_i，最多可建 a_i 座。问应当在哪几处建桥，分别建几座，才能使建造的桥数最多。试建立问题的数学规划模型。

7.6 某工厂在计划期内要安排甲、乙两种仪器设备的生产，已知生产仪器设备所需要的 A、B 两种材料的消耗以及资源的限制见表 7.16。问：工厂应分别生产多少件甲、乙两种仪器设备才能使工厂获利最多？

表 7.16 材料消耗以及资源限制

材料	仪器		资源限制
	甲	乙	
材料 A	3	2	10
材料 B	1	2	5
单件获利（万元）	1	1	

7.7 某快递公司拟计划在市区的东、西、南、北四区建立仓储中心，有 10 个位置 A_j（$j=1,2,\cdots,10$）供选择，考虑到各地区运送成本，规定：

在东区的 A_1，A_2，A_3 三个点中至多选择两个；在西区的 A_4，A_5 两个点中至少选一个；在南区的 A_6，A_7 两个点中至少选一个；在北区的 A_8，A_9，A_{10} 三个点中至少选两个。

A_j 各点的投资额及每年可获利润由于地点不同都是不一样的，预测情况见表 7.17，但投资总额不能超过 720 万元。问：应选择哪几个位置使年利润最大？

表 7.17 投资额以及可获利润情况 （单位：万元）

项目	A_1	A_2	A_3	A_4	A_5	A_6	A_7	A_8	A_9	A_{10}
投资额	100	120	150	80	70	90	80	140	160	180
利润	36	40	50	22	20	30	25	48	58	61

7.8 某锅炉制造商制造小、中、大三种尺寸的锅炉，所用资源为金属板、劳动力和机器设备，制造一个锅炉所需的各种资源的数量见表 7.18。不考虑固定费用，每种锅炉售出一台所得的利润分别为 4 万元、5 万元、6 万元，可使用的金属板有 500t，劳动力有 300 人/月，机器有 100 台/月，此外不管哪种锅炉制造的数量是多少都要支付一笔固定的费用：小号锅炉是 100 万元，中号锅炉是 150 万元，大号锅炉是 200 万元。制订一个生产计划使获得的利润最大。

表 7.18　制造三种锅炉所需资源数量

资源	小号锅炉	中号锅炉	大号锅炉
金属板/t	2	4	8
劳动力/(人/月)	2	3	4
机器设备/(台/月)	1	2	3

7.9　有四个工人，要分别指派他们完成四项不同的工作，每人做各项工作所消耗的时间见表 7.19。问：应如何指派工作才能使总消耗时间最少？

表 7.19　各项工作消耗时间

工人	工作			
	A	B	C	D
甲	15	18	21	24
乙	19	23	22	18
丙	26	17	16	19
丁	19	21	23	17

7.10　某公司在今后五年内考虑给以下的项目投资。已知：

项目 A：从第一年到第四年每年年初需要投资，并于次年末回收本利 115%，但要求第一年投资最低金额为 4 万元，后三年不限。

项目 B：第三年初需要投资，到第五年末能回收本利 128%，但规定最低投资金额为 3 万元，最高金额为 5 万元。

项目 C：第二年初需要投资，到第五年末能回收本利 140%，但规定其投资额或为 2 万元或为 4 万元或为 6 万元或为 8 万元。

项目 D：五年内每年年初可购买公债，于当年末归还，并加利息 6%，此项投资金额不限。

该公司现有资金 10 万元，问：它应如何确定这些项目的年投资额，使到第五年末拥有的资金本利总额最大？

第 8 章　动态规划

20 世纪 50 年代初，美国数学家贝尔曼（Bellman）等人在研究多阶段决策过程的优化问题时提出了著名的最优化原理，把多阶段过程转化为一系列单阶段问题，利用各阶段之间的关系，逐个求解，创立了解决这类过程优化问题的新方法——动态规划。1957 年，*Bellman* 出版了他的名著 *Dynamic Programming*，这是该领域的第一本著作。动态规划问世以来，在经济管理、生产调度、工程技术和最优控制等方面得到了广泛的应用。例如最短路线、库存管理、资源分配、设备更新、排序、装载等问题，用动态规划方法比用其他方法求解更为方便。

应该指出的是，动态规划是求解最优化问题的一种方法，是考察问题的一种途径，而不是一种特殊的算法。它不像线性规划那样有统一的数学模型和算法（例如单纯形法），而是必须对具体问题进行具体分析，针对不同的问题，运用动态规划的原理和方法，建立相应的模型，然后再用动态规划方法去求解。因此，在学习和使用动态规划方法时除了要正确理解动态规划的基本原理和方法外，还应以丰富的想象力去建立模型，用灵活的技巧去求解。

本章将介绍动态规划的基本原理和基本方法，然后列举实例说明动态规划的应用。

8.1　多阶段决策问题

在求解最优化问题中，人们常常会遇到这样一类决策问题，即由于过程的特殊性，可以将决策全过程依据时间或空间划分为若干个互相联系的阶段。这时需要人们在各阶段中做出方案的选择，我们把各阶段的方案选择称为**决策**。前一个阶段的决策往往会影响到下一个阶段的决策，从而影响整个过程的活动。当各个阶段的决策确定后，它们就构成一个决策序列，常称之为**策略**。由于每个阶段可选决策的不唯一性，这些相互联系的决策组成的策略也就不止一个，那么这些可供选择的策略构成一个集合，我们称之为**允许策略集合**（简称**策略集合**）。对于这个最优化问题来说，这些策略就相当于一系列的可行解。每一个策略都相应地确定一种活动的效果，这个效果通常可以用数量指标来衡量。由于不同的策略常常导致不同的效果，因此，如何在允许策略集合中选择一个策略，使其在预定的约束下达到最好的效果，就是人们所关心的问题，我们称这样的策略为**最优策略**。这类问题就称为**多阶段决策问题**（Multistage Decision Problem）。

在多阶段决策问题中，各个阶段的划分一般来说是与时间或空间有关的，各阶段的决策也是相互联系的，故有“动态”的含义，因此把处理这类问题的方法称为动态规划方法。现实中有很多这样的管理问题，如下例。

例 8.1　速运公司配送路线选择问题。

物流配送是电子商务活动中的重要一环，作为“第三利润源泉”，它对经济活动的影响越来越大。合理选择配送路线，对加快配送速度、提高服务质量、增强客户对物流的满意度、降低配送成本及增加企业效益都有重要作用。

例如，现某地的速运公司在该地的配送中心 A 有一个包裹要送往顾客家所在的配送点 E，图 8.1 为该速运公司配送路网图，图中点 A 代表速运公司的配送中心，点 E 代表顾客所在的住宅小区配送点。B_1，B_2，C_1，C_2，C_3，D_1，D_2 分别代表若干个中转配送点。图 8.1 给出了一个线路网络，A 为始点，E 为终点，两点之间的连线可以表示道路、管道等，连线上的数字表示两点间的距离（或费用、耗时）。试选择一条由 A 到 E 的线路，使总距离（或费用、耗时）最小。

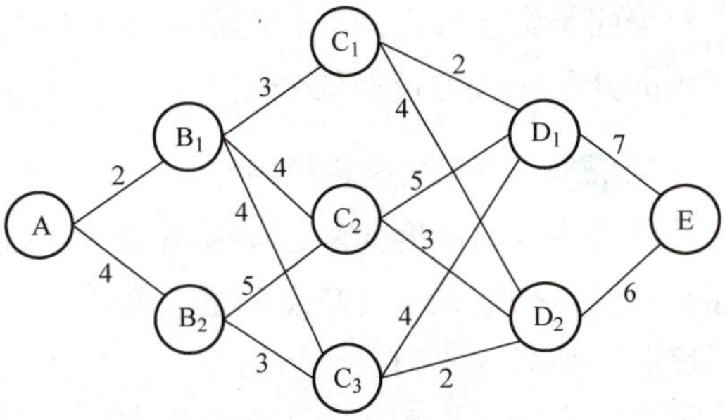

图 8.1　线路选择问题

我们把从 A 到 E 的路线自然地分为 4 个阶段，从 A→B 为第 1 阶段，从 B→C 为第 2 阶段，从 C→D 为第 3 阶段，从 D→E 为第 4 阶段。每个阶段都有若干条可供选择的路线，例如从 A→B 有两条路线：$A \to B_1$，$A \to B_2$，从 $B_2 \to C$ 有 2 条路线：$B_2 \to C_2$ 和 $B_2 \to C_3$。每个阶段要决定走哪一条路，而每个阶段的决策又与上一个阶段的决策紧密联系。这显然是一个多阶段决策问题。

事实上，对于一些与时间因素没有关系的所谓“静态问题”，只要人为地引入“时间”因素，也可把它视为多阶段决策问题，从而采用动态规划方法去处理。

例 8.2　资源分配问题。

给定一定数量的某种资源，例如人力、资金、设备、材料等，将其投入多种活动就会产生如何分配资源给各项活动，使投放资源的总效果最优的问题，这就是资源分配问题。资源分配问题是一个复杂的管理问题，广泛地存在于各行各业的实际生产及运作管理过程中。

例如，某公司拟将 500 万元的资本投入所属的甲、乙、丙三个工厂进行技术改造，各工厂获得投资后年利润将相应增长，增长额见表 8.1。试确定 500 万元资本的分配方案以使公司总的年利润增长额最大。

表 8.1　不同投资额产生的利润增长额　（单位：万元）

工厂	投资额				
	100	200	300	400	500
甲	30	70	90	120	130
乙	50	100	110	110	110
丙	40	60	110	120	120

尽管项目投资问题是一个静态的资金分配问题，但是我们仍然可以把给每个工厂的分配活动人为地进行排序。例如先给甲工厂分配资源，然后再依次决定分配给乙工厂和丙工

厂的资源量。那么若给甲分配的资金多了，留给乙和丙的资金必然就少了。这样三个阶段的决策就联系起来了。

与此类资金分配问题相类似的还有网络资源的分配，机组负荷的分配，水资源、土地资源的分配，人力资源的分配等。

例8.3 物流配送装箱问题。

商品物资的调度与配送是物流管理系统中的重要组成因素，也是物流行业的管理人员和研究人员一直关心的热点问题。而其中的配送装箱问题广泛存在于众多的行业之中，如零售业、制造企业的仓储与运输。一个优秀的配送装箱方案不仅可以提高运输效率，而且能够大幅度降低物流企业的运输成本，这在人力资源成本和燃油成本急剧上升的物流行业具有重要的影响作用，可以有效地提高物流企业的经济效益，提升企业的竞争力。

假设一个物流集散中心中有 n 种货物需要向同一地点进行配送，这 n 种货物的编号为1，2，…，n。其中货物 i 的体积为 a_i，配送该类型货物收取的费用为 c_i，即可以获取的收益。现在需要求解一种装箱方案，对容量为 b 的箱子如何选取货物且选取几件才能使装入箱子中货物的总收益最大，这就是经典的背包问题。该问题的静态规划模型描述如下：

设该中心选择第 i 种货物的件数为 $u_i(i=1，2，…，n)$，则问题可归结为

$$
\max z = \sum_{i=1}^{n} c_i u_i
$$

$$
\text{s. t.} \begin{cases} \sum\limits_{i=1}^{n} a_i u_i \leqslant b \\ u_i \geqslant 0 \text{ 且为整数}(i = 1,2,\cdots,n) \end{cases} \tag{8-1}
$$

背包问题也可以通过人为地把待装箱的货物进行排序来依次做出决策。例如，先来决定第1种货物的装箱件数，然后就余下的容量再来决定第2种货物的装箱件数，每种货物都依次进行决策，从而最终求得每种货物的装箱件数。这个问题类似于资源分配问题，若第 i 种货物装多了，则余下的容量就会少，从而影响后续物品的装箱数量。因此这也是一个相互联系的多阶段决策问题。

以上几个问题虽然具体意义各不相同，但它们都可以转化为多阶段决策问题来解决，各个阶段的决策不仅依赖于当前面临的状态，还给以后的发展施加影响。当各个阶段的决策确定之后，就组成了一个决策序列，因而也就决定了整个过程的一条活动路线。这种把一个问题变成一个前后关联的、具有链状结构的多阶段的决策过程，也称为**序贯决策过程**。它可以用图8.2来表示。

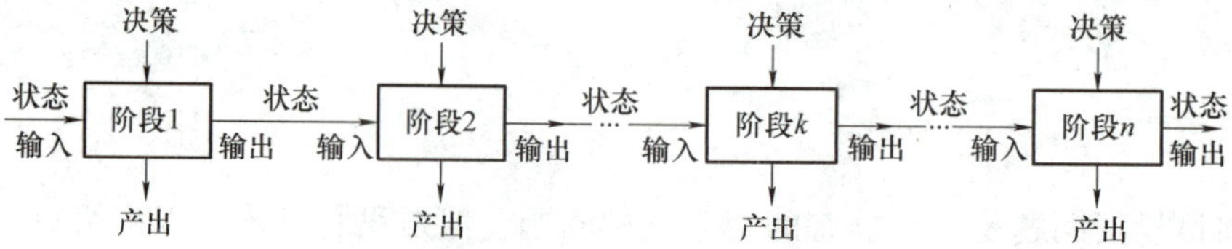

图8.2 序贯决策过程

8.2 动态规划的基本概念和基本方程

8.2.1 动态规划的基本概念

在建立动态规划模型时，常用到一些名词术语，现分别介绍如下。

(1) 阶段（Stage）和阶段变量

若想求解一个多阶段决策过程，通常可以按照时间或空间的顺序将一个问题恰当地划分为若干个互相联系的阶段，描述阶段的变量称为**阶段变量**。阶段变量一般是离散的，记作 k（$k=1, 2, \cdots$）。如例 8.1 中，$k=1, 2, 3, 4$，即每个阶段决定相应的路段选择；例 8.2 中，$k=1, 2, 3$，即每个阶段决定对相应工厂的资金分配额度；例 8.3 中 $k=1, 2, \cdots, n$，即每个阶段决定相应货物的装箱件数。阶段变量也可以是连续的，例如在一些控制系统中，当阶段变量为时间，且可在任意时刻做决策时，就属于这种情况。另外，从第 k 个阶段到最后一个阶段的过程被称为 k **后部子过程**。

(2) 状态（State）、状态变量和可能状态集合

状态表示每个阶段开始时系统所面临的自然状况或客观条件。状态是由过程本身所确定的，它反映着过程的具体特征，而且能描述过程的演变。例 8.1 中送货员所处的空间位置是系统的状态，它既是该阶段某支路的起点，又是前一阶段某支路的终点。例 8.2 中可供分配的剩余资本是系统在某一特定时刻的状态。描述状态的变量称为**状态变量**，记作 s_k。它表示第 k 个阶段所处的状态。状态变量取值的全体称为可能**状态集合**（或状态空间），记作 S_k。显然有 $s_k \in S_k$。如例 8.1 中，$s_1 = \mathrm{A}$，$s_2 = \mathrm{B}_1$ 或 B_2，$s_3 = \mathrm{C}_1$，C_2 或 C_3，等等，而 $S_1 = \{\mathrm{A}\}$，$S_2 = \{\mathrm{B}_1, \mathrm{B}_2\}$，$S_3 = \{\mathrm{C}_1, \mathrm{C}_2, \mathrm{C}_3\}$。

状态变量可以是离散的，也可以是连续的。如例 8.1 中的状态变量显然是离散的；在例 8.2 中，如果我们取 s_k 表示第 k 个阶段初的可供分配的资金量，由于表 8.1 中只有既定的若干种方案可供选择，因此状态变量也必然是离散的；在例 8.3 中，如果我们把可供第 k 种货物到第 n 种货物装载的总体积作为状态变量 s_k，而且以 m^3 为单位取整计量，则 s_k 为离散的，且 $S_k = \{0, 1, 2, \cdots, b\}$。在式（8-1）中没有对决策变量的整数限制，则状态变量是连续的。对于更多的静态规划问题，其状态变量均是连续的，用连续性假设处理起来会比较方便。

动态规划的状态变量应具有这样一个重要性质：既要能描述过程的演变特征，又要满足无后效性（马尔可夫性）（Markov Property）。**无后效性**是指：如果给定某一阶段的状态，则在这一阶段以后过程的发展不受这阶段以前各阶段状态的影响，而只与当前的状态有关，与过程过去的历史无关。换句话说，只能通过当前的状态去影响未来的发展，当前的状态是以往历史的一个总结，是未来过程的初始状态。之所以要求具有这种性质，是由于对不具有无后效性的多阶段决策过程而言，不可能在不知道前面状态的情况下，逐段逆推求解。因此，对实际问题必须正确地选择状态变量，使它所确定的过程具有无后效性。否则，就不能用来构造动态规划模型，并应用动态规划方法求解。

如在例 8.1 中，如果已经处在 C_2 位置，就只需考虑从 C_2 走哪一条路线到 E 最短，而不必考虑从 A 是怎样走到 C_2 的。又如在例 8.3 中，取状态变量 s_k 表示第 k 个阶段初可供

装载的剩余总装载量，这个数就具有无后效性，只要有了这个数就可以考虑下面的决策（决定第 k 种货物装箱几件 u_k），而不必过问这个数是怎样得来的，以及前几个阶段是如何决策的。

（3）决策（Decision）、决策变量和策略（Policy）

在多阶段决策过程中，当每个阶段的状态给定后往往可以做出不同的选择，使过程依不同的方式转移到下一个阶段的某一个状态，这种选择称为**决策**。描述决策的变量称为**决策变量**，第 k 个阶段的决策变量记为 $u_k(s_k)$。表示在第 k 个阶段处在 s_k 状态下的决策，在不会引起混淆的情况下，也可以简记为 u_k。决策变量取值的全体称为**允许决策集合**。第 k 个阶段的允许决策集合记为 $U_k(s_k)$。显然有

$$u_k(s_k) \in U_k(s_k)$$

如图 8.1 所示，在例 8.1 的第 2 阶段中，若从状态 B_1 出发，就可做出三种不同的决策，其允许决策集合 $U_2(B_1)=\{C_1, C_2, C_3\}$。若选取的点为 C_2，则 $u_2(B_1)=C_2$，同时 C_2 也是状态 B_1 在决策 $u_2(B_1)$ 作用下的一个新的状态。

又如在例 8.2 中，设决策变量 u_k 表示第 k 个阶段初如果还有 s_k 的资金，则从中分配给第 k 个工厂的资金数，则允许决策集合为

$$U_k(s_k) = \{u_k | 0 \leqslant u_k \leqslant s_k\}$$

若多阶段决策过程的阶段数为 n，则由第 1 阶段到第 n 阶段全过程的决策所构成的任一可行的决策序列称为一个**策略**，记为 $p_{1,n}(s_1)$ 或简记为 $p_{1,n}$，即

$$p_{1,n} = \{u_1(s_1), \cdots, u_{k+1}(s_{k+1}), \cdots, u_n(s_n)\}$$

由第 k 阶段到第 n 阶段的决策所构成的决策序列称为 **k 后部子过程策略**（Sub-Policy），记为 $p_{k,n}(s_k)$ 或简记为 $p_{k,n}$，即 $p_{k,n}=\{u_k(s_k), u_{k+1}(s_{k+1}), \cdots, u_n(s_n)\}$ $(k=1, 2, \cdots, n)$。

在实际问题中，由于每个阶段都有若干个状态，针对每一个状态，又有不同的决策，从而组成了不同的决策序列，即存在许多策略可供选择。这种可供选择的策略范围称为允许策略集合，记为 P。允许策略集合中使问题达到最优效果的策略称为最优策略，记作 $p_{1,n}^*$，即

$$p_{1,n}^* = p_{1,n}^*(s_1) = \{u_1^*(s_1), u_2^*(s_2), \cdots, u_n^*(s_n)\}$$

并称由第 k 个阶段到第 n 个阶段的最优策略为 k 后部子过程的最优策略，记作 $p_{k,n}^*$，即

$$p_{k,n}^* = p_{k,n}^*(s_k) = \{u_k^*(s_k), u_{k+1}^*(s_{k+1}), \cdots, u_n^*(s_n)\}$$

如在例 8.1 中有策略：$A \to B_1 \to C_1 \to D_1 \to E$；$A \to B_1 \to C_2 \to D_1 \to E$；…；$A \to B_2 \to C_3 \to D_2 \to E$ 等，共有 10 种不同的策略。其中 $A \to B_1 \to C_1 \to D_1 \to E$ 是一个最优策略，而 $C_1 \to D_1 \to E$ 则是最优子策略。

（4）状态转移方程（函数）（State Transition Function）

由图 8.2 可以看出，多阶段决策过程是一个序贯决策过程，即如果已给定第 k 个阶段的状态变量 s_k，则在该阶段的决策变量确定之后，第 $k+1$ 个阶段的状态 s_{k+1} 也就随之确定，这样，可以把 s_{k+1} 看成 s_k，u_k 的函数，表示为

$$s_{k+1} = T_k(s_k, u_k) \tag{8-2}$$

这一关系式指明了由第 k 个阶段到第 $k+1$ 个阶段的状态转移规律，称为**状态转移方程**或**状态转移函数**，如图 8.3 所示。

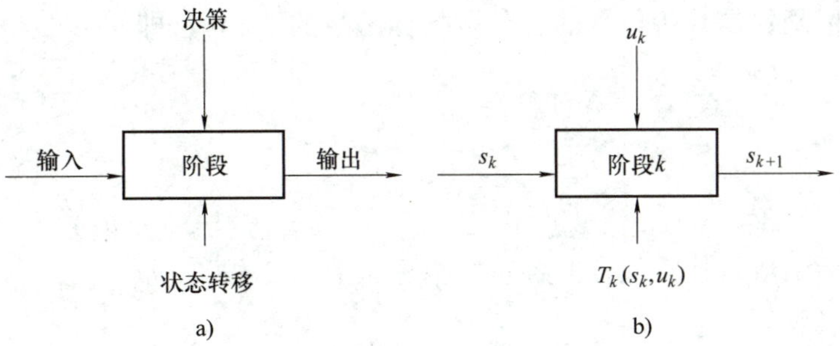

图 8.3　状态转移规律

如果状态转移方程是确定性的，则该过程称为**确定性多阶段决策过程**。如果这种转移关系是以某种概率实现的，则称这种过程为**随机性多阶段决策过程**。

如例 8.1 中，由于前一阶段的终点即为下一阶段的起点，因此状态转移过程为

$$s_{k+1} = u_k(s_k)$$

而在例 8.2 中，因决策变量 u_k 表示在第 k 个阶段分配给第 k 个工厂的资金数，而该阶段目前的剩余资金量是 s_k。于是到第 $k+1$ 个阶段初，可供余下工厂分配的资金总量应为

$$s_{k+1} = s_k - u_k$$

这是该过程的状态转移方程。

式（8-2）再一次说明了状态变量的无后效性，即第 $k+1$ 个阶段的状态变量 s_{k+1} 只取决于当前的状态 s_k 和当前的决策 u_k，并且可以完全不考虑所有过去的状态和过去的决策。这正是能将多阶段决策过程转化为多个单阶段过程，然后分别进行决策的理论根据。不满足这个条件的决策过程就不能直接用动态规划方法去做。

（5）指标函数（Stage Indicator）和最优值函数（Optimal Value Function）

由于动态规划是用来解决多阶段决策过程最优化问题的，因而要有一个用来衡量所实现过程优劣的数量指标，以便对某给定的策略进行评价，这就是**指标函数**。指标函数应在全过程和所有后部子过程上有定义。指标函数有**阶段指标函数**和**过程指标函数**之分。阶段指标函数是对应某一阶段决策的效率度量，用 $v_k(s_k,\ u_k)$ 来表示，它表示在第 k 个阶段处于 s_k 状态下经过决策 u_k 所产生的效果。如图 8.3 所示，它是第 k 个阶段的一个输出信息，它仅依赖于状态 s_k 和决策 u_k。过程指标函数是用来衡量所实现过程优劣的数量指标，是定义在全过程（策略）或后续子过程（子策略）上的一个数量函数，从第 k 个阶段起的一个子策略所对应的过程指标函数常用 $V_{k,n}$来表示，即

$$V_{k,n} = V_{k,n}(s_k, u_k, s_{k+1}, u_{k+1}, \cdots, s_n, u_n)$$

当 $k=1$ 时就是全过程的指标函数

$$V_{1,n} = V_{1,n}(s_1, u_1, s_2, u_2, \cdots, s_n, u_n)$$

当过程的初始状态给定时，若过程的策略也确定了，指标函数也就相应确定，故指标函数也是初始状态和策略的函数，即

$$V_{k,n} = V_{k,n}(s_k,\ p_{k,n}(s_k))$$

构成动态规划的过程指标函数应具有可分性并满足递推关系，即

$$V_{k,n} = v_k(s_k,\ u_k) \oplus V_{k+1,n}$$

这里的$\oplus$表示某种运算，最常见的运算关系有如下两种：

1）过程指标函数是其所包含的各阶段指标函数的“和”，即

$$V_{k,n} = \sum_{i=k}^{n} v_i(s_i,u_i)$$

于是

$$V_{k,n} = v_k(s_k,u_k) + V_{k+1,n}(s_{k+1}, u_{k+1}, \cdots, s_n, u_n) \tag{8-3}$$

2）过程指标函数是其所包含的各阶段指标函数的“积”，即

$$V_{k,n} = \prod_{i=k}^{n} v_i(s_i,x_i)$$

于是

$$V_{k,n} = v_k(s_k, u_k) \cdot V_{k+1,n}(s_{k+1}, u_{k+1}, \cdots, s_n, u_n) \tag{8-4}$$

函数 $V_{k,n} = v_k(s_k, u_k) \oplus V_{k+1,n}$ 对其变元 $V_{k+1,n}$ 来说要严格单调。在不同的问题中，指标函数的含义可能是不同的，它可能是距离、利润、成本、产量或资源量等。

指标函数 $V_{k,n}$ 的最优值称为**最优值函数**，记为 $f_k(s_k)$，它表示从第 k 个阶段的状态 s_k 出发到过程结束时所获得的指标函数的最优值，即从第 k 个阶段起的最优子策略所对应的过程指标函数

$$f_k(s_k) = \underset{p_{k,n} \in P_{k,n}(s_k)}{\text{opt}} V_{k,n}(s_k,u_k,s_{k+1},\cdots,s_n,u_n) \tag{8-5}$$

式中，“opt”是最优化（Optimization）的缩写，可根据题意而取“max”或“min”。

$p_{k,n}^{*}(s_k)$ 表示初始状态为 s_k 时的后部子过程所有子策略中的最优子策略。

8.2.2 动态规划的基本方程

根据前面介绍的一些基本概念可以看出，在用动态规划方法去处理问题时，首先必须对实际问题建立起动态规划模型。与线性规划不同，动态规划没有一个统一的模式，它必须根据具体问题进行具体的分析，建立起相应的模型。在进行分析时，必须做到以下几点：

1）将实际问题恰当地划分为若干个阶段，一般是根据时间和空间的自然特性来划分，但某些静态的规划问题也可划分为多个阶段，借此把问题的求解过程转化成多阶段决策过程。

2）选择状态变量 s_k，使它既能描述过程的演变特征，又能满足无后效性，并要明确每个阶段的可能状态集合。

3）明确决策变量 u_k 及每阶段的允许决策集合 $U_k(s_k)$。

4）写出状态转移方程 $s_{k+1} = T_k(s_k,u_k)$。

5）写出指标函数 $V_{k,n}$，应满足可分离性、递推性、单调性。

上面5点是构造动态规划模型的基础，是正确写出动态规划基本方程的基本要素。一个问题的动态规划模型构造是否正确，集中地反映为是否能恰当地定义最优值函数、正确地写出递推关系和边界条件具体是指把一个大问题化成一组同类型的子问题，然后逐个求解，从边界条件开始，逐阶段递推求优；在每一个子问题求解过程中均利用了它前面的子问题的最优化结果，依次进行，最后一个子问题所得到的最优解就是整个问题的最优解。下面我们就来讨论如何正确地写出动态规划的基本方程。

对于第一类指标函数（过程指标等于阶段指标之和）而言，由递推关系式（8-3）和

最优值函数的定义式（8-5）可知

$$
\begin{aligned}
f_k(s_k) &= \underset{p_{k,n}\in p_{k,n}(s_n)}{\text{opt}} V_{k,n}(s_k,p_{k,n}(s_k)) \\
&= \underset{u_k,p_{k+1,n}}{\text{opt}} \{v_k(s_k,u_k)+V_{k+1,n}(s_{k+1},p_{k+1,n}(s_{k+1}))\} \\
&= \underset{u_k\in U_k(s_k)}{\text{opt}} \{v_k(s_k,u_k)+\underset{p_{k+1,n}\in P_{k+1,n}(s_{k+1})}{\text{opt}} V_{k+1,n}(s_{k+1},p_{k+1,n}(s_{k+1}))\}
\end{aligned}
$$

而

$$
f_{k+1}(s_{k+1}) = \underset{p_{k+1,n}\in P_{k+1,n}(s_{k+1})}{\text{opt}} V_{k+1,n}(s_{k+1},p_{k+1,n}(s_{k+1}))
$$

所以

$$
f_k(s_k) = \underset{u_k\in U_k(s_k)}{\text{opt}} \{v_k(s_k,u_k)+f_{k+1}(s_{k+1})\}(k=n,n-1,\cdots,1) \tag{8-6}
$$

为了使递推过程能顺利进行，还需加边界条件

$$
f_{n+1}(s_{n+1}) = 0 \tag{8-7}
$$

式（8-6）和式（8-7）称为动态规划的基本方程或递推方程。由于它是从 $k=n$ 开始往前逆序递推，因此又称为逆序递推方程。在递推过程中，要将式（8-6）中的 s_{k+1} 用状态转移方程式（8-2）去替换。我们将这几个公式写在一起就构成了第一类指标函数式的一组基本方程，为

$$
\begin{cases}
f_k(s_k) = \underset{u_k\in U_k(s_k)}{\text{opt}} \{v_k(s_k,u_k)+f_{k+1}(s_{k+1})\}(k=n,n-1,\cdots,1) \\
f_{n+1}(s_{n+1}) = 0 \\
s_{k+1} = T_k(s_k,u_k)
\end{cases} \tag{8-8}
$$

同理，对于第二类指标函数（过程指标等于阶段指标之积），也可写出它的一组基本方程，为

$$
\begin{cases}
f_k(s_k) = \underset{u_k\in U_k(s_k)}{\text{opt}} \{v_k(s_k,u_k)\cdot f_{k+1}(s_{k+1})\} \\
f_{n+1}(s_{n+1}) = 1 \\
s_{k+1} = T_k(s_k,u_k)
\end{cases} \tag{8-9}
$$

其求解过程是：运用式（8-8）或式（8-9）和边界条件，从 $k=n$ 开始，由后向前逆推，从而逐步求得各阶段的最优决策和相应的最优值，最后求出 $f_1(s_1)$ 就是全过程的最优值，将 s_1 的值代入计算即得。然后再由 s_1 和 u_1^*，利用状态转移方程计算出 s_2，从而确定 u_2^*，…，依此类推，最后确定 u_n^*，于是得最优策略

$$
p_{1,n}^* = \{u_1^*,u_2^*,\cdots,u_n^*\}
$$

后面的计算过程称为“回代”，又称为“反向追踪”。总之，动态规划的计算过程是由递推和回代两部分组成。

另外，动态规划的寻优途径还可以分为顺序和逆序两种方式。顺序法（Order Method）是指寻优过程与阶段进展的次序一致；逆序法（Inverse Order Method）是指寻优过程与阶段进展的次序相反。下面我们介绍顺序法。

此时状态转移的方向为逆序递推时的反向，注意，过程的进展方向仍如图 8.2 所示。与逆序递推方程推导的方法类似，可得顺序递推方程如下。

对于第一类指标函数，有

$$\begin{cases} f_k(s_k) = \underset{u_k \in U_k(s_k)}{\text{opt}} \{v_k(s_k,u_k) + f_{k-1}(s_{k-1})\} \quad (k = 1,2,\cdots,n) \\ f_0(s_0) = 0 \\ s_{k-1} = T_k(s_k,u_k) \end{cases} \tag{8-10}$$

对于第二类指标函数，有

$$\begin{cases} f_k(s_k) = \underset{u_k \in U_k(s_k)}{\text{opt}} \{v_k(s_k,u_k) \cdot f_{k-1}(s_{k-1})\} \\ f_0(s_0) = 1 \\ s_{k-1} = T_k(s_k,u_k) \end{cases} \tag{8-11}$$

其求解过程是：运用式（8-10）或式（8-11）和边界条件，从 $k=1$ 开始，由前向后递推，逐步求出各阶段的最优决策和相应的最优值，最后求出 $f_n(s_n)$ 就是全过程的最优值，将 s_n 的值代入计算即得，然后再回代求出最优策略。

由上面的介绍不难看出，当初始状态给定时，用逆序的方式比较好；当终止状态给定时，用顺序的方式比较好。通常初始状态给定的情况居多，所以用逆序的方式也较多。

例8.4 用动态规划方法求解本章例8.1。

解 设阶段变量 $k=1$，2，3，4，共分4个阶段，状态变量 s_k 表示第 k 个阶段所处的位置，决策变量 $u_k(s_k)$ 表示第 k 个阶段在 s_k 位置上决定走哪一条路线，同时它也成为下一阶段的初始状态，故状态转移方程为 $s_{k+1}=u_k(s_k)$。指标函数为

$$V_{k,n} = \sum_{j=k}^{4} d_j(s_j,u_j) \quad (k = 1,2,3,4)$$

式中，$d_j(s_j, u_j)$ 表示 s_j 到 s_{j+1} 的距离。

采用逆序递推方法，最优指标函数 $f_k(s_k)$ 表示在第 k 个阶段处于 s_k 位置，采用最优策略走到终点 E 的最短距离。

递推方程为

$$\begin{cases} f_k(s_k) = \min \{d_k(s_k,u_k) + f_{k+1}(s_{k+1},u_{k+1})\} \quad (k = 4,3,2,1) \\ f_5(s_5) = 0 \end{cases}$$

式中，$s_5=\text{E}$。

下面进行逆序递推求解。

当 $k=4$ 时，本阶段共有 D_1，D_2 两种可能的状态，由于此时不知道前期的决策是什么，所以这两种状态都有可能达到。故应分别计算。

$$f_4(\text{D}_1) = \min\{d_4(\text{D}_1,\text{E}) + f_5(\text{E})\} = \min\{7+0\} = 7$$

此时的最优决策为 $u_4^*(\text{D}_1)=\text{E}$，最短路线是 $\text{D}_1 \to \text{E}$。同理

$$f_4(\text{D}_2) = \min\{d_4(\text{D}_2,\text{E}) + f_5(\text{E})\} = \min\{6+0\} = 6$$

此时的最优决策为 $u_4^*(\text{D}_2)=\text{E}$，最短路线是 $\text{D}_2 \to \text{E}$。

当 $k=3$ 时，本阶段状态变量 s_3 可取 C_1，C_2，C_3 三种状态，故应分别计算。

$$f_3(\text{C}_1) = \min \begin{Bmatrix} d_3(\text{C}_1,\text{D}_1) + f_4(\text{D}_1) \\ d_3(\text{C}_1,\text{D}_2) + f_4(\text{D}_2) \end{Bmatrix} = \min \begin{Bmatrix} 2+7 \\ 4+6 \end{Bmatrix} = 9$$

所以 $u_3^*(\text{C}_1)=\text{D}_1$，而最短路线是 $\text{C}_1 \to \text{D}_1$。

$$f_3(C_2)=\min\begin{Bmatrix}d_3(C_2,D_1)+f_4(D_1)\\d_3(C_2,D_2)+f_4(D_2)\end{Bmatrix}=\min\begin{Bmatrix}5+7\\3+6\end{Bmatrix}=9$$

所以 $u_3^*(C_2)=D_2$，而最短路线是 $C_2 \rightarrow D_2$。

$$f_3(C_3)=\min\begin{Bmatrix}d_3(C_3,D_1)+f_4(D_1)\\d_3(C_3,D_2)+f_4(D_2)\end{Bmatrix}=\min\begin{Bmatrix}4+7\\2+6\end{Bmatrix}=8$$

所以 $u_3^*(C_3)=D_2$，而最短路线是 $C_3 \rightarrow D_2$。

当 $k=2$ 时，有

$$f_2(B_1)=\min\begin{Bmatrix}d_2(B_1,C_1)+f_3(C_1)\\d_2(B_1,C_2)+f_3(C_2)\\d_2(B_1,C_3)+f_3(C_3)\end{Bmatrix}=\min\begin{Bmatrix}3+9\\4+9\\4+8\end{Bmatrix}=12$$

$$f_2(B_2)=\min\begin{Bmatrix}d_2(B_2,C_2)+f_3(C_2)\\d_2(B_2,C_3)+f_3(C_3)\end{Bmatrix}=\min\begin{Bmatrix}5+9\\3+8\end{Bmatrix}=11$$

其中 $f_2(B_1)=12$，$u_2^*(B_1)=C_1$（或 C_3），即 $B_1 \rightarrow C_1$ 或 $B_1 \rightarrow C_3$；$f_2(B_2)=11$，$u_2^*(B_2)=C_3$，即 $B_2 \rightarrow C_3$。

当 $k=1$ 时，初始状态 A 固定，则

$$f_1(A)=\min\begin{Bmatrix}d_1(A,B_1)+f_2(B_1)\\d_2(A,B_2)+f_2(B_2)\end{Bmatrix}=\min\begin{Bmatrix}2+12\\4+11\end{Bmatrix}=14$$

所以，$u_1^*(A)=B_1$。

为了找出最短路线，再按计算的顺序反推回去（称为回代或反向追踪）可求出最优策略：即由 $u_1^*(A)=B_1$，$u_2^*(B_1)=C_1$，$u_3^*(C_1)=D_1$，$u_4^*(D_1)=E$ 或 $u_1^*(A)=B_1$，$u_2^*(B_1)=C_3$，$u_3^*(C_3)=D_2$，$u_4^*(D_2)=E$ 组成的最优策略。因而找出的最短路线是 $A \rightarrow B_1 \rightarrow C_1 \rightarrow D_1 \rightarrow E$ 或 $A \rightarrow B_1 \rightarrow C_3 \rightarrow D_2 \rightarrow E$，其长度为 14。由此可见，最优策略并不一定唯一。

8.3 最优化原理与最优性定理

Bellman 等人在研究多阶段决策过程的优化问题时，提出了著名的最优化原理（Principle of Optimality），该原理阐述了作为整个决策过程的最优策略应具有的性质，即无论过去的状态和决策如何，对于前面的决策所形成的状态而言，余下的诸决策必须构成最优策略。简言之，就是“最优决策的子策略也是最优的”。

最优化原理是运用动态规划方法的前提，是一个策略为最佳策略的必要条件，但值得注意的是它并非策略最优性的充分条件。上一节中给出的动态规划基本方程才是策略最优性的充分条件，在求解最优策略时，我们更需要的是其充要条件。因此，以下反映动态规划基本方程的最优性定理才是动态规划的真正理论基础。

动态规划的最优性定理　考虑阶段数为 n 的多阶段决策过程，其阶段编号为 $k=0, 1, 2, \cdots, n-1$，其可行策略 $p_{0,n-1}^*=(x_0^*, x_1^*, \cdots, x_{n-1}^*)$ 是最优策略的充分必要条件是对于任意满足 $0<k<n-1$ 的 k 和 $s_0 \in S_0$，有

$$V_{0,n-1}(s_0,p_{0,n-1}^*)=\underset{p_{0,k-1}\in P_{0,k-1}(s_0)}{\text{opt}}\left\{V_{0,k-1}(s_0,p_{0,k-1})+\underset{p_{k,n-1}\in P_{k,n-1}(\tilde{s}_k)}{\text{opt}}V_{k,n-1}(\tilde{s}_k,p_{k,n-1})\right\}\tag{8-12}$$

式中，$p_{0,n-1}=(p_{0,k-1},p_{k,n-1})$；$\tilde{s}_k=T_{k-1}(s_{k-1},x_{k-1})$，它是由给定的初始状态 s_0 和子策略 $p_{0,k-1}$所确定的第 k 阶段状态。

证 必要性。设 $p_{0,n-1}^*$是最优策略，则

$$\begin{aligned}V_{0,n-1}(s_0,p_{0,n-1}^*)&=\underset{p_{0,n-1}\in P_{0,n-1}(s_0)}{\text{opt}}\{V_{0,n-1}(s_0,p_{0,n-1})\}\\&=\underset{p_{0,n-1}\in P_{0,n-1}(s_0)}{\text{opt}}[V_{0,k-1}(s_0,p_{0,k-1})+V_{k,n-1}(\tilde{s}_k,p_{k,n-1})]\end{aligned}$$

但是对于从第 k 阶段到第 $n-1$ 阶段的子过程而言，它的总指标取决于过程的起始点 $\tilde{s}_k=T_{k-1}(s_{k-1},x_{k-1})$和子策略 $p_{k,n-1}$，而起始点 $\tilde{s}_k$ 是由它的前一段子过程在子策略 $p_{0,k-1}$下确定的。

因此，在策略集合 $p_{0,n-1}$上求最优解，就等价于先在子策略集合 $P_{k,n-1}$（$\tilde{s}_k$）上求最优解，然后再求这些子最优解在子策略集合 $P_{0,k-1}$（s_0）上的最优解，故上式可写为

$$V_{0,n-1}(s_0,p_{0,n-1}^*)=\underset{p_{0,k-1}\in p_{0,k-1}(s_0)}{\text{opt}}\left\{\underset{p_{k,n-1}\in P_{k,n-1}(\tilde{s}_k)}{\text{opt}}[V_{0,k-1}(s_0,p_{0,k-1})+V_{k,n-1}(\tilde{s}_k,p_{k,n-1})]\right\}$$

但上式右端括号内第一项与子策略 $p_{k,n-1}$无关，故得

$$V_{0,n-1}(s_0,p_{0,n-1}^*)=\underset{p_{0,k-1}\in p_{0,k-1}(s_0)}{\text{opt}}\left\{V_{0,k-1}(s_0,p_{0,k-1})+\underset{p_{k,n-1}\in P_{k,n-1}(\tilde{s}_k)}{\text{opt}}V_{k,n-1}(\tilde{s}_k,p_{k,n-1})\right\}$$

充分性。设 $p_{0,n-1}$ =（$p_{0,k-1}$，$p_{k,n-1}$）为任一策略，$\tilde{s}_k$ 为由（s_0，$p_{0,k-1}$）所确定的第 k 阶段的起始状态，则有

$$V_{k,n-1}(\tilde{s}_k,p_{k,n-1})\ll\underset{p_{k,n-1}\in P_{k,n-1}(\tilde{s}_k)}{\text{opt}}V_{k,n-1}(\tilde{s}_k,p_{k,n-1})$$

其中，记号“≪”的含义是：当 opt 表示 max 时就表示“≤”，当 opt 表示 min 时就表示“≥”，因此

$$\begin{aligned}V_{0,n-1}(s_0,p_{0,n-1})&=V_{0,k-1}(s_0,p_{0,k-1})+V_{k,n-1}(\tilde{s}_k,p_{k,n-1})\\&\ll V_{0,k-1}(s_0,p_{0,k-1})+\underset{p_{k,n-1}\in P_{k,n-1}(\tilde{s}_k)}{\text{opt}}V_{k,n-1}(\tilde{s}_k,p_{k,n-1})\\&\ll\underset{p_{0,k-1}\in P_{0,k-1}(s_0)}{\text{opt}}\left\{V_{0,k-1}(s_0,p_{0,k-1})+\underset{p_{k,n-1}\in P_{k,n-1}(\tilde{s}_k)}{\text{opt}}V_{k,n-1}(\tilde{s}_k,p_{k,n-1})\right\}\end{aligned}$$

只要 $p_{0,n-1}^*$ 满足式（6-12），上式右端就是 $V_{0,n-1}$（s_0，$p_{0,n-1}^*$），即对任一策略 $p_{0,n-1}$，都有

$$V_{0,n-1}(s_0,p_{0,n-1})\ll V_{0,n-1}(s_0,p_{0,n-1}^*)$$

因此，$p_{0,n-1}^*$是最优策略。证毕。

推论 8.1 若可行策略 $p_{0,n-1}^*$是最优策略，则对于任意满足 $0<k<n-1$ 的 k，它的后部子策略 $p_{k,n-1}^*$（s_k^*）对于由它的前部子策略 $p_{0,n-1}^*$所确定的第 k 阶段状态 s_k^* 来说，必是后面 k 到 $n-1$ 阶段子过程的最优策略。

证 用反证法，若 $p_{k,n-1}^*$不是最优策略，则有

$$V_{k,n-1}(s_k^*, p_{k,n-1}^*) \prec \mathop{\text{opt}}_{p_{k,n-1}^* \in P_{k,n-1}(s_k^*)} V_{k,n-1}(s_k^*, p_{k,n-1}^*)$$

其中，记号“$\prec$”的含义是：当 opt 表示 max 时就表示“<”，当 opt 表示 min 时就表示“>”，因此

$$\begin{aligned} V_{0,n-1}(s_0, p_{0,n-1}^*) &= V_{0,k-1}(s_0, p_{0,k-1}^*) + V_{k,n-1}(s_k^*, p_{k,n-1}^*) \\ &\prec V_{0,k-1}(s_0, p_{0,k-1}^*) + \mathop{\text{opt}}_{p_{k,n-1} \in P_{k,n-1}(s_k^*)} V_{k,n-1}(s_k^*, p_{k,n-1}^*) \\ &\prec \mathop{\text{opt}}_{p_{0,k-1} \in P_{0,k-1}(s_0)} \{V_{0,k-1}(s_0, p_{0,k-1}) + \mathop{\text{opt}}_{p_{k,n-1} \in P_{k,n-1}(\tilde{s}_k)} V_{k,n-1}(\tilde{s}_k, p_{k,n-1})\} \end{aligned}$$

这与上面最优性定理的必要性矛盾，故 $p_{k,n-1}^*$ 是最优策略。证毕。

此推论就是前面提到的 Bellman 等提出的动态规划的“最优化原理”，它只是成为最优策略的必要条件。

推论 8.2 对任意满足 $0 \leqslant k \leqslant n-2$ 的 k，以及以任意 $s_k \in S_k$ 为起点的后部子过程而言，可行子策略 $p_{k,n-1}^*$ 为最优策略的充分必要条件是：对满足 $k < t < n$ 的任意整数 t，有

$$V_{k,n-1}(s_k, p_{k,n-1}^*) \leqslant \mathop{\text{opt}}_{p_{k,t-1} \in P_{k,t-1}(s_k)} V_{k,t-1}(s_k, p_{k,t-1}) + \mathop{\text{opt}}_{p_{t,n-1} \in P_{t,n-1}(\tilde{s}_k)} V_{t,n-1}(\tilde{s}_t, p_{t,n-1})$$

式中，$\tilde{s}_t$ 是由 s_k 和 $p_{k,t-1}(s_k)$ 所确定的第 t 阶段状态。

这个推论是在前面定理中以 k 代替 0，以 t 代替 k 的情况。它使我们能把多阶段决策过程的最优化问题看成一系列依次派生的形式相同的最优化问题。在该推论中，若取 $t-1=k$，并注意到

$$p_{k,k}(s_k) = u_k(s_k), p_{k,k}(s_k) = U_k(s_k)$$

$$V_{k,k}(s_k, p_{k,k}) = v_k(s_k, u_k), \tilde{s}_{k+1} = T_k(s_k, u_k)$$

再定义最优值函数为

$$f_k(s_k) = \mathop{\text{opt}}_{p_{k,n-1} \in P_{k,n-1}(s_k)} V_{k,n-1}(s_k, p_{k,n-1})$$

于是又得到以下推论：

推论 8.3 对以任意 s_k 为起点的后部子过程而言，函数序列 $\{f_k(s_k)\}$，$\{u_k^*(s_k)\}$ 分别是最优值函数序列和最优决策函数序列的充分必要条件是它们满足下列递推方程为

$$\begin{aligned} f_k(s_k) &= \mathop{\text{opt}}_{s_k \in u_k(s_k)} \{v_k(s_k, u_k) + f_{k+1}[T_k(s_k, u_k)]\} \\ &= v_k(s_k, u_k^*) + f_{k+1}[T_k(s_k, u_k^*)], s_k \in S_k, 0 \leqslant k \leqslant n-1 \\ f_n(s_n) &= 0 \end{aligned}$$

这就是 8.2 节所讲的动态规划基本方程。

$$V_k = \varphi(s_k, x_k, V_{k+1})$$

8.4 动态规划问题的求解

本节讨论动态规划问题的求解。动态规划问题的状态变量可以是离散变量也可以是连续变量，据此可以把动态规划问题分为离散型动态规划和连续型动态规划。对于连续型动

态规划问题，由于变量的取值不可一一列举，通常用解析法进行求解，即利用指标函数的数学公式表示式，用经典求极值的方法得到最优解。而对于离散型动态规划问题，尤其是当指标函数没有明确的解析表达式（例如用数值表给出）时，通常用数值法求解。数值法在计算过程中不用或很少用到指标函数的解析性质，而是通过列表的方式来逐步求得最优解，它可以解决解析法难以解决的问题。

请看数学规划问题

$$\max z=g_1(x_1)+g_2(x_2)+\cdots+g_n(x_n)$$
$$\text{s. t.}\begin{cases}a_1x_1+a_2x_2+\cdots+a_nx_n\leqslant b\\ x_j\geqslant 0(j=1,2,\cdots,n)\end{cases}$$

这里，当 $g_j(x_j)$，$j=1$，2，…，n 均为线性函数时，其为线性规划问题；当 $g_j(x_j)$ 不全为线性函数时，其为非线性规划问题；当 x_j 有整数要求时，其为整数规划问题。虽然这一类问题可在线性规划、非线性规划及整数规划中讨论，但是，用动态规划方法来解这一类问题有其特殊的优点和方便之处。用动态规划求解这一类问题有一个统一的模式，即把问题划分为 n 个阶段，取 x_k 为第 k 个阶段的决策变量，第 k 个阶段的效益为 $g_k(x_k)(k=1, 2, \cdots, n)$，指标函数为各阶段效益之和，即

$$V_{k,n}=\sum_{j=k}^{n}g_j(x_j)\quad(k=1,2,\cdots,n)$$

问题是如何选择状态变量 s_k。正如线性规划问题中可以将约束条件看成资源限制一样，这里也可以这样理解，即将现有数量为 b 个单位的某种资源用来生产 n 种产品，问如何分配使总利润最大。假设工厂的决策者分阶段来考虑这个问题，如果是用逆序递推法，决策者首先考虑的是第 n 种产品生产几件，消耗资源多少；然后考虑第 $n-1$ 种和第 n 种产品各生产多少，消耗资源多少……依次向前递推。在第 k 个阶段时就要考虑第 k 种，第 $k+1$ 种，…，第 n 种产品各生产多少，消耗资源多少。于是我们可以这样来选择状态变量，即令 s_k 表示可供第 k 种产品至第 n 种产品消耗的资源数。显然有 $s_k\geqslant 0$，且 s_k 满足无后效性。而第 k 个阶段的资源消耗为 a_kx_k，于是得状态转移方程为

$$s_{k+1}=s_k-a_kx_k,\quad k=n,\ n-1,\ \cdots,\ 1$$

再由 $s_{k+1}\geqslant 0$ 及决策变量 x_k 的非负性可得允许决策集合为

$$U_k(s_k)=\left\{x_k\ \middle|\ 0\leqslant x_k\leqslant\frac{s_k}{a_k}\right\}$$

允许状态集合为

$$S_k=\{s_k\mid 0\leqslant s_k\leqslant b\}$$

且 $S_1=\{b\}$。

设最优值函数 $f_k(s_k)$ 表示从第 k 个阶段到第 n 个阶段指标函数的最优值，则逆序递推方程为

$$f_k(s_k)=\max_{x_k\in U_k(s_k)}\{g_k(x_k)+f_{k+1}(s_{k+1})\},\quad k=n,n-1,\cdots,1$$

边界条件为 $f_{n+1}(s_{n+1})=0$。然后再依次逆序递推求解。当决策变量 x_k 有整数要求时，只要将允许决策集合 $U_k(s_k)$ 和允许状态集合 S_k 限制在整数集合内取值即可。

8.4.1 离散确定性动态规划

例8.5 用动态规划方法求解本章例8.2。

解 将问题按工厂分为三个阶段 $k=1,2,3$，设状态变量 $s_k(k=1,2,3)$ 代表从第 k 个工厂到第3个工厂的剩余投资额，决策变量 u_k 代表对第 k 个工厂的投资额。于是有状态转移方程 $s_{k+1}=s_k-u_k$，允许决策集合 $D_k(s_k)=\{u_k \mid 0\leqslant u_k\leqslant s_k\}$ 和递推关系式为

$$\begin{cases} f_k(s_k) = \max\limits_{0\leqslant u_k\leqslant s_k}\{g_k(u_k)+f_{k+1}(s_k-u_k)\},(k=3,2,1) \\ f_4(s_4)=0 \end{cases}$$

当 $k=3$ 时，

$$f_3(s_3)=\max_{0\leqslant u_3\leqslant s_3}\{g_3(u_3)+0\}=\max_{0\leqslant u_3\leqslant s_3}\{g_3(u_3)\}$$

于是有表8.2，表中 u_3^* 表示第3阶段的最优决策。

表8.2 第3阶段决策 （单位：百万元）

s_3	0	1	2	3	4	5
u_3^*	0	1	2	3	4	5
$f_3(s_3)$	0	0.4	0.6	1.1	1.2	1.2

当 $k=2$ 时，

$$f_2(s_2)=\max_{0\leqslant u_2\leqslant s_2}\{g_2(u_2)+f_3(s_2-u_2)\}$$

于是有表8.3。

表8.3 第2阶段决策 （单位：百万元）

s_2	$g_2(u_2)+f_3(s_2-u_2)$						$f_2(s_2)$	u_2^*
	u_2							
	0	1	2	3	4	5		
0	0+0						0	0
1	0+0.4	0.5+0					0.5	1
2	0+0.6	0.5+0.4	1.0+0				1.0	2
3	0+1.1	0.5+0.6	1.0+0.4	1.1+0			1.4	2
4	0+1.2	0.5+1.1	1.0+0.6	1.1+0.4	1.1+0		1.6	1，2
5	0+1.2	0.5+1.2	1.0+1.1	1.1+0.6	1.1+0.4	1.1+0	2.1	2

当 $k=1$ 时，

$$f_1(s_1)=\max_{0\leqslant u_1\leqslant s_1}\{g_1(u_1)+f_2(s_1-u_1)\}$$

于是有表8.4。

表8.4 第1阶段决策

s_1	$g_1(u_1)+f_2(s_1-u_1)$						$f_1(s_1)$	u_1^*
	u_1							
	0	1	2	3	4	5		
5	0+2.1	0.3+1.6	0.7+1.4	0.9+1.0	1.2+0.5	1.3+0	2.1	0，2

然后按计算表格的顺序反向推算，可知最优分配方案有两个：①投资甲工厂 200 万元，投资乙工厂 200 万元，投资丙工厂 100 万元；②不投资甲工厂，投资乙工厂 200 万元，投资丙工厂 300 万元。按最优分配方案分配投资（资源），年利润将增长 210 万元。

例 8.6 （一维背包问题）设有一辆载重量为 5t 的卡车，用以装载三种货物，每种货物的单位重量及单位价值见表 8.5。问各种货物应该装多少件才能既不超过总重量（以 t 为单位计），又使总价值最大。

表 8.5 货物单位重量及单位价值

货物	A	B	C
单位重量	2	3	1
单位价值	65	80	30

具体解题过程请扫二维码。

例 8.7 （二维背包问题） 已知货物的单位重量、单位体积及价值见表 8.6，船的最大载重能力为 $W=5$，最大装载体积为 $V=8$，求最优装载方案。

表 8.6 单位重量、体积和价值

货物	A	B	C
单位重量 w_k	2	3	1
单位体积 v_k	3	4	2
单位价值 p_k	65	80	30

具体解题过程请扫二维码。

8.4.2 连续确定性动态规划

例 8.8 用动态规划方法求解线性规划问题

$$\max z = 4x_1 + 5x_2 + 6x_3$$

$$\text{s. t.} \begin{cases} 3x_1 + 4x_2 + 5x_3 \leqslant 10 \\ x_j \geqslant 0 (j = 1, 2, 3) \end{cases}$$

解 该问题可以看作状态变量为连续型的背包问题。设阶段变量 $k=1,2,3$，共分 3 个阶段，决策变量为 x_k。状态变量 s_k 表示从第 k 个阶段至第 3 个阶段可供装载的剩余总重量，状态转移方程为

$$s_{k+1}=s_k-w_kx_k, k=3,2,1$$

式中，w_k 表示第 k 种货物的单件重量。允许决策集合为

$$D_k(x_k)=\left\{x_k\left|0\leqslant x_k\leqslant\frac{s_k}{w_k}\right.\right\}$$

当 $k=3$ 时，有

$$f_3(s_3)=\max_{0\leqslant x_3\leqslant s_3/5}\{6x_3+f_4(s_4)\}=\max_{0\leqslant x_3\leqslant s_3/5}\{6x_3\}$$

边界条件为 $f_4(s_4)=0$。再由函数 $6x_3$ 的单调性可知它必在 $x_3=s_3/5$ 处取得极大值，故得

$$f_3(s_3)=\frac{6}{5}s_3, \ x_3^*=\frac{s_3}{5}$$

此时 s_3 究竟等于多少还不知道，要等递推完成后再用回代的方法确定。

当 $k=2$ 时，有

$$f_2(s_2)=\max_{0\leqslant x_2\leqslant s_2/4}\{5x_2+f_3(s_3)\}=\max_{0\leqslant x_2\leqslant s_2/4}\left\{5x_2+\frac{6}{5}s_3\right\}$$

再用状态转移方程 $s_3=s_2-4x_2$ 来替换上式中的 s_3，得

$$\begin{aligned}f_2(s_2)&=\max_{0\leqslant x_2\leqslant s_2/4}\left\{5x_2+\frac{6}{5}(s_2-4x_2)\right\}\\&=\max_{0\leqslant x_2\leqslant s_2/4}\left\{\frac{1}{5}x_2+\frac{6}{5}s_2\right\}=\frac{5}{4}s_2, \ x_2^*=\frac{s_2}{4}\end{aligned}$$

当 $k=1$ 时，有

$$\begin{aligned}f_1(s_1)&=\max_{0\leqslant x_1\leqslant s_1/3}\{4x_1+f_2(s_2)\}=\max_{0\leqslant x_1\leqslant s_1/3}\left\{4x_1+\frac{5}{4}(s_1-3x_1)\right\}\\&=\max_{0\leqslant x_1\leqslant s_1/3}\left\{\frac{1}{4}x_1+\frac{5}{4}s_1\right\}=\frac{4}{3}s_1, \ x_1^*=\frac{s_1}{3}\end{aligned}$$

由于 $s_1\leqslant 10$ 及 $f_1(s_1)$ 关于 s_1 是单调增函数，故应取 $s_1=10$。这时

$$f_1(10)=\frac{4}{3}\times 10=\frac{40}{3}$$

这就是指标函数的最优值。

再回代求最优决策：由于 $s_1=10$，所以

$$x_1^*=\frac{s_1}{3}=\frac{10}{3}, \ s_2=s_1-3x_1=10-3\times\frac{10}{3}=0$$

$$x_2^*=\frac{s_2}{4}=0, \ s_3=s_2-4x_2=0-4\times 0=0$$

$$x_3^*=\frac{s_3}{5}=0$$

即线性规划问题的最优解为

$$\boldsymbol{x}^*=\left(\frac{10}{3},0,0\right)^{\mathrm{T}}$$

最优值为 $z^*=\frac{40}{3}$。

例8.9 用动态规划方法求解下列问题

$$\max z = x_1 x_2^2 x_3$$

$$\text{s. t.} \begin{cases} x_1 + x_2 + x_3 = 36 \\ x_1, x_2, x_3 \geqslant 0 \end{cases}$$

具体解题过程请扫二维码。

8.5 应用举例

前面已经讨论过的最短路问题、装载问题（又称背包问题）和资源分配问题都可以作为动态规划应用的实例。为了进一步展示动态规划的应用范围，我们再举几个应用实例。

8.5.1 可回收资源的再分配问题

与之前讨论的资源分配问题不同，某些资源在使用后可以回收再利用，例如机器负荷分配问题，这是一种可回收资源的多期分配问题。

例8.10 某种机器可在高低两种不同的负荷下进行生产，设机器在高负荷下生产的产量（件）函数为 $g_1 = 8x$，其中 x 为投入高负荷生产的机器数量，年度机器完好率 $\alpha = 0.7$（年底的完好设备数等于年初完好设备数的 70%）；在低负荷下生产的产量（件）函数为 $g_2 = 5y$，其中 y 为投入低负荷生产的机器数量，年度机器完好率 $\beta = 0.9$。假定开始生产时完好的机器数量为 1000 台，试问每年应如何安排机器在高、低负荷下的生产才能使 5 年生产的产品总量最多？

解 设阶段变量 k 表示年度（$k = 1, 2, 3, 4, 5$）；状态变量 s_k 为第 k 年度初拥有的完好机器数量（同时也是第 $k-1$ 年度末时的完好机器数量）。决策变量 x_k 为第 k 年度分配高负荷下生产的机器数量，于是 $s_k - x_k$ 为该年度分配在低负荷下生产的机器数量。这里的 s_k 和 x_k 均为连续变量，它们的非整数值可以这样理解：$s_k = 0.6$ 表示一台机器在第 k 年度中正常工作时间只占全部时间的 60%；$x_k = 0.3$ 表示一台机器在第 k 年度中只有 30% 的工作时间在高负荷下运转。状态转移方程为

$$s_{k+1} = \alpha x_k + \beta(s_k - x_k) = 0.7x_k + 0.9(s_k - x_k) = 0.9s_k - 0.2x_k$$

允许决策集合

$$U_k(s_k) = \{x_k \mid 0 \leqslant x_k \leqslant s_k\}$$

设阶段指标 $Q_k(s_k, x_k)$ 为第 k 年度的产量，则

$$Q_k(s_k, x_k) = 8x_k + 5(s_k - x_k) = 5s_k + 3x_k$$

过程指标是阶段指标的和，即

$$Q_{k,5} = \sum_{j=k}^{5} Q_j$$

令最优值函数 $f_k(s_k)$ 表示从资源量 s_k 出发，采取最优子策略所生产的产品总量，因而有逆推关系式

$$f_k(s_k) = \max_{x_k \in U_k(s_k)} \{5s_k + 3x_k + f_{k+1}(0.9s_k - 0.2x_k)\}$$

边界条件 $f_6(s_6) = 0$。

当 $k=5$ 时，

$$f_5(s_5)=\max_{0\leqslant x_5\leqslant s_5}\{5s_5+3x_5+f_6(s_6)\}=\max_{0\leqslant x_5\leqslant s_5}\{5s_5+3x_5\}$$

因 $f_5(s_5)$ 是关于 x_5 的单调递增函数，故取 $x_5^*=s_5$，相应有 $f_5(s_5)=8s_5$。

当 $k=4$ 时，

$$\begin{aligned}f_4(s_4)&=\max_{0\leqslant x_4\leqslant s_4}\{5s_4+3x_4+f_5(0.9s_4-0.2x_4)\}\\&=\max_{0\leqslant x_4\leqslant s_4}\{5s_4+3x_4+8(0.9s_4-0.2x_4)\}\\&=\max_{0\leqslant x_4\leqslant s_4}\{12.2s_4+1.4x_4\}\end{aligned}$$

因 $f_4(s_4)$ 是关于 x_4 的单调递增函数，故取 $x_4^*=s_4$，相应有 $f_4(s_4)=13.6s_4$。依此类推，可求得

当 $k=3$ 时，$x_3^*=s_3$，$f_3(s_3)=17.5s_3$；

当 $k=2$ 时，$x_2^*=0$，$f_2(s_2)=20.8s_2$；

当 $k=1$ 时，$x_1^*=0$，$f_1(s_1=1000)=23.7s_1=23700$。

计算结果表明最优策略为 $x_1^*=0$，$x_2^*=0$，$x_3^*=s_3$，$x_4^*=s_4$，$x_5^*=s_5$，即前两年将全部设备都投入低负荷生产，后三年将全部设备都投入高负荷生产，这样可以使 5 年的总产量最大，最大产量是 23700 件。

有了上述最优策略，各阶段的状态也就随之确定了，即按阶段顺序计算出各年年初的完好设备数量。

$$\begin{aligned}&s_1=1000\\&s_2=0.9s_1-0.2x_1=0.9\times1000-0.2\times0=900\\&s_3=0.9s_2-0.2x_2=0.9\times900-0.2\times0=810\\&s_4=0.9s_3-0.2x_3=0.9\times810-0.2\times810=567\\&s_5=0.9s_4-0.2x_4=0.9\times567-0.2\times567=397\\&s_6=0.9s_5-0.2x_5=0.9\times397-0.2\times397=278\end{aligned}$$

上面所讨论的过程始端状态 s_1 是固定的，而终端状态 s_6 是自由的，实现的目标函数是 5 年的总产量最高。如果在终端也附加上一定的约束条件该如何求解呢？请看下例。

例 8.11 在例8.10 中如果规定在第 5 年结束时完好的机器数量不低于 350 台（上面的例子只有 278 台），问应如何安排生产才能在满足这一终端要求的情况下使产量最高呢？

具体解题过程请扫二维码。

8.5.2 生产 – 存储问题

在企业生产运作管理中，由于供给与需求在时间上存在差异，需要在供给与需求之间构建存储环节以平衡这种差异。存储物资需要花费资本占用费和保管费等，过多的物资储备意味着浪费；而过少的储备又会影响销售造成缺货损失。存储控制问题就是要在平衡双方的矛盾中寻找最佳的采购批量和存储量，以期达到最佳的经济效果，这就是所谓的生产 – 存储问题。

设某公司对某种产品要制订一项 n 个时期的生产（或采购）计划。已知它的初始库存

量为零（也可以为一个已知常数）；每个时期生产（或采购）该产品的数量有上限 B_k（或无限制）；仓库容量为 M_k。单位产品的消耗费用为 L_k；单位产品的阶段库存费用为 h_k；一旦生产，则生产的准备费用为 C_k。每个时期社会对该产品的需求量是已知的，公司保证供应（即不允许缺货）；在第 n 个时期末的终结库存量为零（也可以为一个已知常数）。问该公司如何制订每个时期的生产（或采购）计划，从而使总成本最小。

设 d_k 为第 k 个时期对产品的需求量，状态变量 s_k 应选为阶段 k 的初始库存量，计划初期的库存量 s_1 是已知的，末期的库存量通常也是给定的，为简单起见，这里假定 $s_{n+1}=0$，于是问题是始端和末端固定的问题。

$$0 \leqslant s_k \leqslant \min\{M_k,\ d_k+d_{k+1}+\cdots+d_n,\ s_1+B_1+\cdots+B_{k-1}-d_1-\cdots-d_{k-1}\},\ k=1,2,\cdots,n$$

上述不等式的右端项表明阶段 k 的库存既不能超过库存容量，也不应超过阶段 k 至阶段 n 的需求总量，否则将与期末库存为 0 的假设相违背，同时第 k 期的库存也不能超过前 $k-1$ 期均满负荷生产（采购）下的最大库存。

u_k 为第 k 个时期该产品的生产量（或采购量）。阶段产量要在不超过生产能力 B_k 的条件下充分满足该阶段的需求 d_k，同时还要满足计划末期的库存量为 0 的要求。

$$\max\{0,\ d_k-s_k\} \leqslant u_k \leqslant \min\{B_k,\ d_k+d_{k+1}+\cdots+d_n-s_k,\ M_k-s_k+d_k\}$$

第 k 个阶段的库存费用按阶段 k 末期的库存量 s_{k+1} 计算

$$h_k s_{k+1}=h_k(s_k+u_k-d_k)$$

阶段 k 的生产费用是

$$C_k=\begin{cases}0, & u_k=0\\ c_k+L_k u_k, & u_k\neq 0\end{cases}$$

因此，阶段指标函数为

$$r_k(s_k,u_k)=\begin{cases}0+h_k(s_k-d_k), & u_k=0\\ c_k+L_k u_k+h_k(s_k+u_k-d_k), & u_k\neq 0\end{cases}$$

函数递推方程为

$$f_k(s_k)=\min_{u_k}\begin{cases}c_k+L_k u_k+h_k(s_k+u_k-d_k)+f_{k+1}(s_k+u_k-d_k), & u_k\neq 0\\ h_k(s_k-d_k)+f_{k+1}(s_k-d_k), & u_k=0\end{cases}$$

$$f_{n+1}(s_{n+1})=0$$

例 8.12 某鞋店销售一种雪地防潮鞋，以往的销售经验表明此种鞋的销售季节是从 10 月 1 日—3 月 31 日。销售季节各月的需求预测值见表 8.7。

表 8.7 需求预测值表 （单位：双）

月份	10	11	12	1	2	3
需求	40	20	30	40	30	20

该鞋店的此种鞋完全从外部生产商进货，进货价每双 4 美元。进货批量的基本单位是箱，每箱 10 双。由于存储空间的限制，每次进货不超过 5 箱。对应不同的进货批量，进价享受一定的数量折扣，具体数值见表 8.8。

表 8.8 进货批量和折扣

进货批量（箱）	1	2	3	4	5
数量折扣	4%	5%	10%	20%	25%

假设需求是按一定速度均匀发生的，订货不需时间，但订货只能在月初办理一次，每次订货的采购费（与采购数量无关）为 10 美元。月存储费按每月月底鞋的存量计，每双 0.2 美元。由于订货不需时间，所以销售季节外的其他月份的存储量为“0”。试确定最佳的进货方案，以使总的销售费用最小。(具体题解可扫二维码)

8.5.3 设备更新问题

企业生产需要设备，随着使用年限的增加，设备性能就会变差，故障会增加，需要维修或更新。设备使用时间越长，积累效益越高，但随着设备陈旧，维修使用费用也会提高，而且，设备使用年限越久，处理价格越低，更新费用也要增加。因此，处于某个阶段的各种设备总是面临着保留还是更新的问题，这个问题应该从整个计划期间的总回收额考虑，而不应从局部的某个阶段的回收额考虑。由于每个阶段都面临着保留还是更新的两种选择，因此，它是一个多阶段的决策过程，可以用动态规划方法求解。

例 8.13 某型保障装备的年保障效益及维修费、更新费见表 8.9，购置一台新设备的费用为 10 万元。试做出 6 年内的更新策略，使得其总收益最大。

表 8.9 保障效益及相关费用数据 （单位：万元）

已服役年限 t	0	1	2	3	4	5	6
保障效益 $\gamma(t)$	27	26	26	24	22	20	18
维修费 $\mu(t)$	15	15	16	16	17	17	18
处理价格 $s(t)$	6	5	5	4	4	3	2

表 8.9 中，$\gamma(t)$ 表示装备已服役 t 年时再使用 1 年的保障效益；$\mu(t)$ 表示已服役 t 年再使用 1 年的维修费用；$s(t)$ 表示役龄为 t 的设备的处理价格。

解 本问题为一个 6 阶段的决策问题。设阶段变量 $k=1, 2, \cdots, 6$ 表示第 k 年要进行决策；状态变量 s_k 表示第 k 年初装备已服役的年限；决策变量 u_k 表示第 k 年初对该型设备是否更新的选择（$u_k=P$ 表示更新，$u_k=K$ 表示保留）。

状态转移方程为

$$s_{k+1}=\begin{cases} s_k+1, & u_k=K \\ 1, & u_k=P \end{cases}$$

阶段效益指标为

$$r_k(t, u_k)=\begin{cases} \gamma(t)-\mu(t), & u_k=K \\ s(t)-10+\gamma(0)-\mu(0)=s(t)+2, & u_k=P \end{cases}$$

最优值函数递推方程为

$$f_k(t)=\max\begin{Bmatrix}\gamma(t)-\mu(t)+f_{k+1}(t+1), & u_k=K\\ s(t)+2+f_{k+1}(1), & u_k=P\end{Bmatrix}, f_7(t)=0$$

不同役龄的具体数值见表 8.10。

表 8.10 不同役龄具体数值表 （单位：万元）

t	0	1	2	3	4	5	6
$\gamma(t)-\mu(t)$	12	11	10	8	5	3	0
$s(t)+2$	8	7	7	6	6	5	4

下面用逆序法递推求解，当 $k=6$ 时，

$$f_6(t)=\max\begin{Bmatrix}K:\gamma(t)-\mu(t)\\ P:s(t)+2\end{Bmatrix}$$

根据表 8.10 的结果，可得不同役龄的设备对应的最优函数值见表 8.11。

表 8.11 最优函数值

t	0	1	2	3	4	5	6
$f_6(t)$	12	11	10	8	6	5	4
$u_6^*(t)$	K	K	K	K	P	P	P

从表 8.11 可以看出在第 6 年年初，如果此时设备役龄小于等于 3 年，则最优更新方案为保留，否则需要更新设备。

当 $k=5$ 时，

$$f_5(t)=\max\begin{Bmatrix}K:\gamma(t)-\mu(t)+f_6(t+1)\\ P:s(t)+2+f_6(1)=s(t)+2+11\end{Bmatrix}$$

根据表 8.10 和表 8.11，可得表 8.12。

表 8.12 计算结果 （单位：万元）

t	0	1	2	3	4	5	6
$\gamma(t)-\mu(t)+f_6(t+1)$	23	21	18	14	10	7	—
$s(t)+2+11$	19	18	18	17	17	16	15

比较表 8.12 中的两行数据，可得第 5 阶段的最优目标函数值。（见表 8.13）

表 8.13 第 5 阶段最优目标函数值 （单位：万元）

t	0	1	2	3	4	5	6
$f_6(t)$	12	11	10	8	6	5	4
$f_5(t)$	23	21	18	17	17	16	15

从表 8.13 可以看出，在第 5 年年初，如果此时设备役龄小于等于 2 年，则最优更新方案为保留，否则需要更新设备。

同理，可以分别计算 $k=4$，3，2，1 时的最优方案。得到表 8.14。

表 8.14　不同阶段最优目标函数值　（单位：万元）

t	0	1	2	3	4	5	6
$f_6(t)$	12	11	10	8	6	5	4
$f_5(t)$	23	21	18	17	17	16	15
$f_4(t)$	33	29	29	27	27	26	25
$f_3(t)$	41	39	37	35	35	34	33
$f_2(t)$	51	48	46	45	45	44	43
$f_1(t)$	60	57	55	54	54	53	52

根据表 8.14，可知每年年初的最优更新方案见表 8.15。

表 8.15　最优更新方案

k	1	2	3	4	5	6
（保留）K	$t\leqslant 2$	$t\leqslant 1$	$t\leqslant 3$	$t\leqslant 1$	$t\leqslant 2$	$t\leqslant 3$
（更新）P	$t>2$	$t>1$	$t>3$	$t>1$	$t>2$	$t>3$

例如第 1 年年初，对设备役龄小于或等于 2 年的设备选择保留。根据表 8.15 还可以看出首年不同役龄设备的 6 年更新方案。例如，第 1 年役龄为 1 的产品的更新方案见表 8.16。

表 8.16　更新方案（一）

k	1	2	3	4	5	6
方案	K	P	K	P	K	K

第 1 年役龄为 4 的产品的更新方案见表 8.17。

表 8.17　更新方案（二）

k	1	2	3	4	5	6
方案	P	K	K	P	K	K

8.5.4　复合系统可靠性问题

若某种机器的工作系统由 n 个部件串联组成，只要有一个部件失灵，整个系统就不能工作。为提高系统工作的可靠性，在每个部件上均装有主要元件的备用件，并且设计了备用元件自动投入装置。显然，备用元件越多，整个系统正常工作的可靠性越大。但备用元件多了，整个系统的成本、重量、体积均相应加大，工作精度也降低。因此，最优化问题是在上述限制条件下考虑如何选择各部件的备用元件数，使整个系统的工作可靠性最大。

设部件 i，$i=1, 2, \cdots, n$ 上装有 u_i 个备用元件时正常工作的概率为 $p_i(u_i)$。因此，整个系统正常工作的可靠性可用它正常工作的概率衡量，即

$$P=\prod_{i=1}^{n} p_i(u_i)$$

设装一个部件 i 备用元件费用为 c_i，重量为 w_i，要求总费用不超过 C，总重量不超过

W，则这个问题有两个约束条件，它的静态规划模型为

$$\max P = \prod_{i=1}^{n} p_i(u_i)$$

$$\text{s. t.} \begin{cases} \sum_{i=1}^{n} c_i u_i \leqslant C \\ \sum_{i=1}^{n} w_i u_i \leqslant W \\ u_i \geqslant 0 \text{ 且为整数}, i = 1,2,\cdots,n \end{cases}$$

这是一个非线性整数规划问题，因 u_i 要求为整数，且目标函数是非线性的，非线性整数规划是个较为复杂的问题，但是用动态规划方法来解答还是比较容易的。

构造动态规划模型时，由于有两个约束条件，于是选二维状态变量，采用两个状态变量符号 x_k，y_k 来表达，其中

x_k——由第 k 个部件到第 n 个部件所允许使用的费用。

y_k——由第 k 个部件到第 n 个部件所允许具有的总重量。

决策变量 u_k 为部件 k 上装的备用元件数，这里决策变量是一维的。

这样，状态转移方程为

$$x_{k+1} = x_k - c_k u_k$$
$$y_{k+1} = y_k - w_k u_k \quad (k = 1,2,\cdots,n)$$

允许决策集合为

$$D_k(x_k, y_k) = \{u_k : 1 \leqslant u_k \leqslant \min\{[x_k/c_k],[y_k/w_k]\}\}$$

最优值函数 f_k 为由状态（x_k，y_k）出发，从部件 k 到部件 n 的系统的最大可靠性。

因此，整机可靠性的动态规划基本方程为

$$\begin{cases} f_k(x_k, y_k) = \max\limits_{u_k \in D_k(x_k, y_k)} \{p_k(u_k) f_{k+1}(x_k - u_k c_k, y_k - u_k w_k)\} \\ f_{n+1}(x_{n+1}, y_{n+1}) = 1, \quad k = n, n-1, \cdots, 1 \end{cases}$$

边界条件为 1，这是因为无论最后剩余的 x_{n+1}，y_{n+1} 为多少，装置都不需要工作，所以可靠性为 1，最终计算得 $f_1(C, W)$ 即为所求问题的最大可靠性。

这个问题的特点是指标函数为连乘积形式，而不是连加形式，但仍满足可分离性和递推关系，边界条件为 1 而不是为零。它们是由研究对象的特性所决定的。另外，这里要求可靠性 $p_i(u_i)$ 是 u_i 的严格单调上升函数，而且 $p_i(u_i) \leqslant 1$。

例 8.14 某厂设计一种电子设备，由 A、B、C 三种元件串联组成。已知这三种电子元件的价格和可靠性见表 8.18，要求在设计中所使用元件的费用不超过 105 元。试问如何设计（选择各种零件的件数）可以使设备的可靠性达到最大（不考虑重量的限制）。

表 8.18 价格与可靠性

元件	单价（元）	可靠性
A	30	0.9
B	15	0.8
C	20	0.5

解　按元件种类划分为 3 个阶段，阶段变量 $k=1, 2, 3$。设状态变量 s_k 表示能容许在 k 元件至 n 元件之间花费的总费用；决策变量 x_k 表示在 k 元件上的并联个数；p_k 表示一个 k 元件正常工作的概率，则$(1-p_k)^{x_k}$为 x_k 个 k 元件均不正常工作的概率，令最优值函数f_k（s_k）表示由状态 s_k 开始从 k 元件至 n 元件组成的系统的最大可靠性，边界条件为 $f_4(s_4)=1$，因而有

$$f_3(s_3) = \max_{1 \leqslant x_3 \leqslant [s_3/20]} [1-(0.5)^{x_3}]$$

$$f_2(s_2) = \max_{1 \leqslant x_2 \leqslant [s_2/15]} \{[1-(0.2)^{x_2}]f_3(s_2-15x_2)\}$$

$$f_1(s_1) = \max_{1 \leqslant x_1 \leqslant [s_1/30]} \{[1-(0.1)^{x_1}]f_2(s_1-30x_1)\}$$

由于 $s_1=105$，故此问题为求出 $f_1(105)$ 即可。

而

$$\begin{aligned} f_1(105) &= \max_{1 \leqslant x_1 \leqslant 3} \{[1-(0.1)^{x_1}]f_2(105-30x_1)\} \\ &= \max\{0.9f_2(75), 0.99f_2(45), 0.999f_2(15)\} \end{aligned}$$

但

$$\begin{aligned} f_2(75) &= \max_{1 \leqslant x_2 \leqslant 5} \{[1-(0.2)^{x_2}]f_3(75-15x_1)\} \\ &= \max\{0.8f_3(60), 0.96f_3(45), 0.992f_3(30), 0.99968f_3(0)\} \end{aligned}$$

可是

$$f_3(60) = \max_{1 \leqslant x_2 \leqslant 3} [1-(0.5)^{x_3}] = \max\{0.5, 0.75, 0.875\} = 0.875$$

$$f_3(45) = \max\{0.5, 0.75\} = 0.75$$

$$f_3(30) = 0.5$$

$$f_3(0) = 0$$

所以

$$\begin{aligned} f_2(75) &= \max\{0.8 \times 0.875, 0.96 \times 0.75, 0.992 \times 0.5, 0.99968 \times 0\} \\ &= \max\{0.7, 0.72, 0.496, 0\} = 0.72 \end{aligned}$$

同理

$$\begin{aligned} f_2(45) &= \max\{0.8f_3(30), 0.96f_3(15), 0.992f_3(0)\} \\ &= \max\{0.4, 0, 0\} = 0.4 \end{aligned}$$

$$f_2(15) = 0$$

故

$$\begin{aligned} f_1(105) &= \max\{0.9 \times 0.72, 0.99 \times 0.4, 0.999 \times 0\} \\ &= \max\{0.648, 0.396\} = 0.648 \end{aligned}$$

从而求得 $x_1=1$，$x_2=2$，$x_3=2$ 为最优方案，即 A 元件用 1 个，B 元件用 2 个，C 元件用 2 个。其总费用为 100 元，可靠性为 0.648。

8.5.5　排序问题

排序（Scheduling）问题最初产生于机器制造领域，后来被广泛应用于计算机系统、运输调度、生产管理等领域。排序问题是指在一定的约束条件下对工件和机器按时间进行

分配和安排次序，使某一个或某一些目标达到最优。工件作为被加工的对象，是要完成的任务；机器是提供加工的对象，是完成任务所需要的资源。排序问题的分类主要有两种：单台机器的排序问题、多台机器的排序问题。其中多台机器的排序问题可进一步分为单件作业（Job－shop）的排序问题（工件的加工路线不同）和流水作业（Flow－shop）排序问题（所有工件的加工路线完全相同）。

本节主要考虑两台机器、n个工件的排序问题。设有n个零件需要在机床A、B上加工，每个零件都必须经过先A后B的两道加工工序。以a_i，b_i分别表示零件i（$1 \leqslant i \leqslant n$）在A、B上的加工时间。问如何在两个机床上安排各零件加工的顺序，使得在机床A上加工第一个零件开始到在机床B上将最后一个零件加工完为止所用的加工总时间最少？

先对问题进行分析：加工零件在机床A和B上都有加工顺序的问题，其零件的加工顺序可以是不同的，当机床B上的加工工序与机床A不同时，这意味着在机床A上加工完毕的某些零件不能在机床B上立即加工，而是要等到另一个或一些零件加工完毕之后才能加工。这样，使机器B的等待加工时间增多，从而使总的加工时间加长了，所以最优加工序列只能在机床A、B上加工序列相同的排序中找到（此结论可以证明）。即使在相同的加工序列情形，所有可能的方案有$n!$个，这是一个不小的数，用穷举法是不现实的。下面用动态规划方法来研究同顺序两台机床加工n个零件的排序问题。

当加工序列取定之后，零件在A上加工时没有等待时间，而在B上则可能出现等待。因此，寻求最优排序方案只有尽量减少在B上等待加工的时间，才能使总加工时间最短。设第i个零件在机床A上加工完毕后，在B上要经过若干时间才能加工完，故对同一个零件来说，在A、B上总是出现加工完毕的时间差，我们以它来描述加工状态。

以在机床A上更换零件的时刻作为阶段；以X表示在机床A上等待加工的零件的有序集合；以x表示不属于X的、在机床A上最后加工完毕的零件；以t表示从在A上加工完x的时刻算起到在B上加工完成x所需要的时间。这样，在A上加工完一个零件之后就有（X，t）与之对应。

令（X，t）表示机床A和B在加工过程中的状态变量。

$f(X, t)$表示由状态(X, t)出发，对尚未加工的零件按最优加工顺序进行加工，把X中全部零件加工完所需要的时间。

$f(X, t, i)$表示由状态（X，t）出发，在A上加工零件i，然后按最优加工顺序进行加工，把$X \setminus \{i\}$中全部零件加工完所需要的时间。

$f(X, t, i, j)$表示由状态（X，t）出发，在A上相继加工零件i与j后按最优加工顺序进行加工，把$X \setminus \{i, j\}$中全部零件加工完所需要的时间。

其中$X \setminus \{i\}$表示从X中去掉零件i的零件集合，$X \setminus \{i, j\}$的意义类似。

因而，有

$$f(X, t, i) = \begin{cases} a_i + f(X \setminus \{i\}, t - a_i + b_i), & t \geqslant a_i \\ a_i + f(X \setminus \{i\}, b_i), & t \leqslant a_i \end{cases} \tag{8-13}$$

式中，状态t的转换关系参看示意图8.4。

若记

$$z_i(t) = \max(t - a_i, 0) + b_i$$

则式（8-13）可以写成

$$f(X, t, i) = a_i + f[X\backslash\{i\}, z_i(t)]$$

同理

$$f(X, t, i, j) = a_i + a_j + f[X\backslash\{i, j\}, z_{ij}(t)]$$

其中 $z_{ij}(t)$ 是在机床 A 上从 X 出发相继开工 i 和 j，并从 A 将零件加工完的时刻算起，直至在机床 B 上继续加工完零件 i 和 j 所需要的时间。故 $(X\backslash\{i, j\}, z_{ij}(t))$ 表示在机床 A 上加工 i 和 j 之后，由状态（X, t）转移到的新的状态。

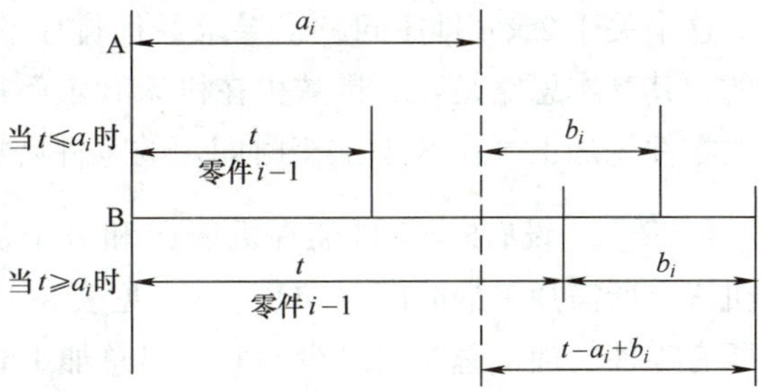

图 8.4

仿照 $z_i(t)$ 的定义，以 $X\backslash\{i, j\}$ 代替 $X\backslash\{i\}$，$z_i(t)$ 代替 t，a_j 代替 a_i，b_j 代替 b_i，则可得

$$z_{ij}(t) = \max[z_i(t) - a_j, 0] + b_j$$

故

$$\begin{aligned} z_{ij}(t) &= \max[\max(t - a_i, 0) + b_i - a_j, 0] + b_j \\ &= \max[\max(t - a_i - a_j + b_i, b_i - a_j), 0] + b_j \\ &= \max(t - a_i - a_j + b_i + b_j, b_i + b_j - a_j, b_j) \end{aligned}$$

由 i，j 的对称性，可得

$$f(X, t, j, i) = a_j + a_i + f[X\backslash\{j, i\}, z_{ji}(t)]$$
$$z_{ji}(t) = \max[t - a_i - a_j + b_i + b_j, b_i + b_j - a_i, b_i]$$

注意到，$f(X, t)$ 是 t 的单调增函数，故当 $z_{ij}(t) \leqslant z_{ji}(t)$ 时，就有

$$f(X, t, i, j) \leqslant f(X, t, j, i)$$

而由 $z_{ij}(t)$ 和 $z_{ji}(t)$ 的表示式可知 $z_{ij}(t) \leqslant z_{ji}(t)$ 等价于

$$\max(b_i + b_j - a_j, b_j) \leqslant \max(b_i + b_j - a_i, b_i)$$

式子两边同减去 b_i 和 b_j，得

$$\max(-a_j, -b_i) \leqslant \max(-a_i, -b_j)$$

即有

$$\min(a_i, b_j) \leqslant \min(a_j, b_i)$$

这个条件就是零件 i 应该排在零件 j 之前进行加工的充分条件。即对于从头到尾的最优排序而言，它的所有前后相邻的两个零件所组成的零件对都必须满足这个条件。根据这个条件，得到最优排序的规则如下：

设零件加工时间的工时矩阵为

$$\boldsymbol{M} = \begin{pmatrix} a_1 & a_2 & \cdots & a_n \\ b_1 & b_2 & \cdots & b_n \end{pmatrix}$$

在工时矩阵 $\boldsymbol{M}$ 中找出最小元素（若最小的不止一个，可任选其一）；若它在上行，则将相应的零件排在最前位置；若它在下行，则将相应的零件排在最后位置。

将排定位置的零件所对应的列从 $\boldsymbol{M}$ 中划掉，然后对余下的零件重复按上述规则进行排序，但那时的最前位置（或最后位置）是在已排定位置的零件之后（或之前）。如此继续下去，直至把所有的零件都排完为止。

这个关于 $2\times n$ 排序问题，寻求最优排序的规则简单易行，它是 Johnson 在 1954 年提出的。其基本思路是：尽量减少在机床 B 上等待加工的时间，因此把在机床 B 上加工时间长的零件先加工，在 B 上加工时间短的零件后加工。

例 8.15 设有5个零件需在机床 A 和 B 上加工，加工的顺序是先 A 后 B，每个零件在各机床上所需加工的时间（单位：h）见表 8.19。问如何安排加工顺序，使机床连续加工完所有零件的加工总时间最少？并求出总加工时间。

表 8.19 加工时间

设备	零件				
	j_1	j_2	j_3	j_4	j_5
A	6	8	7	3	5
B	3	2	5	9	4

解 零件加工的工时矩阵为

$$\boldsymbol{M}=\begin{pmatrix}6 & 8 & 7 & 3 & 5\\ 3 & 2 & 5 & 9 & 4\end{pmatrix}$$

根据最优排序规则，求解过程可简单表示见表 8.20。

表 8.20 求解过程

将工件 2 排第 5 位					2
将工件 4 排第 1 位	4				2
将工件 1 排第 4 位	4			1	2
将工件 5 排第 3 位	4		5	1	2
将工件 3 排第 2 位	4	3	5	1	2

因此最优加工顺序为：j_4，j_3，j_5，j_1，j_2。

加工周期为 $T=3+7+5+6+8+2=31$。

8.5.6 随机性动态规划问题

我们之前讨论的问题中状态转移都是完全确定的，但是在实际问题中，还会遇到另一类多阶段决策过程，即可能出现一些随机因素，当决策变量给定后下一阶段的状态仍然是不确定的，确切地说，下一阶段的状态服从一个概率分布。不过，这个概率分布仍由当前阶段的状态以及决策完全确定，因此状态变量是一个随机变量。具有这种性质的多阶段决策过程就称为随机性多阶段决策过程。动态规划的优点之一就是对这一类问题的处理方法和确定型是类似的。图 8.5 给出了这种结构的形象描绘。

图 8.5 中，在 k 阶段状态 s_k 下，选择决策 u_k，则以 p_1 概率得到 $k+1$ 阶段的状态 s_{k+1}^1，阶段指标为 v_1，以 p_j 概率得到 $k+1$ 阶段的状态为 s_{k+1}^j，阶段指标为 v_j。因此 $k+1$ 阶段共有 n 种可能的状态。

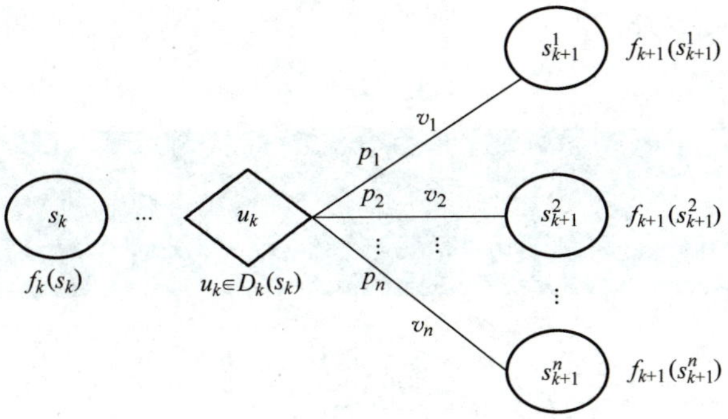

图 8.5

例 8.16 某公司承担一种新产品试制任务，合同要求三个月内交出一台合格的样品，否则将负担 1500 元的赔偿费。据有经验的技术人员估计，试制时每投产一台合格概率为 1/3，投产一批的准备结束费用为 250 元，每台试制费用为 100 元。若投产一批后全部不合格，可再投一批试制，但每投一批周期需一个月。试确定每批投产多少台使总试制费用（包括可能发生的赔偿损失）的期望值最小。

解 合同期为三个月，投产一批的周期为一个月，故可将整个合同期划分为三个阶段，设阶段变量为 k（$k=1, 2, 3$）。

状态变量 s_k 的设定。假定没有一台合格品时 $s_k=1$，已得到一台以上合格品时 $s_k=0$。故签合同时只有一种情况 $s_1=1$。

决策变量 x_k 为每个阶段的投产试制台数。允许决策集合为：$D_k(s_k)=\{1, 2, \cdots, N\}$（当 $s_k=1$ 时）；$D_k(s_k)=\{0\}$（当 $s_k=0$ 时）。

状态转移律为：若前 k 阶段产品均不合格，则 $p(s_{k+1}=1)=\left(\frac{2}{3}\right)^{x_k}$；若前 k 阶段产品合格，则 $p(s_{k+1}=0)=1-\left(\frac{2}{3}\right)^{x_k}$。

第 k 阶段的费用支出为

$$c(x_k)=\begin{cases}250+100x_k & (x_k\neq 0), \quad 投产时\\ 0 & (x_k=0), \quad 不投产时\end{cases}$$

设 $f_k(s_k)$ 为从状态 s_k、决策 x_k 出发的 k 阶段以后的最小期望费用。因有 $f_k(0)=0$，故有

$$\begin{aligned} f_k(1) &= \min_{x_k \in D_k(s_k)}\left\{c(x_k)+\left(\frac{2}{3}\right)^{x_k} f_{k+1}(1)+\left[1-\left(\frac{2}{3}\right)^{x_k}\right] f_{k+1}(0)\right\} \\ &= \min_{x_k \in D_k(s_k)}\left\{c(x_k)+\left(\frac{2}{3}\right)^{x_k} f_{k+1}(1)\right\} \end{aligned}$$

当 $k=3$ 时，结果见表 8.21。

表 8.21 结果（一） （单位：元）

s_3	$c(x_3)+(2/3)^{x_3}\times 1500$						$f_3(s_3)$	x_3^*
	x_3							
	0	1	2	3	4	5		
0	0						0	0
1	1500	1350	1117	994	**946**	948	946	4

当 $k=2$ 时，结果见表 8.22。

表 8.22 结果（二） （单位：元）

s_2	$c(x_2)+(2/3)^{x_2}\times 946$					$f_2(s_2)$	x_2^*
	x_2						
	0	1	2	3	4		
0	0					0	0
1	946	981	870	**830**	837	830	3

当 $k=1$ 时，结果见表 8.23。

表 8.23 结果（三） （单位：元）

s_1	$c(x_1)+(2/3)^{x_1}\times 830$					$f_1(s_1)$	x_1^*
	x_1						
	0	1	2	3	4		
0	0					0	0
1	830	903	819	**796**	814	796	3

以上 3 个表中，对 x_k 取较大数值时 $c(x_k)+(2/3)^{x_k}f_{k+1}(1)$ 的值并没有列出来，但是可以证明以后的数值随着 x_k 的增大而增大，是单调上升的。

因此，该公司的最优决策为第一批投产 3 台；如果无合格品，第二批再投产 3 台；如果仍全部不合格，第三批投产 4 台。这样使总的期望研制费用（包括三批均不合格时的赔偿费）最小，共计 796 元。

8.5.7 强化学习与动态规划

强化学习（Reinforcement Learning）是一种机器学习方法，旨在让智能体在与环境交互的过程中，学会如何做出最优的决策以实现某个目标。动态规划和强化学习都是解决多阶段决策问题的方法，它们之间有密切的联系。

首先，动态规划和强化学习都基于马尔可夫决策过程（Markov Decision Process），定义状态、状态转移函数、指标函数（奖励函数）等元素来描述决策问题。其次，两者都是计算最优策略或者值函数的方法。动态规划通过将问题分解为子问题求解最优策略，从而获得全局最优解。强化学习通过学习值函数或策略来确定最优行为，也可以利用动态规划方法求解最优策略。

虽然动态规划和强化学习在很多方面有相似之处，但它们之间也存在一些区别，主要体现在以下几个方面。

环境模型：动态规划需要提前知道完整的环境信息，包括状态转移概率和指标函数。强化学习方法不一定需要事先知道这些信息，而是可以通过与环境的交互来学习最优策略。这使得强化学习更适合处理不完全信息的场景。

计算复杂度：动态规划一般要求对整个状态空间进行遍历计算，因此在状态空间很大或连续时，计算需求会非常大。强化学习可以利用采样以及近似的方法降低计算复杂度，从而在大规模或连续状态空间问题上表现得更好。

适应性：强化学习可以在线学习并适应环境的变化。当环境发生变化时，可以通过更新其策略适应这些变化。而动态规划缺乏这种在线学习能力，当环境改变时，需要重新计算整个状态空间来找到新的最优策略。

泛化能力：强化学习可以通过使用函数逼近（如神经网络）来泛化其策略表示，从而在未看过的状态下表现得更好。而动态规划通常为每个状态分配一个单独的值，缺乏泛化能力。

总之，动态规划和强化学习在描述决策问题、利用马尔可夫决策过程、计算最优策略等方面存在很大的联系。它们都旨在找到能最大化累积指标或奖励的策略。二者可以结合使用，例如在强化学习中采用动态规划方法，如值迭代和策略迭代，求解最优策略。值得注意的是，近年来，深度学习技术在强化学习中的应用，使得强化学习在复杂环境中的性能得到了显著提升。通过使用神经网络（例如卷积神经网络和循环神经网络等）作为近似函数，可以处理具有高维度、连续、非线性特性的状态和动作空间。深度强化学习在许多领域取得了显著的成绩，例如 AlphaGo、无人驾驶、机器人控制等。

习题

8.1　美国黑金石油公司（The Black Gold Petroleum Company）在阿拉斯加（Alaska）的北斯洛波（North Slope）发现了大量的石油储量。为了大规模开发这一油田，首先必须建立相应的输运网络，使北斯洛波生产的原油能运至美国的 3 个装运港之一。在油田的集输站（节点 C）与装运港（节点 P_1、P_2、P_3）之间需要若干个中间站，中间站之间的联通情况如图 8.6 所示，图中线段上的数字代表两站之间的距离（单位：10km）。试确定最佳的输运方案使原油的输送距离最短。

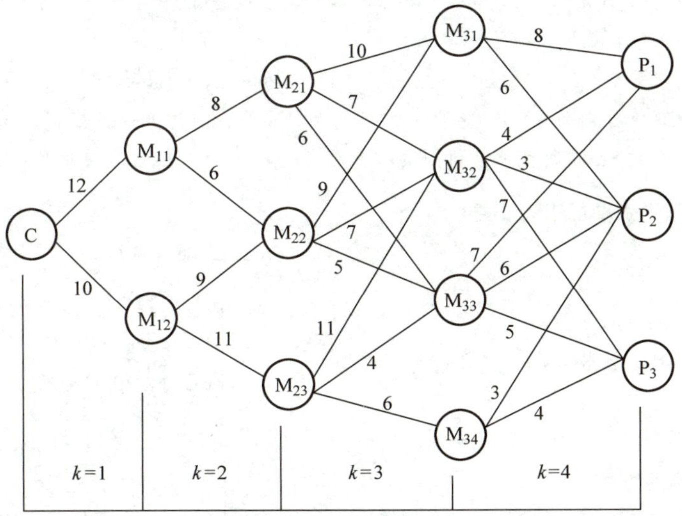

图 8.6　中间站情况

8.2　有资金 4 万元，投资 A、B、C 三个项目，每个项目的投资效益与投入该项目的资金有关。三个项目 A、B、C 的投资效益（万 t）和投入资金（万元）关系见表 8.24。

表 8.24 不同投资下各项目的效益

投入资金（万元）	A（万t）	B（万t）	C（万t）
1	15	13	11
2	28	29	30
3	40	43	45
4	51	55	58

8.3 某公司打算扩大营业规模以提高产品的市场占有份额。新的一年打算在华东、华北、华南地区增设6家销售店面，每个地区至少增设一个。根据市场调研，从各个地区赚取的利润与增设的销售店个数有关，其数据见表8.25。请问该公司应如何规划本年的扩张方案，以使全年的利润最大。

表 8.25 利润与销售店增加数关系表

销售店增加数	华东地区利润（万元）	华北地区利润（万元）	华南地区利润（万元）
0	100	200	150
1	200	210	160
2	280	220	170
3	330	225	180
4	340	230	200

8.4 某工厂有100台机器，拟分4期使用，在每一周期有两种生产任务，若将 x_1 台机器投入第一种生产任务，则将余下的机器投入第二种生产任务。根据经验，投入第一种生产任务的机器在一个生产周期中将有1/3的机器报废，投入第二种生产任务的机器则在一个生产周期中将有1/10的机器报废。如果在一个生产周期中，第一种生产任务每台机器可收益10元，第二种生产任务每台机器可收益7元。怎样分配机器数使总收益最大？其最大收益是多少？

8.5 设某厂生产A、B两种产品，由于该厂仓库及其他设备条件的限制，对两种产品有不同日产量 x_1 及 x_2（单位：千件），日生产成本分别为

$$C_1(x_1)=3x_1+x_1^2,\ C_2(x_2)=4x_2+2x_2^2$$

设两种产品的销售价分别为10千元/千件及15千元/千件。两种产品的工时消耗定额均为1h/千件。在每天总生产时间不超过8h的条件下，请问两种产品各生产多少件，才能使总利润最大。

8.6 用动态规划方法求解下列各题。

(1)
$$\max Z=x_1x_2x_3x_4$$
$$\text{s.t.}\begin{cases}2x_1+3x_2+x_3+2x_4=11\\ x_1\geqslant 0 \text{ 且为整数 } (j=1,2,3,4)\end{cases}$$

(2)
$$\max Z=8x_1+7x_2$$
$$\text{s.t.}\begin{cases}2x_1+x_2\leqslant 8\\ 5x_1+2x_2\leqslant 15\\ x_1,\ x_2\geqslant 0 \text{ 且为整数}\end{cases}$$

(3)
$$\max Z=x_1^2x_2x_3^3$$
$$\text{s.t.}\begin{cases}x_1+x_2+x_3\leqslant 6\\ x_j\geqslant 0\ (j=1,2,3)\end{cases}$$

(4)
$$\max Z=8x_1^2+4x_2^2+x_3^3$$
$$\text{s.t.}\begin{cases}2x_1+x_2+10x_3\leqslant 20\\ x_1,x_2,x_3\geqslant 0\end{cases}$$

8.7 某工厂要对一种产品制订今后4个时期的生产计划，根据市场预测，今后4个时期内市场对该产品的需求量见表8.26。

表 8.26　需求表

时期（k）	1	2	3	4
需求量（d_k）（件）	2	3	2	4

假定该厂生产每批产品的固定成本为3000元，若不生产就为0；每件产品成本为1000元；每个时期生产能力的限制为6件；每个时期末未售出的产品每件需付存储费500元。还假定在第1个时期的初始库存量为0，第4个时期末的库存量也为0，试问该厂应该如何安排各个时期的生产与库存，才能在满足市场需求的条件下，使总成本最小。

8.8　考虑一个总期限为 $N+1$ 年的设备更新问题。已知一台新设备的价值为 C 元，其 T 年末的残值为

$$S(T)=\begin{cases}N-T, & N\geqslant T\\ 0, & N<T\end{cases}$$

对于有 T 年役龄的该设备，其年创收益为

$$P(T)=\begin{cases}N^2-T^2, & N\geqslant T\\ 0, & N<T\end{cases}$$

（1）对此问题建立动态规划模型。

（2）当 $N=3$，$C=10$ 时求最优解。

8.9　为保证某一设备的正常运转，需备有三种不同的零件 E_1、E_2、E_3。增加备用零件的数量可提高设备正常运转的可靠性，但增加了费用。目前投资额为8000元。已知备用零件数与它的可靠性和费用的关系见表8.27。

表 8.27　备用零件数与费用和可靠性关系表

备用零件数	增加的可靠性			设备的费用（千元）		
	E_1	E_2	E_3	E_1	E_2	E_3
$Z=1$	0.3	0.2	0.1	1	3	2
$Z=2$	0.4	0.5	0.2	2	5	3
$Z=3$	0.5	0.9	0.7	3	6	4

求在既不超出投资额限制，又能尽量提高设备运转的可靠性的条件下各种零件的备用零件数量。

8.10　有7个零件，先要在钻床上钻孔，然后在磨床上加工，表8.28列出了各个零件的加工时间，确定各零件加工顺序以使总加工时间最短。

表 8.28　各个零件加工时间

零件	1	2	3	4	5	6	7
钻床	6.7	2.3	5.1	2.3	9.9	4.7	9.1
磨床	4.9	3.4	8.2	1.2	6.3	3.4	7.4

8.11　某厂和公司订了试制某种新产品的合同。如果三个月生产不出一个合格品，则要罚款2000元，每次试制的个数不限，试制周期为一个月，制造一个产品的成本按100元计，每一个试制品合格的概率为0.4，生产一次的装配费为200元。问如何安排试制，即每次生产几个，才能使期望费用最小？

8.12　某科研项目由A、B、C三个小组用不同的手段分别研究，失败的概率分别为0.4、0.6、0.8。为了减少三个小组都失败的可能性，现决定给三个小组增加两名高级科学家。各小组科研项目失败概率见表8.29。问如何分派科学家才能使三个小组都失败的概率（即科研项目最终失败的概率）最小？

表 8.29 各小组项目失败率

专家数	失败的概率		
	A	B	C
0	0.4	0.6	0.8
1	0.2	0.4	0.5
2	0.15	0.2	0.3

8.13 某厂需要在近5周内采购一批原料，根据各方面的信息，这种原料在未来5周内价格会有波动，其浮动价格和相应的概率估计值见表8.30。请建立一种模型，决定采购策略，使得厂家采购价格的数学期望值最小，并计算出此最小期望价格。

表 8.30 浮动价格和相应概率估计值

单价	500	600	700
概率	0.3	0.3	0.4

8.14 设某商店一年分上下两次进货，上半年和下半年的需求情况是相同的。需求量 y 服从均匀分布，其概率密度函数为

$$f(y)=\begin{cases}\dfrac{1}{10}, & 20\leqslant y\leqslant 30\\ 0, & \text{其他}\end{cases}$$

其进货价格及销售价格在上半年和下半年中是不同的，分别为 $q_1=3$，$q_2=2$，$p_1=5$，$p_2=4$。年底若有剩余货时，以单价 $p_1=1$ 处理出售，可以清理完剩余货，设年初存货为0，若不考虑存储及其他开支，问两次进货各应为多少才能获得最大的期望利润？

第 9 章　决策论

著名管理学家、诺贝尔经济学奖获得者西蒙认为“管理就是决策”。在现实生活中，个人、企业和国家都需要做出大量的决策，决策存在于我们生活中的各个方面。决策追求时效性和一次成功率，一项关键性决策的失误不仅会造成财富的浪费，甚至会阻碍社会健康和谐地发展。决策面对的是未来可能发生的事情，环境因素复杂多变、信息不充分、时间紧迫、决策者的主观因素等都直接影响决策的正确性。因此，学习和研究各种决策理论和决策技术在现实中的应用以提高决策的有效性、正确性和合理性就显得非常重要。而了解决策主体的心理特征和行为规律，则有利于制定和改进决策规则。

本章首先介绍决策的概念和分类，并针对几种典型的决策问题给出相应的分析方法，讲述如何有效地进行决策；然后归纳近年来行为决策的研究进展，讲述个体是如何进行决策的，个体决策的特征和影响因素有哪些。

9.1　决策的概念与分类

9.1.1　决策的概念

公交公司在对公交车辆进行电动化的过程中需要同步配建充电设施，有 3 个备选的建设与运营方案，包括：①自筹经费建设、运营并维护；②引入其他机构建设并运营，直接向该机构购买充电服务；③自筹经费建设，委托其他机构运营和维护。公交公司应该选择哪个方案呢？

某公司计划建筑一批公寓，根据资金和设计等方面的约束，提出了三个建筑方案；这批公寓的租赁收入与该地区未来的经济发展状况有关，可以计算出三个方案在不同经济发展状况下的利润，然而无法确定未来具体的经济发展状况，该公司应该选择哪个建筑方案呢？

李强打算购买一辆汽车，要求品牌知名度高、安全性能好、能耗低、车内空间大且价格实惠，李强在不同的品牌和型号的汽车中应该如何做出选择呢？

这些是典型的决策问题，为了给出解决这些决策问题的一般方法，我们先介绍决策的基本概念和分类。

什么是决策？归纳起来，主要有从名词和动词两个角度的定义。名词词性的决策是指“对未来实践的方向、目标、原则和方法所做的决定”；动词词性的决策是指“人们在改造世界过程中寻求并决定某种最优化目标即选择最佳的目标和行动方案而进行的活动”。决策的核心包括：①决策是人们在认识客观世界的基础上为了能动地改造世界所开展的一种思维和选择活动；②决策是多方案的选择活动，如果仅仅有一个候选方案，就不存在方案的选择问题，因此每个决策问题都至少应该有两个备选方案；③决策是一个过程，包括确定行动目标，分析环境条件与约束，选择满意的行动方案；④决策的目的是通过寻找并执行最优的方案达到最佳的效益。

一个完整的决策包含 8 个主要要素，这些要素构成决策系统（Decision - making System，DMS），下面给出决策系统的符号化定义：DMS = $\{\boldsymbol{S}, \boldsymbol{I}, \boldsymbol{R}, \boldsymbol{\Theta}, \boldsymbol{T}, \boldsymbol{E}, \boldsymbol{A}, \boldsymbol{U}\}$，8 个要素的内涵如下：

S——决策主体或决策者（Subject），是决策系统的核心，是能够利用自身智能进行理性思维和逻辑推理的决策者；决策者可以是个人，也可以是一个集体。

I——决策信息集（Information Set），是决策主体进行决策分析所依据的信息空间，是进行决策的前提条件。

R——规则集（Rule Set），是评价备选方案是否达到目标要求的价值标准，也是选择方案所依据的原则。通常，决策规则的确定和方案的选择又与决策主体的价值观或偏好有关。

Θ——状态集（State Set），即每一行动方案实施后可能遇到或出现的客观情况，也称为自然状态。自然状态是不以决策者的意志为转移的客观因素，决策主体无法加以改变，但有经验的决策者可以通过事先的研究和分析加以预测。状态集 $\boldsymbol{\Theta}$ 可以记为 $\boldsymbol{\Theta} = \{\theta_1, \theta_2, \cdots, \theta_m\} = \{\theta_i\}(i=1, 2, \cdots, m)$；状态集 $\boldsymbol{\Theta}$ 中的元素 θ_i 叫作状态变量。

T——时间（Time），是刻画决策系统动态演化历史的属性。

E——决策环境（Environment），是决策主体在进行决策时所处的背景，包括决策系统内部环境和决策系统外部环境。

A——方案集（Alternative Set），是决策主体在一定的决策环境下，根据决策信息和决策状态，遵循一定的决策规则制订出来的。方案集记为 $\boldsymbol{A} = \{a_1, a_2, \cdots, a_n\} = \{a_j, j = 1, 2, \cdots, n\}$，元素 a_j 称为决策变量，这是一个可控变量。

U——效用集（Utility Set），决策环境的某种状态 θ_i 发生时，实施方案 a_j 后所获得的损益值构成的集合，即利润型问题中的收益或成本型问题中的费用构成的集合，记为$u_{ij} = u(\theta_i, a_j)$ $(i=1, 2, \cdots, m; j=1, 2, \cdots, n)$。当状态变量为离散变量时，损益值构成矩阵为

$$\boldsymbol{U} = (u_{ij})_{mn} = \begin{pmatrix} u(\theta_1, a_1) & u(\theta_1, a_2) & \cdots & u(\theta_1, a_n) \\ u(\theta_2, a_1) & u(\theta_2, a_2) & \cdots & u(\theta_2, a_n) \\ \vdots & \vdots & & \vdots \\ u(\theta_m, a_1) & u(\theta_m, a_2) & \cdots & u(\theta_m, a_n) \end{pmatrix}$$

在进行决策时，我们总是寻求能够使期望收益（利润、效益、效率、效用、价值）值最大，期望损失（费用、成本、风险）值最小，或者目标达到满意值的最优方案 $a^* = a_{j^*}$。

上述 8 个要素共同组成了决策系统，**本章后面介绍的决策问题，凡未特别说明，都是收益（利润）型决策问题**，可以类推成本（费用）型或其他类型决策问题的分析方法。

9.1.2 决策的分类

关于决策问题的分类没有统一的结论，以下是常用的一些分类：

（1）按照决策的状态集分为确定型决策、不确定型决策和风险型决策

确定型决策是指状态集包含唯一元素（$m=1$）的决策，即每一个方案都有肯定的结局。当决策的状态集包含两种或更多的元素时（$m\geqslant2$），就无法确定未来出现哪种自然状态（如企业在开发新产品时，未来的市场需求是不确定的），相应的决策问题又分为两种：一种是对各自然状态发生的概率一无所知，这就是不确定型决策；另一种是可以预测各个自然状态发生的概率，称为风险型决策。

（2）按照决策过程重复的程度分为程序化决策和非程序化决策

程序化（结构化）决策是有明确的目标和判别准则，能够按照一定的程序或规则进行的决策，如企业的日常管理事务、订货和物资供应决策。非程序化（非结构化）决策通常是一次性的重大决策，问题的结构不清晰，没有或很少有类似的先例可以借鉴，无法用固定的程序和方法进行分析，其科学性和合理性更多地依赖于决策者的素质和创新能力。还有一种决策介于程序化决策和非程序化决策之间，称为半程序化（半结构化）决策。

（3）按照决策的内容和层次分为战略决策、战术决策和执行层的决策

战略决策是涉及企业生存和发展的全局性、长远问题的决策，在一个相当长的时期影响全局。战略决策需要考虑决策系统外部的动态环境，属于高层次的决策。战术决策是为了完成战略决策所规定的目标，在人力、物力和组织结构等方面进行的决策，属于中层决策。执行层决策又被称为作业决策，属于基层决策，是为了完成战术决策的要求对执行方案的选择。

（4）按照决策的阶段数分为单阶段决策和多阶段决策

当前的决策与未来的决策相互影响时称为多阶段决策，又称动态决策或者序贯（序列）决策；否则就称为单阶段决策或者静态决策。多阶段决策处理两个或两个以上连续时间段的决策问题，前一阶段与后一阶段的决策相互影响，总的决策效用并不是各阶段决策效用的简单相加。

此外，常见的分类还包括：按照决策属性的性质分为定量决策和定性决策；按照决策目标的数量分为单目标决策和多目标决策；按照决策属性的数量分为单属性决策和多属性决策；按照参与决策的人数分为个人决策（单一决策）和群决策。

9.1.3 决策过程

西蒙认为决策是一个过程，可以概括为下述 7 个环节：

1）确定决策问题的结构：一般采用决策树的形式，表达决策过程的各阶段、环境以及相关的信息，即明确决策系统中 8 个主要要素的详细情况。为此，首先要明确决策者是谁，如果决策主体不同，则应有不同内容的决策树。同时，还要考虑有哪些备选方案、衡量方案结果的决策规则有哪些、关键的决策环境是什么。

2）估计各种备选方案在不同自然状态下的损益值。

3）评定不确定因素：估计决策环境中各种自然状态出现的主观概率。

4）评价方案：按照给定的决策规则，根据估计的损益值和主观概率评估每个备选方

案的优劣程度。

5）灵敏度分析：由于评估后果和不确定性因素依赖于决策者的主观判断，这种主观判断会影响所评定的最优方案的可信程度，灵敏度分析有助于改善这一情况。按一定规则改变决策模型的各项参数，观察其对方案后果的影响幅度，直到方案的优先次序变更为止，从而找出各参数的最大容许偏差。在此偏差范围内，即使输入的数据与其真值存在偏差，分析结论仍然具有一定的可信度。

6）收集信息：通过灵敏度分析会发现方案的优先次序对有些参数的变化反应很灵敏，需收集更多的信息以慎重研究，而收集信息需要付出成本，因此还要进行信息价值分析。

7）选择方案：对上述各阶段的问题进行充分分析后，便可选定方案。当然，任何时候都很难达到“充分”，要权衡成本、时间等约束条件，在各种疑问都得到基本满意的回答后做出判断。

上述各环节之间相互联系，决策分析过程中可能会调整各项参数，也可能会出现新的方案，从而使得各环节反复进行。下面对几种典型的决策问题展开分析。

9.2 确定型决策分析

确定型决策问题广泛应用于日常生活和企业的生产实践当中，例如寻找最短路问题、企业的物资供应和采购问题等。由于该类决策的未来状态是已知的，所以决策程序只需要按技术的或经济的常规方法进行。线性规划方法、量本利分析法和网络图等都是求解确定型决策问题的方法。

例9.1 某超市考虑从1800km 的 P 地采购一批水果，共40 万 kg，购进价为 1.2 元/kg。该超市面临两个运输方案：a_1 为普通车运输，平均每吨的运费为 0.4 元/km，损耗率为 20%，而且平均售出价格为 2 元/kg；a_2 为冷链运输，平均每吨的运费、损耗率和平均出售价格分别为0.6 元/km、2%、2.4 元/kg。超市规定总利润超过20000 元才能采购这批水果。在销售不成问题的情况下，问该超市是否应该采购这批水果？若采购，应采用哪种运输方式？

由于不必考虑销售情况，则未来的市场需求量是确定的，且价格、运输费、损耗率等都是已知的，因此本决策问题属于确定型决策。决策方案集 $\boldsymbol{A}$ 含有三个元素：a_1 为普通车运输，a_2 为冷链运输，a_3 为不采购。则三种备选方案的利润值（单位：元）分别为

$$u_1=[2\times400000\times(1-20\%)-1.2\times400000-0.4\times1800\times400]=-128000$$

$$u_2=[2.4\times400000\times(1-2\%)-1.2\times400000-0.6\times1800\times400]=28800$$

$$u_3=0$$

所以 $a^*=a_2$，即最优方案是采购并采用冷链运输这批水果。

9.3 不确定型决策分析

不确定型决策中，自然状态是不确定的且每种状态发生的概率是未知的，决策者只能根据自己的主观倾向进行判断，按照一定的准则做出选择。决策者因主观偏好的差异，遵

守的决策准则（Decision Criterion）也不尽相同，包括悲观决策准则、乐观决策准则、等可能性准则、最小机会损失准则和折中准则，下面通过例9.2介绍这5种准则。

例9.2 某家电公司为了应对激烈的市场竞争，计划向市场推出一款新产品，根据市场调查和公司现有的生产技术，提出了5个备选的开发方案（a_1，a_2，a_3，a_4，a_5）。根据市场需求调查，该产品面临3种可能的需求状态：高需求（θ_1）、一般需求（θ_2）和低需求（θ_3）。在这3种需求状态下，不同的开发方案可获得的收益见表9.1。该公司应该选择哪种方案？

表9.1 新产品开发方案收益表 （单位：万元）

方案	需求状态			悲观准则	乐观准则	折中准则	等可能准则
	θ_1	θ_2	θ_3				
a_1	800	550	300	300	800	700	550
a_2	1000	400	-50	-50	1000*	790	450
a_3	700	500	400	400	700	640	533
a_4	900	650	450	450	900	810*	667*
a_5	650	600	500	500*	650	620	583

（1）悲观准则（Pessimistic Approach）——max - min 准则

悲观准则又称为保守准则或瓦尔德(Wald)准则。当决策者对所有的自然状态发生的概率一无所知时，就会更多地考虑决策的结果，顾忌决策失误造成的损失，对风险持规避的态度，担心未来会出现最不利的自然状态。基于悲观准则的决策步骤为：先找出每个方案在各种自然状态下的最小收益值，然后再从这些最小值中选一个最大值，所对应的方案就是最优方案，因此又称为“最小最大准则”，即“max - min 准则”。记收益函数为$u(\theta_i,a_j)(\theta_i\in\boldsymbol{\Theta},\ a_j\in\boldsymbol{A})$，最优方案$a_{j^*}$应满足

$$u(\theta_{i^*},a_{j^*})=\max_{a_j\in\boldsymbol{A}}\ \min_{\theta_i\in\boldsymbol{\Theta}}u(\theta_i,a_j) \tag{9-1}$$

例9.2中，因为$\max\limits_{a_j\in\boldsymbol{A}}\ \min\limits_{\theta_i\in\boldsymbol{\Theta}}u(\theta_i,a_j)=\max\limits_{a_j\in\boldsymbol{A}}(300,\ -50,\ 400,\ 450,\ 500)=500=u(\theta_3,a_5)$，所以方案$a_5$为最优方案（见表9.1，“*”表示该准则下收益值所对应的方案为最优方案）。风险规避的决策者宁可放弃赚1000万元的机会，也不愿承担亏本50万元的风险。

（2）乐观准则（Optimistic Approach）——max - max 准则

与悲观准则恰好相反，乐观准则假设决策者即使面临较大的风险，也不会轻易放弃任何一个可以获得最大收益的机会，基于好中求好的风险偏好态度进行决策。基于乐观准则的决策步骤：先找出每个方案在各种自然状态下的最大收益值，然后再从这些最大值中选一个最大值，所对应的方案就是最优方案。因此这种方法又称为“最大最大（max - max）准则”。最优方案a_{j^*}应满足

$$u(\theta_{i^*},a_{j^*})=\max_{a_j\in\boldsymbol{A}}\ \max_{\theta_i\in\boldsymbol{\Theta}}u(\theta_i,\ a_j) \tag{9-2}$$

例9.2中，因为$\max\limits_{a_j\in\boldsymbol{A}}\ \max\limits_{\theta_i\in\boldsymbol{\Theta}}u(\theta_i,\ a_j)=\max\limits_{a_j\in\boldsymbol{A}}(800,\ 1000,\ 700,\ 900,\ 650)=1000=u(\theta_1,a_2)$，所以方案$a_2$为最优方案。这个结果说明风险偏好的决策者为了赚得1000万元的收

益，愿意承担亏本50万元的风险。

（3）折中准则

折中准则又称为赫威斯（Hurwicz）准则。对于某些决策者而言，悲观准则和乐观准则都趋于极端化，因此把这两种准则综合起来考虑，即取乐观系数 $\alpha(0\leqslant\alpha\leqslant1)$，对于每个决策方案 a_j，计算折中收益

$$E(a_j)=\alpha\max_{\theta_i\in\boldsymbol{\Theta}}u(\theta_i,a_j)+(1-\alpha)\min_{\theta_i\in\boldsymbol{\Theta}}u(\theta_i,a_j)\quad(j=1,2,\cdots,n)$$

基于折中准则的最优方案 a_{j^*} 应满足式（9-3）。

$$E(a_{j^*})=\max_{a_j\in\boldsymbol{A}}E(a_j)\tag{9-3}$$

显然，乐观系数 α 的取值对决策结果的影响很大，当 α 越接近1，折中准则越接近乐观准则；当 α 越接近0，折中准则就越接近悲观准则；α 的取值一般由领导者或决策者确定。

例9.2中，如果取 $\alpha=0.8$，则各方案的折中收益计算为

$$E(a_1)=0.8\times800+0.2\times300=700$$

$$E(a_2)=0.8\times1000+0.2\times(-50)=790$$

$$E(a_3)=0.8\times700+0.2\times400=640$$

$$E(a_4)=0.8\times900+0.2\times450=810$$

$$E(a_5)=0.8\times650+0.2\times500=620$$

$\max\limits_{a_j\in\boldsymbol{A}}E(a_j)=\max(700,790,640,810,620)=E(a_4)$，即最优方案为 a_4。

（4）等可能准则

等可能准则也叫拉普拉斯（Laplace）准则，它假设各个自然状态发生的概率相等，如果状态集中共有 m 个元素（$\boldsymbol{\Theta}=\{\theta_1,\theta_2,\cdots,\theta_m\}$），则每一个状态 θ_i 发生的概率为 $1/m$。计算每个方案的期望收益为

$$E(a_j)=\sum_{i=1}^{m}\frac{1}{m}u(\theta_i,a_j)=\frac{1}{m}\sum_{i=1}^{m}u(\theta_i,a_j)$$

基于等可能准则的最优方案 a_{j^*} 应满足式（9-4）。

$$E(a_{j^*})=\max_{a_j\in\boldsymbol{A}}E(a_j)\tag{9-4}$$

用等可能准则求解例9.2，首先计算期望收益

$$E(a_1)=\frac{1}{3}(800+550+300)=550$$

$$E(a_2)=\frac{1}{3}(1000+400-50)=450$$

$$E(a_3)=\frac{1}{3}(700+500+400)=533$$

$$E(a_4)=\frac{1}{3}(900+650+450)=667$$

$$E(a_5)=\frac{1}{3}(650+600+500)=583$$

由于 $\max\limits_{a_j\in\boldsymbol{A}}E(a_j)=\max(550,450,533,667,583)=667=E(a_4)$，所以基于等可能准则的最优方案是 a_4。

(5) 最小机会损失准则——min - max 准则

该准则又称为萨维奇(Savage)法或最小后悔值准则。后悔值是指在某种自然状态下，决策者没有选择收益最大的方案而造成的机会损失，记为 $R(\theta_i, a_j)$。决策者将不同自然状态下的最大收益值作为理想目标，各方案的收益值与最大收益值的差记为机会损失(后悔值)，并选择最大机会损失(后悔值)最小的方案。如果状态 θ_i 发生，选择方案 a_j 的后悔值为

$$R(\theta_i, a_j) = \max_{a_k \in \boldsymbol{A}} u(\theta_i, a_k) - u(\theta_i, a_j) \quad (i=1,2,\cdots,m;\ j=1,2,\cdots,n)$$

当 a_{j^*} 满足式(9-5)时，即为基于最小机会损失准则的最优方案。

$$R(\theta_{i^*}, a_{j^*}) = \min_{a_j \in \boldsymbol{A}} \max_{\theta_i \in \boldsymbol{\Theta}} R(\theta_i, a_j) \tag{9-5}$$

各个方案的后悔值构成后悔值矩阵，例9.2的后悔值矩阵见表9.2，在最小后悔值准则下的最优方案为 a_4。

表9.2 后悔值矩阵

方案	支付矩阵			后悔矩阵			$\max\limits_{\theta_i \in \Theta} R(\theta_i, a_j)$
	θ_1	θ_2	θ_3	θ_1	θ_2	θ_3	
a_1	800	550	300	200	100	200	200
a_2	1000	400	-50	0	250	550	550
a_3	700	500	400	300	150	100	300
a_4	900	650	450	100	0	50	100*
a_5	650	600	500	350	50	0	350

综上所述，对于同一个决策问题，基于不同准则的决策结果不完全一致(表9.3总结了例9.2在不同准则下的结果)，究其原因，持不同风险态度的决策者对同一问题的处理原则可能完全不一样。我们在处理实际问题时，可以同时采用上述几个准则进行分析和比较，一般来说，被选中次数较多的方案应予以优先考虑。

表9.3 不同准则下的决策结果

方案	准则				
	悲观准则	乐观准则	折中准则	等可能准则	后悔值准则
a_1					
a_2		√			
a_3					
a_4			√	√	√
a_5	√				

9.4 风险型决策分析

在风险型决策问题中，决策者无法确定未来会发生何种自然状态，但是能预测各个自然状态发生的概率，且已知各个方案在不同自然状态下的收益值 $u_{ij} = u(\theta_i, a_j)$ $(i=1,$

2, …, m; $j=1, 2, \cdots, n$)。表 9.4 给出了风险型决策问题的一般形式，其中 p_1, p_2, …, p_m 表示各个自然状态出现的概率。

表 9.4 风险型决策

方案	自然状态			
	θ_1	θ_2	…	θ_m
	p_1	p_2	…	p_m
a_1	u_{11}	u_{21}	…	u_{m1}
a_2	u_{12}	u_{22}	…	u_{m2}
⋮	⋮	⋮		⋮
a_n	u_{1n}	u_{2n}	…	u_{mn}

为了提高决策的可靠性，决策者努力收集自然状态的信息，以便获得各个自然状态发生的概率。收集到的“过去的信息或经验”称为先验信息，由先验信息加工整理得到的概率分布称为先验概率（Prior Probability）分布。为了提高先验概率分布的准确性和客观性，可以通过抽样调查等方式收集新信息，进而修正先验概率分布，得到后验概率（Posterior Probability）分布。根据是否对已有信息进行追加证实，风险型决策分析方法又分为两种：没有追加证实的称为先验决策，有追加证实的称为后验决策（贝叶斯决策）。

（1）先验决策

同不确定型决策一样，风险型决策分析存在多种不同的决策准则。

1）最大可能准则。首先找出发生的概率最大的自然状态，然后在这一状态下选择收益最大的方案作为最优方案。最优方案 a_{j^*} 应满足

$$u_{tj^*} = \max_{a_j \in \boldsymbol{A}} u_{tj} \tag{9-6}$$

式中，t 满足 $P\{\theta_t\} = \max\limits_{\theta_i \in \boldsymbol{\Theta}} \{P(\theta_i)\}$。

例 9.3 某公司计划生产一种新产品，制定了四种备选生产方案：a_1（改造原有生产线）、a_2（新建一条生产线）、a_3（把关键性配件的生产外包）、a_4（从市场上采购关键性配件）。产品投放市场后，4 种需求状态和发生的概率以及不同方案可能获得的收益见表 9.5。

表 9.5 生产方案、需求状态、概率值与收益

生产方案	需求状态和概率值			
	θ_1	θ_2	θ_3	θ_4
	0.2	0.4	0.3	0.1
a_1	600	400	-150	-350
a_2	800	350	-300	-700
a_3	350	220	50	-50
a_4	400	250	90	-100

根据最大可能准则，$P\{\theta_2\} = \max\limits_{\theta_i \in \boldsymbol{\Theta}} \{P(\theta_i)\}$，在状态 θ_2 下有 $\max\limits_{a_j \in \boldsymbol{A}} \{u_{2j}\} = 400 = u_{21}$，所以方案 a_1（改造原有生产线）是最优方案。

2）期望收益最大准则。首先计算每个方案的期望收益，然后从中选取期望收益最大的方案作为最优方案。方案 a_j 的期望收益计算为

$$E(a_j) = \sum_{\theta_i \in \boldsymbol{\Theta}} u_{ij} P(\theta_i)$$

当 a_{j^*} 满足式（9-7）时，即为基于期望收益最大准则的最优方案。

$$E(a_{j^*}) = \max_{a_j \in \boldsymbol{A}} E(a_j) \tag{9-7}$$

在例9.3中，各方案的期望收益为

$$E(a_1) = 0.2 \times 600 + 0.4 \times 400 - 0.3 \times 150 - 0.1 \times 350 = 200$$

$$E(a_2) = 0.2 \times 800 + 0.4 \times 350 - 0.3 \times 300 - 0.1 \times 700 = 140$$

$$E(a_3) = 0.2 \times 350 + 0.4 \times 220 + 0.3 \times 50 - 0.1 \times 50 = 168$$

$$E(a_4) = 0.2 \times 400 + 0.4 \times 250 + 0.3 \times 90 - 0.1 \times 100 = 197$$

因为 $\max\limits_{a_j \in \boldsymbol{A}} E(a_j) = 200 = E(a_1)$，所以 a_1（改造原有生产线）是期望收益最大准则下的最优方案。

3）期望损失最小准则。首先计算出每个方案的机会损失的期望值，然后从中选择期望损失值最小的方案作为最优方案。令 $u_{i*} = \max\limits_{a_j \in \boldsymbol{A}} u_{ij}$，方案 a_j 的期望损失计算为

$$ER(a_j) = \sum_{\theta_i \in \boldsymbol{\Theta}} (u_{i*} - u_{ij}) P(\theta_i)$$

当 a_{j^*} 满足式（9-8）时，即为基于期望损失最小准则的最优方案。

$$ER(a_{j^*}) = \min_{a_j \in \boldsymbol{A}} ER(a_j) \tag{9-8}$$

在例9.3中，各方案的期望损失为

$$ER(a_1) = 0.2 \times 200 + 0.4 \times 0 + 0.3 \times 240 + 0.1 \times 300 = 142$$

$$ER(a_2) = 0.2 \times 0 + 0.4 \times 50 + 0.3 \times 390 + 0.1 \times 650 = 202$$

$$ER(a_3) = 0.2 \times 450 + 0.4 \times 180 + 0.3 \times 40 + 0.1 \times 0 = 174$$

$$ER(a_4) = 0.2 \times 400 + 0.4 \times 150 + 0.3 \times 0 + 0.1 \times 50 = 145$$

方案 a_1（改造原有生产线）的期望损失最小，因此是最优方案。

基于期望收益最大准则和期望损失最小准则的决策分析可以用矩阵来描述，因此将其称为决策矩阵表示法。然而决策矩阵表示法有其局限性，一是要求所有行动方案面临的自然状态完全一致；二是只能描述单阶段决策问题。实际工作中，很多决策问题是多阶段决策，每一个阶段需要选择一次方案，下一阶段的决策与上一阶段的决策之间存在着紧密联系，因此无法用决策矩阵进行分析。决策树是分析多阶段决策的有效方法。

决策树法用类似于“树”的图形，将方案、状态、结果、损益值和概率等决策要素表示出来。决策树的基本结构包括：

1）决策点（Decision Node）：表示在这个点需要制定决策，一般用方形节点□表示，从这类节点引出的边（方案支）表示不同的决策方案，边下的数字表示进行该项决策时的费用支出。

2）状态点（State Node）：一般用圆形节点○表示，从这类节点引出的边（概率支）表示不同的状态，边下的数字表示对应状态出现的概率。

3）结果点：用三角形节点△表示，位于树的末梢处，在这类节点旁注明各种结果的

损益值。

用决策树进行决策的过程如下：由决策树的末梢从右向左计算各方案的期望收益值，将结果标在方案节点处，选择期望收益值最大的方案为最优方案，逐步左移。这也就是采取逆向归纳法，根据终点的收益值和概率支上的概率值计算出同一方案在不同自然状态下的期望收益值，并将其填在相应状态点旁边，然后比较不同方案的期望收益值，选中期望收益最大的方案，并将其最优收益值填在决策点上，而将其他方案淘汰，在被淘汰的方案支上画符号“//”。

例 9.4 某公司需要就某产品的生产批量做出决策，各种批量生产方案在不同自然状态下的收益情况见表 9.6（收益矩阵）。

用决策树法来分析例 9.4，图 9.1 是相应的决策树。

表 9.6 某产品生产批量决策表

行动方案	自然状态	
	需求量大 θ_1	需求量小 θ_2
a_1（大批量生产）	30	-6
a_2（中批量生产）	20	-2
a_3（小批量生产）	10	5

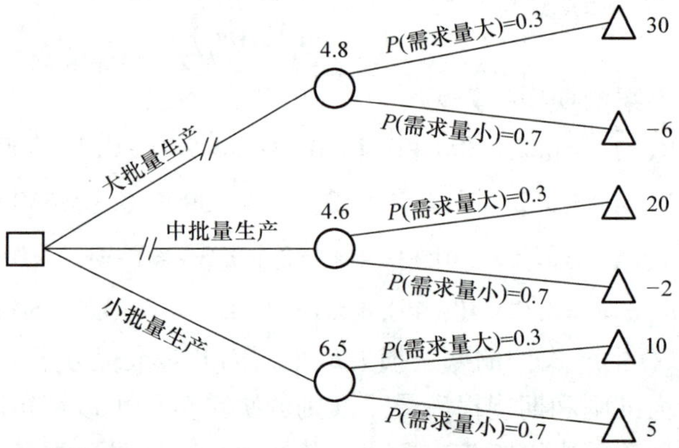

图 9.1 新产品生产批量决策的决策树

如果是多阶段决策问题，应把左推过程中的决策点看作继续决策的状态点，继续上述分析过程。①如果分支是从状态点分出来的，将其右侧各支的期望收益值加总，记在该状态点上；②如果分支是从决策点分出来的，从各分支右边状态点处标记的期望收益值中选择最大者，淘汰其余的方案，在被淘汰的方案支上标记符号“//”，紧邻决策点的右端只留下一条最优行动的方案支。关于多阶段决策问题的逆向归纳求解方法，可参见第 8 章的动态规划。

例 9.5（秘书问题） 某公司人力资源部经理林女士想雇用一位新的事务秘书，打算请猎头公司推荐适当的人选同她面谈。根据过去的经验，她自信能凭面谈判断求职者在受雇后的表现是极好（T）、好（G）、一般（F）。她给三种人以相应的分数：极好的为 3

分，好的为2分，一般的为1分。以往的经验还使她相信：“极好”的概率是0.2；“好”的概率是0.5；“一般”的概率是0.3。图9.2给出了秘书问题的决策树。

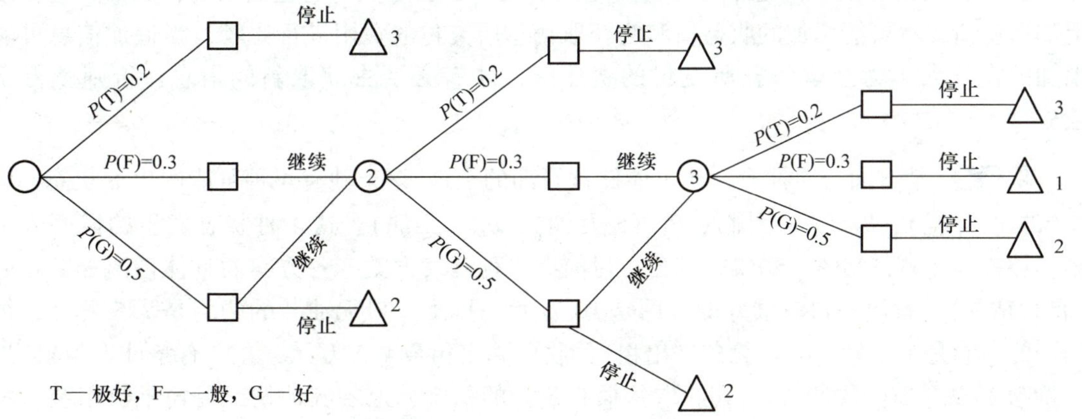

图9.2 秘书问题的决策树

通过从右向左推进的逆向归纳法，求得秘书问题的最优决策序列是：只有在第一次碰到极好的秘书时，会见后停止面试，否则无论是好或一般都继续；在第二次，只有当碰到一般时，继续会见下一位，其他情况都停止面试。

（2）后验决策

决策问题中的不确定性通常是由信息的不完备造成的，决策的过程也是一个不断收集信息的过程，当信息足够完备时，决策者便不难做出最后的选择。因此，当收集到决策的进一步信息 I 后，对自然状态出现的概率的估计可能会发生变化，变化后的概率记为 $P(\theta_i|I)$，这是一个条件概率，表示在获得追加信息 I 后对原有概率 $P(\theta_i)$ 的修正，故称为后验概率。在信息收集活动开展前，可能获得的追加信息也是不确定的，会出现多种不同的结果（I_1，I_2，…）。根据全概率公式和贝叶斯法则，可以计算得到不同追加信息时各自然状态的后验概率

$$P(\theta=\theta_j|I=I_i)=\frac{P(\theta=\theta_j)P(I=I_i|\theta=\theta_j)}{P(I=I_i)}\ (i=1,2,\cdots,n;j=1,2,\cdots,m)\tag{9-9}$$

其中，

$$P(I=I_i)=\sum_{j=1}^{m}P(\theta=\theta_j)P(I=I_i|\theta=\theta_j)\tag{9-10}$$

基于后验概率，计算获得不同追加信息时各方案的期望收益为

$$E[a_j|I=I_i]=\sum_{k=1}^{m}P(\theta=\theta_k|I=I_i)u_{kj}\tag{9-11}$$

因此，在获得追加信息 I_i 时，选择最优方案 a_{j^*}，且 a_{j^*} 应满足 $E[a_{j^*}|I=I_i]=\max\limits_{a_j\in\boldsymbol{A}}E[a_j|I=I_i]$。

如果展开信息收集活动，并基于追加信息进行决策，可获得的最大期望收益为

$$E=\sum_{I_i}P(I=I_i)E[a_{j^*}|I=I_i]\tag{9-12}$$

如果决策者关于未来自然状态的信息越缺乏，那么决策过程中主观臆断的成分就越

多。若能获得完全信息，风险型决策就能够转化为确定型决策。因此收集和提供相关信息将会有利于减少决策问题的不确定性，提高决策的科学性。但在实际中，要获得必要的信息（调研、购买数据等）通常要支付一定的费用。在决定支付这些费用前，决策者应将有追加信息情况下可能增加的收益值和为获取信息所支付的费用进行比较，当追加信息可能增加的收益大于为获取信息所支付的费用时，才有必要去获取新的信息，否则就得不偿失。

例 9.6 某石油公司拥有一块可能储藏石油的土地，该土地有4种可能的出油状态：θ_1（产油50万桶），θ_2（20万桶），θ_3（5万桶），θ_4（无油）。这4种状态发生的概率分别是：10%，15%，25%，50%。该公司目前有3种开发方案，各方案的具体情况如下：a_1（自行钻井），打出一口有油井的费用是10万元，打出一口无油井的费用是7.5万元，每桶油的利润是1.5元；a_2（无条件出租），收取固定租金4.5万元；a_3（有条件出租），当产量为20万~50万桶时，公司收取每桶0.5元的租金，出现其他情况公司不收租金。可能的利润见表9.7。该公司应该选择哪种方案以获得最大利润？

表 9.7 石油公司的利润 （单位：万元）

开发方案	出油状态			
	θ_1(50万桶)	θ_2(20万桶)	θ_3(5万桶)	θ_4(无油)
a_1(自行钻井)	65	20	-2.5	-7.5
a_2(无条件出租)	4.5	4.5	4.5	4.5
a_3(有条件出租)	25	10	0	0
概率	10%	15%	25%	50%

根据期望收益最大准则，有

$$E(a_1)=0.10\times65+0.15\times20+0.25\times(-2.5)+0.50\times(-7.5)=5.125$$

$$E(a_2)=0.10\times4.5+0.15\times4.5+0.25\times4.5+0.50\times4.5=4.5$$

$$E(a_3)=0.10\times25+0.15\times10+0.25\times0+0.50\times0=4$$

因此，方案a_1（自行钻井）是最优方案，其最大期望收益值为5.125万元。

假设该石油公司在决策前希望进行一次地震实验，以进一步了解该地区的地质构造。地震实验的费用为1.2万元，地震实验得到的结果有4种可能：I_1（构造很好）、I_2（构造较好）、I_3（构造一般）和I_4（构造较差）。根据经验，地质构造与油井可能出油的状态有关，概率关系见表9.8。问：①该公司是否需要做地震实验？②该公司如何根据地震实验的结果来进行合理的决策？

表 9.8 地质构造与出油量的概率关系

$P(I_i\mid\theta_j)$	I_1(构造很好)	I_2(构造较好)	I_3(构造一般)	I_4(构造较差)
θ_1（50万桶）	0.58	0.33	0.09	0
θ_2（20万桶）	0.56	0.19	0.125	0.125
θ_3（5万桶）	0.46	0.25	0.125	0.165
θ_4（无油）	0.19	0.27	0.31	0.23

根据式（9-10），计算各种地震实验结果出现的概率为

$$P(I_1)=0.10\times0.58+0.15\times0.56+0.25\times0.46+0.50\times0.19=0.352$$

$$P(I_2)=0.10\times0.33+0.15\times0.19+0.25\times0.25+0.50\times0.27=0.259$$

$$P(I_3)=0.10\times0.09+0.15\times0.125+0.25\times0.125+0.50\times0.31=0.214$$

$$P(I_4)=0.10\times0+0.15\times0.125+0.25\times0.165+0.50\times0.23=0.175$$

由式（9-9），可以计算后验概率 $P(\theta_j|I_i)$，见表9.9。

表9.9 后验概率表

$P(\theta_j\|I_i)$	I_1（构造很好）	I_2（构造较好）	I_3（构造一般）	I_4（构造较差）
θ_1（50万桶）	0.165	0.127	0.042	0
θ_2（20万桶）	0.240	0.110	0.088	0.107
θ_3（5万桶）	0.325	0.241	0.147	0.236
θ_4（无油）	0.270	0.522	0.723	0.657

基于后验概率计算每种实验结果下各方案的期望收益值。如果地震实验得到的结果为 I_1，各方案的期望收益（单位：万元）为

$$E(a_1|I_1)=0.165\times65+0.24\times20+0.325\times(-2.5)+0.270\times(-7.5)=12.6825$$

$$E(a_2|I_1)=0.165\times4.5+0.24\times4.5+0.325\times4.5+0.270\times4.5=4.5$$

$$E(a_3|I_1)=0.165\times25+0.24\times10+0.325\times0+0.270\times0=6.525$$

此时，a_1（自行钻井）是最优方案，期望收益值为12.6825万元。

如果地震实验得到的结果为 I_2，各方案的期望收益为

$$E(a_1|I_2)=0.127\times65+0.11\times20+0.241\times(-2.5)+0.522\times(-7.5)=5.9375$$

$$E(a_2|I_2)=0.127\times4.5+0.11\times4.5+0.241\times4.5+0.522\times4.5=4.5$$

$$E(a_3|I_2)=0.127\times25+0.11\times10+0.241\times0+0.522\times0=4.275$$

此时，a_1（自行钻井）是最优方案，期望收益值为5.9375万元。

如果地震实验得到的结果为 I_3，各方案的期望收益为

$$E(a_1|I_3)=0.042\times65+0.088\times20+0.147\times(-2.5)+0.723\times(-7.5)=-1.3$$

$$E(a_2|I_3)=0.042\times4.5+0.088\times4.5+0.147\times4.5+0.723\times4.5=4.5$$

$$E(a_3|I_3)=0.042\times25+0.088\times10+0.147\times0+0.723\times0=1.93$$

此时，a_2（无条件出租）是最优方案，期望收益值为4.5万元。

如果地震实验得到的结果为 I_4，各方案的期望收益为

$$E(a_1|I_4)=0.0\times65+0.107\times20+0.236\times(-2.5)+0.657\times(-7.5)=-3.3775$$

$$E(a_2|I_4)=0.0\times4.5+0.107\times4.5+0.236\times4.5+0.657\times4.5=4.5$$

$$E(a_3|I_4)=0.0\times25+0.107\times10+0.236\times0+0.657\times0=1.07$$

此时，a_2（无条件出租）是最优方案，期望收益值为4.5万元。

根据后验概率（即地震实验的结果）进行决策，总的期望收益为

$$0.352\times12.6825+0.259\times5.9375+0.213\times4.5+0.175\times4.5=7.748$$

不做地震实验时的最大期望收益为5.125万元，如果进行地震实验，期望收益可增加至7.75万元，也就是地震实验的信息价值为7.75－5.125＝2.625万元，大于地震实验的

费用 1.2 万元，因此进行地震实验是合算的。

例9.7（建筑公寓的决策问题） 某公司计划建筑一批公寓，根据资金和设计等方面的因素，提出建造 60 套（a_1）、120 套（a_2）和 180 套（a_3）房等三个建筑方案，公寓的租赁收入与该地区的经济发展状况有关。根据以往的资料和经验，该地区未来经济状态有三种可能，其先验分布见表 9.10。基于建筑价格和租赁额的估计，计算出三个方案在不同状态下的利润（单位：百万元）见表 9.11。问该公司应该建多少套公寓为宜？

表 9.10 未来经济状态的先验分布

θ	繁荣（θ_1）	一般（θ_2）	萧条（θ_3）
P	0.2	0.5	0.3

表 9.11 不同经济状态下的利润

建筑方案	经济状态		
	繁荣（θ_1）	一般（θ_2）	萧条（θ_3）
60 套(a_1)	30	30	30
120 套(a_2)	90	90	0
180 套(a_3)	150	60	-20

9.5 多准则决策分析

前面介绍的决策问题只涉及单一的目标（如效益最大化、成本最小化等），但在实际问题中决策者经常需要考虑多重目标，例如某公司要确定下一年度的组合投资方案，可供选择的多个候选方案都是收益与风险并存，而且高收益总是伴随着高风险，如何选择投资组合方案，既获得高收益又承担低风险？又如在人才招聘活动中，每个人都有各自的特长、优势和不足，决策者需要综合考虑各方面的条件，做出合理决策使被聘用者在各方面的综合优势最大。这类决策问题被称为多准则决策（Multiple Criteria Decision Making，MCDM）。多准则决策普遍存在于工程技术、经济、社会和军事等领域，包括两种类型：一类是多属性决策（Multiple Attribute Decision Making，MADM），决策变量是离散的，包含有限个备选方案，求解的核心是对各备选方案进行评价并排定方案的优劣次序，继而择优选取；另一类是多目标决策（Multiple Objective Decision Making，MODM），决策变量是连续的，备选方案有无限多个，本书前面介绍的目标规划方法是求解多目标决策问题的有效方法。

多准则决策问题的主要特点是各目标之间的**“矛盾性”**和**“不可公度性”**。所谓目标之间的不可公度性是指决策问题的各个目标没有统一的度量标准，难以进行比较；目标之间的矛盾性是指如果试图通过某种方案来改进某一目标值，则可能会使另一目标值变差。本节主要介绍多属性决策（MADM）分析方法。从数学模型上看，有限方案的多属性决策问题是一类比较简单、特殊的多准则决策问题，但是在经济学、统计学、管理学和心理学等领域有广泛的应用。

对于多属性决策问题，令 $\boldsymbol{A}=\{a_1, a_2, \cdots, a_m\}$ 为可行方案集，$\boldsymbol{Y}=\{y_1, y_2, \cdots, y_n\}$

为属性集，方案 a_i 关于属性 y_j 的取值记为 $y_{ij}(i=1,2,\cdots,m;j=1,2,\cdots,n)$，用矩阵表示不同方案在不同属性（准则）上的取值，该矩阵又称为决策矩阵。决策矩阵的形式见表9.12。

表9.12 多属性决策矩阵

方案	属性			
	y_1	y_2	…	y_n
a_1	y_{11}	y_{12}	…	y_{1n}
a_2	y_{21}	y_{22}	…	y_{2n}
⋮	⋮	⋮		⋮
a_m	y_{m1}	y_{m2}	…	y_{mn}

由于实际问题中各种属性的意义和量纲往往不同，因此不易进行方案间的比较。多属性决策问题的不可公度性要求将各属性值进行规范化处理，通常将规范化之后的属性值限制在0~1之间。规范化的方法有很多种，一般根据具体情况进行选择，下面介绍几种常用的方法。

用 $z_{ij}(i=1,2,\cdots,m;j=1,2,\cdots,n)$ 来表示属性值 y_{ij} 经过规范化之后的结果。

（1）向量规范化

令规范化的属性值 $z_{ij}=\dfrac{y_{ij}}{\sqrt{\sum\limits_{i=1}^{m}y_{ij}^2}}$。

（2）线性变换

如果是收益型或者利润型决策问题，希望属性值越大越好，则令 $y_j^{\max}=\max\limits_i y_{ij}$，令 $z_{ij}=\dfrac{y_{ij}}{y_j^{\max}}$；如果是成本型决策问题，希望属性值越小越好，则令 $z_{ij}=1-\dfrac{y_{ij}}{y_j^{\max}}$。

（3）其他变换方法

如令 $z_{ij}=\dfrac{y_{ij}-y_j^{\min}}{y_j^{\max}-y_j^{\min}}$ 或者 $z_{ij}=\dfrac{y_j^{\max}-y_{ij}}{y_j^{\max}-y_j^{\min}}$。

上述各种变换方法的基本目的在于解决多属性决策问题目标之间的不可公度性，从而使各属性之间可以进行数值上的比较。是否进行规范化处理，应视具体情况而定。下面介绍几种常用的解决多属性决策问题的方法。在需要进行规范化处理的情况下，用规范化的属性值对多属性决策问题展开分析。

9.5.1 加权和方法

加权和方法简单易用，是被广泛使用的一种方法，其基本原理是将所有属性值（或者属性的效用值）的加权和记为备选方案的总得分，选择加权和最大的方案作为最优方案。设 A 是可行方案集，$u_j(a_i)$ 是方案 a_i 在属性 y_j 上的效用值，效用值可以是关于属性值的函数，也可以等于属性值，视具体情况而定。$\boldsymbol{\lambda}=(\lambda_1,\lambda_2,\cdots,\lambda_n)^{\mathrm{T}}$ 是反映各属性相对重要性的加权系数（通常取决于决策者的主观偏好），并且 $\sum\limits_{j=1}^{n}\lambda_j=1$。加权和方法又分为以下几种。

(1) 线性加权和法

适用于有限方案的多属性决策问题，也适用于决策变量连续情况下的多目标决策问题。方案 a_i 的加权和为

$$u(a_i) = \sum_{j=1}^{n} \lambda_j u_j(a_i),\ i = 1, 2, \cdots, m \tag{9-13}$$

最优方案 a_{j^*} 应满足 $u(a_{j^*}) = \max\limits_{a_i \in A}\{u(a_i)\}$。

如果能够正确估算单属性效用 $u_j(\cdot)$，并合理地估计反映各属性相对重要性的加权系数 λ_1，λ_2，$\cdots$，λ_n，则在独立性假设下，根据式（9-13）选择的最优方案是合理的。然而，实际的决策问题通常不满足独立性条件，而且也很难确定合理的加权系数，这使得线性加权和法在实际应用中具有一定的局限性。

(2) 变权加权法

在实际中，有些决策问题的加权系数是随着属性的效用值变化的，因此需要采用变权的加权形式，方案 a_i 的加权和计算式为

$$u(a_i) = \sum_{j=1}^{n} \lambda_j(u_j(a_i))u_j(a_i) \tag{9-14}$$

特别地，当 $\lambda_j(u_j(a_i)) = \lambda_j u_j^{m_j-1}(a_i)$时，式（9-14）可以表示为

$$u(a_i) = \lambda_1 u_1^{m_1}(a_i) + \lambda_2 u_2^{m_2}(a_i) + \cdots + \lambda_n u_n^{m_n}(a_i) \tag{9-15}$$

变权加权法同样选择加权和最大的方案作为最优方案。当 $m_j = 1(j = 1, 2, \cdots, n)$时，则称为拟加性变权，拟加性变权等价于线性加权；当 $m_j < 1(j = 1, 2, \cdots, n)$时，则突出低效用属性的影响，而忽略高效用属性的影响；当 $m_j > 1(j = 1, 2, \cdots, n)$时，则突出高效用属性的影响，而忽略低效用属性的作用。

(3) 指数加权法

在一些决策问题中，各个属性的效用是环环相扣的，只要有一个属性的效用值为 0，则总效用为 0。可以采用指数加权法处理这类决策问题，方案 a_i 的加权计算式为

$$u(a_i) = u_1^{\lambda_1}(a_i)u_2^{\lambda_2}(a_i)\cdots u_n^{\lambda_n}(a_i)$$

指数加权法可以解决属性串行结构的决策问题，通过指数值 $\lambda_j(j = 1, 2, \cdots, n)$的大小区分不同属性的差异。

例 9.8 刘明计划购买一套公寓，有 4 个楼盘（方案）可选择，楼盘信息见表 9.13，刘明该如何做出购房决策呢？

表 9.13 购房决策矩阵

方案（楼盘）	价格	户型面积	距上班地点的距离	设施	环境
	y_1（百万元）	y_2/m^2	y_3/km	y_4	y_5
a_1	3.0	100	10	7	7
a_2	2.5	80	8	3	5
a_3	1.8	50	20	5	11
a_4	2.2	70	12	5	9

这是一个包含 5 个属性的决策问题，其中户型面积、设施和环境为效益型属性，属性值越大越好；而价格和距上班地点的距离为成本型属性，属性值越小越好。下面用线性加权法进行求解。

首先，对表 9. 13 中的数据进行规范化处理，得到规范化之后的属性值（效用值）矩阵 $\boldsymbol{Z}$ 为

$$\boldsymbol{Z}=\begin{pmatrix} 0 & 1 & 0.833 & 1 & 0.333 \\ 0.417 & 0.6 & 1 & 0 & 0 \\ 1 & 0 & 0 & 0.5 & 1 \\ 0.667 & 0.4 & 0.667 & 0.5 & 0.667 \end{pmatrix}$$

然后确定加权系数，假设决策者对各属性做成对比较后的比较矩阵为 $\boldsymbol{B}$，则

$$\boldsymbol{B}=\begin{matrix} 价格 \\ 面积 \\ 距离 \\ 设施 \\ 环境 \end{matrix}\begin{pmatrix} 1 & 1/3 & 1/2 & 1/4 & 1/5 \\ 3 & 1 & 2 & 1 & 1/2 \\ 2 & 1/2 & 1 & 1/2 & 1/2 \\ 4 & 1 & 2 & 1 & 1 \\ 5 & 2 & 2 & 1 & 1 \end{pmatrix}$$

注意到矩阵 $\boldsymbol{B}$ 中的元素满足 $b_{ij}=1/b_{ji}$，但并不一定满足 $b_{ik}b_{kj}=b_{ij}$。求矩阵 $\boldsymbol{B}$ 的最大特征值对应的特征向量 $\boldsymbol{\lambda}$，作为加权系数，$\boldsymbol{\lambda}=(0.0598, 0.1942, 0.1181, 0.2363, 0.3916)^{\mathrm{T}}$，这种获得加权系数的方法我们将在 9. 6. 3 节中进行详细介绍。计算每个方案的加权和 $u(a_i)=\sum_{j=1}^{5}\lambda_j z_{ij}$，得到 $u(a_1)=0.6593$，$u(a_2)=0.2596$，$u(a_3)=0.5696$，$u(a_4)=0.5757$，因此，根据线性加权法 a_1 为最优方案。

9. 5. 2 TOPSIS 法

在解决多属性决策问题时，决策者总是希望找到所有属性值都为最优的方案，即选择尽可能地远离各属性值都最劣的方案。基于这种思想，Hwang 和 Yoon 在 1981 年提出了逼近理想点技术——TOPSIS（Technique for Order Preference by Similarity to Ideal Solution）法。TOPSIS 法的基本思想是定义一个测度来刻画备选方案与正、负理想解的关系，所谓正理想解就是所有的属性值都处于最优的解，负理想解就是所有的属性值都处于最劣的解。从几何上理解就是，如果一个方案在某种测度下，最靠近理想解，同时又最远离负理想解，那么该方案就是最优解。TOPSIS 法的分析步骤如下：

（1）构造规范化的决策矩阵（Normalized Decision Matrix）

假设有 m 个备选方案，n 个属性，为每个属性构造效用函数，决策矩阵表示为

$$\boldsymbol{U}=\begin{pmatrix} u_1(a_1) & u_2(a_1) & \cdots & u_n(a_1) \\ u_1(a_2) & u_2(a_2) & \cdots & u_n(a_2) \\ \vdots & \vdots & & \vdots \\ u_1(a_m) & u_2(a_m) & \cdots & u_n(a_m) \end{pmatrix} \tag{9-16}$$

（2）构造加权规范化决策矩阵（Weighted Normalized Decision Matrix）

$$U' = \begin{pmatrix} \lambda_1 u_1(a_1) & \lambda_2 u_2(a_1) & \cdots & \lambda_n u_n(a_1) \\ \lambda_1 u_1(a_2) & \lambda_2 u_2(a_2) & \cdots & \lambda_n u_n(a_2) \\ \vdots & \vdots & & \vdots \\ \lambda_1 u_1(a_m) & \lambda_2 u_2(a_m) & \cdots & \lambda_n u_n(a_m) \end{pmatrix}$$

（3）寻找正理想解（Positive Ideal Alternatives）和负理想解（Negative Ideal Alternatives）

$$A^+ = \{(\max_i u_{ij} \mid j \in J), (\min_i u_{ij} \mid j \in J') \mid i \in m\} = (u_1^+, u_2^+, \cdots, u_n^+) \tag{9-17}$$

$$A^- = \{(\min_i u_{ij} \mid j \in J), (\max_i u_{ij} \mid j \in J') \mid i \in m\} = (u_1^-, u_2^-, \cdots, u_n^-) \tag{9-18}$$

A^+和A^-分别表示正理想解和负理想解，J表示收益型属性的下标的集合，J'表示成本型属性的下标的集合，J和J'的元素个数之和为n。

（4）计算方案a_i（$i=1, 2, \cdots, m$）到正理想的距离d_i^+和到负理想的距离d_i^-

不妨采用欧式距离（Euclidean Distance），则

$$d_i^+ = \left[\sum_{j=1}^{n} (u_{ij} - u_j^+)^2\right]^{1/2} \tag{9-19}$$

$$d_i^- = \left[\sum_{j=1}^{n} (u_{ij} - u_j^-)^2\right]^{1/2} \tag{9-20}$$

（5）计算各方案的相对贴近度（Relative Closeness to the Ideal Solution）

$$C_i = \frac{d_i^-}{d_i^+ + d_i^-} \quad (i=1, 2, \cdots, m) \tag{9-21}$$

显然，若方案a_i的属性值向量等于A^+，则$C_i=1$；若a_i的属性值向量等于A^-，则$C_i=0$。当$C_i \to 1$时，方案a_i越来越接近正理想A^+。

（6）排列方案的优先次序

按照C_i值由大到小对方案进行排序，前面的方案优于后面的方案。

下面用TOPSIS法分析例9.8中的购房决策。首先将属性值进行效用化处理，得到决策矩阵为

$$U = \begin{pmatrix} 0.621 & 0.648 & 0.376 & 0.674 & 0.421 \\ 0.518 & 0.519 & 0.301 & 0.289 & 0.301 \\ 0.373 & 0.324 & 0.752 & 0.481 & 0.662 \\ 0.455 & 0.454 & 0.451 & 0.481 & 0.542 \end{pmatrix}$$

将效用值加权后得到加权规范化决策矩阵为

$$U' = \begin{pmatrix} 0.03714 & 0.12584 & 0.04441 & 0.15927 & 0.16486 \\ 0.03098 & 0.10079 & 0.03555 & 0.06829 & 0.11787 \\ 0.02231 & 0.06292 & 0.08881 & 0.11366 & 0.25924 \\ 0.02721 & 0.08817 & 0.05326 & 0.11366 & 0.21225 \end{pmatrix}$$

由此得到正理想解和负理想解分别为

$$A^+ = (0.02231, 0.12584, 0.03555, 0.15927, 0.25924)$$

$$A^- = (0.03714, 0.06292, 0.08881, 0.06829, 0.11787)$$

计算各方案的欧氏距离和贴近度见表9.14，由表9.14最后一行的贴近度的数值可知方案的优先顺序是$a_1 > a_4 > a_3 > a_2$，方案a_1是最优方案。

表9.14 欧氏距离和贴近度

解	方案			
	a_1	a_2	a_3	a_4
A^+	0.0809	0.163	0.1017	0.0783
A^-	0.1398	0.0676	0.1304	0.1056
C_i	0.633	0.396	0.562	0.574

9.5.3 层次分析法

求解多准则决策问题的很多方法都涉及加权问题，通过加权将多准则问题转化为单准则问题。如何确定每个准则的加权系数使求得的结果更合理，是层次分析法要解决的问题。层次分析法（Analytic Hierarchy Process，AHP）是美国数学家萨蒂（Saaty）于20世纪70年代提出来的，它是一种定性分析与定量计算相结合的分析方法，当目标属性比较复杂时，采用层次分析法往往能取得较好的效果。

当决策问题的属性数量不太多时，人们比较容易确定各属性之间的关系和差异。如果决策问题的属性数量较多，人的直观判断就可能出现偏差。AHP通过两两比较各属性之间的关系和差异，来判断各属性的重要程度。AHP解决问题的基本思路为分解→判断→综合，近年来得到广泛的应用，相应的计算也可以通过软件Expert Choice完成（关于如何运用软件Expert Choice实现AHP请见参考文献中徐玖平等的著作）。AHP解决问题的具体步骤如下。

（1）建立层次结构图

把与问题有关的各属性进行分层，构造出一个树状结构的层次结构模型，称为层次结构图。一般问题的层次结构图分为三层，如图9.3所示。

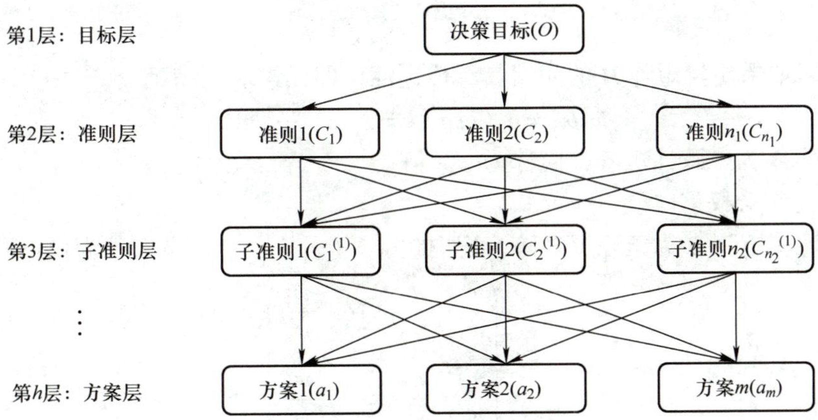

图9.3 层次结构图

在层次结构图中，最高层为目标层（O），是决策问题的目标或理想结果，只有一个元素。中间层为准则层（C），包括为实现目标所涉及的中间环节各因素，每一因素为一准则，当准则数量大于9个时可分为若干个子层。最底层为方案层（A），方案层是为实现目标而供选择的各种行动措施，即决策方案。各层次的因素之间，有的相互关联，有的不一定相互关联；各个层次的因素个数也未必相同。在实际应用中，需要根据问题的性质和因素的类别确定层次的个数以及每一层的因素的数量。

（2）构造比较矩阵

比较同一层次上的各因素对上一层相关因素的影响和作用，以构造比较矩阵。值得注意的是，不是将同一层次的因素进行两两对比。比较时采用相对尺度标准进行度量，尽可能地避免不同性质的因素之间相互比较的困难。同时，要尽量根据问题的具体情况，减少由于决策者主观因素而对结果造成的影响。

假设要比较 n 个因素 C_1，C_2，…，C_n 对上一层（如目标层 O）的影响程度，即确定这些因素在目标层 O 中所占的权重，对任意两个因素 C_i 和 C_j，用 $b_{ij}(i,j=1,2,\cdots,n)$ 表示 C_i 和 C_j 对目标层 O 的影响程度之比，可以得到两两成对比较的比较矩阵 $\boldsymbol{B}=(b_{ij})_{n\times n}$，又称为判断矩阵。显然，$b_{ij}>0$，且 $b_{ij}=1/b_{ji}$，$b_{ii}=1(i,j=1,2,\cdots,n)$，所以比较矩阵又称为正互反矩阵。

如何确定 b_{ij} 呢？可以按照 1 ~ 9 的标度来度量 b_{ij}，b_{ji} 则取为 b_{ij} 的倒数，每个标度的含义见表 9.15。

表 9.15 比例标度值的含义

标度 a_{ij}	含义
1	C_i 与 C_j 的影响相同
3	C_i 比 C_j 的影响稍强
5	C_i 比 C_j 的影响强
7	C_i 比 C_j 的影响明显强
9	C_i 比 C_j 的影响绝对强
2，4，6，8	C_i 与 C_j 的影响之比在上述两个相邻等级之间
$\frac{1}{2}$，…，$\frac{1}{9}$	C_j 与 C_i 的影响之比为上面 b_{ij} 的互反数

特别地，如果比较矩阵 $\boldsymbol{B}$ 的元素具有传递性，即元素取值满足

$$b_{ik}b_{kj}=b_{ij}(i,j,k=1,2,\cdots,n)$$

则称比较矩阵 $\boldsymbol{B}$ 为一致性矩阵，简称为一致阵。

（3）确定相对权重向量

显然，比较矩阵 $\boldsymbol{B}$ 为正互反矩阵。记向量 $\boldsymbol{w}=(w_1,w_2,\cdots,w_n)^{\mathrm{T}}$ 为权重向量，且

$$\boldsymbol{B}=\begin{pmatrix} \frac{w_1}{w_1} & \frac{w_1}{w_2} & \cdots & \frac{w_1}{w_n} \\ \frac{w_2}{w_1} & \frac{w_2}{w_2} & \cdots & \frac{w_2}{w_n} \\ \vdots & \vdots & & \vdots \\ \frac{w_n}{w_1} & \frac{w_n}{w_2} & \cdots & \frac{w_n}{w_n} \end{pmatrix}$$

$$\boldsymbol{B}=\boldsymbol{w}\left(\frac{1}{w_1},\frac{1}{w_2},\cdots,\frac{1}{w_n}\right)$$

则有

$$\boldsymbol{B}\boldsymbol{w}=\boldsymbol{w}\left(\frac{1}{w_1},\frac{1}{w_2},\cdots,\frac{1}{w_n}\right)\boldsymbol{w}=n\boldsymbol{w} \tag{9-22}$$

式（9-22）说明向量 $\boldsymbol{w}$ 为比较矩阵 $\boldsymbol{B}$ 的特征向量，且 n 为特征根。实际上，对于一般的比较矩阵 $\boldsymbol{B}$ 有 $\boldsymbol{B}\boldsymbol{w}=\lambda_{\max}\boldsymbol{w}$，$\lambda_{\max}(=n)$是比较矩阵 $\boldsymbol{B}$ 的最大特征根，向量 $\boldsymbol{w}$ 是 $\lambda_{\max}$对应的特征向量。

设想把一块大蛋糕分成 n 个小块，每小块的重量分别为 w_1，w_2，…，w_n，将这 n 块小蛋糕做两两比较，记相对重量为 $b_{ij}=w_i/w_j(i,j=1,2,\cdots,n)$，得到比较矩阵 $\boldsymbol{B}$。向量 $\boldsymbol{w}$ 度量了每个小块的相对重量（重要程度），因此，向量 $\boldsymbol{w}$ 做归一化处理后可近似地作为比较矩阵 $\boldsymbol{B}$ 的权重向量，这种确定加权系数的方法叫作特征根法。

（4）一致性检验

通常情况下比较矩阵不是一致的，即不满足传递性。在实际应用中，不必要求一致性条件绝对成立，但是要求大体上是一致的，即不一致的程度应该在容许的范围内。考查一致性比率指标 $CR=\dfrac{CI}{RI}$，其中 $CI=\dfrac{\lambda_{\max}-n}{n-1}$是一致性指标，$RI$ 是随机一致性指标，取值通常由经验给定（见表 9.16）。当 $CR<0.1$ 时，判断矩阵的一致性是可以接受的，$\lambda_{\max}$所对应的特征向量可以作为决策的权重向量。

表 9.16　随机一致性指标

n	2	3	4	5	6	7	8	9	10	11	12	13	14	15
RI	0	0.58	0.90	1.12	1.24	1.32	1.41	1.45	1.49	1.51	1.54	1.56	1.58	1.59

（5）计算组合权重，进行组合一致性检验

确定组合权重向量，设第 $k-1$ 层上的 n_{k-1}个元素对总目标（最高层）的权重向量为

$$\boldsymbol{w}^{(k-1)}=(w_1^{(k-1)},w_2^{(k-1)},\cdots,w_{n_{k-1}}^{(k-1)})^{\mathrm{T}}$$

则第 k 层上的 n_k 个元素对上一层（第 $k-1$ 层）上第 j 个元素的权重向量为

$$\boldsymbol{p}_j^{(k-1)}=(w_{1j}^{(k)},w_{2j}^{(k)},\cdots,w_{n_kj}^{(k)})^{\mathrm{T}}\quad(j=1,2,\cdots,n_{k-1}) \tag{9-23}$$

则矩阵

$$\boldsymbol{p}^{(k)}=(\boldsymbol{p}_1^{(k)},\boldsymbol{p}_2^{(k)},\cdots,\boldsymbol{p}_{n_{k-1}}^{(k)})$$

是 $n_k\times n_{k-1}$矩阵，表示第 k 层上的元素对第 $k-1$ 层各元素的权向量。那么第 k 层上的元素对目标层（最高层）总决策权重向量为

$$\boldsymbol{w}^{(k)}=\boldsymbol{p}^{(k)}\boldsymbol{w}^{(k-1)}=(\boldsymbol{p}_1^{(k)},\boldsymbol{p}_2^{(k)},\cdots,\boldsymbol{p}_{n_{k-1}}^{(k)})\boldsymbol{w}^{(k-1)}=(w_1^{(k)},w_2^{(k)},\cdots,w_{n_k}^{(k)})^{\mathrm{T}} \tag{9-24}$$

或者单个权重可以计算为

$$w_i^{(k)}=\sum_{j=1}^{n_{k-1}}p_{ij}^{(k)}w_j^{(k-1)}\quad(i=1,2,\cdots,n_k)$$

对任意的 $k>2$，有一般的公式

$$\boldsymbol{w}^{(k)}=\boldsymbol{p}^{(k)}\boldsymbol{p}^{(k-1)}\cdots\boldsymbol{p}^{(3)}\boldsymbol{w}^{(2)},\ k>2 \tag{9-25}$$

式中，$\boldsymbol{w}^{(2)}$是第二层上各个元素对目标层的总决策向量。

然后进行组合一致性检验。设 k 层的一致性指标为 $CI_1^{(k)}$，$CI_2^{(k)}$，…，$CI_{n_{k-1}}^{(k)}$，随机一致

性指标为 $RI_1^{(k)}$，$RI_2^{(k)}$，…，$RI_{n_{k-1}}^{(k)}$，则第 k 层对目标层的（最高层）的组合一致性指标为

$$CI^{(k)}=(CI_1^{(k)},CI_2^{(k)},\cdots,CI_{n_{k-1}}^{(k)})\boldsymbol{w}^{(k-1)}$$

组合随机一致性指标为

$$RI^{(k)}=(RI_1^{(k)},RI_2^{(k)},\cdots,RI_{n_{k-1}}^{(k)})\boldsymbol{w}^{(k-1)}$$

组合一致性比率指标为

$$CR^{(k)}=CR^{(k-1)}+\frac{CI^{(k)}}{RI^{(k)}},\ k>2 \tag{9-26}$$

当 $CR^{(k)}<0.10$ 时，则认为整个层次的比较矩阵通过一致性检验。

例 9.9 刘明同学拟购置一台 H 品牌的计算机，在 E670C，E630T，E630M，E630H，E670W 这 5 款计算机中做出选择。这 5 款计算机的主板、显卡和网卡无显著差异，其他配置及价格见表 9.17。刘明同学希望购置的计算机运行稳定性好、硬盘大、屏幕大、价格尽可能低，他在这 5 款计算机中应如何做出选择？

表 9.17 计算机配置及价格

型号	稳定性参数	硬盘 H	显示器 M	价格 P（元）
E670C	5048	160G	17 寸[⊖]LCD	6999
E630T	5124	160G	17 寸 LCD	6888
E630M	4688	160G	19 寸 LCD	6999
E630H	4315	300G	19 寸 LCD	6666
E670W	5898	250G	19 寸 LCD	7666

这是一个多目标决策问题，方案集 $\boldsymbol{A}=\{a_1=\text{E670C},a_2=\text{E630T},a_3=\text{E630M},a_4=\text{E630H},a_5=\text{E670W}\}$，属性集 $\boldsymbol{Y}=\{y_1=$稳定性$,y_2=$硬盘$,y_3=$显示器$,y_4=$价格$\}$，决策矩阵 $\boldsymbol{U}=(y_{ij})_{5\times4}$见表 9.17，采用 AHP 进行决策分析。

首先对决策目标进行分析，由于刘明要求稳定性好、硬盘大、屏幕大，令 $z_{ij}=\dfrac{y_{ij}-y_j^{\min}}{y_j^{\max}-y_j^{\min}}(j=1,2,3)$，对这三个属性的指标值进行规范化处理；由于价格属性的指标值越小越好，令 $z_{ij}=\dfrac{y_j^{\max}-y_{ij}}{y_j^{\max}-y_j^{\min}}(j=4)$，对价格属性的取值进行规范化处理。得到规范化之后的决策矩阵为

$$\boldsymbol{Z}=\begin{pmatrix}0.463 & 0 & 0 & 0.667\\ 0.5111 & 0 & 0 & 0.778\\ 0.2356 & 0 & 1 & 0.667\\ 0 & 1 & 1 & 1\\ 1 & 0.6429 & 1 & 0\end{pmatrix}$$

利用层次分析法来设定各属性的加权系数。根据刘明同学对计算机的实际需求，对 4 个目标做两两比较，得到比较矩阵为

⊖ 指英寸（in，1in = 2.54cm）。——编辑注

$$B=\begin{pmatrix}1 & \frac{1}{2} & \frac{1}{3} & \frac{1}{5}\\ 2 & 1 & \frac{1}{2} & \frac{1}{3}\\ 3 & 2 & 1 & \frac{1}{2}\\ 5 & 3 & 2 & 1\end{pmatrix}$$

比较矩阵 $\boldsymbol{B}$ 的最大特征根 $\lambda_{\max}=4.0145$，规范化的特征向量 $\boldsymbol{v}^{\max}=(0.0882, 0.157, 0.272, 0.4829)^{\mathrm{T}}$，经过计算得到 $CI=\frac{4.0145-4}{3}=0.00483$，$RI=0.96$，$CR=\frac{CI}{RI}=0.05<1$，通过了一致性检验。

将多属性决策问题转化为单属性决策问题，5 款计算机的加权值分别为 $u(a_1)=0.363$，$u(a_2)=0.4208$，$u(a_3)=0.3429$，$u(a_4)=0.912$，$u(a_5)=0.4611$。因此，加权值最高的 a_4 是最优方案，刘明同学应该购买 E630H 型计算机，这款计算机在各方面都能较好地满足刘明的需求。

9.6 效用函数

在前面介绍的风险型决策分析方法中，期望收益最大（或期望损失最小）准则假设货币形式的期望收益是对方案的结果进行度量的标准。然而，在许多决策问题中，决策者的选择结果并不符合这个假设。下面来看两组实验。

实验 1：有两个备选方案 A_1 和 B_1，方案 A_1 肯定获得 1000 元，B_1 有 50% 的概率赢得 2000 元，50% 的概率什么也得不到。你会选择哪一个方案？

实验 2：有两个备选方案 A_2 和 B_2，A_2 肯定失去 1000 元；B_2 则有 50% 的概率损失 2000 元，50% 的概率什么都不损失。此时你又会选择哪个方案？

结果显示，在第一组实验中，大多数人会选择方案 A_1；而在第二组实验中，大多数人会选择方案 B_2。下面我们不妨计算一下各个方案的期望收益。

$$E(B_1)=0.5\times2000+0.5\times0=1000=E(A_1)$$
$$E(B_2)=0.5\times(-2000)+0.5\times0=-1000=E(A_2)$$

根据期望收益最大原则，方案 A_1 和方案 B_1 的期望收益相等，则这两个方案应该是等价的；方案 A_2 和方案 B_2 也是等价的。然而在两组实验中，出现了不同的选择结果，说明决策者并不是（或者不完全是）根据期望收益来评价方案优劣的。两组实验的区别在于，第一组实验中方案的结果是用“获得”来描述，第二组实验中方案的结果是用“损失”来描述，被试者的选择结果说明，面对获得，大多数人是风险规避的，从而选择有确定收益的方案；面对失去，大多数人又成了冒险家，从而选择有可能失去更多的方案。因此，为了尽可能准确地描述决策者关于方案结果的评估，如何反映人们对待风险的不同态度是非常关键的。

例 9.10 （圣彼得堡悖论）18 世纪上半叶，俄国圣彼得堡曾流行过关于掷硬币的赌博游戏，规则是：上抛一枚质地均匀的硬币，如出现反面，则再上抛直至有人头的正面出现为止；若正面出现的次数在第 n 次，则得 2^n 元；参与者必须先支付庄家 k 元。参与者愿意支付多少赌注参与赌博呢?

不妨先计算一下赌徒参与赌博的期望收益:

$$\frac{1}{2}\times 2+\frac{1}{2^2}\times 2^2+\frac{1}{2^3}\times 2^3+\cdots=1+1+\cdots=\infty$$

即赌徒的期望收益趋向无穷大，而实际上一般在第 2、3 次最多 5、6 次就会出现正面，赌徒一般只愿意支付 10 元或更少的赌金参加赌博。因此，理论与实际相矛盾。

丹尼尔·伯努利（Daniel Bernoulli）提出精神价值（Moral Value）的概念，较合理地解释了圣彼得堡悖论。伯努利认为个体拥有的财富的金额并不能代表这些财富对这个人的真实价值，钱财的真实价值与钱财拥有量之间有对应关系，人们所感受到的真实价值就是精神价值，又称为效用。伯努利解释，虽然在此悖论中赌徒的期望收益是无穷大，但是收益的精神价值却比这个低得多，因此赌徒一般只愿意支付 10 元或更少的赌金参加赌博。19 世纪，西方经济学家接受了“精神价值”的思想，并把上述现象称为“边际效用递减规律”。由此可以对上述两组实验进行合理的解释：同一笔货币在不同场合给决策者带来的主观满足程度是不一样的，决策者根据不同方案满足其愿望的程度来进行决策，而不仅仅是根据期望收益值进行决策。

为了衡量或比较不同的商品、劳务满足人的主观愿望的程度，经济学家和社会学家提出了“效用”的概念，并建立了效用理论。在效用理论的体系中，效用是决策主体对客体的偏好的数值度量，用它来衡量人们对某些事物的主观价值、态度、偏爱、倾向，等等。同时还可以用效用来量化决策者对风险的不同态度，进而测定决策者的效用曲线（函数）。效用是一个相对的指标，没有量纲，一般用区间$[0,1]$或$[0,10]$或$[0,100]$内的数来表示，即决策者最偏好、最倾向、最愿意的事物的效用值赋为 1（或 10 或 100）；相反地，最不偏好的赋值为 0。通过效用度量将某些难以量化且有质的差别的事物给予量化，将要考虑的因素折合为效用值，得到各个方案的综合效用值，然后选择效用值最大的方案，这就是总效用值最大决策准则。

效用函数是对决策者的偏好的定量描述，确定效用函数（曲线）的基本方法有直接提问法与对比提问法两种。直接提问法是向决策者询问一系列问题，要求决策者进行主观衡量并做出回答，例如，向决策者提问：“今年你的企业获利 100 万元，你是满意的，那么获利多少，你会加倍满意?”这样不断地提问与回答，可绘制出决策者的获利效用曲线，这种提问与回答十分含糊，很难确切，应用较少。1944 年，冯·诺依曼（von Neumann）和莫根施特恩（Morgenstern）创造了 V-M（von Neumann-Morgenstern）心理试验法，即对比提问法，其核心内容是向决策者多次提问，征得他对平衡点的答案。所谓平衡点，是指假设决策者面临两种方案，一是他将肯定地获得一笔收益，二是他将冒险获得另一笔期望收益，当他认为两种收益之间效用等同且无差别时，有关变量的数值就是平衡点的解。

记 x^* 和 x^0 为所有可能结果中决策者认为最有利和最不利的结果，$U(x^*)=1$，$U(x^0)=0$。如果重复提问三次，可得到效用曲线上的 3 个点，再加上当收益最差时效用为 0 和收益最好时效用为 1 的两个点，就能确定效用曲线上的 5 个点。可根据“五点法”绘出决策者的效用曲线。

一般地，假设决策者面临两种备选方案 A_1 和 A_2，方案 A_1 表示他可以没有风险地获得一笔金额为 x_2 的财产；而方案 A_2 表示他可以以概率 p 获得一笔金额为 x_1 的财产，以概率 $(1-p)$ 获得一笔金额为 x_3 的财产，且 $x_1>x_2>x_3$。设 $U(x_i)$ 表示金额的效用值，若在

某个概率条件下，决策者认为 A_1 和 A_2 这两个方案等价，则有

$$p \cdot U(x_1) + (1-p)U(x_3) = U(x_2) \tag{9-27}$$

用对比提问法，式（9-27）中有 x_1、x_2、x_3 和 p 这4个变量，若其中任意3个变量已知，请决策者判断第四个变量的取值。在确定效用曲线时，一般采用改进的V-M法，即每次取 $p=0.5$ 和给定的 x_1、x_3，得到

$$0.5U(x_1) + 0.5U(x_3) = U(x_2) \tag{9-28}$$

重复提问三次，即可得到效用曲线的3个点。

例9.11 已知收益(单位：元）的取值区间为 $[-100, 200]$，即 $x^* = 200$，$x^0 = -100$，$U(200)=1$，$U(-100)=0$，构造效用曲线。

下面用“五点法”绘出效用曲线。

1）请决策者比较方案“A_1：稳获 x_2 元”和“A_2：以50%的机会得到200元，50%的机会损失100元”。先取 $x_2=25$，若决策者偏好于 A_1，则减少 x_2 的值，如取 $x_2=10$；若决策者依然偏好于方案 A_1，则再适量减少 x_2 的值，如取 $x_2=-10$；如果决策者偏好于方案 A_2，则应适量增加 x_2 的值，如取 $x_2=0$；不断调整，直至决策者认为两个方案是等价的，假设此时 $x_2=0$，则有

$$U(0)=0.5\times U(200)+0.5\times U(-100)=0.5\times 1+0.5\times 0=0.5$$

2）请决策者在“A_1：稳获 x_2 元”和“A_2：以50%的机会得到0元，50%的机会损失100元”这两个方案间进行比较。假设决策者认为 $x_2=-60$ 时两个方案等价，则有

$$U(-60)=0.5\times U(0)+0.5\times U(-100)=0.5\times 0.5+0.5\times 0=0.25$$

3）请决策者在“A_1：稳获 x_2 元”和“A_2：以50%的机会得到0元，50%的机会得到200元“这两个方案间进行比较。假设决策者认 $x_2=80$ 时为两个方案等价，则有

$$U(80)=0.5\times U(0)+0.5\times U(200)=0.5\times 0.5+0.5\times 1=0.75$$

这样便确定了当收益分别为 -100，-60，0，80 和 200 元时的效用值，分别为0、0.25、0.5、0.75和1，据此可画出效用曲线（见图9.4）。

无论在直接提问法还是对比提问法中，决策者的回答都是主观的。事实上，个体关于效用的度量本身就是主观的，不同的决策者会有不同的答案，因此会得到不同形状的效用曲线。风险态度是影响效用度量的重要因素，根据决策者对风险的不同态度，效用曲线分为三种类型（见图9.5）。

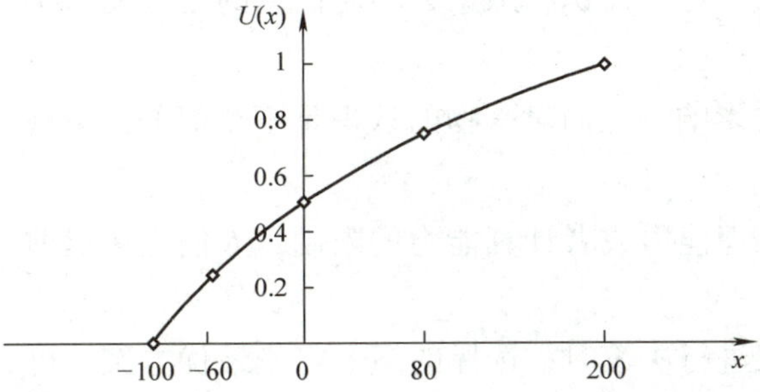

图9.4　例9.11的效用曲线

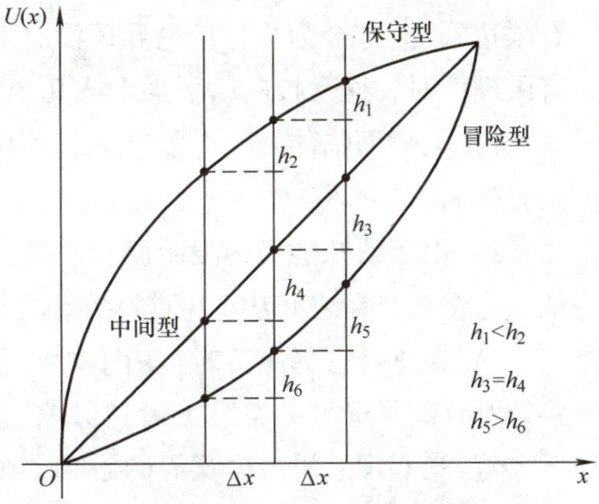

图9.5　不同类型的效用曲线

（1）保守型效用曲线

效用曲线是上凸的，表示决策者对收入的增加反应比较迟钝，收入的边际效用递减，即当前的收入规模越大，增加单位收入所带来的效用越小；并且在当前收入规模下，单位收入产生的正效用小于单位损失产生的负效用（$h_1 < h_2$），即保守型决策者对损失比获得更敏感，不愿意承受损失的风险。

（2）中间型效用曲线

效用曲线是一条直线，中间型决策者认为效用值和收入的增长成等比关系（$h_3 = h_4$），效用是货币数额的标准化，收入和损失引起的效用变化都与当前的收入规模无关。

（3）冒险型效用曲线

效用曲线是下凸的，与保守型决策者相反，冒险型决策者对获得比损失更敏感。当前的收入规模越大，增加单位收入所带来的效用越大，并且单位收入产生的正效用大于单位损失产生的负效用（$h_5 > h_6$），即冒险型决策者愿意承受损失的风险。

知识拓展

马拉松的决策问题——边际效用递减

9.7 行为决策理论

决策科学的发展经历了三个阶段：经验决策阶段、科学决策阶段和行为决策阶段。科学决策旨在帮助人们寻找解决问题的最优方案，而行为决策主要是一门研究人在决策过程中的行为规律的科学。行为决策的发展是对科学决策的一种补充，它旨在研究人们如何进行决策，即决策行为本身（包括决策者的认知和主观心理过程），关注决策行为背后的心理解释，而不是对决策正误的评价；更重视认知心理和社会心理（如态度、情感和动机等）对人的信念和选择偏好的影响，依赖实验和实证研究揭示人类非理性的存在，强调人的有限理性。此外，行为决策研究对理性决策理论所没有考虑到的行为变量进行提炼，从而修正和完善理性决策模型。

本章以上内容主要讲述决策者应该如何进行决策，以得到合理的、理性的决策结果。西蒙在研究决策问题时提出了“有限理性”的概念，认为人的行为“意欲合理，但只能有限达到”。迄今为止，理论界还没有形成关于“有限理性”的确切定义。研究者在提及有限理性时，通常指向以下某个或几个方面：

1）人们面临的是一个复杂的、不确定的世界，知识、想象力和对信息的处理能力都是有限的。

2）由于认知能力的限制以及心理因素的影响，人们对事物的认识是不全面的，主观认识与客观存在之间甚至可能存在偏差。

3）在进行选择决策时，由于对信息的处理能力或者计算能力的限制，人们无法提前获知所有的可选“方案”或者“策略”。

4）受心理、思维模式等的影响，个体在进行决策时，选择的不一定是最优方案，可能是自己满意的方案，或者多个满意方案中的一个。

5）在风险型决策中，除了经济利益，个体的风险态度也会对决策结果产生很大影响。

关于人类理性与否这一问题，不同阶段的研究者有不同的认识。20 世纪 50 年代，冯·诺依曼、莫根施特恩和萨维奇等学者在继承 18 世纪数学家丹尼尔·伯努利关于“圣彼得堡悖论”的解答的基础上，建立了不确定条件下分析理性人的选择框架，即期望效用理论，该框架后来成为分析理性人决策的基础。在早期研究所采用的极其简单的决策环境下，人们的行为似乎符合“期望效用理论”。但是，即使是在决策环境中引进少量的复杂因素，实际行为与“期望效用理论”的预见之间也会出现种种背离，例如著名的“阿莱斯悖论”。为了解释这些背离现象，一些研究者将认知心理学的研究成果应用于个体行为的分析，开辟了一个新的研究领域——行为决策科学。随着对人类心理、思维模式以及认知能力研究的逐步深入，行为决策科学认为人确实都期望最大化自己的收益，所以都是主观理性的。但是，受个人认知能力和水平、复杂的心理状态、信息的可得性、环境变化等因素的影响，往往无法做出能最大化自己收益的决策，也就是无法做到绝对理性，所以客观上都是有限理性的，即西蒙所提出的介于绝对理性与非理性之间的一种有限理性状态。“有限理性”的决策理论还重视环境和个体特征的差异，可以允许不同决策规则的共存。

诺贝尔经济学奖获得者丹尼尔·卡恩曼（Dainel Kahneman）教授在其获奖演说中，着重提到了芝加哥大学奚恺元教授的经典心理学实验——“餐具实验”，用以说明人的理性是有限的。这项实验的主要内容是询问人们对于两套餐具的价值的判断：

- 一家家具店在清仓，有两套餐具，其中一套有 24 件，每件都是完好的。你愿意支付多少钱购买这套餐具呢？
- 另一套餐具有 40 件，这 40 件中的 24 件和刚刚提到的完全相同，而且也是完好的，此外这套餐具还有 8 个杯子和 8 个茶托，其中 2 个杯子和 7 个茶托都已经破损了。你愿意支付多少钱购买这套餐具呢？

实验结果显示：在不知道还有另一套餐具的情况下分别做判断，人们愿意为第一套餐具支付 33 美元，却只愿意为第二套餐具支付 24 美元。

传统经济学认为，人们都是根据商品的实际价值做出判断的。在这个例子中，第二套餐具比第一套多出了 6 个好的杯子和 1 个好的茶托，按照传统经济学的假设，人们愿意为第二套餐具支付的钱应该比第一套多；然而，实验结果并不如此。这说明，到底 24 件和 31 件（9 件不计在内）算多算少，如果不互相比较是很难判断的。在分别评价中，餐具到底完好无缺还是已经破损是很容易判断的，因此人们是依据容易判断的线索做出决策。

在上述实验中，如果将两套餐具放在一起，人们将会做出更合理的评价。在得知第一套餐具存在的情况下，当然会为第二套餐具支付更多（至少相等）。这并不是因为人们变得理性了，而是因为参照点效应的存在。在现实生活中，当我们面对购房、投资等决策时，通常会向朋友、同事等询问投资经验，以判断自己的决策是否合理，这些也是典型的参考点依赖现象。这种现象的存在，说明很多情况下人们并不是根据商品的实际价值做出判断的，即传统经济学关于个体行为的假设并不合理。

随着行为决策科学的发展和实践，关于人的有限理性的假设得到了越来越多的研究者的认同。2002年度诺贝尔经济学奖颁发给两位实验经济学家丹尼尔·卡恩曼（Daniel Kahneman）和弗农·史密斯（Vernon Smith）。其中，丹尼尔·卡恩曼是普林斯顿大学的心理学家，也是行为决策科学的创始人之一。丹尼尔·卡恩曼的一个重要贡献是与阿莫斯·特维斯基（Amos Tversky）一起，在大量实验研究的基础上对人的有限理性进行了总结和归纳，提炼了三条基本特征：

1）人们在评价某一结果的效用时，相对结果本身而言，通常对它相对于一个参考水平的偏离程度更敏感。

2）人们对损失的规避程度往往大于对相同收益的偏好程度。

3）由于信息处理能力的限制，人们无法准确评估事件的不确定性，从而过于重视极端的小概率事件，而忽视较常见的大概率事件。卡恩曼和特维斯基进一步提出了描述人们决策行为的框架，包括确定性情景下的参考点依赖理论（Reference - Dependent Theory，RDT），以及不确定情境下的前景理论（Prospect Theory，PT）和累积前景理论（Cumulative Prospect Theory，CPT）。由于成功地解释了包括“阿莱斯悖论”在内的很多无法被传统效用理论所解释的社会、经济现象，RDT、PT和CPT引起了不同领域的研究者的关注。在社会科学领域，如经济学、金融学、管理学、社会学、心理学等领域，个体行为是非常重要的研究方向；社会科学领域的很多研究都建立在关于个体行为的假设之上，研究结论科学与否在很大程度上取决于关于个体行为的假设是否合理。随着行为科学的发展，大量的实验与实证研究表明人是有限理性的。

行为决策理论研究始于对传统决策理论中的不足和弊端进行的探索。迄今为止，行为决策的发展历程可以分为三个阶段。

第一个阶段是行为决策理论的萌芽阶段，时间跨度大致为20世纪50～70年代中期。第一阶段主要研究人们在估计某一事物发生概率的时候，整个决策过程是如何进行的，以及人们在面对多个可选事物的情况下，是如何做挑选的，即探索和描述人们在“判断”和“抉择”中是如何具体进行每一个环节的。

行为决策理论研究发展的第二个阶段从20世纪70年代中期开始，持续到80年代中后期。行为决策在这个阶段已经成为一门独立的学科，开始建立基于人们实际决策行为的描述性决策模型，非常具有代表性的是卡恩曼和特维斯基于1979年提出的“前景理论”。

行为决策理论发展的第三个阶段从20世纪80年代中后期开始至今，这个阶段的研究的主流不再是对传统理论的挑战，而是概括行为特征，提炼行为变量，然后将其运用到决策的分析框架之中。关于个体实际决策行为的研究方法在很大程度上决定了行为决策理论发展的进程。在此，我们介绍三种比较有代表性的决策框架，这三种基于有限理性的描述性决策框架被广泛应用于经济、金融、管理等领域。

（1）前景理论

卡恩曼和特维斯基（1979）在大量实验与实证研究的基础上，提出了不确定情境下的描述性决策框架——前景理论。前景理论将风险型决策的效用评价体系从一般效用评价体系中分离出来，分获得和损失两种情况对行为主体的风险态度进行描述。基于人的有限理性的假设，前景理论有三个基本观点：

① 人们在评价某一结果的效用时，相对于结果本身而言，通常对它相对于一个参考

水平或参考点（x_0）的偏离程度（Δx）更敏感；面对“获得（$\Delta x \geqslant 0$）”，人们倾向于规避风险（Risk Aversion），面对“损失（$\Delta x < 0$）”，人们倾向于追求风险（Risk Seeking）。（$\Delta x = x - x_0$，x 表示方案结果）。

② 人们会过于重视极端的小概率事件，而忽视较常见的大概率事件。

③ 人们对损失的规避程度往往大于对相同收益的偏好程度。

由此，我们还可以得到一个推论：如果改变人们在评价事物时的参照点，就可以改变人们的风险偏好，因为参照点的取值直接影响人们关于方案效用的评判。这一点可以通过举例说明：有一家公司面临一次投资决策，投资方案 A 肯定盈利 200 万元，投资方案 B 有 50% 的可能性盈利 300 万元，50% 的可能性盈利 100 万元。如果公司的盈利目标定得比较低，比方说是 100 万，那么方案 A 看起来好像多赚了 100 万元，而 B 则是要么刚好达到目标，要么多盈利 200 万。A 和 B 看起来都是获得，这时候员工大多不愿冒风险，倾向于选择方案 A。如果公司的目标定得比较高，比如说 300 万，那么方案 A 就像是少赚了 100 万，而 B 要么刚好达到目标，要么少赚 200 万，这时候两个方案都是损失，所以员工反而会抱着冒冒风险说不定可以达到目标的心理，选择有风险的投资方案 B。

针对不确定情境下的决策行为，在对决策行为特征进行定性描述之外，卡恩曼和特维斯基还提出了可供参考的效用度量体系，作为运用前景理论定量分析个体决策的参考。该体系包括效用函数［式（9-29）］、决策权重函数［式（9-30）］以及前景效用的计量公式［式（9-31）］：

$$g(x)=\begin{cases}(x-x_0)^{\alpha}, & x \geqslant x_0 \\ -\eta(x_0-x)^{\beta}, & x < x_0\end{cases} \tag{9-29}$$

$$w(p)=\frac{p^{\gamma}}{[p^{\gamma}+(1-p)^{\gamma}]^{1/\gamma}} \tag{9-30}$$

$$V(x,p;y,q)=w(p)g(x)+w(q)g(y),p+q \leqslant 1 \tag{9-31}$$

$(x,p;y,q)$ 表示某一方案的结果分布，即以概率 p 收获 x，以概率 q 收获 y，式（9-31）表示该方案的前景效用。其中，参数 α 和 β 分别表示获得情况下的风险规避程度和损失情况下的风险偏好程度，η 表示损失厌恶系数。

值得注意的是，前景理论的效用函数和决策权重函数的形式和参数设置具有现实意义，并且与基本观点一一对应：

ⓐ 与基本观点①对应，前景理论用 $g(x)$ 取代了传统的期望效用理论中的效用函数，不再将结果的绝对值作为度量指标，而是将绝对结果关于参考点的相对值作为度量指标。

ⓑ 与基本观点②对应，如图 9.6 所示，函数 $g(x)$ 的图像呈 S 形，在“损失”和“获得”区域有不同的形式：当 $0<\alpha<1$ 时，$g(x)$ 在获得区域为凹函数，决策者在面对获得时是风险规避的；当 $0<\beta<1$ 时，$g(x)$ 在损失区域为凸函数，决策者在面对损失时是风险偏好的；并且 α 和 β 的取值反映人们对风险的规避和偏好程度。$\eta \geqslant 1$ 时人们对损失的规避程度大于对相同收益的偏好程度。

ⓒ 与基本观点③对应，如图 9.7 所示，决策权重函数呈倒 S 形，在扩大小概率事件的影响力的同时缩小了大概率事件的影响力。

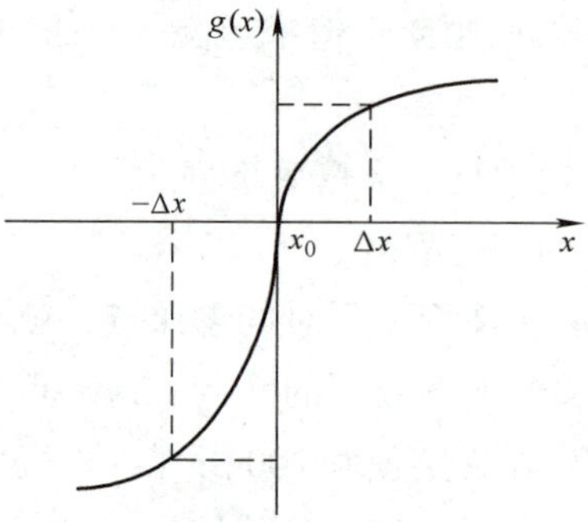

图 9.6 效用函数

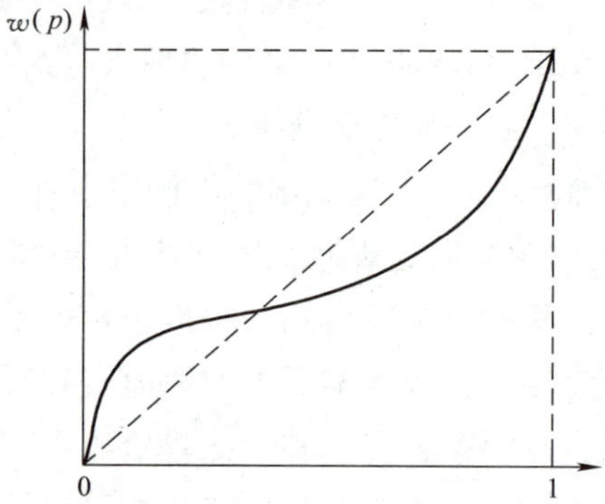

图 9.7 决策权重函数

(2) 累积前景理论

1992 年，特维斯基和卡恩曼进一步扩展前景理论的效用度量框架，提出了累积前景理论。前景理论用于度量具有两种结果的选项的效用。特维斯基和卡恩曼于 1992 年对前景理论进行了推广，以累积决策权重取代了前景理论中的决策权重，将前景理论推广到具有任意可数种结果的方案评价。

用（X；P）表示具有 $m+n+1$ 种可能结果的方案，可能的结果与相应的概率分别为 $X=(x_{-m},\cdots,x_0,\cdots,x_n)$，$P=(p_m,\cdots,p_0,\cdots,p_n)$，$x_{-m}<\cdots x_0<\cdots x_n$。获得和损失的累积决策权重分别表示为

$$\pi^+(p_i)=\begin{cases}w(p_i+\cdots+p_n)-w(p_{i+1}+\cdots+p_n),\ 0\leqslant i<n\\ w(p_n),\ i=n\end{cases} \tag{9-32}$$

$$\pi^-(p_{-j})=\begin{cases}w(p_{-m}+\cdots+p_{-j})-w(p_{-m}+\cdots+p_{-j-1}),\ -m<-j<0\\ w(p_{-m}),\ -j=-m\end{cases} \tag{9-33}$$

方案（X；P）的前景效用可以表示为

$$V(X)=\sum_{i=0}^{n}g(x_i)\pi^+(p_i)+\sum_{i=-m}^{-1}g(x_i)\pi^-(p_i) \tag{9-34}$$

累积前景理论的初始效用度量体系是针对离散选择的情形，根据积分的几何意义，可以将其推广到连续选择的情形。以评价方案 X(方案结果服从连续概率分布) 的效用为例，其累积前景效用表示为

$$U(X)=\int_{-\infty}^{x_0}\frac{\mathrm{d}w[1-F(x)]}{\mathrm{d}x}g(x)\mathrm{d}x+\int_{x_0}^{+\infty}\frac{\mathrm{d}w[F(x)]}{\mathrm{d}x}g(x)\mathrm{d}x \tag{9-35}$$

式中，$U(X)$表示 X 的累积前景效用；$F(x)$表示 X 的累积概率分布函数。

在充分研究 CPT 的一般参数形式后，研究者从不同角度给出了相关参数的估计值，这为 CPT 在经济领域的定量分析提供了应用基础。

(3) 确定情景下的参考点依赖理论

确定情境下的参考点依赖理论是特维斯基和卡恩曼在 1991 年针对无风险决策问题提出的。在 RDT 中，参考点对决策行为同样有至关重要的影响，决策者将结果值与参考点

的相对值定义为收益与损失，对等量损失的规避程度大于对收益的偏好程度。与 CPT 不同的是，RDT 所针对的无风险决策可能具备两个或两个以上的决策属性，每个决策属性的结果值是确定的。并且，每个决策属性有各自的参考点和价值函数（效用函数），决策属性的参考点的集合，构成一个参考状态，决策者根据该参考状态，对各备选决策方案的效用进行评估和权衡，选择效用最大的决策方案。

如图 9.8 所示，x 和 y 是备选决策方案，横轴和纵轴表示两个决策属性 A 和 B。t，m，n 都是由决策属性参考点构成的三种不同参考状态。图中的曲线是以 t 为参考状态时备选方案 x 和 y 的无差异曲线。

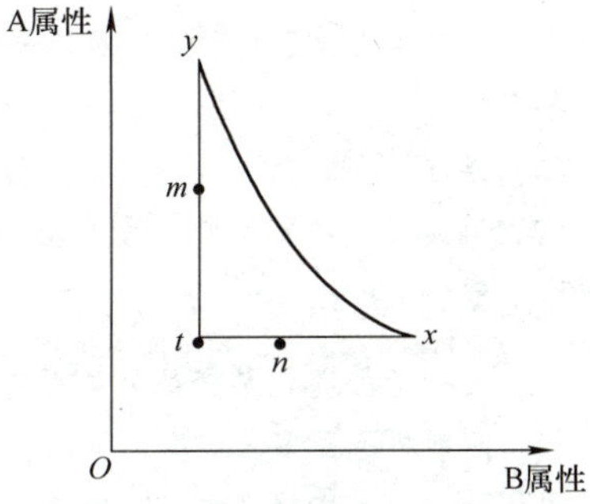

图 9.8 参考点依赖理论下的决策

由图 9.8 当参考状态由 t 变为 m 时，y 相对于 m 是收益，而 x 相对于 m 在 B 属性上是收益，在 A 属性上是损失；由于损失规避的态度，这时决策者会偏好方案 y；很明显，决策者的偏好发生了变化。当参考点由 t 变为 n 时，同理，决策者会偏好方案 x。那么，当参考点由 m 变为 n 时，决策者的偏好便会发生逆转。可见，参考点的变化和损失规避的态度共同影响了决策者的选择行为。目前，RDT 已广泛应用于消费者的品牌选择、工资激励、价格策略、谈判等领域。

同样地，特维斯基和卡恩曼也提出了 RDT 的效用度量体系。假设 Y 是确定性决策问题中的一个备选方案，它包含 n 个决策属性（对应的结果分别为 y_1，…，y_n），每一个属性有一个参考点，属性 y_j 的参考点表示为 y_{Rj}，该方案的效用可以表示为

$$U(Y) = \sum_{j=1}^{n} v_j(y_j, y_{Rj}, w_j^+, w_j^-) \tag{9-36}$$

式中，w_j^+ 和 w_j^- 分别表示决策者对属性 y_j 在获得部分和损失部分的重视程度，$0 \leqslant w_j^+ \leqslant w_j^-$ 表示决策者对损失的规避程度大于对相同收益的偏好程度。$v_j(\cdot)$ 表示效用函数，线性的效用函数可以表示为

$$v_j(y_j, y_{Rj}, w_j^+, w_j^-) = w_j^+ \cdot \max\{y_j - y_{Rj}, 0\} + w_j^- \cdot \min\{y_j - y_{Rj}, 0\} \tag{9-37}$$

在具体应用过程中，也可以根据实际情况选择其他形式的效用函数。

引申到现实生活中，还有很多有益的指导。在现实生活中，我们经常会遇到下面这样的难题：两样都好的东西，是放在一起评判好呢还是分开评判好？相反，两样都是差的东西，又如何是好呢？实验证明，两样都好的东西分开评判更好；相反，两样都是差的东西，放在一起评判，给人的负面感觉相对较弱。一个公司有多种好产品，不要放在一个商场、一个柜台卖；如果有多种差产品，则应该放在同一商场同一货架上卖；好产品分开卖，坏产品一起卖，这对企业定价策略、商场摆货方式都有启发。如果你有一个大大的好消息和一个小小的坏消息，应该把这两个消息一起告诉别人。这样的话，坏消息带来的痛苦会被好消息带来的快乐所冲淡，负面效应也就少得多。相反，如果你有一个大大的坏消息和一个小小的好消息，应该分别公布这两个消息。这样的话，好消息带来的快乐不至于被坏消息带来的痛苦所淹没，人们还是可以享受到好消息带来的快乐。

习题

9.1 （进货批量问题）根据经营经验，一家面包店每天所需面包数（当天市场需求量）可能是下列情况中的一种：1000，1500，2000，2500，3000，但不知道每种情况发生的概率。新鲜面包每个售价为0.9元，成本为0.5元，如果面包当天没有卖掉，则以每个0.25元处理掉。假设进货量限制在需求量中的某一个：

（1）给出面包进货问题的决策矩阵。

（2）确定不同决策准则（悲观准则、乐观准则、折中准则、等可能准则、最小机会损失准则）下的最优进货量。

9.2 （投标问题）某食品公司考虑是否参加为某项运动会服务的投标，以取得饮料或者汉堡的供应特许权，两项投标最多只能参加一项，每一项投标被接受的概率为40%。公司的获利情况取决于天气，若获得的是饮料供应特许权，则当晴天时可获利2万元，雨天时要损失2万元。若获得的是汉堡供应特许权，则不论天气如何，都可获利1万元。已知天气晴好的可能性为70%。问：

（1）公司是否应该参加投标？若参加，应参加哪一项投标？

（2）假设当饮料中标时，公司可选择供应冷饮或热饮。如果供应冷饮，则晴天时可获利2万元，雨天时损失2万元；如果供应热饮，则雨天可获利2万元，晴天可获利1万元。公司是否应参加投标？参加哪一项投标？如果中标，应采取什么决策？

9.3 （石油勘探问题）某石油公司考虑在某地钻井，结果可能出现3种情况：无油（θ_1）、油少（θ_2）和油多（θ_3）。公司估计3种状态出现的概率分别是：$P(\theta_1)=0.5$，$P(\theta_2)=0.3$，$P(\theta_3)=0.2$。已知钻井的费用为20万元，如果油少，可收入120万元；如果油多，可收入270万元。为进一步了解地质构造情况，可先进行勘探。勘探费用为10万元，勘探的结果可能是：构造较差（I_1）、构造一般（I_2）和构造较好（I_3）。根据过去的经验，地质构造与出油的关系见表9.18，请问：

（1）应先进行勘探，还是不进行勘探直接钻井？

（2）如何根据勘探的结果决定是否钻井？

表9.18 地质构造与出油的关系

$P(I_j \mid \theta_i)$	构造较差（I_1）	构造一般（I_2）	构造较好（I_3）
无油（θ_1）	0.6	0.3	0.1
油少（θ_2）	0.3	0.4	0.3
油多（θ_3）	0.1	0.4	0.5

9.4 （设备改造问题）某企业的设备和技术已经落后，需要进行更新改造，现有两种方案可以考虑。方案一：在对设备更新改造的同时，扩大经营规模；方案二：先更新改造设备，三年后根据市场变化的形势再考虑扩大经营规模的问题。相关的资料如下：①现在更新改造设备，需投资200万元，三年后扩大经营规模需要另外再投资200万元；②现在更新改造设备，同时扩大经营规模，总投资额是300万元；③现在只更新改造设备，在销售情况良好时，每年可获利60万元，在销路不好时，每年可获利40万元；后五年中，在销售情况好时，每年可获利100万元；在销售情况不好时，每年可获利80万元；④现在更新改造与扩大经营规模同时进行，若销售情况好，投产前三年可获利100万元，后五年每年可获利120万元；销路不好，每年只能获利30万元；⑤每种自然状态的概率预测见表9.19。试用决策树法

确定企业应选择哪种方案。

表 9.19 各种自然状态的概率预测

销售情况	前三年的概率	后五年的概率	
		前三年好	前三年不好
好	0.7	0.85	0.1
不好	0.3	0.15	0.9

9.5 (择校问题) 李雷是一名大四学生，打算出国深造并从 H、P 和 M 这三所大学申请到了全额奖学金，现需要从中选择一所大学。李雷在选择的过程中主要考虑大学的学术名气和地点，并且他认为大学的学术名气比地点重要 4 倍。经过多方咨询和综合考虑，李雷给出了这三所大学在学术名气和地点两个指标上的得分 (见表 9.20)。

(1) 画出决策的层次结构图，并确定李雷应该选择哪所大学。

(2) 假设李雷的同学韩梅梅同样申请到了这三所大学的奖学金，两人打算选择同一所大学，但是韩梅梅认为大学名气比地点重要 3 倍，对这三所大学的两个指标也有自己的打分，见 (表 9.21)。经过协商，韩梅梅的选择权重是李雷的 1.5 倍。试画出决策的层次结构图，并确定两人会选择哪所大学。

表 9.20 李雷的打分

指标	指标得分		
	H	P	M
地点	13	28	59
名气	54	28	18

表 9.21 韩梅梅的打分

指标	指标得分		
	H	P	M
地点	18	32	50
名气	40	32	28

9.6 (招聘问题) 某公司的人事部门拟招聘一名员工，有三位候选人：Steves (S)，Jane (J) 和 Maisa (M)，根据三项指标对候选人进行评价：面试结果 (I)、工作经历 (E) 以及推荐意见 (R)。该部门利用一个矩阵 $\boldsymbol{A}$ 给出这三项指标在评价中的倾向性。在对三位候选人面试并整理出有关他们的工作经历和推荐意见以后，建立了三个比较矩阵 $\boldsymbol{A}_{\mathrm{I}}$、$\boldsymbol{A}_{\mathrm{E}}$ 和 $\boldsymbol{A}_{\mathrm{R}}$。

(1) 评价数据 (矩阵 $\boldsymbol{A}$，$\boldsymbol{A}_{\mathrm{I}}$，$\boldsymbol{A}_{\mathrm{E}}$ 和 $\boldsymbol{A}_{\mathrm{R}}$) 的一致性。

(2) 确定该公司应该聘用哪一位候选人。

$$\begin{array}{c} \\ \boldsymbol{A}=\begin{array}{c}\mathrm{I}\\ \mathrm{E}\\ \mathrm{R}\end{array}\end{array}\begin{array}{c}\begin{array}{ccc}\mathrm{I} & \mathrm{E} & \mathrm{R}\end{array}\\ \begin{pmatrix}1 & 2 & 1/4\\ 1/2 & 1 & 1/5\\ 4 & 5 & 1\end{pmatrix}\end{array},\quad \boldsymbol{A}_{\mathrm{I}}=\begin{array}{c}\mathrm{S}\\ \mathrm{J}\\ \mathrm{M}\end{array}\begin{array}{c}\begin{array}{ccc}\mathrm{S} & \mathrm{J} & \mathrm{M}\end{array}\\ \begin{pmatrix}1 & 3 & 4\\ 1/3 & 1 & 1/5\\ 1/4 & 5 & 1\end{pmatrix}\end{array}$$

$$\boldsymbol{A}_{\mathrm{E}}=\begin{array}{c}\mathrm{S}\\ \mathrm{J}\\ \mathrm{M}\end{array}\begin{array}{c}\begin{array}{ccc}\mathrm{S} & \mathrm{J} & \mathrm{M}\end{array}\\ \begin{pmatrix}1 & 1/3 & 2\\ 3 & 1 & 1/2\\ 1/2 & 2 & 1\end{pmatrix}\end{array},\quad \boldsymbol{A}_{\mathrm{R}}=\begin{array}{c}\mathrm{S}\\ \mathrm{J}\\ \mathrm{M}\end{array}\begin{array}{c}\begin{array}{ccc}\mathrm{S} & \mathrm{J} & \mathrm{M}\end{array}\\ \begin{pmatrix}1 & 1/2 & 1\\ 2 & 1 & 1/2\\ 1 & 2 & 1\end{pmatrix}\end{array}$$

9.7 （风险投资问题）一位投资者面临一个风险投资决策，在可供选择的投资方案中，可能出现的最大收益为20万元，可能出现的最少收益为-10万元。为了确定该投资者在这次决策中的效用函数，对投资者进行询问得到以下回答：①投资者认为"以50%的机会获得20万元，50%的机会失去10万元"和"稳获0元"二者对他来说没有差别；②投资者认为"以50%的机会获得20万元，50%的机会得0元"和"稳获8万元"二者对他来说没有差别；③投资者认为"以50%的机会得0元，50%的机会失去10万元"和"肯定失去6万元"二者对他来说没有差别。根据以上询问结果：

（1）计算该投资者关于20万元、8万元、0元、-6万元、-8万元、-10万元的效用值。

（2）确定该投资者的效用曲线及其类型。

9.8 （油料供应站的扩建问题）某集团军下设有6个油料供应站，专为集团军内所属部队提供油料保障。随着军事训练任务的加重，现有的油料供应站的设施已不能很好保障所属部队的军事训练任务，集团军拟扩建这6个油料供应站中的一个。通过分析论证，确定选择扩建油料供应站的主要因素有两个：扩建费用和平均距离，6个油料供应站的具体的属性值见表9.22。最佳的选择方案应该使得扩建费用和距离越小越好。

表9.22 油料供应站扩建费用和平均距离

油料供应站	1	2	3	4	5	6
扩建费用(万元)	60	50	44	36	44	30
平均距离/km	1.0	0.8	1.2	2.0	1.5	2.4

（1）试用加权和法分析应扩建哪个加油站，并讨论权重的选择对决策方案的影响。

（2）如果取两个目标的权重满足关系 $\lambda_1=2\lambda_2$，试用TOPSIS法求解该问题。

9.9 （设备的采购问题）某工厂因发展生产的需要，拟采购一种大型的设备，经了解现在市场上有6种不同型号的该种设备，这6种设备的价格、重量、维护费用和性能评分等四项指标（即4个属性）各不相同，具体的属性值见表9.23。假设在确定采购方案时，所考虑的4个属性的影响（即4个目标）的重要性相同。试问该工厂应该如何做出决策，即应该选择哪一种设备。

表9.23 各种设备属性指标值

设备序号	价格(万元)	重量/kg	维护费用(元/天)	性能评分
1	101.8	740	80	342
2	85.0	800	75	330
3	89.2	720	80	334
4	112.8	630	80	354
5	109.4	530	90	387
6	119.0	500	90	405

第 10 章　博弈论

人类社会，竞争与合作无处不在。比如，国与国之间的外交谈判、选举时各派政治力量间的较量、企业之间为争夺市场而进行的竞争等。无论是竞争还是合作，各方的收益不仅取决于自己的决策，也取决于对手的决策，这就是博弈。博弈与决策的根本区别在于是否考虑对方的行为。参与博弈的各方为了达到各自的目标，必须考虑对手的各种可能的行动方案，并力图选择对自己最有利或最合理的方案。

博弈论（Game Theory）是研究博弈行为中各方是否存在着最合理行动方案，以及如何找到最合理行动方案的数学理论和方法。1944 年，冯·诺依曼（von Neumann）和摩根斯坦（Morgenstern）的《博弈论与经济行为》出版，标志着博弈理论体系的初步形成。随着纳什（Nash）均衡的提出，博弈论得到更深入的研究和广泛的应用，其应用范围涉及经济学、政治学、犯罪学、军事、国际关系、公共选择等各个领域。博弈论在我国也被称为“对策论”。

10.1 博弈的基本概念与分类

首先，让我们来看看著名的囚徒困境（Prisoner's Dilemma）。

例 10.1 在一起盗窃案中，两个嫌疑犯被捕。他们分别被关在两个屋子里，同时被审讯，因此没有机会串供。由于警方掌握的证据较少，如果两人均不坦白，根据已有的证据两人将各判刑 1 年；如果两人都坦白，此时证据确凿，两人将各判刑 8 年；如果一人坦白，而另一人不坦白，则坦白的一方，宽大释放，而不坦白者罪加一等，将判刑 10 年。如果嫌疑人是理性的，希望能减少自己的刑期，那么是否应当坦白呢？

		囚徒 B	
		坦白	不坦白
囚徒 A	坦白	(−8, −8)	(0, −10)
	不坦白	(−10, 0)	(−1, −1)

图 10.1　囚徒困境博弈

在博弈论中，常常使用收益矩阵来表示博弈的格局。两个嫌疑犯面临的博弈格局可用一个矩阵描述，如图 10.1 所示。对于上述矩阵中的（×，×），前者指囚徒 A 的收益（Payoff）或效用（Utility），后者指囚徒 B 的收益或效用。与本书前面章节学习到的各类规划和决策问题不同，在这个问题中，每个囚徒的收益不仅与自己的选择有关，还取决于对手的选择。

不难发现，两人都“不坦白”，从而每人被关一年，是对于两人整体上最优的选择。然而，无论囚徒B是否坦白，对于囚徒A而言，“坦白”总是更好的选择：假如囚徒B坦白，那么A坦白时收益为 -8，大于其不坦白时的收益 -10；假如囚徒B不坦白，那么囚徒A坦白时收益为0，大于其不坦白时的收益 -1。作为理性的决策者，囚徒A一定会坦白。对于囚徒B也是同样的道理。因此，两个理性的囚徒将不约而同地选择“坦白”，导致两人均被关8年。事实上，(坦白，坦白）是该博弈问题的唯一解（纳什均衡)。

虽然对于两个囚徒来说，(不坦白，不坦白）的结果更好，但出于对自身利益的考虑，两人的选择还是会导致（坦白，坦白）这一糟糕的结果。这样的情形被称为“囚徒困境”。在现实世界中，存在许多“囚徒困境”的现象，如两国之间的军备竞赛、两家企业之间的价格战等。大家可以思考下，我们生活中还有哪些囚徒困境的例子。

下面我们介绍博弈问题的基本概念。一般而言，一个博弈问题涉及的相关要素可表述如下。

(1) 参与人（Player)

参与人是博弈的主体，指在博弈中独立做决策的行为者（Agent)，可以是个人，也可以是群体或组织。参与人在博弈规则下做决策，其目的是通过选择行动（或策略）以最大化自己的收益（或效用)。所有参与人的集合称为参与人集（Players Set)，通常用 I 来表示，如果有 n 个参与人，则 $I=\{1, 2, \cdots, n\}$。一般来说，一个完整的博弈至少有两个参与人。囚徒困境一例中的参与人即为囚徒A和囚徒B。

(2) 策略（Strategy）和行动（Action)

行动是指参与人在博弈的某个时点选择的行为。而策略是指参与人在整个博弈过程中的决策规则，它规定了参与人在什么时点采取什么行动。例如囚徒困境一例中，两个参与人的行动为“坦白”或“不坦白”，两个参与人策略为“如果……怎样，那么选择坦白/不坦白”。在静态博弈中，因为参与人同时行动，故策略与行动是相同的；而在动态博弈中，参与人将根据自己所选择的策略在每个阶段做出相应的行动。如果一个博弈中所有参与人的策略集都是有限的，则称为有限博弈（Finite Game)；否则，只要其中至少有一个参与人的策略集是无限的，则称为无限博弈（Infinite Game)。

(3) 收益（Payoff）或效用（Utility)

收益是指一个特定的策略组合下参与人得到的效用水平。收益可以是确定的，也可以是预期的；可能是正值，也可能是负值。在博弈问题中，参与人做决策的目标是最大化自身的收益，因此收益是参与人进行判断和决策的根本依据。收益不仅与自己的策略有关，也与对手的策略有关。

(4) 信息结构

信息是指参与人有关博弈的知识，包括关于自然的状态（States of Nature，例如天气、市场行情)、其他参与人的特征和行动的知识。简单地说，信息就是参与人能知道所有与决策相关的知识。俗话说，“知己知彼，百战不殆”。当一个参与人与其他参与人对抗、合作或竞争时，他对自己和对方的处境、条件的充分了解是至关重要的。

针对博弈各方对其他参与人的私人信息的了解与否，可将博弈问题分为完全信息（Complete Information）博弈与不完全信息（Incomplete Information）博弈两类。如果所有参与人都能完全了解其他各参与人在各种情况下的收益，则称为完全信息博弈；如果至少有一个参与人不知道其他参与人的收益或特征信息，则称之为不完全信息博弈。例如企业招聘时，并不清楚应聘者在未来入职后的工作能力；拍卖中，卖家并不清楚商品的市场价值。

博弈论根据其所采用的假设不同还可分为合作博弈（Cooperative Game）和非合作博弈（Non-cooperative Game），两者的区别在于前者研究参与人形成合作联盟时的收益分配问题，而后者关注每个参与人的策略分析。合作博弈强调的是集体主义，团体理性，是效率、公平、公正；而非合作博弈则主要研究人们在利益相互影响的局势中如何选择策略使得自己的收益最大，强调个人理性、个人最优决策，其结果是有时有效率，有时则不然。本章介绍非合作博弈，也就是各方在给定的博弈规则下如何追求各自利益的最大化。

对于非合作博弈，可从两个角度进行划分。第一个角度是按参与人行动的先后顺序，分为静态博弈和动态博弈；第二个角度是按照信息完全与不完全，分为完全信息博弈和不完全信息博弈。由此可得到以下博弈问题的分类，见表 10.1。

表 10.1 非合作博弈问题的分类

信息	行动顺序	
	静态：同时行动	动态：行动有先后
完全信息	完全信息静态博弈 纳什（1950，1951）	完全信息动态博弈 泽尔腾（1965）
不完全信息	不完全信息静态博弈 海萨尼（1967，1968）	不完全信息动态博弈 泽尔腾（1975）

10.2 完全信息静态博弈

在非合作博弈中，如果每个参与人仅选择一次策略，并且所有参与人的决策都是同时做出的，则称这个博弈为静态博弈。静态博弈也被称为同时博弈（Simultaneous-move Game）。对于静态博弈，可用策略形式（Strategic Form）描述。下面将讨论静态博弈的策略式，以及均衡分析方法。注意，由于静态博弈问题的行动与策略是等同的，下文就以策略代替行动。

10.2.1 策略形式的博弈

策略形式亦称正则形式（Normal Form），是非合作博弈论研究的基本类型。对于一个 n 人博弈，记参与人集合为 $I=\{1, 2, \cdots, n\}$。每个参与人 $i \in I$ 可从自己的策略集 S^i 中选择某个策略 $s^i \in S^i$，则 n 个参与人的策略组合（Strategy Profile）为

$$s=(s^1, s^2, \cdots, s^n) \in S$$

式中，$S=\prod_{i\in I}S^i$表示所有策略组合组成的集合。为了表示方便，我们用$s^{-i}=(s^1, \cdots, s^{i-1}, s^{i+1}, \cdots, s^n)\in S^{-i}$表示除第 i 参与人之外的其余（$n-1$）个参与人的策略组合，其中$S^{-i}=\prod_{l\in I\setminus\{i\}}S^l$ 为其余参与人策略组合的集合，则 n 个参与人的策略组合还可记为

$$s=(s^i, s^{-i})$$

我们用映射v^i：$S\rightarrow \boldsymbol{R}$ 表示参与人 $i\in I$ 的效用函数，对策略组合 $s=(s^1, s^2, \cdots, s^n)$，参与人 $i\in I$ 获得效用v^i（s）。参与人 i 的效用不仅取决于自己的策略选择s^i，还取决于其他参与人的策略选择s^{-i}，这也是博弈与一般决策相区别的根本所在。我们用 $v=(v^i)_{i\in I}$表示所有参与人的效用函数组合。博弈的策略形式可定义如下：

定义 10.1 在有 n 个参与人的博弈中，如果每个参与人 $i\in I$ 的策略集为S^i，效用函数为v^i，则这个博弈可用策略形式描述为：$G=\langle I, S, v\rangle$。

上一节的“囚徒困境”一例中，我们有 $I=\{1, 2\}$ 分别表示囚徒 A 和囚徒 B，$S=S^1\times S^2$，其中$S^1=S^2=\{$坦白，不坦白$\}$，效用函数v^1和v^2对应于不同的策略组合 $s\in S$ 分别取值 -8，-10，0 和 -1。

博弈分析的目的是要预测博弈的结果。假设每个参与人都是理性的（Rational），且每个参与人都知道所有参与人都是理性的。那么每个参与人的最优策略是什么？

（1）占优策略

以囚徒困境为例，无论囚徒 A 的策略是坦白还是不坦白，囚徒 B 选择坦白总是优于选择不坦白；反之亦然。这样，“坦白”就是每一个囚徒的最优选择，称这种策略为该参与人的占优策略（Dominant Strategy），策略组合（坦白，坦白）就是占优策略均衡（Dominant Strategy Equilibrium）。一般来说，占优策略是指无论对手如何选择，我们选择占优策略总是最优的。正式地，有如下定义：

定义 10.2 在策略式博弈 $G=\langle I, S, v\rangle$ 中，如果对于任何其他参与人的策略组合 s^{-i}，策略s^i都是参与人 i 的严格最优选择，即

$$v^i(s^i, s^{-i})>v^i(s_0^i, s^{-i}),\quad \forall s^{-i}\in S^{-i},\quad \forall s_0^i\in S^i\setminus\{s^i\}$$

则称s^i为参与人 i 的（严格）占优策略。

定义 10.3 在策略式博弈 $G=\langle I, S, v\rangle$ 中，如果所有参与人 i 都有一个占优策略 s^{*i}，则称策略组合$s^*=(s^{*1}, s^{*2}, \cdots, s^{*n})$ 为该博弈的占优策略均衡。

上述定义表明，占优策略或占优策略均衡如果存在一定是唯一的。在每个参与人都存在占优策略情况下，占优策略均衡就是一个非常合理的预测。

但在大多数的博弈中，占优策略均衡是不存在的，例如经典的“智猪博弈”。

例 10.2 设猪圈里有一头大猪和一头小猪。猪圈的一端是食槽，另一端是按键。按下按键，将有 10 单位的萝卜进槽，但是按键并跑到食槽口需付出体力 2 个单位。如大猪守在食槽旁，它可吃到 9 个单位，而按键的小猪只能吃到剩下的 1 个单位；反过来，如小猪守在食槽旁而大猪按键，小猪可吃到 4 个单位，而大猪吃到 6 个单位；如果它们同时按键再跑到食槽口，大猪能吃到 7 个单位，小猪吃到 3 个单位。大猪与小猪的收益如图 10.2 所示。

		小猪	
		按	等
大猪	按	(5, 1)	(4, 4)
	等	(9, -1)	(0, 0)

图 10.2 智猪博弈

如果小猪“按”，则大猪应该选“等”(9 >5)；如果小猪“等”，则大猪应该选“按”(4 >0)。也就是说，大猪的最优策略将随小猪的决策变化而改变，因此大猪没有占优策略，从而该博弈不存在占优策略均衡。然而对小猪来说，“等”是占优策略，即无论大猪选什么，小猪的最优选择都是“等”，因为 4 >1 且 0 > -1。由于理性参与者的假设，大猪将预测到小猪会选择“等”，因 4 >0，故大猪的最优策略必定是“按”。所以，（按，等）这一策略组合就是该博弈问题的唯一解。

从上例可以看出，尽管有些博弈不存在占优策略均衡，但我们仍可用占优的逻辑，即通过剔除被占优的策略，找到博弈中的最优选择。

（2）严格劣策略的重复剔除

在前面列举的“囚徒困境”和“智猪博弈”的两个例子中，我们都用了“重复剔除严格劣策略”的方法，因为理性的参与人绝不会选择严格劣策略。那么，什么是严格劣策略？下面给出正式定义：

定义 10.4 在策略式博弈 $G=\langle I, S, v\rangle$ 中，设 s^i，$s_0^i\in S^i$ 是参与人 i 的两个给定策略，如果对于任何其他参与人的策略组合 s^{-i}，参与人 i 选择策略 s^i 的效用都严格小于其选择策略 s_0^i 的效用，即

$$v^i(s^i, s^{-i})<v^i(s_0^i, s^{-i}),\ \forall s^{-i}\in S^{-i}$$

则称策略 s^i 相对于策略 s_0^i 是严格劣策略（Strictly Dominated Strategy）。如果将上式中的 < 改为 ≤，但至少对一个 s^{-i} 成立严格不等式，则称策略 s^i 相对于策略 s_0^i 是劣策略（Dominated Strategy）。

上述定义表明，任何一个参与人都不应选择严格劣策略，因为一定有更优的策略可选择。“智猪博弈”中，“按”是小猪的严格劣策略，因此可从策略集中剔除从而仅剩“等”。大猪预测到小猪会选择“等”，此时“等”是大猪的严格劣策略。这样，通过重复剔除严格劣策略，得到唯一的策略组合（按，等）。

占优策略和劣策略是一组相对应的概念，从二者的英文单词可看出这一点。值得注意的是，占优策略是指某策略总是比其他策略更优，而劣策略是指某策略相对另一策略总是更劣。即占优策略需要和其他所有策略比，而劣策略仅是相对某一个其他策略而言。

尽管在许多博弈中重复剔除严格劣策略的占优均衡是一个合理的预测，但并不是所有的博弈都可以采用该方法。考虑如下的“情侣博弈”，就没有可以剔除的严格劣策略。

例 10.3 大海和丽丽是一对恋人，大海爱看足球，丽丽爱看芭蕾。一个周末晚上有精彩的球赛，也恰好有一个著名芭蕾舞剧团莅临该市演出。问题在于，他们是热恋中的情侣，分开度过这难得的周末时光，才是最不乐意的事情。这样一来，他们将面临一场温情

笼罩下的博弈。不妨对他们的满意程度赋值为：如果两人一起看球，大海的满意度为 2，丽丽的满意度为 1；如果两人一起看芭蕾，大海的满意度为 1，丽丽的满意度为 2；如果一人看球而另一个人去看芭蕾，双方的满意度都为 0。于是，这个情侣博弈可表示为一个矩阵，如图 10.3 所示。

这个博弈中，两个参与人均没有严格劣策略，但仍有两个不错的策略组合：大海选足球，丽丽也选足球，即（足球，足球）；丽丽选芭蕾，大海也选芭蕾，即（芭蕾，芭蕾）。

		丽丽	
		足球	芭蕾
大海	足球	(2, 1)	(0, 0)
	芭蕾	(0, 0)	(1, 2)

图 10.3　情侣博弈

（3）纳什均衡

大部分的博弈既不存在占优均衡，也无法通过重复剔除严格劣策略找到均衡解。而纳什均衡为这类博弈问题提供了解决方法，它是最一般的均衡概念，由纳什（Nash）首先给出。

定义 10.5　在策略式博弈 $G=\langle I, S, v\rangle$ 中，如果对每个参与人 $i\in I$，策略 $s^{*i}\in S^i$ 是给定其他参与人选择策略组合为 $s^{*-i}\in S^{-i}$ 的情况下的最优选择，即

$$v^i(s^{*i}, s^{*-i})\geqslant v^i(s^i, s^{*-i}),\ \forall s^i\in S^i$$

则称策略组合 $s^*=(s^{*i}, s^{*-i})$ 为博弈的一个纳什均衡（Nash Equilibrium）。

纳什均衡表明，当参与人选择的策略组成纳什均衡后，没有一个参与人能单方面地改变自己的策略并获得更好的效用。因此，他们将会坚持自己的策略，从而形成一个稳定的局势。可以验证，“囚徒困境”中的（坦白，坦白），“智猪博弈”中的（按，等），以及“情侣博弈”中的（足球，足球）和（芭蕾，芭蕾）都是纳什均衡。

10.2.2　划线法与箭头法

在策略式博弈 $G=\langle I, S, v\rangle$ 中，当参与人集合为 $I=\{1, 2\}$，且策略集 S 为有限集时，博弈的所有信息都可用两个矩阵来表示，因此这样的博弈被称为双矩阵博弈（Bimatrix Game）。

下面举例介绍分析双矩阵博弈的两种简单方法：划线法和箭头法。

（1）划线法

划线法的基本原理是：每一位参与者先找出自己针对其他参与人的每种策略或策略组合（对多人博弈）的最佳策略，最后互为最优策略的组合即为纳什均衡。

以情侣博弈为例，当大海选择足球时，丽丽显然选足球是其最佳策略，则在丽丽对应足球的收益数“1”下划一横线；当大海选芭蕾时，丽丽的最佳选择是芭蕾，则在丽丽对应芭蕾的收益数“2”下划一横线。同样，当丽丽选定足球时，大海的最佳选择也是足球；当丽丽选定芭蕾时，大海的最佳选择也是芭蕾。这样，通过依次划线，可得到两个纳什均衡：（足球，足球）和（芭蕾，芭蕾），它们对应的收益数下方均有划线，如图 10.4 所示。

丽丽

		足球	芭蕾
大海	足球	$(\underline{2}, \underline{1})$	(0, 0)
	芭蕾	(0, 0)	$(\underline{1}, \underline{2})$

图 10.4　情侣博弈的划线法求解

（2）箭头法

箭头法的基本原理：对博弈中的每一个策略组合进行分析，考察在每一个策略组合处，是否有参与人能通过改变自己的策略而增加收益，如果有，则用一个箭头指向改变后的策略组合。如果某个策略组合只有指向的箭头，没有指离的箭头，即为纳什均衡。

以前面的囚徒困境为例，可从任一策略组合开始，用横向箭头表示囚徒 B 的变动，纵向箭头表示囚徒 A 的变动，则双箭头指向的即为纳什均衡，如图 10.5 所示。

囚徒 B

		坦白		不坦白
囚徒 A	坦白	(−8, −8)	←	(0, −10)
		↑		↑
	不坦白	(−10, 0)	←	(−1, −1)

图 10.5　囚徒困境博弈的箭头法求解

同样，可用箭头法求解情侣博弈，如图 10.6 所示。

丽丽

		足球		芭蕾
大海	足球	(2, 1)	←	(0, 0)
		↑		↓
	芭蕾	(0, 0)	→	(1, 2)

图 10.6　情侣博弈的箭头法求解

划线法与箭头法是求解两人博弈中纳什均衡的经典方法。当然，对于有些博弈问题，纳什均衡可能并不存在。我们将在本节后面内容中回顾双矩阵博弈，并介绍其求解算法。

10.2.3　古诺竞争

古诺（Cournot）竞争是经济学中的经典模型，也是纳什均衡思想的最早应用之一。在古诺模型里，有两个参与人，分别为企业 1 和企业 2，他们生产并销售同一种产品，同时分别决定生产的产量，以追求自身利润的最大化。

该博弈中企业 $i \in I = \{1, 2\}$ 的策略是选择产量 $q_i \in S^i = [0, +\infty)$，其中 S^i 为策略集。两家企业生产每单位产品所需的成本分别为 c_1 和 c_2，而售出价格 p 与总产量 $Q = q_1 + q_2$ 负相关，设为 $p = a - Q = a - q_1 - q_2$。假设 a 是一个足够大的数，可以理解为 a 代表整个市场的规模。企业的效用函数就是其利润，分别为

$$v^1(q_1, q_2) = q_1(a - q_1 - q_2) - c_1 q_1$$
$$v^2(q_1, q_2) = q_2(a - q_1 - q_2) - c_2 q_2$$

当企业2选择q_2时，企业1的最优策略可通过求$v^1(q_1, q_2)$对q_1的一阶条件得到，即$(a - q_1 - q_2) - q_1 - c_1 = 0$。我们称这个最优策略为企业1对企业2的策略的反应函数(Reaction Function)。具体地，有$R_1(q_2) = \frac{1}{2}(a - c_1 - q_2)$。类似地，企业2的反应函数为$R_2(q_1) = \frac{1}{2}(a - c_2 - q_1)$。根据定义，上述两个反应函数的交点$(q_1^*, q_2^*)$满足

$$q_1^* \in \arg\max_{q_1} v^1(q_1, q_2^*)$$
$$q_2^* \in \arg\max_{q_2} v^2(q_1^*, q_2)$$

即为该博弈的纳什均衡。联立$q_1^* = R_1(q_2^*)$和$q_2^* = R_2(q_1^*)$，解得

$$q_1^* = \frac{1}{3}(a + c_2 - 2c_1)$$

$$q_2^* = \frac{1}{3}(a + c_1 - 2c_2)$$

可以发现，自身成本越低，或对手成本越高时，均衡产量越高。将(q_1^*, q_2^*)代入利润函数中，得到

$$v^1(q_1^*, q_2^*) = \frac{1}{9}(a + c_2 - 2c_1)^2 = q_1^{*2}$$

$$v^2(q_1^*, q_2^*) = \frac{1}{9}(a + c_1 - 2c_2)^2 = q_2^{*2}$$

古诺竞争中，企业的均衡利润刚好等于自身均衡产量的平方。

当两家企业成本相同，即$c_1 = c_2 = c$时，有$q_1^* = q_2^* = \frac{1}{3}(a - c)$，总利润为$V^* = v^1(q_1^*, q_2^*) + v^2(q_1^*, q_2^*) = \frac{2}{9}(a - c)^2$。如果两家企业联合，统一地决定产量，以最大化总的利润，则该博弈问题转变为一个优化问题。$\max\limits_{q_1, q_2} v^1(q_1, q_2) + v^2(q_1, q_2)$的最优解为$q_1' = q_2' = \frac{1}{4}(a - c) < q_1^*$，此时总利润为$V' = v^1(q_1', q_2') + v^2(q_1', q_2') = \frac{1}{2}(a - c)^2 > V^*$。也就是说，相比于统一决策，古诺竞争下两家企业虽然生产了更多的产品，但只能获得更少的利润，这也是典型的“囚徒困境”。

10.2.4 混合策略纳什均衡

有些博弈中，并不存在满足纳什均衡条件的策略组合，例如“猜硬币博弈”。

例 10.4 有两个参与人,参与人1拿一枚硬币，将其盖住，称为盖者；参与人2猜硬币是正面还是反面，称为猜者。如果参与人2猜中参与人1手下的硬币，参与人1付参与人2一元；否则，参与人2付参与人1一元，该博弈的收益矩阵如图10.7所示。

		参与人2（猜者）正面	参与人2（猜者）反面
参与人1（盖者）	正面	(−1, 1)	(1, −1)
	反面	(1, −1)	(−1, 1)

图 10.7　猜硬币博弈的收益矩阵

这是一个零和博弈，即双方的总收益恒为零，一方所得必为另一方所失。该博弈不存在（纯策略）纳什均衡。类似的问题还有大家熟知的“石头剪刀布”游戏。然而，参与人也许可以以某个概率随机地从策略集中进行选择，这样的随机选择策略方式称为混合策略（Mixed Strategy）。

定义 10.6　在策略式博弈 $G=\langle I, S, v\rangle$中，设参与人 $i\in I$ 有m_i个纯策略，即其策略空间为$S^i=\{s_1^i, s_2^i, \cdots, s_{m_i}^i\}$，则称概率分布$\sigma^i=(\sigma_1^i,\sigma_2^i,\cdots,\sigma_{m_i}^i)\in\sum^i$为参与人 i 的一个混合策略，其中σ_j^i是参与人选择纯策略$s_j^i\in S^i$的概率，这里$\sum^i=\left\{\sigma\in R_+^{m_i}\middle|\sum_{j=1}^{m_i}\sigma_j^i=1\right\}$。

如果存在某个策略 j 有$\sigma_j^i=1$，则该混合策略对应为选择策略 j 的纯策略（Pure Strategy）。也就是说，混合策略是对有限策略集上的纯策略的拓展，从而使策略集连续化。

令$\sum=\prod_{i\in I}\sum^i$，定义$\sigma=(\sigma^1, \sigma^2, \cdots, \sigma^N)\in\sum$为一个混合策略组合（Mixed Strategy Profile），除参与人 i 之外的其他参与人的混合策略组合为$\sigma^{-i}=(\sigma^1, \sigma^2, \cdots, \sigma^{i-1}, \sigma^{i+1}, \cdots\sigma^N)$。当混合策略组合为$\sigma=(\sigma^i, \sigma^{-i})$时，一个纯策略$s=(s_{j_1}^1, s_{j_2}^2, \cdots, s_{j_N}^N)\in S$发生的概率为$\prod_{i\in I}\sigma_{j_i}^i$，从而参与人 $i\in I$ 的期望效用为

$$u^i(\sigma^i,\sigma^{-i})=\sum_{j=1}^{m_i}\sigma_j^i u^i(s_j^i,\sigma^{-i})$$

式中，$u^i(s_j^i,\sigma^{-i})=\sum_{s^{-i}\in S^{-i}}v^i(s_j^i,s^{-i})\prod_{r\neq i}\sigma_{j_r}^r$。如此，将定义在纯策略集上的效用函数$v^i$: $S\to\mathbf{R}$拓展到混合策略集上的效用函数 $u^i:\sum\to\mathbf{R}$。

混合策略纳什均衡的定义可正式表述如下：

定义 10.7　在策略式博弈 $G=\langle I, S, v\rangle$中，设$\sigma^*=(\sigma^{*1}, \sigma^{*2}, \cdots, \sigma^{*N})\in\sum$为一个混合策略组合，如果对所有参与人 $i\in I$，有

$$u^i(\sigma^{*i}, \sigma^{*-i})\geqslant u^i(\sigma^i, \sigma^{*-i}),\ \forall\ \sigma^i\in\sum{}^i$$

则称σ^*是一个混合策略纳什均衡（Mixed Strategy Nash Equilibrium）。

混合策略纳什均衡可看作一个随机稳定的状态，即每个参与人都随机地选择自己的策略以使其他参与方不能猜出自己选择了哪个策略，例如在石头剪刀布游戏中，玩家常常会选择随机策略，因为固定的策略很容易被对手针对。

根据定义，一个纯策略纳什均衡，一定有一个对应的混合策略纳什均衡，被选择的策

略概率为 1，其余策略为 0；反之，则不一定。混合策略的概念将离散、有限的策略集拓展为连续、无限的策略集，保证了纳什均衡的存在性。

定理 10.1 （Nash，1950）在策略式博弈 $G=\langle I, S, v\rangle$ 中，允许使用混合策略，则必有纳什均衡。

纳什利用不动点定理，证明了混合策略纳什均衡的存在性，这是博弈论发展史上的具有里程碑意义的工作。纳什也因其在纳什均衡的存在性等理论方面的贡献，于 1994 年与海萨尼（Harsanyi）、泽尔腾（Selten）共同获得了诺贝尔经济学奖。

在很多应用场景中，只有两位参与人，即 $I=\{1, 2\}$，我们可用双矩阵博弈进行分析。设两人分别有 m_1 和 m_2 个纯策略，则我们可用两个收益矩阵 $\boldsymbol{A}$，$\boldsymbol{B}\in\mathbf{R}^{m_1\times m_2}$ 来分别表示两人的收益与策略组合的关系。双方的策略分别为 $\boldsymbol{x}=(x_1,x_2,\cdots,x_{m_1})\in\sum^1$ 和 $\boldsymbol{y}=(y_1,y_2,\cdots,y_{m_2})\in\sum^2$，从而效用函数为

$$u^1(\boldsymbol{x}, \boldsymbol{y})=\boldsymbol{x}^{\mathrm{T}}\boldsymbol{A}\boldsymbol{y}$$

$$u^2(\boldsymbol{x}, \boldsymbol{y})=\boldsymbol{x}^{\mathrm{T}}\boldsymbol{B}\boldsymbol{y}$$

根据定义，$(\boldsymbol{x}^*, \boldsymbol{y}^*)$ 是纳什均衡当且仅当

$$\boldsymbol{x}^*\in\arg\max_{\boldsymbol{x}\in\Sigma^1}\boldsymbol{x}^{\mathrm{T}}\boldsymbol{A}\boldsymbol{y}^*$$

$$\boldsymbol{y}^*\in\arg\max_{\boldsymbol{y}\in\Sigma^2}\boldsymbol{x}^{*\mathrm{T}}\boldsymbol{B}\boldsymbol{y}$$

即 $\boldsymbol{x}^*$ 和 $\boldsymbol{y}^*$ 分别是两个线性规划问题的最优解。但一般的博弈问题不同于规划问题，$\boldsymbol{x}^*$ 和 $\boldsymbol{y}^*$ 存在于对方的目标函数中，二者相互影响，这使得博弈问题的分析和求解，普遍难于线性规划等优化问题。

双矩阵博弈有着诸多的应用，本书前文提到的多个例子属于双矩阵博弈。双矩阵博弈的理论与算法目前仍是经济学、运筹学以及计算机科学的研究前沿。虽然一般的双矩阵博弈的求解相对困难，但对于较小规模的双矩阵博弈，可通过成熟的算法快速求解（在数学上，双矩阵博弈可被转化为一个线性互补问题，这是一类经典的优化问题）。互联网上也有可在线求解双矩阵博弈中纳什均衡的软件。

$\max\limits_{\boldsymbol{x}\in\sum^1}\boldsymbol{x}^{\mathrm{T}}\boldsymbol{A}\boldsymbol{y}^*$ 的对偶问题为 $\min\limits_{t\in\{t\in\mathbf{R}|\ t\boldsymbol{e}\geqslant\boldsymbol{A}\boldsymbol{y}^*\}} t$，这里 $\boldsymbol{e}=(1, 1, \cdots, 1)\in\mathbf{R}^{m_1}$。对于线性规划，对偶定理成立，最优值为 $\boldsymbol{x}^{*\mathrm{T}}\boldsymbol{A}\boldsymbol{y}^*=\sum\limits_{j=1}^{m_1}x_j^*(\boldsymbol{A}\boldsymbol{y}^*)_j=t^*=(\boldsymbol{A}\boldsymbol{y}^*)_{j_0}$，其中 $j_0=\arg\max\limits_{1\leqslant j\leqslant m_1}(\boldsymbol{A}\boldsymbol{y}^*)_j$。根据线性规划的互补松弛性，有 $(t^*\boldsymbol{e}-\boldsymbol{A}\boldsymbol{y}^*)^{\mathrm{T}}\boldsymbol{x}^*=0$，即 $\sum\limits_{j=1}^{m_1}x_j^*((\boldsymbol{A}\boldsymbol{y}^*)_{j_0}-(\boldsymbol{A}\boldsymbol{y}^*)_j)=0$。根据 j_0 的定义，对于所有的 j 都有 $(\boldsymbol{A}\boldsymbol{y}^*)_{j_0}-(\boldsymbol{A}\boldsymbol{y}^*)_j\geqslant0$，因此，当 $x_j^*>0$ 时，必有 $(\boldsymbol{A}\boldsymbol{y}^*)_{j_0}=(\boldsymbol{A}\boldsymbol{y}^*)_j$，当 $(\boldsymbol{A}\boldsymbol{y}^*)_{j_0}>(\boldsymbol{A}\boldsymbol{y}^*)_j$ 时，必有 $x_j^*=0$。

也就是说，对于参与人 1 的两个纯策略 j'，$j''\in S^1$，如果其中有一个被选择的概率为正，例如 $x_{j'}^*>0$ 而 $x_{j''}^*=0$，则有 $u^1(j', \boldsymbol{y}^*)=(\boldsymbol{A}\boldsymbol{y}^*)_{j'}=(\boldsymbol{A}\boldsymbol{y}^*)_{j_0}\geqslant(\boldsymbol{A}\boldsymbol{y}^*)_{j''}=u^1(j'', \boldsymbol{y}^*)$，即选择策略 j' 不会比选择 j'' 的收益低。如果选择概率均为正，即 $x_{j'}^*>0$ 且 $x_{j''}^*>0$，则有 $u^1(j', \boldsymbol{y}^*)=(\boldsymbol{A}\boldsymbol{y}^*)_{j'}=(\boldsymbol{A}\boldsymbol{y}^*)_{j_0}=(\boldsymbol{A}\boldsymbol{y}^*)_{j''}=u^1(j'', \boldsymbol{y}^*)$，即选择策略 j_1 或 j_2 的收益相同。

事实上，纳什均衡的这一性质对于多于两个参与人的博弈也成立，我们总结为以下定理。

定理 10.2 在策略式博弈 $G=\langle I, S, v\rangle$ 中，$\sigma^{*}=(\sigma^{*1},\sigma^{*2},\cdots,\sigma^{*N})\in\sum$ 为一个混合策略纳什均衡，对于参与人 $i\in I$ 的两个纯策略 j', $j''\in S^i$，有

1）如果 $\sigma_{j'}^{*i}>0$ 且 $\sigma_{j''}^{*i}=0$，那么 $u^i(j', \boldsymbol{\sigma}^{*-i})\geqslant u^i(j'', \boldsymbol{\sigma}^{*-i})$。

2）如果 $\sigma_{j'}^{*i}>0$ 且 $\sigma_{j''}^{*i}>0$，那么 $u^i(j', \boldsymbol{\sigma}^{*-i})=u^i(j'', \boldsymbol{\sigma}^{*-i})$。

例 10.5 监督博弈是猜硬币博弈的一种变形，它概括了诸如税收检查、质量检查、惩治犯罪、雇主监督雇员等这样一种性质的博弈。我们以税收检查为例，参与人包括税收部门和纳税人。对于税收部门和纳税人而言，税收部门的策略选择有检查或不检查，纳税人的策略是逃税或不逃税。如果设 C 表示检查成本，a 表示应纳税额，F 表示罚款，则该博弈的收益矩阵如图 10.8 所示。

		纳税人：逃税	纳税人：不逃税
税收部门	检查	$(a-C+F, -a-F)$	$(a-C, -a)$
	不检查	$(0, 0)$	$(a, -a)$

图 10.8 监督博弈的收益矩阵

这是一个双矩阵博弈，收益矩阵可以表示为

$$\boldsymbol{A}=\begin{bmatrix} a-C+F & a-C \\ 0 & a \end{bmatrix}, \quad \boldsymbol{B}=\begin{bmatrix} -a-F & -a \\ 0 & -a \end{bmatrix}$$

我们用 $(x, 1-x)$ 和 $(y, 1-y)$ 分别表示双方的混合策略，这里 $0\leqslant x, y\leqslant 1$。效用函数为

$$u^1(x, y)=(x, 1-x)\boldsymbol{A}(y, 1-y)^{\mathrm{T}}$$

$$u^2(x, y)=(x, 1-x)\boldsymbol{B}(y, 1-y)^{\mathrm{T}}$$

一阶条件为

$$\frac{\partial}{\partial x}u^1(x, y)=(a-C+F, -C)(y, 1-y)^{\mathrm{T}}=0$$

$$\frac{\partial}{\partial y}u^2(x, y)=(x, 1-x)(-F, a)^{\mathrm{T}}=0$$

解得 $x^{*}=\frac{a}{a+F}$，$y^{*}=\frac{C}{a+F}$。当 x^{*} 和 y^{*} 均可行，即 $0\leqslant x^{*}, y^{*}\leqslant 1$ 时，则 $\left(\left(\frac{a}{a+F}, \frac{F}{a+F}\right), \left(\frac{C}{a+F}, \frac{a+F-C}{a+F}\right)\right)$ 构成该博弈问题的纳什均衡。x^{*} 为税收部门选择检查的概率，关于 a 单调递增，关于 F 单调递减；y^{*} 为纳税人逃税的概率，关于 C 单调递增，关于 a 和 F 单调递减。也就是说，罚款越小，或应纳税额越大，则税收部门检查的概率越高。当 $C\geqslant a+F$ 时，$y^{*}\geqslant 1$，纳什均衡下纳税人的最优策略是逃税。

根据定理 10.2，当 $0<x^{*}, y^{*}<1$，即双方均不采用纯策略时，税收部门是否检查获得的收益相同，而纳税人是否逃税获得的收益也不变。假设税收部门偏离纳什均衡策略，当检查概率高于 $\frac{a}{a+F}$ 时，纳税人逃税的收益将低于不逃税的收益，因此将选择不逃税；反之，当检查概率低于 $\frac{a}{a+F}$ 时，纳税人逃税的收益将高于不逃税的收益，因此将选择逃税。

通过本例，我们利用博弈论对经济活动中的逃税现象进行了分析，为政府相关部门的监管机制设计提供了一定的理论参考，具有一定的实际意义。

10.3 零和博弈

在静态博弈中，如果所有参与人的支付之和是零，则称这个博弈为零和博弈（Zero Sum Game）。二人有限零和博弈是众多博弈模型中一类最简单的博弈模型，其研究思想和方法十分具有代表性，是研究其他博弈模型的基础。下面将着重介绍二人有限零和博弈及其求解方法。

10.3.1 基本概念

定义 10.8 对于策略式博弈 $G=\langle I, S, v\rangle$，如果满足下列三个条件：

1）参与人集合 $I=\{1, 2\}$。

2）参与人 1 有 m 个纯策略，即$S^1=\{\alpha_1, \cdots, \alpha_m\}$，参与人 2 有 n 个纯策略，即$S^2=\{\beta_1, \cdots, \beta_n\}$。

3）对任一个策略组合（α_i，β_j），参与人 1 的收益为a_{ij}，而参与人 2 的收益为 $-a_{ij}$。

则称该博弈为矩阵博弈（Matrix Game），用 $G=\langle S^1, S^2, \boldsymbol{A}\rangle$ 表示，并称

$$\boldsymbol{A}=(a_{ij})_{m\times n}=\begin{bmatrix} a_{11} & \cdots & a_{1n} \\ \vdots & & \vdots \\ a_{m1} & \cdots & a_{mn} \end{bmatrix}$$

为参与人 1 的收益矩阵。同时，$-\boldsymbol{A}$ 即为参与人 2 的收益矩阵。

由于参与人的策略集都是有限的，并且对任一策略组合，两个参与人的收益之和为零，故也称矩阵博弈为二人有限零和博弈。矩阵博弈是一类特殊的双矩阵博弈，当双矩阵博弈中双方的收益矩阵之和为零时，即为矩阵博弈。

零和博弈的特殊结构使得其纳什均衡有着特殊的性质。我们先回顾上一节内容中介绍的双矩阵博弈。参与人 1 的目标为 $\max\limits_{\boldsymbol{x}\in\sum^1} \boldsymbol{x}^{\mathrm{T}}\boldsymbol{A}\boldsymbol{y}^*$，其对偶问题为 $\min\limits_{t\in\{t\in\mathbf{R}\mid t\boldsymbol{e}_n\geqslant \boldsymbol{A}\boldsymbol{y}^*\}} t$，这里$\boldsymbol{e}_n=(1, 1, \cdots, 1)\in\mathbf{R}^n$，根据对偶定理，有$\boldsymbol{x}^{*\mathrm{T}}\boldsymbol{A}\boldsymbol{y}^*=t^*=(\boldsymbol{A}\boldsymbol{y}^*)_{j_0}$，其中$j_0=\arg\max\limits_{1\leqslant j\leqslant m}(\boldsymbol{A}\boldsymbol{y}^*)_j$。

类似地，在参与人 2 的目标为 $\max\limits_{\boldsymbol{y}\in\sum^2} \boldsymbol{x}^{*\mathrm{T}}\boldsymbol{B}\boldsymbol{y}$，其对偶问题为 $\min\limits_{s\in\{s\in\mathbf{R}\mid s\boldsymbol{e}_m\geqslant \boldsymbol{B}^{\mathrm{T}}\boldsymbol{x}^*\}} s$，这里$\boldsymbol{e}_m=(1, 1, \cdots, 1)\in\mathbf{R}^m$，根据对偶定理，有$\boldsymbol{x}^{*\mathrm{T}}\boldsymbol{B}\boldsymbol{y}^*=s^*=(\boldsymbol{B}^{\mathrm{T}}\boldsymbol{x}^*)_{k_0}$，其中$k_0=\arg\max\limits_{1\leqslant k\leqslant n}(\boldsymbol{B}^{\mathrm{T}}\boldsymbol{x}^*)_k$。对于零和博弈，我们有 $\boldsymbol{B}=-\boldsymbol{A}$，从而$k_0=\arg\min\limits_{1\leqslant k\leqslant n}(\boldsymbol{A}^{\mathrm{T}}\boldsymbol{x}^*)_k$，参与人 2 的效用为$\boldsymbol{x}^{*\mathrm{T}}\boldsymbol{B}\boldsymbol{y}^*=-\boldsymbol{x}^{*\mathrm{T}}\boldsymbol{A}\boldsymbol{y}^*=-(\boldsymbol{A}^{\mathrm{T}}\boldsymbol{x}^*)_{k_0}$。将其与参与人 1 的效用对比，有$(\boldsymbol{A}\boldsymbol{y}^*)_{j_0}=(\boldsymbol{A}^{\mathrm{T}}\boldsymbol{x}^*)_{k_0}$，即向量$\boldsymbol{A}\boldsymbol{y}^*$最大的分量与向量$\boldsymbol{A}^{\mathrm{T}}\boldsymbol{x}^*$最小的分量值相等。我们将这一发现总结为如下定理。

定理 10.3 对于矩阵博弈 $G=\langle S^1, S^2, \boldsymbol{A}\rangle$，策略组合$(\boldsymbol{x}^*, \boldsymbol{y}^*)$是纳什均衡，当且

仅当 $\max\limits_{1\leqslant j\leqslant m}(\boldsymbol{Ay}^*)_j=\min\limits_{1\leqslant k\leqslant n}(\boldsymbol{A}^{\mathrm{T}}\boldsymbol{x}^*)_k$。

对于任意行 $1\leqslant j\leqslant m$，有 $(\boldsymbol{Ay}^*)_j\geqslant\min\limits_{1\leqslant k\leqslant n}a_{jk}$，对于任意列 $1\leqslant k\leqslant n$，有 $(\boldsymbol{A}^{\mathrm{T}}\boldsymbol{x}^*)_k\leqslant\max\limits_{1\leqslant j\leqslant m}a_{jk}$。因此，

$$\max_{1\leqslant j\leqslant m}\min_{1\leqslant k\leqslant n}a_{jk}\leqslant\max_{1\leqslant j\leqslant m}(\boldsymbol{Ay}^*)_j=\min_{1\leqslant k\leqslant n}(\boldsymbol{A}^{\mathrm{T}}\boldsymbol{x}^*)_k\leqslant\min_{1\leqslant k\leqslant n}\max_{1\leqslant j\leqslant m}a_{jk}$$

最左侧为参与人 1 至少可获得的收益，最右侧为参与人 2 至多承受的损失。如果只允许纯策略，$\boldsymbol{x}^*$ 和 $\boldsymbol{y}^*$ 均为 0－1 向量，则上式中的两个不等式均取等号，有 $\max\limits_{1\leqslant j\leqslant m}\min\limits_{1\leqslant k\leqslant n}a_{jk}=\min\limits_{1\leqslant k\leqslant n}\max\limits_{1\leqslant j\leqslant m}a_{jk}$。这是零和博弈存在纯策略纳什均衡的充要条件。

定理 10.4 矩阵博弈 $G=\langle S^1, S^2, \boldsymbol{A}\rangle$ 有纯策略纳什均衡，当且仅当 $\max\limits_{1\leqslant j\leqslant m}\min\limits_{1\leqslant k\leqslant n}a_{jk}=\min\limits_{1\leqslant k\leqslant n}\max\limits_{1\leqslant j\leqslant m}a_{jk}$。

10.3.2 零和博弈的混合策略纳什均衡

根据定理 10.4，对于矩阵博弈 $G=\{S^1, S^2, \boldsymbol{A}\}$，如果 $\max\limits_{1\leqslant j\leqslant m}\min\limits_{1\leqslant k\leqslant n}a_{jk}<\min\limits_{1\leqslant k\leqslant n}\max\limits_{1\leqslant j\leqslant m}a_{jk}$，则不存在纯策略纳什均衡。根据定理 10.1，一定存在混合策略纳什均衡。

我们可以发现，矩阵博弈的纳什均衡与线性规划的对偶问题有着密切的联系。考虑如下的线性规划问题（LP1）。

$$\begin{aligned}\min_{t\in\mathbf{R},\, \boldsymbol{y}\in\mathbf{R}^n}\quad & t\\ \text{s. t.}\quad & \boldsymbol{Ay}\leqslant t\,\boldsymbol{e}_m\\ & \boldsymbol{e}_n^{\mathrm{T}}\boldsymbol{y}=1\\ & \boldsymbol{y}\geqslant 0\end{aligned}$$

该问题的最优解满足约束条件 $\boldsymbol{Ay}^*\leqslant t^*\boldsymbol{e}_m$，从而 $t^*=\max\limits_{1\leqslant j\leqslant m}(\boldsymbol{Ay}^*)_j$。$\boldsymbol{e}_n^{\mathrm{T}}\boldsymbol{y}^*=1$ 和 $\boldsymbol{y}^*\geqslant\boldsymbol{0}$ 使得 $\boldsymbol{y}^*\in\sum^2$ 为参与人 2 的一个可行的混合策略。该问题的对偶问题如下，记为（LP2）。

$$\begin{aligned}\max_{s\in\mathbf{R},\, \boldsymbol{x}\in\mathbf{R}^m}\quad & s\\ \text{s. t.}\quad & \boldsymbol{A}^{\mathrm{T}}\boldsymbol{x}\geqslant s\,\boldsymbol{e}_n\\ & \boldsymbol{e}_m^{\mathrm{T}}\boldsymbol{x}=1\\ & \boldsymbol{x}\geqslant\boldsymbol{0}\end{aligned}$$

其最优解满足条件 $\boldsymbol{A}^{\mathrm{T}}\boldsymbol{x}^*\geqslant s^*\boldsymbol{e}_n$，从而 $s^*=\min\limits_{1\leqslant k\leqslant n}(\boldsymbol{A}^{\mathrm{T}}\boldsymbol{x}^*)_k$。$\boldsymbol{e}_m^{\mathrm{T}}\boldsymbol{x}^*=1$ 和 $\boldsymbol{x}^*\geqslant\boldsymbol{0}$ 使得 $\boldsymbol{x}^*\in\sum^1$ 为参与人 1 的一个可行的混合策略。根据线性规划的对偶定理，有 $t^*=s^*$，故

$$\max_{1\leqslant j\leqslant m}(\boldsymbol{Ay}^*)_j=\min_{1\leqslant k\leqslant n}(\boldsymbol{A}^{\mathrm{T}}\boldsymbol{x}^*)_k$$

根据定理 10.3，可知这两个线性规划的最优解 $(t^*, \boldsymbol{y}^*)$ 和 $(s^*, \boldsymbol{x}^*)$ 共同给出了矩阵博弈 $G=\{S^1, S^2, \boldsymbol{A}\}$ 的纳什均衡 $(\boldsymbol{x}^*, \boldsymbol{y}^*)$。

这一发现总结为如下的定理。

定理 10.5 对于矩阵博弈 $G=\langle S^1, S^2, \boldsymbol{A}\rangle$，混合策略组合 $(\boldsymbol{x}^*, \boldsymbol{y}^*)$ 是 G 的纳什均衡，当且仅当 $(t^*, \boldsymbol{y}^*)$ 和 $(s^*, \boldsymbol{x}^*)$ 分别是线性规划问题（LP1）和（LP2）的最优解，

其中$t^* = \max\limits_{1\leqslant j\leqslant m}(\boldsymbol{A}\boldsymbol{y}^*)_j$，$s^* = \min\limits_{1\leqslant k\leqslant n}(\boldsymbol{A}^{\mathrm{T}}\boldsymbol{x}^*)_k$。

该定理表明，求解一个矩阵博弈的纳什均衡，等价于求解一个线性规划问题及其对偶问题。（LP2）可以进一步简化，将每个约束条件均除以s，可得（LP2）等价于

$$\min_{s\in\mathbf{R},\ \boldsymbol{x}\in\mathbf{R}^m} \frac{1}{s}$$

$$\text{s. t. } \boldsymbol{A}^{\mathrm{T}}\frac{\boldsymbol{x}}{s}\geqslant \boldsymbol{e}_n$$

$$\boldsymbol{e}_m^{\mathrm{T}}\frac{\boldsymbol{x}}{s}=\frac{1}{s}$$

$$\boldsymbol{x}\geqslant \boldsymbol{0}$$

根据第二个约束条件，可将目标函数$\frac{1}{s}$替代为$\boldsymbol{e}_m^{\mathrm{T}}\frac{\boldsymbol{x}}{s}$。再将$\frac{\boldsymbol{x}}{s}$替代为$\boldsymbol{x}'$，则有

$$\min_{\boldsymbol{x}\in\mathbf{R}_+^m} \boldsymbol{e}_m^{\mathrm{T}}\boldsymbol{x}'$$

$$\text{s. t. } \boldsymbol{A}^{\mathrm{T}}\boldsymbol{x}'\geqslant \boldsymbol{e}_n$$

将此问题记为（LP3）。类似地，问题（LP1）可简化为

$$\max_{\boldsymbol{y}'\in\mathbf{R}_+^n} \boldsymbol{e}_n^{\mathrm{T}}\boldsymbol{y}'$$

$$\text{s. t. } \boldsymbol{A}\boldsymbol{y}'\leqslant \boldsymbol{e}_m$$

将此问题记为（LP4）。（LP3）和（LP4）均为线性规划问题且互为对偶。将其最优解$\boldsymbol{x}'^*$和$\boldsymbol{y}'^*$归一化，即可得（LP1）和（LP2）的最优解，从而得到矩阵博弈$G=\langle S^1, S^2, \boldsymbol{A}\rangle$的纳什均衡$\left(\dfrac{\boldsymbol{x}'^*}{\boldsymbol{e}_m^{\mathrm{T}}\boldsymbol{x}'^*}, \dfrac{\boldsymbol{y}'^*}{\boldsymbol{e}_n^{\mathrm{T}}\boldsymbol{y}'^*}\right)$。

例10.6 利用线性规划方法求解矩阵对策$G=\{S^1, S^2, \boldsymbol{A}\}$，其中：

$$\boldsymbol{A}=\begin{bmatrix}7 & 2 & 9\\ 2 & 9 & 0\\ 9 & 0 & 11\end{bmatrix},\ S^1=\{\alpha_1, \alpha_2, \alpha_3\},\ S^2=\{\beta_1, \beta_2, \beta_3\}$$

解 依照（LP3）和（LP4），该矩阵博弈的纳什均衡可转化为求解两个互为对偶的线性规划问题为

$$\text{P)}\begin{cases}\min\ (x_1+x_2+x_3)\\ 7x_1+2x_2+9x_3\geqslant 1\\ 2x_1+9x_2\geqslant 1\\ 9x_1+11x_3\geqslant 1\\ x_1,\ x_2,\ x_3\geqslant 0\end{cases}$$

$$\text{D)}\begin{cases}\max\ (y_1+y_2+y_3)\\ 7y_1+2y_2+9y_3\leqslant 1\\ 2y_1+9y_2\leqslant 1\\ 9y_1+11y_3\leqslant 1\\ y_1,\ y_2,\ y_3\geqslant 0\end{cases}$$

求解线性规划 P）和 D）得

$$x^* = \left(\frac{1}{20}, \frac{1}{10}, \frac{1}{20}\right)$$

$$y^* = \left(\frac{1}{20}, \frac{1}{10}, \frac{1}{20}\right)$$

将其归一化可知，该矩阵博弈的纳什均衡为$\left(\left(\frac{1}{4}, \frac{1}{2}, \frac{1}{4}\right), \left(\frac{1}{4}, \frac{1}{2}, \frac{1}{4}\right)\right)$。

10.4 完全信息动态博弈

在非合作博弈中，如果参与人的决策并不是同时做出的，则称这个博弈为动态博弈。策略形式（Strategic Form）的博弈不涉及时间先后，参与人同时选择决策。与此不同，扩展形式（Extensive Form）的博弈强调事件发生的顺序。

10.4.1 扩展形式的博弈

例 10.7 考虑“市场进入”博弈问题。一家新企业，记为企业 1，考虑是否进入市场。如果企业 1 选择进入，另一家现有企业，记为企业 2，将考虑是否降价进行价格战。如果降价，双方均受损，收益分别为 -4 和 -3；如果企业 1 进入后，现企业 2 默许，双方均可获益，收益均为 2；如果企业 1 不进入，则收益为 0，企业 2 独享市场，收益为 4。该博弈如用策略形式描述，如图 10.9 所示。

		企业 2 低价	企业 2 高价
企业 1	进	(-4, -3)	(2, 2)
	不进	(0, 4)	(0, 4)

图 10.9 “市场进入”博弈的收益矩阵

可以发现，根据策略形式中的收益矩阵，该博弈有两个纳什均衡，分别是（不进，低价）和（进，高价）。但是，在该博弈中，企业 1 先行动，进入是更好的选择。如果选择进入，那么企业 2 出于自身利益的考虑，不得不选择高价，从而达到了（进，高价）的纳什均衡。对企业 1 来说进入比不进显然更优，可以利用先行动的优势，避免落入（不进，低价）。也就是说，（不进，低价）是一个“不稳定”的纳什均衡。可以理解为在企业 1 选择前，企业 2 威胁如果进入，它就打价格战。试问这一威胁是否可信呢？回答是否定的，因为当企业 1 进入后，企业 2 选择高价才是最优的。

用策略形式描述动态博弈，就有可能遇到上述问题。我们可将博弈的情况用拓展形式来表示，如图 10.10 所示。

扩展形式清楚地描述了动态博弈的关键信息：博弈的参与人；参与人的行动顺序，以及其行动时，可选择的行动；参与人行动时所掌握的信息；博弈的最终结果以及每个参与人的收益。

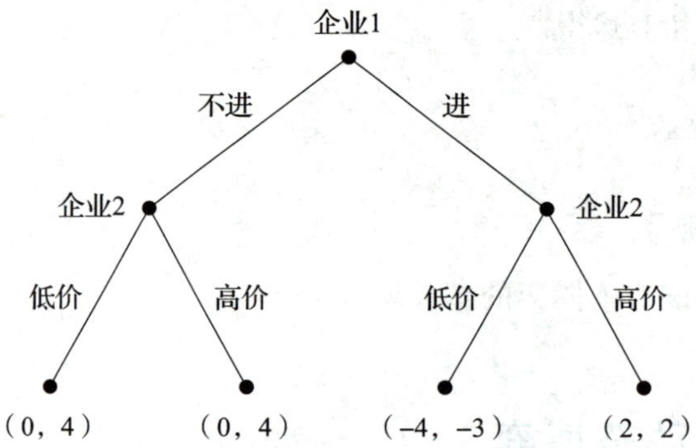

图 10.10 博弈情况的拓展形式

可使用逆向归纳法（Backward Induction）分析。从最终结果往前推理，如果企业 1 选左侧，即不进，则企业 2 选择高价或低价没有区别，从而左侧的收益为(0，4)；如果企业 1 选右侧，即进入，则企业 2 必然选高价，因为 $2>-3$，从而右侧的收益为(2，2)。可简化为图 10.11 所示形式。对企业 1 来说 $2>0$，因此应当选右侧，最终得到的结果为(2，2)，对应为纳什均衡策略组合（进，高价）。

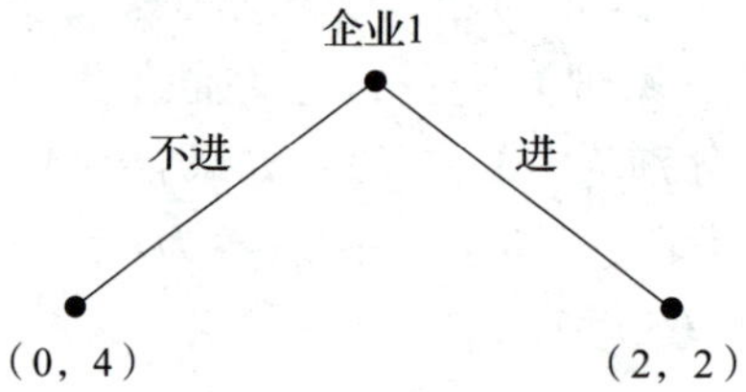

图 10.11 博弈情况的简化形式

10.4.2 逆向归纳法与子博弈完美均衡

考虑这样一个博弈问题。

例 10.8 草原上有一群饥饿的狮子 $I=\{1, 2, \cdots, N\}$，它们幸运地捕获了一只羊(仅够一只狮子吃)。每只狮子都希望能饱餐一顿，然而，它们也害怕进食后睡着，从而沦为其他狮子的食物。狮群等级森严，每只狮子很清楚地知道自己和其他狮子的地位。设 1 号狮子地位最高而 N 号狮子地位最低。首先，1 号选择是否吃羊，如果选择吃，进食后它将睡着，如果不吃，则博弈结束，大家都饿着；然后，2 号选择是否吃睡着的狮子，如果吃，进食后它也将睡着，如果不吃，则博弈结束；以此类推，直到 N 号狮子。如果狮子们都是理性的，1 号狮子会选择吃掉羊吗？

1 号狮子既想吃羊，又担心进食后被 2 号狮子吃掉。那 2 号狮子会吃掉 1 号吗？假如 2 号狮子吃了 1 号，3 号会吃掉 2 号吗？如果顺着思考，该问题将较为复杂。可以使用逆向归纳法，从最终结果往前推理，考虑 N 号狮子。如果轮到 N 号狮子做选择，此时只剩下它和一头昏睡的$(N-1)$号，那么它可以放心地吃掉$(N-1)$号；预计到 N 号的这一选择，$(N-1)$号必然不敢吃掉$(N-2)$号；预计到$(N-1)$号的这一选择，$(N-2)$号又可以放心地吃掉$(N-3)$号；……。如果 N 是奇数，那么所有的奇数号狮子都会毫不犹豫地选择吃，而所有的偶数号狮子都将选择不吃；反之 N 为偶数，那么所有的偶数号狮子都会毫不犹豫地选择吃，而所有的奇数号狮子都将选择不吃。因此，该问题的答案是否吃羊取决于 N 的奇偶性，N 为奇数时 1 号狮子应当选择吃，否则不吃。

逆向归纳法是求解完全信息动态博弈的一种常见技术，它首先考虑博弈的最后阶段的行动，并决定在每种情况下参与人的最优行动。然后将这些看成给定的未来行动，继续按照决策顺序逆向进行，再确认各参与人的最优行动，直到博弈的开始。

在上一小节中，我们利用逆向归纳法找到了"市场进入"博弈的两个纳什均衡中的一个，可见并不是所有的纳什均衡都能通过逆向归纳法找到。从逆向归纳法求得的纳什均衡也被称为子博弈完美均衡（Subgame Perfect Equilibrium）。

定义 10.9 （Selten）如果参与人的策略在每一个子博弈中都构成纳什均衡，则称纳什均衡是子博弈完美均衡。

所谓子博弈是指扩展形式的博弈中可被独立分析的一部分，它包含一个起点（不一定是原博弈的起点）及其所有的后继节点。例如在狮子博弈中，对于任意 $i \in I$，从第 i 号狮子选择是否吃掉第$(i-1)$号或羊的结点直到博弈结束，就是一个子博弈。子博弈完美均衡要求各参与人的策略组合放在每个子博弈中依然是纳什均衡。根据定义，子博弈完美均衡一定是纳什均衡，反之则不一定。子博弈完美均衡是动态博弈中纳什均衡的一种精炼(Refinement)。

动态博弈也可以是无限多个阶段的，例如"讨价还价"博弈（Rubinstein 提出）。

例 10.9 有两位参与人分配一块蛋糕(初始总量为 1)。参与人 1 首先提出分配方案$(x, 1-x)$，即自己分得 x 而对方得 $1-x$，这里 $0 \leqslant x \leqslant 1$；参与人 2 选择是否接受该方案，如果接受则两人按此分配，如不接受则进入下一回合。再由参与人 2 提出分配方案$(y, 1-y)$，即自己分得 $1-y$ 而对方得 y，这里 $0 \leqslant y \leqslant 1$；参与人 1 选择是否接受该方案，如果接受则两人按此分配，如不接受则进入下一回合。如此往复。但随着时间的推移，蛋糕也在缩小，设每经过一个回合，蛋糕减小为之前的 δ 倍，$0<\delta \leqslant 1$。试问二人应如何提出分配方案呢？

这个博弈中有多个纳什均衡。例如"参与人 1 总是提议 $x=1$，并拒绝任何其他方案，参与人 2 总是提议 $y=1$，并接受任何方案"就是一个纳什均衡，因为两人均不能从单方面改变策略中获得更多收益。显然，该策略组合并不是子博弈完美均衡：如果参与人 2 拒绝参与人 1 的第一次出价，而还价 $y=\delta$，则参与人应该接受，因为即使下一个回合他得到整个蛋糕，收益也不会更多。

对于有限多阶段的动态博弈，可直接用逆序归纳法进行分析。对于无限多阶段的动态博弈，我们仍可以借鉴逆序归纳法的思想。在第 t 回合，设此时轮到参与人 1 出价，假设根据子博弈完美均衡，参与人 1 应提出$(x^*, 1-x^*)$。那么，在第$(t-1)$回合，参与人 1 会接受参与人 2 提出的$(y, 1-y)$，只要 $y \geqslant \delta x^*$，因此参与人 2 此时应提出$(\delta x^*, 1-\delta x^*)$。那么，在第$(t-2)$回合，参与人 2 会接受参与人 1 提出的$(x, 1-x)$，只要 $1-x \geqslant \delta(1-\delta x^*)$，因此参与人 1 此时应提出$(1-\delta(1-\delta x^*), \delta(1-\delta x^*))$。由于从第 t 回合开始的子博弈与从第$(t-2)$回合开始的子博弈完全相同，有 $x^*=1-\delta(1-\delta x^*)$，解得 $x^*=\dfrac{1}{1+\delta}$。

因此，子博弈完美均衡为参与人 1 提议 $\left(\dfrac{1}{1+\delta}, \dfrac{\delta}{1+\delta}\right)$，如果 $y \geqslant \dfrac{\delta}{1+\delta}$，而接受对方提

出的$(y, 1-y)$。参与人 2 提议$\left(\frac{\delta}{1+\delta}, \frac{1}{1+\delta}\right)$，如果$1-x \geqslant \frac{\delta}{1+\delta}$，而接受对方提出的$(x, 1-x)$。这也是该问题的唯一子博弈完美均衡。

10.4.3 斯塔克伯格竞争

斯塔克伯格（Stackelberg）竞争是经济学中的经典模型。不同于古诺竞争里的两家企业同时决策产量，斯塔克伯格竞争中的两家企业先后决策，即领导者首先行动，而后追随者行动。

记领导者和追随者分别为企业 1 和企业 2，他们生产并销售同一种产品，先后决定生产的产量，以追求自身利润的最大化。与古诺竞争类似，企业$i \in I = \{1, 2\}$的策略是选择产量$q_i \in S^i = [0, +\infty)$，其中$S^i$为策略集。两家企业生产每单位的产品所需的成本分别为c_1和c_2，而售出价格p与总产量$Q = q_1 + q_2$负相关，为$p = a - Q$。假设a是一个足够大的数。企业的效用函数就是其利润函数，分别为

$$v^1(q_1, q_2) = q_1(a - q_1 - q_2) - c_1 q_1$$

$$v^2(q_1, q_2) = q_2(a - q_1 - q_2) - c_2 q_2$$

我们使用逆向归纳法进行分析。当企业 1 选择选择q_1后，企业 2 的最优策略可通过求$v^2(q_1, q_2)$对q_2的一阶条件得到，即$(a - q_1 - q_2) - q_2 - c_2 = 0$。由此可得企业 2 对企业 1 的策略的反应函数$R_2(q_1) = \frac{1}{2}(a - c_2 - q_1)$。企业 1 预计到企业 2 会选择产量$q_2 = R_2(q_1)$，其利润可以表示为$q_1$的函数，即

$$u^1(q_1) = v^1(q_1, R_2(q_1)) = q_1(a - q_1 - R_2(q_1)) - c_1 q_1$$

其一阶条件为$(a - q_1 - R_2(q_1)) - \frac{1}{2}q_1 - c_1 = 0$。解得企业 1 最优产量为

$$q_1^* = \frac{1}{2}(a + c_2 - 2c_1)$$

从而企业 2 的最优产量为

$$q_2^* = R_2(q_1^*) = \frac{1}{4}(a + 2c_1 - 3c_2)$$

自身成本越低，或对手成本越高时，最优产量则越高。将(q_1^*, q_2^*)代入到利润函数中，得到

$$v^1(q_1^*, q_2^*) = \frac{1}{8}(a + c_2 - 2c_1)^2 = \frac{1}{2}q_1^{*2}$$

$$v^2(q_1^*, q_2^*) = \frac{1}{16}(a + 2c_1 - 3c_2)^2 = q_2^{*2}$$

当两家企业成本相同，即$c_1 = c_2 = c$时，有$q_1^* = \frac{1}{2}(a-c)$，$q_2^* = \frac{1}{4}(a-c)$。利润分别为$v^1(q_1^*, q_2^*) = \frac{1}{8}(a-c)^2$和$v^2(q_1^*, q_2^*) = \frac{1}{16}(a-c)^2$，总产量和总利润分别为$\frac{3}{4}(a-c)$和$\frac{3}{16}(a-c)^2$。

作为对比，在古诺竞争中，两家企业的总产量和总利润分别为$\frac{2}{3}(a-c)$和$\frac{2}{9}(a-c)^2$。斯塔克伯格竞争中的总产量高于古诺竞争，从而销售单价更低。不过领导者完全可以选择古诺竞争的均衡产量$\frac{1}{3}(a-c)$，这样追随者的最优反应同样是古诺竞争的均衡产量。也就是说，领导者完全可以使利润水平达到古诺竞争的均衡水平，却选择了更高的产量。与古诺竞争相比，虽然斯塔克伯格竞争中两家企业的总利润更少了，但领导者的利润却比古诺竞争时还要高，同时追随者的利润下降，这说明斯塔克伯格竞争中领导者有着先动优势。

追随者获得了比古诺竞争中更低的利润，这揭示了单人决策问题与多人博弈问题的一个重要不同。在单人决策理论中，知道更多的信息总是一件好事，绝不会对决策者带来不利的影响。然而在博弈论中，了解更多信息却可能导致利益受损。例如，追随者知道领导者的产量信息，非但没有带来更多利润，反而使自己在竞争中处于劣势。

习题

10.1　简述博弈问题的基本要素。

10.2　请举例说明现实中的“囚徒困境”现象。

10.3　请举例说明现实生活中“智猪博弈”的搭便车现象。

10.4　什么是纳什均衡？“囚徒困境”的纳什均衡是什么？

10.5　试用“划线法”分析图 10.12 所示博弈的纳什均衡。

		参与者 2	
		手心	手背
参与者 1	手心	(1, 4)	(2, 3)
	手背	(0, 9)	(8, 7)

图 10.12　手心手背博弈的收益矩阵

10.6　一群赌徒围成一圈赌博，每个人将自己的钱放在身边，且每个人知道自己有多少钱，突然一阵风吹来，将所有的钱混在一起，使得他们无法分辨哪些钱属于自己，他们为此发生争执，请来了律师。律师宣布了这样的规矩：

1）每个人将自己的钱数写在纸上，然后将纸条交给律师。

2）如果所有人的加总不大于钱的总数，每人得到自己要求的部分；否则，所有的钱归律师所有。

试写出以上这个博弈中每个人的策略空间和收益函数，并给出纳什均衡。

10.7　什么是占优策略，什么是劣策略？二者有什么联系？

10.8　已知两个寡头企业进行价格竞争博弈，他们的利润函数分别为

$$u_1 = -(p_1 - a)^2 + p_2$$

$$u_2 = -(p_2 - b\,p_1 + c)^2 + p_2$$

式中，p_1是企业 1 的价格；p_2是企业 2 的价格。试求该博弈的均衡价格。

10.9　试分析收益矩阵图 10.13 所表述的静态博弈问题是否存在纯策略纳什均衡。

博弈方2

博弈方1			
	(2, 0)	(1, 1)	(4, 2)
	(3, 4)	(1, 2)	(2, 3)
	(1, 3)	(0, 2)	(3, 0)

图 10.13 博弈方 1 和 2 的收益矩阵

10.10 求出图 10.13 中收益矩阵所表示的博弈问题的混合策略纳什均衡。

10.11 两人博弈问题，甲、乙分别有三个策略，收益见图 10.14。

		乙		
		左	中	右
甲	上	(4, 3)	(5, 1)	(6, 2)
	中	(2, 1)	(8, 4)	(3, 6)
	下	(3, 0)	(9, 6)	(2, 8)

图 10.14 甲、乙的收益矩阵

1）对于两位参与人，有哪些严格劣策略？
2）请找出该博弈的纯策略纳什均衡。

10.12 根据定义求解下列矩阵博弈，其中收益矩阵 $\boldsymbol{A}$ 分别为

1）$\begin{bmatrix} -2 & 12 & -4 \\ 1 & 4 & 8 \\ -5 & 2 & 3 \end{bmatrix}$。 2）$\begin{bmatrix} 2 & 7 & 2 & 1 \\ 2 & 2 & 3 & 4 \\ 3 & 5 & 4 & 4 \\ 2 & 3 & 1 & 6 \end{bmatrix}$。

10.13 伯特兰（Bertrand）竞争与古诺竞争很相似，不同之处在于前者中的企业决策价格，而后者中的企业决策产量。伯特兰竞争中的需求取决于市场价格 p，设需求函数 $q(p)=a-p$，令 $a=40$。企业 1 与企业 2 的定价分别为p_1和p_2，单位生产成本均为 $c=10$。市场价格 p 取决于二者中的最低价，即 $p=\min\{p_1, p_2\}$。价格更低的企业获得整个市场；当$p_1=p_2$时，双方平分市场。
1）证明p_1和p_2均为 10 是一个纳什均衡。
2）还有其他纳什均衡吗？如果有请找出，如果没有请论证。

10.14 试用线性规划方法求解下列矩阵博弈，其中收益矩阵 $\boldsymbol{A}$ 分别为

1）$\begin{bmatrix} 8 & 2 & 4 \\ 2 & 6 & 6 \\ 6 & 4 & 4 \end{bmatrix}$。 2）$\begin{bmatrix} 2 & 0 & 2 \\ 0 & 3 & 1 \\ 1 & 2 & 1 \end{bmatrix}$。

10.15 给定两个矩阵

$$\boldsymbol{A}=\begin{pmatrix} 2 & 7 & 2 & 1 \\ 2 & 2 & 3 & 4 \\ 3 & 5 & 4 & 4 \\ 2 & 3 & 1 & 6 \end{pmatrix},\ \boldsymbol{B}=\begin{pmatrix} 1 & 3 & 1 & 4 \\ 4 & 5 & 6 & 3 \\ 7 & 2 & 3 & 1 \\ 2 & 3 & 2 & 6 \end{pmatrix}$$

1）分别论证矩阵博弈 $\boldsymbol{A}$ 和矩阵博弈 $\boldsymbol{B}$ 是否有纯策略纳什均衡。

2）对于这两个矩阵构成的双矩阵博弈问题，如果有纯策略纳什均衡，请写出；如果没有，请用线性规划法找出混合策略纳什均衡。

3）请尝试找出双矩阵博弈（$\boldsymbol{A}$，$\boldsymbol{B}$）的所有纳什均衡。

10.16　考虑蜈蚣博弈，博弈的过程如图 10.15 所示，由左往右，甲和乙轮流做决策，每人决策两次。请找出该问题的子博弈完美均衡。

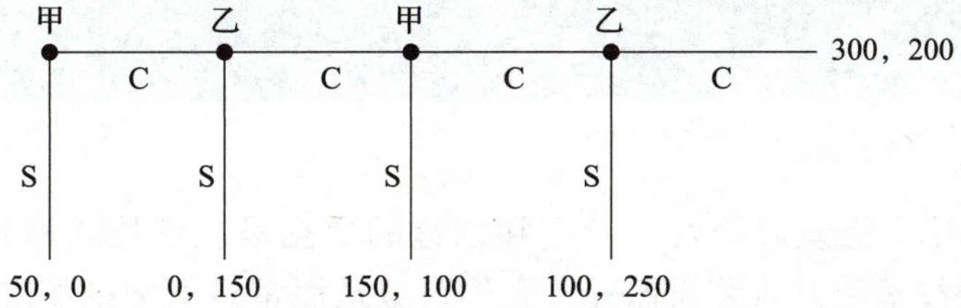

图 10.15　蜈蚣博弈过程

第 11 章　大数据时代的运筹学

随着信息技术的广泛发展，人类产生和创造的数据呈现爆炸式增长。得益于数据采集、存储及处理等技术能力的大幅提升，人们可以从海量数据中挖掘隐藏的信息和规律，人类全面步入大数据时代。在大数据时代，运筹学与统计学、数据科学、人工智能等学科相互交织，通过整合数据、规律及模型，实现更精准与科学的决策。在这一新的背景下，运筹学发生了重大变革。一方面，数据在决策中发挥着越来越核心的作用，使得传统的基于经验或模型的决策模式逐渐向数据驱动（或数据、模型双驱动）的模式转变，大数据时代的运筹学俨然变成了多学科融合的交叉学科。在 20 世纪，数据通常仅在必要时被收集，而在当下，数据的收集和处理则成了一个持续进行的过程。另一方面，由于数据通常具有海量、高维和快速更新等特征，因而基于数据的运筹模型变得更为复杂，这对模型求解提出了更高要求，需要更为高效的优化求解软件或算法。

本章将首先探讨数据驱动的决策模式，并阐释如何将数据整合到决策模型中，以充分利用大数据所包含的丰富信息。然后，介绍目前较为常用的优化求解软件和工具包，以及大数据背景下运筹学中的特定高效算法。此外，本章还将结合实际案例，展示如何依照数据驱动的模式进行科学决策。

11.1　大数据时代的决策模式和运筹建模

在大数据时代，运筹学正经历一场革命性的变化。它不再局限于单一领域，而是逐渐演变为一门多学科交融的交叉学科。运筹学与数据科学、人工智能等领域的紧密结合为决策制定的方式打开了新的可能性，并通过数据驱动的决策提升了决策的准确性和效率。本节将探讨两种数据驱动的决策模式，即“数据－预测－决策”模式和“联合预测与决策”模式，阐释如何将数据处理与分析整合到建模决策过程中，以及如何从数据中挖掘有效信息，实现从“基于经验或模型的决策”到“数据驱动的决策”的转换。

11.1.1　“数据－预测－决策”模式

现实世界中的很多决策问题，往往包含许多不可控的不确定或未知因素。例如，在库存管理问题中，商品的需求是不确定的；在投资组合问题中，资产的未来收益是不确定的。这些带有不确定参数的决策问题往往可以写为

$$z^*(Y)=\arg\min_{z\in Z} c(z,\ Y)$$

式中，z 是决策变量；c 为成本或风险等需要最小化的目标函数；Y 为需要估计的未知参

数。解决上述问题的一个标准范式是“数据 - 预测 - 决策”模式，即先搜集历史数据对未知参数 Y 的取值进行预测，再把优化模型中的不确定参数 Y 替换为确定的预测结果 $\hat{Y}$，求解得到决策结果。这一过程就涉及数据搜集与管理、预测与规律性分析、决策建模与求解三部分（见图 11.1）。

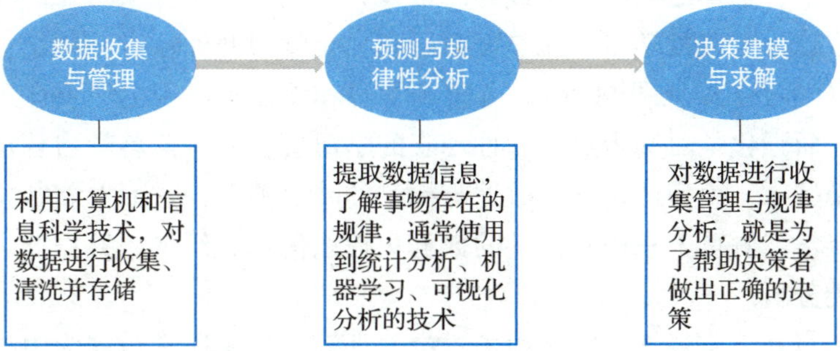

图 11.1 “数据 - 预测 - 决策”模式

数据的收集与管理是数据驱动决策的初步阶段，其目的在于获取、组织和维护大量的数据资源，以便支持后续的分析和决策制定。在预测与规律性分析阶段，决策者获得了关于可能发生事件的信息，从而能够在制定决策时展现更为深刻的洞察力。至于决策建模与求解阶段，决策者需明确目标函数、约束条件和决策变量，将具体问题抽象化为优化模型，并通过解决优化问题来得出最优决策。这一一体化流程在制造业、零售业、交通物流、科学研究等多个领域中发挥着关键作用，使大数据时代的决策模式更加科学与可靠，为各行业与领域实现精确而高效的智能决策提供助力。

（1）数据

数据收集与管理构成了构建决策模型的基础和首要步骤。数据收集覆盖了从各种来源获得信息的过程，而数据管理关注的是如何有效地组织、存储和维护这些数据。在日常生活中，数据会被多个实体通过各种方式收集。例如，电子商务平台记录我们的购物喜好，社交媒体公司分析我们的互动行为，而应用软件则通过生成日志文件来改善用户体验。平台通过收集用户的搜索记录、购买历史、位置信息，以及商品评价和客户服务反馈，能够更加精确地了解客户需求，提高运营效率，适应市场发展的变化，并为用户提供更加满意的服务。在数据收集的过程中，需充分考虑数据的完整性、准确性和时效性，以确保所收集到的数据具有较高的质量和可靠性。

（2）预测

预测在决策和分析的数据驱动过程中占据中心位置，定义为依据现有数据和模型，对未来事件或结果进行估计的过程。决策者经常面临未来不确定性的挑战（例如，模型参数或随机变量分布的未知性）。预测旨在通过利用历史数据和模式，采用统计学习或机器学习等方法，预测未知的情况或趋势，估计未知参数或分布。问题解决的基本流程包括：数据集的准备（确保所收集到的数据具有完整性、准确性和时效性，从而保障其高质量和可信度）、特征工程（从数据集中提取有用特征或构造新的特征，以便更好地拟合数据）、模型的选择和训练（为样本选择与问题匹配的模型进行拟合，并利用数据训练模型）、模型评估（使用测试数据集评估模型的性能）以及模型优化（根据评估结果调整原始模型，以便模型更好地适应数据，并产生更精确的预测结果)。以“华为云盘古气象大模型”为例，其应用了深度学习技术，使用了从1979—2021年、以小时为单位采样的气象数据，并从中提取了有效信息，进而训练了多个模型，实现了对全球气象的秒级预报，其中的预测结果包括温度、湿度、风速等多个指标。

在不同场景中，选择适当的模型或算法可以为我们的决策提供可靠的基础。常见的机器学习算法通常分为有监督学习、无监督学习和强化学习此外还有一些结合前两者的半监督学习和自监督学习（详见图11.2)。有监督学习和无监督学习的主要区别在于输入数据是否包含标签，而强化学习则聚焦于一种动态的学习过程。有监督学习算法将数据样本和标签同时输入模型中，模型通过学习数据与标签的映射关系，进而对新数据进行预测。与此不同，无监督学习侧重于利用无标签的数据集提取信息和结构，并据此训练模型，通常被用来进行聚类分析。

在有监督学习和无监督学习的应用场景中，训练数据集通常被视为由外生过程所提供的。然而，在多种情境中，决策者在当前阶段的行为能够影响所观察到的数据，进一步影响预测模型的质量，并对后续阶段的决策产生影响。相对而言，强化学习提供了一个通用框架，专注于在不确定环境下的序贯决策问题。在强化学习的范畴内，智能体采取一种“不断尝试和犯错”的学习方法，通过与环境的交互并获取奖励来指导其行为（如图11.3所示)。训练过程的主要目标是使智能体获取最大的累计奖励。与有监督学习、半监督学习及无监督学习不同，强化学习中的智能体并无直接的监督，仅能从环境中获取反馈信号，并依据该信号调整自身的行为。强化学习的基本流程包括：定义环境、明确智能体的行为、制定收益函数（以评估智能体行为的效果）及实施学习过程（即依据收益函数的反馈不断优化智能体的行为)。

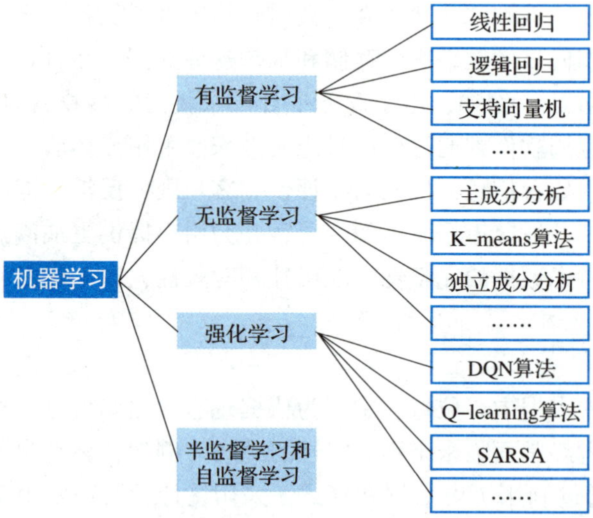

图11.2 机器学习算法分类

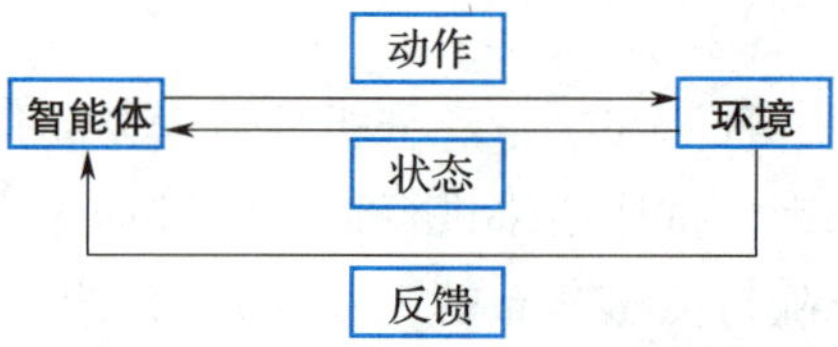

图11.3 强化学习流程

(3) 决策

在经历数据搜集与管理、预测两阶段后，决策者可以将决策模型中的不确定参数 Y 替换为确定的预测结果 $\hat{Y}$，求解如下的确定性模型为

$$\min_{z\in Z} c\ (z,\ \hat{Y})$$

在后续章节中我们将详细讨论如何利用优化求解器或者设计算法求解上述优化问题。

例 11.1　“少女诗人”小冰

在央视与中科院合办的节目《机智过人》（第二期）中，智能机器人“少女诗人”小冰顺利通过了三位分别来自牛津、北大和复旦的优秀青年诗人的最强检验，她的创作还在诗坛引发了一场讨论，最终小冰所做的词曲成功战胜歌手付博，机智过人。据悉机器人小冰学习了自 1920 年以来的 519 位诗人的作品，如徐志摩的诗就读了 2000 余篇（数据），总结了作诗的规律（预测与信息提取），从而能够根据问题写出诗歌（决策）。小冰的过人表现，体现了“数据－预测－决策”模式的显著优势。

11.1.2　联合预测与决策

数据科学的核心在于如何利用已有的数据，对未知的信息进行预测；而运筹学的核心在于建立合理的数学模型，并采用恰当的算法进行求解，从而做出科学决策。在“数据－预测－决策”模式中，决策者将预测与决策分为独立的两部分，在预测阶段只关注预测的准确性而忽略了预测结果对决策产生的影响，仅将预测阶段的输出结果作为决策阶段的输入。预测可以为决策提供有效信息，但有时好的预测不代表好的决策。在预测阶段，决策者关注的是预测误差，即参数预测值与真实值之间的差别。决策者的最终目的是得到一个好的决策，而不仅仅是一个好的预测值，因而数据驱动的决策模型更应关注决策误差，即由模型得到的决策和最优决策之间的差距。基于上述想法，我们可以考虑“联合预测与决策”这样一种数据驱动的模式。与上一小节介绍的“数据－预测－决策”模式不同，“联合预测与决策”模式在训练预测模型时会考虑后续阶段的决策误差，将预测与决策耦合在一起。下面我们将通过“联合预测与决策”模式的两个例子阐述如何使预测和决策有机结合。

（1）“智慧预测后决策”框架

考虑带有不确定参数的优化问题

$$z^*\ (Y)\ =\arg\min_{z\in Z} c(z,\ Y)$$

式中，c 为目标函数；z 为决策变量；Y 为需要从数据中估计的参数。给定数据集 $\{(X_i,\ Y_i)\}_{i=1}^{n}$ 后，决策者在预测阶段通常会建立如下的优化模型来预测未知参数。

$$\min_{f\in F}\frac{1}{n}\sum_{i=1}^{n} l(f(X_i),Y_i)$$

式中，l 为损失函数；f 为需要训练的预测模型；X_i 为观测到的特征。在“数据－预测－决策”模式中，决策者通常选取均方误差等损失函数来得到尽可能准确的预测值。但在“智慧预测后决策”框架下，预测阶段我们不再关心预测准确度，而是以决策质量为目标产生预测结果，即考虑损失函数为

$$l(\hat{Y},\ Y)=c(z^*(\hat{Y}),\ \hat{Y})-c\ (z^*\ (Y),\ Y)$$

式中，$z^*(\hat{Y})$ 表示将不确定参数 Y 的预测值 $\hat{Y}$ 带入决策模型后得到的最优决策。这个损失

函数衡量了由预测值$\hat{Y}$产生的决策$z^*(\hat{Y})$对应的目标函数值与真实参数下最优目标函数值之间的差距，决策者在预测阶段通过最小化此损失函数能够保证由预测值产生的决策有良好表现。这就是“智慧预测后决策”（Smart Predict-then-Optimize，SPO）框架的基本思想（见图 11.4）。

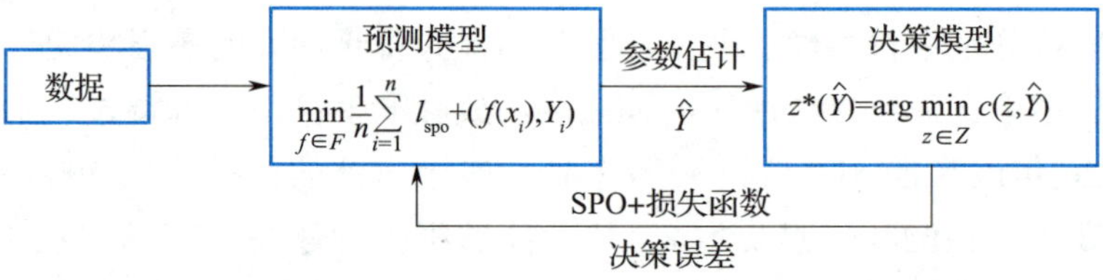

图 11.4 “智慧预测后决策”框架

下面以线性规划为例，具体阐述 SPO 框架的整个过程。考虑优化问题

$$z^*(\boldsymbol{Y}):=\min_{\boldsymbol{w}}\boldsymbol{Y}^{\mathrm{T}}\boldsymbol{w}$$

$$\text{s.t.}\quad \boldsymbol{w}\in S$$

式中，$\boldsymbol{w}$ 为决策变量；$\boldsymbol{Y}$ 为目标函数的系数；S 为可行域。假设系数 $\boldsymbol{Y}$ 未知，需要决策者利用数据进行估计。在 SPO 框架下，决策者考虑 SPO 损失函数为

$$l_{\mathrm{SPO}}^{w^*}(\hat{\boldsymbol{Y}},\ \boldsymbol{Y}):=\boldsymbol{Y}^{\mathrm{T}}\boldsymbol{w}^*(\hat{\boldsymbol{Y}})-z^*(\boldsymbol{Y})$$

式中，$\boldsymbol{w}^*(\hat{\boldsymbol{Y}})$表示由给定预测值$\hat{\boldsymbol{Y}}$所确定的最优决策变量。由于 SPO 损失函数非凸，我们可以考虑用如下的 SPO＋损失函数来替代。

$$l_{\mathrm{SPO}+}(\hat{\boldsymbol{Y}},\ \boldsymbol{Y}):=\max_{\boldsymbol{w}\in S}\{\boldsymbol{Y}^{\mathrm{T}}\boldsymbol{w}-2\hat{\boldsymbol{Y}}^{\mathrm{T}}\boldsymbol{w}\}+2\hat{\boldsymbol{Y}}^{\mathrm{T}}\boldsymbol{w}^*(\boldsymbol{Y})-z^*(\boldsymbol{Y})$$

容易验证 SPO＋损失函数关于$\hat{\boldsymbol{Y}}$是一个凸函数且是 SPO 损失函数的一个上界。最终我们建立预测模型为

$$\min_{f\in F}\frac{1}{n}\sum_{i=1}^{n} l_{\mathrm{SPO}+}(f(X_i),Y_i)$$

例 11.2 投资组合选择问题

在金融服务业中，从业者需要从数据中估计潜在的投资回报，其可能受多个特征的影响，如历史回报、新闻、经济因素和社交媒体。投资组合优化的目标是在受到总体风险或方差约束的情况下，找到回报最高的投资组合。这里我们考虑投资组合选择问题为

$$z^*(\boldsymbol{c}):=\min_{\boldsymbol{w}}\boldsymbol{c}^{\mathrm{T}}\boldsymbol{w}$$

$$\text{s.t.}\quad \boldsymbol{w}\in S$$

$$\boldsymbol{\Sigma}\geqslant\boldsymbol{0}$$

式中，$S=\{\boldsymbol{w}:\boldsymbol{w}^{\mathrm{T}}\boldsymbol{\Sigma}\boldsymbol{w}\leqslant\tau,\boldsymbol{e}^{\mathrm{T}}\boldsymbol{w}\leqslant 1,\boldsymbol{w}\geqslant 0\}$。这里 $\boldsymbol{\Sigma}$ 表示资产回报的（半正定）协方差矩阵，$\tau>0$ 是投资组合的总方差（风险水平）的期望上界，$\boldsymbol{c}$ 为收益取负值（为了将问题转化为极小化问题），投资者需要决策各种资产的投资占比，即 $\boldsymbol{w}$。

若使用常规方法（如最小二乘法）对参数 $\boldsymbol{c}$ 进行预测，则方法更注重估计价值更高的投资，即使相应的风险可能过高而导致结果并不理想。而 SPO 框架致力于生成预测以实现

在所需风险水平下的高绩效投资，即在训练预测模型时直接考虑了每项投资的风险，从而避免出现回报良好但风险超出承受能力的情况发生。

（2）端到端框架

和先预测再决策这一传统方法不同，端到端（End to End）框架依据输入特征直接输出决策，而不需要任何中间步骤。端到端模型在训练过程中是将所有预测和决策模块绑定在一起，当成一个整体来训练的。从输入端（输入数据）到输出端会得到一个预测结果，与真实结果相比较会得到一个误差，这个误差会在模型中的每一层传递，每一层的参数都会根据这个误差来做调整，直到模型收敛或达到预期的效果才结束。

例 11.3 “端到端”框架

考虑一个单产品多周期库存问题。在 T 个周期内，每一期决策者都会面临一个随机需求，表示为D_t。I_t表示第 t 期开始时的库存水平。在每个周期结束时，剩余库存每单位持有成本为 h，每单位产品的缺货成本为 b。假设从周期 $1 \sim T$ 总共补货 M 次，补货时间点为 t_m，a_m为第 m 次补货订单的订购数量。由此，可以得到第 t 期的成本函数为

$$S_t = h\left[I_t - D_t + \sum_{m=1}^{M} a_m 1_{\{t=t_m\}}\right]^+ + b\left[-I_t + D_t - \sum_{m=1}^{M} a_m 1_{\{t=t_m\}}\right]^+$$

式中，$[x]^+$ 表示 $\max(0, x)$，$1_{\{t=t_m\}}$ 表示当 $t=t_m$时取 1，否则取 0。决策者的目标是通过选择每次补货的订购数量，使 T 期的期望总成本最小，即

$$\min_{a_1,\cdots,a_M} E\left[\sum_{t=1}^{T} S_t\right]$$

根据“数据－预测－决策”模式，决策者将首先搜集数据$\{(p_i, d_i)\}_{i=1}^n$，其中p_i为特征数据（如产品信息、顾客历史购买信息等），d_i为对应的需求。根据这些历史数据，决策者将首先建立预测模型获得特征－需求之间的关系，根据新的特征预测出下一阶段的需求，进而根据库存优化模型求解出最优订货量 a。

但在端到端框架下，决策者将省略需求预测这一步，试图直接找到一个特征数据 p 到订货量 a 的映射 f：$p \to a$。这时决策者建立的端到端优化模型为

$$\min_{f:p\to a} \frac{1}{n}\sum_{i=1}^{n} L(f(p_i), a_i)$$

式中，L 为选取的损失函数；f 为所要寻找的特征－订货量映射（比如选取为神经网络）。通过找到的映射f^*，在观察到新的特征数据 p 后决策者无须再求解优化问题而是直接得到订货决策$f^*(p)$。这就是“端到端”框架的基本思想，如图 11.5 所示。

图 11.5 “端到端”框架

11.2 大数据背景下的运筹优化问题求解

本节将介绍常见的运筹优化问题求解工具，以及针对大规模问题的求解算法设计。11.2.1 节简要介绍常用的优化模型求解器及其适用背景。11.2.2 节则重点介绍 MATLAB 中两种常用的求解优化问题的工具箱 CVX 和 YALMIP。11.2.3 节探讨在问题规模较大、求解器无法承受庞大的计算成本时，如何设计特定的求解算法。

11.2.1 常用求解器简介

实际应用中的数学优化模型十分复杂，无法通过人工求解实现，因此，优化求解器的开发对于运筹学研究的推进与发展至关重要。国内教学中常用的求解运筹学模型的软件主要有 LINGO、MATLAB 等，此外还有许多专门的求解器，每一种都有自己的特点和优势。下面将介绍部分应用较为广泛的商用求解器和开源求解器。

（1）商用求解器

1）IBM CPLEX：IBM CPLEX 是运筹优化领域中最流行和强大的求解器之一，是一种用于线性规划、整数规划、混合整数规划、非线性规划和混合整数非线性规划的高性能求解器。它可以高速求解大规模问题，具有稳健的算法和优秀的可扩展性、可靠性，能够处理大量的变量和约束，确保了解决实际问题的准确性和效率，因此被广泛应用于生产调度、网络优化、制造计划、金融分析等领域。

2）Gurobi：Gurobi 是 Gurobi Optimization 公司开发的一种快速、高效、可靠的数学规划求解器，在运筹优化领域中拥有很高的声誉，可以解决线性规划、整数规划、二次规划等问题，并且支持并行计算和分布式计算。Gurobi 的优势在于其高性能和高效率。它的求解速度快，能够处理大规模复杂问题，并且提供了丰富的可视化和交互功能，便于用户进行建模和调试。Gurobi 的应用非常广泛，常见的应用场景包括资源分配、物流运输、能源规划、金融分析等。

3）MOSEK：MOSEK 可以用于解决各种线性规划、混合整数规划和二次规划等问题，是公认的求解二次规划、二阶锥规划和半正定规划问题最快的求解器之一。MOSEK 的求解算法基于内点法和分支定界法，支持多线程求解，可以方便地与各种编程语言集成，具有高效性和可扩展性，能够处理大型、复杂的优化问题。MOSEK 在运筹优化领域的应用十分广泛，特别是在金融、制造业和物流等领域。

4）LINGO：即 Linear Interactive and General Optimizer，是交互式的线性和通用优化求解器，用于求解线性、非线性、整数规划、混合整数规划和非线性整数规划等各种复杂的数学优化问题，还能够处理离散、连续、混合变量，以及约束优化问题。LINGO 内置建模语言，提供直观的用户界面，具备强大的数据可视化工具，允许用户在建模和求解过程中进行交互式操作，并自动生成详细的报告。LINGO 广泛应用于生产运营管理、金融和投资、工程制造、能源资源管理和运输物流等领域。

上述商用求解器通常提供了广泛的功能和支持，包括多核处理器优化、并行计算、可视化工具和与其他软件集成的能力。选择合适的商用求解器通常取决于问题的性质、规模，以及组织的需求和可用预算。

（2）开源求解器

1）SCIP：SCIP是目前求解混合整数规划和混合整数非线性规划最快的非商业求解器之一。可用于解决各种复杂的优化问题，也是一个用于约束整数规划、分支定界以及分支定价的框架，具有快速求解能力、可扩展性和可定制性。与大多数商业求解器不同，SCIP允许用户对求解过程进行完全控制，并允许用户访问求解器内部的详细信息。

2）GLPK：GLPK（GNU Linear Programming Kit，GNU线性编程工具）是GNU计划的一部分，主要用于建立大规模线性规划和混合型整数规划模型，并对模型进行求解。GLPK支持线性规划、整数规划、混合整数规划、二次规划和一般整数规划等多种数学规划问题，可在Windows、Linux、Unix、macOS等各种平台上运行。

GLPK的特点是易于使用，具有良好的可移植性和高度的灵活性。虽然GLPK的求解速度可能不如商业求解器，但是其开源、易用、灵活等特点使得它在一些特定的应用场景中具有优势。同时，GLPK的源代码也为研究人员和学生提供了一个优秀的学习和研究平台。

3）IPOPT：IPOPT（Interior Point OPTimizer）是一种非线性优化求解器，由Carl D. Laird开发，采用C++编写，可用于求解具有大量约束的大规模非线性优化问题，例如，带等式约束和带不等式约束的优化问题，带非线性约束的凸优化问题等。此外，IPOPT还支持求解带整数变量的混合整数非线性规划问题。

IPOPT在运筹优化中的应用同样非常广泛，特别是在工业界和学术界。许多商业公司和学术机构都使用IPOPT来解决其非线性优化问题，例如，瑞士IBM研究中心、德国大众汽车集团、荷兰电力公司等。另外，IPOPT也经常被应用于各种科学研究领域，如化学、物理、生物等。

11.2.2 CVX/YALMIP的使用规范

常见的优化求解器，通常有其固定的输入格式，非专业优化领域的研究人员用其求解复杂优化问题时，可能面临一定的困难。在实际应用中，可以将建模软件与优化求解器相结合，简化建模过程，从而更快速高效地求解优化问题。CVX和YALMIP是两种应用较为广泛的建模软件。由于二者功能大致相同，下文中将重点介绍CVX。

CVX由斯坦福大学的一组研究人员开发，是一个用于凸优化问题建模的开源软件包，旨在简化和加速凸优化问题的建模和求解。它允许用户通过一种简洁直观的方式来描述优化问题，并自动将这些问题转化为数学模型，传入外部优化求解器进行求解。主要应用领域包括：信号处理中的稀疏信号重建、机器学习中的支持向量机（SVM）和正则化问题等。

（1）CVX的使用范围

CVX支持多种类型的凸优化问题，包括线性规划、二次规划、半定规划、二阶锥规划等。具体而言，CVX支持的目标函数包括绝对值函数（abs）、指数函数（exp）、对数函数（log）、最值函数（min/max）、范数（norm）等。支持的约束条件包括“= =”“< =”“> =”三类，并且“= =”可以表示属于关系。支持的决策变量类型包括实数、复数、整数（需要有相应的整数规划求解器），决策变量可以是向量、矩阵、张量。

（2）CVX的基本语法

CVX定义优化问题的基本格式如下：

```
cvx_begin
    定义决策变量(variable)
    定义目标函数(minimize, maximize)
    定义约束条件(subject to)
cvx_end
```

表 11.1 给出了一些常用的定义决策变量、目标函数和约束条件的示例。

表 11.1 CVX 语法示例

项目	示例	含义
决策变量	variable x	实数变量
	variable y comple x	复数变量
	variable z integer	整数变量
	variable w binary	0－1 变量
	variable p （n）	n 维向量
	variable q （n） integer	n 维整数向量
	variable r （n） integer	n 维 0－1 向量
	variable A （n， m）	n＊m 维矩阵
	variable B （n， m， k）	多维矩阵
目标函数	minimize （norm(x， 1)）	$\min \\|x\\|_1$
	maximize （geo_mean(x)）	$\max \frac{1}{n}\sum_{i=1}^{n} x_i$
约束条件	l ＜＝x＜＝u	$l \leqslant x \leqslant u$
	A ＊x＜＝b	$\boldsymbol{Ax} \leqslant \boldsymbol{b}$
	X ＝＝semidefinite （n）	X 属于半正定锥

更多详细的 CVX 操作说明，请读者参考 CVX 官网文档：http：//web. cvxr. com/cvx/doc/。

（3） CVX 的使用实例

本节中，以整数规划问题和最小范数问题为例，展示 CVX 的上机使用。

例 11.4 整数规划问题

$$
\begin{aligned}
\max \quad & 8x_1 + 5x_2 \\
\text{s. t.} \quad & x_1 + x_2 \leqslant 6 \\
& 9x_1 + 5x_2 \leqslant 45 \\
& x_1, \ x_2 \in \mathbf{Z}
\end{aligned}
$$

在 MATLAB 中，使用 CVX 建立优化模型的代码如下：

```
cvx_begin
    variable x1 integer
    variable x2 integer
    maximize(8 * x1 +5 * x2)
    subject to
        x1 +x2 < =6
        9 * x1 +5 * x2 < =45
cvx_end
```

例 11.5　最小范数问题

$$
\begin{aligned}
\min \quad & \|\boldsymbol{Ax}-\boldsymbol{b}\|_2 \\
\text{s. t.} \quad & \boldsymbol{Cx}=\boldsymbol{d} \\
& \|\boldsymbol{x}\|_\infty \leqslant \mathrm{e}
\end{aligned}
$$

在 MATLAB 中，使用 CVX 建立优化模型的代码如下：

```
m = 20; n = 10; p = 4;
A = randn(m,n); b = randn(m,1);
C = randn(p,n); d = randn(p,1); e = rand;
cvx_begin
    variable x(n)
    minimize(norm(A * x-b, 2))
    subject to
        C * x == d
        norm(x, Inf) <= e
cvx_end
```

11.2.3　大规模问题的算法设计

随着大数据时代的到来，以及运筹优化技术的不断进步，现实中所面临的优化难题日益复杂，且计算成本不断升高。这主要表现为优化问题的规模扩大。在实际操作中，我们可能会遇到涉及约束和变量个数高达百万级的复杂优化问题。尽管可能仅有有限的几个维度会对目标函数产生显著影响，然而解决此类问题的挑战主要源于搜索空间的巨大化。直接应用传统的优化算法框架会导致计算成本的极大增加，且常用的求解器往往无法承受如此庞大的计算负担。因此，在面对这类大规模优化问题时，常见的处理方法主要包括以下几种。

（1）随机优化算法

在大数据时代，现有的确定性优化算法在效率上遭遇了显著的瓶颈。对于较为复杂的模型（如神经网络）以及更高阶的优化策略（如二阶方法），确定性优化策略的计算负担都会随之增加。尽管面临海量的数据和庞大的数据维度，通过随机采样样本及其维度，我们仍有可能有效地估计或替代更新量。因此，借助于确定性优化算法，我们得以研发出诸多的随机优化算法，包括但不限于随机梯度下降法、随机坐标下降法、随机方差缩减梯度法，以及随机（拟）牛顿法等。

现介绍常用的求解大规模优化问题随机算法：随机梯度下降算法（Stochastic Gradient Descent，SGD）。考虑优化问题

$$\min_{x\in\mathbf{R}^n} f(x) = \frac{1}{N}\sum_{i=1}^{N} f_i(\boldsymbol{x})$$

随机梯度下降算法等概率地抽取一个或者一组样本$s_k \in \{1, 2, \cdots, N\}$，并使用迭代更新格式为

$$\boldsymbol{x}^{k+1} = \boldsymbol{x}^k - \alpha_k \nabla f_s(\boldsymbol{x}^k)$$

式中，$\nabla f_s(\boldsymbol{x}^k) = \dfrac{1}{|s_k|}\sum\limits_{i\in s_k} \nabla f_i(\boldsymbol{x}^k)$；$\alpha_k$表示第 k 步的学习步长。根据s_k取值的不同又可分为批量梯度下降算法、随机梯度下降算法和小批量梯度下降算法。

随机梯度算法每轮计算的目标函数为平均样本误差，即每次只代入计算一个样本目标函数的梯度来更新权重，再取下一个样本重复该过程，直到损失函数值停止下降或小于某个可接受阈值。随机梯度下降算法具体步骤如下：

算法 1　随机梯度下降算法

1：初始化参数与超参数。

2：根据$\nabla f_s(\boldsymbol{x}^k)=\frac{1}{|s_k|}\sum_{i\in s_k}\nabla f_i(\boldsymbol{x}^k)$计算损失函数关于模型参数的梯度。

3：根据梯度与学习率更新模型参数。

4：若损失函数值停止下降或小于某个可接受阈值，停止迭代；否则重复步骤 2 和步骤 3 直至满足停止条件。

（2）分裂算法

分裂算法也是求解大规模问题的算法。分裂是指在算法中将原问题分解为若干个子问题进行求解的过程，如图 11.6 所示，而并行/串行是通过利用多个处理单元同时进行计算，提高算法的求解效率。在分裂阶段，我们可以通过分裂算法（例如，块坐标下降法和交替方向乘子法）将初始的大规模优化问题分解为规模相对较小的子问题，每个子问题可以独立求解；在并行阶段，通过不同的处理单元并行地解决这些独立子问题。通过合理地设计并行算法，我们能最大限度地利用处理单元的计算能力，从而提高算法的求解速度和效率。

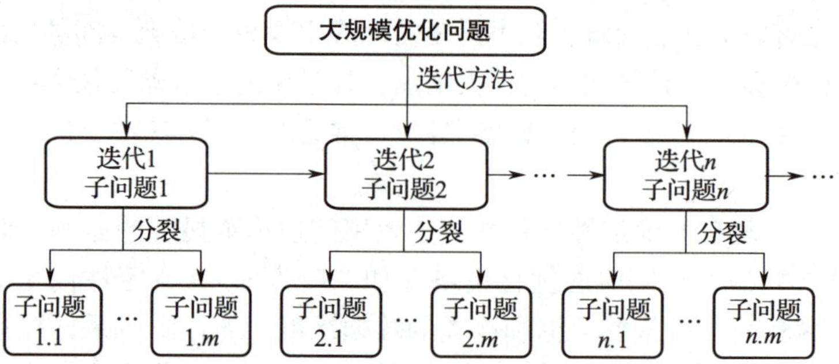

图 11.6　分裂算法原理图

下面介绍两种分别对应无约束和有约束条件下的分裂算法：

（1）块坐标下降法（*Block Coordinate Descent*，*BCD*）

考虑无约束优化问题为

$$\min_{\boldsymbol{x}=(x_1,\cdots,x_n)} f(\boldsymbol{x})$$

块坐标下降法的迭代方程为

$$\begin{cases} x_1^{k+1}=\arg\min\limits_{x_1} f(x_1,\ x_2^k,\ \cdots,\ x_n^k) \\ x_2^{k+1}=\arg\min\limits_{x_2} f(x_1^{k+1},\ x_2,\ x_3^k,\ \cdots,\ x_n^k) \\ \qquad\vdots \\ x_n^{k+1}=\arg\min\limits_{x_n} f(x_1^{k+1},\ x_2^{k+1},\ \cdots,\ x_{n-1}^{k+1},\ x_n) \end{cases}$$

该算法的具体步骤如下：

算法2：BCD 算法

1：初始化变量。

2：选择一个块（一组相关变量）更新以最小化目标函数。

3：若块内变量的相对改变小于预定阈值或达到预定迭代次数，停止迭代；否则重复步骤2直至满足停止条件。

（2）交替方向乘子法（Alternating Direction Method of Multipliers，ADMM）

考虑有约束优化问题为

$$\min_{x,z} f(\boldsymbol{x})+g(\boldsymbol{z})$$
$$\text{s. t. } \boldsymbol{Ax}+\boldsymbol{Bz}=\boldsymbol{b}$$

其增广拉格朗日函数为

$$L_\rho(\boldsymbol{x},\ \boldsymbol{z},\ \boldsymbol{y})=f(\boldsymbol{x})+g(\boldsymbol{z})+\boldsymbol{y}^{\mathrm{T}}(\boldsymbol{Ax}+\boldsymbol{Bz}-\boldsymbol{b})+(\rho/2)\|\boldsymbol{Ax}+\boldsymbol{Bz}-\boldsymbol{b}\|_2^2$$

ADMM 的迭代方程为

$$\begin{cases}\boldsymbol{x}^{k+1}=\arg\min\limits_{x} L_\rho(\boldsymbol{x},\ \boldsymbol{z}^k,\ \boldsymbol{y}^k)\\ \boldsymbol{z}^{k+1}=\arg\min\limits_{z} L_\rho(\boldsymbol{x}^{k+1},\ \boldsymbol{z},\ \boldsymbol{y}^k)\\ \boldsymbol{y}^{k+1}=\boldsymbol{y}^k-\rho(\boldsymbol{Ax}^{k+1}+\boldsymbol{Bz}^{k+1}-\boldsymbol{b})\end{cases}$$

通过这样的迭代过程，就将主变量$(\boldsymbol{x},\ \boldsymbol{z})$的联合优化变成了单独交替迭代。该算法的具体步骤如下：

算法3：ADMM 算法

1：初始化原始变量与对偶变量。

2：循环迭代更新原始变量、对偶变量与对偶乘子。

3：若原始变量与对偶变量的相对改变小于预定阈值或达到预定迭代次数，停止迭代；否则重复步骤2直至满足停止条件。

（3）Benders 分解

Benders 分解是一种将复杂的优化问题分解为一个主问题和多个子问题的方法，主要用于求解混合整数规划问题。在 Benders 分解中，主问题是一个线性规划问题，而子问题则是主问题的约束条件之一。主问题的目标函数包括子问题的目标函数的和以及一些固定变量的约束条件。Benders 分解算法的具体步骤如下：

算法4：Benders 分解算法

初始化主问题与子问题

1：求解主问题，得到原问题下界$\boldsymbol{f}^{\mathrm{T}}\boldsymbol{y}^*+\boldsymbol{q}^*$与最优解$(\boldsymbol{y}^*,\ \boldsymbol{q}^*)$。

2：求解对偶子问题，计算最优拉格朗日乘子$\boldsymbol{\alpha}^*$。

3：若得到无界解，则获取对偶问题的“Extreme Ray”，并向主问题添加“Benders Feasibility Cuts”约束后重新计算主问题。

4：若得到有界解，即有界的$\boldsymbol{\alpha}^*$，则计算$\boldsymbol{q}(\boldsymbol{y}^*)=(\boldsymbol{\alpha}^*)^{\mathrm{T}}(\boldsymbol{b}-\boldsymbol{By}^*)$。

5：比较$\boldsymbol{q}(\boldsymbol{y}^*)$与$\boldsymbol{q}^*$，若两者相等则结束循环，输出最优解；若两者不相等，则添加“Benders Optimality Cuts”约束后重新计算主问题。

(4) 机器学习方法

近年来，机器学习方法在解决大规模优化问题的领域引起广泛关注。目前，主要有两种机器学习方法被广泛应用于解决大规模优化问题，它们是监督学习和强化学习。在其中，监督学习方法主要依赖于从已有的优化问题实例中学习获得的知识，以预测及优化新问题的解决方案；而强化学习方法则更倾向于通过与环境的交互式学习，逐步优化其解决方案的策略。在应对大规模优化问题时，传统的精确算法和近似算法可能会遭遇计算复杂度上的严峻挑战。相较而言，机器学习方法能够在一定程度上克服这些挑战，并能提供一种更为高效的解决方案。

11.3 数据驱动的运筹优化案例

在数据日益普及的当代社会格局下，数据驱动的运筹优化技术已逐渐凸显其在解决一系列复杂问题方面的卓越效能。这一策略依赖大数据、机器学习及优化算法等先进技术工具，通过深入的大规模数据分析与挖掘，为企业与组织在资源受限的环境中探索最优决策方案，从而在提升效率和效益方面发挥至关重要的作用。在本节内容中，我们将以中国工商银行支行重构与选址的具体实践案例为例，深入探讨数据驱动的运筹优化在多个领域中的应用价值以及实际效益。

中国工商银行选址问题

中国工商银行（以下简称“工行”）堪称世界最大的上市银行。在中国境内，工行拥有逾16000家分支机构，包括一级分行、直属分行、二级分行、一级分行营业部、一级支行以及基层营业网点等。支行作为银行极为关键的服务和营销渠道，通常能比其他渠道（如网络银行）更有效地吸纳新客户。然而，工行在20世纪90年代的扩张过程中，未充分注重支行的科学选址，导致现有的支行网络运营效率不甚理想，并伴随较高的运营成本。为解决上述问题，工行急需重新调整分支机构的地理位置和服务能力，使之更契合区域经济和客户分布的实际情况，因此，寻找并确定新的高潜力市场区域以开设分支机构显得至关重要。

在2006年，工行与*IBM*联手开发了一套定制化的支行网络优化系统——支行重构（*Branch Reconstruction*，*BR*）系统。该系统深度融合了运筹学技术、分行网络管理专业知识以及丰富的领域实践经验，并以功能强大的地理信息系统（*Geographical Information System*，*GIS*）平台为依托，用于管理、分析和优化工行的分支机构网络。借助数据驱动的优化决策方法，构建支行网络重构系统可分为三个阶段：描述性分析（*Descriptive*）、预测性分析（*Predictive*）和决策性分析（*Prescriptive*）。

(1) 问题分析

支行网络重构的核心是网点选址问题。通常选址决策遵循若干基本原则，包括：成本最小化、效益最大化、客户需求最大覆盖，以及供需平衡等。基于此，我们首先探讨一个典型的定量选址模型。考虑有服务需求的四个区域，分别编号为 $i=\{1,2,3,4\}$，如果现有两个候选建设点 $j=\{1,2\}$，需要从中选择一个，依据某种效益最大化原则来建立一家银行支行，我们应如何进行选址？

该问题的决策变量可设为 $x_j=\begin{cases}1，在 j 点建立支行\\0，在 j 点不建立支行，\end{cases}$ $(j=1，2)$，约束条件为 $x_1+x_2=1$（表示只建一家支行），目标函数设定为“市场潜力 × 服务覆盖率”。假设区域 i 的市场潜力为 f_i，服务覆盖率为 $d_i(x_1，x_2)$，则可以构建定量模型为

$$\max f_1d_1(x_1，x_2)+f_2d_2(x_1，x_2)+f_3d_3(x_1，x_2)+f_4d_4(x_1，x_2)$$

$$\text{s. t.}\begin{cases}x_1+x_2=1\\x_1，x_2\in\{0，1\}\end{cases}$$

本案例就是希望通过将分支机构布设在覆盖最大市场潜力的候选地点中来优化分支机构网络。为了达成这一目标，工行首先要确定与城市经济状况及金融潜力相匹配的支行类型和规模；其次，要识别新的高潜力市场区域并确定合适的支行候选位置；最终，要改进重组支行时的决策过程，以尽可能降低资本成本。

此外，在支行网络的重构过程中，需考虑多种因素和约束。例如，鉴于工行分支机构遍布整个中国，客户行为与财务状况在不同区域存在显著差异，因此不同区域需设定不同的模型参数。为了度量选址目标函数，还涉及包括市场潜力、服务覆盖率等的数据信息。然而，这些信息往往难以直接获得，需要对相关数据进行大量收集并开展有效分析。

（2）数据采集

市场潜力最大化原则主要依赖市场潜力和服务率两项核心数据信息。

1）市场潜力数据信息的采集与分析。由于市场潜力信息不可直接获取，本案例将利用一个市场潜力预测模型来估算各区域的潜在市场规模。在该预测模型中，BR 将城市区域（见图 11.7 左侧）细分为 100m × 100m 的网格单元（见图 11.7 右侧），其中图 11.7 中的黑色框体代表一个基本的网格单元。模型依据单元内的客户数量及其价值来估算每个单元的市场潜力，这些价值基于单元内的地理实体进行估算，数据来源为地理信息系统（GIS）。GIS 数据包含了多种实体类别的地理位置以及相关的人口属性信息。该模型根据 GIS 数据计算每个单元的指标列表。例如，“住宅建筑的家庭总数”这一指标反映了单元内所有住宅建筑的家庭数量之和。其他示例指标包括超市的数量及公司的数量等。模型使用这些指标作为自变量，从而预测市场潜力。

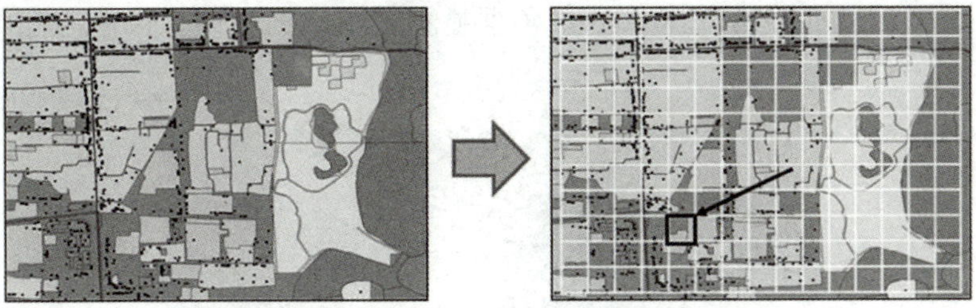

图 11.7　城市网格图

2）服务率数据信息的采集与分析。服务率密切关联于支行的位置设定。考虑到不同类型的支行其覆盖半径或许不同，我们定义第 k 种支行的服务覆盖半径为 S_k。其中，d_{ij} 表示居民点 i 与支行 j 之间的距离。值得注意的是，一个居民点可能同时被多个不同类型的支行覆盖，故而，单个居民点的服务率等于其被所有银行支行覆盖的覆盖率之和。当考虑居民点 i 且银行网点 j 预设建立第 k 种类型支行时，若 $d_{ij}\geqslant S_k$，覆盖率定义为0；若 $d_{ij}=0$，

覆盖率定义为1；若 $0<d_{ij}<S_k$，覆盖率定义为 $\max\left\{1-\dfrac{d_{ij}}{S_k},\ 0\right\}$。因此，居民点 i 的服务率可通过以下公式计算：

$$d_i = \min\left\{\sum_{j=1}^{m}\sum_{k=1}^{K}\max\left\{1-\frac{d_{ij}}{S_k},0\right\}x_j^k,1\right\}$$

图11.8中展示了具体的示意图，其中方块代表居民点，圆圈代表支行，以及每个支行能覆盖的区域以圆圈表示。

(3) 预测与规律性

工行需估计各城市小区域的市场潜力，包括区域内的潜在客户数量及其价值，以优化其分支网络。面对庞大的居民点数量 n，选择如下线性模型进行高效预测：

$$f=\boldsymbol{\omega}^{\mathrm{T}}\boldsymbol{z}=w_1z_1+w_2z_2+\cdots+w_sz_s$$

式中，$\boldsymbol{z}$ 为在给定原则下的评估指标向量，$\boldsymbol{w}$ 为权重向量，f 为预测的市场潜力值。由于 f 与度量正相关，$\boldsymbol{w}$ 的每个分量应均为正值。对于给定数据集

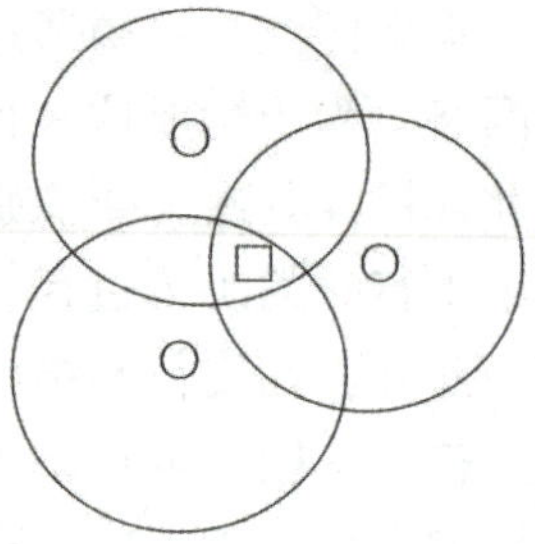

图11.8 居民点被覆盖示意图

$$(z^1,\ f_1),\ (z^2,\ f_2),\ \cdots,\ (z^t,\ f_t)$$

权重系数 $\boldsymbol{w}$ 可通过以下最小化均方误差的系数估计模型

$$\min\sum_{i=1}^{t}(f_i-w_1z_1^i-w_2z_2^i-\cdots-w_sz_s^i)^2$$

来确定。

在实际应用中，模型可能会由于多种因素的考虑而变得复杂。因实际情境中无法获取每个网格的真实市场潜力值 f_i，BR采用专家评分法，整合专家给出的网格偏好和评估指标偏好两类信息来估算 f_i。确定网格偏好时，专家需要对比两个网格的信息，判断哪个网格的客户数量及价值更高；在评估指标偏好上，专家需比较一对指标，判定哪一指标对市场潜力影响更大。尽管如此，这种估计方法仍具较大的主观性。

在图11.9中，靠近白色区域的单元格具有更高的市场潜力值；靠近灰色区域的单元格具有较小的市场潜力值。左下角和右下角框显示了中心框的放大区域。左下角框中的黑点是竞争对手的支行位置。

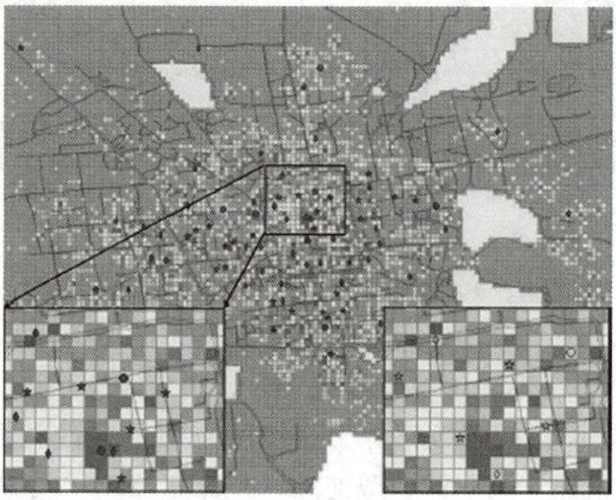

图11.9 城市市场潜力值分布图

（4）决策

支行网络优化模型将在整个城市中进行搜索，为指定数量的支行确定能够构建最佳支行网络的支行站点。例如，在一个拥有 120000 个小区的城市中，工行可能希望从 12000 个候选站点中确定 100 个最佳支行位置，并确定每个位置的支行类型。支行网络优化模型依赖基于市场潜力预测模型所提供的市场潜力和服务覆盖率数据，目标在于最大化支行网络所覆盖的市场潜力。

这个问题可以被定量建模。假设工行支行的候选点集合为 J，其中每一个候选点至多能建立一种类型的支行，假设支行类型的集合为 K（支行类型包括分行、支行、储蓄所、ATM 等），第 k 种支行建设的总数目不超过$N^k(k\in K)$。该地区划分得到的所有网格单元形成集合 I。决策变量x_j^k为在第 j 个候选点是否建立支行，及建立哪一种支行。

$$x_j^k=\begin{cases}1, & \text{在第 } j \text{ 点建立第 } k \text{ 种支行}\\0, & \text{在第 } j \text{ 点不建立第 } k \text{ 种支行}\end{cases}$$

约束条件分别为：

1）每个候选点至多建立一个某类型的支行，即

$$\sum_{k\in K}x_j^k\leqslant 1,\forall j\in J$$

2）第 k 种支行建设的总数不超过N^k，即

$$\sum_{j\in J}x_j^k\leqslant N^k,\forall_k\in K$$

目标函数为所有居民点的“市场潜力 × 服务覆盖率”之和，为

$$\max f_i d_i$$

式中，f_i为第 i 个居民点的市场潜力；d_i为第 i 个点的工行服务覆盖率。

利用前面收集的数据对市场潜力和服务覆盖率进行预测和计算后，代入决策模型有

$$\max\sum_{i\in I}f_i\min\left\{\sum_{j\in J}\sum_{k\in K}\max\left\{1-\frac{d_{ij}}{S_k},0\right\}x_j^k,\ 1\right\}$$

$$\text{s. t.}\begin{cases}\sum\limits_{k\in K}x_j^k\leqslant 1, & \forall j\in J\\\sum\limits_{j\in J}x_j^k\leqslant N^k,\forall k\in K\\x_j^k\in\{0,1\},\forall j\in J,\ k\in K\end{cases}$$

这个决策模型等价于整数线性规划模型为

$$\max\sum_{i\in I}f_i y_i$$

$$\text{s. t.}\begin{cases}y_i\leqslant\sum\limits_{j\in J}\sum\limits_{k\in K}\max\left(1-\dfrac{d_{ij}}{S_k},0\right)x_j^k,\forall i\in I\\y_i\leqslant 1,\forall i\in I\\\sum\limits_{k\in K}x_j^k\leqslant 1,\forall j\in J\\\sum\limits_{j\in J}x_j^k\leqslant N^k,\forall k\in K\\x_j^k\in\{0,1\},\forall j\in J,\ k\in K\end{cases}$$

(5) 决策方案的实现与效益评估

➢ 决策方案的实现

在 2006 年，工行挑选苏州市作为测试基准点城市，目的是为了实验 BR 的执行效果。实验初期，项目团队汇集了相关支行的业绩数据和地理数据，并利用专家提供的偏好数据来训练模型。在引入高层管理人员和专家的专业经验后，模型参数被制定和调整。据 BR 计算得出的市场潜力分布结果，工行苏州支行的项目团队发现高市场潜力区域与现有支行地点之间存在显著差异。

接下来，BR 利用混合嵌套分区算法产生了优化的支行地点，并利用支行地点评估模型对 BR 和当地专家提供的全部 150 个现有支行地点以及新地点进行评估。在终极阶段，BR 提出了支行重组的建议。这些结果使工行苏州支行能更精准地理解其支行网络、市场环境以及竞争状况。在这些结果的指引下，工行苏州支行项目组草拟了详尽的支行拓展和重建计划。

依托于成功的试点和成熟的个性化支行网络优化理论，工行于 2009 年底开始在所有城市部署此系统。在此阶段，每座城市都组建了一个本地项目团队，这些团队在工行总部和 IBM 研究部门的指导下，使用系统进行优化分析，同时严格遵循支行网络优化理论。

➢ 决策方案的效益评估

优化后的支行网络显著提升了工行接触新的个人和中小企业客户的能力。此外，支行能更精准地满足当地客户的需求，从而支行业绩也获得了显著提升。在苏州这样的大城市中，可归因于 BR 的存款增加了 10.40 亿美元。在未来几年里，这类存款预计将增加数十亿美元；这些存款不包括那些可归因于客户财富增长的部分。在过去的三年中，工行投入了大量的资金用于支行的升级。这种投资将根据业务发展的需求和投资理论回报而持续。

BR 为支行重组决策提供了一个量化的基础，通过保证工行不在低利润的区域设立支行，从而最大限度地减小成本和风险。工行通过快速确定最具盈利潜力的市场位置获取了竞争优势。

11.4 材料来源

本章简要介绍了大数据时代的运筹学，其中 11.1 节介绍了联合预测与决策模式下的两种典型框架。例 11.2 投资组合选择问题来源于文献 [17]，有关“智慧预测后决策”框架的理论分析、求解等更进一步的讨论推荐读者阅读文献 [17]。关于端到端框架以及例 11.3 库存管理问题的更多细节可以参考文献 [18]。11.2 节介绍了大规模优化问题的求解算法。有关随机优化方法更进一步的讨论推荐读者阅读文献 [21]，其中随机梯度下降算法是随机优化方法中用于求解大规模优化问题的一个有效方法，而关于梯度下降方法的内容可以进一步参考文献 [22]；有关分裂算法的进一步深入了解可以参考文献 [23]，在对应有无约束条件下分裂算法可以进一步衍生为块坐标下降法和 ADMM 方法，其中有关块坐标下降算法可以参考文献 [24]，ADMM 方法可以参考文献 [25]，有兴趣的读者可以自行了解；有关机器学习在优化问题中的应用，有兴趣的读者可以参考文献 [26]。

11.3 节介绍了中国工商银行支行网络优化案例。本书只提供了简单的阐述讨论，对于预测部分进行了大量的简化，有关工行支行网络优化更进一步的了解推荐读者阅读文献［27］。

习题

11.1　简述数据科学与运筹学的区别和联系，并解释它们在实际问题中的应用。

11.2　说明11.3节中中国工商银行选址案例是如何体现“数据－预测－决策”模式特点的，并尝试指出其中的不足。

11.3　结合11.1.2节中的联合预测与决策范式，对中国工商银行选址问题重新建模，并尝试利用11.2节中介绍的优化求解软件和算法进行求解。

11.4　选用一种编程语言，随机生成最小范数问题中的参数 A，b，C，d，并用CVX建模求解。

11.5　考虑选址问题：设某商品有 n 个销地，各销地的需求量为 b_j/天；现拟在 m 个地点中选址建生产厂，一个地方最多只能建一个工厂；若选 i 地建厂，生产能力为 a_it/天，固定成本为 d_i 元/天；i 地至销地 j 的运价为 c_{ij} 元/t。试选用一种编程语言，随机生成上述数据，并用CVX求解：如何选址和安排调运，可以使总成本最小？

11.6　丰收希望食品银行（HHFB）以经济有效方式服务贫困人口，分发食物并尽力弥补膳食缺口。HHFB的核心目标是通过有效利用预算、人力、技术资源并通过慈善活动筹集食品和资金。通常情况下，举办各种慈善活动所需的资源不同，所得到的效果，即所筹集到的食物磅数和资金金额也不同。

HHFB通过数据收集，揭示了每种类型的宣传活动所需的资源、吸引的受众、带来的效益。HHFB面临着如何在有限的资源下通过组织各种慈善活动来最大化食物和资金的筹集。请研究如何在有限的资源下，妥善安排呼吁人们献爱心的慈善活动，以期得到最多的食品和资金捐助。

请回答：

1）问题分析：

①针对HHFB目前的问题，你认为需要对哪些关键变量进行量化分析？

②哪些内部和外部因素可能影响HHFB筹集食物和资金的效果？请列举至少三个因素。

2）处理数据：

①针对收集的数据，你将如何分析数据中的哪些活动最为有效？

②如果数据中出现缺失值或异常值，你会如何处理？

3）请尝试构建一个模型，该模型能够预测在给定资源下通过组织特定类型的活动所能筹集到的食物和资金的预期量。并简述模型的约束和假设条件。

4）策略建议：

①基于你的分析和模型，你将如何优化HHFB未来的活动策略来提高筹集效果？

②请设计一个简单的实验方案来验证你的策略建议是否有效。

附　录

附录 A　线性规划问题的 Excel 求解

利用 Microsoft Excel 提供的“规划求解加载项”可以解决运筹学中的许多问题，如线性规划、指派问题、运输问题、最短路、最大流等。只要问题的规模不是特别巨大，就基本上可以用规划求解法快速得到答案，极大地满足了人们学习运筹学和在实践中解决线性规划问题的需要。

A.1 Excel 2010 中“规划求解”功能模块的加载

安装 Office 的时候，系统默认的安装方式不会安装宏程序，需要用户根据自己的需求选择安装。Excel 2010 中加载“规划求解”宏的方法如下：

1）打开 Excel 后，单击“文件”中菜单中“选项”，如图 A.1 所示。

2）在弹出的“Excel 选项”框中，选择“加载项”，然后单击“转到”，如图 A.2 所示。

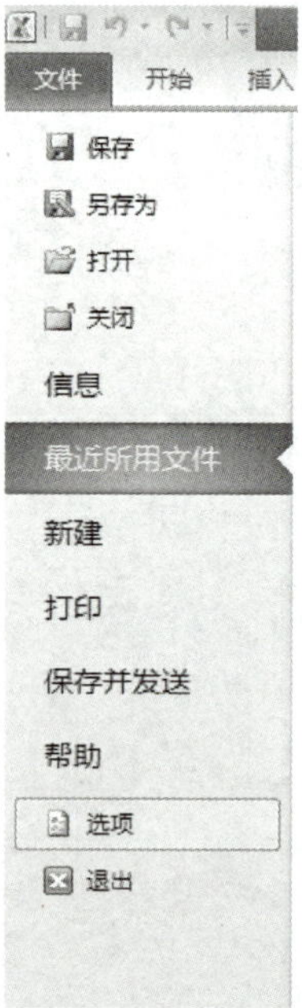

图 A.1　“选项”

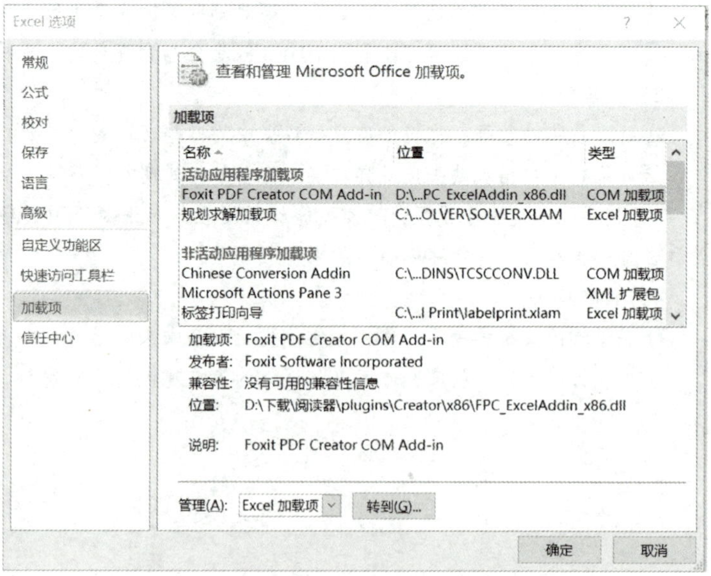

图 A.2　“Excel 选项”

3）在弹出的“加载宏”对话框中，选定待添加的加载宏“规划求解加载项”选项旁的复选框后单击“确定”即可。此时，“数据”菜单下会多出一项“规划求解”。如果您需要其他功能，也可以用鼠标勾选，如图 A. 3 所示。

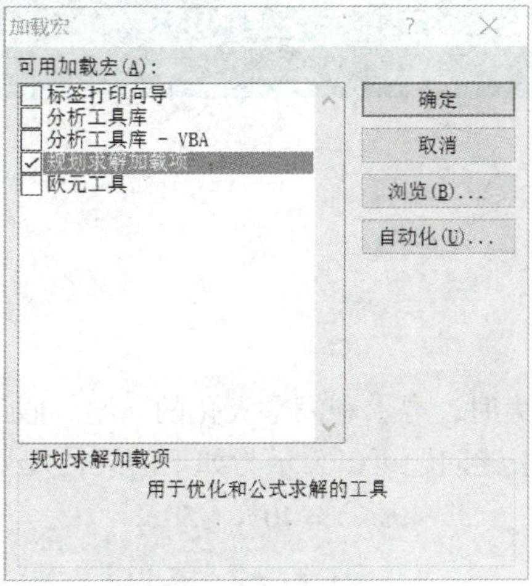

图 A. 3 加载“规划求解”

A. 2 Excel 2010 中“规划求解”求解线性规划问题

用 Excel 2010 中的“规划求解”工具求解线性规划问题，简单易行，很容易掌握。具体求解方法如下：

1）建立线性规划模型。

2）在 Excel 2010 中建立线性规划模型的电子表格。

3）加载“规划求解”的功能模块。

4）利用 Excel 2010“规划求解”功能求解线性规划问题。

在“数据”菜单中单击“规划求解”，然后在弹出的“规划求解参数”对话框中，通过单击“目标单元格”出现绝对引址，并根据题意在其下方的小框内选择“最小值”或“最大值”。在“可变单元格”中通过从表格中选择相应区域，使之在文本框内出现。在“约束条件”处单击“添加”，然后在出现的“增加约束”对话框中的“单元格引用位置”处，通过单击单元格，使之出现在文本框内，在后面的框内选择对应的符号约束关系“=”或其他，“约束值”编辑为某单元格。类似地，可相应地添加多个约束条件，分别进行编辑。

单击“求解”按钮，在弹出的“规划求解结果”对话框中可根据需要生成运算结果、敏感性分析和极限值的报告，然后按“确定”对模型进行求解。

A. 3 实例分析

下面以本书例 2. 1 为例进行详细说明：

例 A. 1 某工厂计划生产两种产品 A 和 B，已知生产单位产品时所消耗的资源和用量，以及销售的单位利润（见表 A.1）。请问该工厂应生产产品 A、B 各多少件，可获得最大利润？

表 A.1 工厂生产数据

资源	产品		备用资源
	A	B	
钢材/t	1	2	30
劳动力(工时)	3	2	60
特种设备(台时)	0	2	24
单位利润(元/件)	40	50	

（1）建立线性规划模型

该问题是在资源受到约束时，寻求利润最大化的问题。假设 x_1，x_2 分别表示工厂计划生产产品 A、B 的数量，则上述问题可以表示为如下的线性规划模型，为

$$\max z = 40x_1 + 50x_2$$

$$\text{s.t.}\begin{cases} x_1 + 2x_2 \leqslant 30 \\ 3x_1 + 2x_2 \leqslant 60 \\ 2x_2 \leqslant 24 \\ x_1,\ x_2 \geqslant 0 \end{cases}$$

（2）建立线性规划模型的电子表格

1）为了使用规划求解功能，首先应当在电子表格中定义以下单元格：

①目标单元格：记录目标函数的计算值。

②可变单元格：记录决策变量的值。

③约束条件左端项：记录约束条件左端项的计算值。

将算例中的数据输入电子表格中的结果，如图 A.4 所示。

	A	B	C	D	E	F
1		生产计划问题电子表格模型				
2		A	B	实际消耗		备用资源
3	钢材	1	2		<=	30
4	劳动力	3	2		<=	60
5	特种设备	0	2		<=	24
6	单位利润	40	50			
7						
8	决策变量	A	B		目标函数	

图 A.4 生产计划电子表格模型

2）在初始电子表格的基础之上，定义可变单元格、目标单元格和约束条件左端项，可得到线性规划电子表格模型，如图 A.5 所示。

图 A.5 中，B8、C8 定义为“可变单元格”，分别表示了决策变量的取值。初始值均设定为 0，最后这些单元格数值会被变量的最优解所代替。单元格 D3、D4、D5 定义为左侧计算值，用来计算并记录约束条件左端表达式的值（原料设备等实际消耗），其计算方法是在对应的单元格中以计算公式的形式输入所显示的公式。单元格 F8 定义为“目标单元格”，计算并记录目标函数的值（总利润）。

	A	B	C	D	E	F
1	生产计划问题电子表格模型					
2		A	B	实际消耗		备用资源
3	钢材	1	2	B3*B8+C3*C8	<=	30
4	劳动力	3	2	B4*B8+C4*C8	<=	60
5	特种设备	0	2	B5*B8+C5*C8	<=	24
6	单位利润	40	50			
7						
8	决策变量	0	0		目标函数	B6*B8+C6*C8

图 A.5　单元格的计算

在完成上述计算后，我们得到完整的电子表格模型，如图 A.6 所示。

	A	B	C	D	E	F
1	生产计划问题电子表格模型					
2		A	B	实际消耗		备用资源
3	钢材	1	2	0	<=	30
4	劳动力	3	2	0	<=	60
5	特种设备	0	2	0	<=	24
6	单位利润	40	50			
7						
8	决策变量	0	0		目标函数	0

图 A.6　完整的电子表格模型

（3）利用“规划求解”功能求解线性规划问题

在“数据”菜单中，选择“规划求解”选项，弹出“规划求解参数”对话框，如图 A.7所示。该对话框用于输入线性规划模型的目标函数、决策变量和约束条件等。

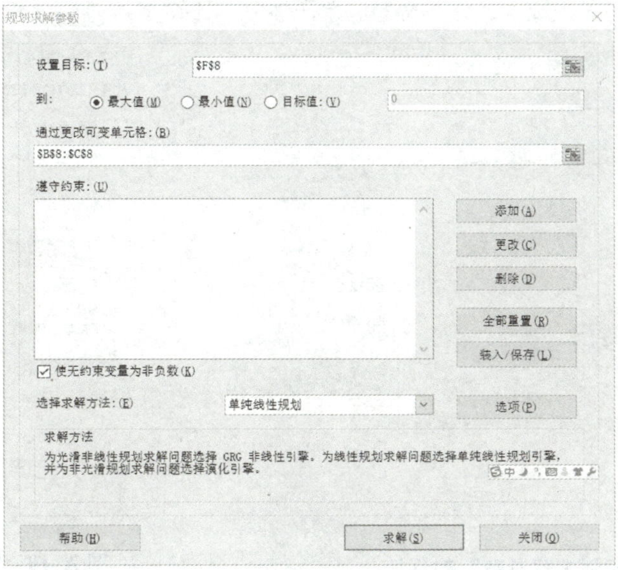

图 A.7　“规划求解参数”对话框

1）在“规划求解参数”对话框中，首先在“设置目标”中输入“目标单元格”所在的地址“F8”，或直接单击该单元格即可自动输入“$F$8”。本例是求极大值，因此勾选“最大值”按钮。

2）在“通过更改可变单元格”中输入决策变量的单元地址“B8、C8”，或直接选中这两个部分自动输入“$B$8：$C$8”。

3）在“遵守约束”栏中，点击右侧的“添加”按钮，在弹出的“添加约束”对话框中添加约束条件，在“单元格引用”上可直接单击电子表格中左侧计算值“实际消耗”中的单元格位置，中间符号项根据约束条件的实际情况进行选择，右边的“约束”输入与左侧计算值对应的限制值，即“资源限量”，如图 A.8 所示。

图 A.8 “添加约束”对话框

若有多个约束条件，则在完成前一个约束条件后，单击“添加”按钮，继续进行输入，直至全部完成后，点击“确定”返回“规划求解参数”对话框，如图 A.9 所示。

4）在“规划求解参数”对话框中“选择求解方法”中选择“单纯线性规划”等方法进行求解，单击右侧的“选项”，在弹出的“选项”对话框中，可以设定规划求解运算中的有关参数，最后单击“确定”按钮返回“规划求解参数”对话框，如图 A.10 所示。

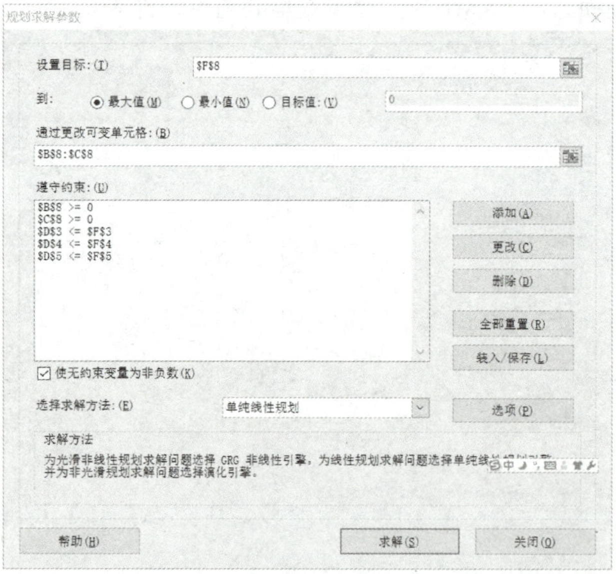

图 A.9 “规划求解参数”对话框

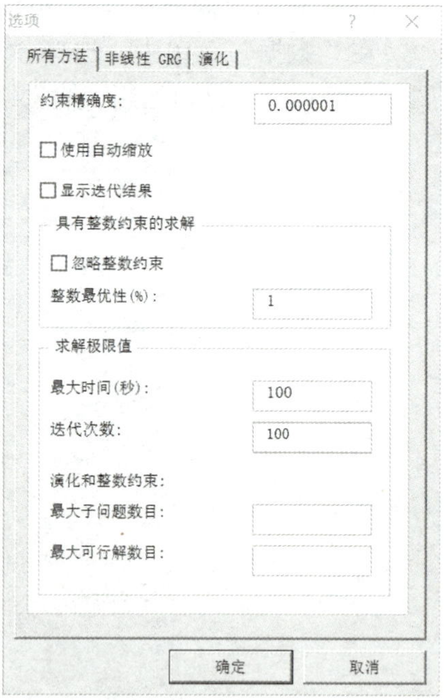

图 A.10 “选项”对话框

5）求解。在“规划求解参数”对话框中单击“求解”按钮，开始线性规划求解。计算后弹出“规划求解结果”对话框。如果线性规划模型有解（包括唯一解或无穷多解），则显示的对话框如图 A.11 所示。

6）在“规划求解结果”对话框中，选中（默认状态）“保留规划求解的解”，然后单击“确定”按钮，则返回到 Excel 2010 中，得到线性规划的求解结果，如图 A.12 所示。

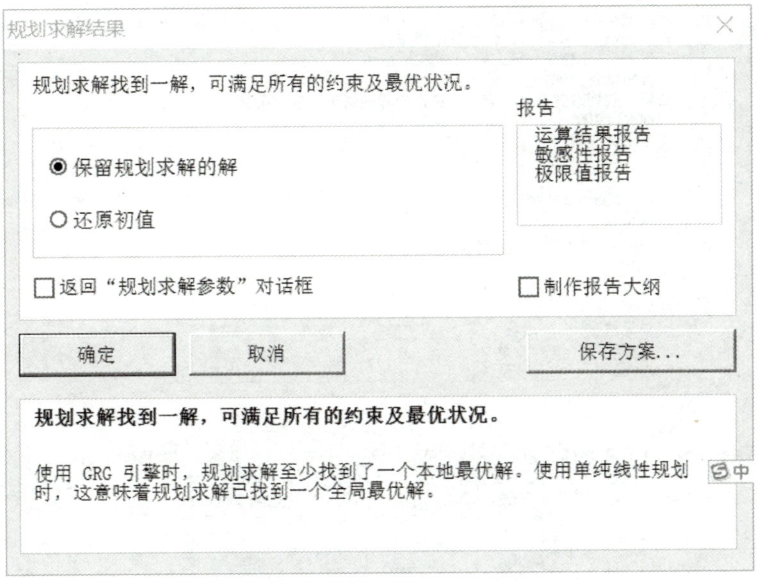

图 A.11 “规划求解结果”对话框

	A	B	C	D	E	F
1		生产计划问题电子表格模型				
2		A	B	实际消耗		备用资源
3	钢材	1	2	30	<=	30
4	劳动力	3	2	60	<=	60
5	特种设备	0	2	15	<=	24
6	单位利润	40	50			
7						
8	决策变量	15	7.5		目标函数	975

图 A.12 线性规划的求解结果

从图 A.12 中可知，当 A、B 两种产品的产量分别为 15 和 7.5 时，总利润达到最大为 975。

7）“规划求解结果”对话框中有三个报告，分别是“运算结果报告”“敏感性报告”和“极限值报告”，可以根据需要进行选择。

① 若在“规划求解结果”中选择“运算结果报告”，并单击“确定”，得到“运算结果报告”工作表如图 A.13 所示，图 A.12 的求解结果的内容都可以在运算结果报告中反映。

运算结果报告分为三个部分：目标单元格、可变单元格和约束，在“目标单元格”部分，“终值”给出了目标函数的最优值。同样，“可变单元格”的“终值”也给出了各决策变量（A、B 两种产品的产量）在目标函数最优时的取值。

“约束”部分的“单元格值”给出了在目标函数最优取值时约束条件“左侧计算值的结果”（即“实际消耗”对应的 D3: D5 单元格最优解时的取值）。“状态”中显示“到达限制值”，表明最优时“左侧计算值”已达到右侧的最大限制值（本例为备用资源），此时“型数值”列显示为“0”，表明该约束的松弛量为 0。若“状态”列中某约束显示“未到达限制值”，表明该资源约束在最优时尚未达到最大限制值，松弛量为大于 0，“型数值”列显示为一正数。

Microsoft Excel 14.0 运算结果报告
工作表：[线性规划练习题.xlsx]Sheet5
报告的建立：2016/1/29 15:55:05
结果：规划求解找到一解，可满足所有的约束及最优状况。
规划求解引擎
规划求解选项

目标单元格（最大值）

单元格	名称	初值	终值
$F$8	目标函数 备用资源	0	975

可变单元格

单元格	名称	初值	终值	整数
$B$8	决策变量 A	0	15	约束
$C$8	决策变量 B	0	7.5	约束

约束

单元格	名称	单元格值	公式	状态	型数值
$D$3	钢材 实际消耗	30	$D$3<=$F$3	到达限制值	0
$D$4	劳动力 实际消耗	60	$D$4<=$F$4	到达限制值	0
$D$5	特种设备 实际消耗	15	$D$5<=$F$5	未到限制值	9
$B$8	决策变量 A	15	$B$8>=0	未到限制值	15
$C$8	决策变量 B	7.5	$C$8>=0	未到限制值	7.5

图 A.13 运算结果报告

② 在“规划求解结果”中选择“敏感性报告”并单击“确定”，得到“敏感性报告”工作表，如图 A.14 所示。敏感性报告分析了目标函数系数、约束条件右端参数变化对最优解所带来的影响。

Microsoft Excel 14.0 敏感性报告
工作表：[线性规划练习题.xlsx]Sheet5
报告的建立：2016/1/29 16:05:19

可变单元格

单元格	名称	终值	递减成本	目标式系数	允许的增量	允许的减量
$B$8	决策变量 A	15	0	40	35	15
$C$8	决策变量 B	7.5	0	50	30	23.33333333

约束

单元格	名称	终值	阴影价格	约束限制值	允许的增量	允许的减量
$D$3	钢材 实际消耗	30	17.5	30	6	10
$D$4	劳动力 实际消耗	60	7.5	60	30	18
$D$5	特种设备 实际消耗	15	0	24	1E+30	9

图 A.14 敏感性报告

敏感性报告由“可变单元格”与“约束”两部分组成。“可变单元格”部分反映了目标函数中系数的变化对最优解的影响；“约束”部分反映了约束条件右端值变化对目标值产生的影响。

“可变单元格”中前三列是该问题中决策变量的信息，第四列“递减成本”，它的绝对值表示目标函数中对应的决策变量的系数必须“改进”多少，才能得到该决策变量的正数解。这里的“改进”，在最大化问题中是增加，在最小化问题中则是指减少。本例中决策变量 A 与 B 已得到正数解，因此，递减成本为 0。第五列中“目标式系数”，是已知的目标函数的系数，本例中为 A 与 B 产品的单位利润。第六列与第七列中“允许的增量”和“允许的减量”表示目标函数系数在允许的增量与允许的减量范围内变化时，变量的最优解不变。本例中产品 A 的单位利润为 40 元，允许的增量为 35，允许的减量为 15，因此，产品 A 单位利润允许变化的范围是 25 ~ 75，也即当产品 A 的单位利润在 25 ~ 75 之间变化时，生产方案（决策变量的取值）不会改变。同理可知，产品 B 的单位利润的变化范围是 26.67 ~ 80。

“约束”的前三列是关于约束条件左侧的相关信息，第四列为“阴影价格”，也称“影子价格”，它表明约束条件右端参数每增加或减少 1 时，目标函数最优值的相应增量或减量。第五列是“约束限制值”，为已知的约束条件右端参数值，本例中为钢材、劳动力和特种设备的最大“备用资源”。第六列与第七列中“允许的增量”和“允许的减量”，表示约束条件的右端参数在允许的增量与允许的减量范围内变化时，影子价格不变。值得注意的是，这里的允许变化范围是指单个参数变化情况下的结果。

A.4 整数规划问题的 Excel 求解

这里的整数规划特指整数线性规划利用“规划求解”功能求解整数线性规划的过程和解线性规划的过程差不多，只不过需要设置变量为整数而已，亦即在 Excel 有专门针对整数规划设置的约束条件，用“int”表示。

仍然以上面的例子为例，看一下如何求解整数规划问题。假设上述问题 x_1，x_2 均是整数，只需再添加一个约束就行了，如图 A.15 与图 A.16 所示。

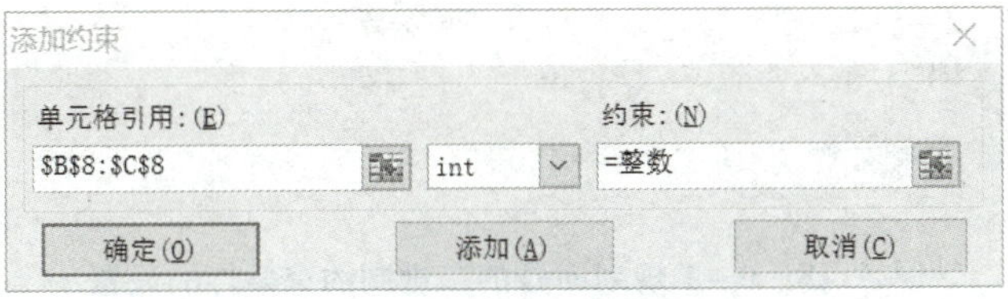

图 A.15 整数约束条件的设置

在“规划求解参数”对话框中，输入整数规划模型的目标函数、决策变量和约束条件等，如图 A.16 所示。

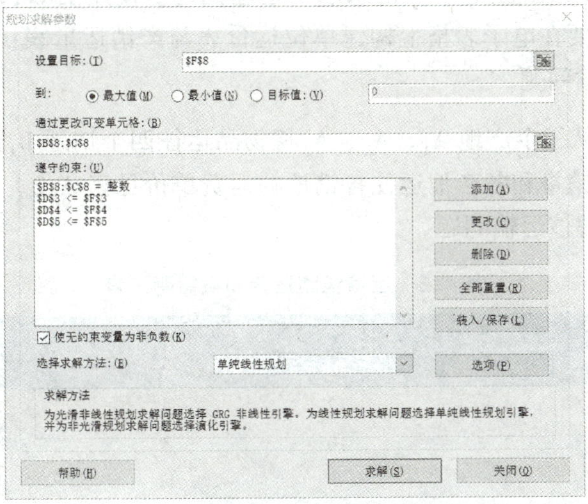

图 A.16 整数规划问题的求解参数设置

然后单击“规划求解参数”对话框中的“求解”按钮，即可获得该整数规划问题的最优解，相关结果如图 A. 17 所示。

	A	B	C	D	E	F
1		生产计划问题电子表格模型				
2		A	B	实际消耗		备用资源
3	钢材	1	2	30	<=	30
4	劳动力	3	2	58	<=	60
5	特种设备	0	2	16	<=	24
6	单位利润	40	50			
7						
8	决策变量	14	8		目标函数	960

图 A. 17 整数规划问题的最优解

从图 A. 17 中可知，当决策变量在整数条件的约束下，当 A、B 两种产品的产量分别为 14 和 8 时，总利润达到最大为 960。

“规划求解”还可以用来求 0 - 1 整数规划问题，即变量都是 0 或 1 的线性规划问题。0 - 1 规划是特殊的整数规划，也是特殊的线性规划，因此它的求解方法与前面介绍的整数规划基本相同，只要在约束条件上稍加修改即可。Excel 中也专门提供了 0 - 1 约束，也称为二进制约束，在 Excel 中用“bin”表示，如图 A. 18 所示。

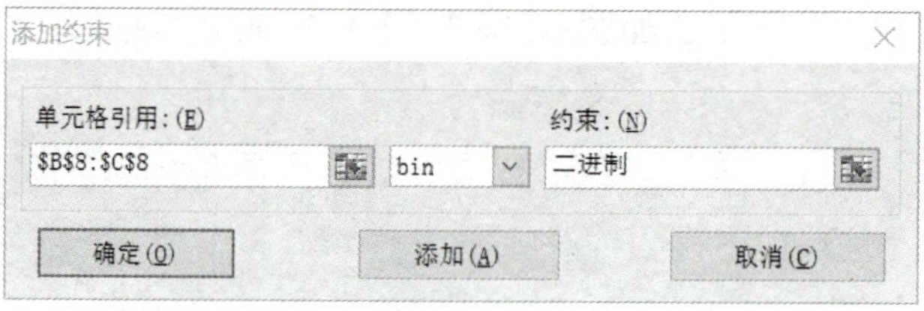

图 A. 18 0 - 1 规划问题的二进制约束条件的设置

A. 5 运输问题的 Excel 求解

下面讨论如何利用 Excel 电子表格来求解运输问题。使用 Excel 求解运输问题涉及两个基本步骤：首先需要在电子表格上构建单位运价表与产销运量表；其次是利用 Excel 的“规划求解”求解运输问题。

例 A. 2 某公司从三个产地 A_1、A_2、A_3将物品运往四个销地 B_1、B_2、B_3、B_4。各产地的产量、各销地的销量和各产地运往各销地的运费单价见表 A. 2。如何调运能使总运费最小？利用 Excel 求解该运输问题。

表 A. 2 运输线路运费和供需明细表

产地	销地				产量(件)
	B_1	B_2	B_3	B_4	
A_1	4	12	4	11	16
A_2	2	10	3	9	10
A_3	8	5	11	6	22
销量(件)	8	14	12	14	

将上表中的数据转换到 Excel 中并进行简单的扩充，就得到运输问题的电子表格模型，如图 A.19 所示。

	A	B	C	D	E	F	G	H
1			单位运价表					
2			销地					
3	产地	B_1	B_2	B_3	B_4			
4	A_1	4	12	4	11			
5	A_2	2	10	3	9			
6	A_3	8	5	11	6			
7								
8			调运量表					
9		B_1	B_2	B_3	B_4	实际产量		供应量
10	A_1						=	16
11	A_2						=	10
12	A_3						=	22
13	实际销量							
14		=	=	=	=			总成本
15	销量	8	14	12	14			

图 A.19　产品运输问题的电子表格模型

图 A.19 中上半部分是该运输问题的单位运价表数据，下半部分是该运输问题的调运方案。B4：E6，B15：E15，H10：H12 单元格表示已知数据，B10：E12 单元格表示决策变量，H15 单元格表示运输问题的目标函数。

在目标函数单元格 H15 及产量约束单元格 F10：F12、需求约束单元格 B13：E13，依次输入公式，如图 A.20 所示。

	A	B	C	D	E	F	G	H
1			单位运价表					
2			销地					
3	产地	B_1	B_2	B_3	B_4			
4	A_1	4	12	4	11			
5	A_2	2	10	3	9			
6	A_3	8	5	11	6			
7								
8			调运量表					
9		B_1	B_2	B_3	B_4	实际产量		供应量
10	A_1					SUM(B10:E10)	=	16
11	A_2					SUM(B11:E11)	=	10
12	A_3					SUM(B12:E12)	=	22
13	实际销量	SUM(B10:B12)	SUM(C10:C12)	SUM(D10:D12)	SUM(E10:E12)			
14		=	=	=	=			总成本
15	销量	8	14	12	14			SUMPRODUCT(B4:E6,B10:E12)

图 A.20　单元格的计算

在输入公式、完成计算后，得到完整的电子表格模型，如图 A.21 所示。

	A	B	C	D	E	F	G	H
1			单位运价表					
2			销地					
3	产地	B_1	B_2	B_3	B_4			
4	A_1	4	12	4	11			
5	A_2	2	10	3	9			
6	A_3	8	5	11	6			
7								
8			调运量表					
9		B_1	B_2	B_3	B_4	实际产量		供应量
10	A_1					0	=	16
11	A_2					0	=	10
12	A_3					0	=	22
13	实际销量	0	0	0	0			
14		=	=	=	=			总成本
15	销量	8	14	12	14			0

图 A.21　完整的产品运输问题电子表格模型

然后，利用“规划求解”的参数设置功能进行目标、可变单元格、约束条件、选项等相关参数的设置，如图 A. 22 所示。

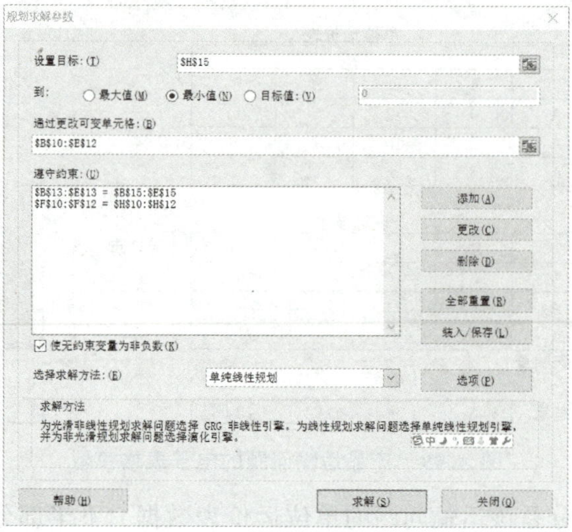

图 A. 22 运输问题的规划求解参数设置

然后单击“规划求解参数”对话框中的“求解”按钮，即可获得该运输问题的最优解。相关结果如图 A. 23 所示。

	A	B	C	D	E	F	G	H
1		单位运价表						
2		销地						
3	产地	B_1	B_2	B_3	B_4			
4	A_1	4	12	4	11			
5	A_2	2	10	3	9			
6	A_3	8	5	11	6			
7								
8		调运量表						
9		B_1	B_2	B_3	B_4	实际产量		供应量
10	A_1	4	0	12	0	16	=	16
11	A_2	4	0	0	6	10	=	10
12	A_3	0	14	0	8	22	=	22
13	实际销量	8	14	12	14			
14		=	=	=	=			总成本
15	销量	8	14	12	14			244

图 A. 23 运输问题的最优解

从图 A. 23 中可知，从 A_1 分别调运 4 件与 12 件物品到 B_1、B_3，从 A_2 分别调运 4 件与 6 件物品到 B_1、B_4，从 A_3 分别调运 14 件与 8 件物品到 B_2、B_4，该运输方案的总成本为 244，该结论与利用伏格尔法的计算结果完全相同。对于产销不平衡和有转运的运输问题，在 Excel 中只需要改变约束条件即可，不需要添加虚拟的产地或销地。

A. 6 指派问题的 Excel 求解

指派问题是运输问题的一个特例，因此可以把指派问题看成供应量和需求量都等于 1 的产销平衡问题，同时注意变量的取值是 0 – 1 型整数，那么可以利用 Excel 直接求解指派问题。

例 A.3 有一份中文说明书，需译成英、日、德、俄四种文字，分别记作 A、B、C、D。现有甲、乙、丙、丁四人，他们将中文说明书译成不同语种的说明书所需时间见表 A.3，问如何分派任务，可使总时间最少？利用 Excel 求解该指派问题。

表 A.3

人员	任务			
	A	B	C	D
甲	6	7	11	2
乙	4	5	9	8
丙	3	1	10	4
丁	5	9	8	2

按照运输问题的 Excel 的求解方法，输入数据与计算公式，建立指派问题的电子表格模型，如图 A.24 所示。

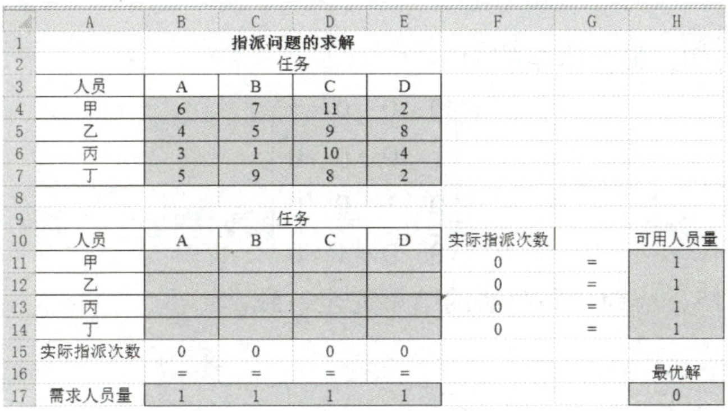

	A	B	C	D	E	F	G	H
1		指派问题的求解						
2			任务					
3	人员	A	B	C	D			
4	甲	6	7	11	2			
5	乙	4	5	9	8			
6	丙	3	1	10	4			
7	丁	5	9	8	2			
8								
9			任务					
10	人员	A	B	C	D	实际指派次数		可用人员量
11	甲					0	=	1
12	乙					0	=	1
13	丙					0	=	1
14	丁					0	=	1
15	实际指派次数	0	0	0	0			
16		=	=	=	=			最优解
17	需求人员量	1	1	1	1			0

图 A.24 指派问题的求解电子表格

在输入单元格的计算公式之后，利用“规划求解”的参数设置功能进行目标、可变单元格、约束条件、选项等相关参数的设置，如图 A.25 所示。

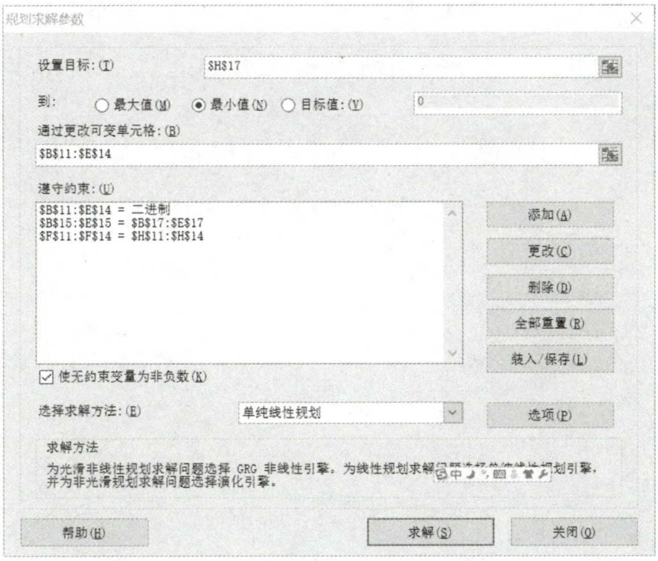

图 A.25 指派问题的求解参数设置

然后单击“规划求解参数”对话框中的“求解”按钮，即可获得该指派问题的最优解，相关结果如图 A.26 所示。

	A	B	C	D	E	F	G	H
1			指派问题的求解					
2			任务					
3	人员	A	B	C	D			
4	甲	6	7	11	2			
5	乙	4	5	9	8			
6	丙	3	1	10	4			
7	丁	5	9	8	2			
8								
9			任务					
10	人员	A	B	C	D	实际指派次数		可用人员量
11	甲	0	0	0	1	1	=	1
12	乙	1	0	0	0	1	=	1
13	丙	0	1	0	0	1	=	1
14	丁	0	0	1	0	1	=	1
15	实际指派次数	1	1	1	1			
16		=	=	=	=			最优解
17	需求人员量	1	1	1	1			15

图 A.26 指派问题的最优解

从图 A.26 中可知，最优解矩阵为

$$
\begin{pmatrix}
0 & 0 & 0 & 1 \\
1 & 0 & 0 & 0 \\
0 & 1 & 0 & 0 \\
0 & 0 & 1 & 0
\end{pmatrix}
$$

总成本最小为 15，与匈牙利解法的结果完全一致。

附录 B 线性规划问题的 Gurobi 求解

虽然很多常用软件，如 Excel、MATLAB 等都自带了优化模块得以求解线性规划问题，但面对复杂的实际问题以及庞大的问题规模时仍无法解决。Gurobi 是由美国 Gurobi Optimization 公司开发的新一代大规模优化器，在求解速度与解决问题数量上都处于目前常见大规模优化求解器中的领先水平。Gurobi 提供了多种编程语言的接口，支持 C++、Java、Python、MATLAB 和 R 等常见编程语言，本书主要介绍 Gurobi 与 Python 接口的使用。

B.1 Gurobi 安装与学术许可证获取

B.1.1 软件安装

可以直接登录 Gurobi 官网 https://www.gurobi.com/，下载软件完整版。如果仅需要在 Python 接口下使用 Gurobi，也可以选择使用 pip 方式或 Anaconda 方式安装。

（1）完整安装包

在官网下载对应版本安装包并按照指示进行安装，在命令行方式下进入安装目录（GUROBI_HOME 环境变量指向的目录），运行：

```
python setup.py install
```

（2）pip 安装

仅支持 Gurobi 9.1 或以后版本，在命令行（Windows）或终端（MAC）输入下载命令，可将 Gurobi 模块（非 Gurobi 完整安装包）安装到当前激活的 Python 环境中。

```
python -m pip install gurobipy
```

（3）Anaconda 安装

在命令行（Windows）或终端（MAC）添加下载源后执行安装命令。

```
conda config --add channels https://conda.anaconda.org/gurobi
conda install gurobi
```

B.1.2 学术许可证获取

Gurobi 提供了免费的学术许可证，获取方式如下：

1）连接校园网。

2）登录 Gurobi 官网 https://www.gurobi.com/，使用学校邮箱注册账号并登录。

3）进入 Gurobi User Portal 界面：

https://portal.gurobi.com/iam/licenses/request/?type=academic。

4）选择 Named-User Academic 选项，点击“GENERATE NOW!”按钮，如图 B. 1 所示，便能成功创建学术许可证，如图 B. 2 所示。

5）复制获得的 grbgetkey，并在命令行（Windows）或终端（MAC）中粘贴，grbgetkey 命令会将机器的识别信息发送给网站，成功后将会回传许可证密钥文件（gurobi. lic），如图 B. 3 所示。

6）验证许可证是否安装成功：双击 Gurobi 软件图标（Windows）或在终端中输入 gurobi. sh（MAC），不出现 ERROR 信息则安装成功。

Named-User Academic
Get a free, unlimited-use Gurobi Optimizer license for a single person, on a single machine.
• Runs on a single machine only
• Supports any Gurobi versions
• Requires an internet connection for installation
• Valid for one year
• New licenses can be generated as long as you maintain eligibility
GENERATE NOW!

B. 1 点击创建学术许可证

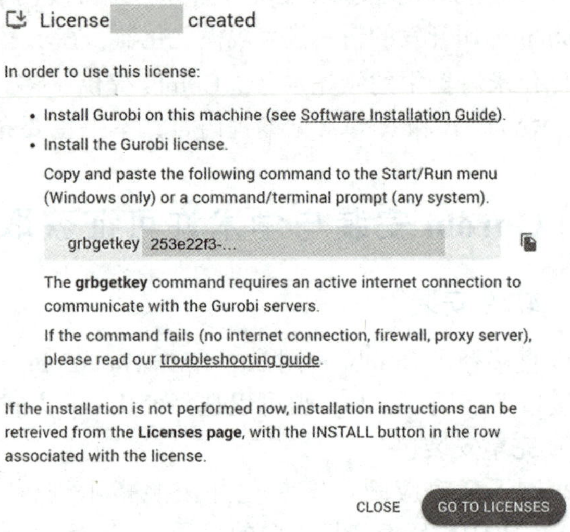
License created
In order to use this license:
• Install Gurobi on this machine (see Software Installation Guide).
• Install the Gurobi license.
Copy and paste the following command to the Start/Run menu (Windows only) or a command/terminal prompt (any system).
grbgetkey 253e22f3-...
The grbgetkey command requires an active internet connection to communicate with the Gurobi servers.
If the command fails (no internet connection, firewall, proxy server), please read our troubleshooting guide.
If the installation is not performed now, installation instructions can be retrieved from the Licenses page, with the INSTALL button in the row associated with the license.
CLOSE
GO TO LICENSES

图 B. 2 学术许可证创建成功

```
Gurobi license key client (version 10.0.1)
Copyright (c) 2023, Gurobi Optimization, LLC

--------------------------------
Contacting Gurobi key server...
--------------------------------

Key for license ID 146542 was successfully retrieved.

---------------------
Saving license key...
---------------------

In which folderwould you like to store the Gurobi license key file?
[hit Enter to store it in c:\gurobi]:

-> License key saved to file 'c:\gurobi\gurobi.lic'.
```

图 B. 3 保存许可证密钥文件

B. 2 求解线性规划问题

在 Python 中调用 Gurobi 求解线性规划问题通常按照以下步骤进行：

1）建立线性规划模型。

2）在 Python 中调用 gurobipy 模块。

```
import gurobipy as gp
from gurobipy import GRB
```

3）构造 Gurobi 对象，创建模型。

一个模型对象包含一个优化问题，它由一组变量、一组约束和目标函数组成。

```
Model(name = "")
```

· name = ""：模型名，默认为空。

· 如创建名称为“model1”的空对象：m = gp. Model（name = "model1"）。

4）添加变量。

每个变量都有相应的下界、上界和类型（连续变量、二元变量等）。

①添加一个变量：

```
Model.addVar ( lb = 0.0, ub = float('inf'), vtype = GRB.CONTINUOUS, name = "")
```

· lb = 0.0：变量的下界，默认为 0。

· ub = float（'inf'）：变量的上界，默认为无穷大。

· vtype = GRB. CONTINUOUS：变量的类型，默认为连续型，其余常用变量类型有：GRB. BINARY，GRB. INTEGER，GRB. SEMICONT，GRB. SEMIINT。

· name = ""：变量名，默认为空。

· 如添加一个连续变量 $0 \leqslant x_1 \leqslant 1$：x1 = Model. addVar（lb = 0.0，ub = 1.0，vtype = GRB. CONTINUOUS，name = "x1"）。

②添加多个变量：

addVars（）方法将返回 Gurobi tupledict 对象。

```
Model.addVars ( * indices, lb = 0.0, ub = float('inf'),
vtype = GRB.CONTINUOUS, name = "" )
```

· * indices：提供变量索引。

· 如添加一个 2×3 的变量 $x[0, 0]$，$x[0, 1]$，$x[0, 2]$，$x[1, 0]$，$x[1, 1]$，$x[1, 2]$：x = model. addVars（2，3）。

5）添加约束条件。

可以添加线性约束、矩阵约束、二次约束，添加一个约束的方式如下：

```
Model.addConstr ( constr, name = "" )
```

· name = ""：约束名，默认为空。

· 如添一个约束 $3x + 4y + 5z \geqslant 60$：Model. addConstr（3 * x + 4 * y + 5 * z > = 60，“c1”）。

6）添加目标函数。

添加单目标优化目标函数的方式如下：

```
Model.setObjective ( expr, sense = None )
```

· expr：目标函数表达式，可以是线性或二次函数表达式。

· sense：求解类型，最小化目标使用 GRB. MINIMIZE，最大化目标使用 GRB. MAXIMIZE。

7）执行最优化。

通过向 Model 对象添加变量、约束以及目标函数从而完成模型建立后，调用 Model. optimize 来求最优解，调用方式为：

```
Model.optimize ()
```

线性规划问题实例分析

下面以本书例 2. 1 为例进行详细说明：

例 B. 1 某工厂计划生产两种产品 A 和 B，已知生产单位产品时所消耗的资源和用量，以及销售的单位利润（见表 B. 1）。请问该工厂应生产产品 A、B 各多少件，可获得最大利润？

表 B. 1 工厂生产数据

资源	产品		备用资源
	A	B	
钢材/t	1	2	30
劳动力（工时）	3	2	60
特种设备（台时）	0	2	24
单位利润（元/件）	40	50	

（1）建立线性规划模型

该问题是在资源受到约束时，寻求利润最大化的问题。假设 x_1, x_2 分别表示工厂计划生产产品 A、B 的数量，则上述问题可以表示为

$$\max z = 40x_1 + 50x_2$$

$$\text{s.t.}\begin{cases} x_1 + 2x_2 \leqslant 30 \\ 3x_1 + 2x_2 \leqslant 60 \\ 2x_2 \leqslant 24 \\ x_1,\ x_2 \geqslant 0 \end{cases}$$

（2）在 Python 中调用 gurobipy 模块

导入 Gurobi 函数并导入 GRB 类：

```
import gurobipy as gp
from gurobipy import GRB
```

（3）构造 Gurobi 对象，创建模型

将该模型命名为“lp1”：

```
m = gp.Model("lp1")
```

(4) 添加变量

根据问题建立的数学规划模型中共有2个变量，均为连续型变量，变量的下界为0，上界为正无穷，使用模型对象的addVar（）方法逐个添加如下：

```
x1 = m.addVar(lb=0.0, ub= float('inf'),
    vtype=GRB.CONTINUOUS, name="x1")
x2 = m.addVar(lb=0.0, ub= float('inf'),
    vtype=GRB.CONTINUOUS, name="x2")
```

(5) 添加约束条件

共有3个约束，使用模型对象的addConstr（）方法逐个添加如下，第二个参数指定约束名称：

```
m.addConstr(x1 + 2 * x2 <= 30, "c0")
m.addConstr(3 * x1 + 2 * x2 <= 60, "c1")
m.addConstr(2 * x2 <= 24, "c2")
```

(6) 添加目标函数

使用模型对象的setObjective（）方法创建目标函数，第一个参数指定了目标函数表达式，第二个参数指定当前问题需要最大化目标：

```
m.setObjective(40 * x1 + 50 * x2, GRB.MAXIMIZE)
```

(7) 执行最优化

使用optimize（）方法来解决为模型对象“m”定义的问题：

```
m.optimize()
```

(8) 显示结果

使用模型对象的getVars()方法查询与变量相关的参数，“.varName”用于查询决策变量的名称，“.x”用于查询变量的解；使用objVal()方法查询目标函数的值：

```
for v in m.getVars():
    print('变量名称与最优解:%s = %g'% (v.VarName, v.X))
print('目标函数值:%g'% m.ObjVal)
```

运行程序后，得到例B.1的线性规划模型的优化结果：

```
变量名称与最优解:x1 = 15
变量名称与最优解:x2 = 7.5
目标函数值:975
```

本例中，当A、B两种产品的产量分别为15和7.5时，总利润达到最大值为975。

B.3 整数规划问题的 Gurobi 求解

使用 Gurobi 的 Python 接口求解整数规划问题的步骤与求解线性规划问题类似，区别为在添加变量时需要将变量类型设置为整数类型，即“vtype = GRB. INTEGER”。

仍然以例 2.1 为例，假设 x_1，x_2 分别表示工厂计划生产产品 A、B 的数量，当 x_1，x_2 为整数，在第（4）步添加变量时需要注意变量的类型，变量的上下界与线性规划例子中保持一致，使用模型对象的 addVar（）方法逐个添加如下：

```
x1 = m.addVar(lb=0.0, ub= float('inf'),
     vtype=GRB.INTEGER, name="x1")
x2 = m.addVar(lb=0.0, ub= float('inf'),
     vtype=GRB.INTEGER, name="x2")
```

其余步骤均与求解线性规划的过程保持一致。运行程序，此时得到的整数规划问题的优化结果如下：

```
变量名称与最优解:x1 = 14
变量名称与最优解:x2 = 8
目标函数值:960
```

当决策变量为整数时，总利润的最大值为 960，在 A、B 两种产品的产量分别为 14 和 8 时取到。

此外，对于 0-1 整数规划问题，当变量取值的要求为 0 或 1 时，只需在添加变量时将变量类型更改为“vtype = GRB. BINARY”即可，如下所示：

```
x1 = m.addVar(lb=0.0, ub= float('inf'),
     vtype=GRB.BINARY, name="x1")
x2 = m.addVar(lb=0.0, ub= float('inf'),
     vtype=GRB. BINARY, name="x2")
```

B.4 运输问题的 Gurobi 求解

下面介绍如何使用 Gurobi 解决运输问题。

例 B.2 某个公司个产地 A_1、A_2、A_3将物品运往四个销地 B_1、B_2、B_3、B_4。各产地的产量、各销地的和各产地运往各销地的运费单价见表 B.2。如何调运能使总运费最小？利用 Gurobi 求解该运输问题。

表 B.2 运输线路运费单价和供需明细表

产地	销地				产量（件）
	B_1	B_2	B_3	B_4	
A_1	4	12	4	11	16
A_2	2	10	3	9	10
A_3	8	5	11	6	22
销量（件）	8	14	12	14	

首先根据问题建立数学规划模型，为

$$\min z = \sum_{i=1}^{3}\sum_{j=1}^{4} c_{ij}x_{ij}$$

$$\text{s.t.}\begin{cases}\sum_{j=1}^{4} x_{ij} = a_i, i = 1,2,3 \\ \sum_{i=1}^{3} x_{ij} = b_j, j = 1,2,3,4 \\ x_{ij} \geqslant 0, i = 1,2,3, j = 1,2,3,4\end{cases}$$

式中，a_1，a_2，a_3 分别为 16，10，22；b_1，b_2，b_3，b_4 分别为 8，14，12，14；c_{ij} 为从产地 A_i 到销地 B_j 的运输价格。

然后导入 gurobipy 模块并创建模型对象：

```
import gurobipy as gp
from gurobipy import GRB
m = gp.Model("运输问题")
```

由于本例中变量个数和系数较多，因此使用矩阵形式添加参数并使用 addVars（）方法一次性创建多个变量：

```
# 输入参数
a = [16, 10, 22]     # 产量
b = [8, 14, 12, 14]     # 销量
cost = [[4, 12, 4, 11],     # 运费单价
        [2, 10, 3, 9],
        [8, 5, 11, 6]]
supply = range(len(a))
demand = range(len(b))

# 创建变量
x = m.addVars(len(a), len(b), lb = 0, ub = GRB.INFINITY,
    vtype = GRB.CONTINUOUS, name = 'x')
```

随后根据创建的数学规划模型继续构建产地约束、销地约束，使用 Python 的 sum( ) 函数进行求和操作。目标函数为最小化总运输费用，quicksum( ) 是 python sum( ) 函数的一个版本，可以更有效地构建大型 Gurobi 表达式。

```
# 创建约束
for i in supply:     # 产地约束
    m.addConstr(sum(x[i, j] for j in demand) = = a[i])
for j in demand:     # 销地约束
    m.addConstr(sum(x[i, j] for i in supply) = = b[j])

# 创建目标函数
m.setObjective(gp.quicksum(x[i, j] * cost[i][j] for i in supply
for j in demand), GRB.MINIMIZE)
```

完成模型构建后，执行最优化，并显示求解结果。

```
# 执行最优化：
m.optimize()

# 显示结果
for v in m.getVars():
print('% s = % g'% (v.VarName, v.X))
print('目标函数值：% g'% m.ObjVal)
```

运行程序得到运输问题的优化结果如下：

```
x[0,0] = 4
x[0,1] = 0
x[0,2] = 12
x[0,3] = 0
x[1,0] = 4
x[1,1] = 0
x[1,2] = 0
x[1,3] = 6
x[2,0] = 0
x[2,1] = 14
x[2,2] = 0
x[2,3] = 8
目标函数值：244
```

根据优化结果得到的调运量表可以整理如下：

表 B.3 运输问题最优解得到的调运量表

产地	销地			
	B_1	B_2	B_3	B_4
A_1	4	0	12	0
A_2	4	0	0	6
A_3	0	14	0	8

因此得到使运费最小的调运方案为：从 A_1 分别调运 4 件与 12 件物品到 B_1、B_3，从 A_2 分别调运 4 件、6 件物品到 B_1、B_4，从 A_3 分别调运 14 件、8 件物品到 B_2、B_4，该运输方案的总成本 244。

B.5 指派问题的 Gurobi 求解

下面介绍如何使用 Gurobi 解决指派问题。在指派问题中，变量的取值均为 0－1 整数，因此需要在添加变量时将变量类型设置为 GRB. BINARY。

例 B.3 以本书第7章的例 7.16 为例，使用 Gurobi 调用 Python 求解该指派问题。有一份中文说明书，需译成英、日、德、俄四种文字，分别记作 A、B、C、D。现有甲、乙、丙、丁四人，他们将中文说明书译成不同语种的说明书所需时间见表 B.4，问如何分派任务可使总时间最少？

表 B.4 人员与翻译说明书所需时间

人员	任务			
	A	B	C	D
甲	6	7	11	2
乙	4	5	9	8
丙	3	1	10	4
丁	5	9	8	2

首先根据问题建立数学规划模型，为

$$\min z = \sum_{i=1}^{4}\sum_{j=1}^{4} c_{ij}x_{ij}$$

$$\text{s. t.}\begin{cases}\sum_{j=1}^{4} x_{ij} = a_i, i = 1,2,3,4\\ \sum_{i=1}^{4} x_{ij} = b_j, j = 1,2,3,4\\ x_{ij} \geqslant 0, i = 1,2,3,4, j = 1,2,3,4\end{cases}$$

其中系数矩阵 $\boldsymbol{C}$ 为

$$\boldsymbol{C} = \begin{pmatrix} 6 & 7 & 11 & 2\\ 4 & 5 & 9 & 8\\ 3 & 1 & 10 & 4\\ 5 & 9 & 8 & 2 \end{pmatrix}$$

接下来在 Gurobi 中构建并求解该指派问题模型，首先导入 gurobipy 模块并创建模型对象：

```
import gurobipy as gp
from gurobipy import GRB
m = gp.Model("指派问题")
```

使用矩阵进行人员和工作的参数声明，使用 Gurobi/Python 中的 multidict（）函数，用一条语句初始化一个或多个字典，字典的键（Key）是“combinations”，表示人员和工作的可能组合；值（Values）是“time”，表示四位工作人员完成每项任务对应的所需时间。

```
# 人员和工作
persons = ['JIA', 'YI', 'BING', 'DING']
job = ['A', 'B', 'C', 'D']

# 人员和对应的完成任务所需时间
combinations, time = gp.multidict({
    ('JIA', 'A'): 6, ('JIA', 'B'): 7, ('JIA', 'C'): 11, ('JIA', 'D'): 2,
    ('YI', 'A'): 4, ('YI', 'B'): 5, ('YI', 'C'): 9 , ('YI', 'D'): 8,
    ('BING', 'A'): 3, ('BING', 'B'): 1, ('BING', 'C'): 10, ('BING', 'D'): 4,
    ('DING', 'A'): 5, ('DING', 'B'): 9, ('DING', 'C'): 8 , ('DING', 'D'): 2,
})
```

根据先前定义的人员向工作的分配“combinations”，使用 addVars( ) 方法批量添加变量。使用模型对象的 addConstrs( ) 方法批量创建约束，其中第一个参数使用 sum 方法，如定义人员约束的 LHS 时，x. sum('*', b) 表示对于工作集合 job 中的每项任务 b，取针对所有人员的决策变量的总和。在添加目标时，目标函数表达式使用“x. prod(score)”来得到“time”矩阵与“x”决策变量矩阵的对应元素乘积之和。

```
# 创建变量
x = m.addVars(combinations, vtype = GRB.BINARY, name = "assign")

# 创建约束
m.addConstrs((x.sum(a, '*') == 1 for a in persons), name = 'person')
m.addConstrs((x.sum('*', b) == 1 for b in job), name = 'job')

# 设置目标函数
m.setObjective(x.prod(time), GRB.MINIMIZE)
```

完成模型构建后，执行最优化，并显示求解结果，将大于 0 的决策变量输出，得到任务的分派情况。

```
# 执行最优化
m.optimize()

# 显示结果
for v in m.getVars():
    if v.X > 0:
        print('%s = %g'% (v.VarName, v.X))

print('目标函数值: %g'% m.ObjVal)
```

运行程序得到指派问题的优化结果如下：

```
assign[JIA,D] = 1
assign[YI,A] = 1
assign[BING,B] = 1
assign[DING,C] = 1
目标函数值: 15
```

由优化结果可知，最优的分配方案为指派甲将说明书翻译成俄文，指派乙将说明书翻译成英文，指派丙将说明书翻译成日文，指派丁将说明书翻译成德文。此时完成任务所需的时间最少，为 15。

附录 C　名词术语中英文对照

线性规划 Linear Programming
单纯形法 Simplex Method
规划 Programming
决策变量 Decision Variable
目标函数 Objective Function
约束条件 Constraints
比例性 Proportionality
可叠加性 Additivity
标准形式 Standard Form
松弛变量 Slack Variable
剩余变量 Surplus Variable
可行解 Feasible Solution
可行域 Feasible Region
最优解 Optimal Solution
基 Basis
基变量 Basic Variable
基本解 Basic Solution
基本可行解 Basic Feasible Solution
最优基本可行解 Optimal Basic Feasible Solution
最优基 Optimal Basis
凸集 Convex Set
顶点 Vertex
极点 Extreme Point
相邻 Adjacent
进基变量 Entering Variable
出基变量 Leaving Variable
旋转主元 Pivot Element
人工变量 Artificial Variables
大 M 法 The Big M Method
两阶段法 The Two-Phase Method
退化 Degeneracy
原问题 Primal Problem
对偶问题 Dual Problem
对称形式 Symmetric Form
弱对偶定理 Weak Duality Theorem
对偶定理 Duality Theorem
互补松弛性 Complementary Slackness
影子价格 Shadow Price
对偶单纯形法 The Dual Simplex Method
灵敏度分析 Sensitivity Analysis
运输问题 Transportation Problem
产地 Supply Point
销地 Demand Point
虚拟产地 Dummy Supply Point
虚拟销地 Dummy Demand Point
产地约束 Supply Constraint
销地约束 Demand Constraint
表上作业法（运输单纯形法） Transportation Simplex Method
西北角法 Northwest Corner Rule
最小元素法 Least-Cost Method
伏格尔法 Vogel's Approximation Method
闭回路法 Cycle Method
对偶变量法 Dual Variable Method
指派问题或分配问题 Assignment Problem
转运问题 Transshipment Problem
转运点 Transshipment Point
多目标线性规划 Multi-objective Linear Programming
目标规划 Goal Programming
数据包络分析 Data Envelopment Analysis, DEA
决策单元 Decision Making Units, DMU
规模报酬不变 Constant Returns-to-Scale, CRS
规模报酬可变 Variable Returns-to-Scale, VRS

纯技术效率 Pure Technical Efficiency
规模效率 Scale Efficiency
整数规划 Integer Programming
整数线性规划 Integer Linear Programming, ILP
分支定界法 Branch and Bound Method
隐枚举方法 Implicit Enumeration
割平面法 Cutting Plane Algorithm
非线性规划 Nonlinear Programming
不等式约束 Inequality Constraint
等式约束 Equality Constraint
无约束优化问题 Unconstrained Optimization Problem
约束优化问题 Constrained Optimization Problem
局部极小点 Local Minimum Point, Relative Minimum Point
严格局部极小点 Strict Local Minimum Point
全局极小点 Global Minimum Point
严格全局极小点 Strict Global Minimum Point
可行方向 Feasible Direction
梯度 Gradient
稳定点或驻点 Stationary Point
鞍点 Saddle Point
海赛矩阵 Hessian Matrix
凸函数 Convex Functionming
严格凸函数 Strict Convex Function
凹函数 Concave Function
严格凹函数 Strict Concave Function
凸规划 Convex Programming
一维搜索 One Dimensional Search
线搜索 Line Search
最佳步长 Optimal Step Size
斐波那契法 Fibonacci Method
黄金分割法 Golden Section Method
单峰函数 Unimodal Function
序贯试验法 Sequential Experimental Method
牛顿－拉夫逊法 Newton-Raphson Method
梯度法 Gradient Method
下降方向 Descent Direction
最速下降方向 Steepest Decent Direction
牛顿法 Newton's Method
拟牛顿法 Quasi-Newton Method
割线方程 Secant Equation
不起作用约束或无效约束 Inactive Constraint
起作用约束或有效约束 Active Constraint
有效约束下标集 Active Set
正则点 Regular Point
可行方向 Feasible Direction
可行下降方向 Feasible Descent Direction
序列无约束极小化技术 Sequential Unconstrained Minimization Technique, SUMT
罚函数法 Penalty Methods
障碍函数法 Barrier Methods
二次损失函数 Quadratic Loss Function
动态规划 Dynamic Programming
多阶段决策问题 Multist-age Decision Problem
阶段 Stage
状态 State
马尔可夫性 Markov Property
决策 Decision
策略 Policy
子策略 Sub-Policy
状态转移方程 State Transition Function
阶段指标 Stage Indicator
指标函数 Indicator Function
最优值函数 Optimal Value Function
逆序解法 Inverse Order Method
顺序解法 Order Method
最优化原理 Principle of Optimality
设备更新问题 Equipment Replacement Problem
图 Graph
网络 Network
边 Edge
奇点 Odd Vertex
偶点 Even Vertex
弧 Arc
有向图 Directed Graph
子图 Subgraph
赋权图 Weighted Graph

链 Walk
路 Path
圈 Cycle
回路 Circuit
树 Tree
支撑树 Spanning Tree
最小支撑树 Minimum Spanning Tree
最短路问题 Shortest Path Problem
旅行销售商问题 Traveling Salesman Problem, TSP
最大流问题 Maximum Flow Problem
源 Source
汇 Sink
容量 Capacity
最小费用流问题 Minimum Cost Flow Problem
欧拉链 Euler Path
欧拉圈 Euler Circuit
中国邮递员问题 Chinese Postman Problem, CCP
计划评审技术 Program Evaluation & Review Technique, PERT
关键路线法 Critical Path Method, CPM
决策系统 Decision-Making System, DMS
决策准则 Decision Criterion
悲观准则 Pessimistic Approach
乐观准则 Optimistic Approach
先验概率 Prior Probability
后验概率 Posterior Probability
多准则决策 Multiple Criteria Decision Making, MCDM
多属性决策 Multiple Attribute Decision Making, MADM
多目标决策 Multiple Objective Decision Making, MODM
TOPSIS 法 Technique for Order Preference by Similarity to Ideal Solution
规范化的决策矩阵 Normalized Decision Matrix
加权规范化决策矩阵 Weighted Normalized Decision Matrix
正理想解 Positive Ideal Alternatives
负理想解 Negative Ideal Alternatives
欧氏距离 Euclidean Distance
层次分析法 Analytic Hierarchy Process, AHP
精神价值 Moral Value
前景理论 Prospect Theory, PT
累积前景理论 Cumulative Prospect Theory, CPT
参考点依赖理论 Reference-Dependent Theory, RDT
博弈论 Game Theory
囚徒困境 Prisoners' Dilemma
支付 Payoffs
参与人 Player
参与人集 Players Set
行动 Action
策略 Strategy
有限博弈 Finite Game
无限博弈 Infinite Game
常和博弈 Constant Sum Game
零和博弈 Zero Sum Game
信息结构 Information Structure
完全信息 Complete Information
不完全信息 Incomplete Information
有约束力的协议 Binding Agreement
非合作博弈 Non-Cooperative Game
策略形式 Strategic Form
策略式表述 Strategic Form Representation
扩展式表述 Extensive Form Representation
策略形式 Strategic Form
理性的 Rational
占优策略 Dominant Strategy
占优策略均衡 Dominant Strategy Equilibrium
严格劣策略 Strictly Dominated Strategy
先动优势 First-Mover Advantage
纳什均衡 Nash Equilibrium
反应函数 Reaction Function
混合策略 Mixed Strategy
纯策略 Pure Strategy
混合策略组合 Mixed Strategy Profile

混合策略纳什均衡 Mixed Strategy Nash Equilibrium
排队论 Queuing Theory
随机服务系统理论 Random Service System Theory
时间间隔 Time Interval
运行参数 Operating Characteristics
泊松分布 Poisson Distribution
平均到达率 Mean Arrival Rate
平均服务率 Mean Service Rate
输入过程 Input Processes
排队规则 Queue Discipline
时间窗 Time Window
先进先出/先到先服务 First In First Out/First Come First Server，FIFO/FCFS
后进先出 Last In First Out，LIFO
随机服务 Service-In-Random Order，SIRO
优先权服务 Priority Server，PS
负指数分布 Negative Exponential Distribution
服务时间 Service Time
平均到达间隔时间 Expected Interarrival Time
系统中的平均顾客数 Expected Number of Customers in System
队列中的平均顾客数 Expected Queue Length
顾客平均逗留时间 Waiting Time in System
顾客平均（排队）等待时间 Waiting Time in Queue（Exclude Service Time）
费用结构 Cost Structure
需求 Demand
供应 Supply
存储策略 Inventory Strategy
经济订货批量模型 Economic Order Quantity，EOQ
报童问题 Newsvendor Problem，NP
期望盈利 Expected Profit
期望损失 Expected Lost
边际平衡点 Point of Marginal Equilibrium
再订货点 Reordering Point
联合库存管理 Joint Managed Inventory，JMI
订货提前期 Leadtime
存储过量 Overstock
存储不足 Understock
供应商管理库存 Vendor Managed Inventory，VMI

参考文献

[1] ANDERSON D R, SWEENEY D J, WILLIAMS T A, et al. An Introduction to Management Science: Quantitative Approaches to Decisionmaking [M]. Boston: CENGAGE Learning, 2015.

[2] BONDY J A, MURTY U S R. Graph Theory with Applications [M]. London: Macmillan Press Ltd, 1976.

[3] DANTZIG G B. Linear Programming 1: Introduction [M]. New York: Springer, 1997.

[4] DANTZIG G B. Linear Programming 2: Theory and Extensions [M]. New York: Springer, 2003.

[5] EDMODS J, JOHNSON E L. Matching Euler Tours and the Chinese Postman [J]. Mathematics Programming, 1973 (5): 88 – 124.

[6] GHIANI G, LAPORTE G, MUSMANNO R. Introduction to Logistics System Planning and Control [M]. Chichester: John Wiley and Sons, 2004.

[7] GRIBKOVSKAIA I, HALSKAU S O, LAPORTE G. The Bridges of Königsberg—A Historical Perspective [J]. NETWORKS, 2007, 49 (3): 199 – 203.

[8] IGNIZO J P. Goal Programming and Extensions [M]. Lexington: D C Heath and Company, 1976.

[9] KAHNEMAN D, TVERSKY A. Prospect Theory: An Analysis of Decisions under Risk [J]. Econometrica, 1979, 47: 263 – 291.

[10] KWAN M K. Graphic Programming Using Odd or Even Points [J]. Chinese Mathematics, 1979 (1): 273 – 377.

[11] KARMARKAR N K. A New Polynomial Time Algorithm for Linear Programming [J]. Combinatorica, 1984 (4): 373 – 395.

[12] PIRNOT T L. Mathematic All Around [M]. New York: Addison-Wesley Longman, 2001.

[13] TVERSKY A, KAHNEMAN D. Loss Aversion in Riskless Choice: A Reference-Dependent Model [J]. The Quarterly Journal of Economics, 1991, 106: 1039 – 1061.

[14] TVERSKY A, KAHNEMAN D. Advances in Prospect Theory: Cumulative Representation of Uncertainty [J]. Journal of Risk and Uncertainty, 1992, 5 (4): 297 – 323.

[15] VANDERBEI R J. Linear Programming: Foundation and Extensions [M]. 3rd ed. New York: Springer, 2008.

[16] WINSTON W L, GOLDBERG J B. Operations Research: Applications and Algorithms [M]. Boston: Duxbury Press, 2004.

[17] ELMACHTOUB A N, GRIGAS P. Smart "predict, then optimize" [J]. Management Science, 2022, 68 (1): 9 – 26.

[18] QI M, SHI Y, QI Y, et al. A practical end-to-end inventory management model with deep learning [J]. Management Science, 2023, 69 (2): 759 – 773.

[19] GUIMARAES D A, FLORIANO G H F, CHAVES L S. A tutorial on the CVX system for modeling and solving convex optimization problems [J]. IEEE Latin America Transactions, 2015, 13 (5): 1228 – 1257.

[20] GRANT M, BOYD S. CVX: Matlab software for disciplined convex programming [Z]. 2014.

[21] LIU A, YANG R, QUEK T Q, et al. Two-Stage Stochastic Optimization Via Primal-Dual Decomposition and Deep Unrolling [J]. IEEE Transactions on Signal Processing: A Publication of the IEEE Signal Processing Society, 2021, 69: 3000 – 3015.

[22] RUDER S. An overview of gradient descent optimization algorithms [EB/OL]. [2024 – 07 – 10]. https://arxiv.org/abs/1609.04747.

[23] WU M, LI K, KWONG S, et al. Learning to Decompose: A paradigm for decomposition-based multiobjective optimization [J]. IEEE Transactions on Evolutionary Computation, 2018, 23 (3),: 376 - 390.
[24] NESTEROV Y. Efficiency of coordinate descent methods on huge-scale optimization problems [J]. Siam Journal on Optimization, 2012, 22 (2): 341 - 362.
[25] CHENG Z, MA J, ZHANG X, et al. ADMM-based parallel optimization for multi-agent collision-free model predictive control [EB/OL]. [2024 - 07 - 10]. https://www.sernanticscholar.org/paper/Alternating-Direction-Method-of-MultipLiers-Based-Cheng-Ma/1f3944397762a308ca49bee563e04d3723b92979.
[26] ZHANG J, LIU C, YAN J, et al. A Survey for Solving Mixed Integer Programming via Machine Learning [EB/OL]. [2024 - 07 - 10]. https://arxiv.org/abs/2203.02878.
[27] WANG X Q, ZHANG X D, LIU X H, et al. Branch Reconfiguration Practice Through Operations Research in Industrial and Commercial Bank of China [J]. Interfaces, 2012, 42 (1): 33 - 44.
[28] 安德森，斯威尼，威廉斯，等．数据、模型与决策：管理科学篇（原书第 13 版）[M]．侯文华，等译．北京：机械工业出版社，2012.
[29] 卜月华．图论及其应用 [M]．南京：东南大学出版社，2000.
[30] 丁以中，SHANG J S. 管理科学：运用 Spreadsheet 建模和求解 [M]．北京：清华大学出版社，2003.
[31] 杜红．应用运筹学 [M]．杭州：浙江大学出版社，2010.
[32] 希利尔，利伯曼．运筹学导论（原书第 9 版）[M]．胡运权，译．北京：清华大学出版社，2010.
[33] 傅家良．运筹学方法与模型 [M]. 2 版．上海：复旦大学出版社，2014.
[34] 顾基发．运筹学 [M]．北京：科学出版社，2011.
[35] 韩伯棠．管理运筹学 [M]．北京：高等教育出版社，2007.
[36] 郝海，熊德国．物流运筹学 [M]．北京：北京大学出版社，2010.
[37] 西蒙．管理决策新科学 [M]．北京：中国社会科学出版社，1985.
[38] 胡运权．运筹学教程 [M]．4 版．北京：清华大学出版社，2012.
[39] 华兴．排队论与随机服务系统 [M]．上海：上海翻译出版公司，1987.
[40] 宁宣熙．管理运筹学教程 [M]．北京：清华大学出版社，2007.
[41] 牛映武．运筹学 [M]. 3 版．西安：西安交通大学出版社，2013.
[42] 沈荣芳．运筹学 [M]．2 版．北京：机械工业出版社，2009.
[43] 涂志勇．博弈论 [M]．北京：北京大学出版社，2009.
[44] 汪贤裕，肖玉明．博弈论及其应用 [M]．北京：科学出版社，2008.
[45] 王耀球，施先亮．供应链管理 [M]．北京：机械工业出版社，2009.
[46] 汪应洛．系统工程理论、方法与应用 [M]．北京：高等教育出版社，1998.
[47] 肖条军．博弈论及其应用 [M]．上海：上海三联书店，2004.
[48] 谢小良，王扉，唐玲，等．运筹学教程 [M]．北京：高等教育出版社，2013.
[49] 熊伟．运筹学 [M]. 3 版．北京：机械工业出版社，2013.
[50] 徐光辉．随机服务系统 [M]．北京：科学出版社，1980.
[51] 徐玖平，胡知能．运筹学：数据·模型·决策 [M]．北京：科学出版社，2006.
[52] 岳宏志，蔺小林，杨勇，等．运筹学 [M]．大连：东北财经大学出版社，2012.
[53] 岳淑捷，张金成，李莉．运筹学 [M]．北京：北京理工大学出版社，2009.
[54]《运筹学》教材编写组．运筹学 [M]. 4 版．北京：清华大学出版社，2012.
[55] 张维迎．博弈论与信息经济学 [M]．上海：上海人民出版社，2004.
[56] 周永务，王圣东．库存控制理论与方法 [M]．北京：科学出版社，2009.